食品分析与实验

万 萍 主 编

谢贞建 赵秋艳 副主编

中国纺织出版社

内 容 提 要

本书内容包括食品分析的理论和实验两大部分。全书第 1~13 章为食品分析理论,包括:绪论、食品的物理检验法、水分、灰分、酸度、脂类、碳水化合物、蛋白质及氨基酸、维生素、食品中限量元素、食品添加剂、非法添加物、常见有毒有害物质的测定等,第 14 章为食品分析实验,包括食品中一般成分含量的测定、食品添加剂的测定等 12 个实验以及 2 个综合实验。

本书将理论和实验两部分有效地结合在一起,不仅可作为高等院校食品类专业的教材,还可供食品、农产品加工等相关从业人员参考、学习。

图书在版编目(CIP)数据

食品分析与实验 / 万萍主编. — 北京:中国纺织出版社,2015.9 (2024.4 重印)

ISBN 978 - 7 - 5180 - 1133 - 9

Ⅰ. ①食⋯　Ⅱ. ①万⋯　Ⅲ. ①食品分析②食品检验 Ⅳ. ①TS207. 3

中国版本图书馆 CIP 数据核字(2014)第 236098 号

责任编辑:彭振雪　责任设计:品欣排版　责任印制:王艳丽

中国纺织出版社出版发行
地址:北京市朝阳区百子湾东里 A407 号楼　邮政编码:100124
销售电话:010—67004422　传真:010—87155801
http://www.c-textilep.com
E-mail:faxing@ c-textilep.com
中国纺织出版社天猫旗舰店
官方微博 http://weibo.com/2119887771
北京虎彩文化传播有限公司印刷　各地新华书店经销
2015 年 9 月第 1 版　2024 年 4 月第 5 次印刷
开本:787×1092　1/16　印张:26.5
字数:523 千字　定价:39.80 元

《食品分析与实验》编委会成员

主　编　万　萍　成都大学

副主编　谢贞建　成都大学

　　　　赵秋艳　河南农业大学

参　编（按姓氏笔画排序）

　　　　万　萍　成都大学

　　　　王庆玲　石河子大学

　　　　王丽玲　塔里木大学

　　　　王英丽　内蒙古农业大学

　　　　王越男　内蒙古农业大学

　　　　乔明武　河南农业大学

　　　　李丽杰　内蒙古农业大学

　　　　吴　敬　内蒙古农业大学

　　　　宋莲军　河南农业大学

　　　　张春兰　塔里木大学

　　　　张锐利　塔里木大学

　　　　罗凤莲　湖南农业大学

　　　　赵秋艳　河南农业大学

　　　　倪春梅　内蒙古农业大学

　　　　谢贞建　成都大学

　　　　熊素英　塔里木大学

　　　　颜　军　成都大学

前　言

为配合教育部推行"工程教育认证"和"卓越工程师教育培养计划"工作,促进高等教育面向社会需求培养人才,全面提高工程教育人才培养质量,在充分考虑食品行业各领域对人才的需求、不断总结课程建设和教育改革经验的基础上,参考已经出版的同类教材,我们编写了《食品分析与实验》。

本教材包含食品分析的理论和实验两大部分,兼顾食品分析课程教学的两个重要环节。既注重教材的系统性、新颖性,又强调其实用性。随着全社会对食品安全的关注度的提高,本教材加大了食品安全性检测的相关内容,并介绍了国内外先进的检测方法和设备在食品检测方面的应用。

全书包括食品分析样品采集和分析结果的处理、食品的物理检验法、食品营养成分的分析、食品中限量元素、食品添加剂、非法添加物以及常见有毒有害物质的测定等内容,同时还包含了12个食品分析常规实验以及2个综合实验。

本书将理论和实验两部分有效地结合在一起,不仅可作为高等院校食品科学与工程、食品质量与安全、商品检验、农产品贮藏与加工、粮油储藏与加工等专业的教材或参考书,还可供食品卫生检验、质量监督、各类食品企业和研究所等单位的有关科技人员参考、学习。

本书由万萍任主编,谢贞建、赵秋艳任副主编,全书编写分工如下:成都大学万萍(第2章至第4章),成都大学谢贞建(第1章、第7章、第10章),内蒙古农业大学王英丽(第5章、第6章),塔里木大学张春兰(第8章、第14章实验1至实验8),石河子大学王庆玲(第9章),河南农业大学赵秋艳(第11章),湖南农业大学罗凤莲(第12章、第13章),河南农业大学乔明武(第14章实验9至实验12、综合实验1、综合实验2)。

在本书的编写中参考了许多文献、资料,以及网上的资料,难以一一鸣谢,在此一并感谢。

由于时间和编写者水平有限,不妥之处在所难免,恳请读者批评指正。

编者
2015 年 5 月

目　录

第1章 绪 论

近年来,我国食品工业始终保持持续快速健康增长。2011 年,全国规模以上食品企业31735 家,实现现价食品工业总产值78 078.32 亿元,同比增长 31.6%,高出全国工业总产值增速3.7 个百分点,占全国工业总产值比重 9.1%。未来 5～10 年,中国食品工业仍是全球食品工业最具活力的板块,但是专家指出,中国食品工业要获得长久健康的发展,就必须跨越"食品安全"这道坎。近年来,频频曝光的食品安全问题严重打击了消费者的消费信心,正在改变着国内消费者对于食品消费的观念,他们比任何时候都更加关注食品的质量和安全,他们热切地期望更加安全、富有营养、美味可口且有益健康的食品。2009 年 2 月28 日,第十一届全国人民代表大会常务委员会第七次会议通过的《中华人民共和国食品安全法》(2015 年 4 月 24 日第十三届全国人民代表大会常务委员会第十四次会议修订),为中国食品安全迈出了非常重要的一步,对提升整个食品行业的发展有正面、积极的作用,使得整个食品生产流通有法可依。我国各级政府,特别是质量监督、工商管理等部门,投入了大量的人力物力对食品的生产、流通等环节进行强有力的监控和管理,同时食品企业也作为自己最大的责任进行着不懈的努力。

1.1 食品分析的性质和作用

食品分析是一门研究和评定食品品质及其变化和卫生状况的学科,是运用感官的、物理的、化学的和仪器分析的基本理论及技术,对食品(包括食品的原辅材料、半成品、成品及包装材料等)的组成成分、感官特征、理化性质和卫生状况进行分析检测,研究检测原理、检测技术和检测方法的应用性科学。

食品分析贯穿于食品研发、生产、销售全过程。首先,为食品生产企业成本核算、制订生产计划提供基本数据。为食品新资源和新产品的开发,新技术、新工艺的探索及评价提供可靠的理论依据。其次,在食品生产过程中,运用现代科学技术及检测手段,确保原辅材料、包装材料等的安全可靠。再次,在整个加工过程中,始终起着"眼睛"的作用,对食品生产工艺参数、工艺流程进行监控,确定工艺参数、工艺要求,及时掌握生产情况,保证整个工艺的安全、稳定,从而确保食品的质量。第四,对最终产品进行分析检测,从而对食品的品质、营养、安全进行评定,保证食品质量符合食品标准的要求,起着一个监督标示的作用。最后,当发生产品质量纠纷或者发生食物中毒事件时,第三方检验机构根据解决纠纷的相关机构(主要包括法院、仲裁委员会、质量管理行政部门及民间调解组织等)的委托,对有争议产品做出仲裁检验,为有关机构解决产品质量纠纷及对事件的调查和解决提供技术依据。在进出口贸易中,根据国际标准、国家标准和合同规定,对进出口食品进行检测,保证进出口食品的质量,维护国家出口信誉。

1.2　食品分析的任务和内容

　　《中华人民共和国食品安全法》第九十九条规定,食品是"指各种供人食用或者饮用的成品和原料以及按照传统既是食品又是药品的物品,但是不包括以治疗为目的的物品。"从纯化学的意义上讲,食品是由多种化学物质成分组成的一种混合物,并且这种混合物一般都是由许多物质成分构成的。这也是大多数食品的共同之处。一般可以将食品划分为内源性物质成分和外源性物质成分两大部分。其中,内源性物质成分是食品本身所具有的成分,而外源性物质成分则是在食品从加工到摄食全过程中进入的成分。食品成分的具体内容分解,见图 1-1 所示。

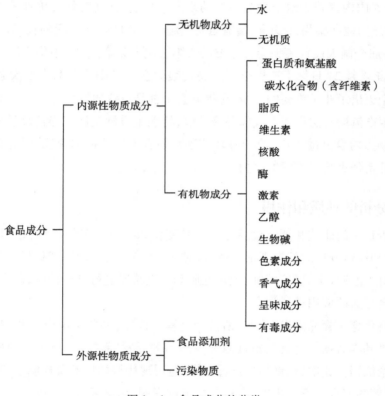

图 1-1　食品成分的分类

　　食品种类繁多、组成复杂,食品中物质组成对人们的健康关系非常大,有些营养成分有益于身体健康,而有些物质则有害于身体。食品分析检验目的多种多样,检验的项目各异,从常量分析到微量分析,从定性分析到定量分析,从组成分析到形态分析,从实验室检测到现场快速分析等,食品分析所涉及的内容十分丰富,范围也十分广泛。主要包括感官鉴定、营养成分分析、安全性检测三个方面的内容。

1.2.1　食品感官检验

　　食品感官检验是指利用人体的感觉器官,如视觉、嗅觉、味觉和触觉等对食品的色泽、气味、口感、质地、形态、组织结构和液态食品的澄清、透明度、杂质以及半固态和固态食品的软、硬、弹性、韧性、干燥程度等性质进行的检验,从而判定食品的品质。

食品的感官特征,古往今来,都是食品质量非常重要的指标,具有不可替代的重要作用。人们往往首先以感官来决定食品的取舍。食品感官检验是食品检验各项指标的第一项,如果食品感官检验不合格,即可判定该食品不合格,不需要再进行理化项目的检验。随着人们生活水平、消费水平的不断提高,人们对食品的色、香、味、组织形态、口感等感官要求越来越高。因此在食品检验中,食品感官检验占有非常重要的地位。尽管目前已开发出电子鼻、电子舌等先进的仪器,但始终替代不了人的感觉器官,最直接、快速、可靠的食品品质分析仍然是人的食品感官鉴评技术。

食品感官检验能否真实、准确地反映客观事物的本质,除了与人体感觉器官的健全程度和灵敏程度有关外,还与人们对客观事物的认识能力有直接的关系。只有当人体的感觉器官正常,又熟悉有关食品质量的基本常识时,才能比较准确地鉴别出食品质量的优劣。因此,通晓各类食品感官检验方法,为人们在日常生活中选购食品或食品原料、依法保护自己的正常权益不受侵犯提供了必要的客观依据。

1.2.2 食品营养成分分析

食品营养成分的分析是食品分析的经常性项目和主要内容。它包括常见的七大营养素(水、蛋白质、脂肪、碳水化合物、矿物质、维生素、膳食纤维),以及食品营养标签所要求的所有项目。食品一般成分的含量总和基本上为食品成分总含量的100%。

通过食品中营养成分的分析,可以了解食品中所含营养成分的种类、数量及质量,从而指导我们合理进行膳食搭配,以获得较为全面合理的营养,维持机体的正常生理功能,防止营养缺乏或过剩而导致疾病的发生。通过食品中营养成分的分析,还可以了解食品在生产、加工、储存、运输、烹调等过程中营养成分的损失情况及人们实际的摄入量,改进这些环节,以减少造成营养素损失的不利因素。此外,对食品中营养成分的分析,还能对食品新资源的开发、新产品的研制和生产工艺的改进以及食品质量标准的制定提供科学依据。

1.2.3 食品安全性检测

食品安全性检测主要包括对食品添加剂的合理使用的监督;食品固有的及在生产、加工、包装、运输、储存、销售等环节中产生、引入或污染的有毒有害物质的检测;保健食品的检测;转基因食品的检测;食品包装材料和盛放容器的检测;腐败变质食品的检测以及掺假食品的检测等。

1.2.3.1 食品添加剂的检测

如今食品安全一直处于风口浪尖,食品添加剂成为众矢之的,让人们"谈添加剂色变"。食品添加剂的本意是让食品更安全,改善品质,延长保存期,然而滥用、乱用食品添加剂会严重危害人民的健康。《食品安全国家标准 食品添加剂使用标准》(GB 2760—2014)中明确对食品添加剂的使用品种、使用范围及用量作了严格的规定。因此,必须对食品中的食品添加剂进行检测,监督在食品生产和加工过程中是否合理地使用了食品添加剂,以确保食品的安全性。

1.2.3.2 食品中有毒有害物质的检测

食品中有毒有害物质,是指食品在生产、加工、包装、运输、储存、销售等各个环节中产生、引入或污染的,对人体健康有危害的物质。食品中有毒有害物质的检测是指对原材料、半成品、食品及包装材料中的限量元素(微量元素和重金属元素)、农药兽药残留、生物毒素以及食品生产加工、储藏过程中产生的有害物质及污染物质进行检测,从而对食品的品质进行评定,以保证食品的安全性。

1.2.3.3 保健食品的检测

目前保健食品市场假冒伪劣产品充斥,虚假夸大宣传现象比较严重,添加违禁物品等违法违规生产行为时有发生,给消费者食用安全带来较大隐患,亟需严格监管,提高准入门槛,规范市场秩序,确保人民群众食用安全。《中华人民共和国食品安全法》第五十一条明确规定"声称具有特定保健功能的食品不得对人体产生急性、亚急性或者慢性危害,其标签、说明书不得涉及疾病预防、治疗功能,内容必须真实,应当载明适宜人群、不适宜人群、功效成分或者标志性成分及其含量等;产品的功能和成分必须与标签、说明书相一致。"为贯彻《中华人民共和国食品安全法》对加强保健食品监管的要求,国家食品药品监管局已相继采取措施,加强对保健食品源头的把关,严格审评审批,适时组织对上市保健食品进行集中清理整顿。

保健食品的检测主要是对食品中功能性成分或标志性成分,如活性多糖、活性低聚糖、生物抗氧化剂茶多酚、类黄酮等含量及活性进行分析,对食品中重金属、农药残留等有害物质的含量进行检测,从而规范保健食品市场,保障消费者食用安全。

1.2.3.4 转基因食品的检测

转基因食品(Genetically Modified Food,GMF)是指利用基因工程(转基因)技术在物种基因组中嵌入了外源基因(非同种)的食品,包括转基因植物食品、转基因动物食品和转基因微生物食品。转基因作为一种新兴的生物技术手段,它的不成熟和不确定性,使得转基因食品的安全性成为人们关注的焦点。

目前,在我国食品市场上,最常见的转基因食品是转基因大豆油、转基因玉米、转基因菜籽油。在转基因食品存在的潜在危害还没有一个明确定论的今天,对转基因食品进行安全性评估显得尤为重要。

1.2.3.5 食品包装材料和盛放容器的检测

食品包装安全是一个世界性的难题。2011年台湾"塑化剂事件"发生的波及面和严重性是台湾乃至世界都始料未及的。污染的食品种类有饮料、保健食品、面包、蛋糕等高达上千种,成为一场严重的食品安全危机。这场源于食品行业的风波也让人们认识了原本用于包装材料的"塑化剂",由此引发了对食品包装材料安全性的关注。

食品包装材料和盛放容器的检测是指食品包装材料和盛放容器中的多种可能进入食品,并危害人体健康的化学物质进行分析检测,从而确保食品的安全性。我国常用的食品包装材料有塑料、纸、金属、玻璃、橡胶、陶瓷及铝塑复合包装材料等。包装材料的溶出物是影响食品安全卫生的关键。对于食品塑料包装而言,不安全隐患在于 UF、PF、MF 的甲醛, PVC 在于氯乙烯单体,PS 在于甲苯、乙苯、丙苯等化合物。此外,与塑料添加剂亦有关,如稳定剂(抗氧化剂、用于氯乙烯树脂的稳定剂及紫外线吸收剂)、润滑剂、着色剂、抗静电剂、可塑剂等。纸的溶出物大多来自纸浆的添加剂等化学物质。此外,玻璃、陶瓷、木制、搪瓷容器着色后残留的金属盐,也会造成很大的隐患。橡胶本身具有容易吸收水分的特点,其溶出物比塑料多。

自 2009 年 6 月 1 日起,强制性国家标准《食品容器、包装材料用添加剂使用卫生标准》(GB 9685—2008)正式实施。该标准批准使用添加剂的品种由原标准中的几十种扩充到 959 种,并以附录的形式列出了允许使用的添加剂名单、使用范围、最大使用量、特定迁移量(SML)或最大残留量(QM)及其他限制性要求。此外,新标准还增加了添加剂的使用原则,要求食品包装材料用添加剂要达到包装材料在与食品接触时,在推荐的使用条件下,迁移到食品中的添加剂不得危害人体健康且不得使食品发生性状改变等。同时,在达到预期效果下,应当尽量减少添加剂的使用量。

虽然国内有不少研究都涉及了增塑剂对食品的迁移、增塑剂在食品包装中的测定方法等等,但对于增塑剂等化学产品在真实食品中的迁移情况研究,还不够充分。因此,进一步研究食品包装材料中有毒有害物质的检测方法及其在食品中的迁移情况是食品分析中又一重要内容。

1.2.3.6 腐败变质食品的检测

食品在保藏过程中,由于保藏方法不当或保藏时间过长等,受到各种内外因素的影响,造成其原有化学性质或物理性质发生变化,降低或失去其营养价值和商品价值。食品的腐败变质原因较多,有物理因素、化学因素和生物性因素,如动、植物食品组织内酶的作用,昆虫、寄生虫以及微生物的污染等。其中由微生物污染所引起的食品腐败变质是最为重要和普遍的。动物性食品因其营养丰富,是微生物的良好培养基,更易发生腐败变质。一般情况下,食物腐败变质需通过感官、理化和微生物指标的检验来判定。但在灾区可采用现场快速检验方法,即感官鉴定为主,结合快速检验和标准方法检验进行判定。对食品进行新鲜程度检验,把住"入口关",对保障人们身体健康极为重要。

1.2.3.7 掺假食品的检测

食品掺假是指向食品中非法掺入外观、物理性状或形态相似的非同种类物质的行为,掺入的假物质基本在外观上难以鉴别。从 2008 年三鹿奶粉中添加三聚氰胺到 2011 年上海"染色馒头"事件,从小麦粉中掺入滑石粉,到油条中掺入洗衣粉,从井水加冰醋酸勾兑食用醋到猪肉加牛肉膏变成牛肉……不法食品生产者一次又一次地在挑战人类的道德底线。

掺假食品中掺入的物质往往对人体具有毒害作用,会严重损害人体健康。因此,必须严厉打击食品中掺假行为,同时加强对食品中掺假物质的检测,以维护消费者的安全,保障食用者的安全。

1.3 食品分析的步骤

食品分析是一项操作比较复杂的实验室工作,必须按照一定的程序和顺序进行。主要包括样品的采集、样品的制备和保存、样品的预处理、成分分析、分析数据处理及分析报告的撰写等。

1.3.1 样品的采集

样品采集是指从大量的分析对象中抽取有代表性的一部分样品作为分析材料的过程。

1.3.1.1 正确采集样品的重要性及原则

食品采样是食品分析的首项工作。食品分析检验的目的在于检验试样感官性状是否发生变化,了解食品的营养成分,了解食品在加工、储存过程中营养损失情况,有无重金属、有害物质及各种微生物的污染导致食品变化和腐败现象,监测食品中加入的添加剂等外来物质是否符合国家标准,包装材料及盛放容器是否符合国家标准,食品有无掺假现象。

在实际分析工作中,我们采样量往往很大,有的组成均匀,而有的很不均匀,实际化验时所需量又很少,要保证检验结果能够代表整箱或整批食品的结果,正确地进行样品的采集就显得非常重要。采集的样品必须要能够代表全部被检的物质,否则后续的样品处理及分析检验以及得出的检测结果无论如何严格准确都是没有任何价值的。

正确采样必须遵循以下几个原则:

①代表性原则:采集的样品要均匀,有代表性,能反映全部被检食品的组成、质量和卫生状况。

②典型性原则:采样方法要与采样目的一致,要根据采样的目的,采集能充分证明这一目的的典型样品。比如:污染或怀疑污染的样本应采集接近污染源的食品或易受污染的那一部分,以证明是否被污染。同时还应采集确实被污染的同种食品作一空白对照试验。掺假或怀疑掺假的食品应采集有问题的典型样本,以证明是否掺假,而不能用均匀样本代表。

③真实性原则:采样人员应亲临现场采样,以防止在采样过程中的作假或伪造食品。采集样品过程中,要设法保持原有的理化性质,防止成分逸散或带入杂质。所有采样用具都应清洁、干燥、无异味、无污染食品的可能。应尽可能避免使用对样品可能造成污染或影响检验结果的采样工具和采样容器。

④适时性原则:因为不少被检物质总是随时间发生变化的,为了保证得到正确结论就必须很快送检。如发生食物中毒应立即赶到现场及时采样,否则不易采得中毒食品,临床上也往往要等检出的毒物,以便采用有针对性的解救药物,进行抢救。因此采样和送检的时间性是很重要的。

⑤适量性原则:采样数量应根据检验项目和目的而定,但每份样本不少于检验需要量的 3 倍,以便供检验、复检和留样备用。供理化检验样本,一般每份样本不少于 0.5 kg,液体、半液体食品每份样本量为 0.5 ~ 1 L,250 g 以下包装者不少于 6 包。可以根据检验项目

和样本的具体情况适当增加或减少。

⑥程序性原则：采样、送检、留样和出具报告均按规定的程序进行，各阶段都要有完整的手续，责任分明。

1.3.1.2　采样的一般程序

样品通常可分为检样、原始样品、平均样品、复检样品和保留样品。

采样一般按照以下程序进行：

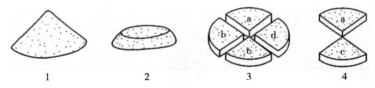

①检样：由整批食物的各个部分采取的少量样品，称为检样。检样的量按产品标准的规定。

②原始样品：把许多份检样综合在一起称为原始样品，其要能代表该批食品。

③平均样品：将原始样品混合均匀按四分法或分层取样平均地分出一部分作为全部检验用的平均样品。四分法取样，如图1-2所示，即将原始样品充分混合均匀后于清洁的玻璃板上堆集成一圆锥形，将锥顶压平，使成厚度在3 cm左右的圆形，并划成对角线或"十"字线，将样品分成4份，取对角的2份混合。再如上分成4份，取对角2份。如此反复操作至取得所需数量为止，即得平均样品。

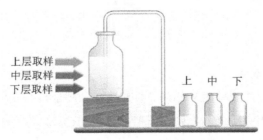

图1-2　四分法取样

对于动物油脂、果酱等黏稠的半固体样品，启开包装后，用采样器从各桶（罐）上、中、下三层分别取出检样，然后将检样置于同一容器内搅拌均匀，再分取缩减，得到所需数量的平均样品。对于大桶装或散（池）装的液体物料，可用虹吸分层（图1-3，大池的还应分四角及中心五点）取样，每层各取500 mL左右，装入小口瓶中混匀后，再分取缩减至所需数量得到平均样品。

图1-3　虹吸分层取样法

④试验样品：由平均样品中分出用于全部检验项目用的样品。

⑤复检样品:由平均样品中分出用于对检验结果有怀疑有争议或有分歧时根据具体情况进行复检的样品。

⑥保留样品:由平均样品中分出用于封存保留一段时间,以备再次验证的样品。

1.3.1.3 常用的采样工具

①长柄勺(图1-4)、玻璃或金属采样管,用以采集液体样品。

②采样铲(图1-5),用于采集散装特大颗粒样品,如花生等。

③半圆形金属管,用于采集半固体。

④金属探子(图1-6)、金属探管,用于采集袋装颗粒或粉状食品。

⑤双层导管采样器,用于奶粉等采样,主要防止奶粉采样时受到外界污染。

⑥套筒式采样器(图1-7)。

⑦黏性物采样器(图1-8)。

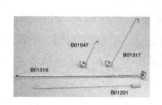

图1-4 不锈钢长柄采样勺

图1-5 采样铲

图1-6 金属探子

图1-7 套筒式采样器

图1-8 黏性物采样器

1.3.1.4 采样的一般方法

采集的样品要充分代表检测样品的总体情况,一般将采样的方法分为随机抽样和代表性抽样。随机抽样指按照随机的原则,在抽样过程中保证整批食品中的每一个单位产品都有被抽取的机会,具有随机、不加选择性。代表性抽样是用系统抽样法进行采样,根据样品随空间(位置)、时间变化的规律,采集能代表其相应部分的组成和质量的样品,具有等距或机械性,在食品生产过程中用得较多。

随机抽样可避免人为的倾向性,但是,对于不均匀的食品(如黏稠液体、蔬菜等)的采样,仅仅用随机抽样法是不行的,必须结合代表性抽样,从有代表性的各个部分分别取样。因此,采样通常采用随机抽样与代表性抽样相结合的方式进行。具体的取样方法,因分析对象性质的不同而异,按照相关的技术标准或操作规程所规定的方法进行。

对于有完整包装(桶、袋、箱等)的食品,按照式(1-1)确定取样件数。

$$n = \sqrt{N/2} \tag{1-1}$$

式中:n——取样件数,件;

N——总件数,件。

堆散的样品一般按三层五点法进行代表性取样。首先根据一个检验单位的物料面积大小先划分若干个方块,每块为一区,每区面积不超过 50 cm²。每区按上、中、下分三层,每层设中心、四角共五个点。按区按点,先上后下用取样器各取少量样品;再按四分法处理,取得平均样品。

(1)粮食等颗粒状、粉末状样品

颗粒、粉末状样品(如粮食、奶粉等),用双套回转取样管插入包装中,回转180°取出样品。每一包装须由上、中、下三层取出三份检样,把许多份检样综合起来成为原始样品,再按四分法缩分至所需量。

(2)液体及半固体样品

液体及半固体样品(如稀奶油、动物油脂、饮料、果酱等),用采样器从上、中、下三层分别取样,然后混合分取缩减到所需数量的平均样品。若是大桶或池装样品,可先混合均匀,在桶(或池)的四角及中部的上、中、下三层分别取 500 mL,装入瓶中混匀得平均样品。

(3)组成不均匀的固体物料

这类食品(如鱼、畜禽肉类、果品、蔬菜等)其本身各个部位极不均匀,个体大小及成熟程度差异很大,取样更要注意具有代表性。根据检验目的,对各个部分(如肉包括脂肪、肌肉部分;蔬菜包括根、茎、叶等)分别取样,经过捣碎混合成平均样品。如果分析肉中的成分,取其可食部分,放入绞肉机中绞匀。对于较大动物,可从若干个体的头、体、尾各部分切取适量可食部分得到检样,切碎,混匀后形成原始样品,再分取缩减得到所需数量的平均样品(图1-9)。或从多只动物的同一部位取样,混合后代表某一部位的样品。对于含水量比较大的水果、蔬菜,取其可食部分,放入高速组织捣碎机中绞匀。对于蛋类食品,去壳后用打蛋器搅匀。对于带核的果实、带骨的畜禽肉、带鳞的鱼等应先去核、骨、鳞等不可食部分,然后进行样品的制备。

图1-9 鱼的缩分取样法

（4）小包装食品

罐头、瓶装食品、袋装或听装奶粉或其他小包装食品,应根据批号随机取样,同一批号取样件数,250 g 以上的包装不得少于 6 个,250 g 以下的包装不得少于 10 个,一般按班次或批号连同包装一起采样。

1.3.1.5 采样的注意事项

采集的样品应保持被检对象原有的性状,不应因任何外来因素使样品在外观、理化检验及微生物检验上受到影响。因此,采样时应特别注意以下操作事项:

①凡是接触样品的工具、容器必须清洁,必要时需进行灭菌处理,不得带入污染物或被检样品需要检测的成分。采样容器根据检验项目,选用硬质玻璃或聚乙烯制品。

②样品包装应严密,以防止被检样品中水分和挥发性成分损失,同时避免被检样品吸收空气中的水分或有气味的物质。需要冷藏的食品,应采用冷藏设备在 0 ~5℃冷藏运输和保存,不具备冷藏条件时,食品可放在常温冷暗处,样品保存一般不超过 36 h(微生物项目常温不得超过 4 h)。

③采样结束后应尽快将样品检验或送往留样室,并尽快分析,防止样品性质发生变化。疑似急性细菌性食物中毒样品应无菌采样后立即送检,一般不超过 4 h;气温高时应将备检样品置冷藏设备内冷藏运送,不得加入防腐剂。

④盛装样品的器具应牢贴标签,并注明样品的名称、批号、采样地点、日期、检验项目、采样人、样品编号等。无采样记录的样品,不得接受检验。

⑤在感官性质上差别很大的食品不允许混在一起,要分开包装,并注明其性质。

1.3.2 样品的制备

样品的制备指对样品的粉碎、混匀、缩分等过程。其目的是保证样品十分均匀,使分析检测时,取任何部分都能代表全部被测物质的成分。制备时,根据待测样品的性质和检验项目的要求,可以采取不同的方法进行,如摇动、搅拌、研磨、粉碎、捣碎、匀浆等。

①液体、浆体或悬浮液体一般将样品充分摇匀或搅拌均匀即可。常用的搅拌工具有玻璃棒、搅拌器等。

②互不相溶的液体如油和水的混合物,可分离后再分别取样测定。

③对于固体样品,可视情况采用切细、捣碎、粉碎、反复研磨等方法将样品研细并混合均匀。常用的工具有研钵、粉碎机、绞肉机、高速组织捣碎机等。

需要注意的是,样品在制备前必须先除去不可食用部分,水果除去皮、核;鱼、肉禽类除去鳞、骨、毛、内脏等。鱼类罐头、肉禽罐头应先剔除骨头、鱼刺及调味品(葱、姜、辣椒等)后再捣碎、混匀。

固体试样的粒度应符合测定的要求,粒度的大小用试样通过的标准筛的筛号或筛孔直径表示(表 1 –1)。

表1-1 实验室标准筛孔径筛目对照表

国际标准 ISO		美国筛制		中国药典标准筛	国际标准 ISO		美国筛制		中国药典标准筛
标准筛名	替代筛名	筛孔大小/mm	经线直径/mm		标准筛名	替代筛名	筛孔大小/mm	经线直径/mm	
11.2 mm	7/16 in①	11.2	2.45		300 μm	No.50	0.297	0.215	
8.00 mm	5/16 in①	8.00	2.07		250 μm	No.60	0.25	0.180	四号筛
5.60 mm	No.3.5	5.60	1.87		210 μm	No.70	0.210	0.152	
4.75 mm	No.4	4.76	1.54		180 μm	No.80	0.177	0.131	五号筛
4.00 mm	No.5	4.00	1.37		(154 μm)				六号筛
3.35 mm	No.6	3.36	1.23		150 μm	No.100②	0.149	0.110	七号筛
2.80 mm	No.7	2.83	1.10		125 μm	No.120	0.125	0.091	
2.38 mm	No.8	2.38	1.00		106 μm	No.140	0.105	0.076	
2.00 mm	No.10	2.00	0.900	一号筛	(100 μm)				八号筛
1.40 mm	No.14	1.41	0.725		90 μm	No.170	0.088	0.064	
1.00 mm	No.18	1.00	0.580		75 μm	No.200	0.074	0.053	
841 μm	No.20	0.841	0.510	二号筛	(71 μm)				九号筛
700 μm	No.25	0.707	0.450		63 μm	No.230	0.063	0.044	
595 μm	No.30	0.595	0.390		53 μm	No.270	0.053	0.037	
500 μm	No.35	0.500	0.340		44 μm	No.325	0.044	0.030	
425 μm	No.40	0.420	0.290		37 μm	No.400	0.037	0.025	
355 μm	No.45	0.354	0.247	三号筛					

①1 in(英寸) = 25.4 mm;
②No.100 即 100 目。

1.3.3 样品的保存

采集的样品,为了防止其中水分或挥发性物质的散失以及待测组分含量的变化(如光解、高温分解、发酵等,样品应在短时间内进行分析,最好是在当天进行分析。如不能马上分析则应妥善保存,不能使样品出现受潮、挥发、风干、变质等现象,以保证测定结果的准确性。

制备好的平均样品应装在洁净、密封的容器内,必要时储存于避光处,容易失去水分的样品应先取样测定水分。容易腐败变质的样品可采取冷藏、干藏或罐藏。冷藏短期保存温度一般以 0~5℃ 为宜;干藏可根据样品的种类和要求采用风干、烘干、升华干燥等方法;不能即时处理的鲜样,在允许的情况下可制成罐头储藏。

一般样品在检验结束后应保留一个月以备需要时复查,保留期从检验报告单签发之日起开始计算;易变质食品不予保留。保留样品尽可能保持原状。此外,样品保存环境要求清洁干燥,存放的样品要按日期、批号、编号摆放,以便查找。

1.3.4 样品的预处理

食品的成分很复杂,既含有食品本身具有的脂肪、蛋白质、糖等有机化合物,又含有钾、钠、镁、钙、铁、锌等无机元素,同时可能还含有因污染引入的有机农药、兽药残留、重金属等,而这些组分之间往往以复杂的结合态或络合态形式存在。在分析食品中的某种组分时,其他组分的存在常常给带来干扰。为了得到准确的分析结果,必须破坏样品间的作用力,使待测组分能够充分游离出来,同时排除干扰组分。有些被测组分,如污染物、农药、黄曲霉毒素等含量极低,难以直接检测,必须在测定前对样品进行富集或浓缩。既要排除干扰因素,又要不至于使被测物质受到损失,而且应能使被测定物质达到浓缩,从而使测定能得到理想结果。所以在食品分析测定时,样品的处理是整个分析测定的重要步骤,直接关系着分析结果是否准确。

食品样品的预处理应根据食品的种类、被测组分的理化性质以及所选用的分析方法来决定选用何种预处理方法,但不管选用哪种预处理方法,须遵循以下几个原则:①消除干扰因素;②完整保留被测组分;③使被测组分尽可能浓缩;④选用的富集分离方法越简单越好。常用的预处理方法有如下几种。

1.3.4.1 有机物破坏法

食品中的无机成分,多数以结合态形式存在于有机物中,所以在测定食品中无机成分的含量时,需要破坏有机结合体而使无机成分游离出来,如食品中的矿物元素的测定,凯氏定氮法测定蛋白质等。有机物破坏法是将有机物在强氧化剂的作用下经长时间的高温处理,破坏其分子结构,有机物分解呈气态逸散,而使被测无机元素得以释放。根据具体操作条件的不同,又分为干法灰化和湿法消化。

（1）干法灰化法

干法灰化法是将样品至于电炉上加热,使其中的有机物脱水、炭化、分解、氧化,再置高温炉(马弗炉)中灼烧灰化,直至残灰为白色或灰色为止,所得残渣即为无机成分。灰化温度一般为 $500 \sim 600\,^{\circ}\mathrm{C}$,灰化时间以灰化完全为度,一般为 $4 \sim 6\,\mathrm{h}$。为避免样品中待测物质在高温下散失,往往加入少量的碱性或酸性物质作为固定剂,例如为了防止砷的挥发,常在灰化之前加入适量的氢氧化钙;对含锡的样品可加入适量的氢氧化钠;考虑到灰化过程中卤素的散失,样品必须在碱性条件下进行灰化,样品中加入氢氧化钠或氢氧化钙可使卤素转为难挥发的碘化钠或氟化钙;铅、镉容易挥发损失,加硫酸可使易挥发的氯化铅、氯化镉等转变为难挥发的硫酸盐。除汞之外的绝大多数金属元素和部分非金属元素都可以通过这种方法进测定。

干法灰化法基本不加或加入很少的试剂,故空白值低;灰分体积小,可处理较多的样品,富集被测组分;破坏时间长,有机物分解彻底,操作简单,不需要操作人员时时照管。但是该法所需时间长,因温度高易造成易挥发元素的损失,同时,坩埚有吸附作用,使测定结果降低。

（2）湿法消化法

湿法消化法是指样品中加入浓硝酸、浓硫酸、高氯酸、过氧化氢等强氧化剂,并加热消煮,使样品中的有机物质完全分解、氧化,呈气态逸出,待测组分转化为无机物状态存在于消化液中。常用几种强酸的混合物作为溶剂与试样一同加热消解,如硝酸—硫酸、硝酸—

高氯酸、硝酸—高氯酸—硫酸、高氯酸(或过氧化氢)—硫酸等。

单独使用硫酸的消化方法在样品消化时,仅加入硫酸,在加热的情况下,依靠硫酸的脱水炭化作用,破坏有机物。由于硫酸的氧化能力较弱,消化液炭化变黑后,保持较长的炭化阶段,使消化时间延长。为此常加入硫酸钾或硫酸钠以提高其沸点,加适量的硫酸铜或硫酸汞作催化剂,来缩短消化时间。目前,粗蛋白的测定中样品的消化即是用的该法。硝酸—高氯酸消化法氧化能力强,反应速度快,炭化过程不明显;消化温度较低,挥发损失少。但由于这两种酸受热都易挥发,故当温度过高、时间过长时,容易烧干,并可能引起残余物燃烧或爆炸。为防止这种情况,有时加入少量硫酸。本法对还原性较强的样品,如酒精、甘油、油脂和大量磷酸盐存在时,不宜采用。硝酸—硫酸消化法是在样品中加入硝酸和硫酸的混合液,或先加入硫酸加热,使有机物分解,在消化过程中不断补加硝酸。这样可缩短炭化过程,并减少消化时间,反应速度适中。由于碱土金属的硫酸盐在硫酸中的溶解度较小,故此法不宜做食品中碱土金属的分析。如果样品含较大量的脂肪和蛋白质时,可在消化的后期加入少量的高氯酸或过氧化氢,以加快消化的速度。

湿法消化有机物分解速度快,所需时间较干法灰化短;由于加热温度低,可减少低沸点元素挥发逸散的损失。湿法常用于某些极易挥发散失的物质。除了汞以外,大部分金属的测定都能得到良好的结果。其缺点是试剂用量大,空白值偏高;初期易产生大量泡沫外溢,需要实时照管;同时,该法要产生大量有害气体,需要在通风橱内操作。

传统的湿法消化耗时较长,且始终与外界保持接触,因此增加了样品被玷污的可能性,而这种污染对于微量或痕量分析往往是致命的。近年来分析仪器和分析技术的突飞猛进,使分析速度和分析灵敏度都得到空前提高。

1975 年,AbuSarma 等人率先将微波加热用于湿法样品处理中。1983 年,Mattes 提出密闭微波消解体系。微波消解技术得到长足的发展。其通常是指在聚四氟乙烯容器中加入适量样品、氧化性强酸和氧化剂等,加压于密封罐内,从而在高温增压条件下使各种样品快速溶解的湿法消化。微波消解法相比于常规湿法消解具有处理时间短、试剂用量少、污染小、消解更彻底、空白低、结果更为准确等优点(图 1 - 10)。到目前止,已有铅、镉、汞、铬、锑、锗等食品中微量元素的微波消解技术被列为国家标准检验方法中。

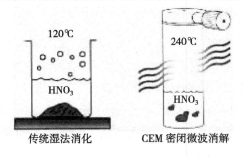

图 1 - 10 湿法消化

1.3.4.2 蒸馏法和挥发法

（1）蒸馏法

蒸馏法是利用液体混合物中各组分的挥发度不同而进行分离的一种方法。具有分离和净化的双重效果。可以用于除去干扰组分，也可以用于被测组分的蒸馏逸出，收集馏出液进行分析。此法的缺点是仪器装置和操作都较为复杂。

根据样品中待测组分的性质不同，可采用常压蒸馏、减压蒸馏、水蒸气蒸馏、扫集共蒸馏、共沸蒸馏、萃取蒸馏、精馏等蒸馏方式，在食品分析中常用前三种。

当被蒸馏的物质受热后不易发生分解或在沸点不太高的情况下，可进行常压蒸馏。加热方式要根据被蒸馏物质的沸点来确定，如果沸点不高于90℃可用水浴加热；如果沸点超过90℃，则可改用油浴、沙浴、盐浴或石棉浴。如果样品中待测组分易分解或沸点太高，则采用减压蒸馏。而将水和与水不相溶的液体一起蒸馏，这种蒸馏方法称为水蒸气蒸馏。水蒸气蒸馏是用水蒸气来加热混合液体。比如从样品中分离六六六，提取大蒜精油、生姜精油、橘柑皮精油等都可以用水蒸气蒸馏法进行处理。水蒸气蒸馏装置图见图1-11。

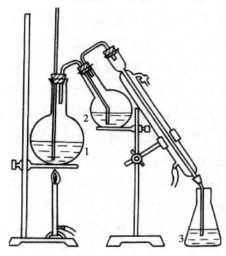

图1-11 水蒸气蒸馏装置

1—蒸汽发生瓶 2—样品瓶 3—接收瓶

扫集共蒸馏法是美国公职分析家协会（AOAC）农药分析手册中用于挥发性有机磷农药的分离、净化的方法。是在成套的专门装置中进行的。用乙酸乙酯提取样品中的农药残留，样品提取液用注射器从填有玻璃棉、沙子的施特勒（Storherr）管的一端注入后，农药便和溶剂在加热的管中化为蒸气，并借氮气流吹入冷凝管，然后通过微层析柱进入收集器中，样品中的脂肪、蜡质、色素等则留在施特勒管和微层析柱中。用此法净化只需要30～40 min，速度快且节省试剂，是一种颇有前途的净化方法。扫集共蒸馏装置见图1-12。

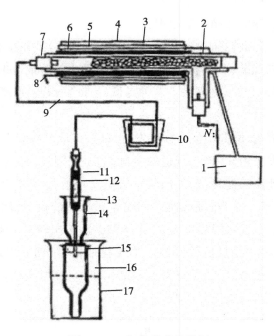

图 1 - 12 扫集共蒸馏装置

1—可变变压器 2—施特勒管(填充 12～15 cm 硅烷化的玻璃棉) 3—石棉 4—绝缘套 5—加热板 6—铜管
7—硅橡胶塞 8—高温计 9—聚氟乙烯管 10—水或冰浴 11—硅烷化玻璃 12—ANAKROM ABS(一种吸附剂)4cm
13—尾接管 14—硅烷化玻璃棉 15—19～22 号标准磨口 16—离心管 17—盛水烧杯

（2）扩散法

扩散法是指加入某种试剂使待测成分生成气体而被测定的一种方法,通常在扩散皿中进行。比如肉、鱼或蛋制品中挥发性盐基氮的测定等。

（3）顶空法

顶空分析是指通过样品基质上方的气体成分来测定这些组分在原样品中的含量。分为静态顶空法和动态顶空法。动态顶空法是指在样品的顶空分离装置中不断通入氮气,使其中的挥发性成分随氮气逸出,收集。顶空法使复杂的样品提取、净化过程一次完成,简化样品前处理操作。用于分离测定液体、固体、半固体样品中痕量易挥发性组分的测定。

1.3.4.3 溶剂抽提法

在同一溶剂中,不同的物质具有不同的溶解度;同样,同一物质在不同的溶剂中的溶解度也不一样。利用样品中各组分在某种溶剂中的溶解度的差异,将各组分完全或部分分离的方法就叫溶剂抽提法。此法常用于重金属、农药残留及黄曲霉毒素等的测定。

溶剂抽提法主要有浸提法、溶剂萃取法、固相萃取法、超临界萃取法、微波辅助萃取法、超声波辅助萃取法等。

（1）浸提法

浸提法又称"液—固萃取法",指用适当的溶剂将固体样品中某种待测成分浸提出来的方法。常见的浸提法有振荡浸渍法、捣碎法和索氏抽提法。

浸提法的溶剂的选择要遵循以下原则：

①相似相溶原则。即极性强的组分（如黄曲霉毒素 B_1）要用极性大的溶剂（如甲醇 – 水溶液）提取；极性弱的组分（如有机氯农药）要用极性小的溶剂（如正己烷、石油醚）提取。

②选溶剂沸点在 $45 \sim 80℃$ 之间的。若沸点低，易挥发；若沸点高，不易提纯、浓缩，溶剂与提取物不好分离。

③选稳定性好的溶剂，溶剂不能与样品发生反应，提取剂应无毒或毒性小。

振荡浸渍法指将样品粉碎，置于合适的溶剂系统中，浸渍、振荡一定时间，即可从样品中提取出被测成分。此法简便易行，但回收率较低。目前，通常辅以超声波等辅助设备进行提取，以提高其浸出率。捣碎法是将切碎的样品放入捣碎机中，加提取剂捣碎一定时间，使被测成分被提取出来。此法回收率较高，但干扰杂质溶出较多。索氏提取法在样品的前处理中应用较多，它是将一定量的样品放入索氏提取器中，加入提取剂，加热回流一定时间，将被测成分提取出来。此法的优点是提取剂用量少，提取完全，回收率高，但操作较麻烦，且需专用的索氏提取器，索氏提取器见图 1 – 13。

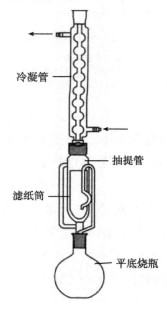

冷凝管

抽提管

滤纸筒

平底烧瓶

图 1 – 13　索氏提取器

（2）溶剂萃取法

溶剂萃取法又叫溶剂分层法，是利用某组分在两种互不相溶的溶剂中分配系数的不同，使其从一种溶剂转移到另一种溶剂中，而与其他组分分离的方法。此法操作迅速，分离效果好，应用广泛。但萃取试剂通常易燃、易挥发，且有毒性。

萃取用溶剂应与原溶剂互不相溶，对被测组分有最大溶解度，而对杂质有最小溶解度。即被测组分在萃取溶剂中有最大的分配系数，而杂质只有最小的分配系数。经萃取后，被测组分进入萃取溶剂中，即与留在原溶剂中的杂质分离开。此外，还应考虑两种溶剂分层的难易以及是否会产生泡沫等问题。

萃取通常在分液漏斗中进行,一般需经4~5次萃取,才能达到完全分离的目的。当用较水轻的溶剂,从水溶液中提取分配系数小,或振荡后易乳化的物质时,采用连续液体萃取器比采用分液漏斗效果更好,连续液液萃取器见图1-14。

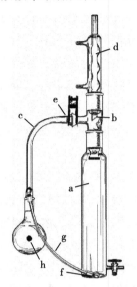

图1-14 液液萃取套装

a—萃取室 b—玻璃三通 c—侧连接管 d—冷凝管

e—球形接口及夹具 f—PTFE接头 g—PTFE管线 h—圆底烧瓶

(3)盐析法

盐析法是指向溶液中加入某一盐类,使溶质溶解在原溶剂中的溶解度大大降低,从而从溶剂中沉淀出来的一种方法。食品分析中常用盐析法分离动物源性食品中的蛋白质,在蛋白质溶液中加入大量的盐类,特别是加入重金属盐,蛋白质就从溶液中沉淀出来,进而得以分离。盐析法还常应用于食品中果胶的提取分离。

在进行盐析工作时,应注意溶液中所要加入的物质的选择,加入的物质要不会破坏溶液中要析出的物质,否则达不到盐析的目的。此外,还要注意选择适当的盐析条件,比如溶液的pH值、温度等。

(4)固相萃取法(Solid Phase Extraction,SPE)

固相萃取技术基于液—固相色谱理论,采用选择性吸附、选择性洗脱的方式对样品进行富集、分离、纯化,是一种包括液相和固相的物理萃取过程。较常用的方法是使液体样品通过一吸附剂,保留其中被测物质,再选用适当强度溶剂冲去杂质,然后用少量溶剂洗脱被测物质,从而达到快速分离净化与浓缩的目的。与传统的液液萃取法相比可以提高分析物的回收率,更有效地将分析物与干扰组分分离开,减少样品处理过程,操作简单、省时、省力。利用这种技术,目标组分被选择性的吸附于可拆卸使用的萃取柱中吸附剂上。这项技术被用来替代传统的液—液萃取和其他一些基于吸附的样品纯化手段,以达到去除干扰化合物富集目标化合物的目的。

固相萃取技术的新进展是把它作为样品制备步骤与其他分析手段在线耦合,如 HPLC 与固相萃取技术联用以分析牛奶中的药品残留,或把固相萃取技术作为萃取后分析前的样品浓缩富集方法。目前已成功应用于研究奶油中的极性风味物质,加热过程中产生的杂环芳香胺,水果中的杀虫剂,谷物中脂肪含量以及牛奶中农药残留等。目前,固相萃取领域比较活跃的研究集中于如何寻找合适的吸附剂以选择性富集目标组分。

在固相萃取基础上,固相微萃取技术(Solid – Phase Microextraction,SPME)应运而生,是近年来国际上兴起的一项试样分析前处理新技术。其保留了固相萃取所有的优点,摒弃了其需要柱填充物和使用溶剂进行解吸的弊病,只要一支类似进样器的固相微萃取装置即可完成全部前处理和进样工作。

固相微萃取技术无需溶剂的萃取,根据有机物与溶剂"相似相溶"的原则,利用石英纤维表面的色谱固定相对分析组分的吸附作用,将组分从试样基质中萃取出来,并逐渐富集,完成试样前处理过程。这种技术将取样、萃取、浓缩和进样融合为一体,操作简便,费用低,选择性好,与其他的一些分离方法有良好兼容性,从一开始便在食品分析中得到了广泛应用。它通常包括两个步骤:把目标组分从基质中分离出来和把浓缩的待分析物解吸入分析仪器。近年来,固相微萃取技术多被用于食品风味的研究,包括水果、果汁、酒、奶酪等。

(5)超临界萃取(Supercritical Fluid Extraction,SFE)

超临界 CO_2 流体萃取分离过程的原理是利用超临界流体的溶解能力与其密度的关系,即利用压力和温度对超临界流体溶解能力的影响而进行的。在超临界状态下,将超临界流体与待分离的物质接触,使其有选择性地把极性大小、沸点高低和分子量大小的成分依次萃取出来。当然,对应各压力范围所得到的萃取物不可能是单一的,但可以控制条件得到最佳比例的混合成分,然后借助减压、升温的方法使超临界流体变成普通气体,被萃取物质则完全或基本析出,从而达到分离提纯的目的,所以超临界 CO_2 流体萃取过程是由萃取和分离过程组合而成的。

超临界萃取技术的主要优点是:首先,很少使用有机溶剂,许多情况下不使用溶剂;其次,通过改变超临界流体的温度和压力,可调节其选择性;萃取时间减少,样品回收率增加从而降低了萃取成本;超临界萃取技术可在低温下操作并使用非氧化型介质(CO_2),适用于热敏性和易氧化的物质,这一点对食品样品的制备尤为重要。

超临界萃取技术的一个发展方向是与光谱技术,如原子吸收光谱以及傅立叶变换红外光谱技术连用对萃取过程进行控制。Heglund 曾用光导纤维实现超临界萃取与傅立叶变换红外光谱技术的连用对咖啡中咖啡因的提取过程进行了研究。超临界萃取技术还可直接与其他分离方法如 GC 或超临界色谱技术等耦合。

将来,其他一些由超临界萃取派生出来的技术将有可能被应用于食品分析。如近临界流体萃取技术(Porocritical Fluid Extraction,PFE)和超临界去溶剂沉淀(Supercritical

Antisolvent Precipitation，SAP）技术。利用近临界流体萃取技术可选择性地去除果汁及发酵液中的有机物。这些技术着眼点在于通过改善溶剂扩散及降低溶剂黏度达到增加溶质溶解度的目的。

（6）微波辅助萃取（Microwave Assisted Extraction ，MAE）

微波辅助萃取技术的原理是，不同的化学物质吸收微波的能力不同。这种能力是通过该种物质的介电常数表征的，介电常数的绝对值越大，吸收微波的能力越强。不过，物质的初温及微波频率同样对微波能的吸收产生影响。与传统技术相比，微波辅助萃取的选择性更好速度更快，样品回收率接近或高于传统技术，同时，溶剂和能源的消耗较少。

微波辅助萃取技术已被应用于植物精油提取，肉、蛋、乳制品中脂类的提取，美拉德反应产物提取以及农作物中多种杀虫剂残留的提取等。

（7）超声波辅助萃取（Ultrasonic Assisted Extraction ，UAE）

超声波辅助萃取技术的基本原理主要是利用超声波的空化作用来增大物质分子的运动频率和速度，从而增加溶剂的穿透力，提高被提取成分的溶出速度。此外，超声波的次级效应，如热效应、机械效应等也能加速被提取成分的扩散并充分与溶剂混合，因而也有利于提取。超声波辅助萃取广泛应用于油脂、蛋白质、多糖、天然香料、天然食材中功能性成分的提取等方面。

1.3.4.4 色谱分离法

色谱分离法是在载体上进行物质分离的一系列方法的总称。根据分离原理的不同，色谱分离法可分为吸附色谱法、分配色谱法、离子交换色谱法、凝胶色谱法和亲和色谱法等。

（1）吸附色谱法

固定相是一种吸附剂，利用其对试样中各组分吸附能力的差异，实现试样中各组分分离的色谱法称为吸附色谱法。吸附色谱的固定相为固体，流动相为液体或气体。常见的吸附剂有聚酰胺、硅胶、硅藻土、氧化铝、大孔树脂等。吸附色谱分离主要又分为薄层色谱和柱层色谱，在食品分析前处理中应用非常广泛。比如在食品色素含量测定中，利用聚酰胺对色素具有较强的吸附能力，而对其他组分难以吸附的特性，常用聚酰胺吸附色素，经过过滤、洗涤，再用适当的溶剂解吸，即可得到较为纯净的色素溶液。

（2）分配色谱法

固定相是液体，利用液体固定相对试样中各组分的溶解能力不同，即试样中各组分在流动相与固定相中分配系数的差异，而实现试样中各组分分离的色谱法称为分配色谱法。分配色谱的固定相为液体，流动相为液体或气体，被分离的组分在流动相沿着固定相移动的过程中，由于不同物质在两相中的分配比不同，当作为流动相的溶剂渗透在固定相中并向上渗展时，这些物质在两相中的分配作用反复进行，从而达到分离的目的。例如，多糖类样品的纸上层析，样品经酸水解处理，中和后制成试液，点样于滤纸上，用苯酚—1 % 氨水饱和液为流动相展开，以苯胺邻苯二酸做显色剂显色，于105℃加热数分钟，即可见到被分离开的戊醛糖（红棕色）、己醛糖（棕褐色）、己酮糖（淡棕色）、双糖类（黄棕色）的色斑。

（3）离子交换色谱法

以离子交换树脂作固定相,流动相带着试样通过离子交换树脂时,由于不同的离子与固定相具有不同的亲合力而获得分离的色谱法称为离子交换色谱法。离子交换色谱法是利用离子交换剂与溶液中的离子之间发生交换反应来进行分离的方法。根据被交换离子的电荷分为阳离子交换和阴离子交换。

将被测离子溶液和离子交换剂一起混合振荡,或将样品溶液缓缓通过离子交换剂做成的离子交换柱,被测离子或干扰离子即与离子交换剂中的 H^+ 或 OH^- 发生交换,被测离子或干扰离子留在离子交换剂中,被交换出的 H^+ 或 OH^- 以及不发生交换反应的其他物质留在溶液里,从而达到分离的目的。在食品分析中,离子交换色谱分离法常被用于制备无氨水、无铅水及分离比较复杂的样品。

（4）凝胶色谱法

流动相为有机溶剂,固定相是化学惰性的多孔物质（如凝胶）的色谱法称为凝胶色谱法。凝胶色谱的原理比较特殊,类似于分子筛。待分离组分进入凝胶色谱后,会依据分子量的不同,进入或者不进入固定相凝胶的孔隙中,不能进入凝胶孔隙的分子会很快随流动相洗脱,而能够进入凝胶孔隙的分子则需要更长时间的冲洗才能够流出固定相,从而实现了根据分子量差异对各组分的分离。调整固定相使用的凝胶的交联度可以调整凝胶孔隙的大小;改变流动相的溶剂组成会改变固定相凝胶的溶涨状态,进而改变孔隙的大小,获得不同的分离效果。

在食品分析检测中,常用于农药、兽药及其他化学污染物与样品液中其他大分子化合物的分离。同时凝胶色谱技术还主要应用于样品净化处理和高聚物分子量及其分布的测定,其适用的样品范围很广,回收率较高,分析重现性好,柱子可以重复使用,已经成为食品检测中通用的净化方法。

（5）亲和色谱法

亲和色谱分离法是指利用生物大分子和固定相表面存在的某种特异性亲和力,进行选择性分离的一种分离方法。通常是待分离的分子在通过色谱柱时被固定相或介质上的基团捕获,而溶液中其他的物质可以顺利通过色谱柱。然后把固态的基质取出后洗脱,目标分子即被洗脱下来。如果分离的目的是去除溶液中某种分子,那么只要分子能与介质结合即可,可以不必进行洗脱。在食品分析上,亲和色谱分离法常用于动物源性食品兽药残留的测定。

1.3.4.5 化学分离法

（1）磺化法和皂化法

磺化法和皂化法在食品分析中用于处理油脂样品或含有脂肪的样品,常用于农药分析中样品的净化。当样品经过磺化或皂化处理后,油脂就会由憎水性变为亲水性,这时油脂中那些要测定的非极性的物质就能较容易地被非极性或弱极性溶剂提取出来。

磺化法常以浓硫酸来处理样品提取液,硫酸使脂肪磺化成极性大且易溶于水的化合物,从而可以用水洗除去其中的脂肪,达到净化的目的。该法操作简单、迅速、净化效果好,但该法只适合于强酸介质中稳定的农药,如有机氯农药中的六六六、DDT,一般不用于有机磷农药。

皂化法常以热 KOH—乙醇溶液与脂肪及其杂质发生皂化反应,而将其除去,达到净化的目的。如在测定肉、鱼、禽类及其熏制品中的 3,4 - 苯并芘时,于样品中加入氢氧化钾,回流皂化 2 ~ 3 h,以除去样品中的脂肪。该法适用于对碱稳定的农药(如狄氏剂、艾氏剂)及维生素 A、维生素 D 等提取液的净化。

(2)沉淀分离法

沉淀分离法是利用沉淀反应进行分离的一种方法。其原理是在试样中加入适当的沉淀剂,使被测组分或者干扰组分沉淀下来,经过过滤或离心处理将沉淀与母液分开,从而达到分离目的。

在食品分析中,沉淀分离法应用广泛。在测定动物源性食品中的总酸、食盐、总糖等指标过程中,在试样溶液中加入乙酸锌、亚铁氰化钾溶液,使样品中的蛋白质沉淀下来,经过过滤除去沉淀,取滤液进行分析。需要注意的是,沉淀操作中,还需要注意试样的 pH 值、温度等因素。

(3)掩蔽法

掩蔽法是指利用掩蔽剂与样品中干扰成分相互作用,使干扰成分转变为不干扰测定的状态,即被掩蔽起来。运用这种方法,可以不经过分离干扰成分的操作而消除其干扰作用,从而简化分析步骤。在食品分析中广泛应用于食品中金属元素的测定,加入配位掩蔽剂消除共存干扰离子的影响。

1.3.4.6　浓缩法

食品样品经提取、净化处理后,有时净化液的体积较大,被测组分的浓度太小。此时需要对被测样液进行浓缩,以提高被测组分的浓度。常用的方法有常压浓缩、减压浓缩和吹扫法。

(1)常压浓缩法

常压浓缩法主要应用于待测组分为非挥发性的样品净化液的浓缩。操作可采用蒸发皿直接挥发。如果溶剂需要回收,则可采用一般蒸馏装置或旋转蒸发仪。该法操作简便、快速,是食品分析中常用的浓缩方法。

(2)减压浓缩法

减压浓缩法主要用于待测组分为热不稳定性或易挥发的样品净化液的浓缩,通常采用 K - D 浓缩器(图 1 - 15)。浓缩时,水浴加热并抽气减压。此法浓缩温度低、速度快,被测组分损失少。食品中有机磷农药(如甲胺磷、乙酰甲胺磷)的测定,多采用此法浓缩样品净化液。

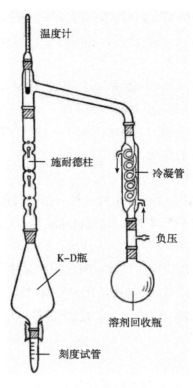

温度计

施耐德柱

冷凝管

负压

K-D瓶

溶剂回收瓶

刻度试管

图 1-15　K-D 浓缩器

（3）吹扫法

吹扫法通常指将氮气吹入加热样品的表面,使样品中的溶剂快速蒸发、分离,从而达到样品无氧浓缩的目的。为操作方便,仪器公司将其商品化,称为"氮吹仪"。氮气是一种惰性气体,能起到隔绝空气的作用,防止氧化。氮吹仪利用氮气的快速流动打破液体上空的气液平衡,从而使液体挥发速度加快;并通过干式加热或水浴加热方式升高温度（目标物的沸点一般比溶剂的要高一些）,从而达到样品无氧浓缩的目的,保持样品更纯净。

使用氮吹仪能同时浓缩几十个样品,使样品制备时间大为缩短,并且具有省时,易操作,快捷的特点。

1.3.4.7　衍生化法

衍生化是一种利用化学变换把化合物转化成类似化学结构的物质。一般来说,一个特定功能的化合物参与衍生反应,溶解度,沸点,熔点,聚集态或化学成分会产生偏离,由此产生的新的化学性质可用于量化或分离。当检测物质不容易被检测时,如无紫外吸收等,可以将其进行处理,如加上生色团等,生成可被检测的物质。高效液相色谱的化学衍生法是指在一定条件下利用化学衍生剂与样品组分进行化学反应,反应的产物有利于色谱检测或分离,而气相色谱中应用化学衍生反应是为了增加样品的挥发度或提高检测灵敏度。

衍生化常用的反应有酯化、酰化、烷基化、硅烷化、硼烷化、环化和离子化等。根据衍生化场所来分主要分为柱前衍生化和柱后衍生化。柱前衍生指在经过分析柱前使分析物与衍生剂反应,反应产物在分析柱上实现分离,实际分离的是衍生产物,检测的也是衍生产物;柱后衍生指分离物在分析柱中实现分离后,在衍生池内与衍生剂反应,在柱子中分离的是目的物,在检测器处检测的是衍生产物。衍生化法已广泛应用于食品分析前处理中,比如硅烷化柱前衍生气相色谱法测定氯霉素残留,氧化铅柱后衍生 HPLC 法测定孔雀石绿残留。

1.3.5 样品的测定

1.3.5.1 正确选择分析方法的重要性

样品经正确采集、制备、预处理后,在现有的众多分析方法中,选择正确的分析方法是保证分析结果准确的又一关键环节。如果选择的分析方法不恰当,即使前序环节非常严格、正确,得到的分析结果也可能是毫无意义的,甚至会给生产和管理带来错误的信息,造成人力、物力的损失。

1.3.5.2 选择分析方法应考虑的因素

(1)分析目的

方法的选择主要取决于测定的目的。例如,用于在线加工过程中的快速测定方法与用于检测营养成分标签所标示成分的法定方法相比,前者在精确度方面的要求较低。那些具有参考性、结论性、法定的或重要的方法,常用于装备良好、人员素质高的实验室中。速度较快的次要方法或现场方法主要用于食品加工厂的生产现场。

(2)分析要求的灵敏度、准确度和精密度

不同分析方法的灵敏度、准确度、精密度各不相同,要根据生产和科研工作对分析结果的要求选择适当的分析方法。

灵敏度是指分析方法所能检测到的最低量。在选择分析方法时,要根据待测成分的含量范围选择具有适宜灵敏度的方法。一般地说,待测成分含量低时,须选用灵敏度高的方法;含量高时宜选用灵敏度低的方法,以减少由于稀释倍数太大所引起的误差。总之,灵敏度的高低并不是评价分析方法好坏的绝对标准,一味追求高灵敏度的方法是不合理的。

(3)分析方法的简繁和速度

不同分析方法操作步骤的繁简程度和所需时间及劳动力各不相同,每样次分析的费用也不同。要根据待测样品的数目和要求取得分析结果的时间等来选择适当的分析方法。同一样品需要测定几种成分时,应尽可能选用能用同一份样品处理液同时测定该几种成分的方法,以达到简便、快速的目的。

(4)样品的特性

各种样品中待测成分的形态和含量不同;可能存在的干扰物质及其含量不同;样品的溶解和待测成分提取的难易程度也不相同。要根据样品的这些特征来选择制备待测液、定量某成分和消除干扰的适宜方法。

许多分析方法的应用受食品基质(如食品化学组成)的影响。例如,测定高脂或高糖食品时存在的干扰往往比低脂或低糖食品多,在这种情况下要得到精确的分析结果,必须对样品进行消化或提取,具体实验的确定取决于食品基质。由于不同食品体系的复杂性,经常需要多种针对某些特殊食品组成的有效测定技术。实际工作中需要很多技术和方法以及有关特殊食品基质的知识。

(5)实验室条件

分析工作一般在实验室进行,各级实验室的设备条件和技术条件也不相同,应根据具体条件来选择适当的分析方法。

在具体情况下究竟选用哪一种方法必须综合考虑上述各项因素,但首先必须了解各类方法的特点,如方法的精密度、准确度、灵敏度等,以便加以比较。

1.3.5.3 分析方法的评价

(1)精密度

精密度是指在相同的条件下进行几次测定,其结果相互接近的程度,是对同一样品的多次测定结果的重现性指标。它表示了各次测定值与平均值的偏离程度,是由偶然误差所造成的。精密度是表示测量的再现性,是保证准确度的先决条件,一般说来,测量精密度不好,就不可能有良好的准确度。反之,测量精密度好,准确度不一定好,这种情况表明测定中随机误差小,但系统误差较大。

在一般情况下,真实值是不易知道的,故常用精密度来判断分析结果的好坏。精密度的高低可用偏差来衡量。偏差是指个别测定结果与几次测定结果的平均值之间的差别。

$$绝对偏差 = x - \bar{x} \tag{1-2}$$

$$相对偏差 = \frac{|x - \bar{x}|}{\bar{x}} \times 100\% \tag{1-3}$$

$$算术平均偏差\ d = \frac{1}{n} \sum_{i=1}^{n} |x_i - \bar{x}| \tag{1-4}$$

$$标准偏差\ S = \sqrt{\frac{\sum (x_i - \bar{x})^2}{n-1}} \tag{1-5}$$

$$变异系数\ C_\gamma = \frac{S}{x} \times 100\% \tag{1-6}$$

式中:x——测定值;

$\bar{x}$——多次测定值的算术平均值;

x_i——各次测定值,$i = 1, 2, 3, \cdots, n$;

n——测定次数;

d——算术平均偏差;

S——标准偏差;

C_γ——变异系数。

标准偏差较平均偏差有更多的统计意义,因为单次测定的偏差平方后,较大的偏差更显著地反映出来,能更好地说明数据的分散程度。因此,在考虑一种分析方法的精密度的时候,通常用标准偏差和变异系数来表示。一般情况下,变异系数低于 5% 的结果是可以接受的。

（2）准确度

准确度指在一定实验条件下多次测定的平均值与真实值相符合的程度,通常以误差来表示。误差越小,测定值的准确度越高。测定精密度好,是保证获得良好准确度的先决条件,一般说来,测定精密度不好,就不可能有良好的准确度。对于一个理想的分析方法与分析结果,既要求有好的精密度,又要求有好的准确度。准确度主要由系统误差所决定,反映测定值的真实性和准确性。误差有绝对误差和相对误差两种,选择分析方法时,为了便于比较,通常用相对误差表示准确度。

$$绝对误差 = \bar{x} - x_T \qquad (1-7)$$

$$相对误差 = \frac{\bar{x} - x_T}{x_T} \qquad (1-8)$$

式中:$\bar{x}$——多次测定值的算术平均值;

x_T——真实值。

在实际工作中,通常用标准物质或标准方法进行对照试验,或者加入被测定组分的纯物质进行回收试验计算回收率,以误差或回收率来估计和确定准确度。

在回收率试验中,加入已知量的标准物的样品,称为加标样品。未加标准物质的样品称为未知样品。在相同条件下用同种方法对加标样品和未知样品进行预处理和测定,按下列公式计算加入的标准物质的回收率。

$$P = \frac{(x_1 - x_0)}{m} \times 100\% \qquad (1-9)$$

式中:P——加入标准物质的回收率;

m——加入标准物质的量;

x_1——加标样品的测定值;

x_0——未知样品的测定值。

（3）灵敏度

灵敏度是指分析方法所能检测到的最低限量。不同的分析方法,它的灵敏度是有区别的,这是由于其测定原理和仪器结构不同所造成的。一般而言,仪器分析法具有较高的灵敏度,而化学分析方法的灵敏度相对较低。要根据不同的测定组分及其不同的含量进行方法的选择。一般来说,待测组分含量低时,要选用灵敏度高的方法;而含量高时,宜选用灵敏度低的方法,以减少稀释倍数太大所引起的误差。由此可见,灵敏度的高低并不是评价分析方法好坏的绝对标准,一味追求选用高灵敏度的方法是不合理的。灵敏度高的方法的相对误差较大,但对低含量组分允许有较大的相对误差。同时,可以使用合适的浓缩富集方法对样品中待测组分进行分离、浓缩,从而提高分析方法的灵敏度。

1.3.5.4 测量不确定度的来源及控制

如何评价分析测试的测量水平和测量数据的质量,或者说其测量数据在多大程度上是可靠的,一直是分析工作者和管理者关心和希望解决的问题。传统的做法是用测量的准确度和精密度来衡量,但是,通常说的准确度和误差只是一个定性的、理想化的概念,在应用时只是说准确度的高低或误差的大小,而不能确切地给出准确度和误差的数值。而精密度虽然可给出具体数值(常用标准偏差表示),但只是最终测量数据的重复性,不能真正衡量其测量的可靠程度。

20世纪60年代,在计量学领域引入了测量不确定度的概念。按《测量不确定度表述指南》(GMM)和JJF1059《测量不确定度评定与表示》定义,测量不确定度为"表征合理地赋予被测量之值的分散性,与测量结果相联系的参数"。其是经典误差理论发展和完善的产物,它比经典的误差的表示方法更科学实用,通过测量不确定度的评定来定量评价测量结果的质量,并表示测量的可信程度。

在实际分析工作中,不确定度的典型来源包括:

①被测量对象定义、概念或条件的不完整和不完善。

②取样、制样、样品储存及样品本身引起的不确定度。如取样未按要求而不具备代表性,制备的样品均匀性不好,样品在制备时受污染,在保存中发生化学变化等。

③分析过程中使用的天平、移液管、容量瓶等器具本身存在的误差以及仪器读数存在的偏差引起的不确定度。

④标准物质的标准值、基准试剂的纯度等引入的不确定度。

⑤测量条件变化引入的不确定度。如容量器具及所盛溶液由于温度的变化而引起体积的变化;标准物质、工作曲线基体与样品组成不匹配等。

⑥测量方法、测量过程等带来的不确定度。如测量环境、测量条件控制不当而导致沉淀、萃取回收率、滴定终点的变动;基体不一致引起空白、背景干扰;实验设备、环境对测量的污染等;

⑦工作曲线的线性拟合、测量结果的修约引入的不确定度;

⑧引入的常数、参数、经验系数等的不确定度。如蛋白质测定中各类食品的折算系数等。

⑨在表面看来完全相同的条件下,分析时重复观测值的变化等。

为了获得准确可靠的测定结果,减少分析结果的不确定,通常可以采用以下措施:

(1)选择合适的分析方法

各种分析方法的灵敏度和所能达到的准确度是不同的,含量高的样品宜选用灵敏度相对较低的化学分析方法,以获得较小的相对误差;而含量低的样品宜选用灵敏度高的仪器分析方法。

(2)减少测量误差

为了保证分析结果的准确度,必须尽量减少测量误差。样品量的多少与分析结果的准确度关系很大。在常量分析中,为了减少称量和滴定的相对误差,实际工作中要求称取一定范围内的质量,使得滴定体积在 20～30 mL;在比色分析中,样品浓度与吸光度之间往往只在一定范围内呈线性关系,分光光度计读数也只有在一定吸光度范围内才准确。这就要求测定样品时样品浓度在这个线性范围内,并且读数时应尽可能在这一范围内,以提高准确度。这可以通过增减样品量或改变稀释倍数等来达到。

（3）消除测量过程中的系统误差

在分析工作中,必须十分重视系统误差的消除。系统误差产生的原因是多方面的,可根据具体情况选择不同的方法来检验和消除。

一般采用对照试验来检验分析过程中有无系统误差。对照试验选择组成与试样组成相近的标准试样进行分析,将测定结果与标准值比较,用 t 检验法来确定是否存在系统误差。如果对试样的组成不完全清楚,则可以采用“加入回收法”进行对照试验。即取两份等量的试样,向其中一份加入已知量的被测组分进行平行试验,看看加入的被测组分是否定量地回收,根据回收率的高低可检验分析方法的准确度,从而判定分析过程是否存在系统误差。

若通过对照试验,确认有系统误差存在,则应根据具体情况予以消除,主要方法有:

①对各种试剂、仪器、器皿等进行校正。各种计量测试仪器,如天平、温度计、分光光度计等,都应该按规定定期送计量管理部门鉴定。用作标准的移液管、容量瓶、滴定管等,最好经过标定,按校正值使用。各种标准试剂应按规定定期标定,以保证试剂的浓度或质量。

②做空白试验。做空白试验旨在消除试剂、去离子水带入的杂质所造成的误差。

（4）增加平行测定次数,减少随机误差

在消除了系统误差的前提下,平行测定次数越多,平均值就越接近真实值。因此,增加平行测定次数可减少随机误差,但测定次数过多,工作量加大,随机误差减小不大。故一般食品分析测试中,平行测定 3～4 次即可。

（5）标准曲线回归

在比色法、色谱法、光谱法等进行分析时,常需要配制一系列的有浓度梯度的标准系列,测定其响应强度,绘制强度值与浓度之间的关系曲线,称为标准曲线。在实际分析过程中,样品浓度的附近应尽量的多布标准点,点做多做少,点分布如何,影响的是标准曲线所查出来的样品的理化属性的不确定度。好的测量应该是不确定度小的测量,这在判断样品的结果是否超标或符合限值的时候至关重要。现有方法趋向于标准曲线适用于较宽的样品浓度范围。在较宽的浓度跨度和有限的标准点的情况下,均匀的分布浓度点是最佳选择,这样在该标准曲线覆盖的浓度范围内,对于所有的浓度所提供的信息量都是相同的。

1.3.6 分析检验结果的处理

1.3.6.1 检验结果的表示方法

在食品分析检验中,检验结果的表示方法,常用被测组分的相对量,如质量分数 ω（%、g/100 g、mg/kg 等）、体积分数 φ（%）、质量浓度 ρ（g/100 mL、μg/L、μg/kg 等）。

1.3.6.2 有效数字及运算规则

（1）有效数字

在分析工作中实际能测量到的数字称为有效数字。食品理化检验中直接或间接测定的量在记录有效数字时，规定中允许数的末位欠准，可有 ±1 的误差，在测定值中只保留一位可疑数字。比如滴定管滴定体积的读数，能够准确读取 0.1 mL，而在读取的时候，应该估读 1 位，保留 2 位小数。

（2）有效数字修约规则

用"四舍六入五成双"规则舍去过多的数字。即当被修约数字小于等于 4 时，则舍；被修约数字大于等于 6 时，则入；被修约数字等于 5 且 5 后面全部为零时，若 5 前面为偶数（包括 0）则舍，为奇数时则入；当 5 后面还有不是零的任何数时，无论 5 前面是偶是奇皆入。

例如：将 1.234、1.236、1.235、1.345、1.3451 五个测量值修约至 0.01，则分别为 1.23、1.24、1.24、1.34、1.35。

（3）有效数字运算规则

在加减运算中，每个数及它们的和或差的有效数字的保留，应以小数点后面有效数字位数最少的为标准。在加减法中，因是各数值绝对误差的传递，所以结果的绝对误差必须与各数中绝对误差最大的那个相当。

例如：$0.123 + 1.23 + 12.3456 = ?$

3 个数中，1.23 中的 3 有 0.01 的误差，绝对误差最大。因此，所有数据应保留到小数点后 2 位。即：$0.12 + 1.23 + 12.35 = 13.70$。

在乘除法运算中，每个数及它们的积或商的有效数字的保留，应以每数中有效数字位数最少的为标准。在乘除法中，因是各数值相对误差的传递，所以结果的相对误差必须与各数中相对误差最大的那个相当。

例如：$0.123 \times 1.23 \times 12.3456 = ?$

3 个数中，0.123 和 1.23 的有效位数最少，即相对误差最大。因此，所有数据应保留到 3 位有效数字。即 $0.123 \times 1.23 \times 12.3 = 1.86$。

1.3.6.3 可疑测定值的取舍

在一组平行测定值中常常出现某一两个测定值比其余测定值明显的偏大或偏小，称为可疑值（离群值）。可疑值的取舍会影响结果的平均值，尤其当数据少时影响更大，因此在计算前必须对可疑值进行合理的取舍。如果确定知道此数据由实验差错引起，可以直接舍去。否则，应根据一定的统计学方法决定其取舍。取舍方法很多，在食品分析中，比较严格而又使用方便的是 Q - 检验法。Q - 检验法适合于测定次数 3～10 次时的检验。

$$Q = (x_1 - x_2)/W \tag{1-10}$$

式中：x_1——可疑值；

　　x_2——最接近 x_1 的那个值；

W——一组测定值中最大与最小的差值。

Q – 检验即用计算出的 Q 值与表 1 – 2 中数据进行比较,如果计算值大于表中的值,则可舍弃该值。这时的置信水平为 90% 。

表 1 – 2 结合取舍的 Q 值表

观察数目	Q 值取舍(90% 水平)	观察数目	Q 值取舍(90% 水平)
3	0.94	7	0.51
4	0.76	8	0.47
5	0.64	9	0.44
6	0.56	10	0.41

1.3.7 检验报告单的填写

1.3.7.1 原始记录的填写

原始记录是检测结果的体现,应如实地记录下来,并妥善保管,以备查验,因此,应做到:

①原始记录必须真实、齐全、清楚,记录方式应简单明了,可设计成一定的格式,内容包括来源、名称、编号、采样地点、样品处理方式、包装及保管状况、检验分析项目、采用的分析方法、检验日期、所用试剂的名称与浓度、称量记录、滴定记录、计算记录、计算结果等。

②原始记录本应统一编号、专用,用钢笔或圆珠笔填写,不得任意涂改、撕页、散失,有效数字的位数应按分析方法的规定填写。

③修改错误数字不得涂改,而应在原始数字上画一条横线表示消除,并由修改人签注。

④确知在操作过程中存在错误的检验数据,不论结果好坏,都必须舍去,并在备注栏中注明原因。

⑤原始记录应统一管理,归档保存,以备查检。

⑥原始记录未经批准,不得随意向外提供。

1.3.7.2 检验报告

①检验报告必须由考核合格的检验技术人员填报。

②检验结果必须经第二者复核无误后,才能填写报告单。

③检验报告单一式两份,其中正本提供给服务对象,副本留存备存。

检验报告内容应包括样品名称、生产厂家、样品批号、受检单位、样品来源、样品规格、样品数量、样品状态、到样日期、检验起止日期、检验结果、主检人员签字、复核人员签字、主管负责人签字、检验单位公章等。

检验报告单样式如下:

检验报告

No.   共　页第　页

产品名称		样品来源	
型号规格		送样者	
委托单位名称		样品状态	
委托单位地址		样品数量	
受检单位名称		抽样方法	
受检单位地址		到样日期	
检验起止日期		抽样地点	
执行标准			

检验项目	技术要求	检验结果	单项评定
检验结论			
		检验专用章:	
备注			

主检:
审核:
批准:

1.4　国内外食品分析标准简介

采用标准的分析方法,利用统一的技术手段,对于比较与鉴别产品质量,在各种贸易往来中提供统一的技术依据,提高结果的权威性具有重要的意义。

1.4.1　国内食品分析标准

根据《中华人民共和国标准化法》的规定,我国法定的分析方法有中华人民共和国国家标准(GB)、行业标准(农业标准 NY、水产标准 SC、商业标准 SB 等)、地方标准(DB)和企业标准。其中国家标准为仲裁法。按标准的性质分为强制性标准和推荐性标准。

1.4.2 国际食品分析标准

标准对于不同的国家,尤其是其国际竞争力的影响不尽相同。但对于国际间的贸易,采用国际标准则具有更为有效的普遍性。

从事食品及相关产品标准化的国际组织主要有:国际标准化组织(ISO)、食品法典委员会(CAC)、国际乳制品联合会(IDF)、国际葡萄与葡萄酒局(IWO)等,主要的国际区域性组织是欧洲标准化委员会(CEN)。随着世界经济一体化的发展和食品法典委员会卓有成效的工作,食品法典已经成为全球食品消费者、食品生产和加工者、各国食品管理机构和国际贸易最重要的基本参照标准。

1.4.2.1 食品法典委员会(CAC)及其法典标准

食品法典委员会(Codex Alimentarius Commission,CAC)是联合国粮农组织(FAO)和世界卫生组织(WHO)共同组建的专门从事食品标准化的机构。CAC 制定并向各成员国推荐的食品产品标准、农药残留限量、卫生与技术规范、准则和指南等,通称为食品法典。主要内容包括通用要求法典标准、食品中农药残留法典标准、食品中兽药残留——最大残留限量法典标准、分析方法与取样法典标准等共计 14 卷组成。各卷总的包括了一般准则、一般标准、定义、法(规)典、货物标准、分析方法、推荐性激素和标准等内容。食品法典所有标准,条例,指导和其他介绍都可以从网页上获得。

1.4.2.2 国际标准化组织(ISO)食品标准

国际标准化组织(International Organization for Standardization,ISO)是专门从事国际标准化活动的国际组织。下设许多专门领域的技术委员会(TC),其中 TC34 为农产食品技术委员会,TC34 主要制定农产食品各领域的产品分析方法标准。为了避免重复,凡 ISO 制定的产品分析标准都被 CAC 直接采用。

1.4.2.3 AOAC 国际(AOAC INTERNATIONAL)方法

AOAC 国际(前身为官方分析化学家协会和在此之前的官方农业化学家协会)是世界性的会员组织,其宗旨在于促进分析方法及相关实验室品质保证的发展及规范化。AOAC 国际不属于标准化组织,但它所记载的分析方法在国际上有很大的参考价值。上海市标准化研究院(SIS)收藏有 AOAC INTERNATIONAL 全套 29 种资料,其中与食品分析方法密切相关的包括:《官方分析方法》(*Official Methods of Analysis*)、《食品分析方法》(*Food Analysis*)、《营养成分微生物分析法》(*Methods for the Microbiological Analysis of Nutrient*)、《无机污染物的分析技术》(*Analytical Techniques for Inorganic Contaminants*)等。

1.5 食品分析的发展趋势

随着食品工业生产的发展和科学技术的进步,食品分析方法的发展非常迅速,大量快速和采用现代技术的检测方法不断出现,许多自动化分析技术已应用于食品分析中,这不仅缩短了分析时间、减少了人为的误差,而且大大提高了测定的灵敏度和准确度。目前,食品分析方法的发展趋势主要体现在以下几个方面。

1.5.1 食品分析方法仪器化、快速化

随着现代食品分析对分析速度的高要求,食品分析亟需简单化、快速化。近年来,许多先进的仪器分析方法,如高效液相色谱法(HPLC)、气相色谱法(GC)、气质联用(GC—MS)、液质联用(LC—MS)、原子吸收分光光度法(AAS)、紫外—可见分光光度法(UV－Vis)、毛细管电泳(CE)等在食品分析中得到了广泛的应用。在我国食品分析标准检验方法中,仪器分析方法所占的比例越来越大。随之催生了更多先进的样品前处理技术、方法,比如固相萃取(SPE)、固相微萃取(SPME)、分子印记(MIP)加速溶剂提取(ASE)、微波辅助萃取(MAE)、凝胶渗透色谱(GPC)等,这些新颖的前处理技术比常规的前处理方法省时省事,分离效率高。

1.5.2 新的测定项目和方法不断出现,更多生物技术引入食品分析

随着食品工业的繁荣,食品种类的丰富,人们对食品安全性及食品营养越来越重视,因此食品分析中新的测定项目和方法不断出现。传统的黄曲霉毒素的分析一般采用薄层层析法、高效液相色谱法,目前我国已经成功研制出黄曲霉毒素酶联免疫试剂盒。常用农药残留分析方法是气相色谱法,分析方法较复杂。目前国内外学者开发研制了多种农药残留的快速生物法测定方法。生物法采用的是生物材料,比较好的有活体生物测定法、分子生物学方法、生物化学测定法。活体生物测定法使用发光细菌或敏感性家蝇作为测定材料;分子生物学方法则采用免疫反应,如酶联免疫反应,使用特异性的酶联免疫试剂盒;生物化学测定法利用胆碱酯酶抑制原理,使用范围仅限于能抑制胆碱酯酶活性的农药。在食品微生物检验中,利用酶联免疫吸附法、聚合酶链式反应(PCR)技术将微生物学、分子化学、生物物理学免疫学、血清学等方面结合应用。

1.5.3 多学科技术融合,食品分析实现自动化

随着计算机技术的发展和普及,分析仪器的自动化成为食品分析的发展方向之一。使用自动化和智能化的分析仪器进行检验程序的设计、优化和控制、实验数据的采集和处理,使分析检验工作大大简化,并能处理大量的样品。例如,高效液相色谱仪、气相色谱仪、原子吸收分光光度计等设备均可配备自动进样器,样品含量的测定实现自动化,并可进行昼夜连续操作,完成检验工作;测定食品营养成分时,可以采用近红外自动测定仪,样品不需要进行预处理直接进样,通过计算机可迅速给出食品中水分、蛋白质、氨基酸、脂肪、碳水化合物等成分的含量。

近年来发展起来的多学科交叉技术——微全分析系统(Miniaturized Total Analysis System,μ—TAS),其目的是通过化学分析设备的微型化与集成化,最大限度地把分析实验室的功能转移到便携的分析设备中,甚至集成到方寸大小的芯片上,实现化学反应、分离检测的整体微型化、高通量和自动化。在几平方厘米的芯片上仅用微升或纳升级的样品和试剂,在很短的时间即可完成大量的检测工作。

1.5.4　无损分析和在线分析检测成主要趋势

传统离线的、破坏性的或侵入式的分析测试方法将逐步被淘汰,而在线的、非破坏的、非侵入式的、可以进行原位和实时测量的方法将备受青睐。比如近年来发展起来的近红外光谱分析技术,在水果、畜禽、鱼肉、牛奶、谷物及奶酪酒精发酵上的在线品质检测、监控上得到广泛应用。但目前大多数还只是在实验室范围内进行在线检测,形成真正的商业化产品的很少。在线检测研究中的应用模型大多为 PLS 或是神经网络模型,而这些模型都是抽象的,不可描述的。对可描述模型的研究以及可描述模型在在线检测中的应用还有所欠缺。随着计算机视觉技术与光谱分析技术应用的不断深入,光谱成像技术等实时在线、非侵入、非破坏的食品分析检测技术,将是现代食品分析检测技术发展的主要趋势。

总之,随着分析科学的不断发展,现代食品分析技术也在不断改进,许多学科的先进技术不断渗透到食品分析中来,形成了日益增多的分析检验方法和分析仪器设备。现代仪器分析技术、计算机视觉技术、食品物性力学、声学、电学检测技术、电子传感技术、生物传感技术、PCR 基因扩增技术以及免疫学检测技术等,将成为食品营养和食品安全检测更加灵敏、快速、可靠的现代食品分析技术。食品分析将逐步走向仪器化、自动化、多学科融合、无损在线分析检测。

1.6　食品分析相关学习网站

卫生部

http://www.moh.gov.cn/

卫生部卫生监督中心

http://www.jdzx.net.cn/

中国卫生标准管理

http://www.chsm.org.cn/

国家标准频道(中国最大的标准咨询服务网站)

http://www.chinagb.org/

食品伙伴网

http://www.foodmate.net/

食品法典委员会(CAC)

http://www.codexalimentarius.org/

国际标准化组织(ISO)

http://www.iso.org/iso/home.html

AOAC 国际

http://www.aoac.org/

思考题

1. 食品分析的任务是什么？

2. 食品分析主要研究什么内容？

3. 食品分析主要步骤分为哪几步？

4. 食品分析中采样的原则是什么？

5. 食品分析样品预处理方法有哪些？

6. 选择合适的食品分析方法需要考虑哪些方面的因素？

7. 要得到正确的分析结果,需考虑哪些方面因素？

第2章 食品的物理检验法

根据食品的相对密度、折光率、旋光度等物理常数与食品的组分及含量之间的关系进行检测的方法称为物理检验法。物理检验法是评价食品质量和进行生产过程监控的一类重要的方法,在食品分析及食品工业生产中广泛应用。

2.1 相对密度法

2.1.1 密度与相对密度

密度是指物质在一定温度下单位体积的质量,以符号 ρ 表示,其单位为(g/cm^3)。相对密度是指某一温度下物质的质量与同体积某一温度下水的质量之比,以符号 d 表示,是无因次量。

因为物质一般都具有热胀冷缩的性质(水在4℃以下是反常的),所以密度和相对密度的值都随温度的改变而改变。故密度应标示出测定时物质的温度,表示为 ρ_t,如 ρ_{20}。而相对密度应标示出测定时物质的温度及水的温度,表示为 $d_{t_2}^{t_1}$,如 d_4^{20},其中 t_1 表示物质的温度,t_2 表示水的温度。

密度和相对密度虽然含义不同,但两者之间有如下关系:

$$d_{t_2}^{t_1} = \frac{t_1 \text{ 温度下物质的密度}}{t_2 \text{ 温度下水的密度}} \tag{2-1}$$

某一液体在20℃时的质量与同体积纯水在4℃时的质量之比,称为真相对密度,以 d_4^{20} 表示。但在通常用密度瓶或密度天平测定液体的相对密度时,以测定溶液对同温度水的相对密度比较方便,通常测定液体在20℃时对水在20℃时的相对密度,以 d_{20}^{20} 表示。因为水在4℃时的密度比水在20℃时的密度大,故对同一溶液来讲 $d_{20}^{20} > d_4^{20}$,d_{20}^{20} 和 d_4^{20} 之间可以用下式换算:

$$d_4^{20} = d_{20}^{20} \times 0.99823 \tag{2-2}$$

式中:0.99823——水在20℃时的密度,g/cm^3。

同理,若要将 $d_{t_2}^{t_1}$ 换算为 $d_4^{t_1}$,可按下式计算:

$$d_4^{t_1} = d_{t_2}^{t_1} \times \rho_{t_2} \tag{2-3}$$

式中:ρ_{t_2}——表示温度 t_2 时水的密度,g/cm^3。

表2-1列出了不同温度下水的密度。

表2-1　水的密度和温度的关系

t/℃	密度/(g·cm⁻³)	t/℃	密度/(g·cm⁻³)	t/℃	密度/(g·cm⁻³)	t/℃	密度/(g·cm⁻³)
0	0.999868	9	0.999808	18	0.998622	27	0.996539
1	0.999927	10	0.999727	19	0.998432	28	0.996259
2	0.999968	11	0.999623	20	0.99823	29	0.995971
3	0.999992	12	0.999525	21	0.998019	30	0.995673
4	1.000000	13	0.999404	22	0.997797	31	0.995367
5	0.999992	14	0.999271	23	0.997565	32	0.995052
6	0.999968	15	0.999126	24	0.997323		
7	0.999929	16	0.99897	25	0.997071		
8	0.999876	17	0.998801	26	0.99681		

2.1.2　相对密度测定的意义

相对密度是物质重要的物理常数,各种液态食品都有其一定的相对密度,当因掺杂、变质等原因引起液态食品的组成成分及浓度发生变化时,其相对密度往往也随之发生改变。测定液态食品的相对密度可以检验食品的纯度、浓度和判断食品的质量。

蔗糖溶液的相对密度随溶液浓度的增加而增高,而酒的相对密度会随着酒精度的增加而减少,这些规律通过实验已经制定了溶液浓度与相对密度的对照表,只要测得了相对密度就可以由专用的表格上查出其对应的浓度。

对于果汁、番茄酱等这样的液态食品,测定相对密度并通过换算或查专用经验表格可以确定可溶性固体物或总固形物的含量。

正常的液态食品,其相对密度都在一定范围内。例如:全脂牛奶为 1.028 ~ 1.032(20℃/20℃),芝麻油为 0.9126 ~ 0.9287(20℃/4℃)。当因掺杂、变质等原因引起这些液体食品的组成成分发生变化时,均可出现相对密度的变化。如牛乳的相对密度与其脂肪含量、总乳固体含量有关,脱脂乳相对密度升高,掺水乳相对密度下降。油脂的相对密度与其脂肪酸的组成有关,不饱和脂肪酸含量越高,脂肪酸不饱和程度越高,脂肪的相对密度越高;游离脂肪酸含量越高、相对密度越低;酸败的油脂相对密度升高。因此,测定相对密度可初步判断食品是否正常以及纯净程度。需要注意的是当食品的相对密度异常时,可以肯定食品的质量有问题,当相对密度正常时,并不能肯定食品质量无问题,必须配合其他理化分析,才能确定食品的质量。总之,相对密度是食品生产过程中常用的工艺控制指标和质量控制指标。

2.1.3　液态食品相对密度的测定方法

测定液态食品相对密度的方法有密度瓶法、密度计法和密度天平(及韦氏天平Westphal Balance)法等,其中较常用的是前两种方法。密度瓶法测定结果准确,但费时;密度计法简单快捷,但测定结果准确性较差。

2.1.3.1　密度瓶法

（1）仪器

密度瓶是测定液体相对密度的专用精密仪器,是容积固定的玻璃称量瓶,其种类和规格有多种。常用的有带温度计的精密度瓶和带毛细管的普通密度瓶,见图 2－1。容积有 20 mL、25 mL、50 mL、100 mL 四种规格。常用的是 25 mL 和 50 mL 两种。

在规定温度 20℃时,用同一密度瓶分别称取等体积的样品溶液和蒸馏水的质量,两者之比即为该样品溶液的相对密度。

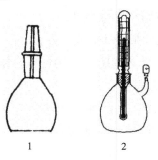

图 2－1　密度瓶
1—带毛细管的普通密度瓶　2—带温度计的精密密度瓶

（2）原理

密度瓶具有一定的容积,利用同一密度瓶在一定温度下,分别称取等体积的样品试液与蒸馏水,两者的质量之比,就是该样品试液的相对密度。

（3）测定方法

将带温度计的精密密度瓶洗干净,反复干燥和称重,直至恒重（m_0）。将煮沸 30 min 并冷却至约 15℃的蒸馏水注满带温度计的精密密度瓶中,装上温度计（瓶中应无气泡）,立即浸入（20 ± 0.1）℃的恒温水浴中,至密度瓶温度计达 20℃并保持 10~20 min 不变后,用滤纸快速吸去溢出侧管的液体,立即盖上侧管罩,取出密度瓶,用滤纸擦干瓶外壁上的水液,立刻称量（m_1）。

将密度瓶中水倾出,先用无水乙醇,再用乙醚冲洗密度瓶,吹干（或于烘箱中烘干）,用样液反复冲洗密度瓶 3~5 次,然后装满,重复上述操作,称重（m_2）。

按下式计算:

$$d_{20}^{20} = \frac{m_2 - m_0}{m_1 - m_0} \qquad (2-4)$$

$$d_4^{20} = d_{20}^{20} \times 0.99823 \qquad (2-5)$$

式中:m_0——空密度瓶质量,g;

　　m_1——密度瓶和水的质量,g;

　　m_2——密度瓶和样品的质量,g;

0.99823——20℃时水的密度,g/cm³。

（4）说明

①本法适用于测定各种液体食品的相对密度,特别适合于样品量较少的场合,对挥发性样品也适用,结果准确,但操作较繁琐。

②对于不同的样品,在20℃的恒温水浴中的操作条件是不同的。例如,用密度瓶法测定酒类的酒精度时,不同的酒类,样品在恒温水浴中达到20℃后保持的时间有不同的规定,白酒要求保持20 min,葡萄酒和果酒要求保持10 min,而啤酒保持5 min;植物油脂相对密度的测定,要求置于20℃恒温水浴中,经30 min 后取出。

③测定较黏稠样液时,宜使用具有毛细管的密度瓶。

④水及样品必须装满密度瓶,瓶内不得有气泡。

⑤拿取已达恒温的密度瓶时,不得用手直接接触密度瓶球部,以免液体受热流出。应带隔热手套取拿瓶颈或用工具夹取。

⑥水浴中的水必须清洁无油污,防止瓶外壁被污染。

⑦天平室温度不得高于20℃,以免液体膨胀流出。

2.1.3.2 密度计法

（1）仪器

密度计法是测定液体相对密度最便捷又实用的方法,只是准确度不如密度瓶法。密度计种类甚多,刻度也不一致。有的密度计附有温度计。密度计是根据阿基米德原理制成的,其种类很多,但结构和形式基本相同,都是由玻璃外壳制成。头部呈球形或圆锥形,里面灌有铅珠、水银或其他重金属,使其能立于溶液中,中部是胖肚空腔,内有空气故能浮起,尾部是一细长管,内附有刻度标记,刻度是利用各种不同密度的的液体标度的。食品工业中常用的密度计按其标度方法的不同,可分为普通密度计、锤度计、乳稠计、波美计等（图2 − 2）。

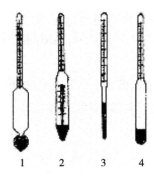

图2 − 2　各种密度计

1—普通密度计　2—附有温度计的糖锤度计　3、4—波美密度计

①普通密度计:普通密度计是直接以20℃时的密度值为刻度的。一套通常由几支组成,每支的刻度范围不同,刻度值小于1 的(0.700 ~ 1.000)称为轻表。用于测量比水轻的液体,刻度值大于1 的(1.000 ~ 2.000)称为重表,用来测量比水重的液体。

②锤度计:锤度计是专用于测定糖液浓度的密度计。它是以蔗糖溶液质量百分浓度为刻度的,以符号°Bx 表示。其刻度方法是以 20℃ 为标准温度,在蒸馏水中为 0°Bx,在 1% 蔗糖溶液中为 1°Bx(即 100 g 蔗糖溶液中含 1 g 蔗糖),以此类推。锤度计的刻度范围有多种,常用的有:0～6°Bx,5～11°Bx,10～16°Bx,15～21°Bx 等。

若测定温度不在标准温度(20℃),应进行温度校正。若测定温度高于 20℃,因糖液体积膨胀导致相对密度减小,即锤度降低,故应加上相应的温度校正值(见书后附表 1 观测锤度温度改正表)。反之,则应减去相应的温度校正值,例如:

在 17℃ 时观测锤度为 22.00°Bx 查附表 1 得校正值为 0.18 则标准温度 20℃ 时糖锤度为 22.00 − 0.18 = 21.82°Bx。

在 24℃ 时观测锤度为 16.00°Bx,查表得校正值为 0.24,则标准温度(20℃)时糖锤度为 16.00 + 0.24 = 16.24°Bx。

③乳稠计:乳绸计是专用于测定牛乳相对密度的密度计,测量相对密度的范围为 1.015～1.045。它是将相对密度减去 1.000 后再乘以 1000 作为刻度,以度(符号:数字右上角标"°")表示,其刻度范围为 15°～45°。使用时把测得的读数按上述关系可换算为相对密度值。乳稠计按其标度方法不同分为两种:一种是按 20°/4° 标定的,另一种是按 15℃/15℃ 标定的。两者的关系是:后者读数是前者读数加 2,即

$$d_{15}^{15} = d_4^{20} + 0.002。$$

使用乳稠计时,若测定温度不是标准温度,应将读数校正为标准温度下的读数。对于 20℃/4℃ 乳稠计,在 10～25℃ 范围内,温度每升高 1℃,乳稠计读数平均下降 0.2°,即相当于相对密度值平均减小 0.0002。故当乳温高于标准温度 20℃ 时,每高一度应在得出的乳稠计读数上加 0.2°,乳温低于 20℃ 时.每低 1℃ 应减去 0.2°。

例 1:16℃ 时 20℃/4℃ 乳稠计读数为 31°,换算为 20℃ 应为:

$$31 − (20 − 16) × 0.2 = 31 − 0.8 = 30.2$$

即牛乳的相对密度 $d_4^{20} = 1.0302$

或 $d_{15}^{15} = 1.0302 + 0.002 = 1.0322$

例 2:25℃ 时 20℃/4℃ 乳稠计读数为 29.8°,换算为 20℃ 应为:

$$29.8 + (25 − 20) × 0.2 = 29.8 + 1.0 = 30.8$$

即牛乳的相对密度 $d_4^{20} = 1.0308$

或 $d_{15}^{15} = 1.0308 + 0.002 = 1.0328$

更准确地校正应该使用书后附表 2。

④波美计:波美计是以波美度(以°Bé 表示)来表示液体浓度大小。按标度方法的不同分为多种类型,常用的波美计的刻度方法是以 20℃ 为标准,在蒸馏水中为 0°Bé;在 15% 氯化钠溶液中为 15°Bé;在纯硫酸(相对密度为 1.8427)中为 66°Bé;其余刻度等分。

波美计分为轻表和重表两种,分别用于测定相对密度小于 1 的和相对密度大于 1 的液

体。波美度与相对密度之间存在下列关系：

轻表：$^{\circ}B\acute{e} = \dfrac{145}{d_{20}^{20}} - 145$ 或 $d_{20}^{20} = \dfrac{145}{145 + {}^{\circ}B\acute{e}}$

重表：$^{\circ}B\acute{e} = 145 - \dfrac{145}{d_{20}^{20}}$ 或 $d_{20}^{20} = \dfrac{145}{145 - {}^{\circ}B\acute{e}}$

（2）测定方法

将混合均匀的被测样液沿筒壁徐徐注入适当容积的清洁量筒中，注意避免起泡沫。将密度计洗净擦干，缓缓放入样液中，待其静止后，再轻轻按下少许，然后待其自然上升，静止并无气泡冒出后，从水平位置读取与液平面相交处的刻度值，即为试样的相对密度。同时用温度计测量样液的温度，如测得温度不是标准温度，应对测得值加以校正。

（3）说明

①该法操作简便迅速，但准确性差，需要样液量多，且不适用于极易挥发的样品。

②操作时应注意不要让密度计接触量筒的壁及底部，待侧液中不得有气泡。

③读数时应以密度计与液体形成的弯月面的下缘为准。若液体颜色较深，不易看清弯月面下缘时，则以弯月面上缘为准。

2.2　折光法

均一物质的折射率跟相对密度、熔点、沸点一样，是其物理指标。通过测量物质的折光率来鉴别物质组成，确定物质的纯度、浓度及判断物质的品质的分析方法称为折光法。

2.2.1　基本概念

2.2.1.1　反射现象与反射定律

一束光线照射在两种介质的分界面上时，要改变它的传播方向，但仍在原介质上传播，这种现象叫光的反射，见图 2 - 3。光的反射遵守以下定律：

①入射线、反射线和法线总是在同一平面内，入射线和反射线分居于法线的两侧。

②入射角等于反射角。

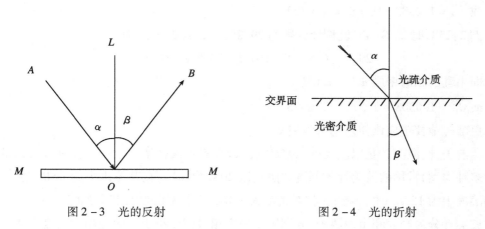

图 2 - 3　光的反射　　　　　　　　　图 2 - 4　光的折射

2.2.1.2　光的折射现象与折射定律

光线从一种介质(如空气)射到另一种介质(如水)时,除了一部分光线反射回第一种介质外,另一部分进入第二种介质中并改变它的传播方向,这种现象叫光的折射,见图 2 - 4。光的折射遵守以下定律:

①入射线、法线和折射线在同一平面内,入射线和折射线分居法线的两侧。

②无论入射角怎样改变,入射角正弦与折射角正弦之比,恒等于光在两种介质中的传播速度之比。

即:
$$\frac{\sin\alpha_1}{\sin\alpha_2} = \frac{v_1}{v_2} \qquad (2-6)$$

式中:v_1——光在第一种介质中的传播速度;

v_2——光在第二种介质中的传播速度。

将上式左边的分子和分母各乘以光在真空中的传播速度 c,经变换后得:
$$\frac{c}{v_1}\sin\alpha_1 = \frac{c}{v_2}\sin\alpha_2 \qquad (2-7)$$

光在真空中的速度 c 和在介质中的速度 v 之比,叫做介质的绝对折射率(简称折射率,折光率),以 n 表示,

即:
$$n_1 = \frac{c}{v_1} \qquad n_2 = \frac{c}{v_2} \qquad (2-8)$$

式中:n_1 和 n_2 分别为第一介质和第二介质的绝对折射率。

故折射定律可表示为:
$$n_1 \sin\alpha_1 = n_2 \sin\alpha_2,或\frac{\sin\alpha_1}{\sin\alpha_2} = \frac{n_2}{n_1} \qquad (2-9)$$

2.2.1.3　全反射与临界角

两种介质相比较,光在其中传播速度较大的叫光疏介质,其折射率较小;反之叫光密介质,其折射率较大。图 2 - 5 中 MM' 线的上部为光疏介质,下部为光密介质。当光线从光疏介质进入光密介质(如光从空气进入水中,或从样液射入棱镜中)时,因 $n_1 < n_2$,由折射定律可知折射角恒小于入射角,即折射线靠近法线;反之当光线从光密介质进入光疏介质(如从棱镜射入样液)时,因 $n_1 > n_2$,折射角恒大于入射角,即折射线偏离法线。在后一种情况下如逐渐增大入射角,折射线会进一步偏离法线,当入射角增大到某一角度,如图 2 - 5 中 4 的位置时,其折射线 4′恰好与 OM 重合,此时折射线不再进入光疏介质而是沿两介质的接界面 OM 平行射出,这种现象称为全反射。发生全反射的入射角称为临界角。

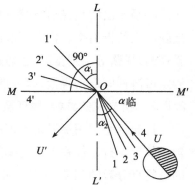

图 2 - 5　光的全反射

若光线从 $1' \sim 4'$ 范围内反向射入(即由样液射向棱镜,从 MO 位置射入的光线经折射后占有 OU 的位置,其他光线折射后都在 OU 的左面。结果 OU 左面明亮,右面完全黑暗,形成明显的黑白分界。利用这一现象,通过实验可测出临界角 $\alpha_{临}$。

因为发生全反射时折射角等于 $90°$,所以:

$$\frac{n_2}{n_1} = \frac{\sin\alpha_1}{\sin\alpha_2} = \frac{\sin 90°}{\sin\alpha_{临}}, \quad 即 \quad n_1 = n_2\sin\alpha_{临} \tag{2-10}$$

式中:n_2 为棱镜的折射率,是已知的。

因此,只要测得了临界角 $\alpha_{临}$ 就可求出被测样液的折射率 n_1。

2.2.2 测定折射率的意义

折射率是物质的一种物理性质。它是食品生产中常用的工艺控制指标,通过测定液态食品的折射率,可以鉴别食品的组成,确定食品的浓度,判断食品的纯净程度及品质。

蔗糖溶液的折射率随浓度增大而升高。通过测定折射率可以确定糖液的浓度及饮料、糖水罐头等食品的糖度,还可以测定以糖为主要成分的果汁、蜂蜜等食品的可溶性固形物的含量。

各种油脂具有其一定的脂肪酸构成,每种脂肪酸均有其特定的折射率。含碳原子数目相同时,不饱和脂肪酸的折射率比饱和脂肪酸的折射率大得多;不饱和脂肪酸分子量越大,折射率也越大;酸度高的油脂折射率低。因此测定折射率可以鉴别油脂的组成和品质。

正常情况下,某些液态食品的折射率有一定的范围,如正常牛乳乳清的折射率在 1.34199 ~ 1.34275 之间,当这些液态食品因掺杂、浓度改变或品种改变等原因而引起食品的品质发生了变化时,折射率常常会发生变化。所以测定折射率可以初步判断某些食品是否正常。如牛乳掺水,其乳清折射率降低,故测定牛乳乳清的折射率即可了解乳糖的含量,判断牛乳是否掺水。

必须指出的是:折光法测得的只是可溶性固形物含量,因为固体粒子不能在折光仪上反映出它的折射率。含有不溶性固形物的样品,不能用折光法直接测出总固形物。但对于番茄酱,果酱等个别食品,已通过实验编制了总固形物与可溶性固形物关系表,先用折光法测定可溶性固形物含量,即可查出总固形物的含量。

2.2.3 折光仪的结构、原理及使用方法

折光仪是利用临界角原理测定物质折射率的仪器。目前比较先进的是全自动数字式折光仪等。折光仪除了折射率的刻度尺外,通常还有一个直接表示出折射率相当于可溶性固形物百分数的刻度尺,使用很方便。其种类很多,食品工业中最常用的是阿贝折光仪和手提式折光仪。

2.2.3.1 折光仪的结构及原理

阿贝折光仪的结构如图 2 - 6 所示。其光学系统由观测系统和读数系统两部分组成,见图 2 - 7。

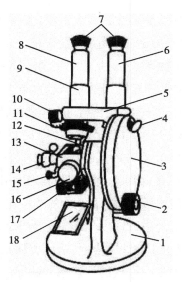

图 2-6　阿贝折光计

1—底座　2—棱镜调节旋钮　3—圆盘组(内有刻度板)　4—小反光镜　5—支架　6—读数镜筒

7—目镜　8—观察镜筒　9—分界线调节螺丝　10—消色凋节旋钮　11—色散刻度尺　12—棱镜锁紧扳手

13—棱镜组　14—温度计插座　15—恒温器接头　16—保护罩　17—主轴　18—反光镜

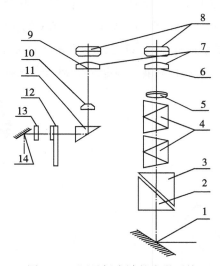

图 2-7　阿贝折光计的光学系统

1—反光镜　2—进光棱品　3—折射棱镜　4—色散补偿器　5、10—物镜　6、9—分划板　7、8—目镜

11—转向棱镜　12—刻度盘　13—毛玻璃　14—小反光镜

观测系统:光线由反光镜 1 反射,经进光棱镜 2、折射棱镜 3 及其间的样液薄层折射后射出。再经色散补偿器 4 消除由折射棱镜及被测样品所产生的色散,然后由物镜 5 将明暗分界线成像于分划板 6 上,经目镜 7、8 放大后成像于观测者眼中。

读数系统:光线由小反光镜 14 反射,经毛玻璃 13 射到刻度盘 12 上,经转向棱镜 11 及物镜 10 将刻度成像于分划板 9 上,通过目镜 7、8 放大后成像于观测者眼中。

光线在阿贝折光仪内进行的情况如图2-8所示。ABC和EFD是进光棱镜和折射棱镜的纵剖面图,∠C、∠D为90°,∠B、∠E为60°,其间是厚约0.15 mm的样液薄层。当光线L由进光棱镜I点射入到达AB液面时,由于被测样液的折射率不同,将有一部分光反射或全反射。若旋转棱镜使ION′等于临界角α$_临$,即产生全反射,则所有入射角小于临界角的光线(即图2-8中临界线IO左方的光线及与它们平行的光线)可折射进入样液层,然后通过折光棱镜投影到物镜K上,物镜把一组组平行光束(S、S′、S″及U、U′、U″等)汇集于视野XY,呈现光亮;所有入射角大于临界角的光线(即图2-8中临界线IO右方的光线及与它们平行的光线)发生全反射不能进入样液层,因而也不能达到视野XY,故显现黑暗。由此在视野中便出现了明暗两部分。

由于样液的浓度不同,折射率不同,故临界角的大小也不同。又因折射率与临界角成正比,故在刻度尺上直接刻上折射率或锤度(°Bx)值。当旋动棱镜调节旋钮(见图2-6中2)使视野内明暗分界线恰好通过十字线交点时,表示光线从棱镜射入样液的入射角达到了临界角,此时即可从读数镜筒中读取样液的折射率或锤度值。

阿贝折光仪也可在反射光中使用。使用时调整反光镜(见图2-6中18),不让光线进入进光棱镜,同时揭开折射棱镜的旁盖(见图2-6中16),使光线从折射棱镜的侧孔进入,此时只用折射棱镜,进光棱镜只作盖用,其光学原理如图2-9所示。当棱镜旋至光线入射角,ION达到临界角时,IO成为临界线,所有入射角大于ION的光线(即图2-9中IO线上方的光线及与它们平行的光线)发生全反射,产生明亮视野;所有入射角小于ION的光线(即图2-9中IO线下方的光线及与它们平行的光线)折射入样液层,只有一小部分反射,故视野比较暗。这样,在视野中便产生明暗分界。此方法适用于深色样液的测定,可以减少色散程度,使视野分界清晰。

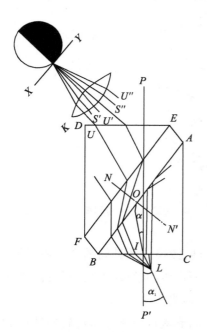

图2-8　阿贝折光仪的光路图

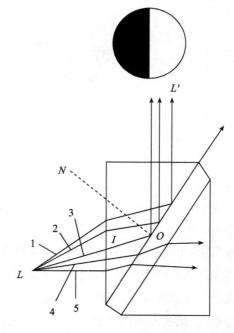

图2-9　阿贝折光仪在反射光中使用时的光路图

阿贝折光仪的性能:

折射率刻度范围 1.3000 ~ 1.7000,测量精确度 ± 0.0003,可测糖液的浓度范围为 0 ~ 95% (相当于折射率为 1.333 ~ 1.531),测定温度为 10 ~ 50℃内的折射率。

2.2.3.2　影响折射率测定的因素

(1)光波长的影响

物质的折射率因光的波长而异,波长较长折射率较小,波长较短折射率较大。测定时光源通常为白光。当白光经过棱镜和样液发生折射时,因各色光的波长不同,折射程度也不同,折射后分解成为多种色光,这种现象称为色散。光的色散会使视野明暗分界线不清,产生测定误差。

为了消除色散,在阿贝折光仪观测筒的下端安装了色散补偿器。它是由 2 块相同的阿米西棱镜组成。每个阿米西棱镜又由 2 块冕玻璃棱镜及其中间的一块成直角的燧石玻璃棱镜组成,其截面如图 2 - 10 所示。当调节消色旋钮(见图 2 - 6 中 10)时,2 个阿米西棱镜可同时反向转动。当两者处于图 2 - 10(a)的位置时,补偿色散的能力最大,从 L' 方向进入的色散光可复合成白光。当处于图 2 - 10(b)的位置时,两棱镜的作用相互抵消,整个补偿器不起作用。测定时根据白光通过折光棱镜和液层时产生的色散程度,调节消色旋钮,使 2 个阿米西棱镜处于图 2 - 10(a)、(b)之间的适当位置,即可消除色散。

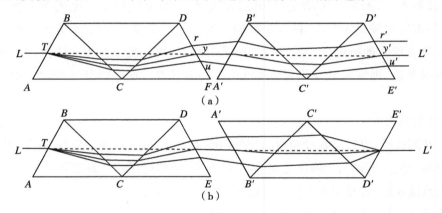

图 2 - 10　色散补偿器

(2)温度的影响

溶液的折射率随温度而改变,温度升高折射率减小;温度降低折射率增大。折光仪上的刻度是在标准温度 20℃下刻制的。所以最好在 20℃下测定折射率。否则,应对测定结果进行温度校正(见书后附表 3)。

2.2.3.3　阿贝折光仪的使用方法

(1)折光仪的校正

通常用测定蒸馏水折射率的方法进行校准,在 20℃下折光仪应表示出折射率为 1.33299 或可溶性固形物为 0%。若校正时温度不是 20℃应查出该温度下蒸馏水的折射率再进行核准。根据实验所得,温度在 10~30℃ 的蒸馏水的折射率如表 2-2 所示。

表 2-2　纯水在 10~30℃ 时的折光率

温度/℃	纯水折射率	温度/℃	纯水折射率
10	1.33371	21	1.33290
11	1.33363	22	1.33281
12	1.33359	23	1.33272
13	1.33353	24	1.33263
14	1.33346	25	1.33253
15	1.33339	26	1.33242
16	1.33332	27	1.33231
17	1.33324	28	1.33220
18	1.33316	29	1.33208
19	1.33307	30	1.33196
20	1.33299		

对于折射率读数较高的折光仪的校正,通常是用备有特制的具有一定折射率的标准玻璃块(仪器附件)校准。方法是:打开进光棱镜,在校准玻璃块的抛光面上滴一滴溴化萘.将其粘在折射棱镜表面上,使标准玻璃块抛光的一端向下,以接受光线。测得的折射率应与标准玻璃块的折射率一致。校准时若有偏差,可先使读数指示于蒸馏水或标准玻璃块的折射率值,再调节分界线调节螺丝(图 2-6 中 9),使明暗分界线恰好通过十字线交叉点。

(2)使用方法

①分开两棱镜,以脱脂棉球蘸取酒精擦净棱镜表面,挥干乙醇。滴加 1~2 滴样液于下面棱镜上面中央。迅速闭合两块棱镜,调节反光镜,使两镜筒内视野最亮。

②由目镜观察,转动棱镜旋钮,使视野出现明暗两部分。

③旋转色散补偿器旋钮,使视野中只有黑白两色。

④旋转棱镜旋钮,使明暗分界线在十字线交叉点。

⑤从读数镜筒中读取折射率或质量百分浓度。

⑥测定样液温度。

⑦打开棱镜,用水、乙醇或乙醚擦净棱镜表面及其他各机件。在测定水溶性样品后,用脱脂棉吸水洗净,若为油类样品,须用乙醇或乙醚、二甲苯等擦拭。

(3)仪器的维护

①仪器应放于干燥、空气流通的室内,防止受潮后光学零件发霉。

②仪器使用完毕后,必须做好清洁工作,并放入箱内,箱内应储有干燥剂防止湿气及灰尘侵入。

③严禁油手或汗手触及光学零件,如光学零件不清洁,先用汽油后用二甲苯擦干净。

④仪器应避免强烈振动或撞击,以防止光学零件损伤影响精度。

2.2.3.4　手提式折光仪简介

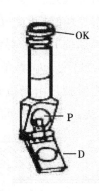

手提式折光仪的结构如图 2 - 11 所示,它由一个棱镜 P、一个盖板 D 及一个观测镜筒 OK 组成,利用反射光测定。其光学原理与阿贝折光仪相同。该仪器操作简单,便于携带,常用于生产现场检验。使用时打开棱镜盖板 D,用擦镜纸仔细将折光棱镜 P 擦净,取一滴待测糖液置于棱镜 P 上,将溶液均布于棱镜表面,合上盖板 D,将光窗对准光源,调节目镜视度圈 OK,使现场内分划线清晰可见,视场中明暗分界线相应读数即为溶液中糖的质量分数。手提折光计的测定范围通常为 0 ~ 90% ,其刻度标准温度为 20℃,若测量时在非标准温度下,则需进行温度校正。

图 2 - 11　手提折光仪

2.3　旋光法

应用旋光仪测量旋光性物质的旋光度以确定其浓度、含量及纯度的分析方法叫旋光法。

2.3.1　自然光与偏振光

光是一种电磁波,是横波,即光波的振动方向与其前进方向互相垂直。自然光有无数个与光的前进方向互相垂直的光波振动面。若光线前进的方向指向我们,则与之互相垂直的光波振动平面可表示为如图 2 - 12(a),图中箭头表示光波振动的方向。若使自然光通过尼可尔棱镜,由于尼可尔棱镜只能让振动面与尼可尔棱镜的光轴平行的光波通过,所以通过尼可尔棱镜的光只有一个与光的前进方向互相垂直的光波振动面,如图 2 - 12(b)。这种仅在一个平面上振动的光叫偏振光。

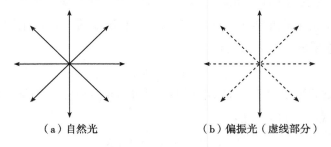

（a）自然光　　　　　　　（b）偏振光（虚线部分）

图 2 - 12　自然光与偏振光

2.3.2　偏振光的产生

产生偏振光的方法很多,通常是用尼可尔棱镜或偏振片。

把一块方解石的菱形六面体末端的表面磨光,使镜角等于 68°,将其对角切成两半,把切面磨成光学平面后,再用加拿大树胶粘起来,便成为一个尼可尔棱镜(见图 2 - 13)。由于方解石的光学特性,当自然光 L 射入棱镜中时,发生双折射,产生两道振动面互相垂直的平面偏振光。其中 MO 称为寻常光线,MP 称为非常光线。方解石对它们的折射率不同,对寻常光线的折射率是 1.658;对非常光线的折射率是 1.486。加拿大树胶对两种光线的折射率都是 1.55。寻常光线由方解石到加拿大树胶是由光密介质到光疏介质,因其入射角76°25′)大于临界角(69°12′),发生全反射而被涂黑的侧面吸收。非常光线由方解石到加拿大树胶是由光疏介质到光密介质,必将发生折射通过加拿大树胶,由棱镜的另一端面射出,从而产生了平面偏振光。

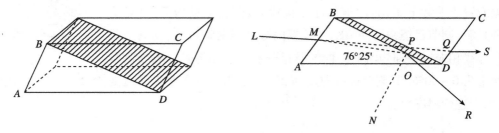

图 2-13 尼可尔棱镜

利用偏振片也能产生偏振光。它是利用某些双折射晶体(如电气石)的二色性,即可选择性吸收寻常光线,而让非常光线通过的特性,把自然光变成偏振光。

2.3.3 光学活性物质、旋光度与比旋光度

分子结构中有不对称碳原子,能把偏振光的偏振面旋转一定角度的物质称为光学活性物质。许多食品成分都具有光学活性,如单糖、低聚糖、淀粉以及大多数的氨基酸和羟酸等。其中能把偏振光的振动平面向右旋转的,称为"具有右旋性",以(+)号表示;反之,称为"具有左旋性",以(-)号表示。

偏振光通过光学活性物质的溶液时,其振动平面所旋转的角度叫做该物质溶液的旋光度,以 α 表示。旋光度的大小与光源的波长、温度、旋光性物质的种类、溶液的浓度及液层的厚度有关。对于特定的光学活性物质,在光源波长和温度一定的情况下,其旋光度 α 与溶液的浓度 c 和液层的厚度 L 成正比。

即:
$$\alpha = KcL \qquad (2-11)$$

当旋光性物质的浓度为 1 g/mL,液层厚度为 1 dm 时所测得的旋光度称为比旋光度,以 $[\alpha]_{\lambda}^{t}$ 表示。由式(2-11)可知:

$$[\alpha]_{\lambda}^{t} = K \times 1 \times 1 = K \qquad (2-12)$$

即:
$$[\alpha]_{\lambda}^{t} = \frac{\alpha}{Lc} \qquad (2-13)$$

式中:$[\alpha]_{\lambda}^{t}$——比旋光度,(°);

t——温度,℃;

λ——光源波长,nm;

α——旋光度,($^{\circ}$);

L——液层厚度或旋光管长度,dm;

c——溶液浓度,g/mL。

比旋光度与光的波长及测定温度有关。通常规定用钠光 D 线(波长 589.3 nm)在 20℃时测定,在此条件下,比旋光度用 $[\alpha]_D^{20}$ 表示。主要糖类的比旋光度见表 2-3。

因在一定条件下比旋光度 $[\alpha]_\lambda^t$ 是已知的,L 为一定,故测得了旋光度就可计算出旋光质溶液中的浓度 c。

表 2-3　糖类的比旋光度

糖类	$[\alpha]_D^{20}$	糖类	$[\alpha]_D^{20}$
葡萄糖	+52.5	乳糖	+53.3
果糖	-92.5	麦芽糖	+138.5
转化糖	-20.0	糊精	+194.8
蔗糖	+66.5	淀粉	+196.4

2.3.4　变旋光作用

具有光学活性的还原糖类(如葡萄糖,果糖,乳糖、麦芽糖等),在溶解之后,其旋光度起初迅速变化,然后渐渐变得较缓慢,最后达到恒定值,这种现象称为变旋光作用。这是由于有的糖存在两种异构体,即 α 型和 β 型,它们的比旋光度不同。这两种环型结构及中间的开链结构在构成一个平衡体系过程中,即显示出变旋光作用。因此,在用旋光法测定蜂蜜,商品葡萄糖等含有还原糖的样品时,样品配成溶液后,宜放置过夜再测定。若需立即测定,可将中性溶液(pH=7)加热至沸,或加几滴氨水后再稀释定容;若溶液已经稀释定容,则可加入碳酸钠干粉至石蕊试纸刚显碱性。在碱性溶液中,变旋光作用迅速,很快达到平衡。但微碱性溶液不宜放置过久,温度也不可太高,以免破坏果糖。

2.3.5　旋光计的结构及原理

2.3.5.1　普通旋光计

最简单的旋光计是由两个尼可尔棱镜构成,一个用于产生偏振光,称为起偏器;另一个用于检验偏振光振动平面被旋光质旋转的角度,称为检偏器。当起偏器与检偏器光轴互相垂直时,即通过起偏器产生的偏振光的振动平面与检偏器光轴互相垂直时,偏振光通不过去,故视野最暗,此状态为仪器的零点。若在零点情况下,在起偏器和检偏器之间放入旋光质,则偏振光振动平面被旋光质旋转,从而与检偏器光轴互成某一角度,使偏振光部分地或全部地通过检偏器,结果视野明亮。此时若将检偏器旋转一角度使视野最暗,则所旋角度即为旋光质的旋光度。实际上这种旋光计并无实用价值,因用肉眼难以准确判断什么是"最暗"状态。为克服这个缺点,通常在旋光汁内设置一个小尼可尔棱镜,使视野分为明暗两半,这就是,半影式旋光计(见图 2-14)。此仪器的终点不是视野最暗,而是视野两半圆的照度相等。由于肉眼较易识别视野两半圆光线强度的微弱差异,故能正确判断终点。

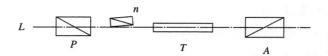

图 2 – 14　半影式旋光计示意图

光源 L 经起偏器 P 产生偏振光,然后进入小棱镜 n。n 的位置处于光路一侧,使偏振光只有一半通过 n,而另一半不通过 n。n 的光轴与 P 的光轴成 α 角,使通过 n 的那一半偏振光的偏振面发生了旋转且振幅减小,使整个偏振光分成了强度不同的两半。在仪器零点,检偏器 A 的光轴与 n 的光轴平行,这两部分光线通过 A 后,振幅大小相等,故视野两半圆明暗程度相同,如图 2 – 15(a)所示。图中 OP 为起偏器光轴,ON,OA(两者平行)分别为半棱镜和检偏器的光轴;OB 为起偏器产生的偏振光的振幅;OC 为通过半棱镜后偏振光的振幅;OD,OE(与 OC 相等),为通过检偏器后偏振光的振幅。

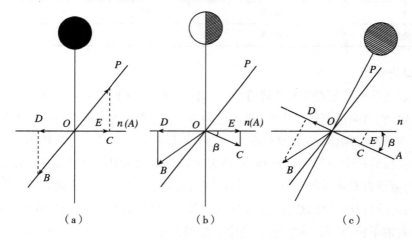

（a）　　　　　　　　　　（b）　　　　　　　　　　（c）

图 2 – 15　半影式旋光仪光学原理图

在零点的情况下,在光路中放入旋光质,则 OB 和 OC 被同等程地向左或向右旋转一个角度(如右旋 β 角),它们通过检偏器 A 后的振幅 OD、OE 不再相等,故视野两半圆明暗程度不同,如图 2 – 15(b)所示。此时旋转检偏器 A,使视野中两半圆明暗程度相等,如 2 – 15(c)所示,则检偏器 A 所旋转的角度即为该旋光质的旋光度。

当偏振白光通过旋光质时,不同波长的色光的偏振面旋转的角度有所不同,这种现象称为旋光色散。旋光色散会使旋光计视野不清,不能正确判断终点。为避免发生旋光色散,普通旋光计通常采用钠光灯作光源,它发出的光是单色黄光。

普通旋光计读数尺的刻度是以角度表示的。

2.3.5.2　检糖计

检糖计专用于糖类的测定。故刻度数值直接表示为蔗糖的百分含量(W/V),其测定原理与旋光计相同。在结构上有以下特点(图 2 – 16)。

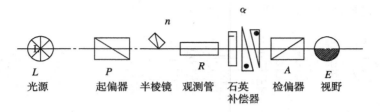

图 2 – 16　检糖计的基本光学元件

起偏器、半棱镜和检偏器都是固定不动的,三者的光轴之间所成的角度与半影式旋光计在零点时的情况相同。在检偏器前装有一个石英补偿器,它由一块左旋石英板和两块右旋石英楔组成,两边的石英片固定,中间的可上下移动,且与刻度尺相联系。移动中间的石英楔可调节右旋石英的总厚度。当右旋石英的厚度与左旋石英的厚度相等时,整个石英补偿器对偏振光无影响,偏振光进行情况与半影式旋光计在零点时的情况完全一样,视野两半圆的明暗程度相同,此为检糖计的零点。在零点的情况下,若在光路中放入左(或右)旋性糖液,则视野两半圆明暗程度会不同。这时可移动中间石英楔以增加(或减小)右旋石英的厚度,使整个补偿器为右(或左)旋,便可补偿糖液的旋光度,使视野两半圆明暗程度又变相同。根据中间石英楔移动的距离,在刻度尺上就反映出了糖液的旋光度。

检糖计的另一个特点是以白日光作为光源。这是利用石英和糖液对偏振白光的旋光色散程度相近这一性质。偏振白光通过左(或右)旋性糖液发生旋光色散后,再通过右(或左)旋性石英补偿器时又发生程度相近但方向相反的旋光色散。这样又产生了原来的偏振白光,尚存的轻微色散采用滤光片即可消除。所以检糖计可以采用白日光作光源。

检糖计读数尺的刻度是以糖度表示的。最常用的是国际糖度尺,以°S 表示。其标定方法是:在 20℃时,把 26.000 g 纯蔗糖配成 100 mL 的糖液,用 200 mm 观测管以波长 λ = 589.4400 nm 的钠黄光为光源测得的读数定为100°S。1°S 相当于 100 mL 糖液中含有 0.26 g 蔗糖。读数为 χ°S,表示 100 mL 糖液中含有 0.26χ g 蔗糖。

国际检糖计与旋光计的读数之间换算关系为:

1°S = 0.34626°; 1° = 2.888°S

2.3.5.3　WZZ – 2 型自动旋光仪简介

WZZ – 2 型自动旋光仪采用光电检测自动平衡原理进行自动测量,测量结果由数字显示。它既保持了 WZZ – 1 型自动指示旋光仪稳定可靠的优点,又弥补了它读数不方便的缺点,具有体积小、灵敏度高、没有人为误差、测定迅速及读数方便等特点,目前在食品分析中应用十分广泛。

仪器采用20W 钠光灯作光源,由小孔光栅和物镜组成一个简单的点光源平行光束(图 2 –17)。平行光源经起偏镜变为平面偏振光,其振动平面为 OO [图 2 –18(a)],当偏振光经过有法拉第效应的磁旋线圈时,其振动平面产生 50Hz 的 β 角往复摆动[图 2 –18(b)],

光线经过检偏镜投射到光电倍增管上,产生交变的电讯号。

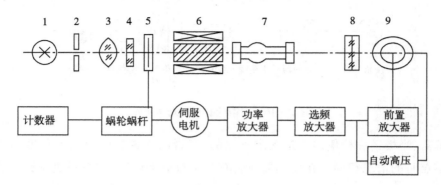

图 2-17　WZZ-2型自动旋光仪工作原理

1—光源　2—小孔光栅　3—物镜　4—滤色片　5—起偏镜　6—磁旋线圈　7—试样
8—检偏镜　9—光电倍增管

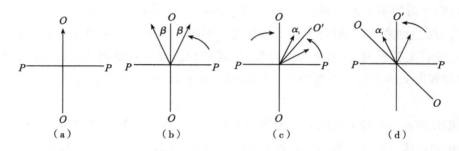

图 2-18　光电自动旋光仪中光的变化

以两偏振镜光轴正交时($OO \perp PP$)作为仪器零点,此时,$\alpha = 0°$。偏振光的振动平面因磁旋光效应产生的 β 角摆动,经过检偏镜后,光波振幅不等于零,因而在光电倍增管上产生微弱的光电流。在此情况下,若在光路中放入光学活性物质,它能使偏振光的振动平面旋转 α,经检偏镜后的光波振幅较大,在光电倍增管上产生的光电讯号也较强[图 2-18 (c)],光电讯号经前置选频功率放大器放大后,使工作频率为 50Hz 的伺服马达转动,通过蜗轮蜗杆把起偏镜反向转动 α,使仪器又回到零点状态,见图 2-18(d)。起偏镜旋转的角度即为光学活性物质的旋光度,可在计数器中直接显示出来。

思考题

1. 简述测定液态食品相对密度、折光率、旋光率的意义。

2. 简述密度瓶测定样液相对密度的基本原理和步骤,测定时应该注意哪些问题?

3. 密度计有哪些类型? 各有什么用途? 使用密度计时应注意什么问题?

4. 简述阿贝折光仪利用反射光测定样液浓度的基本原理,并用光路图表示。

5. 解释下列名词:偏振光、旋光活性物质、比旋光度、变旋光作用。

6. 简述旋光法测定样液浓度的基本原理。

第3章 水分的测定

3.1 食品中水分的测定

3.1.1 概述

水是维持动、植物和人类生存必不可少的物质之一。不同食品中水分含量的差异很大,在绝大多数食品中水分是一个重要的组成成分,如表3-1所示。

表3-1 部分食品的含水量

食品种类	近似含水量/%（湿基重量）	食品种类	近似含水量/%（湿基重量）
谷物食品、面包、通心粉		水果和蔬菜	
小麦面粉(整粒)	10.3	西瓜(未加工)	91.5
白面包(加料)	13.4	橙子(未加工,带皮)	86.8
玉米片	3.0	苹果(未加工,连皮)	83.9
椒盐饼干	4.1	葡萄(美国品种,未加工)	81.3
通心粉(干、加料)	10.2	葡萄干	15.4
乳制品		黄瓜(带皮,未加工)	96.0
牛乳(纯的、新鲜、脂肪含量3.3%)	88.0	马铃薯(未加工,新鲜带皮)	79.0
酸奶酪(清淡、低脂)	89.0	蚕豆(绿皮,未加工)	90.3
酪农干酪	79.3	肉、家禽和鱼	
切达干酪	37.5	牛肉(粉粹、瘦、生)	63.2
香草冰淇淋	61.0	鸡肉(用于烤与炸,生)	68.6
脂肪和油脂		有鳍鱼、鲽鱼(比目鱼类,生)	79.1
人造奶油	16.7	蛋(整蛋、生、新鲜)	75.3
黄油(含盐)	16.9	坚果	
大豆油(色拉或烹饪用)	0	核桃(黑色、干)	4.4
甜味剂		花生(所有种类、加盐干烤)	1.6
砂糖	0	花生酱(滑润、含盐)	1.2
红糖	1.6		
浓缩或过滤的蜂蜜	17.1		

了解食品中水分的含量,在分析前可以大约地预估一下水分含量有助于选择合适的检测方法。

食品中水分含量的测定常常是食品分析的重要项目之一。不同种类的食品,水分含量差别很大,控制食品的水分含量,关系到食品组织形态的保持,食品中水分与其他组分的平衡关系的维持,以及食品在一定时期内的品质稳定性等各个方面。例如,新鲜面包的水分含量若低于28%~30%,其外观形态干瘪,失去光泽;脱水蔬菜的非酶褐变可随水分含量的增加而增加;乳粉水分含量控制在2.5%~3.0%以内,可抑制微生物生长繁殖,延长保存期。此外,各种生产原料中水分含量高低,对于它们的品质和保存,进行成本核算,实行工艺监督,提高工厂的经济效益等均具有重大意义。

食品中的水常常以三种形式存在,即游离水、结合水和化合水。游离水是指存在于动植物细胞外各种毛细血管和腔体中的自由水;结合水是指形成食品胶体状态的结合水,如蛋白质、淀粉的水合作用和膨润吸收的水分及糖、盐等形成结晶的结晶水;化合水是指物质分子结构中与其他物质化合生成新的化合物的水,如碳水化合物中的水。前一种形式存在的水,易于分离,而后两种形态存在的水,不易分离。如果不加限制地长时间加热干燥,必然使食物变质,影响分析结果。所以要在一定的温度、一定的时间和规定的操作条件下进行测定,方能得到满意的结果。

水分测定法通常可分为直接法和间接法两类。

利用水分本身的物理性质和化学性质测定水分的方法,叫作直接法,如烘箱干燥法、红外干燥法、化学干燥法、蒸馏法和卡尔·费休法;利用食品的相对密度、折射率、电导、介电常数等物理性质测定水分的方法,叫作间接法。测定水分的方法要根据食品性质和测定目的来选定。

3.1.2 水分测定的方法

3.1.2.1 烘箱干燥法

在烘箱干燥法中,将样品在一定条件下加热,质量的损失被计算为样品的水分含量。水分含量测定值的大小与所用烘箱的类型、箱内的状况、干燥时间和干燥温度等密切相关。同时样品的颗粒大小、均匀程度、样品的量及表面积等都会直接影响干燥过程中水分去除的速度和效率。烘箱干燥法包括直接干燥法和减压干燥法。这种测定方法费时,但操作简便,应用范围较广。特别是减压干燥法常被当作标准法。

应用本法测定水分的样品应当符合下述三项条件:

①水分是唯一的挥发物质;

②水分的排除情况很完全;

③食品中其他组分在加热过程中由于发生化学反应而引起的质量变化可以忽略不计。

由于食品的组分极为复杂且多半含有胶态物质,要想把结合水完全排除是较为困难的。有时,加热温度已使样品炭化,而有些结合水依然无法除去,所以,烘箱干燥法实际上不可能测出食品中的真正水分。因为在食品干燥后,食品内部还残留一部分水分。可是,若用减压干燥法,测定结果比较接近真正水分,重现性也好。例如,许多生物材料中的水分大部分可以用一般烘干法除去,但是,驱除从中最后残留的1%的水,却十分困难;若采用减压干燥法,这些残留水就可以较快除去,且不易引起食品中其他组分的化学变化。烘箱干燥法的操作条件的选择要点如下。

操作条件选择主要包括:称样量,称量皿规格,干燥设备及干燥条件等。

①称样量:测定时称样数量一般控制在其干燥后的残留物质量在 1.5 ~ 3 g 为宜。对于水分含量较低的固态、浓稠态食品,将称样数量控制在 3 ~ 5 g,而对于果汁、牛乳等液态食品,通常每份样量控制在 15 ~ 20 g 为宜。

②称量皿:规格称量皿分为玻璃称量皿和铝质称量皿两种。前者能耐酸碱,不受样品性质的限制,故常用于干燥法。铝质称量皿质量轻,导热性强,但对酸性食品不适宜,常用于减压干燥法。称量皿规格的选择,以样品置于其中平铺开后厚度不超过皿高的 1/3 为宜。

③干燥设备:烘箱干燥法所采用的烘箱有常压烘箱、真空烘箱。最简便的是装有温度调节器的常压电热烘箱。它分为对流式或强力通风式,一般使用强力循环通风式,其温差小,风量较大,烘干大量试样时效率高,但质轻试样有时会飞散,若仅作测定水分含量用,最好采用风量可调节的烘箱。当风量减小时,烘箱上隔板 1/2 ~ 1/3 面积的温度能保持在规定温度上 1℃ 的范围内,即符合测定使用要求。温度计通常处于离上隔板 3 cm 的中心处,为保证测定温度较恒定,并减少取出过程中因吸湿而产生的误差,一批测定的称量皿最好为 8 ~ 12 个,并排列在隔板的较中心部位。真空烘箱通过温度和真空度来控制干燥,需要干燥的空气采用空气捕集器进行干燥,空气流量为(100 ~ 120 mL/min)。真空烘箱有两个特点有助于烘箱内温度的扩散,其一是门上有玻璃窗,这种玻璃窗是耐热钢化玻璃,通过它可以观察干燥过程,尽管从理论上讲,在干燥过程中不能清楚地观察某些样品的情况。其二是空气进入烘箱的方式,如果空气的进口安排在烘箱相对两边上,那么空气就会直接穿过整个箱体。一些新型烘箱在顶部和底部都开有进出口孔,在这种真空烘箱中,空气是从前面向上运动,再返回至出口排出,其作用是最大程度地减少了"冷点"存在,从而使内部空气中的水分能全部挥发。

④干燥条件:温度一般控制在 101 ~ 105℃,对热稳定的谷物等,可提高到 120 ~ 130℃ 范围内进行干燥;对含还原糖较多的食品应先用低温(50 ~ 60℃)干燥 0.5 h,然后再用 101 ~ 105℃ 干燥。干燥时间的确定有两种方法,一种是干燥到恒重,所谓恒重是指连续两次干燥放冷称重后的质量相差不大于 1 ~ 3 mg。另一种是规定一定的干燥时间,所谓规定干燥时间,是指在这个时间内样品内大部分水分已经被除去,而以后的干燥处理对测定结果改变很少;但是,具体时间应当经过试验来确定,操作条件比恒重法更严格。前者基本能保证水分蒸发完全;后者则以测定对象的不同而规定不同的干燥时间。比较而言,后者的准确度不如前者,故一般均采用恒重法,只有那些对水分测定结果准确度要求不高的样品,如各种饲料中水分含量的测定,才采用第二种方法。

3.1.2.2　直接干燥法

(1)原理

利用食品中水分的物理性质,在 101.3 kPa(1 个大气压),温度 101 ~ 105℃ 下采用挥发方法测定样品中干燥减失的重量,包括吸湿水、部分结晶水和该条件下能挥发的物质,再通过干燥前后的称量数值计算出水分的含量。

（2）适用范围

直接干燥法适用于在101～105℃下,不含或含其他挥发性物质甚微的谷物及其制品、水产品、豆制品、乳制品、肉制品及卤菜制品等食品中水分的测定,不适用于水分含量小于0.5 g/100 g的样品。

（3）试剂和材料

除非另有规定,本方法中所用试剂均为分析纯。

①盐酸:优级纯。

②氢氧化钠(NaOH):优级纯。

③盐酸溶液(6 mol/L):量取50 mL盐酸,加水稀释至100 mL。

④氢氧化钠溶液(6 mol/L):称取24 g氢氧化钠,加水溶解并稀释至100 mL。

⑤海砂:取用水洗去泥土的海砂或河砂,先用盐酸(6 mol/L)煮沸0.5 h,用水洗至中性,再用氢氧化钠溶液(6 mol/L)煮沸0.5 h,用水洗至中性,经105℃干燥备用。

（4）仪器和设备

①扁形铝制或玻璃制称量瓶。

②电热恒温干燥箱。

③干燥器:内附有效干燥剂。

④天平:感量为0.1 mg。

（5）样品制备

样品的制备方法常以食品种类及状态的不同而异。其处理方法对测定结果的影响很大。在采集、处理和保存过程中,要防止组分发生变化。

①固态样品:取有代表性的样品至少200 g,用研钵磨碎、研细,谷类约为18目,其他食品为30～40目,混合均匀;不易捣碎、研细的样品,用切碎机切成细粒。在磨碎过程中,要防止样品中水分含量变化。一般水分含量在14%以下时称为安全水分,即在实验室条件下进行粉碎过筛等处理,水分含量一般不会发生变化,但动作要迅速。对于面包之类水分含量大于16%的谷类食品,可采用二步干燥法。例如,将面包称重后,切成厚为2～3 mm的薄片,风干15～20 h,然后再次称重、磨碎、过筛,以烘箱干燥法测定水分。二步干燥法中,测定结果以式(3-1)表示:

$$X = \frac{m_1 - m_2 + m_2\left(\dfrac{m_3 - m_4}{m_3 - m_5}\right)}{m_1} \times 100 \qquad (3-1)$$

式中:X——试样中水分的含量,g/100g;

m_1——新鲜样品总质量,g;

m_2——风干后样品的质量,g;

m_3——干燥前样品与称量称瓶的质量,g;

m_4——干燥后样品与称量瓶的质量,g;

m_5——称量瓶质量,g。

二步干燥法所得分析结果的准确度比直接用一步法高,但费时更长。

②粉状样品:取有代表性的样品至少 200 g(如粉粒较大也应用研钵磨碎、研细),混合均匀,置于密闭玻璃容器内。

③半固体或液态样品:直接在高温下加热,会因沸腾而造成样品损失,宜先在水浴上浓缩然后用烘箱干燥。

④糖浆、甜炼乳等浓稠液体,一般要加水稀释。糖浆稀释液的固形物含量应控制在 20% ~30%,甜炼乳的稀释方法为:称取样品 25 g,加水定容到 100mL。

⑤浓稠态样品直接加热干燥,其表面易结硬壳焦化,使内部水分蒸发受阻,故在测定前,需加入精制海砂或无水硫酸钠,搅拌均匀,以防食品结块,同时增大受热与蒸发面积,加速水分蒸发,缩短分析时间。

⑥固液体样品按固、液体比例,取有代表性的样品至少 200 g,用组织捣碎机捣碎,混合均匀,置于密闭玻璃容器内。

⑦肉制品去除不可食部分,取具有代表性的样品至少 200 g,用绞肉机至少绞两次,混合均匀,置于密闭玻璃容器内。

(6)分析步骤

①固体试样:取洁净铝制或玻璃制的扁形称量瓶,置于 101 ~105℃ 干燥箱中,瓶盖斜支于瓶边,加热 1.0 h,取出盖好,置干燥器内冷却 0.5 h,称量,并重复干燥至前后两次质量差不超过 2 mg,即为恒重。将混合均匀的试样迅速磨细至颗粒小于 2 mm,不易研磨的样品应尽可能切碎,称取 2 ~10 g 试样(精确至 0.0001 g),放入此称量瓶中,试样厚度不超过 5 mm,如为疏松试样,厚度不超过 10 mm,加盖,精密称量后,置 101 ~105℃ 干燥箱中,瓶盖斜支于瓶边,干燥 2 ~4 h 后,盖好取出,放入干燥器内冷却 0.5 h 后称量。然后再放入 101 ~105℃ 干燥箱中干燥 1 h 左右,取出,放入干燥器内冷却 0.5 h 后再称量。并重复以上操作至前后两次质量差不超过 2 mg,即为恒重。

注:两次恒重值在最后计算中,取最后一次的称量值。

②半固体或液体试样:取洁净的称量瓶,内加 10 g 海砂及一根小玻棒,置于 101 ~105℃ 干燥箱中,干燥 1.0 h 后取出,放入干燥器内冷却 0.5 h 后称量,并重复干燥至恒重。然后称取 5 ~10 g 试样(精确至 0.0001 g),置于蒸发皿中,用小玻棒搅匀放在沸水浴上蒸干,并随时搅拌,擦去皿底的水滴,置于 101 ~105℃ 干燥箱中干燥 4 h 后盖好取出,放入干燥器内冷却 0.5 h 后称量。以下按①自"然后再放入 101 ~105℃ 干燥箱中干燥 1 h 左右……"起依法操作。

(7)分析结果的表述

试样中的水分的含量按式(3 -2)进行计算。

$$X = \frac{m_1 - m_2}{m_1 - m_3} \times 100 \tag{3-2}$$

式中:X——试样中水分的含量,g/100g;

m_1——称量瓶(加海砂、玻棒)和试样的质量,g;

m_2——称量瓶(加海砂、玻棒)和试样干燥后的质量,g;

m_3——称量瓶(加海砂、玻棒)的质量,g。

水分含量≥1 g/100 g时,计算结果保留3位有效数字;水分含量<1 g/100 g时,结果保留2位有效数字。

(8)精密度

在重复性条件下获得的两次独立测定结果的绝对差值不得超过算术平均值的5%。

(9)说明及注意事项

①此法为GB 5009.3—2010食品安全国家标准食品中水分的测定的第一法。

②在测定过程中,称量皿从烘箱中取出后,应迅速放入干燥器中进行冷却,否则,不易达到恒重。

③在水分测定中,恒重的标准一般定为1~3 mg,依食品种类和测定要求而定。

④干燥器内一般用变色硅胶做干燥剂,硅胶吸湿后效能会减低,故当硅胶蓝色减退或变红时,需及时换出,吸湿后的硅胶可置135℃左右烘2~3 h,使其再生后再用,硅胶若吸附油脂等后,去湿能力也会大大减低。

⑤本法耗时较长,且不适宜胶态、高脂肪、高糖食品及含有较的高温易氧化、易挥发物质的食品。

⑥果糖含量较高的样品,如水果制品、蜂蜜等,在高温下(>70℃)长时间加热,其果糖发生氧化分解作用而导致明显误差。故宜采用减压干燥法测定水分含量。

⑦含有较多氨基酸、蛋白质及羰基化合物的样品,长时间加热则会发生羰氨反应析出水分而导致误差。对此类样品宜采用其他方法测定水分含量。

⑧本法测得的水分还包括微量的芳香油、醇、有机酸等挥发性成分。对于含挥发性组分较多的样品,如香料油、低醇饮料等宜采用蒸馏法测定水分含量。

⑨测定水分后的样品,可供测脂肪、灰分含量用。

⑩本方法最低检出量为0.002 g,取样量为2 g,方法检出限为0.10 g/100 g;方法相对误差≤5%。

3.1.2.3 减压干燥法

(1)原理

利用食品中水分的物理性质,在达到40~53 kPa压力后加热至(60±5)℃,采用减压烘干方法去除试样中的水分,再通过烘干前后的称量数值计算出水分的含量。

(2)适用范围

减压干燥法的操作压力较低,水的沸点也相应降低,因此可以在较低温度下将水分蒸发完全。本方法适用于糖、味精等易分解的食品中水分的测定,以及含有不易除去结合水的食品。不适用于添加了其他原料的糖果,如奶糖、软糖等试样测定,同时该法不适用于水分含量小于 0.5 g/100 g 的样品。

(3)仪器和设备

①分析天平:感量为 0.1 mg。

②组织捣碎机。

③研钵玻璃或瓷质。

④绞肉机算孔径不超过 4 mm。

⑤铝皿具盖,内径 75～80 mm,高 30～35 mm。

⑥真空干燥箱及减压加热装置温控(60～110)℃±2℃。

⑦干燥器。

(4)样品制备

粉末和结晶试样直接称取;较大块硬糖经研钵粉碎,混匀备用。

(5)操作步骤

取恒重的称量瓶称取 2～10 g(精确至 0.0001 g)试样,放入真空干燥箱内,将真空干燥箱连接真空泵,抽出真空干燥箱内空气(所需压力一般为 40～53 kPa),并同时加热至所需温度(60±5)℃。关闭真空泵上的活塞,停止抽气,使真空干燥箱内保持一定的温度和压力,经 4 h 后,打开活塞,使空气经干燥装置缓缓通入至真空干燥箱内,待压力恢复正常后再打开。取出称量瓶,放入干燥器中 0.5 h 后称量,并重复以上操作至前后两次质量差不超过 2 mg,即为恒重。

(6)分析结果的表述

同直接干燥法。

(7)精密度

在重复性条件下获得的两次独立测定结果的绝对差值不得超过算术平均值的 10%。

(8)说明及注意事项

①此法为 GB 5009.3—2010 食品安全国家标准食品中水分的测定的第二法。本方法适用于胶状样品、高温下易热分解的样品和含水分多的样品。如未添加其他原料的糕点、食糖、糖果、巧克力、味精、麦乳精及高脂肪食品等的水分含量测定。由于采取较低的加热温度,可防止含糖高的试样在高温下脱水炭化;可防止含脂肪高的试样中的脂肪在高温下氧化;也可防止含高温易分解成分的试样在高温下氧化分解而影响测定结果。

②减压干燥法选择的压力一般为 40～53 kPa,温度为 50～60℃。但实际应用时可根据样品性质及干燥箱耐压能力的不同而调整压力和温度,如 AOAC 法中咖啡的干燥条件为:3.3 kPa 和 98～100℃;乳粉:13.3 kPa 和 100℃;干果:13.3 kPa 和 70℃;坚果和坚果制品:13.3 kPa 和 95～100℃;糖和蜂蜜:6.7 kPa 和 60℃。

③第一次使用的铝皿要反复烘干两次,每次置于调节到规定温度的干燥箱内干燥 1～

2 h,然后移至干燥器内冷却 45 min,称重(精确到 0.1 mg)。第二次以后使用时,通常可采用前一次的恒重值。试样为谷粒时,如小心使用可重复使用 20~30 次,而其质量值保持不变。

④减压干燥时,自干燥箱内部压力降至规定真空度时起计算干燥时间,一般每次烘干时间为 2 h,但有的样品需 5 h;恒重一般以减量不超过 0.5 mg 时为标准,但对受热后易分解的样品则可以以不超过 1~3 mg 的减量值为恒重标准。

⑤如果被测样品中含有大量的挥发物质,应考虑使用校正因子来弥补挥发量。

⑥在真空条件下热量传导不是很好,因此称量皿应该直接置放在金属架上以确保良好的热传导。

⑦蒸发是一个吸热过程,要注意由于多个样品放在同一烘箱中会导致箱内温度降低影响蒸发。但不能通过升温来弥补冷却效应,否则样品在最后干燥阶段可能会产生过热现象。

⑧干燥时间取决于样品的总水分含量、样品的性质、单位质量的表面积、是否使用海砂以及是否含有较强持水能力和易分解的糖类和其他化合物等因素。一般通过实验结果来决定干燥时间,以得到良好的重现性。

3.1.2.4 蒸馏法

(1)原理

基于两种互不相溶的液体二元体系的沸点低于各组分的沸点这一事实,在试样中加入与水互不相溶的有机溶剂(如甲苯或二甲苯等),将食品中的水分与甲苯或二甲苯共沸蒸出,冷凝并收集馏液,由于密度不同,馏出液在接收管中分层,根据馏出液中水的体积,即可计算出样品中水分含量。

(2)适用范围

本方法适用于含较多挥发性物质的食品如油脂、香辛料等水分的测定,不适用于水分含量小于 1 g/100 g 的样品。

(3)仪器和设备

①水分测定器:如图 3-1 所示(带可调电热套)。水分接收管容量 5 mL,最小刻度值 0.1 mL,容量误差小于 0.1 mL。

②天平:感量为 0.1 mg。

(4)分析步骤

准确称取适量试样(应使最终蒸出的水在 2~5 mL,但最多取样量不得超过蒸馏瓶的 2/3),放入 250 mL 锥形瓶中,加入新蒸馏的甲苯(或二甲苯)75 mL,连接冷凝管与水分接收管,从冷凝管顶端注入甲苯,装满水分接收管。

加热慢慢蒸馏,使每秒的馏出液为两滴,待大部分水分蒸出后,加速蒸馏约每秒 4 滴,当水分全部蒸出,接收管内的水分体积不再增加时,从冷凝管顶端加入甲苯冲洗。如冷凝管壁附有

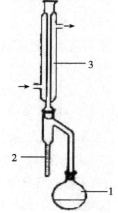

图 3-1 水分测定器

1—250 mL 蒸馏瓶 2—水分接收管,有刻度 3—冷凝管。

水滴,可用附有小橡皮头的铜丝擦下,再蒸馏片刻至接收管上部及冷凝管壁无水滴附着,接收管水平面保持 10 min 不变为蒸馏终点,读取接收管水层的容积。

（5）分析结果的表述

试样中水分的含量按式（3 – 3）进行计算：

$$X = \frac{V}{m} \times 100 \qquad (3-3)$$

式中：X——试样中水分的含量,mL/100 g（或按水在 20℃ 的密度 0.99820 g/mL 计算质量）；

　　V——接收管内水的体积,mL；

　　m——试样的质量,g。

以重复性条件下获得的 2 次独立测定结果的算术平均值表示,结果保留 3 位有效数字。

（6）精密度

在重复性条件下获得的 2 次独立测定结果的绝对差值不得超过算术平均值的 10%。

（7）说明及注意事项

①此法为 GB 5009.3—2010 食品安全国家标准食品中水分的测定的第三法。

②为了尽量避免水分接收管和冷凝管壁附着水滴,仪器必须洗涤干净。水分测定器的清洗：水分测定器每次使用前必须用重铬酸钾—硫酸洗涤液充分洗涤,用水反复冲洗干净之后烘干。

③样品用量一般谷类、豆类约 20 g,鱼、肉、蛋、乳制品 5 ~ 10 g,蔬菜、水果约 5 g。

④对不同的食品,可以使用不同的有机溶剂进行蒸馏。一般大多数香辛料使用甲苯做蒸馏剂,其沸点为 110.7℃；对于高温易分解样品,则用苯做蒸馏溶剂（纯苯沸点 80.2℃,水苯沸点则为 69.25℃）,但蒸馏的时间需延长；测定奶酪的含水量时用正戊醇 + 二甲苯（129 ~ 134℃）的 1 + 1 混合溶剂；己烷用于测定辣椒类、葱类、大蒜和其他含有大量糖的香辛料的水分含量。

⑤一般加热时要用石棉网,加热温度不宜太高,温度太高时冷凝管上端水汽难以全部回收。如果样品含糖量高,用油浴加热较好。蒸馏时间一般为 2 ~ 3 h。样品不同蒸馏时间各异。

⑥样品为粉状或半流体时,先将瓶底铺满干净海沙,再加入样品和蒸馏剂。

⑦所用甲苯必须无水,可将甲苯经过氯化钙或无水硫酸钠吸水,过滤蒸馏,弃取最初馏液,收集澄清透明溶液即为无水甲苯。

⑧为了尽量避免水分接收管和冷凝管壁附着水滴,仪器必须洗涤干净。

3.1.2.5　卡尔·费休法

卡尔·费休（ Karl. Fischer）法,简称费休法或滴定法,是碘量法在非水滴定中的一种应用,对于测定水分最为专一,也是测定水分最为准确的化学方法,1977 年首次通过为 AOAC

方法。

（1）原理

费休法的基本原理是基于有定量的水参加的 I_2 和 SO_2 的氧化还原反应：

$$I_2 + SO_2 + 2H_2O \longrightarrow H_2SO_4 + 2HI$$

上述反应是可逆的。当硫酸浓度达 0.05% 以上时，即能发生逆反应，要使反应顺利地向右进行，需要加入适当的碱性物质以中和反应过程中生成的硫酸。经实验证明，采用吡啶（ C_5H_5N ）做溶剂可满足此要求，此时反应进行如下。

$$C_5H_5N \cdot I_2 + C_5H_5N \cdot SO_2 + C_5H_5N + H_2O \longrightarrow 2C_5H_5N\begin{smallmatrix}H\\|\\I\end{smallmatrix} + C_5H_5N\begin{smallmatrix}SO_2\\|\\O\end{smallmatrix}$$

碘吡啶　　　亚硫酸吡啶　　　　　　　　　氢碘酸吡啶　　硫酸吡啶

生成的硫酸吡啶很不稳定，能与水发生副反应，消耗一部分水而干扰测定。

$$C_5H_5N\begin{smallmatrix}SO_2\\|\\O\end{smallmatrix} + H_2O \longrightarrow C_5H_5N\begin{smallmatrix}H\\|\\SO_4H\end{smallmatrix}$$

若有甲醇存在，则硫酸可生成稳定的甲基硫酸氢吡啶。

$$C_5H_5N\begin{smallmatrix}SO_2\\|\\O\end{smallmatrix} + CH_3OH \longrightarrow C_5H_5N\begin{smallmatrix}H\\|\\SO_4H \cdot CH_3\end{smallmatrix}$$

于是促使测定水的滴定反应得以定量完成。

由此可见，滴定操作所用的滴定剂是碘（ I_2 ）、二氧化硫（ SO_2 ）、吡啶（ C_5H_5N ）及甲醇（ CH_3OH ）按一定比例组成的混合溶液，此溶液称为卡尔·费休试剂。

费休法的滴定总反应式可写为：

$$I_2 + SO_2 + 3C_5H_5N + CH_3OH + H_2O \longrightarrow 2C_5H_5N \cdot HI + C_5H_5N \cdot HSO_4CH_3$$

从上式可以看到，1mol 水需要与 1mol 碘、1mol 二氧化硫和 3mol 吡啶及 1mol 甲醇反应而产生 2mol 氢碘酸吡啶和 1mol 甲基硫酸氢吡啶，各试剂用量摩尔比应为 $I_2 : SO_2 : C_5H_5N = 1 : 1 : 3$ ，但实际使用的卡尔·费休试剂，其中的二氧化硫、吡啶和甲醇都是过量的，其摩尔比为 $I_2 : SO_2 : C_5H_5N = 1 : 3 : 10$ 。若以甲醇作溶剂，该卡尔·费休试剂的浓度每 1mL 相当于 3.5mg 水。

卡尔·费休试剂的有效浓度取决于碘的浓度。新鲜配制的试剂，其有效浓度会不断降低，这是由于试剂中各组分本身也含有水分。可是，试剂浓度的降低的主要原因是由于一些副反应引起的。它消耗了一部分碘。

例如：

$$C_5H_5N \cdot I_2 + C_5H_5N \cdot SO_2 + C_5H_5N + 2CH_3OH \longrightarrow C_5H_5N\begin{smallmatrix}SO_4CH_3\\|\\CH_3\end{smallmatrix} + 2C_5H_5N \cdot HI$$

为此,新配制的卡尔·费休试剂,混合后需要放置一定时间后才能使用,同时,每次使用前均应标定。

卡尔·费休试剂的浓度可用纯水、甲醇水标准试剂和二水合酒石酸钠来标定,由于该法为微量测定,因此使用纯水作标准时会产生较大的误差,使用厂商提供的甲醇水标准试剂较为保险,一般为每 mL 溶剂中含 1 mg 水,如果储存期过长,则会随着吸附大气中的水分而发生改变。二水合酒石酸钠($Na_2C_4H_4O_6 \cdot 2H_2O$)是标定卡尔·费休试剂的最主要的标准物。此化合物非常稳定,在实验室的各种条件下水分含量都是 15.66%,是首选的标准试剂。

使用二水合酒石酸钠时卡尔·费休试剂对水的滴定度 T 的计算:

$$T(mg\ H_2O/mL) = \frac{36g\ H_2O/mol\ Na_2C_4H_4O_6 \cdot 2H_2O \times m \times 1000}{230.08\ g/mol \times V} \quad (3-4)$$

式中:T——卡尔·费休试剂对水的滴定度,mg H_2O/mL;

m——二水合酒石酸钠的质量,mg;

V——滴定二水合酒石酸钠所用的卡尔·费休试剂体积,mL。

当已知卡尔·费休试剂对水的滴定度 T 后,样品含水量的计算如下:

$$水分(\%) = \frac{T \times V \times 100}{m} \quad (3-5)$$

式中:T——卡尔·费休试剂对水的滴定度,mg/mL;

V——滴定样品所用的卡尔·费休试剂体积,mL;

m——样品的质量,mg。

卡尔·费休法滴定操作中可用容量法和库仑法两种方法确定终点。

容量法中,二氧化硫和碘置于密封容器内加至样品中以防止大气湿度的影响(图 3-2)。测定的碘是作为滴定剂加入的,滴定剂中碘的浓度是已知的,当用费休试剂滴定样品达到化学计量点时,再过量1滴,费休试剂中的游离碘即会使体系呈现浅黄或微弱的黄棕色,根据消耗滴定剂的体积,计算消耗碘的量,从而计量出被测物质水的含量。据此即作为终点而停止滴定,此法适用于水分含量大于 1.0×10^{-3} g/100 g 的样品,由其产生的终点误差不大。

库仑法测定的碘是通过化学反应产生的,只要电解液中存在水,所产生的碘就会和水以1:1的关系按照化学反应式进行反应。当所有的水都参与了化学反应,过量的碘就会在电极的阳极区域形成,反应终止,其装置如图 3-3。具体做法是将两枚相似的微铂电极插在被滴样品溶液中,给两电极间施加 10~25 mV 电压,在开始滴定直至化学计量点前,因体系中只存留碘化物而无游离碘,电极间的极化作用使外电路中无电流通过(即微安表指针始终不动),而当过量1滴费休试剂滴入体系后,由于游离碘的出现使体系变为去极化,则溶液开始导电,外路有电流通过,微安表指针偏转至一定刻度并稳定不变,即为终点,此法更适宜于测定深色样品及水分含量大于 1.0×10^{-5} g/100 g 的样品及含微量、痕量水分的样品。

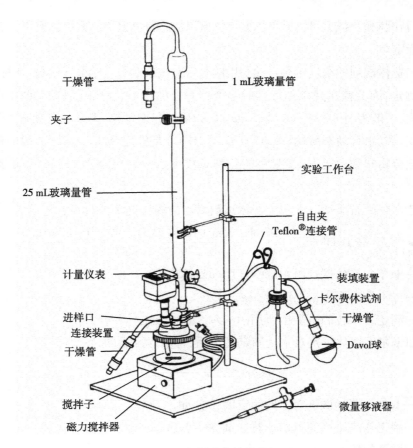

图3-2　卡尔费休滴定装置

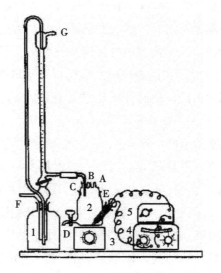

图3-3　卡尔·费休水分测定装置

1—自动滴定瓶　2—反应瓶　3—电磁搅拌器　4—库仑法确定终点的电学系统　5—检流计　A、B—氮气进出口　C—进样口

D—废液排出口　E—铂金电极的磨口插口　F—鼓气口　G—通大气口　}均需连接装有硅胶的干燥塔

（2）适用范围

卡尔·费休法广泛地应用于各种液体、固体及一些气体样品中微量水分含量的测定，均能得到满意的结果。在很多场合，此法也常被作为痕量水分（mg/kg 级）的标准分析方法。在食品分析中，采用适当的预防措施后，此法能用于含水量从 1 mg/kg 到接近 100% 的样品的测定，已应用于面粉、砂糖、人造奶油、巧克力、油脂、可可粉、糖蜜、脱水果蔬、糖果、茶叶、乳粉、炼乳及香料等食品中的水分测定，结果的准确度优于直接干燥法，也是测定脂肪和油品中痕量水分的理想方法。

（3）仪器和试剂

①卡尔·费休滴定装置自动或半自动的，配有搅拌器。

②无水甲醇：要求其含水量在 0.05% 以下。按图 3-4 装好仪器，量取甲醇约 200 mL，置于干燥圆底烧瓶中，加光洁镁条（或镁屑）15 g 与碘 0.5 g，接上冷凝装置，冷凝管的顶端和接受器支管上要装上无水氯化钙干燥管，以防空气中水的污染。加热回流至金属镁开始转变为白色絮状的甲醇镁，再加入甲醇 800 mL，继续回流至镁条溶解。分馏，收集 64~65℃ 馏出的甲醇，用干燥的吸滤瓶作接受器。在加热回流和蒸馏时，冷凝管的顶端和接受器支管上要装置氯化钙干燥管。甲醇有毒，处理时应避免吸入其蒸汽。

③无水吡啶：要求含水量在 0.1% 以下。可用下法脱水：取吡啶 200 mL，置于干燥的蒸馏瓶中，加苯 40 mL，加热蒸馏。收集 110~116℃ 馏出的吡啶。

图 3-4 回流装置

④碘：将固体碘置于硫酸干燥器内干燥 48 h 以上。

⑤无水硫酸钠。

⑥硫酸。

⑦二氧化硫：采用钢瓶装的二氧化硫或用硫酸分解亚硫酸钠而制得。

⑧5A 分子筛。

⑨水—甲醇标准溶液：每毫升含 1 mg 水，准确吸取 1 mL 水注入预先干燥的 1000 mL 容量瓶中，用无水甲醇稀释至刻度，摇匀备用。

⑩卡尔·费休试剂：称取 85 g 碘于干燥的 1 L 具塞的棕色玻璃试剂瓶中，加入 670 mL 无水甲醇，盖上瓶塞，摇动至碘全部溶解后，加入 270 mL 吡啶混匀，然后置于冰水浴中冷却，通入干燥的二氧化硫气体 60~70 g，通气完毕后塞上瓶塞，放置暗处至少 24 h 后使用。

卡尔·费休试剂的标定：预先加入 50 mL 无水甲醇于水分测定仪的反应器中，接通仪器电源，启动电磁搅拌器，先用卡尔·费休试剂滴入甲醇中使其尚残留的痕量水分与试剂作用达到计量点，即为微安表的一定刻度值（45 μA 或 48 μA），并保持 1 min 内不变（不记录卡尔·费休试剂的消耗量）。然后用 10 μL 的微量注射器从反应器的加料口（橡皮塞住）缓缓注入 10 μL 的蒸馏水［相当于 10 mg 水，可先用天平称量校正，亦可用减量法滴瓶称取 10 mg 水（精确至 0.0001 g）于反应器中]，此时微安表指针偏向左边接近零点，用卡尔·费休试剂滴定至原定终点，记录卡尔·费休试剂消耗量。

卡尔·费休试剂对水的滴定度 T（mg/mL）按下式计算：

$$T = \frac{M}{V} \qquad\qquad (3-6)$$

式中：T——卡尔·费休试剂的滴定度，mg/mL；

M——水的质量，mg；

V——滴定水消耗的卡尔·费休试剂的用量，mL。

（4）操作步骤

对于固体样品，要尽量粉碎，使之均匀。不易粉碎的试样可切碎。如糖果等必须事先粉碎均匀，视各种样品含水量不同，一般每份被测样品中含水 20~40 mg 为宜。准确称取 0.30~0.50 g 样品置于称样瓶中。

在水分测定仪的反应器中加入 50 mL 无水甲醇，使其完全淹没电极，并用卡尔·费休试剂滴定 50 mL 甲醇中的痕量水分，滴定至微安表指针的偏转程度与标定卡尔·费体试剂操作中的偏转情况相当，并保持 1 min 不变时（不记录试剂用量），打开加料口迅速将称好的试样加入反应器中，立即塞上橡皮塞，开动电磁搅拌器使试样中的水分完全被甲醇所萃取，用卡尔·费体试剂滴定至原设定的终点并保持 1 min 不变，记录试剂的用量（mL）。

（5）分析结果的表述

$$水分（\%） = \frac{T \times V}{m \times 1000} \times 100 = \frac{T \times V}{10 \times m} \qquad\qquad (3-7)$$

式中：T——卡尔·费休试剂对水的滴定度，mg/mL；

V——滴定所消耗的卡尔·费休试剂体积，mL；

m——样品的质量，g。

水分含量≥1 g/100 g 时，计算结果保留 3 位有效数字；水分含量 <1 g/100 g 时，计算结果保留 2 位有效数字。

（6）精密度

在重复性条件下获得的两次独立测定结果的绝对差值不得超过算术平均值的 10%。

（7）说明及注意事项

①对于不易溶解的试样，应采用对滴定杯进行加热或加入已测定水分的其他溶剂辅助溶解后用卡尔·费休试剂滴定至终点。建议采用库仑法测定时，试样中的含水量应大于 10 μg，容量法应大于 100 μg。对于某些需要较长时间滴定的试样，需要扣除其漂移量。

漂移量的测定：

在滴定杯中加入与测定样品一致的溶剂，并滴定至终点，放置不少于 10 min 后再滴定至终点，两次滴定之间的单位时间内的体积变化即为漂移量（D）。

结果计算：

固体试样中水分的含量按式(3-8),液体试样中水分的含量按式(3-9)进行计算:

$$X = \frac{(V_1 - D \times t) \times T}{M} \times 100 \tag{3-8}$$

$$X = \frac{(V_1 - D \times t) \times T}{V_2 \rho} \times 100 \tag{3-9}$$

式中:X——试样中水分的含量,g/100 g;

V_1——滴定样品时卡尔·费休试剂体积,mL;

T——卡尔·费休试剂的滴定度,g/ mL;

M——样品质量,g;

V_2——液体样品体积,mL;

D——漂移量,mL/min;

t——滴定时所消耗的时间,min;

ρ——液体样品的密度,g/ mL。

②此法为 GB 5009.3—2010 食品安全国家标准食品中水分的测定的第四法。本方法为测定食品中微量水分的方法。如果食品中含有氧化剂、还原剂、碱性氧化物、氢氧化物、碳酸盐、硼酸等,都会与卡尔·费休试剂所含的组分起反应,干扰测定。

③固体样品细度以 40 目为宜,以确保水分能完全萃取。最好用破碎机处理而不用研磨机,以防水分损失另外,粉碎样品时保证其含水量均匀也是获得准确分析结果的关键。

④5A 分子筛供装入干燥塔或干燥管中干燥氮气或空气使用。

⑤无水甲醇及无水吡啶宜加入无水硫酸钠保存。

⑥空气湿度会对测定造成影响。外界空气不允许进入反应室。

⑦玻璃仪器壁上易吸附水分,所用玻璃仪器必须充分干燥。

⑧试验表明,卡尔·费休法测定糖果样品的水分等于烘箱干燥法测定的水分加上干燥法烘过的样品再用卡尔·费体法测定的残留水分,由此说明卡尔·费休法不仅可测得样品中的自由水,而且可测出其结合水,即此法所得结果能更客观地反映出样品总水分含量。

3.1.2.6　红外线干燥法

(1)原理

以红外线灯管作为热源,利用红外线的辐射热加热试样,高效快速地使水分蒸发,根据干燥前后质量差即可求出样品水分含量。

红外线干燥法是采用热渗透至样品内部的方式进行干燥,与采用热传导和对流方式的普通烘箱相比,热渗透至样品中蒸发水分所需要的干燥时间能显著缩短。因此,红外线干燥法是一种水分快速测定方法,但相比之下,其精密度较差,作为简易法用于测定 2~3 份样品的大致水分,或快速检验在一定允许偏差范围内的样品水分含量。一般测定一份试样需 10~30 min(依样品种类不同而异),所以,当试样份数较多时,效率反而降低。

（2）仪器

红外线水分测定仪有多种型号,在此介绍一种直读式简易红外线水分测定仪,此仪器由红外线灯和架盘天平两部分组成。如图3-5所示。

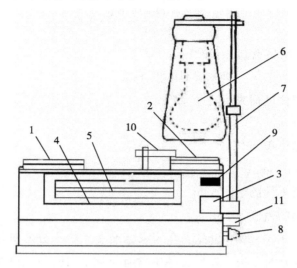

图3-5　简易红外线水分测定仪

1—砝码盘　2—试样皿　3—平衡指针　4—水分指针　5—水分刻度　6—红外线灯管　7—灯管支架

8—调查节水分指针的旋钮　9—平衡刻度盘　10—温度计　11—调节温度的旋钮

（3）操作步骤

准确称取适量(3~5 g)试样在样品皿上摊平,在砝码盘上添加与被测试样质量完全相等的砝码使达到平衡状态。调节红外灯管的高度及其电压(能使得试样在10~15 min 内干燥完全为宜),开启电源,进行照射,使样品的水分蒸发,此时样品的质量则逐步减轻,相应地刻度板的平衡指针不断向上移动,随着照射时间的延长,指针的偏移越来越大,为使平衡指针回到刻度板零点位置,可移动装有重锤的水分指针,直至平衡指针恰好又回到刻度板零位,此时水分指针的读数即为所测样品的水分含量。

（4）说明及注意事项

①市售红外线水分测定仪有多种形式。但基本上都是先规定测得结果与标准法(如烘箱干燥法)测得结果相同的测定条件后再使用。即使备有数台同一型号的仪器,也需通过测定已知水分含量的标准样进行校正。更换灯管后,也要进行校正。

②试样可直接放入试样皿中,也可将其先放在铝箔上称重,再连同铝箔一起放在试样皿上。黏性、糊状的样品放在铝箔上摊平即可。

③调节灯管高度时,开始要低,中途再升高;调节灯管电压则开始要高,随后再降低。这样既可防止试样分解,又能缩短干燥时间。

④必须注意干燥的样品不能有燃烧或出现表面结成硬皮的现象。

⑤根据测定仪的精密度与方法本身的准确程度,分析结果精确到0.1%即可。

3.1.2.7　快速微波干燥法

微波法测定水分含量始于 1956 年,最初应用于建材,以后推广至造纸、食品、化肥、煤炭、纤维、石化等部门的各种粉末状、颗粒状、片状及黏稠状的样品中水分含量测定,此法为 AOAC 法,1985 年通过,现已广泛应用于工业过程的在线分析,且通过采用微波桥路及谐振腔等方法可测定 mg/kg 级的水分。市面上有各种直接用于食品的水分分析的微波水分测定仪销售。

（1）原理

微波是指频率范围为 $1 \times 10^3 \sim 3 \times 10^5$ MHz(波长为 0.1～30 cm)的电磁波。当微波通过含水样品时,因微波能把水分从样品中驱除而引起样品质量的损耗,在干燥前和干燥后用电子天平读数来测定质量差,并且用数字百分读数的微处理机将质量差换算成水分含量。

（2）仪器

微波水分分析仪仪器最低检出量为 0.2 mg 水分。水分/固体范围为 0.1%～99.9%,读数精度为 0.01%,包括自动配衡的电子天平,微波干燥系统和数字微处理机。

（3）样品制备

①奶酪:将块状样品切成条状,通过食品切碎机切 3 次,也可将样品放在食品切碎机内捣碎,或切割成很细,再充分混匀。对于含奶油的松软白奶酪或类似奶酪,在低于 15℃取 300～600 g,放入高速均质器的杯子中,按得到均质混合物的最少时间进行均质。最终温度不应超过 25℃。这需要经常停顿均质器,并用小勺将奶酪舀回到搅刀之中再开启均质器。

②肉和肉制品:为了防止制备样品时和随后的操作中样品水分的损失,样品不能太少。磨碎的样品要保存在带盖、不漏气、不漏水的容器中。分析用样品的制备如下。

a. 新鲜肉、干肉、腿肉和熏肉等尽可能剔去所有骨头,迅速通过食品切碎机 3 次(切碎机出口板的孔径≤3 mm)。一定要将切碎的样品充分混匀。

b. 罐装肉将罐内所有的内容物按 a. 的方法通过食品切碎机或斩拌机。

c. 香肠从肠衣中取出内容物,按 a. 的方法通过食品切碎机或斩拌机。

③番茄制品:番茄汁取 4 g;番茄浓汤(固形物为 10%～15%)取 2 g;番茄酱(固形物达 30%以上)用水按下列方法之一进行 1+1 稀释,在微型杯搅拌机中搅拌,在密闭瓶中振摇,用橡胶刮铲搅混后,取 2 g 稀释样。

（4）操作步骤

将带有玻璃纤维垫和聚四氯乙烯的平皿置于微波炉内部的称量器上,去皮重后调至零点。将 10.00 g 样品均匀涂布于平皿的表面,在聚四氯乙烯圈上盖以玻璃纸,将平皿放在微波炉膛内的称量台上。关上炉门,将定时器定在 2.25 min,电源定在 74% 单位。启动检测器,当仪器停止后,直接读取样品水分的百分含量。

定期地按样品分析要求进行校正,当一些样品所得值超过 2 倍标准偏差时,才有必要进行调整,调整时间和电源使之保持相应的值。

（5）说明及注意事项

①本法是近年发展的新技术,适用于奶酪、肉及肉制品、番茄制品等食品中水分含量的测定。

②对于不同品种的食品,时间设定与能量比率均有不同:奶酪食品,电源能量定为74%单位,定时器定在2.25 min;肉及肉制品,电源微波能量定于80% ~ 100%单位,定时为3 ~ 5 min;加工番茄制品,电源微波能量定于100%单位,定时为4 min。

③对于某些不同种类的食品,需要附加调整系数来取得准确的结果数据。例如,熟香肠,混合肉馅,腌、熏、烤等方法加工处理过的熟肉,系数为0.05%。

3.1.2.8 微波烘箱干燥法

微波烘箱干燥法在它的发展初期,就被认为是水分测定的一个巨大突破,它是第一次尝试准确而快速地测定水分的方法。在食品工业中,部分食品在包装之前可利用该法快速测定食品在生产的过程中的水分含量,并据此加以调整。例如在加工干酪时,在原料倒入容器之前,可利用此法分析其组分,并在搅拌进行之前调整成分,以后的几个月都应用微波烘箱干燥法来有效地控制水分。该法的众多应用都表明,使用者必须对照AOAC真空烘箱分析方法来确定所需要的微波能量。微波干燥法也有一些难以解决的困难,即样品必须放置在中央,并且要均匀分布,否则微波的能量会导致样品中某一点已经烧焦,而其他地方却还加热不足等问题。另一种类型的真空微波烘箱正在得以应用,它一次能容纳三个平行样品或三个不同的样品。其干燥10 min的效果相当于在100℃的真空烘箱中干燥5 h的测定效果,而且也同时具有其他微波烘箱的功能。实践证明微波干燥法有足够的准确性可用于食品水分含量的常规测定。

3.1.2.9 化学干燥法

化学干燥法就是将某种对于水蒸气具有强烈吸附作用的化学药品与含水样品同装入一个干燥容器(如普通玻璃干燥器或真空干燥器)中,通过等温扩散及吸附作用而使样品达到干燥恒重,然后根据干燥前后样品的质量差即可计算出其水分含量。

本法一般在室温进行,需要较长的时间,如数天、数周甚至数月时间。用于干燥(吸收水蒸气)的化学药品叫干燥剂,主要包括五氧化二磷、氧化钡、高氯酸镁、氢氧化钾(熔融)、氧化铝、硅胶、硫酸(100%)、氧化镁、氢氧化钠(熔融)、氧化钙、无水氯化钙、硫酸(95%)等,它们的干燥效率依次降低,鉴于价格等原因,虽然1975年AOAC已推荐前三种为最实用的干燥剂,但常用的则为浓硫酸、固体氢氧化钠、硅胶、活性氧化铝、无水氯化钙等。该法适宜于对热不稳定及含有易挥发组分的样品(如茶叶、香料等)中的水分含量测定。

3.1.2.10 介电容量法

介电容量法是根据样品的介电常数与含水率有关,以含水食品作为测量电极间的充填介质,通过电容的变化实现对食品水分含量的测定的一种方法。由于水的介电常数(80.37,20℃)比其他大部分溶剂都要高,所以可用介电容量法来进行水分的测定。例如:

介电容量法常用于谷物中水分含量的测定,这是根据水的介电常数是 80.37,而蛋白质和淀粉的介电常数只有 10。在检测样品时,可以根据仪器的读数从预先制作好的标准曲线上得到水分含量的测定值。

样品的密度、温度等因素对介电容量法的影响较大,因此测定时要充分考虑。用该方法测定水分含量的仪器需要使用已知水分含量的样品(标准方法测定)来进行校准。介电容量法的测量速度快,对于需要进行质量控制而要连续测定的加工过程非常有效,但该方法不大适用于检测水分含量低于 30% ~35% 的食品。

3.1.2.11　电导率法

电导率法的原理是当样品中水分含量变化时,可导致其电流传导性随之变化,因此通过测量样品的电阻来测定样品中的水分含量,就成为一种具有一定精确度的快速分析方法。根据欧姆定律:电流强度等于电压与电阻之比。例如:含水量为 13% 的小麦的电阻是含水量为 14% 的小麦电阻的 7 倍,是含水量为 15% 的小麦电阻的 50 倍。

在用电导率法测定样品时,必须要保持温度的恒定,而且每个样品的测定时间必须恒定为 1 min。

3.1.2.12　红外吸收光谱法

红外线一般指波长 0.75 ~1000 μm 的光,红外波段范围又可进一步分为三部分:

①近红外区,0.75 ~2.5 μm;

②中红外区,2.5 ~25 μm;

③远红外区,25 ~1000 μm。

其中,中红外区是研究、应用最多的区域,水分子对三个区域的光波均具有选择吸收作用。

红外光谱法是根据水分对某一波长的红外光的吸收强度与其在样品中含量存在一定的关系而建立起来的一种水分测定方法。

日本、美国和加拿大等国已将近红外吸收光谱法应用于谷物、咖啡、可可、核桃、花生、肉制品(如肉馅、腊肉、火腿等)、巧克力酱、牛乳、马铃薯等样品的水分测定;中红外光谱法则已被用于面粉、脱脂乳粉及面包中的水分测定,其测定结果与卡尔·费休法、近红外光谱法及减压干燥法一致;远红外光谱法可测出样品中大约 0.05% 水分含量。总之,红外光谱法准确、快速、方便,存在深远的研究和广阔的应用前景。

测定食品中水分的方法还有:气相色谱法、声波和超声波法、直流和交流电导率法、介电容量法、核磁共振波谱法等。

3.2　食品中水分活度值的测定

3.2.1　水分活度值的测定意义

在前面几节里,我们将食品中的水分按其存在状态分为 3 种,但实际上除了自由水以外,其余水分都是以不同程度的束缚状态存在。同时我们还介绍了许多水分测定的方法,但单纯的水分含量并不是表示食品稳定性的可靠指标。因为食品在存放过程中,经常会有腐败现象发生,其原因固然与食品中的水分含量有关,但腐败程度并不与其成正相关,因为相同含水量的食品却有不同的腐败变质现象。这种现象在一定程度上是由于水分与食品中的其他成分结合强度的不同造成的。

为了更好地定量说明食品中的水分状态,更好地阐明水分含量与食品保藏性能的关系,引入了水分活度(Water Activity)这个概念。

根据平衡热力学定律,水分活度可定义为:溶液中水的逸度(Fugacity)与纯水逸度之比值,即:

$$A_w = \frac{f}{f_0} \tag{3-10}$$

式中:A_w——水分活度;

f——溶剂(水)的逸度(逸度是溶剂从溶液中逃脱的趋势);

f_0——纯溶剂(水)的逸度。

在低压(如室温)时,f/f_0 与 p/p_0 之间的差别小于1%。若要求两者相等,前提条件是,体系是理想溶液并且存在热力学平衡,但食品体系一般不符合上述2个条件,因此水分活度可近似地表示为溶液中水蒸气分压与纯水蒸汽压之比:

$$A_w \approx \frac{p}{p_0} = \frac{ERH}{100} \tag{3-11}$$

式中:p——溶液或食品中的水分蒸汽分压,一般说来,p 随食品中易蒸发的自由水含量的增多而加大;

p_0——为纯水的蒸汽压,可从有关手册中查出;

ERH——是平衡相对湿度(Equilibrium Relative Humidity),它是指食品中水分蒸发达到平衡时,即单位时间内脱离食品的水的物质的量等于返回食品的水的物质的量的时候,食品上方恒定的水蒸气分压与在此温度下水的饱和蒸汽压的比值(乘以100用整数表示)。

水分含量、水分活度值、相对湿度是不同的3个概念。水分含量是指食品中水的总含量,即一定量的食品中水的质量分数。水分活度反应食品中水的存在状态,即水分与其他非水组分的结合程度或游离程度。结合程度越高,则水分活度值越低;结合程度越低,则水分活度值越高。在同种食品中一般水分含量越高,其水分活度值越大,但不同种食品即使水分含量相同水分活度往往也不同。相对湿度指的却是食品周围的空气状态。

测定食品的水分活度往往有着重要的意义,主要从以下两方面来考虑。

第一,水分活度影响着食品的色、香、味和组织结构等品质。食品中的各种化学、生物化学变化对水分活度有一定的要求。例如:酶促褐变反应对于食品的质量有着重要意义,它是由于酚氧化酶催化酚类物质形成黑色素所引起的。随着水分活度的减少,酚氧化酶的活性逐步降低;同样,食品内的绝大多数酶,如淀粉酶、过氧化物酶等,在水分活度低于0.85的环境中,催化活性便明显地减弱,但脂酶除外,它在 A_w 为0.3甚至0.1时还可以保留活性;非酶促褐变反应——美拉德反应也与水分活度有着密切关系,当水分活在 0.6 ~ 0.7 之间时,反应达到最大值;维生素 B_1 的降解在中高水分活度条件下也表现出了最高的反应速度。另外,水分活度对脂肪的非酶氧化反应也有较复杂的影响。这些例子都说明了水分活度值对食品品质有着重要的影响。

第二,水分活度影响着食品的保藏稳定性。在食品中,微生物赖以生存的水分主要是自由水,食品内自由水含量越高,水分活度越大,从而使食品更容易受微生物的污染,保藏稳定性也就越差。A_w 反映了食品与水的亲和能力程度,它表示了食品中所含的水分作为微生物化学反应和微生物生长的可用价值。在各类微生物中,细菌对水分活度的要求最高,$A_w > 0.9$ 时才能生长;其次是酵母菌,A_w 的阈值是 0.87;再次是霉菌,大多数霉菌在 A_w 为 0.8 时就开始繁殖。食品的水分活度的高低是不能按其水分含量来考虑的。例如,金黄色葡萄球菌生长要求的最低水分活度为 0.86,而相当于这个水分活度的水分含量则随不同的食品而异,如牛肉为 23%,乳粉为 16%,干燥肉汁为 63%,所以按水分含量多少难以判断食品的保存性,只有测定和控制水分活度才对食品保藏性具有重要意义。

利用食品中水分活度原理,控制其中的水分活度,就可以提高产品质量、延长食品的保藏期。例如:为了保持饼干、爆米花和薯片的脆性,为了避免颗粒蔗糖、乳粉和速溶咖啡的结块,必须使这些产品的水分活度保持在适当低的条件下;水果软糖中的琼脂、主食面包中添加的乳化剂、糕点生产中添加的甘油等不仅调整了食品的水分活度,而且也改善了食品的质构、口感并延长了保质期。所以,在食品检验中水分活度的测定是一个重要的项目。

3.2.2　食品中水分活度值测定的方法

食品水分活度的检验方法很多,如蒸汽压法、电湿度计法、附感敏器的湿动仪法、溶剂萃取法、扩散法、水分活度测定仪法和近似计算法等。一般常用的是水分活度测定仪法(A_w 测定仪法)、溶剂萃取法和扩散法。水分活度测定仪法操作简便,能在较短时间得到结果。

水分活度测定的方法主要有:康卫氏皿扩散法和水分活度仪扩散法。

3.2.2.1　康卫氏皿扩散法

(1)原理

在密封、恒温的康卫氏皿中,试样的自由水与水分活度(A_w)较高和较低的标准饱和溶液相互扩散,达到平衡后,根据试样质量的变化量,求得样品的水分活度。

(2)适用范围

适用于预包装谷物制品类、肉制品类、水产制品类、蜂产品类、薯类制品类、水果制品类、蔬菜制品类、乳粉、固体饮料等食品水分活度的测定。不适用于冷冻和含挥发性成分的食品。当食品水分活度范围在 0.00 ~ 0.98 时,该方法测定结果非常准确,但是步骤繁多,耗时长,且需专业人员操作。

(3)仪器和试剂

①仪器和设备

a. 康卫氏皿(带磨砂玻璃盖):见图 3 - 6。

b. 称量皿:直径35 mm,高10 mm。

c. 天平:感量0.0001 g和0.1 g。

d. 恒温培养箱:0~40℃,精度±1℃。

e. 电热恒温鼓风干燥箱。

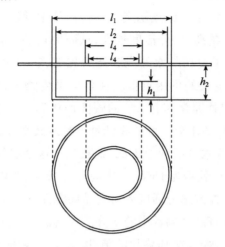

图3-6 康卫氏皿示意图

l_1—外室外直径,100mm l_2—外室内直径,92mm l_3—内室外直径,53mm l_4—内室内直径,45mm

h_1—内室高度,10mm h_2—外室高度,25mm。

②试剂:

所有试剂均使用分析纯试剂;分析用水应符合 GB/T 6682—2008 规定的三级水规格。按表3-2配制各种无机盐的饱和溶液。

表3-2 饱和盐溶液的配制

序号	过饱和盐溶液的种类	试剂名称	称取试剂的质量 X (加入热水[a]200 mL)[b]/g≥	水分活度(A_w) (25℃)
1	溴化锂饱和溶液	溴化锂(LiBr·2H₂O)	500	0.064
2	氯化锂饱和溶液	氯化锂(LiCl·H₂O)	220	0.113
3	氯化镁饱和溶液	氯化镁(MgCl₂·6H₂O)	150	0.328
4	碳酸钾饱和溶液	碳酸钾(K₂CO₃)	300	0.432
5	硝酸镁饱和溶液	硝酸镁[Mg(NO₃)₂·6H₂O]	200	0.529
6	溴化钠饱和溶液	溴化钠(NaBr·2H₂O)	260	0.576
7	氯化钴饱和溶液	氯化钴(CoCl₂·6H₂O)	160	0.649
8	氯化锶饱和溶液	氯化锶(SrCl₂·6H₂O)	200	0.709
9	硝酸钠饱和溶液	硝酸钠(NaNO₃)	260	0.743
10	氯化钠饱和溶液	氯化钠(NaCl)	100	0.753
11	溴化钾饱和溶液	溴化钾(KBr)	200	0.809
12	硫酸铵饱和溶液	硫酸铵[(NH₃)₂SO₄]	210	0.810
13	氯化钾饱和溶液	氯化钾(KCl)	100	0.843
14	硝酸锶饱和溶液	硝酸锶[Sr(NO₃)₂]	240	0.851

续表

序号	过饱和盐溶液的种类	试剂名称	称取试剂的质量 X（加入热水[a]200 mL）[b]/g≥	水分活度(A_w)（25℃）
15	氯化钡饱和溶液	氯化钡($BaCl_2 \cdot 2H_2O$)	100	0.902
16	硝酸钾饱和溶液	硝酸钾(KNO_3)	120	0.936
17	硫酸钾饱和溶液	硫酸钾(K_2SO_4)	35	0.973

a. 易于溶解的温度为宜。

b. 冷却至形成固液两相的饱和溶液，储于棕色试剂瓶中，常温下放置 1 周后使用。

（4）试样的制备

①粉末状固体、颗粒状固体及糊状样品：

取有代表性样品至少 200 g，混匀，置于密闭的玻璃容器内。

②块状样品：

取可食部分的代表性样品至少 200 g。在室温 18～25℃，湿度 50%～80% 的条件下，迅速切成约小于 3 mm×3 mm×3 mm 的小块，不得使用组织捣碎机，混匀后置于密闭的玻璃容器内。

（5）操作步骤

①预处理：

将盛有试样的密闭容器、康卫氏皿及称量皿置于恒温培养箱内，于(25±1)℃条件下，恒温 30 min。取出后立即使用及测定。

②预测定：

分别取 12.0 mL 溴化锂饱和溶液、氯化镁饱和溶液、氯化钴饱和溶液、硫酸钾饱和溶液于 4 只康卫氏皿的外室，用恒温的称量皿迅速称取与标准饱和盐溶液相等份数的同一试样约 1.5 g，于已知质量的称量皿中（精确至 0.0001 g），放入盛有标准饱和盐溶液的康卫氏皿的内室。沿康卫氏皿上口平行移动盖好涂有凡士林的磨砂玻璃片，放入(25±1)℃的恒温培养箱内，恒温 24 h。取出盛有试样的称量皿，加盖，立即称量（精确至 0.0001g）。

③预测定结果计算：

a. 试样质量的增减量按式(3-12)计算：

$$X = \frac{m_1 - m}{m - m_0} \qquad (3-12)$$

式中：X——试样质量的增减量，g/g；

m_1——25℃扩散平衡后，试样和称量皿的质量，g；

m——25℃扩散平衡前，试样和称量皿的质量，g；

m_0——称量皿的质量，g。

b. 绘制二维直线图：

以所选饱和盐溶液(25℃)的水分活度(A_w)数值为横坐标，对应标准饱和盐溶液的试样的质量增减数值为纵坐标，绘制二维直线图。取横坐标截距值，即为该样品的水分活度预测值,参见图3-7。

④试样的测定:

依据(5)③预测定结果,分别选用水分活度数值大于和小于试样预测结果数值的饱和盐溶液各3种,各取12.0 mL,注入康卫氏皿的外室。按(5)②中"迅速称取与标准饱和盐溶液相等份数的同一试样(5)①约1.5g……加盖,立即称量(精确至0.0001g)"操作。

(6)结果计算

同(5)③。

取横坐标截距值,即为该样品的水分活度值,参见图3-8。当符合允许差所规定的要求时,取三次平行测定的算术平均值作为结果。

计算结果保留三位有效数字。

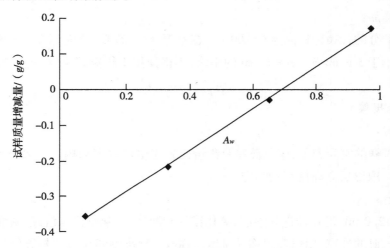

图3-7 蛋糕水分活度预测结果二维直线图

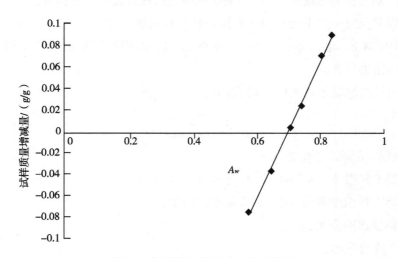

图3-8 蛋糕水分活度二维直线图

（7）允许差

在重复性条件下获得的 3 次独立测定结果与算术平均值的相对偏差不超过 10%。

（8）说明及注意事项

①此法为 GB/T 23490—2009 食品水分活度的测定的第一法。

②取样应迅速，各份试样称量应在同一条件下进行。

③康卫氏皿密封性应良好，否则影响测定结果。

④试样的大小、形状对测定结果影响不大，取试样的固体部分或液体部分都可以，试样平衡后其测定结果没有差异。

3.2.2.2 水分活度仪扩散法

（1）原理

在密闭、恒温的水分活度仪测量舱内，试样中的水分扩散平衡。此时水分活度仪测量舱内的传感器或数字化探头显示出的响应值（相对湿度对应的数值）即为样品的水分活度（A_w）。

（2）适用范围

适用于预包装谷物制品类、肉制品类、水产制品类、蜂产品类、薯类制品类、水果制品类、蔬菜制品类、乳粉、固体饮料的食品水分活度的测定。不适用于冷冻和含挥发性成分的食品。适用于食品水分活度范围在 0.60 ~ 0.90 的样品。具有快捷简便的优点。

（3）仪器和试剂

①仪器：

a. 水分活度测定仪：精度 ±0.02 A_w。

b. 天平：感量 0.01 g。

c. 样品皿。

②试剂：

同康卫氏皿扩散法。

（4）试样的制备

同康卫氏皿扩散法。

（5）分析步骤

①在室温 18 ~ 25℃，湿度 50% ~ 80% 的条件下，用饱和盐溶液校正水分活度仪。

②称取约 1 g（精确至 0.01 g）经制备的试样，迅速放入样品皿中，封闭测量舱，在温度为 20 ~ 25℃、相对湿度为 50% ~ 80% 的条件下测定。每间隔 5 min 记录水分活度仪的响应值。当相邻两次响应值之差小于 $0.005A_w$ 时，即为测定值。仪器充分平衡后，同一样品重复测定 3 次。

（6）结果计算

当符合允许差所规定的要求时，取 3 次平行测定的算术平均值作为结果。

计算结果保留 3 位有效数字。

（7）允许差

在重复性条件下获得的 3 次独立测定结果与算术平均值的相对偏差不超过 5%。

（8）说明及注意事项

①此法为 GB/T 23490—2009 食品水分活度的测定的第二法。

②所用的玻璃器皿应该清洁干燥,否则会影响测定结果。

3.2.2.3 溶剂萃取法

（1）原理

食品中的水可用不混溶的溶剂苯来萃取。在一定的温度下,苯所萃取出的水量与样品中水相的水分活度成正比。用卡尔·费休法分别测定苯从食品和纯水中萃取出的水量并求出两者的比值,即为样品的水分活度值。

（2）仪器和试剂

溶剂萃取法所用的主要仪器与卡尔·费休法相同。

所用试剂:

①卡尔·费休试剂:

甲液:在干燥的棕色玻璃瓶中加入 100 mL 无水乙醇、8.5 g 无水乙酸钠(120℃ 干燥 48 h 以上)、5.5 g 碘化钾,充分摇匀溶解后再通入 3.0~10.0 g 干燥的二氧化硫。

乙液:称取 37.65 g 碘、27.8 g 碘化钾及 42.25 g 无水乙酸钠移入干燥棕色瓶中,加入 500 mL 无水甲醇,充分摇匀溶解后备用。

将上述甲、乙液混合,用聚乙烯薄膜套在瓶外,将瓶放在冰浴中静置一昼夜,取出后放在干燥器中,升至室温后备用。

试剂的标定:取干燥带塞的玻璃瓶称重,准确加入蒸馏水 30 mg 左右,加入无水甲醇 2 mL,在不断振摇下,用卡尔·费休试剂滴定至呈黄棕色为终点。另取无水甲醇按同法进行空白试验,按式(3-13)计算滴定度(T):

$$T = \frac{m}{V - V_0} \tag{3-13}$$

式中:T——卡尔·费休试剂的滴定度[每 1mL 相当于水的质量(mg)];

　　m——重蒸馏水的质量,mg;

　　V——滴定水时消耗的卡尔·费休试剂的体积,mL;

　　V_0——空白试验时消耗的卡尔·费休试剂的体积,mL。

②苯:光谱纯,开瓶后可覆盖氢氧化钠保存;

③无水甲醇:与卡尔·费休法中的相同。

（3）操作步骤

准确称取粉碎均匀的样品 1.00 g 置于 250 mL 干燥的磨口三角瓶中,加入苯 100 mL,盖上瓶塞,然后放在摇瓶机上振摇 1 h,再静置 10 min,吸取此溶液 50 mL 于卡尔·费休水分测定仪中,并加入无水甲醇 70 mL(可事先滴定以除去可能残存的水分)。混合,用卡尔·费休试剂滴定至产生稳定的橙红色不褪为止,或用 ZKF-1 型容量滴定卡尔·费休水分测定仪滴定至终点并保持 1 min 不变。整个测定操作需保持在(25 ± 1)℃下进行。另取 10 mL 重蒸馏水代替样品,加苯 100 mL,振摇 2 min,静置 5 min,然后按上述样品测定步骤进行滴定,至终点后,同样记录消耗卡尔·费休试剂的体积数。

(4)水分活度的计算

$$A_w = \frac{V_n}{V_0} \times 10 \qquad (3-14)$$

式中:V_n——从食品中萃取的水量[用卡尔·费休试剂滴定度乘以滴定样品所消耗该试剂的体积(mL)数];

V_0——从纯水中萃取的水量[卡尔·费休试剂滴定度乘以滴定 10 mL。纯水萃取时所消耗该试剂的体积(mL)]。

(5)说明及注意事项

①在溶剂萃取法中,除苯(光谱纯)提取样品水分外,其他步骤同水分测定中的卡尔·费休法卡相同。

②溶剂萃取法使用的所有玻璃器皿须干燥,这种方法与 A_w 测定仪法所得的结果相当。

思考题

1. 确定五个在选择某些食品的水分分析方法时需要考虑的因素。

2. 在水分含量的分析中,采用减压干燥法比直接干燥法具有哪些潜在的优势?

3. 在下列的例子中,你会不会过高或过低估计被测食品的水分含量? 为什么?

(1)烘箱干燥法:

①样品颗粒形状太大;

②含高浓度挥发性风味化合物;

③脂类氧化;

④样品具有吸湿性;

⑤碳水化合物的改性(美拉德反应);

⑥蔗糖水解;

⑦表面硬皮的形成;

⑧含有干燥样品的干燥器未正确密封。

(2)蒸馏法:

①样品中水和溶剂间形成的乳浊液没有分离;

②冷凝器中残留水滴。

(3)卡尔费休法:

①天气非常潮湿时称量起始样品;

②玻璃器皿不干;

③样品研磨得非常粗糙;

④食品中富含维生素 C;

⑤食品中富含不饱和脂肪酸。

4. 根据学习本章所掌握的测定水分的知识,指出下列各类食品水分测定的操作方法及要点:乳粉、淀粉、香料、谷类、干酪、肉类、果酱、糖果、笋、南瓜、面包和油脂。

5. 在水分测定过程中,干燥器有什么作用? 怎样正确地使用和维护干燥器?

6. 简述水分活度值测定的意义及主要测定方法和相应的原理。

第4章 灰分的测定

4.1 概述

食品中除含有大量有机物质外,还含有较丰富的无机成分。食品经高温灼烧,有机成分挥发逸散,而无机成分(主要是无机盐和氧化物)则残留下来,这些残留物(主要是食品中的矿物盐或无机盐类)称为灰分。

食品在 500~600℃灼烧灰化时,发生了一系列变化:水分及挥发物质以气态放出;有机物质中的碳、氢、氮等元素与有机物质本身的氧及空气中的氧生成二氧化碳、氮的氧化物及水分而散失;有机物的金属盐转变为碳酸盐或金属氧化物;有些组分转变成为氧化物、磷酸盐、硫酸盐或卤化物;有的金属,或直接挥发散失,或生成容易挥发的金属化合物。

灼烧后的残留物叫做灰分。通过灼烧手段分解食品的方法叫做干法灰化,常见的灼烧装置称为灰化炉(如马弗炉)。

食品组分不同,灼烧条件不同,残留物亦各不同。残留物与食品中原有的无机物并不相同。食品在灰化时,某些易挥发元素,如氯、碘、铅等会挥发散失,磷、硫等也能以含氧酸的形式挥发散失,使这些无机成分减少;另一方面,某些金属氧化物会吸收有机物分解产生的二氧化碳而形成碳酸盐,又使无机成分增多。因此,灰分并不能准确地表示食品中原来的无机成分的总量。通常把食品经高温灼烧后的残留物称为粗灰分。

食品的灰分除总灰分(即粗灰分)外,按其溶解性还可分为水溶性灰分、水不溶性灰分和酸不溶性灰分。其中水溶性灰分反映的是可溶性的钾、钠、钙、镁等的氧化物和盐类的含量。水不溶性灰分反映的是污染的泥沙和铁、铝等氧化物及碱土金属的碱式磷酸盐的含量。酸不溶性灰分反映的是污染的泥沙和食品中原来存在的微量氧化硅的含量。

灰分含量代表食品中总的矿物质含量,它是直接用于营养评估分析的一部分,是某些食品重要的质量控制指标,是食品成分全分析的项目之一。灰分含量的测定具有十分重要的意义。

不同的食品,因所用原料、加工方法及测定条件不同,各种灰分的组成和含量也不相同。如果灰分含量超过了正常范围,说明食品中使用了不合乎卫生标准的原料或食品添加剂,或食品在加工、储运过程中受到污染,因此测定灰分可以判断食品受污染的程度。

对于有些食品,总灰分是一项有效的控制指标。例如,在面粉加工中,常以总灰分评价面粉等级,面粉的加工精度越高,灰分含量越低。以干物计:特制一等粉≤0.70%,特制二等粉≤0.85%,标准粉为≤1.10%,普通粉≤1.40%。这是由于小麸皮的灰分含量比胚乳的高 20 倍左右;生产果胶、明胶之类的胶质品时,总灰分含量还可说明果胶、明胶等胶质品的胶冻性能。

水溶性灰分含量可反映果酱、果冻等制品中水果的含量。酸不溶性灰分中的大部分，是一些来自原料本身中的，或在加工过程中来自环境污染混入产品中的泥砂等机械污染物，另外，还含有一些样品组织中的微量硅。植物性原料的灰分含量及其组分由自然条件、成熟度等因素决定，动物性原料的灰分含量则由饲料的组分、动物品种及其他因素决定。此外，灼烧条件也会影响分析结果。

下表给出了部分食品的平均灰分含量，大部分新鲜食品的灰分含量不高于5%，纯净的油类和脂的灰分一般很少或不含灰分，而烟熏腊肉制品可含6%的灰分，干牛肉含有高于11.6%的灰分(按湿基计算)。

部分食品的灰分含量表

食品种类	灰分含量/% (按湿基计算)	食品种类	灰分含量/% (按湿基计算)
谷物、面包、面制品		水果和蔬菜	
大米(糙米、大颗粒、生)	1.5	苹果(带皮，未经加工)	0.3
玉米片(整粒，黄色)	1.1	香蕉(未经加工)	0.8
去胚玉米(整粒磨碎，白色罐装)	0.9	樱桃(甜，未经加工)	0.5
白米(大颗粒，生的，强化)	0.6	葡萄干	1.8
小麦粉(整粒)	1.6	土豆(带皮，未经加工)	1.6
通心粉(干的，浓缩)	0.7	西红柿(红色成熟，未经加工)	0.4
黑麦面包	1.5	肉、家禽和鱼类	
乳制品		鲜鸡蛋(全部，未加工，新鲜)	0.9
乳(未经浓缩，液状)	0.7	鱼片(去骨，糊状或涂面包屑油炸)	2.5
乳(浓缩)	1.6	猪肉(新鲜，腿心，全部，未加工)	0.9
奶油(含盐)	2.1	汉堡包(单层小馅饼，普通)	1.7
奶油(半液状)	0.7	鸡肉(烤或炸，胸脯肉，未经加工)	1.0
大豆人造奶油(硬壮、普通)	2.0	牛肉(颈肉，烤前腿，未经加工)	0.9
普通低脂酸奶	0.7		

脂肪、油类和起酥油含有 0 ~ 4.09% 的灰分，而乳制品含有 0.5% ~ 5.1% 的灰分，水果、水果汁和瓜类含有 0.2% ~ 0.6% 的灰分，而干果含有较高的灰分(2.4% ~ 3.5%)，面粉类和麦片类含有 0.3% ~ 4.3% 的灰分，纯淀粉含有 0.3% 的灰分，小麦胚芽含有 4.3% 的灰分；含糠的谷物及其制品比无糠的谷物及其制品灰分含量高，坚果及其制品含有 0.8% ~ 3.4% 的灰分，肉、家禽和海产品类含有 0.7% ~ 1.3% 的灰分。

4.2 总灰分的测定

4.2.1 原理

将一定量的样品经炭化后置于 500 ~ 600℃ 高温炉内灼烧，其中的有机物质被氧化分解,以二氧化碳、氮的氧化物及水等形式逸出,而无机物质则以硫酸盐、磷酸盐、碳酸盐、氯化物等无机盐和金属氧化物的形式残留下来,这些残留物即为灰分。称量残留物的质量即可计算出样品中总灰分的含量。

4.2.2 试剂和材料

①1:4 盐酸溶液。

②0.5% 三氯化铁溶液和等量蓝墨水的混合液。

③乙酸镁[$(CH_3COO)_2Mg \cdot 4H_2O$)]:分析纯。

④乙酸镁溶液(80 g/L):称取 8.0 g 乙酸镁加水溶解并定容至 100 mL,混匀。

⑤乙酸镁溶液(240 g/L):称取 24.0 g 乙酸镁加水溶解并定容至 100 mL,混匀。

⑥6 mol/L 硝酸。

⑦36% 过氧化氢。

⑧辛醇或纯植物油。

4.2.3 仪器和设备

①马弗炉:温度≥600℃。

②天平:感量为 0.1 mg。

③石英坩埚或瓷坩埚。

④干燥器(内有干燥剂)。

⑤电热板。

⑥水浴锅。

⑦坩埚钳。

4.2.4 测定条件的选择

4.2.4.1 灰化容器

坩埚是测定灰分常用的灰化容器。个别情况下也可使用蒸发皿。坩埚分素烧瓷坩埚、铂坩埚、石英坩埚等多种。其中最常用的是素烧瓷坩埚,它的物理性质和化学性质与石英坩埚相同,具有耐高温(1200℃)、内壁光滑、耐酸、价格低廉等优点;但在温度骤变时,易破裂,抗碱性能较差,灰化碱性食品(如水果、蔬菜、豆类等)时,瓷坩埚内壁的釉层会被部分溶解,反复多次使用后,往往难以达到恒重,在这种情况下宜使用新的瓷坩埚,或使用铂坩埚。铂溶点高(1773℃),铂坩埚具有耐高温、耐碱、导热性好、吸湿性小、清洗方便、能抗碱金属碳酸盐及氟化氢的腐蚀等优点,但价格昂贵,使用不当会腐蚀或发脆,故使用时应特别注意其性能和使用规则。

灰化容器的大小要根据试样的性状来选用,需要前处理的液态样品、加热易膨胀的样品及灰分含量低、取样量较大的样品,需选用稍大些的坩埚,或选用蒸发皿;但灰化容器过大会使称量误差增大。

4.2.4.2 取样量

取样量应根据试样的种类和性状来决定。同时还应考虑称量误差,一般以灼烧后得到的灰分量为 10 ~ 100 mg 来决定取样量。通常奶粉、麦乳精、大豆粉、调味料、鱼类及海产品等取 1 ~ 2 g;谷物及其制品、肉及制品、糕点、牛乳等取 3 ~ 5 g;蔬菜及其制品、砂糖及其制品、蜂蜜、奶油等取 5 ~ 10 g;水果及其制品取 20 g;油脂取 50 g。

4.2.4.3 样品的预处理

(1)样品预处理的方法

①果汁、牛乳等液体试样:准确称取适量试样于已知质量的瓷坩埚(或蒸发皿)中,置于水浴上蒸发至近干,再进行灰化。这类样品若直接灰化,液体沸腾,易造成溅失。

②果蔬、动物组织等水分较多的试样:先制备成均匀的试样,再准确称取适量试样于已知质量坩埚中,置烘箱中干燥,再进行灰化。也可取测定水分后的干燥试样直接进行灰化。

③谷物、豆类等水分含量较少的固体试样:先粉碎成均匀的试样,取适量试样于已知质量的坩埚中再进行灰化。

④富含脂肪的样品:把试样制备均匀,准确称取一定量试样,先提取脂肪,再将残留物移入已知质量的坩埚中,进行灰化。

(2)灰化

试样经上述处理后,半盖坩埚盖,小心加热使试样在通气情况下逐渐灰化,直至无黑烟产生。对特别容易膨胀的试样(如含糖多的食品),可先于试样上加数滴辛醇或纯植物油,再进行灰化。

4.2.4.4 灰化温度

灰化温度的高低对灰分测定结果影响很大,由于各种食品中无机成分的组成、性质及含量各不相同,灰化温度也应有所不同。一般为 500 ~ 550℃。例如:鱼类及海产品、酒、谷类及其制品、乳制品(奶油除外)≯ 550℃;水果、果蔬及其制品、糖及其制品、肉及肉制品≯ 525℃;奶油≯500℃;个别样品(如谷类饲料)可以达到 600℃。灰化温度过高,将引起钾、钠、氯等元素的挥发损失,而且磷酸盐也会熔融,将炭粒包藏起来,使炭粒无法氧化;灰化温度过低,则灰化速度慢、时间长,不易灰化完全。因此,必须根据食品的种类和性状兼顾各方面因素,选择合适的灰化温度,在保证灰化完全的前提下,尽可能减少无机成分的挥发损失和缩短灰化时间。此外,加热的速度也不可太快,以防急剧干馏时灼热物的局部产生大量气体而使微粒飞失——爆燃。

4.2.4.5 灰化时间

一般不规定灰化时间,以样品灼烧至灰分呈白色或浅灰色,无炭粒存在并达到恒重为止。灰化至达到恒重的时间因试样不同而异,一般需 2 ~ 5 h。对有些样品,即使灰化完全,残灰也不一定呈白色或浅灰色,如铁含量高的食品,残灰呈褐色;锰、铜含量高的食品,残灰呈蓝绿色。有时即使灰的表面呈白色,内部仍残留有炭块。所以应根据样品的组成、性状注意观察残灰的颜色,正确判断灰化程度。也有例外,如对谷物饲料和茎秆饲料,则有灰化时间的规定,即在 600℃灰化 2 h。

4.2.4.6　加速灰化的方法

有些样品,例如含磷较多的谷物及其制品,磷酸过剩于阳离子,随灰化的进行,磷酸将以磷酸二氢钾、磷酸二氢钠等形式存在,在比较低的温度下会熔融而包住炭粒,难以完全灰化,即使灰化相当长时间也达不到恒重。对这类难灰化的样品,可采用下述方法来加速灰化。

①改变操作方法,样品经初步灼烧后,取出坩埚,冷却,沿坩埚边缘慢慢加入少量去离子水,使其中的水溶性盐类溶解,被包住的炭粒暴露出来;然后在水浴上蒸干,置于 120～130℃烘箱中充分干燥(充分去除水分,以防再灰化时,因加热使残灰飞散,造成损失),再灼烧到恒重。

或者,样品炭化后,冷却。以少量热水浸出可溶性灰分,以无灰滤纸过滤,抽干,将残留物连同滤纸置于坩埚中先在 150～200℃烘干后再行灼烧。放冷后,把滤液并入坩埚中,置水浴上蒸去水分,再灼烧,放冷,称重。这种方法适用于可溶性灰分较多的样品。

②添加硝酸、过氧化氢、碳酸铵,这类物质在灼烧后完全消失,不致增加残留灰分的重量。例如,样品经初步灼烧后,将坩埚取出、放冷,沿容器边缘加入几滴硝酸或双氧水,蒸干后再灼烧至恒重,利用硝酸或双氧水的氧化作用来加速炭粒的灰化。也可以加入 10% 碳酸铵等疏松剂,在灼烧时分解为气体逸出,使灰分呈松散状态,促进未灰化的炭粒灰化。这些物质经灼烧后完全分解,不增加残灰的质量。

③加入乙酸镁、硝酸镁等灰化助剂。谷物及其制品中,磷酸一般过剩于阳离子,随着灰化进行,磷酸将以磷酸二氢钾的形式存在,容易形成在较低的温度下熔融的无机物,从而包住未灰化的碳造成供氧不足,难以完全灰化。因此采用添加灰化辅助剂,如乙酸镁或硝酸镁(通常用醇溶液)等,使灰化容易进行。这类镁盐随着灰化的进行而分解,与过剩的磷酸结合,残灰不会发生熔融而呈松散状态,避免炭粒被包裹,可大大缩短灰化时间。此法应做空白试验。以校正加入的镁盐灼烧后分解产生氧化镁(MgO)的量。

④硫酸灰化法:对于糖类制品如白糖、绵白糖、葡萄糖、饴糖等制品,以钾等为主的阳离子过剩,灰化后的残灰为碳酸盐,通过添加硫酸使阳离子全部以硫酸盐形式成为一定组分。采用硫酸的强氧化性加速灰化,结果用硫酸灰分来表示。在添加浓硫酸时应注意,如有一部分残灰溶液和二氧化碳显雾状扬起,要边用表面玻璃将灰化容器盖住边加硫酸,不起泡后,用少量去离子水将表面玻璃上附着物洗入灰化容器中。

4.2.5　操作步骤

4.2.5.1　瓷坩埚的准备

取大小适宜的石英坩埚或瓷坩埚,将坩埚用 1∶4 的盐酸煮 1～2 h,洗净晾干后,用三氯化铁与蓝墨水的混合液在坩埚外壁及盖上编号;然后置于规定温度(550±25)℃的马弗炉中,灼烧 0.5 h,冷却至 200℃左右,取出,放入干燥器中冷却 30 min,准确称量。重复灼烧至前后两次称量相差不超过 0.5 mg 为恒重。

4.2.5.2 称样

灰分大于 10 g/100 g 的试样称取 2～3 g(精确至 0.0001 g);灰分小于 10 g/100 g 的试样称取 3～10 g(精确至 0.0001 g)。

4.2.5.3 测定

(1)一般食品

液体和半固体试样应先在沸水浴上蒸干。固体或蒸干后的试样,先在电热板上以小火加热使试样充分炭化至无烟,然后置于马弗炉中,在(550 ± 25)℃灼烧 4 h。冷却至 200℃左右,取出,放入干燥器中冷却 30 min,称量前如发现灼烧残渣有炭粒时,应向试样中滴入少许水湿润,使结块松散,蒸干水分再次灼烧至无炭粒即表示灰化完全,方可称量。重复灼烧至前后两次称量相差不超过 0.5 mg 为恒重。按式(4 – 1)计算。

(2)含磷量较高的豆类及其制品、肉禽制品、蛋制品、水产品、乳及乳制品

①称取试样后,加入 1.00 mL 乙酸镁溶液(240 g/L)或 3.00 mL 乙酸镁溶液(80 g/L),使试样完全润湿。放置 10 min 后,在水浴上将水分蒸干,以下步骤按(1)自"先在电热板上以小火加热……"起操作。按式(4 – 2)计算。

②吸取 3 份与(2)①相同浓度和体积的乙酸镁溶液,做 3 次试剂空白试验。当 3 次试验结果的标准偏差小于 0.003 g 时,取算术平均值作为空白值。若标准偏差超过 0.003 g 时,应重新做空白值试验。

4.2.5.4 分析结果的表述

试样中灰分按式(4 – 1)、(4 – 2)计算

$$X_1 = \frac{m_1 - m_2}{m_3 - m_2} \times 100 \qquad\qquad (4 - 1)$$

$$X_2 = \frac{m_1 - m_2 - m_0}{m_3 - m_2} \times 100 \qquad\qquad (4 - 2)$$

式中:X_1(测定时未加乙酸镁溶液)——试样中灰分的含量,g/100g;

$\qquad X_2$(测定时加入乙酸镁溶液)——试样中灰分的含量,g/100g;

$\qquad\qquad m_0$——氧化镁(乙酸镁灼烧后生成物)的质量,g;

$\qquad\qquad m_1$——坩埚和灰分的质量,g;

$\qquad\qquad m_2$——坩埚的质量,g;

$\qquad\qquad m_3$——坩埚和试样的质量,g。

试样中灰分含量≥10 g/100 g 时,保留 3 位有效数字;试样中灰分含量 < 10 g/100 g 时,保留 2 位有效数字。

4.2.5.5 精密度

在重复性条件下获得的两次独立测定结果的绝对差值不得超过算术平均值的 5%。

4.2.5.6 说明及注意事项

①此法为 GB 5009.4—2010 食品安全国家标准食品中灰分的测定的方法。

②试样经预处理后,在放入高温炉灼烧前要先进行炭化处理,样品炭化时要注意热源强度,防止在灼烧时,因高温引起试样中的水分急剧蒸发,使试样飞溅;防止糖、蛋白质、淀粉等易发泡膨胀的物质在高温下发泡膨胀而溢出坩埚;不经炭化而直接灰化,炭粒易被包住,灰化不完全。

③把坩埚放入马弗炉或从炉中取出时,要放在炉口停留片刻,使坩埚预热或冷却,防止因温度剧变而使坩埚破裂。

④灼烧后的坩埚应冷却到200℃以下再移入干燥器中,否则因热的对流作用,易造成残灰飞散,且冷却速度慢,冷却后干燥器内形成较大真空,盖子不易打开。从干燥器内取出坩埚时,因内部成真空,开盖恢复常压时,应该使空气缓缓流入,以防残灰飞散。

⑤灰化后所得残渣可留作 Ca、P、Fe 等无机成分的分析。

⑥用过的坩埚经初步洗刷后,可用粗盐酸或废盐酸浸泡 10 ~ 20 min,再用水冲刷干净。

⑦近年来炭化时常采用红外灯。

⑧加速灰化时,一定要沿坩埚壁加去离子水,不可直接将水洒在残灰上,以防残灰飞扬,造成损失和测定误差。

⑨此法适用于除淀粉及其衍生物之外的食品中灰分含量的测定,淀粉灰分的测定采用 GB/T 22427. 1—2008/ISO 3593:1981,其主要的不同点为:取样量为 2 ~ 10 g,马铃薯淀粉、小麦淀粉以及大米淀粉至少称 5 g,而玉米淀粉和木薯淀粉需要称 10 g;操作条件是先炭化再放入灰化炉中将温度升至(900 ± 25)℃,保持此温直至碳全部消失为止,一般 1 h 可灰化完毕。

4.3　水溶性灰分和水不溶性灰分的测定

向测定总灰分所得残留物中加入 25 mL 去离子水,加热至沸腾,用无灰滤纸过滤,用 25 mL 热的去离子水分多次洗涤坩埚、滤纸及残渣,将残渣连同滤纸移回原坩埚中,在水浴上蒸干,放入干燥箱中干燥,再进行灼烧、冷却、称重,直至恒重。按(4 - 3)式计算水溶性灰分和水不溶性灰分含量。

$$水不溶性灰分(\%) = \frac{m_4 - m_2}{m_3 - m_2} \qquad (4 - 3)$$

式中:m_2——坩埚的质量,g;

　　　m_3——坩埚和试样的质量,g;

　　　m_4——坩埚和不溶性灰分的质量,g。

水溶性灰分(%) = 总灰分计(%) - 水不溶性灰分(%)

4.4　酸不溶性灰分的测定

向总灰分或水不溶性灰分中加入 25 mL 0.1 mol/L 盐酸,以下操作同水溶性灰分的测定。

按式(1-4)计算酸不溶性灰分含量。

$$酸不溶性灰分(\%) = \frac{m_5 - m_2}{m_3 - m_2} \qquad (4-4)$$

式中：m_2——坩埚的质量，g；

　　　m_3——坩埚和试样的质量，g；

　　　m_5——坩埚和酸不溶性灰分的质量，g。

说明：GB/T 8307—2013《茶　水溶性灰分和水不溶性灰分测定》、GB/T 8308—2013《茶　酸不溶性灰分测定》、GB/T 12729.8—2008《香辛料和调味品　水不溶性灰分的测定》、GB/T 12729.9—2008《香辛料和调味品　酸不溶性灰分的测定》等均按上述方法进行测定。

思考题

1. 食品的灰分与食品中原有的无机成分在数量与组成上是否完全相同？

2. 简述灰分测定的意义。

3. 加速食品灰化的方法有哪些？

4. 为什么说添加乙酸镁或硝酸镁的醇溶液可以加速灰化？

5. 为什么食品样品在高温灼烧前要进行炭化处理？

6. 针对不同样品如何选择合适的灰化温度？

第5章 酸度的测定

5.1 酸度的概述

食品中的酸不仅作为酸味成分,而且在食品的加工,储藏及品质管理等方面被认为是重要的成分,测定食品中的酸度具有十分重要意义。

5.1.1 食品酸度测定的意义

5.1.1.1 有机酸影响食品的色、香、味及稳定性

果蔬中所含色素的色调,与其酸度密切相关,在一些变色反应中,酸是起很重要作用的成分。如叶绿素在酸性条件下变成黄褐色的脱镁叶绿素,花青素于不同酸度下,颜色亦不相同。果实及其制品的口感取决于糖、酸的种类,含量及比例,酸度降低则甜味增加,同时水果中适量的挥发酸含量也会带给其特定的香气。另外,食品中有机酸含量高,则其 pH 值低,而 pH 值的高低,对食品稳定性有一定影响,降低 pH 值,能减弱微生物的抗热性和抑制其生长,所以 pH 值是果蔬罐头杀菌条件的主要依据,在水果加工中,控制介质 pH 值可以抑制水果褐变,有机酸能与 Fe,Sn 等金属反应,加快设备和容器的腐蚀作用,影响制品的风味与色泽,有机酸可以提高维生素 C 的稳定性,防止其氧化。

5.1.1.2 食品中有机酸的种类和含量是判别其质量好坏的一个重要指标

挥发酸的种类是判别某些制品腐败的标准,如某些发酵制品中有甲酸积累,则说明已发生细菌性腐败,挥发酸的含量也是某些制品质量好坏的指标,如水果发酵制品中含有 0.1% 以上的醋酸,则说明制品腐败,牛乳及乳制品中乳酸过高时,亦说明已由乳酸菌发酵而产生腐败。新鲜的油脂常常是中性的,不含游离脂肪酸。但油脂在存放过程中,本身含的解脂酶会分解油脂而产生游离脂肪酸,使油脂酸败,故测定油脂酸度(以酸价表示)可判别其新鲜程度。有效酸度也是判别食品质量的指标,如新鲜肉的 pH 值为 5.7~6.2,如 pH > 6.7,说明肉已变质。

5.1.1.3 利用有机酸的含量与糖含量之比,可判断某些果蔬的成熟度

有机酸在果蔬中的含量,因其成熟度及生长条件不同而异,一般随着成熟度提高,有机酸含量下降,而糖含量增加,糖酸比增大。故测定酸度可判断某些果蔬的成熟度,对于确定果蔬收获及加工工艺条件很有意义。

5.1.2 食品中有机酸种类与分布

5.1.2.1 食品中常见的有机酸

食品中酸的种类很多,可分为有机酸和无机酸两类,但主要是有机酸,而无机酸含量很少。通常有机酸部分呈游离状态,部分呈酸式盐状态存在于食品中,而无机酸呈中性盐化合物存在于食品中。食品中常见的有机酸有苹果酸,柠檬酸,酒石酸,草酸,琥珀酸,乳酸及

乙酸等,这些有机酸有的是食品所固有的,如果蔬及其制品中的有机酸;有的是在食品加工中人为加入的,如汽水中的有机酸;有的是在生产,加工,储藏过程中产生的,如酸奶、食醋中的有机酸。果蔬中所含有酸种类较多,但不同果蔬中所含有机酸种类亦不同,见表5-1和表5-2。此外,酿造食品(如酱油,果酒,食醋)中也含有多种有机酸。

表5-1　果实中主要有机酸种类

果实	有机酸种类	果实	有机酸种类
苹果	苹果酸、少量柠檬酸	梅	柠檬酸、苹果酸、草酸
桃	苹果酸、柠檬酸、奎宁酸	温州蜜橘	柠檬酸、苹果酸
洋梨	柠檬酸、苹果酸	夏橙	柠檬酸、苹果酸、琥珀酸
梨	苹果酸、果心部分有柠檬酸	柠檬	柠檬酸、苹果酸
葡萄	酒石酸、苹果酸	菠萝	柠檬酸、苹果酸、酒石酸
樱桃	苹果酸	甜瓜	柠檬酸
杏	苹果酸、柠檬酸	番茄	柠檬酸、苹果酸

表5-2　蔬菜中主要有机酸种类

蔬菜	有机酸种类	蔬菜	有机酸种类
菠菜	草酸、苹果酸、柠檬酸	甜菜叶	草酸、柠檬酸、苹果酸
甘蓝	柠檬酸、苹果酸、琥珀酸、草酸	莴苣	苹果酸、柠檬酸、草酸
笋	草酸、酒石酸、乳酸、柠檬酸	甘薯	草酸
芦笋	柠檬酸、苹果酸、酒石酸	蓼	甲酸、乙酸、戊酸

5.1.2.2　食品中常见有机酸含量

果蔬中有机酸的含量取决于其品种、成熟度以及产地气候条件等因素,其他食品中有机酸的含量取决于其原料种类,产品配方以及工艺过程等。一些果蔬中的苹果酸及柠檬酸含量见表5-3所示,一些果蔬及某些食品中pH值见表5-4和表5-5所示。

表5-3　果蔬中柠檬酸和苹果酸的含量

名称	柠檬酸/%	苹果酸/%	名称	柠檬酸/%	苹果酸/%
草莓	0.91	0.1	荚豌豆	0.03	0.13
苹果	0.03	1.02	甘蓝	0.14	0.1
葡萄	0.43 *	0.65	胡萝卜	0.09	0.24
橙	0.98	+	洋葱	0.02	0.17
柠檬	3.84	+	马铃薯	0.51	−
香蕉	0.32	0.37	甘薯	0.07	−
菠萝	0.84	0.12	南瓜	−	0.15
桃	0.37	0.37	菠菜	0.08	0.09
梨	0.24	0.12	花椰菜	0.21	0.39

续表

名称	柠檬酸/%	苹果酸/%	名称	柠檬酸/%	苹果酸/%
杏(干)	0.35	0.81	番茄	0.47	0.05
洋梨	0.03	0.92	黄瓜	0.01	0.24
甜樱桃	0.1	0.5	芦笋	0.11	0.1

注　* —0.43 为酒石酸的含量；+ —痕量；- —缺乏。

表 5 - 4　一些果蔬的 pH 值

名称	pH 值	名称	pH 值	名称	pH 值
苹果	3.0 ~ 5.0	甜樱桃	3.2 ~ 3.95	葡萄	2.55 ~ 4.5
梨	3.2 ~ 3.95	草莓	3.8 ~ 4.4	西瓜	6.0 ~ 6.4
杏	3.4 ~ 4.0	酸樱桃	2.5 ~ 3.7	甘蓝	5.2
桃	3.2 ~ 3.9	柠檬	2.2 ~ 3.5	番茄	4.1 ~ 4.8
辣椒(青)	5.4	菠菜	5.7	橙	3.55 ~ 4.9
南瓜	5.0	胡萝卜	5.0	豌豆	6.1

表 5 - 5　一些食品的 pH 值

名称	pH 值	名称	pH 值	名称	pH 值
牛肉	5.1 ~ 6.2	哈肉	6.5	鲜蛋	8.2 ~ 8.4
羊肉	5.4 ~ 6.7	蟹肉	7.0	鲜蛋白	7.8 ~ 8.8
猪肉	5.3 ~ 6.9	牡蛎肉	4.8 ~ 6.3	鲜蛋黄	6.0 ~ 6.3
鸡肉	6.2 ~ 6.4	小虾肉	6.0 ~ 7.0	面粉	6.0 ~ 6.5
鱼肉	6.6 ~ 6.8	牛乳	6.5 ~ 7.0	米饭	6.7

5.1.3　分析和研究食品的酸度

首先应区分如下几种不同概念的酸度。

5.1.3.1　总酸度

总酸度是指食品中所有酸性成分的总量。它包括未离解的酸的浓度和已离解的酸的浓度，其大小常用标准碱溶液进行滴定，并以样品中主要代表酸的百分含量来表示，故总酸度又称可滴定酸度。但是人们味觉中的酸度，各种生物化学或其他化学工艺变化的动向和速度，主要不是取决于酸的总量，而是取决于离子状态的那部分酸，所以通常用氢离子活度（pH）来表示有效酸度。

5.1.3.2　有效酸度

有效酸度是指被测溶液中 H^+ 的浓度，准确地说应是溶液中 H^+ 的活度，所反映的是已离解的那部分酸的浓度，常用 pH 值来表示，其大小可借酸度计（即 pH 计）来测定。

5.1.3.3　挥发酸

挥发酸是指食品中易挥发的有机酸，如甲酸，乙酸及丁酸等低碳链的直链脂肪酸，其大

91

小可通过蒸馏法分离,再借标准碱滴定来测定。总挥发酸主要是乙酸、蚁酸和丁酸,它包括游离的和结合的两部分,前者在蒸馏时较易挥发,后者比较困难。用蒸汽蒸馏并加入 10% 磷酸,可使结合状态的挥发酸得以离析,并显著地加速挥发酸的蒸馏过程。

5.1.3.4 牛乳酸度

牛乳有两种酸度,即外表酸度和真实酸度,具体见 5.4 有效酸度的测定。

5.2 总酸度的测定

5.2.1 原理

食品中的有机酸(弱酸)用标准碱液滴定时,被中和生成盐类。以酚酞作指示剂,用标准碱溶液滴定,无色酚酞与碱作用时生成酚酞盐,同时失去 1 分子水,引起了醌型重排,当滴定到溶液呈现微红色(pH = 8.2,指示剂显微红色),30 s 不褪色,即为滴定终点。根据消耗的标准碱液体积,计算出样品总酸的含量。

5.2.2 适用范围

本方法适用于各类色浅的食品中总酸含量的测定。

5.2.3 样品的制备

5.2.3.1 液体样品

不含二氧化碳的样品充分混匀。含二氧化碳的样品按下述方法排除二氧化碳,即取至少 200 mL 充分混匀的样品,置于 500 mL 锥形瓶中,旋摇至基本无气泡后,装上冷凝管,置于水浴锅中。待水沸腾后保持 10 min,取出,冷却。

含 CO_2 的饮料、酒类:将样品置于 40℃ 水浴上加热 30 min,以除去 CO_2,冷却后备用。调味品及不含 CO_2 的饮料、酒类:将样品混匀后直接取样,必要时加适量水稀释,(若样品混浊,则需过滤)。

5.2.3.2 固体样品

干鲜果蔬,蜜饯及罐头样品,去除不可食部分,取有代表性的样品至少 200 g,置于研钵或组织捣碎机中,加入与试样等量的水,研碎或捣碎,混匀。

面包应取其中心部分,充分混匀,直接供制备试液。咖啡样品:将样品粉碎通过 40 目筛,取 10g 粉碎的样品于锥形瓶中,加入 75 mL 80% 乙醇,加塞放置 16 h,并不时摇动,过滤。固体饮:称取 5 ~ 10 g 样品,置于研钵中,加少量无 CO_2 蒸馏水,研磨成糊状,用无 CO_2 蒸馏水加入 250 mL 容量瓶中,充分振摇,过滤。

5.2.3.3 固液体样品

按样品的固、液体比例至少取 200 g,去除不可食部分,用研钵或组织捣碎机研碎或捣碎,混匀。

5.2.4 试液的制备

取 25 ~ 50 g 样品(或按其总酸含量而定),精确至 0.001 g,用 15 mL 无 CO_2 蒸馏水(果蔬干品须加 8 ~ 9 倍无 CO_2 蒸馏水)将其移入 250 mL 容量瓶中,在 75 ~ 80℃ 水浴上加热 0.5 h(果脯类沸水浴加热 1 h),冷却后定容,含固体的样品至少放置 30 min(摇动 2 ~ 3 次),用快速滤纸或脱脂棉过滤,弃去初始滤液 25 mL,收集滤液于 250 mL 锥形瓶中备用。总酸度低于 0.7 g/kg 的液体样品,混匀后可直接取样测定。

5.2.5　实验试剂

所有试剂均为分析纯,水为蒸馏水或同等纯度的水(以下简称水),使用前须经煮沸,冷却。

①10 g/L 酚酞乙醇溶液:1g 酚酞,溶于 60 mL 95% 乙醇中,用水稀释至 100 mL。

②0.1mol/L 氢氧化钠标准溶液:取氢氧化钠(AR)120 g 于 250 mL 烧杯中,加入蒸馏水 100 mL,振摇使其溶解,冷却后置于聚乙烯塑料瓶中,密封放置数日澄清后,取上清液 5.6 mL,加新煮沸并已冷却的蒸馏水至 1000 mL,摇匀。

氢氧化钠标准溶液的标定:精密称取 0.6 g(准确至 0.0001g)在 105 ~ 110℃ 干燥至恒重的基准邻苯二甲酸氢钾,加 50 mL 新煮沸过的冷蒸馏水,振摇使其溶解,加二滴酚酞指示剂,用配制的氢氧化钠标准溶液滴定至溶液呈微红色且 30 s 不褪色,同时做空白实验。

5.2.6　操作方法

称取 25.000 ~ 50.000 g 试液,使之含 0.035 ~ 0.070 g 酸,置于 250 mL 三角瓶中,加 40 ~ 60 mL 水及 0.2 mL 10 g/L 酚酞指示剂,用 0.1 mol/L 氢氧化钠标准滴定溶液(如样品酸度较低,可用 0.01 mol/L 或 0.05 mol/L 氢氧化钠标准滴定溶液)滴定至微红色 30 s 不褪色。记录消耗氢氧化钠标准滴定溶液的体积的数值。同时进行空白试验。

5.2.7　计算

食品中总酸的含量以质量分数 X 计,数值以 g/kg 表示,公式如下:

$$X = \frac{c \times (V_1 - V_2) \times K \times F}{m} \times 1\,000 \qquad (5-1)$$

式中:c——氢氧化钠标准溶液的摩尔浓度,mol/L;

V_1——滴定试液时消耗氢氧化钠标准溶液的体积数值,mL;

V_2——空白试验时消耗氢氧化钠标准溶液的体积数值,mL;

m——样品的质量,g;

K——换算为适当酸的系数(表 5-6)。

表 5-6　有机酸换算系数的选择

分析样品	主要有机酸	换算系数
葡萄及其制品	酒石酸	0.075
柑橘类及其制品	柠檬酸	0.064 或 0.070(带一分子结晶水)
苹果、核果及其制品	苹果酸	0.067
乳品、肉类、水产品及其制品	乳酸	0.090
酒类、调味品	乙酸	0.060
菠菜	草酸	0.045

5.2.8　说明

①本法适用于各类色浅的食品中总酸的测定。对于颜色较深的食品,因它使终点颜色变化不明显,遇此情况,可通过加入等量蒸馏水稀释,用活性炭脱色等方法处理后再滴定。若样液颜色过深或浑浊,则宜采用电位滴定法或电导滴定法。

②食品中的酸是多种有机弱酸的混合物,用强碱滴定测其含量时滴定突跃不明显,其滴定终点偏碱,一般在 pH 8.2 左右,故可选用酚酞作终点指示剂。

③样品浸渍,稀释用的蒸馏水不能含有 CO_2,因为 CO_2 溶于水成为酸性的 H_2CO_3,影响滴定终点时酚酞颜色变化,无 CO_2 蒸馏水在使用前煮沸 15 min 并迅速冷却备用。必要时须经碱液抽真空处理。样品中 CO_2 对测定亦有干扰,故在测定之前对其除去。

④样品浸渍,稀释的用水量应根据样品中总酸含量来慎重选择,为使误差不超过允许范围,一般要求滴定时消耗 0.1 mol/L NaOH 溶液不得少于 5 mL,最好在 10～15 mL。

⑤一般葡萄的总酸度用酒石酸表示;柑橘以柠檬酸来表示;核仁、核果及浆果类按苹果酸表示;牛乳以乳酸表示。

5.3　挥发酸的测定

挥发酸是食品中含低碳链的直链脂肪酸,主要是乙酸和痕量的甲酸,丁酸等,不包括可用水蒸气蒸馏的乳酸,琥珀酸,山梨酸以及 CO_2 和 SO_2 等。食品在正常生长的过程中,其挥发酸的含量较稳定,若在生产中使用了不合格的果蔬原料,或违反正常的工艺操作或在装罐前将果蔬成品放置过久,这些都会由于糖的发酵而使挥发酸增加,降低了食品的品质,因此挥发酸含量是某些食品的一项质量控制指标。

总挥发酸可用直接法或间接法测定。直接法是通过水蒸气蒸馏或溶剂萃取把挥发酸分离出来,然后用标准碱滴定,间接法是将挥发酸蒸发除去后,滴定不挥发酸,最后从总酸度中减去不挥发酸,即可得出挥发酸含量。前者操作方便,较常用,适合于挥发酸含量较高样品。若蒸馏液有所损失或被污染,或样品中挥发酸含量较少,宜用间接法测定。

5.3.1　原理

样品经适当处理后,加适量磷酸使结合态挥发酸游离出来,用水蒸气蒸馏分离出总挥发酸,经冷凝,收集后,以酚酞作指示剂,用标准碱液滴定至微红色 30 s 不褪为终点,根据标准碱消耗量计算出样品中总挥发酸含量。

5.3.2　试剂

①0.1 mol/L 氢氧化钠标准溶液:按 5.2.5 中②配制与标定。

②10 g/L 酚酞乙醇溶液:按 5.2.5 中①配制。

③10% 磷酸溶液。

5.3.3　仪器和装置(图5-1)

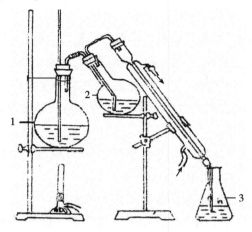

图5-1　水蒸汽蒸馏装置

1—蒸汽发生瓶　2—样品瓶　3—接收瓶

5.3.4　操作方法

5.3.4.1　样品处理方法

一般果蔬及饮料可直接取样。

含 CO_2 的饮料、发酵酒类,须排除 CO_2。取 $80\sim100$ mL(g)样品置于三角瓶中,在用电磁搅拌器连续搅拌同时,于低真空下抽气 $2\sim4$ min,以除去 CO_2。

固体样品(如干鲜果蔬及其制品)及冷冻、黏稠等制品,先取可食部分加入一定量水(冷冻制品先解冷)用高速组织捣碎机捣成浆状,再称取处理样品 10 g,加无 CO_2 蒸馏水溶解并稀释至 25 mL。

5.3.4.2　测定

准确称取均匀样品 $2.00\sim3.00$ g(挥发酸少的样品可酌量增加),用 50 mL 煮沸过的蒸馏水洗入 250 mL 烧瓶中。加入 10% 磷酸 1 mL。连接水蒸气蒸馏装置,加热蒸馏至馏液 300 mL 为止。在严格的相同条件下做一空白试验(蒸汽发生瓶内的水必须预先煮沸 10 min,以除去二氧化碳)。馏液加热至 $60\sim65℃$,加入酚酞指示剂 $3\sim4$ 滴,用 0.1 mol/L 氢氧化钠标准溶液滴定至微红色于 1 min 内不褪为终点。

5.3.5　计算

$$挥发酸(以乙酸计\%) = \frac{c(V_1 - V_2) \times 0.06}{W} \times 100 \qquad (5-2)$$

式中:c——氢氧化钠标准溶液的摩尔浓度,mol/L

V_1——样液滴定时氢氧化钠标准溶液用量,mL;

V_2——空白滴定时氢化钠标准溶液用量,mL;

W——样品的质量或体积,g 或 mL;

0.06——换算成乙酸的系数,即 1 mmol 氢氧化钠相当于乙酸的质量,g。

5.3.6　注意事项

①样品中挥发酸的蒸馏方式可采用直接蒸馏和水蒸气蒸馏,但直接蒸馏挥发酸是比较困难的,因为挥发酸与水构成有一定百分比的混溶体,并有固定的沸点。在一定的沸点下,蒸汽中的酸与留在溶液中的酸之间有一平衡关系,在整个平衡时间内,这个平衡关系不变。但用水蒸气蒸馏,则挥发酸与水蒸气是和水蒸气分压成比例地从溶液中一起蒸馏出来的,因而加速挥发酸的蒸馏过程。

②蒸馏前应先将水蒸气发生瓶中的水煮沸 10 min,或在其中加 2 滴酚酞指示剂并滴加NaOH 使其呈浅红色,以排除其中的 CO_2。

③溶液中总挥发酸包括游离挥发酸和结合态挥发酸。由于在水蒸气蒸馏时游离挥发酸易蒸馏出,而结合态挥发酸则不易挥发出,给测定带来误差。故测定样液中总挥发酸含量时,须加少许磷酸使结合态挥发酸游离出,便于蒸馏。

④在整个蒸馏时间内,应注意蒸馏瓶内液面保持恒定,否则会影响测定结果,另要注意蒸馏装置密封良好,防止挥发酸损失。

⑤滴定前必须将蒸馏液加热到 $60 \sim 65 ℃$,使其终点明显,加速滴定反应,缩短滴定时间,减少溶液与空气接触机会,以提高测定精密度。

⑥样品中含有 CO_2 和 SO_2 等易挥发性成分,对结果有影响,须排除其干扰。排除 CO_2方法见前述部分。排除 SO_2 方法如下:在已用标准碱液滴定过的蒸馏液中加入 5 mL 25%H_2SO_4 酸化,以淀粉溶液作指示剂,用 0.02 mol/L 碘滴定至蓝色,10 s 不褪为终点,并从计算结果中扣除此滴定量(以乙酸计)。

5.4　有效酸度的测定

有效酸度是指样品中呈离子状态的氢离子的浓度(严格地讲是活度),用 pH 计进行测定,用 pH 值表示。

食品的 pH 值变动很大,这不仅取决于原料的品种和成熟度,而且取决于加工方法,对于肉食品,特别是鲜肉,通过对肉中有效酸度即 pH 值的测定有助于评定肉的品质(新鲜度)和动物宰前的健康状况。动物在宰前,肌肉的 pH 值为 $7.1 \sim 7.2$,宰后由于肌肉代谢发生变化,使肉的 pH 值下降,宰后 1 h 的鲜肉,pH 值为 $6.2 \sim 6.3$,24 h 后,pH 值下降到 $5.6 \sim 6.0$,这种 pH 值可一直维持到肉发生腐败分解之前,此 pH 值称为"排酸值"。当肉腐败时,由于肉中蛋白质在细菌酶的作用下,被分解为氨或胺类等碱性化合物,可使肉的 pH 值显著增高,此外动物在宰前由于过劳患病,肌糖原减少,宰后肌肉中乳酸形成减少,pH 值也因此增高。

食品的 pH 值和总酸度之间没有严格的比例关系,测定 pH 值往往比测定总酸度具有更大的实际意义,更能说明问题。pH 值的大小不仅取决于酸的数量和性质,而且受该食品中缓冲物质的影响。

5.4.1　pH 计法(电位法)

5.4.1.1　原理

电池电动势大小与溶液 pH 值有直接关系:$E = E^0 - 0.0591 pH(25℃)$,即在 25℃时,每样差一个 pH 值单位就产生 59.1 mV 的电池电动势,利用酸度计测量电池电动势并直接以 pH 表示,故可从酸度计表头上读出样品溶液的 pH 值。

pH 值测定方法有 pH 试纸法,标准管比色法和 pH 计测定法。前两者都是用不同指示剂的混合物显示各种不同的颜色来指示溶液的 pH 值。pH 计实际上是电化学法的一种,它由一支能指示溶液 pH 值的玻璃电极作指示电极,另用甘汞电极作参比电极组成一个电池。它们在溶液中产生一个电动势,其大小与溶液中的氢离子浓度有直接关系。pH 值是氢离子浓度的负对数,$pH = -Lg(H^+) = 1/Lg(H^+)$。

5.4.1.2　适用范围

本法适用于各类饮料,果蔬及其制品以及肉、蛋类等食品中 pH 值的测定。测定值可准确到 0.01pH 单位。

5.4.1.3　主要仪器

①pHS - 3C 型酸度计(或其他型号);

②231 型(或 221 型)玻璃电极及 232 型(或 222 型)甘汞电极;

③电磁搅拌器;

④高速组织捣碎机。

5.4.1.4　操作方法

(1)样品处理

①一般液体样品(如牛乳、不含 CO_2 的果汁、酒等样品)摇匀后可直接取样测定。

②含 CO_2 的液体样品(如碳酸饮料、啤酒等):同"总酸度测定"方法排除 CO_2 后再测定。

③果蔬样品,将果蔬样品榨汁后,取果汁直接进行 pH 测定。对果蔬干制品,可取适量样品,加数倍的无 CO_2 蒸馏水,于水浴上加热 30 min,再捣碎,过滤,取滤液测定。

④肉类制品:称取 10 g 已除去油脂并捣碎的样品于 250 mL 锥形瓶中,加入 100 mL 无 CO_2 蒸馏水,浸泡 15 min,并随时摇动,过滤后取滤液测定。

⑤鱼类等水产品,称取 10 g 切碎样品,加无 CO_2 蒸馏水 100 mL,浸泡 30 min(随时摇动),过滤后取滤液测定。

⑥皮蛋等蛋制品:取皮蛋数个,洗净剥壳,按皮蛋:水为 2:1 的比例加入无 CO_2 蒸馏水,于组织捣碎机中捣成匀浆。再称取 15 g 匀浆(相当于 10 g 样品),加无 CO_2 蒸馏水至 150 mL,搅匀,纱布过滤后,取滤液测定。

⑦罐头制品(液固混合样品)先将样品沥汁,取浆汁液测定,或将液固混合捣碎成浆状后,取浆状物测定。若有油脂,则应先分出油脂。

⑧含油及油浸样品,先分离出油脂,再把固形物经组织捣碎机捣成浆状,必要时加少量无 CO_2 蒸馏水(20 mL/100 g样品)搅匀后,进行 pH 值测定。

(2)酸度计的校正

先将 pH 计的电极接好,开动电源,调节补偿温度旋钮后,选择一种最接近样品 pH 值的缓冲溶液,把电极放入这一缓冲溶液里,摇动烧杯,使溶液均匀。待读数稳定后,该读数应是缓冲溶液的 pH 值,否则就要调节定位调节器,使 pH 值指针指在缓冲溶液的 pH 值上,放开读数开关,指针回零,如此重复操作两次。用于分析精度要求较高的测定时,要选择两种缓冲溶液(即被测样品的 pH 值在该两种缓冲溶液的 pH 值之间或接近)。待第 1 种缓冲溶液的 pH 值读数稳定后,该读数应为该缓冲溶液的 pH 值,否则调节定位调节器。清洗电极,吸干电极球泡表面的余液。把电极放入第 2 种缓冲溶液中,摇动烧杯使溶液均匀,待读数稳定后,该读数应是第 2 种缓冲溶液的 pH 值,否则调节斜率调节器。

(3)样品测定

经过 pH 标定的仪器,即可用来测定样品的 pH 值。这时温度调节器、定位调节器、斜率调节器都不能再动。果蔬类样品经捣碎均匀后,可在 pH 计上直接测定。肉、鱼类样品一般在按 1:10 的中性水中浸泡,过滤,取滤液进行测定。测定时需先用蒸馏水清洗电极,用滤纸吸干电极球部后,把电极插在盛有被测样品的烧杯内,轻轻摇动烧杯,待读数稳定后,就显示被测样品的 pH 值。注意:复合电极的主要传感部分是电极的球泡,球泡极薄,千万不能跟硬物接触。测量完毕套上保护帽,帽内放少量补充液(3 mol/L 的氯化钾溶液),保持电极球泡湿润。

5.4.1.5 操作说明

①新电极或很久未用的干燥电极,必须预先浸在蒸馏水或 0.1mol/L 盐酸溶液中 24 h 以上,其目的是使玻璃电极球膜表面形成有良好离子交换能力的水化层。玻璃电极不用时,宜浸在蒸馏水中。

②玻璃电极的玻璃球膜壁薄易碎,使用时应特别小心,安装两电极时玻璃电极应比甘汞电极稍高些。若玻璃膜上有油污,则将玻璃电极依次浸入乙醇、丙酮中清洗,最后用蒸馏水冲洗干净。

③甘汞电极中的氯化钾为饱和溶液,为避免在室温升高时,氯化钾变为不饱和,建议加入少许氯化钾晶体,但应防止晶体堵塞甘汞电极砂感陶瓷通道。在使用时,应注意排除弯管内的气泡和电极表面或液体接界部位的空气泡,以防溶液被隔断,引起测量电路断路或读数不稳。并检查陶瓷砂芯(毛细管)是否畅通,检查方法是:先将砂芯擦干,然后用滤纸紧贴在砂芯上,如有溶液渗下,则证明陶瓷砂芯未堵塞。

④在使用甘汞电极时,要把电极上部的小橡皮塞拔出,并使甘汞电极内氯化钾溶液的液面高于被测样液的液面,以使陶瓷砂芯处保持足够的液位压差,从而有少量的氯化钾溶液从砂芯中流出,否则,待测样液会回流扩散到甘汞电极中,将使结果不准确。

⑤使用玻璃电极测试 pH 值时,由于液体接界电位随试液的 pH 值及成分的改变而改

变,故在校正和测定过程中,公式 $E = E^0 - 0.0591\text{pH}(25℃)$ 中的 E^0 可能发生变化,为了尽量减少误差,应该选用 pH 值与待测样液 pH 值相近的标准缓冲溶液样正仪器。

⑥仪器一经标定,定位和斜率二旋钮就不得随意触动,否则必须重新标定。

5.4.1.6　酸度计校准方法

酸度计能在 0~14 pH 值范围内使用。酸度计有台式、便携式、表型式等多种,读数指示器有数字式和指针式两种。

(1)酸度计的一点校准

任何一种 pH 计都必须经过 pH 标准溶液的校准后才可测量样品的 pH 值,对于测量精度在 0.1pH 以下的样品,可以采用一点校准方法调整仪器,一般选用 pH 6.86 或 pH 7.00 标准缓冲液。有些仪器本身精度只有 0.2 pH 或 0.1pH,因此仪器只设有一个"定位"调节旋钮。

具体操作步骤如下:

①测量标准缓冲液温度,查表确定该温度下的 pH 值,将温度补偿旋钮调节到该温度下。

②用纯水冲洗电极并滤纸吸干。

③将电极浸入缓冲溶液晃动后静止放置,待读数稳定后,调节定位旋钮使仪器显示该标准溶液的 pH 值。

④取出电极冲洗并用滤纸吸干。

⑤测量样品温度,并将 pH 计温度补偿旋钮调节至该温度值。

(2)酸度计的二点校准

对于精密级的 pH 计,除了设有"定位"和"温度补偿"调节外,还设有电极"斜率"调节,它就需要用两种标准缓冲液进行校准。一般先以 pH 6.86 或 pH 7.00 进行"定位"校准,然后根据测试溶液的酸碱情况,选用 pH 4.00(酸性)或 pH 9.18(碱性)缓冲溶液进行"斜率"校正。

具体操作步骤为:

①电极洗净并用滤纸吸干,浸入 pH 6.86 或 pH 7.00 标准溶液中,仪器温度补偿旋钮置于溶液温度处。待示值稳定后,调节定位旋钮使仪器示值为标准溶液的 pH 值。

②取出电极洗净并用滤纸吸干,浸入第二种标准溶液中。待示值稳定后,调节仪器斜率旋钮,使仪器示值为第二种标准溶液的 pH 值。

③取出电极洗净并用滤纸吸干,再浸入 pH 6.86 或 pH 7.00 缓冲溶液中。如果误差超过 0.02 pH,则重复第①、②步骤,直至在两种标准溶液中不需要调节旋钮都能显示正确 pH 值。

④取出电极并用滤纸吸干,将 pH 温度补偿旋钮调节至样品溶液温度,将电极浸入样品溶液,晃动后静止放置,显示稳定后读数。

5.4.2 比色法

比色法是利用不同的酸碱指示剂来显示 pH 值,由于各种酸碱指示剂,在不同的 pH 值范围内显示不同的颜色,故可用不同指示剂的混合物显示各种不同的颜色来指示样液的 pH 值。

根据操作方法的不同,此法又分为试纸法和标准签比色法。

5.4.2.1 试纸法(尤其适用于固体和半固体样品 pH 测定)

将滤纸裁成小片,放在适当的指示剂溶液中,浸渍后取出干燥即可。用一干净的玻璃棒沾上少量样液,滴在经过处理的试纸上(有广泛与精密试纸之分),使其显色,在 2 ~ 3 s 后,与标准色相比较,以测出样液的 pH 值。此法简便、快速、经济、但结果不够准确,仅能粗略估计样液的 pH 值。

5.4.2.2 标准管比色法

用标准缓冲液配制一不同 pH 值的标准系列,再各加适当的酸碱指示剂使其不同 pH 呈不同颜色,即形成标准色,在样液中加入与标准缓冲液相同的酸碱指示剂,显色后与标准比色管的颜色进行比较,与样液颜色相近的标准色管中缓冲溶液的 pH 值即为待测样液的 pH 值。

此法适用于色度和混浊度比较低的样液 pH 值的测定,因其受样液颜色、浊度、胶体物和各种氧化剂和还原剂的干扰,故测定结果不甚准确,其测定仅能准确到 0.1pH 单位。

5.5 乳及乳制品酸度的测定

乳类食品的酸度有外表酸度和真实酸度两种,前者也称固有酸度(或潜在酸度),是指磷酸与干酪素的酸性反应,在新鲜的牛奶中约占 0.15%,另外还有二氧化碳、枸杞酸、酪蛋白、白蛋白等;后者也称发酵酸度,是由于乳酸菌作用于乳糖,产生乳酸所引起的,使牛奶酸度增加。习惯上如果牛奶中的含量超过 0.20% ~ 0.25%,pH = 6.6 即为有乳酸存在;酸度在小于 0.20% 以下的牛奶称为新鲜牛奶;而酸度大于 0.20% 的牛奶称为不新鲜牛奶;牛奶的酸度达到 0.30%(pH = 4.3)时,饮用时就有一定的酸味;当牛奶结块时,其酸度约为 0.6%。

乳类食品酸度的表示方式有乳酸的百分数(乳酸%)和吉尔捏尔度(°T)两种,吉尔捏尔度(°T)指滴定 100 mL 牛奶样品,消耗的 0.1mol/L NaOH 溶液的毫升数,工厂一般采用 10 mL 样品,而不用 100 mL,所以牛奶样品的°T 为消耗的 0.1mol/L 的 NaOH 溶液的毫升数乘以 10。牛奶的酸度除滴定酸度外,也可用乳酸的百分数来表示,与总酸度的计算方法一样,也可由滴定酸度直接换算成乳酸%(1°T = 0.09% 乳酸)。如果 10 mL 牛奶按 2:1 稀释加酚酞用 NaOH 滴定,最后计算乳酸。

食品安全国家标准规定了乳粉、巴氏杀菌乳、灭菌乳、生乳、发酵乳、炼乳、奶油及干酪素酸度的测定方法。第一法为基准法,适用于乳粉酸度的测定;第二法为常规法,适用于巴氏杀菌乳、灭菌乳、生乳、发酵乳、炼乳、奶油及干酪素酸度的测定,常规法为等效采用国际乳品联合会标准,基准法为仲裁法。

5.5.1　乳粉中酸度的测定(基准法)

5.5.1.1　原理

中和 100 mL 干物质为 12 % 的复原乳至 pH 为 8.3 所消耗的 0.1 mol/L 氢氧化钠体积,经计算确定其酸度。

5.5.1.2　试剂

①所有试剂均为分析纯,水为蒸馏水。

②氢氧化钠标准溶液:0.1000 mol/L NaOH 溶液。

③氮气。

5.5.1.3　仪器和设备

①电子天平:感量为 1 mg。

②滴定管:分刻度为 0.1 mL,可准确至 0.05 mL。

③酸度计:带玻璃电极和适当的参比电极。

④磁力搅拌器。

5.5.1.4　操作步骤

①试样的制备:将样品全部移入到约两倍于样品体积的洁净干燥容器中(带密封盖),立即盖紧容器,反复旋转振荡,使样品彻底混合。在此操作过程中,应尽量避免样品暴露在空气中。

②乳粉中酸度的测定:称取 4 g 样品(精确到 0.01 g)于锥形瓶中。用量筒量取 96 mL约 20℃的水,使样品复原,搅拌,然后静置 20 min。用滴定管向锥形瓶中滴加 0.1 mol/L 氢氧化钠标准溶液,直到 pH 达到 8.3。滴定过程中,始终用磁力搅拌器进行搅拌,同时向锥形瓶中吹氮气,防止溶液吸收空气中的二氧化碳。整个滴定过程应在 1 min 内完成。记录所用氢氧化钠溶液的毫升数,精确至 0.05 mL,代入公式(5 - 3)计算。

5.5.1.5　计算

试样中的酸度数值以 X_1 (°T)表示,按下式计算:

$$X_1 = \frac{c_1 \times V_1 \times 12}{m_1 \times (1 - w) \times 0.1} \qquad (5 - 3)$$

式中:X_1——试样的酸度,°T;

c_1——氢氧化钠标准溶液的浓度,mol/L;

V_1——滴定时所用氢氧化钠溶液的体积,mL;

m_1——称取样品的质量,g;

w——试样中水分的质量分数,g/100g;

12——12 g 乳粉相当 100 mL 复原乳(脱脂乳粉应为9,脱脂乳清粉应为7);

0.1——酸度理论定义氢氧化钠的物质的量浓度,mol/L。

以重复性条件下获得的两次独立测定结果的算术平均值表示,结果保留 3 位有效数字。在重复性条件下获得的两次独立测定结果的绝对差值不得超过 1.0 °T。

注:若以乳酸含量表示样品的酸度,那么样品的乳酸含量(g/100g) = °T × 0.009。°T 为样品的滴定酸度(0.009 为乳酸的换算系数,即 1 mL 0.1 mol/L 的氢氧化钠标准溶液相当于 0.009 g 乳酸。)

5.5.2　液态乳样中酸度的测定

5.5.2.1　液态乳样的分析步骤

(1)巴氏杀菌乳、灭菌乳、生乳、发酵乳

称取 10 g(精确到 0.001 g)已混匀的试样,置于 150 mL 锥形瓶中,加 20 mL 新煮沸冷却至室温的水,混匀,用氢氧化钠标准溶液电位滴定至 pH 8.3 为终点;或于溶解混匀后的试样中加入 2.0 mL 5 g/L 的酚酞指示液,混匀后用氢氧化钠标准溶液滴定至微红色,并在 30 s 内不褪色,记录消耗的氢氧化钠标准滴定溶液毫升数,代入式(5 - 4)中进行计算。

中和 100 mL 干物质为 12 % 的复原乳至 pH 为 8.3 所消耗的 0.1 mol/L 氢氧化钠体积,经计算确定其酸度。

(2)奶油

称取 10 g(精确到 0.001 g)已混匀的试样,加 30 mL 中性乙醇 – 乙醚混合液,混匀,以下按(1)"用氢氧化钠标准溶液电位滴定至 pH 8.3 为终点……"操作。

(3)干酪素

称取 5 g(精确到 0.001 g)经研磨混匀的试样于三角瓶中,加入 50 mL 水,于室温下(18 ~ 20)℃放置 4 ~ 5 h,或在水浴锅中加热到 45℃并在此温度下保持 30 min,再加 50 mL 水,混匀后,通过干燥的滤纸过滤。吸取滤液 50 mL 于三角瓶中,用氢氧化钠标准溶液电位滴定至 pH 8.3 为终点;或于上述 50 mL 滤液中加入 2.0 mL 酚酞指示液,混匀后用氢氧化钠标准溶液滴定至微红色,并在 30 s 内不褪色,将消耗的氢氧化钠标准溶液毫升数代入式(5 - 5)进行计算。

(4)炼乳

称取 10 g(精确到 0.001 g)已混匀的试样,置于 250 mL 锥形瓶中,加 60 mL 新煮沸冷却至室温的水溶解,混匀,以下按(1)"用氢氧化钠标准溶液电位滴定至 pH8.3 为终点……"操作。

5.5.2.2　分析结果的表述

试样中的酸度数值以 X_2(°T)表示,按式(5 - 4)计算:

$$X_2 = \frac{c_2 \times V_2 \times 100}{m_2 \times 0.1} \tag{5 - 4}$$

式中:X_2——试样的酸度,°T;

　　c_2——氢氧化钠标准溶液的浓度,mol/L;

　　V_2——滴定时消耗氢氧化钠标准溶液体积,mL;

　　m_2——试样的质量,g;

0.1——酸度理论定义氢氧化钠的物质的量浓度,mol/L。

以重复性条件下获得的两次独立测定结果的算术平均值表示,结果保留 3 位有效数字。

$$X_3 = \frac{c_3 \times V_3 \times 100 \times 2}{m_3 \times 0.1} \tag{5-5}$$

式中:X_3——试样的酸度,°T;

　　c_3——氢氧化钠标准溶液的浓度,mol/L;

　　V_3——滴定时消耗氢氧化钠标准溶液体积,mL;

　m_3——试样的质量,g;

　0.1——酸度理论定义氢氧化钠的物质的量浓度,mol/L;

　　2——试样的稀释倍数。

以重复性条件下获得的两次独立测定结果的算术平均值表示,结果保留 3 位有效数字。在重复性条件下获得的两次独立测定结果的绝对差值不得超过 1.0°T。

5.5.2.3　计算滴定酸度

测定过程中的影响因素:

①试剂的浓度和用量:酚酞浓度不一样,到终点时 pH 稍有差异,有色液与无色液不一样,应按规定加入,尽量避免误差。

②酚酞指示液:称取 0.5 g 酚酞溶于 75 mL 体积分数为 95 % 的乙醇中,并加入 20 mL 水,然后滴加 0.1 mol/L NaOH 标准液至微粉色,再加入水定容至 100 mL。

5.6　食品中有机酸的分离与定量

目前比较常用的方法是气相色谱法,离子交换色谱法和高效液相色谱法。采用气相色谱法不仅可以分析香气成分之类的挥发性物质,而且糖和氨基酸等不挥发性物质,经过转变为挥发性衍生物后也能分析,在适当的条件下,许多物质都能准确、迅速、容易地加以分析,因而这方法具有普及性,但在一般气相色谱条件下,许多种类有机酸是不挥发性的,故需其转化成挥发性衍生物,常用方法有甲酯化法和三甲基硅烷(TMS)衍生法,所以说采用此法仍需对样品进行前处理,以分离出有机酸。离子交换色谱法最初用于有机酸的分析时与硅胶色谱法相似,也是采用将分离的各馏分滴定中和的方法。近年来,此法有很大进展,已研究出对有机酸的羧基有特异性的高灵敏度检测方法及带有这种检测器的自动分析仪(即羧酸分析仪)。并研究开发出一种新型的离子交换色谱法即离子色谱法,由于这种新型离子交换色谱法具有简便,快速和高灵敏度等独特优点,使该方法被广泛地用于分析各种食品中有机酸的组成和含量。

近年来,高效液相色谱分析法也用于有机酸的分离与测定。此法只需对样品进行离心或过滤等简单预处理,而不需要太多的分离处理手续,操作十分简单,其他组分的干扰少。高效液相色谱法最初用于有机酸分析时,采用强阴、阳离子交换树脂的柱通过离子排斥和分配色谱分离有机酸,以示差折光检测器或紫外分光检测器检测。

5.6.1 气相色谱法

5.6.1.1 原理

在硫酸的催化下,使有机酸成为丁酸衍生物,用气相色谱法定量。

5.6.1.2 适用范围

本法适用于水果,蔬菜、腌制的农产品,清凉饮料、酒精饮料、酱油、蛋黄酱、咖啡等,可分别定量的有机酸有甲酸、乙酸、丙酸、异丁酸、正丁酸、乳酸、异戊酸、正戊酸、异己酸、正己酸、乙酰丙酸、草酸、丙二酸、琥珀酸、反丁烯二酸、苹果酸、酒石酸、反丙烯酸以及柠檬酸等。分析时需要的酸的最小含量,因酸的种类不同而异:甲酸、乙酸等低相对分子质量酸为 1 mg,苹果酸、柠檬酸等约 10 mg,酒石酸若少于 10 mg 便不能获得高精度分析结果。

5.6.1.3 试剂

离子交换树脂:使用阳离子交换树脂 Amberlite(一种人工合成的酚甲醛离子换树脂) CG120;阴离子交换树脂 Amberlite CG4B;Amberlite IRA410。

5.6.1.4 仪器

气相色谱仪:装有氢火焰离子检测器,程序升温装置。

柱:填充 10% Silicone Dc560 DiasolidL(60~80 目)的 3 mm×2 m 不锈钢柱或玻璃柱。

5.6.1.5 测定

①试样制备:将试样在 60℃ 热水中均质,离心分离得有机酸提取液。取一定量(为了以 0.1 mol/L NaOH 液中和,约需 10 mL)通过离子交换树脂柱(图 5 -2),使有机酸被阴离子交换树脂吸附。

取下阳离子变换树脂柱,将 50 mL,2 mol/L 氨水通过阴离了交换树脂柱,使酸转变为铵盐洗脱。洗脱液用旋转式蒸发器浓缩,馏出过剩的氨后,再通过阳离子交换树脂柱,使有机酸成为游离态。用酚酞作指示剂,用 0.1 mol/L NaOH 溶液滴定,求总酸量。同时使有机酸成为钠盐。将相当于滴定值约 10 mL 的试样浓缩,在具塞试管内干涸。

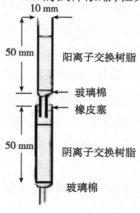

图 5 -2 试样前处理用离子交换树脂

②酯化：在用上述方法制备的有机酸中，加 2 mL 丁醇，2 g 无水硫酸钠，0.2 mL 浓硫酸，连接冷凝管，在电热板上平衡沸腾约 30 min（加热不断搅伴），使有机酸成为酯。

③脂的提取：酯化终了，加水和已烷 5 mL。使酯转溶于已烷中，每次用约 5 mL 已烷提取 3 次，用安全移液管移入 20 mL 容量瓶中（容量瓶中事先已带有 0.5% 十九烷（内标）的已烷溶液 1 mL），用已烷定容。再加入 0.5 g 无水硫酸钠，去除混入的微量硫酸。取 5 μL 进行气相色谱分析。

④分析：柱子在 60℃ 下保持 6 min 后，以每分钟升温 5℃ 速度升至 250℃，氮气、氢气、空气的流量分别是 60 mL/min、50 mL/min、900 mL/min，气化室和检测器的温度为 260℃。将已知浓度的标准有机酸用上述方法制成丁酯后，用气相色谱仪分析，制作工作曲线，样品与工作曲线相比较，计算出样品含量。

5.6.1.6　说明

对于含盐食品如酱油等，用离子交换树脂进行前处理很困难，可用乙醚提取，操作如下：取无水硫酸钠和硅藻土各 20 g 置于烧杯中，加乙醚 200 mL，边用大型搅拌器搅拌，边滴加，用盐酸调整 pH 为 1～2 的酱油 10 mL。搅拌提取 10 min 后收集乙醚，再用乙醚（150 mL×3 次）提取，将收集的乙醚合并于分液漏斗中。加 50 mL 20 mol/L 氨水充分混合，使有机酸转溶于水中，蒸馏出氨，直至氨的气味基本消失。用 Amberlite CG 120 处理成为游离酸，用 0.1mol/L NaOH 溶液中和。所得到的酱油有机酸的钠盐蒸发干涸后，由于硫酸－丁醇作用生成了丁酯，供气相色谱分析用。

5.6.2　高效液相色谱法

5.6.2.1　原理

样品经过高速离心及适当超滤等处理后，直接注入反相化学键合柱（C_{18} 填料）的液相色谱体系，以磷酸二氢铵为流动相，有机酸在两种体系中进行了分配分离，于紫外检测器 200 nm 波长下进行液相色谱定量分析。

5.6.2.2　适用范围

本法可适用于果蔬及其制品，各种酒类，调味品及乳和乳制品中主要有机酸分离与测定，分析一次试样约 14 min，可同时分离分析柠檬酸、酒石酸、苹果酸等 7 种有机酸，对有机酸的最小检测量为 0.1 mmol（草酸）。

5.6.2.3　试剂

①高纯水：由超纯水制备装置制备，并经过 0.45 μm 滤膜于真空超滤。

②流动相：2.5% $NH_4H_2PO_4$（pH 2.50），称取分析纯磷酸二氢铵 25.0 g，用超纯水溶解并定容至 1 L，用浓 H_3PO_4 调节至 pH 为 2.50，然后用 0.45 μm 孔径的合成纤维树酯滤膜进行真空超滤，再经超声波脱气 5 min 后用作流动相。

③有机酸标准混合液：分别准确取 AR 的草酸 5 mg、酒石酸 50 mg、苹果酸 150 mg、乳酸 200 mg、乙酸 200 mg、柠檬酸 120 mg 和琥珀酸 180 mg（准确 0.1 mg），以 2.5 % $NH_4H_2PO_4$

溶液溶解并稀释为 100 mL,使各有机酸浓度分别为 50、500、1500、2000、2000、1200、1800 mg/kg。

④80% 乙醇溶液:吸取分析纯无水乙醇 80 mL,用高纯水稀释至 100 mL。

5.6.2.4 仪器

①高效液相色谱议(Water 公司):包括 510 型高压输液泵,U6K 进样器,481 型可变波长紫外检测器,以及 M730 型数据处理装置或工作站。

②超纯水制备装置:Mill - Q,Millipore 公司。

③高速离心:SCR20BC 型,Hitachi 公司。

④酸度计:HS - 3C 型。

⑤恒温水浴锅。

5.6.2.5 操作方法

(1)样品处理

固体样品:称取 5~10 mg 样品(视有机酸含量而定)于加有石英砂的研钵中研碎,用 25 mL 80% 乙醇转移到 50 mL 锥形瓶中,于 75℃ 水浴中加热浸提 15 min,在 2 万 r/min 下离心 20 min,沉淀用 10 mL 80% 乙醇洗涤两次,离心分离后,合并上清液并定容至 50 mL。取 5 mL 上清液于蒸发皿中,在 75℃ 水浴上蒸干,残渣加 5 mL 流动相溶解,离心,上清液经 0.45 μm 滤膜在真空下超滤后进样。

液体样品:吸取 5 mL 样液(视有机酸含量酌情减)于蒸发皿中,在 75℃ 水浴上蒸干,残渣加 5 mL 80% 乙醇溶解,离心,上清液水浴蒸干,残渣加 5 mL 流动相溶解,离心,上清液经 0.45 μm 滤膜于真空下超滤后进样。

(2)色谱分析条件

色谱柱:Microbondpok C_{18} 柱,8mmID × 100mm

固定相:u - Bondapak C_{18} 10μm

流动相:25 g/L $NH_4H_2PO_4$(pH 2.50)

流速:2 mL/min

检测器:紫外可变波长检测器

检测波长:200 nm

录敏度:0.05A UFS

纸速:0.5 cm/min

柱温:室温

(3)测定

①标准曲线绘制:分别取有机酸标准混合溶液 1 μL、2 μL、4 μL、6 μL、8 μL、10 μL 进样进行色谱分析,得出有机酸标准色谱图,以各有机酸的峰高或峰面积为纵坐标,以各有机酸含量(μg)为横坐标分别绘制各有机酸的标准曲线,或用最小二乘法原理建立各种有机酸的回归方程。

②样品测定:取适量样品处理液进行色谱分析,得出样品色谱图。

5.6.2.6　结果计算

将同一色谱条件下得到的样品色谱图和有机酸标准溶液色谱图进行对照,根据色谱峰的保留时间定性。必要时可在样液中加入一定量的某种有机酸标准液以增加峰高来进行定性。根据峰面积或峰高进行定量,再根据样品稀释倍数即可求出样品中各有机酸的含量。

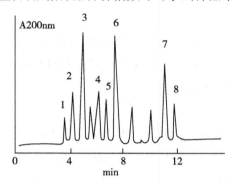

图 5 - 3　上述色谱条件下的橘子提取液色谱图

1—溶剂峰　2—草酸　3—酒石酸　4—苹果酸　5—乳酸　6—乙酸　7—柠檬酸　8—琥珀酸　其他为未知峰

5.6.2.7　说明

①在样品溶液测定中,每进三次样液,就应进一次标准溶液进行校正,并重新计算校正系数,以保证测定结果的准确度。

②在提取样品中有机酸时,应选择80%乙醇溶液作提取剂,即可使有机酸提取完全,还可避免样品中蛋白质溶出影响色谱柱的使用寿命。若选择水或 1.5 ~ 3 mol/L HCl 作提取剂,则可能使有机酸提取不完全或使样液中碳水化合物降解成草酸而影响测定结果。

③在反相 HPLC 分离中,被分离组分的极性越弱,与键合相表面烷基之间色散力越强,K'(电离常数)就越大,相反,极性越强,即分子所含羟基数和羧基数越多,与流动相溶剂分子形成的氢键就越强,K' 就越小,故根据有机酸的 $pKa_{(1)}$ 值与分子极性成负相关的关系。在上述色谱条件下的橘子提取液色谱图如图 5 - 3 所示。在理论上其 K' 顺序为草酸 < 酒石酸 < 柠檬酸 < 苹果酸 < 乳酸 < 琥珀酸 < 乙酸,但只有柠檬酸和琥珀酸都含有两个可与键合相表面烷基产生色散力的亚甲基,且前者的两个亚甲基都被带有部分正电荷的碳原子隔开,故它的烷基色散力小于后者。故实际的 K^+ 是草酸 < 酒石酸 < 苹果酸 < 乳酸 < 乙酸 < 柠檬酸 < 琥珀酸。

④本法回收率试验结果表明,除易挥发的乙酸外,其他有机酸的回收率都较为理想,不同有机酸回收率不同,而且,对同一种有机酸,在不同的样品中,回收率略有区别。

5.6.3　酮酸的薄层色谱法

5.6.3.1　原理

使酮酸与2,4 - 二硝基苯肼反应生成腙,用有机溶剂提取,将碳酸钠溶液加入提取液中,通过转溶酸性腙去除中性物质。恢复成酸性再用有机溶剂提取,并用薄层色谱法分离酮酸腙。

5.6.3.2 适用范围

本法适用于分析丙酮酸以及 α - 酮丁酸,乙酰丙酸,α - 酮戊二酸等,适合于分析蔬菜与水果。

5.6.3.3 试剂

①薄层用硅胶。

②展开剂:0.1 mol/L 碳酸氢钠饱和乙酸乙酯溶液(乙酸乙酯和等量的 0.1 mol/L 的 NaHCO$_3$ 用分液漏斗混合,使用乙酸乙酯层)与甲醇混合(5 + 1)或用丁醇 + 乙醇 + 0.1 mol/L 碳酸氢钠 = 1 + 0.3 + 1 混合液的上层液。

5.6.3.4 测定

①薄层板的制备:硅胶与 0.1 mol/L NaHCO$_3$ 溶液 1 + 1 均匀混合后,在玻璃板上涂成 0.24 ~ 0.28 mm 厚层,风干后在 110℃ 下加热 4 h,使之活化,置于干燥器中备用。

②试样制备:将有机酸的水提取液离心分离,取上清液作为试样溶液;需除去蛋白质的试样,加入高氯酸后再离心分离,用氢氧化钠中和,作为试样溶液。

③酮酸 2,4 - 二硝基苯腙的制备。

10 mL 试样溶液中加入溶于 6 mol/L HCl 的 10 g/L 2,4 - 二硝基苯肼溶液 0.4 mL 在 25℃ 下保温 1 h 生成腙,用乙酸乙酯提取(10 mL,2 次)酮酸 2,4 - 二硝基苯腙。提取液中加 100 g/L Na$_2$CO$_3$ 溶液 10 mL,转溶酸性腙。用碳酸钠转溶 2 次,收集水层。用 10 mL 乙酸乙酯洗涤后,加浓盐酸调整 pH 为 2。酮酸 2,4 - 二硝基苯腙再用乙酸乙酯(10 mL,3 次)提取。用旋转蒸发器减压干涸,溶于 1 mL 乙酸乙酯中,取其一定量供分析用。

④分析:将点有样品溶液的薄层板,置于被展开剂蒸气饱和了的展开槽内,用上行法展开,经 2 ~ 3 h,酮酸即可分离。

5.6.3.5 计算

样品中的酮酸与标准物 R_f 值对照,可进行定性鉴定。定量时,取下黄色斑点,溶解在含有 10 g/L 氨的甲醇中,干涸后溶解在 2 mL 0.1 mol/L NaHCO$_3$ 溶液中,加入等量的 2 mol/L NaOH 溶液,用分光光度法测定产生的红色,与标样作对照,求出样品中的酮酸含量。酮酸 - R_f 值与测定波长见表 5 - 8。

表 5 - 8　酮酸 R_f 值和测定波长

酮酸	型	R_f	波长/nm
二羟乙酸	顺	0.43	406
	反	0.17	
丙酮酸	顺	0.59	416
	反	0.20	
α - 酮丁酸	顺	0.58	416
	反	0.23	

续表

酮酸	型	R_f	波长/nm
α – 酮戊酸	顺	0.75	422
	反	0.26	
α – 酮异戊酸	顺	0.75	430
	反	0.14	
α – 酮己酸	顺	0.75	420
	反	0.29	
α – 酮己异酸	顺	0.88	420
	反	0.26	
α – 酮 – β – 甲基戊酸		0.88	430
α – 酮 – β – 二甲基丁酸		0.85	430

思考题

1. 食品中酸的测定有何意义？

2. 何谓食品的酸总浓度、有效酸度、挥发酸和牛乳酸浓度？

3. 对于颜色较深的样品，在测定其酸总浓度时应如何保证测定结果的准确度？

4. 何谓糖酸比？为什么它经常作为某些食品味道的指标值,而不是单独使用糖度或酸度？

5. 食品中有机酸测定方法有哪些？

第6章　脂类的测定

6.1　脂类的概述

6.1.1　食品中的脂类物质和脂肪含量

脂类主要包括脂肪(甘油三酸酯)和类脂化合物(脂肪酸、磷脂、糖脂、甾醇、固醇等)。大多数动物性食品及某些植物性食品(如种子、果实、果仁)都含有天然脂肪或类脂化合物。脂肪是食物中具有最高能量的营养素,也是三大营养素之一,食品中脂肪含量是衡量食品营养价值高低的指标之一。在食品加工生产过程中,原料、半成品、成品的脂类含量对产品的风味、组织结构、品质、外观、口感等都有直接的影响,故食品中脂类含量是食品质量管理中的一项重要指标。下表为不同食品中脂肪含量。

不同食品中脂肪含量表

食品项目	脂肪含量/%	食品项目	脂肪含量/%
谷物食品、面包、通心粉		水果和蔬菜	
大米	0.7	苹果(带皮)	0.4
高粱	3.3	橙子	0.1
小麦胚芽	2.0	黑莓(带皮)	0.4
黑麦	2.5	鳄梨(美国产)	15.3
天然小麦粉	9.7	芦笋	0.2
黑麦面包	3.3	利马豆	0.8
小麦面包	3.9	甜玉米(黄色)	1.2
干通心粉	1.6	豆类	
乳制品		成熟的生大豆	19.9
液体全脂牛乳	3.3	成熟的生黑豆	1.4
液体脱脂牛乳	0.2	肉、家禽和鱼	
干酪	33.1	牛肉	10.7
酸奶	3.2	焙烤或油炸的鸡肉	1.2
脂肪和油脂		腌制的咸猪肉	57.5
猪脂	100	新鲜的生猪腰肉	12.6
黄油(含盐)	81.1	大西洋和太平洋的生比目鱼	2.3
人造奶油	80.5	大西洋生鳕鱼	0.7
色拉调味料		坚果类	
意大利产品	48.3	生椰子	33.5
千岛产品	35.7	干杏仁	52.2
法国产品	41.0	干核桃	56.6
蛋黄酱(豆油制)	79.4	新鲜全蛋	10.0

6.1.2　脂类物质的测定意义

6.1.2.1　生理方面

①脂肪是一种富含热能的营养素,是人体热能的主要来源,每克脂肪在体内可提供37.7 kJ 热能,比碳水化合物和蛋白质高一倍以上。

②维持细胞构造及生理作用。

③提供必需脂肪酸(亚油酸、亚麻酸、花生四稀酸)。

④具有饱腹感:脂肪可延长食物在胃肠中停留时间。

6.1.2.2　营养方面

脂肪是脂溶性维生素的良好溶剂,有助于脂溶性维生素(A、D、E、K)的吸收。

6.1.2.3　烹调方面

脂肪能给食品一定的风味,特别是焙烤食品。例如,卵磷脂加入面包中,使面包弹性好,柔软,体积大,形成均匀的蜂窝状。

6.1.2.4　脂肪含量是一项重要的控制指标

脂肪含量高低是评价食品质量好坏,是否掺假,是否脱脂,以质论价的一项控制指标,所以在含脂肪的食品中,其含量都有一定的规定,是食品质量管理中的一项重要指标。在食品加工生产过程中,原料、半成品、成品的脂类含量对产品的风味、组织结构、品质、外观、口感等都有直接的影响。因此,测定食品的脂肪含量,可以用来评价食品的品质,衡量食品的营养价值,而且对实行工艺监督,生产过程中的质量管理,研究食品的储藏方式是否恰当等方面都有重要的意义。

6.1.3　提取剂的选择及样品的预处理

6.1.3.1　提取剂的选择

天然的脂肪并不是单纯的甘油三酸酯,而是各种甘油三酸酯的混合物,它们在不同溶剂中的溶解度因多种因素而变化,这些因素有脂肪酸的不饱和性、脂肪酸的碳链长度、脂肪酸的结构以及甘油三酸酯的分子构型等。显然,不同来源的食品,由于它们结构上的差异,不可能企图采用一种通用的提取剂。

脂类不溶于水,易溶于有机溶剂。测定脂类大多采用低沸点的有机溶剂。常用的溶剂有乙醚、石油醚、氯仿—甲醇混合溶剂。其中乙醚溶解脂肪的能力强,应用最广泛。脂类的结构比较复杂,到现在没有一种溶剂能将纯脂肪萃取出来,也就是说提取出来的都是粗脂肪。

(1)乙醚

乙醚的沸点低为34.6℃,易燃,且可饱和约2%的水分。含水的乙醚抽提能力降低(氧与水能形成氢键使穿透组织能力降低,即抽提能力下降);含水的乙醚使非脂成分溶解,而被抽提出来,使结果偏高(糖蛋白质等)。所以使用时必须采用无水乙醚做提取剂,且要求样品必须预先烘干,且使用时应注意室内空气流畅(因乙醚在空气中最大允许浓度为400 mg/L,超过这个极限易爆炸)。

另外,一般储存在棕色瓶中的乙醚,放置一段时间后,光下照射就会产生过氧化物,此过氧化物也容易发生爆炸。因此,如果乙醚储存时间过长,在使用前一定要检查有无过氧化物,如果有应当除掉。检查过氧化物的方法为:取适量乙醚,加入少量的 Fe^{2+}、KCNS,若有红色出现,说明有过氧化物存在,反之为无色。排除过氧化物的方法为:向含过氧化物乙醚中加入少量 $FeSO_4$,即可除掉过氧化物。

(2)石油醚

石油醚具有较高的沸点,石油醚溶解脂肪的能力比乙醚弱些,但吸收水分比乙醚少,没有乙醚易燃,使用时允许样品含有微量水分,且没有胶溶现象,不会夹带胶态的淀粉、蛋白质等物质。石油醚抽出物比较接近真实的脂类。

对于乙醚、石油醚这两种溶剂适用于已烘干磨碎、不易潮解结块的样品,而且只能提取样品中游离态的脂肪,不能提取结合态的脂肪。对于结合态脂,必须预先用酸或碱破坏脂类和非脂成分的结合后才能提取。有时利用两种溶剂的优点,常常混合使用。

(3)氯仿—甲醇

氯仿—甲醇是另一种有效的溶剂,它对于脂蛋白,磷脂的提取效率较高,特别适用于水产品、家禽、蛋制品等食品结合态脂类的提取。所谓结合脂类,天然存在的磷脂、糖脂、脂蛋白(常见于哺乳动物的组织中)等都属此类。加工食品中的脂肪也多半以结合态存在。如焙烤食品、麦乳精中的脂肪都能与蛋白质或碳水化合物形成结合态。

具体提取这些结合脂类时,要根据各种食品不同情况作具体处理,并无固定不变的程序,因此,只能对基本原理和共同性的规律作简单介绍。一般来说,在提取之前,必须首先破坏脂类与其他非脂成分的结合,不然就无法得到满意的提取效果。

根据相似相溶原理,非极性的脂肪要用非极性的脂肪溶剂,极性的糖脂则可用极性的醇类进行提取。有时,结合脂类与溶剂之间也会发生混溶。例如,存在于卵黄中的卵磷脂,分子中的季胺碱使它呈碱性,它可溶解于弱酸性的乙醇等溶剂中;以钾盐形式存在于花生中的丝氨酸磷脂,其结构与卵磷脂有相似之处,但它是极性的、酸性较强的化合物,它不溶解于弱酸性的乙醇,而溶解于极性较弱的氯仿,这种混溶现象是由于氯仿很容易和酸性的极性化合物发生缔合的缘故。值得注意的是,当有另一种脂类存在时,还会影响到某种脂类的溶解度。例如卵磷脂与丝氨酸磷脂共存时,丝氨酸磷脂可在乙醇中部分溶解。

氯仿在糖脂或蛋白脂存在时,对食品中结合脂肪的提取效果并不能令人满意。所以,需要先采用醇类使结合态的脂类与非脂成分分离或破坏,再用乙醚或石油醚等脂肪溶剂进行提取。常用的醇类有乙醇或正丁醇。以水饱和的正丁醇是一种谷类食品的有效提取剂,但它无法抽出其中的全部脂类,因正丁醇有令人不快的嗅味,且驱除它所需的温度较高。

6.1.3.2 样品的预处理

用溶剂提取食品中的脂类时,要根据食品种类、性状及所选取的分析方法,在测定之前对样品进行预处理。预处理的目的都是为了增加样品的表面积,减少样品含水量,使有机溶剂更有效地提取出脂类。

（1）粉碎

粉碎的方法很多,不论是切碎、碾磨、绞碎或者采用均质等处理方法,应当使样品中脂类在物理、化学以及酶的降解过程中的损失减小到最低程度。

（2）加海砂

对于易结块的样品,为扩大与有机溶剂的接触面积,达到较好的萃取效果,可以加一些海砂,一般加样品的 4~6 倍量,使样品保持散粒状再使用乙醚等提取剂提取。

（3）加入无水硫酸钠

对于含水量高的样品,因乙醚可被 2% 水饱和,导致乙醚不能渗入到组织内,使提取脂肪的能力降低,一般加入无水硫酸钠以吸附水分,其用量以样品呈散粒状为止。

（4）干燥

为提高脂肪的提取效率,干燥时要注意温度。温度过高使脂肪氧化,脂肪与糖、蛋白质结合变成复合脂;温度过低,脂肪易降解。

（5）酸处理

在较高的温度下,脂类与糖、蛋白质等接触变成复合脂,用非极性溶剂对产生的复合脂抽提效果不理想,因此,为了将结合脂肪水解出去,需要对样品进行酸处理。如面包中脂类的测定,采用直接萃取法可测得脂肪为 1.20%,用酸处理后萃取脂肪,其结果为 1.73%;全蛋干品中脂肪的测定,采用直接萃取法可测得脂肪为 36.74%,而用酸处理后萃取脂肪,其结果为 42.39%。从试验结果可知,利用直接萃取得到的结果偏低,经过酸水解将使蛋白质,碳水化合物与脂肪分开,这样使脂肪游离出来后,再提取得到的数据准确。

对于含有大量的碳水化合物的样品,测定脂肪时应先用水洗掉水溶性碳水化合物再进行干燥、提取。

6.2　脂类的测定方法

食品的种类不同,其脂肪含量及其存在形式就不同,测定脂肪的方法也就不同。常用的测定脂类的方法有:索氏提取法、酸分解法、罗兹—哥特里法、巴氏科克法、盖勃氏法、氯仿—甲醇提取法等。

6.2.1　索氏提取法

索氏提取法测定脂肪含量是普遍采用的经典方法,是国标的方法之一,也是美国 AOAC 法 920.39,960.39 中脂肪含量测定方法(半连续溶剂萃取法)。随着科学技术的发展,该法也在不断改进和完善,如目前已有改进的直滴式抽提法和脂肪自动测定仪法。

6.2.1.1　原理

将经前处理的样品用无水乙醚或石油醚回流提取,使样品中的脂肪进入溶剂中,蒸去溶剂后所得到的残留物即为脂肪(或粗脂肪)。

本法提取的脂溶性物质为脂肪类物质的混合物,除含有脂肪外还含有磷脂、色素、树脂、固醇、芳香油等醚溶性物质。因此,用索氏提取法测得的脂肪也称为粗脂肪。

6.2.1.2 适用范围与特点

此法适用于脂类含量较高、结合态的脂类含量较少、能烘干磨细、不易吸湿结块的样品的测定。食品中的游离脂肪一般都能直接被乙醚、石油醚等有机溶剂抽提,而结合态脂肪不能直接被乙醚、石油醚提取,需在一定条件下进行水解等处理,使之转变为游离态脂肪后方能提取,故索氏提取法测得的只是游离态脂肪,而结合态脂肪测不出来。此法是经典方法,对大多数样品结果比较可靠,但费时间,溶剂用量大,且需专门的索氏抽提器(图6-1)。

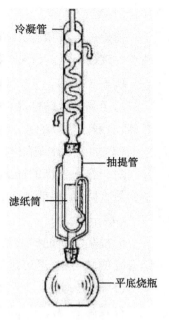

图6-1 索氏抽提器

冷凝管
抽提管
滤纸筒
平底烧瓶

6.2.1.3 测定步骤

(1)滤纸筒的制备

将8 cm × 15 cm的滤纸,用直径约2 cm的试管为模型,将滤纸以试管壁为基础,叠折成底端封口的滤纸筒,筒内底部放一小片脱脂棉。在105℃中烘至恒重,置于干燥器中备用。

(2)样品处理

①固体样品:精密称取干燥并研细的样品2~5 g(可取测定水分后的样品),必要时拌以海砂,无损地移入滤纸筒内。

②半固体或液体样品:称取5.0~10.0 g于蒸发皿中,加入海砂约20 g,于沸水浴上蒸干后,再于95~105℃烘干、研细,全部移入滤纸筒内,蒸发皿及黏附有样品的玻璃棒都用蘸有乙醚的脱脂棉擦净,将脱脂棉一同放在滤纸筒上面,再用脱脂棉线封捆滤纸筒口。

(3)抽提

将滤纸筒放入索氏抽提器内,连接已干燥至恒重的脂肪接收瓶,由冷凝管上端加入无水乙醚或石油醚,加量为接收瓶的2/3体积,于水浴上(夏天65℃,冬天80℃左右)加热使乙醚或石油醚不断地回流提取,一般提取6~12 h,至抽提完全为止。

(4)称重

取下接收瓶,回收乙醚或石油醚,待接收瓶内乙醚剩1~2 mL时,在水浴上蒸干,再于100~105℃干燥2 h,取出放干燥器内冷却30 min,称重,并重复操作至恒重。

6.2.1.4 结果计算

$$脂肪含量 = \frac{m_2 - m_1}{m} \times 100\% \tag{6-1}$$

式中:m_2——接收瓶和脂肪的质量,g;

m_1——接收瓶的质量,g;

m——样品的质量(如为测定水分后的样品,以测定水分前的质量计),g。

6.2.1.5 注意及说明

①样品应干燥后研细。样品含水分会影响溶剂提取效果,且溶剂会吸收样品中的水分

造成非脂成分溶出。装样品的滤纸筒一定要严密，不能往外漏样品，但也不要包得太紧影响溶剂渗透。放入滤纸筒时高度不要超过回流弯管，否则超过弯管样品中的脂肪不能抽提，造成误差。

②对含大量糖及糊精的样品，要先以冷水使糖及糊精溶解，经过滤除去，将残渣连同滤纸一起烘干，放入抽提管中。

③抽提用的乙醚或石油醚要求无水、无醇、无过氧化物，挥发残渣含量低。

④过氧化物的检查方法：取 6 mL 乙醚，加 100 g/L 碘化钾溶液 2 mL，用力振摇，放置 1 min 后，若出现黄色，则证明有过氧化物存在，应另选乙醚或处理后再用。

⑤提取时水浴温度不可过高，以每分钟从冷凝管滴下 80 滴左右，每小时回流 6~12 次为宜，提取过程应注意防火。

⑥在抽提时，冷凝管上端最好连接一支氯化钙干燥管，如无此装置可塞一团干燥的脱脂棉球。这样，可防止空气中水分进入，也可避免乙醚在空气中挥发。

⑦抽提是否完全可凭经验，也可用滤纸或毛玻璃检查，由抽提管下口滴下的乙醚滴在滤纸或毛玻璃上，挥发后不留下油迹表明已抽提完全，若留下油迹说明抽提不完全。

⑧在挥发乙醚或石油醚时，切忌用直接火加热。干燥前应驱除全部残余的乙醚，因乙醚稍有残留，放入烘箱时，有发生爆炸的危险。

6.2.1.6　改进型直滴式提取法

改进型直滴式抽提法的原理、试剂、结果计算与索氏抽提法一样，只有操作方法上略有不同，主要是使用直滴式抽提器或改进型直滴式抽提器（图 6-2）一套。

测定方法：将盛有试样的滤纸筒置入抽提筒，用乙醚抽提脂肪，脂肪抽净后，取出滤纸筒，关上玻璃活塞，继续加热即可回收乙醚，其他操作同索氏抽提法。

图 6-2　改进型直滴式抽提器

直滴式抽提器虽然比索氏抽提器效率高，速度快，但抽提仍需 6~8 h。现在有不少改进型直滴式抽提器在直滴式基础上又进行了以下几方面的改进。

①加大仪器的容量，增大滤纸筒内径，使溶剂与试样接触面积增大；

②冷凝器液滴口制成锯齿形,既可增加回滴速度,又可使液滴均匀分布滴入样品液中;

③抽提筒置于烧瓶中,使抽提在较高温度中进行,提高抽提效率;

④烧瓶口口径加大,可使烘干时间缩短,使测定时间减少。

6.2.2　酸水解法

6.2.2.1　原理

样品经酸水解后用乙醚和石油醚提取,除去溶剂即得游离及结合脂肪总量。

6.2.2.2　适用范围与特点

本法适用于各类食品中脂肪的测定,对固体、半固体、黏稠液体或液体食品,特别是加工后的混合食品,容易吸湿、结块,不易烘干的食品,不能采用索氏提取法时,用此法效果较好。此法不适于含糖高的食品,因糖类遇强酸易炭化而影响测定结果。

酸水解法测定的是食品中的总脂肪,包括游离脂肪和结合脂肪。

6.2.2.3　试剂

盐酸;95% 乙醇;乙醚;石油醚(30～60℃沸程)。

6.2.2.4　仪器

100 mL 带塞量筒。

6.2.2.5　测定方法

(1)样品处理

固体样品:精密称取约 2.00 g,置于 50 mL 大试管内,加 8 mL 水,混匀后再加 10 mL 盐酸。液体样品:称取 10.0 g,置于 50 mL 大试管内,加 10 mL 盐酸。

(2)水解

将试管放入 70～80℃水浴中,每隔 5～10 min 用玻棒搅拌一次,至样品消化完全为止,需 40～50 min。

(3)提取

取出试管,加入 10 mL 乙醚,混合。冷却后将混合物移入 100 mL 带塞量筒中,以 25 mL乙醚分次洗试管,一并倒入量筒中。待乙醚全部倒入量筒后,加塞振摇 1 min,小心开塞,放出气体,再加塞塞好,静置 12 min,小心开塞,并用石油醚—乙醚等量混合液冲洗塞及筒口附着的脂肪。静置 10～20 min,待上部液体清晰,吸出上清液于已恒量的锥形瓶内,再加5 mL乙醚于带塞的量筒内,振摇,静置后,仍将上层乙醚吸出,放入原锥形瓶内。

(4)称重

将锥形瓶置水浴上蒸干,置 90～105℃烘箱中干燥 2 h,取出,放干燥器内冷却 0.5 h 后称量,并重复以上操作至恒重。

6.2.2.6　计算

同索氏提取法。

6.2.2.7　说明

①本法适用于各类食品中脂肪的测定,特别是样品易吸湿、不易烘干,不能使用索氏提

取法时,本法效果较好。

②样品加热、加酸水解,可使结合脂肪游离,故本法测定食品中的总脂肪,包括结合脂肪和游离脂肪。

③水解时,注意防止水分大量损失,以免使酸度过高。

④乙醇可使一切能溶于乙醇的物质留在溶液内。

⑤石油醚可使乙醇溶解物残留在水层,可使水层和醚层分离清晰。

⑥挥干溶剂后,残留物中若有黑色焦油状杂质,是分解物与水一同混入所致,会使测定值增大,造成误差,可用等量的乙醚及石油醚溶解后过滤,再次进行挥干溶剂的操作。

6.2.3　碱性乙醚法

6.2.3.1　原理

用乙醚和石油醚抽提样品的碱水解液,通过蒸馏或蒸发去除溶剂,测定溶于溶剂中的抽提物的质量。

6.2.3.2　适用范围

本法适用于巴氏杀菌乳、灭菌乳、生乳、发酵乳、调制乳、乳粉、炼乳、奶油、稀奶油、干酪和婴幼儿配方食品中脂肪的测定。

6.2.3.3　试剂

①250 g/L 氨水(相对密度 0.91);

②96%(体积分数)乙醇;

③乙醚:不含过氧化物;

④石油醚:沸程 30～60℃;

⑤混合溶剂:等体积混合乙醚和石油醚,使用前制备;

⑥刚果红溶液。

6.2.3.4　仪器

①恒温水浴(60～70℃和100℃);

②抽脂瓶,抽脂瓶应带有软木塞或其他不影响溶剂使用的瓶塞(如硅胶或聚四氟乙烯);

③电热恒温烘箱(80～120℃);

④分析天平:感量为 0.1 mg;

⑤离心机:可用于放置抽脂瓶或管,转速为 500～600 r/min。

6.2.3.5　测定方法

(1)用于脂肪收集的容器(脂肪收集瓶)的准备

于干燥的脂肪收集瓶中加入几粒沸石,放入烘箱中干燥 1 h。使脂肪收集瓶冷却至室温,称量,精确至 0.1 mg。脂肪收集瓶可根据实际需要自行选择。空白试验与样品检验同时进行,使用相同步骤和相同试剂,但用 10 mL 水代替试样。

（2）乳制品中脂肪的测定

①称取充分混匀试样（如巴氏杀菌乳、灭菌乳、生乳、发酵乳、调制乳等）10 g（精确至0.0001 g）于抽脂瓶中。

②加入2.0 mL氨水（250 g/L）充分混合后立即将抽脂瓶放入（65±5）℃的水浴中，加热15～20 min，不时取出振荡。取出后，冷却至室温。静止30 s。

③加入10 mL 96%乙醇，缓和但彻底地进行混合，避免液体太接近瓶颈。如果需要，可加入两滴刚果红溶液（刚果红溶液可使溶剂和水相界面清晰，也可使用其他能使水相染色而不影响测定结果的溶液）。

④加入25 mL乙醚，塞上瓶塞，将抽脂瓶保持在水平位置，小球的延伸部分朝上夹到摇混器上，按约100次/min振荡1 min，也可采用手动振摇方式。但均应注意避免形成持久乳化液。

⑤抽脂瓶冷却后小心地打开塞子，用少量的混合溶剂冲洗塞子和瓶颈，使冲洗液流入抽脂瓶。

⑥加入25 mL石油醚，塞上重新润湿的塞子，按④所述，轻轻振荡30 s。将加塞的抽脂瓶放入离心机中，在500～600 r/min下离心5 min。否则将抽脂瓶静止至少30 min，直到上层液澄清，并明显与水相分离。

⑦小心地打开瓶塞，用少量的混合溶剂（6.2.3.3⑤）冲洗塞子和瓶颈内壁，使冲洗液流入抽脂瓶。如果两相界面低于小球与瓶身相接处，则沿瓶壁边缘慢慢地加入水，使液面高于小球和瓶身相接处［图6－3（a）］，以便于倾倒。将上层液尽可能地倒入已准备好的加入沸石的脂肪收集瓶中，避免倒出水层［图6－3（b）］。

⑧用少量混合溶剂冲洗瓶颈外部，冲洗液收集在脂肪收集瓶中。要防止溶剂溅到抽脂瓶的外面。

⑨向抽脂瓶中加入5 mL乙醇，用乙醇冲洗瓶颈内壁，按②所述进行混合。重复③～⑧操作，再进行第二次抽提，但只用15 mL乙醚和15 mL石油醚。重复②～⑧操作，再进行第三次抽提，但只用15 mL乙醚和15 mL石油醚。注：如果产品中脂肪的质量分数低于5%，可只进行两次抽提。

⑩合并所有提取液，既可采用蒸馏的方法除去脂肪收集瓶中的溶剂，也可于沸水浴上蒸发至干来除掉溶剂。蒸馏前用少量混合溶剂冲洗瓶颈内部。

⑪将脂肪收集瓶放入（102±2）℃的烘箱中加热1 h，取出脂肪收集瓶，冷却至室温，称量，精确至0.1 mg。

⑫重复⑪操作，直到脂肪收集瓶两次连续称量差值不超过0.5 mg，记录脂肪收集瓶和抽提物的最低质量。

⑬为验证抽提物是否全部溶解，向脂肪收集瓶中加入25 mL石油醚，微热，振摇，直到脂肪全部溶解。如果抽提物全部溶于石油醚中，则含抽提物的脂肪收集瓶的最终质量和最初质量之差，即为脂肪含量。若抽提物未全部溶于石油醚中，或怀疑抽提物是否全部为脂

肪,则用热的石油醚洗提。小心地倒出石油醚,不要倒出任何不溶物,重复此操作3次以上,再用石油醚冲洗脂肪收集瓶口的内部。用混合溶剂冲洗脂肪收集瓶口的外部,避免溶液溅到瓶的外壁。将脂肪收集瓶放入(102±2)℃的烘箱中,加热1 h,冷却称重至恒重。

⑭取⑪中测得的质量和⑬测得的质量之差作为脂肪的质量。

图6-3为提取脂肪演示图。

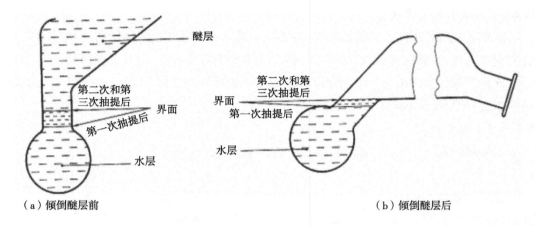

（a）倾倒醚层前　　　　　　　　　　　　　　　　（b）倾倒醚层后

图6-3　提取脂肪演示图

6.2.3.6　计算

$$X = \frac{(m_1 - m_2) - (m_3 - m_4)}{m} \times 100 \qquad (6-2)$$

式中:X——样品中脂肪含量,g/100g;

　m——试样质量,g;

　m_1——⑫中测得的脂肪收集瓶和抽提物的质量,g;

　m_2——脂肪收集瓶的质量,或在有不溶物存在下,⑬中测得的脂肪收集瓶和不溶物的质量,g;

　m_3——空白试验中,脂肪收集瓶和⑫中测得的抽提物的质量,g;

　m_4——空白试验中脂肪收集瓶的质量,或在有不溶物存在下,⑬中测得的脂肪收集瓶和不溶物的质量,g。

6.2.4　巴布科克法(Babcock)

巴布科克法是美国的Babcock在1890年研究出的牛乳的脂肪测定方法,后来经过2年,即1892年英国的盖勃也研究出牛乳中脂肪的测定方法——盖勃氏法。巴布科克法和盖勃氏法都是用来提取乳制品中的脂肪,也叫湿法提取,因为样品不需要事先烘干,脂肪在牛乳中以乳胶体形式存在,要测定脂肪必需要破坏乳胶体脂肪使它与其他非脂成分分离,分离出来的非脂成分一般用浓H_2SO_4分解,用容量法定量,操作简便,是许多国家乳制品中脂肪测定的常规分析方法。但是对于含有糖类或巧克力的某些乳制品,采用本法将会使糖类焦化,巧克力则进入脂肪中,不能满足测定要求。对于加糖乳制品,改进方法很多,如碱性乙醚提取法,它不用腐蚀性大的浓酸。

6.2.4.1 原理

利用硫酸溶解乳中的乳糖、蛋白质等非脂成分使脂肪球膜破坏,脂肪游离出来,在乳脂瓶中直接读取脂肪层,从而迅速求出被检乳中的脂肪率。

6.2.4.2 适用范围与特点

巴布科克法是测定乳脂肪的标准方法之一,适用于鲜乳及乳制品脂肪的测定。但不适合测定含巧克力、糖的食品,因为硫酸可使巧克力和糖发生炭化,结果误差较大。

改良巴布科克氏法可用于测定风味提取液中芳香油的含量(AOAC 法 932.11)及海产品中脂肪(AOAC 法 964.12)的含量。

6.2.4.3 测定方法

①精确吸取 17.6 mL 牛乳于巴布科克氏乳脂瓶(图 6 - 4)中。

②加入硫酸(相对密度 1.816 ± 0.003,20℃) 17.5 mL,硫酸沿瓶颈壁慢慢倒入,将瓶颈回旋,充分混合至无凝块并呈均匀的棕色。

③将乳脂瓶离心 5 min(约 1000 r/min),脂肪分离升至瓶颈基部。

图 6 - 4　巴布科克氏乳脂瓶

④加入热水使脂肪上浮到瓶颈基部,离心 2 min。

⑤再加入热水使脂肪上浮到 2 或 3 刻度处,离心 1 min。

⑥置于 55 ~ 60℃水浴 5 min 后,立即读取脂肪层最高与最低点所占的格数,即为样品含脂肪的百分率。

6.2.4.4 说明

①加 H_2SO_4 的作用在于:溶解蛋白质;乳解乳糖;减少脂肪的吸附力。因为非脂成分溶解在 H_2SO_4 中,这样就增加了消化液的相对密度(H_2SO_4 相对密度 1.820 ~ 1.825,脂肪相对密度小于 1),这样就使得脂肪迅速而完全地与非脂沉淀。另外离心的作用使脂肪非常清晰的分离;加热的目的是使脂肪吸附力降低,上浮速度加快。

②若将 Babcock 法加以改进,可用来测肉制品和谷物类样品。因为 Babcock 法用浓硫酸作为蛋白质的溶解剂,被测肉制品会发生炭化,这些碳水化合物悬浮在脂肪层和水层的界面间,这样造成了读数不准确,因此,研究者认为利用高氯酸—乙酸混合液代替硫酸,测定肉及肉制品的脂肪,测定值与 AOAC 法一致,精密度以标准偏差表示为 0.2%。

③所用试剂:高氯酸—乙酸混合液,即 6% 的高氯酸与等容量的乙酸混合。

④具体方法:称 9.00 g 绞碎的肉,于巴氏瓶中,加混合酸 30 mL 于沸水浴中加热 15 min(使样品充分溶解),再加混合酸,使之达到巴氏瓶的刻度范围,离心 2 min(1000 r/min),

60℃水浴10 min,读取数据即可。

⑤计算:脂肪% = H × 0.95

其中:H 为读取脂肪柱的数值;0.95 为溶解于脂肪层中的乙酸修正值。

改良的巴布科克法:对肉制品类经过加热的试样,水浴中加热 15 min 即可完全溶解,对于生肉试样由于没发生热变性,采用混合酸后,肉蛋白质在一定时间内凝固,溶解时间大约需要 25 min。

6.2.5　盖勃氏法(Gerber 法)

盖勃氏法和巴布科克氏法的原理相似,盖勃氏法较巴布科克法简单快速,多用一种试剂异戊醇,使用异戊醇是为了防止糖炭化。该法在欧洲比在美国使用更为广泛。这种方法对糖分高的样品,如采用此方法容易焦化,致使结果误差大,故不适宜。

6.2.5.1　原理

在牛乳中加硫酸,可破坏牛乳的胶质性,使牛乳中的酪蛋白钙盐变成可溶性的重硫酸酪蛋白化合物,并且能减小脂肪球的吸附力,同时还可增加消化液的比重使脂肪更容易浮出液面。在操作中还需要加入异戊醇,降低脂肪球的表面张力,促进脂肪球的离析,但是异戊醇的溶解度很小,所以在操作中,不能加的太多,如果加的太多,异戊醇会进入脂肪中,使脂肪体积增大,而且会有一部分异戊醇和硫酸作用生成硫酸脂,反应如下:

$$2C_5H_{11}OH + H_2SO_4 \longrightarrow (C_5H_{11}O)_2SO_2 + 2H_2O$$

在操作过程中加热65 ~ 70℃和离心处理,目的都是使脂肪酸迅速而彻底分离。

6.2.5.2　测定方法

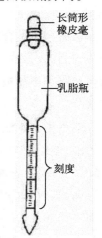

长筒形
橡皮塞

乳脂瓶

刻度

①将 10 mL 硫酸倒入盖勃氏乳脂瓶中。

②精确吸取 11.0 mL 牛乳于盖勃氏乳脂瓶(图 6 - 5)中。

④加入 1 mL 异戊醇(相对密度 0.811 ± 0.002,20℃,沸程 128 ~ 132℃)。

④盖紧塞子,振摇至呈均匀棕色液体,静置数分钟。

⑤置于 65 ~ 70℃水浴中 5 min。

⑥取出擦干,调节脂肪柱在刻度内,放入离心机(800 ~ 1000 r / min)中离心 5 min。

⑦将乳脂瓶置 65 ~ 70℃水浴,5 min 后取出,立即读数,即为脂肪的含量。

图 6 - 5　盖勃氏乳脂瓶

6.2.5.3　说明

①在巴氏法中采用 17.6 mL 吸管,实际上注入巴氏瓶中只有 17.5 mL,牛乳的密度为 1.030 g/mL,故样品质量为 17.5 × 1.030 = 18 g

巴氏瓶的刻度共 10 大格(0 ~ 10%),每大格容积为 0.2 mL,脂肪的平均密度为 0.9,其脂肪质量为 0.2 × 10(10 大格)×0.9(脂肪密度)= 1.8 g,18 g 样品中含 1.8 g 脂肪即瓶颈全部刻度表示的脂肪含量为 10%,每一大格代表 1% 的脂肪,故巴氏瓶颈刻度读数即直接为脂肪的百分含量。

②硫酸浓度及用量要严格遵守方法中规定的要求,硫酸浓度过大会使牛乳炭化成黑色溶液而影响读数;浓度过小则不能使酪蛋白完全溶解,会使测定值偏低或使脂肪层浑浊。

③硫酸除可破坏脂肪球膜,使脂肪游离出来外,还可增加液体相对密度,使脂肪容易浮出。

④盖勃氏法中所用异戊醇的作用是促使脂肪析出,并能降低脂肪球的表面张力,以利于形成连续的脂肪层。

⑤1 mL 异戊醇应能完全溶于酸中,但由于质量不纯,可能有部分析出掺入到油层,而使结果偏高。

⑥加热(65～70℃水浴中)和离心的目的是促使脂肪离析。

⑦碱性乙醚法、巴布科克法和盖勃法都是测定乳脂肪的标准分析方法。根据对比研究表明,前者的准确度较后两者高,后两者中巴布科克法的准确度比盖勃法的稍高些,两者差异显著。

6.2.6 其他方法简介

6.2.6.1 氯仿—甲醇提取法

该法简称 CM 法,其原理是:将试样分散于氯仿—甲醇混合溶液中,在水浴中轻微沸腾,氯仿、甲醇和试样中的水分形成三种成分的溶剂,可把包括结合态脂类在内的全部脂类提取出来。经过滤除去非脂成分,回收溶剂,残留的脂类用石油醚提取,蒸馏除去石油醚后,定量。

本法适合于结合态脂类,特别是磷脂含量高的样品,如鱼、贝类,肉、禽、蛋及其制品,大豆及其制品(发酵大豆类制品除外)等。对这类样品,用索氏提取法测定时,脂蛋白、磷脂等结合态脂类不能被完全提取出来;用酸水解法测定时,又会使磷脂分解而损失。但在有一定水分存在下,用极性的甲醇和非极性的氯仿混合液(简称 CM 混合液)却能有效地提取出结合态脂类。本法对高水分试样的测定更为有效,对于干燥试样,可先在试样中加入一定量的水,使组织膨润,再用 CM 混合液提取。

6.2.6.2 牛奶脂肪测定仪

目前,测定牛奶中脂肪比较先进的方法是自动化仪器分析法。如丹麦福斯电器公司生产的 MTM (Milko Tester Minor)型乳脂快速测定仪,它专用于检测牛奶的脂肪含量。测定范围为 0～13%,测定速度每小时可测 80～100 个样,测定结果数字显示。

这种仪器带有配套的稀释剂,稀释剂是由 EDTA(乙二胺四乙酸二钠)、氢氧化钠、表面活性剂和消泡剂组成。它是利用比浊分析法测定脂肪含量,其原理:用螯合剂破坏牛奶中悬浮的酪蛋白胶束,使其溶解。悬浮物中只有脂肪球,用均质机将脂肪球大小调整均匀(2 μm 以下),再经稀释达到能够应用朗伯—比尔定律测定的浓度范围,因而可以和通常的光吸收分析一样测定脂肪的浓度。

另一类是牛乳成分综合分析仪,它是利用红外线分光分析法,同时测定牛乳中的脂肪、蛋白质、乳糖及固体成分(或水分),各种成分的归属波长(及官能团)分别是:脂肪为 5.723 μm(脂肪酯键中的羧基)、蛋白质为 6.465 μm(蛋白质的肽键)、乳糖为 9.610 μm(乳糖中的羟基)。根据与标准重量法的关系及经过实验得到的系数,加上由红外线法求得的脂肪、蛋白质、乳糖的含量,即为总固体成分量。从丹麦进口的 MSC104 型乳成分综合测定仪,就是利用红外线分光分析法,同时测定牛奶中脂肪、蛋白质、乳糖和水分的含量,自动进样后,经分析自动打印出测定结果。

另一种 MSC133 型乳成分综合测定仪,功能与 MSC104 型类似,可测定乳中的脂肪、蛋白质、乳糖、无脂干物质和总干物质,每小时可测 125 个样品。这种仪器的最大优点是采用了微型计算机控制,零点给定及校准等繁琐的工作都由仪器自动完成。

6.3　食用油脂特征值的测定

6.3.1　酸价的测定

酸价是指中和 1 g 油脂中的游离脂肪酸所需氢氧化钾的毫克数。酸价是反映油脂酸败的主要指标,测定油脂酸价可以评定油脂品质的好坏和储藏方法是否恰当,并能为油脂碱炼工艺提供需要的加碱量。我国食用植物油都有国家标准的酸价规定。

6.3.1.1　原理

用中性乙醇和乙醚混合溶剂溶解油样,然后用碱标准溶液滴定其中的游离脂肪酸,根据油样质量和消耗碱液的量计算出油脂酸价。

6.3.1.2　测定方法

称样根据估计的酸值,采用足够的量,装入 250 mL 的锥形瓶中,并溶解在 50 ~ 150 mL 预先中和过的混合溶剂中,再加三滴酚酞指示剂。用氢氧化钾溶液边摇动边滴定,直到溶液变色,并保持 15 s 不褪色,即为终点。但是,在酸值 <1 时,溶液中需缓缓通入氮气流;滴定所需 0.1 mol/L 氢氧化钾溶液体积超过 10 mL 时,改用 0.5 mol/L 氢氧化钾溶液;滴定中溶液发生混浊可补加适量混合溶剂至澄清。

6.3.1.3　结果计算

$$x = \frac{V \times c \times 56.11}{m} \qquad (6-3)$$

式中:V——滴定消耗的氢氧化钾标准滴定溶液体积,mL;

$\quad\quad x$——试样的酸价(以氢氧化钾计),mg/g;

$\quad\quad c$——KOH 标准滴定溶液的实际浓度,mol/L;

$\quad\quad m$——试样质量,g;

$\quad$ 56.11——与 1 mL 氢氧化钾标准滴定溶液[$c(KOH) = 1.000$ mol/L]相当的氢氧化钾的毫克数。

6.3.1.4　说明

①当样液颜色较深时,可减少试样用量,或适当增加混合溶剂的用量,仍用酚酞为指示

剂,也可以采用碱性蓝6B、麝香草酚酞等指示剂。

②测定蓖麻油的酸价时,只用中性乙醇,不用混合溶剂,因为蓖麻油不溶于乙醚。

6.3.2 碘值的测定

碘值(亦称碘价)即是100 g油脂所吸收的氯化碘或溴化碘换算为碘的克数。油脂中含有的不饱和脂肪酸能在双键处与卤素起加成反应。碘值越高,说明油脂中脂肪酸的双键越多,越不饱和,不稳定,容易氧化和分解。因此,碘值的大小在一定范围内反映了油脂的不饱和程度。测定碘值,可以了解油脂脂肪酸的组成是否正常,有无掺杂等。

测定碘值时,通常不用游离的卤素而用其化合物(如氯化碘、溴化碘、次碘酸等)作为试剂。在一定的反应条件下,能迅速地定量饱和双键,而不发生取代反应。最常用的是氯化碘—乙酸溶液法(韦氏法)。

6.3.2.1 原理

在溶剂中溶解试样并加入Wijs试剂(韦氏碘液),氯化碘则与油脂中的不饱和脂肪酸发生加成反应:

$$CH_3\cdots\cdots CH = CH\cdots\cdots COOH + ICl \longrightarrow CH_3\cdots\cdots \underset{\underset{I}{|}}{CH}-\underset{\underset{Cl}{|}}{CH}\cdots\cdots COOH$$

再加入过量的碘化钾与剩余的氯化碘作用,以析出碘:

$$KI + ICl \longrightarrow KCl + I_2$$

析出的碘用硫代硫酸钠标准溶液进行滴定:

$$I_2 + 2\,Na_2S_2O_3 \longrightarrow Na_2S_4O_6 + 2\,NaI$$

同时做空白试验进行对照,从而计算试样加成的氯化碘(以碘计)的量,求出碘值。

6.3.2.2 测定方法

试样的质量根据估计的碘值而异(碘值高,油样少;碘值低,油样多),一般在0.25 g左右,精确到0.001 g。将准确称量的试样放入500 mL锥形瓶中,加入与之相对应的溶剂(环己烷和冰乙酸等体积混合液)体积溶解试样,准确加入25.00 mL Wijs试剂,盖好塞子,摇匀后放于暗处30 min以上(碘价低于150的样品,应放1 h;碘价高于150的样品,应放2 h)。

反应时间结束后,加入20 mL碘化钾溶液和150 mL水。用$Na_2S_2O_3$标准溶液滴定至浅黄色,加几滴淀粉指示剂继续滴定至剧烈摇动后蓝色刚好消失。在相同条件下,同时做一空白试验。测定结果的取值要求方法请见GB/T 5532—2008。

6.3.2.3 结果计算

$$X = \frac{(V_2 - V_1) \times c \times 0.1269}{m} \times 100 \tag{6-4}$$

式中:V_1——试样用去的$Na_2S_2O_3$标准溶液体积,mL;

x——试样的碘价,用每100 g样品吸取的碘的克数表示,g/100g;

V_2——空白试验用去的$Na_2S_2O_3$标准溶液体积,mL;

　　c——$Na_2S_2O_3$ 标准溶液的浓度,mol /L;

　　m——试样的质量,g;

　0. 1269——1/2 I_2 的毫摩尔质量,g/mmol。

6.3.2.4　说明及注意

　　①光线和水分对氯化碘的影响很大,要求所用仪器必须清洁、干燥,碘液试剂必须用棕色瓶盛装且放于暗处。

　　②加入碘液的速度,放置作用时间和温度要与空白试验相一致。

6.3.3　过氧化值的测定

　　过氧化物是油脂在氧化过程中的中间产物,很容易分解产生挥发性和非挥发性脂肪酸、醛、酮等,具有特殊的臭味和发苦的滋味,以致影响油脂的感官性质和食用价值。

　　检测油脂中是否存在过氧化物,以及含量的大小,即可判断油脂是否新鲜和酸败的程度。过氧化值有多种表示方法,一般用滴定 1 g 油脂所需某种规定浓度(通常用 0.002 mol/L)$Na_2S_2O_3$ 标准溶液的毫升数表示,或像碘价一样,用碘的百分数来表示,也有用每千克油脂中活性氧的毫摩尔数表示,或每克油脂中活性氧的微克数表示等。

6.3.3.1　测定原理

　　油脂在氧化过程产生的过氧化物很不稳定,能将碘化钾氧化为游离碘,再用硫代硫酸钠标准溶液滴定,根据析出碘量计算过氧化值。

6.3.3.2　测定方法

　　根据估计的过氧化值,用纯净干燥的二氧化碳或氮气冲洗锥形瓶,称取一定油样,加入 50 mL 的乙酸—异辛烷溶液,盖上盖子摇动至样品溶解;再加入 0.5 mL 饱和碘化钾溶液,盖上盖子使其反应,时间为 1 min ± 1 s,在此期间摇动锥形瓶至少 3 次,然后立即加入30 mL蒸馏水;用硫代硫酸钠溶液滴定上述溶液。逐渐地、不间断的添加滴定液同时伴随有力的搅动,直到黄色几乎消失。添加约 0.5 mL 的淀粉溶液,继续滴定,临近终点时,不断摇动使所有的碘从溶剂层释放出来,逐滴添加滴定液,至蓝色消失,即为终点。同时做一空白试验,当空白试验消耗 0.01 mol/L 硫代硫酸钠溶液超过 0.1 mL 时,应更换试剂,重新对样品进行测定。

6.3.3.3　结果计算

$$P = \frac{(V_1 - V_0) \times c}{m} \times 1000 \qquad (6-5)$$

式中:V_1——试样用去的 $Na_2S_2O_3$ 溶液体积,mL;

　　　　P——试样的过氧化值,以每 kg 中活性氧的毫克当量表示,meq/kg;

　　　　V_0——空白试验用去的 $Na_2S_2O_3$ 溶液体积,mL;

　　　　c——$Na_2S_2O_3$ 溶液的浓度,mol/L ;

　　　　m——试样的质量,g。

6.3.3.4　说明

①饱和碘化钾溶液中不可存在游离碘和碘酸盐。

②光线会促进空气对试剂的氧化。

③三氯甲烷、乙酸的比例,加入碘化钾后静置时间的长短及加水量多少等,对测定结果均有影响。

④异辛烷漂浮在水相的表面,溶剂和滴定液需要充分地时间混合,当过氧化值≥35 mmol/kg(70meq/kg)时,用淀粉溶液指示终点,会滞后 15 ~ 30 s。为充分释放碘,可加入少量的(浓度为 0.5% ~ 1.0%)高效 HLB 乳化剂(如 Tween60)以缓解反应液的分层和减少碘释放的滞后时间。

(5)过氧化值表示方法为 meq/kg、mmol/kg、μg/g 时,其换算系数分别为 1、0.5、8。

(6)当油样溶解性较差时(如:硬脂或动物脂肪),按下述步骤操作:在锥形瓶中加入 20 mL 异辛烷,摇动时样品溶解,加 30 mL 冰乙酸,再继续按步骤测定。

6.3.4　皂化值的测定

皂化值是指中和 1 g 油脂中所含全部游离脂肪酸和结合脂肪酸(甘油酯)所需氢氧化钾的毫克数。

皂化值的大小与油脂中甘油酯的平均相对分子质量有密切关系。甘油酯或脂肪酸的平均相对分子质量越大,皂化值越小。若油脂内含有不皂化物、单甘油酯和二甘油酯,将使油脂皂化价降低;而含有游离脂肪酸将使皂化价增高。

由于各种植物油的脂肪酸组成不同,故其皂化价也不相同。因此,测定油脂皂化值结合其他检验项目,可对油脂的种类和纯度等质量进行鉴定。我国植物油国家标准中皂化值有规定。

6.3.4.1　测定原理

利用油脂与过量的碱醇溶液共热皂化,待皂化完全后,过量的碱用盐酸标准溶液滴定,同时作空白试验。由所消耗碱液量计算出皂化值。皂化反应式如下:

$$C_3H_5(OCOR)_3 + 3\ KOH \longrightarrow C_3H_5(OH)_3 + 3\ RCOOK$$

6.3.4.2　测定方法

于锥形瓶中称量 2 g 试验样品精确到 0.005 g,用移液管将 25.00 mL 氢氧化钾—乙醇溶液加到试样中,并加入一些助沸物,连接回流冷凝管与锥形瓶,并将锥形瓶放在加热装置上慢慢煮沸,不时摇动,油脂维持沸腾状态 60 min。加 0.5 ~ 1 mL 酚酞指示剂于热溶液中,并用盐酸标准溶液滴定到指示剂的粉色刚刚消失。同时用 25.0 mL 的氢氧化钾—乙醇溶液进行空白试验。

6.3.4.3　结果计算

$$X = \frac{(V_0 - V_1) \times c \times 56.11}{m} \tag{6-6}$$

式中:V_1——滴定试样用去的盐酸溶液体积,mL;

X——皂化价(以 KOH 计),mg/g;

V_0——滴定空白用去的盐酸溶液体积,mL;

c——HCl 溶液的浓度,mol/L;

m——试样质量,g;

56.11——KOH 的摩尔质量,g/mol。

6.3.4.4 说明

①以皂化值 170~200 mg/g、称样量 2 g 为基础,对于不同范围皂化值样品,以称样量约为一半氢氧化钾—乙醇溶液被中和为依据进行改变。

②用 KOH 乙醇溶液不仅能溶解油脂,而且也能防止生成的肥皂水解。

③皂化后剩余的碱用盐酸中和,不能用硫酸滴定,因为生成的硫酸钾不溶于酒精,易生成沉定而影响结果。

④若油脂颜色较深,可用碱性蓝 6B 酒精溶液作指示剂,易观察终点。

6.3.5 羰基价的测定

油脂氧化所生成的过氧化物,进一步分解为含羰基的化合物。一般油脂随储藏时间的延长和不良条件的影响,其羰基价的数值都呈不断增高的趋势,它和油脂的酸败劣变紧密相关。因为多数羰基化合物都具有挥发性,且其气味最接近于油脂自动氧化的酸败臭,因此,用羰基价来评价油脂中氧化产物的含量和酸败劣变的程度,具有较好的灵敏度和准确性。目前,我国已把羰基价列为油脂的一项食品卫生检测项目。大多数国家都采用羰基价作为评价油脂氧化酸败的一项指标。

羰基价的测定可分为油脂总羰基价和挥发性或游离羰基分离定量两种情况,后者可采用蒸馏法或柱色谱法。下面介绍总羰基价的测定原理和方法。

6.3.5.1 测定原理

油脂中的羰基化合物和 2,4 – 二硝基苯肼反应生成腙,在碱性条件下生成醌离子,呈褐红色或葡萄酒红色,在波长 440 nm 处具有最大的吸收,可计算出油样中的总羰基值。其反应式如下:

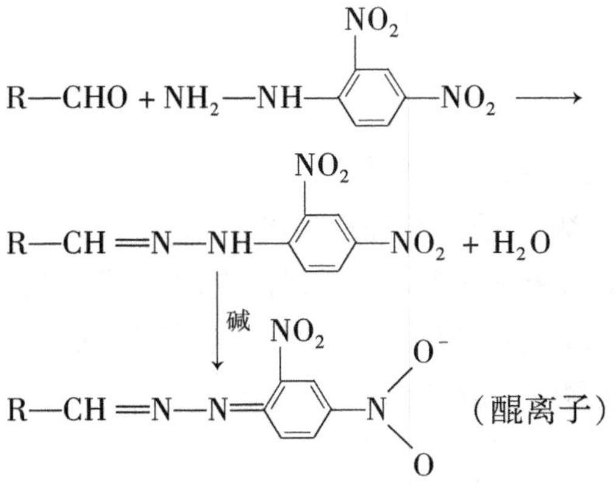

127

6.3.5.2 测定方法

称样根据估计的酸值,采用足够的量,装入 250 mL 的锥形瓶中,并溶解在 50～150 mL 预先中和过的混合溶剂中,再加三滴酚酞指示剂。用氢氧化钾溶液边摇动滴定,直到溶液变色,并保持 15 s 不褪色,即为终点。但是,在酸值 < 1 时,溶液中需缓缓通入氮气流;滴定所需 0.1 mol/L 氢氧化钾溶液体积超过 10 mL 时,改用 0.5 mol/L 氢氧化钾溶液;滴定中溶液发生混浊可补加适量混合溶剂至澄清。

精密称取 0.025～0.5 g 试样置于 25 mL 容量瓶中,加苯溶解试样并稀释至刻度。吸取 5.0 mL 置于 25 mL 具塞试管中,加 3 mL 三氯乙酸溶液及 5 mL 2,4 - 二硝基苯肼溶液,仔细振摇均匀,在 60℃ 水浴中加热 30min。冷却后沿试管壁慢慢加入 10 mL 氢氧化钾 - 乙醇溶液,使成为二液层,塞好并剧烈振摇混匀,放置 10 min。以 1 cm 比色皿,用试剂空白作参比,于波长 440 nm 处测吸光度。

6.3.5.3 结果计算

试样的羰基价按下式计算,结果保留三位有效数字。

$$X = \frac{A}{854 \times m \times \frac{V_2}{V_1}} \times 1000 \qquad (6-7)$$

式中:X——试样的羰基价,meq/kg;

   A——测定时样液吸光度;

   m——样品的质量,g;

   V——样品稀释后的总体积,mL;

   V_1——测定用样品稀释液的体积,mL;

   854——各种醛的毫克当量吸光系数的平均值。

6.3.5.4 注意事项

①所用仪器必须洁净、干燥。

②所用试剂若含有干扰试验的物质时,必须精制后才能用于试验。

③空白试验的吸收值(在波长 440 nm 处,以水作对照)超过 0.20 时,说明试验所用试剂的纯度不够理想。

思考题

1. 简述食品中脂肪的存在形式、类型。

2. 简述碱性乙醚法的测定范围、原理及测定方法。

3. 试说明酸水解法测定脂类的原理及适用范围,如何减少测定误差。

4. 试说明索氏提取法的适用范围,测定中需注意哪些问题,如何保证安全操作。

5. 试述乳类食品中脂类的测定方法。

第7章 碳水化合物及其测定

7.1 概述

碳水化合物是生物界三大物质之一,自然界分布广泛、数量最多的有机化合物,食品的主要组成之一。碳水化合物广泛存在于各种生物有机体内,是绿色植物经过光合作用形成的产物,一般占植物体干重的80%左右。

碳水化合物的分子组成一般可用 $C_n(H_2O)_m$ 的通式表示,好似此类物质是由碳和水组成的化合物,故得名碳水化合物。随着进一步研究发现,有些符合这个结构式的化合物不是碳水化合物,如甲醛(CH_2O),乙酸($C_2H_4O_2$),乳酸($C_3H_6O_3$)。而有些碳水化合物却不符合这一结构式,如脱氧核糖($C_5H_{10}O_4$),鼠李糖($C_6H_{12}O_5$),有些碳水化合物还含有氮、硫、磷等成分。显然碳水化合物这一名称并不确切,一般认为,将碳水化合物称为糖类更为科学合理,但由于沿用已久,约定俗成,至今仍在使用这个名称。

碳水化合物是生物体维持生命所需能量的主要来源,是合成其他化合物的基本原料,同时也是生物体的主要结构成分。人类摄取食物的总能量中大约80%由碳水化合物提供,是人类及动物的生命源泉。在食品中,碳水化合物除具有营养价值外,其低分子糖类可作为食品的甜味剂,大分子糖类可作为增稠剂和稳定剂而广泛用于食品中。此外,碳水化合物还是食品加工过程中产生香味和色泽的前体物质,对食品感官品质产生重要作用。

2011 年 10 月 12 日,卫生部发布《食品安全国家标准预包装食品营养标签通则》,规定从 2013 年 1 月 1 日起,除几类豁免强制标示营养标签的预包装食品外,其余预包装食品均强制标示能量、蛋白质、脂肪、碳水化合物、钠几类营养成分。在食品营养成分表里,食品中碳水化合物含量通常以总碳水化合物来表示,计算方法主要有两种:

一种是差减法,即

总碳水化合物(%) = 100 - (水分 + 粗蛋白质 + 灰分 + 粗脂肪)(%)

另一种方法是加和法,即

总碳水化合物(%) = 各类碳水化合物之和(包括单糖、寡糖、低聚糖、多糖等)(%)

差减法的结果中包括一些植物细胞壁等非碳水化合物组分,并且包括了每种营养成分检测方法本身的误差。FAO 建议不用此法计算碳水化合物。但是由于操作方法可行,目前多数国家仍沿用此法。相对于差减法,加和法更准确,但是由于许多碳水化合物的测定方法仍是目前检测工作中的难题,所以此法应用起来尚有一定困难。

7.1.1 定义与分类

7.1.1.1 定义

碳水化合物又称为糖类,根据其化学结构特征,定义为一类多羟基醛或多羟基酮及其衍生物和缩合物的总称。

7.1.1.2 分类

（1）按聚合度大小分类

根据水解程度，碳水化合物分为单糖（Monosaccharide）、低聚糖（寡糖，Oligosaccharide）和多糖（Polysaccharide）三大类。

单糖是一类结构最简单、不能再被水解的糖。根据单糖分子中碳原子数目的多少，可将单糖分为丙糖（Triose，三碳糖），丁糖（Tetrose，四碳糖），戊糖（Pentose，五碳糖），己糖（Hexose，六碳糖）等；根据单糖分子中所含羰基的特点，又可分为醛糖（Aldose）和酮糖（Ketose）。自然界中大量存在的单糖是葡萄糖（Glucose）和果糖（Fructose）。

低聚糖，又称为寡糖，是指能水解产生 2～10 个单糖分子的化合物。按水解后所产生单糖分子的数目，可分为二糖（Disaccharide）、三糖（Trisaccharide）、四糖（Tetrasaccharide）、五糖（Pentasaccharide）等。其中以二糖最为重要，如蔗糖（Sucrose）、乳糖（Lactose）、麦芽糖（Maltose）等。此外，蔗糖、乳糖、麦芽低聚糖是可消化低聚糖，棉籽糖、水苏糖等是非消化性低聚糖，也称为新型低聚糖，具有保健功能。

多糖，又称高聚糖，是指单糖聚合度大于 10 的糖类。多糖占总糖的 90% 以上，无甜味。根据组成不同，可分为均多糖和杂多糖。由一种单糖分子缩合而成的多糖，叫均多糖。自然界中最丰富的均多糖是淀粉和纤维素，他们都是由葡萄糖组成。由不同的单糖分子缩合而成的多糖，称为杂多糖，如半纤维素、果胶质等。淀粉是唯一能被人体消化、提供能量的多糖，其他多糖均为非消化性多糖。

（2）按还原性质分类

按还原性质，可分为还原糖和非还原糖。

还原糖是带有游离羰基（包括醛基和半缩醛）的糖或在碱性介质中能被 Cu^{2+}、Fe^{3+} 氧化的糖。单糖均为还原糖，低聚糖中有还原性低聚糖如麦芽糖，也有非还原性低聚糖如蔗糖。非还原性糖是分子中羰基形成缩醛的糖，如蔗糖、淀粉等。

（3）按营养分类

从现代营养角度，现代营养工作者把碳水化合物分为有效碳水化合物和无效碳水化合物。

有效碳水化合物指能被人体消化吸收，对人体提供能量的碳水化合物，包括单糖、低聚糖、糊精、淀粉、糖原等。

无效碳水化合物即平常说的膳食纤维，指人们的消化系统或者消化系统中的酶不能消化、分解、吸收的物质，但是消化系统中的微生物能分解利用其中一部分。包括多糖中的纤维素、半纤维素、果胶等，其在维持人体健康方面起着重要的作用，如具有降低血清胆固醇、降血脂、调节血糖、促进肠道蠕动，防止便秘等作用，被称为第七营养素。

7.1.2 食品中碳水化合物的分布与含量

碳水化合物在各种食品中存在的形态和含量是不同的。葡萄糖、果糖等单糖广泛存在于水果和蔬菜中,一般含量分别为 0.96% ~5.82% 和 0.85% ~6.53% 。一般都溶于水,有甜味、旋光性、还原性。蜂蜜中单糖含量较高,达75% 。蔗糖普遍存在于具有光合作用的植物中,一般含量较低,但甘蔗和甜菜中含量较高,分别达到 10% ~15% 和 15% ~20% 。麦芽糖大量存在于发芽的谷粒,特别是麦芽中。乳糖是唯一没有在植物中发现过的糖,存在于哺乳动物乳汁中,牛乳中含量约为 4.7% 。淀粉广泛存在于农作物的籽粒(如小麦、大米、大豆、玉米)、根(如木薯、甘薯)和块茎(马铃薯)中,含量高达约为干物质的80% 。纤维素主要存在于谷物的麸糠和果蔬的表皮中。果胶多存在于果蔬等的软组织中。食品中的主要糖类见表 7 - 1,常见食品中碳水化合物的含量见表 7 - 2。

表 7 -1　食品中的主要糖类

糖类	来源	构成单位
单糖		
D – 葡萄糖(Glucose)	存在于蜂蜜、水果、果汁、转化糖中	
D – 果糖(Fructose)	存在于蜂蜜、水果、果汁、转化糖中	
糖醇		
山梨糖醇(Sorbitol)	作为保湿剂添加到食品中	
双糖		
蔗糖(Sucrose)	广泛存在于水果蔬菜的细胞和汁液中,添加到食品、饮料中	D – 果糖 + D – 葡萄糖
乳糖(Lactose)	存在于乳及乳制品中	D – 半乳糖 + D – 葡萄糖
麦芽糖(Maltose)	存在于麦芽及玉米糖浆中	D – 葡萄糖
其他低聚糖		
麦芽低聚糖	存在于麦芽糊精、玉米糖浆中	D – 葡萄糖
棉籽糖(Raffinose)	少量存在于大豆中	D – 葡萄糖 + D – 果糖 + D – 半乳糖
水苏糖(Stachyose)	少量存在于大豆中	D – 葡萄糖 + D – 果糖 + D – 半乳糖
多糖		
淀粉(Starch)	广泛存在于谷物的粒和植物块茎中,或添加到食品中	D – 葡萄糖
细胞壁多糖	天然存在	
果胶(Pectin)		
纤维素(Cellulose)		
半纤维素(Hemicellulose)		
β – 葡聚糖(β – glucan)		
食品胶(Food gum)		
羧甲基纤维素(Carboxymethylcelluloses)		

续表

糖类	来源	构成单位
瓜尔豆胶(Guaran)		
鹿角藻胶(卡拉胶,Carageenan)		
黄原胶(Xanthan)		
褐藻胶(Algins)		
阿拉伯胶(Arabic gμm)		
琼脂(Agar)		
魔芋葡甘聚糖(Konjac glucomannan)		

引自 Nielsen S S. 2003. Food Analysis. 3rd ed. New York:Kluwer Academic/Plenμm Publishers

表7－2　食品中主要的碳水化合物含量(%)

食品名称	碳水化合物		
	总糖	单糖和双糖	多糖
水果			
苹果(Apple)	14.5	葡萄糖1.17;果糖6.04;蔗糖3.78;甘聚糖微量	淀粉1.5;纤维素1.0
葡萄(Grape)	17.3	葡萄糖5.35;果糖5.33;蔗糖1.32 甘露糖2.19	纤维素0.6
草莓(Strawberry)	8.4	葡萄糖2.09;果糖2.40 蔗糖1.03 甘露糖0.07	纤维素1.3
梨(Peer)	15.3	葡萄糖0.95;果糖6.77;蔗糖1.61	纤维素1.4
蔬菜			
胡萝卜(Carrot)	9.7	葡萄糖0.85;果糖0.85;蔗糖4.24	淀粉7.8;纤维素1.0
洋葱(Onion)	8.7	葡萄糖2.07;果糖1.09;蔗糖0.89	纤维素0.71
花生(Peanut)	18.6	蔗糖4~12	纤维素24
马铃薯(Potato)	17.1		淀粉14;纤维素0.5
甜玉米(Sweet corn)	22.1	蔗糖12~17	纤维素0.7
甘薯(Sweet potato)	26.3	葡萄糖0.87;蔗糖2~3	淀粉14.65;纤维素0.7
萝卜(Turnip)	6.6	葡萄糖1.5;果糖1.18;蔗糖0.42	纤维素0.9
其他			
蜂蜜(Honey)	82.3	葡萄糖28~35;果糖34~41;蔗糖1~5	
槭糖浆(Maple syrup)	65.5	蔗糖58.2~65.5;己糖0~7.0	
牛乳(Milk)	4.9	乳糖4.9	
甜菜(Sugar beet)	18－20	蔗糖18~20	
甘蔗汁(Sugar cane juice)	14－28	葡萄糖＋果糖4~8;蔗糖10~20	

引自阚建全,段玉峰,姜发堂. 食品化学. 北京:中国计量出版社,2009

7.1.3　食品中碳水化合物测定的意义

从食品工艺学的角度来看,碳水化合物对改变食品的形态、组织结构、理化性质和风味等具有重要的作用。它赋予了食品的香甜味,糖的焦糖化作用和羰氨反应可使食品获得诱人的色泽和风味,但同时会引起食品的褐变,必须根据工艺加以控制。饮料等食品加工中常需要控制一定的糖酸比,改善和维持食品体系的质地稳定性。还原糖在糖果中具有抗结晶性、吸水性,提高蔗糖溶液溶解度的特性。还原糖在糖果中的添加,目前已公认具有抑制返砂结晶的作用。在产品中掺入淀粉糖浆或白糖会造成还原糖指标偏低,还原糖含量偏低不会危害人体健康,但可能会在糖果成形之前形成小的晶块,影响到糖的品质。偏高可能会造成糖果吸潮而不耐储存,影响糖果的质量,所以需要控制在某一范围内。

从食品生物化学的角度讲,碳水化合物是人体需要的重要营养物质,是提供人体热能的重要来源,也是构成机体的一种重要物质,并参与细胞的许多生命过程。一些糖与蛋白质和脂肪,分别形成具有重要生理功能的糖蛋白和糖脂。婴儿消化道内含有较多的乳糖酶,这种乳糖酶能把乳糖分解成葡萄糖和半乳糖。而半乳糖是构成婴儿脑神经的重要物质。如果用蔗糖代替乳糖,婴儿大脑发育将会受到影响。

7.2　碳水化合物的分析特性

7.2.1　溶解性

单糖分子中的多个羟基增加了它的水溶性,但不能溶于乙醚、丙酮等有机溶剂。各种单糖的溶解度不同,果糖的溶解度最高,其次是葡萄糖。低聚糖也易溶于水。温度对单糖的溶解过程和溶解速度具有决定性的影响。随温度升高,单糖的溶解度增大,两种单糖的溶解度见表7-3。

表7-3　两种单糖的溶解度

糖类	20℃		30℃		40℃		50℃	
	含量/%	溶解度/(g/100g 水)	含量/%	溶解度/(g/100g 水)	含量/%	溶解度/(g/100g 水)	含量/%	溶解度/(g/100g 水)
果糖	78.94	374.78	81.54	441.70	84.34	538.63	86.94	665.58
葡萄糖	46.71	87.67	54.64	120.46	61.89	162.38	70.91	243.76

引自李启隆,胡劲波.食品分析科学[M].北京:化学工业出版社,2010

利用单糖和低聚糖的水溶性,可将单糖、低聚糖与食品中不溶于水的脂肪和淀粉等分离。对于富含脂肪的食品,如乳酪、巧克力等,通常用石油醚等脱脂后,再用水进行提取;对于富含淀粉、果胶、糊精类的食品,如粮谷制品、调味品等,如果直接用水提取可溶性糖,会使部分多糖或糊精降解溶出,致使过滤困难,同时影响测定结果,一般采用70% ~75%乙醇溶液提取、分离。

7.2.2　还原性

糖类分子中,含有游离醛基或酮基的单糖和含有游离的半缩醛羟基的双糖都具有还原性。单糖和部分低聚糖具有还原性,如葡萄糖分子中含有游离醛基,果糖分子中含有一个游离酮基,乳糖和麦芽糖分子中含有半缩醛羟基,都具有还原性,而糖醇和多糖则不具有还原性。

基于碱性铜盐测定还原糖的方法被许多国家和国际组织定为还原糖的标准分析方法。在加热条件下,还原糖能将碱性酒石酸铜溶液中 $Cu^{2+} \longrightarrow Cu^+ \longrightarrow Cu_2O \downarrow$。根据此反应过程中定量方法不同,分为直接滴定法、高锰酸钾法、萨氏法等。

醛糖的还原性比酮糖强,可利用该性质在醛糖和酮糖共存时单独测定醛糖。在碱性介质中,醛糖可还原氧化性较弱的碘,生成碘离子,而醛糖被氧化为醛糖酸盐。过量的碘与之反应,用硫代硫酸钠标准溶液滴定剩余的碘,间接测定醛糖的含量。

在氢氧化钠和丙三醇(或酒石酸钾钠)存在下,还原糖能将3,5-二硝基水杨酸中的硝基还原为氨基,生成橘红色的化合物,利用比色法测定样品中还原糖的含量。若样品中含较多酚类物质,会干扰测定。

7.2.3　生色性

糖与浓硫酸反应,脱水生成的羟甲基呋喃能与蒽醌缩合成蓝色配合物(硫酸—蒽醌法);糖在浓硫酸的作用下,脱水生成糠醛或糠醛衍生物,糠醛类化合物与蒽酮反应(蒽酮法),生成蓝绿色有色化合物;糠醛或糠醛衍生物与苯酚缩合成一种橙红色化合物(苯酚—硫酸法),比色测定糖含量。上述方法实际测定的是所有的糖类,不但可以测定单糖、低聚糖,而且还能测定多糖,如淀粉、纤维素等,因为反应液中浓硫酸可以把多糖水解成单糖而发生反应。如果不希望包含多糖含量,则应用80%乙醇作提取剂,以避免多糖的干扰。

果胶经水解生成半乳糖醛酸,在强酸介质下,与咔唑发生缩合反应,生成紫红色配合物。可用比色法测定果胶含量。

7.2.4　水解性

简单的碳水化合物可以缩合为高分子的复杂碳水化合物,缩合物水解后又生成简单的碳水化合物。利用这一性质,分析时可以在酸或酶的催化作用下,将某些低聚糖和多糖水解为单糖后,利用单糖的还原性质进行测定。如:

蔗糖 + 水 $\longrightarrow$ 葡萄糖 + 果糖

淀粉 + 水 $\longrightarrow$ 葡萄糖(当水解不完全时,产生不同聚合度的低聚糖和多糖)

水解程度取决于酸的强度或酶的活力、时间、温度和多糖的结构。

7.3　糖类的提取与澄清

食品中的可溶性糖通常指葡萄糖、果糖等游离单糖及蔗糖等低聚糖。测定可溶性糖时,一般须选择适当的溶剂提取样品,并对提取液进行纯化,排除干扰杂质等一系列前处理过程,才能进行测定。

样品的前处理包括脱脂、糖的提取与澄清等步骤,以除去脂肪、蛋白质、多糖、色素等干扰物。前处理会因原料、成分、样品的存在物态不同而不同,但大致可按图7-1进行。

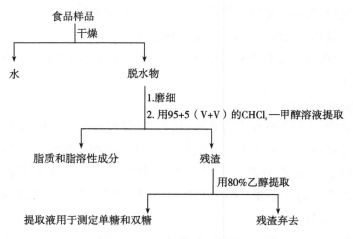

图 7 - 1　单糖和双糖的提取流程图

7.3.1　脱脂

对于脂肪含量高的食品(如乳酪、巧克力、蛋黄酱等),脱脂是必须的。脱脂可用 95 + 5 (V + V) 的 $CHCl_3$——甲醇或石油醚为溶剂,萃取样品 1 ~ 2 次,待分层后,弃去有机相,必要时可加热萃取,离心分离。对脂肪含量低的样品,此步骤可以省略。

7.3.2　碾磨

固体样品需将样品磨细,以便溶剂能充分浸提其中的小分子糖。

7.3.3　可溶性糖的提取

7.3.3.1　常用提取溶剂

食品中的可溶性糖类包括葡萄糖、果糖等单糖和蔗糖、麦芽糖等低聚糖。这些小分子糖具有很好的水溶性,可以用水作为提取溶剂。从固体样品中提取糖时,温度宜控制在 40 ~ 50℃,一般不超过 80℃,温度过高,可溶性多糖会溶出,增加后续澄清工作的负担。水提取液中,除了糖类外,还可能含有色素、蛋白质、可溶性果胶、可溶性淀粉、有机酸等干扰性物质。酸性食品,如水果及其制品在加热前应用氢氧化钠中和至中性,以防止低聚糖被部分水解。

乙醇水溶液也是常见的糖类提取剂。对含有大量果胶、淀粉和糊精的食品,如水果、粮谷制品等,宜采用 70% ~ 80% 的乙醇水溶液提取。因为果胶、淀粉等多糖和糊精不溶于该浓度的乙醇,蛋白质也不会溶解出来。所以用乙醇溶液作提取剂时,提取液不用除蛋白。用乙醇作提取剂,加热时应安装回流装置。

7.3.3.2　提取液制备原则

提取液制备方法要根据样品性状而定,但应遵循以下原则:

①取样量与稀释倍数的确定。一般提取液经净化和可能的转化后,应使含糖量在 0.5 ~ 3.5 mg/mL 之间。

②含脂肪的食品,须经脱脂后再用水提取。

135

③含有大量淀粉、糊精及蛋白质的食品,宜用乙醇溶液提取。

④含酒精和二氧化碳的液体样品,应先除酒精和 CO_2。

⑤酸性食品,应用氢氧化钠中和至中性,以防止低聚糖被部分水解。为防低聚糖被酶水解,可加入 $HgCl_2$。

7.3.4　糖液的澄清

糖的水提取液中,不同程度地含有色素、蛋白质、果胶及淀粉等胶态杂质,这些物质的存在常使提取液带有颜色或浑浊,使过滤困难,并影响后续测定时对终点的观察,也可能在测定过程中发生副反应,影响分析结果的准确性,因此把这些干扰物质除去是有必要的。常用的方法是加入澄清剂沉淀这些干扰物质。若采用80%乙醇溶液作提取溶剂,或糖液不浑浊,也可省去澄清步骤。

澄清剂应符合以下几个条件:能较完全地除去干扰物质;加入的澄清剂不能对后续分析操作产生影响;不吸附被测物质糖,也不改变糖类的比旋光度及理化性质;沉淀颗粒要小,操作简便;过量的澄清剂应不干扰后续的分析操作,或易于除掉。

常用的澄清剂有以下几种:

(1)中性乙酸铅

这是最常用的一种澄清剂,特别适用于植物性的萃取液,它可除去蛋白质、丹宁、有机酸、果胶等杂质,但脱色力差,不能用于深色糖液的澄清。

澄清后的糖液中残留有铅离子,在测定时会因加热导致铅与还原糖(特别是果糖)反应,生成铅糖化物,使得结果偏低,因此,多余的铅必须除去。常用的除铅剂有乙二酸钠、乙二酸钾、硫酸钠、磷酸氢二钠等,除铅剂在保证铅完全沉淀的前提下,尽量少用。

用法:一般向糖提取液中加入 1～3 mL 乙酸铅饱和溶液(约30%),充分混合后静置15 min,向上层清液中滴加乙酸铅溶液,上层清液如无新的沉淀生成,说明已沉淀完全,如有新沉淀生成,则再混匀并静置数分钟,如此重复至无新的沉淀生成。

(2)碱性乙酸铅

可除色素、有机酸、蛋白质,同时适用深色的样品溶液。但沉淀颗粒大,易吸附糖,尤其果糖。用法见中性乙酸铅。

(3)乙酸锌和亚铁氰化钾

此澄清剂除蛋白质能力强,常用于富含蛋白质的提取液,对乳制品最理想。但该澄清剂脱色能力差,适用于色泽较浅、蛋白质含量高的样液。它是利用生成的亚铁氰酸锌(白色沉淀)与蛋白质共同沉淀。但值得注意的是,利用高锰酸钾滴定法测定还原糖时,不能用此澄清剂,以免样液中引入亚铁离子。

用法:50～75 mL 样液中加入 219 g/L 乙酸锌溶液(配制时加入 3 mL 冰乙酸)和106 g/L 亚铁氰化钾各 5 mL。

(4)硫酸铜和氢氧化钠溶液

该澄清剂适合于富含蛋白质的样品。在碱性条件下,Cu^{2+} 可使蛋白质沉淀,但直接滴定法测定还原糖时不能用该沉淀剂,以免样液引入 Cu^{2+} 。

　　用法:在 50～75 mL 样液中加入 10 mL 硫酸铜溶液(69.28 gCuSO₄·5H₂O 溶于 1 L 水中)和 1 mol/L NaOH 溶液 4mL。

　　除上述澄清剂外,还有氢氧化铝溶液(铝乳)、活性炭、硅藻土、六甲基二硅烷等也可作为澄清剂。氢氧化铝能凝聚胶体,但对非胶态杂质的澄清效果不好,可用于浅色糖溶液的澄清,或作为附加澄清剂。活性炭能除去植物样品中的色素,适用于颜色较深的提取液,但能吸附糖类造成糖的损失,特别是蔗糖损失达 6%～8%,限制了其在糖类分析中的应用。澄清剂的种类很多,各种澄清剂性质不同,澄清效果也各不一样,使用澄清剂时应根据样液的种类、干扰成分及含量加以选择,同时还要兼顾后续采用的分析方法。

7.4　单糖和低聚糖常用分析方法

　　单糖是碳水化合物的构造单位,大多数低聚糖、多糖均可以用酸水解或酶水解生成单糖。所以,单糖的测定方法就成为许多碳水化合物的定量基础。低聚糖和单糖在溶解度、还原性等方面相近之处较多,在本节内一并加以介绍。

7.4.1　还原糖法

　　利用糖的还原性进行测定的方法,叫做还原糖法。此法可用来测定葡萄糖、果糖、麦芽糖和乳糖等还原糖。双糖(如蔗糖)、三糖乃至多糖(如糊精、淀粉等),本身不具还原性,属于非还原性糖,水解后生成单糖,也可以用还原糖法测定。还原糖的测定是糖类定量的基础。

　　目前食品中涉及糖的项目,多以还原糖或总糖来表示。还原糖的测定方法很多,其中最常用的有碱性铜盐法、铁氰化钾法、碘量法、比色法等。

7.4.1.1　碱性铜盐法

　　碱性铜盐法是指基于在加热条件下,还原糖将碱性酒石酸铜溶液中的 Cu^{2+} 还原为 Cu^+ ,进而生成 Cu_2O 沉淀,采用不同定量方法得出还原糖含量的方法。碱性酒石酸铜溶液是由碱性酒石酸铜甲、乙液组成。甲液为硫酸铜溶液,乙液为酒石酸钾钠等配成的溶液。碱性酒石酸铜溶液与还原糖共热,发生如下化学反应:

$$CuSO_4 + 2NaOH =\!=\!= Cu(OH)_2 + Na_2SO_4$$

$$Cu(OH)_2 + \begin{matrix} COOK \\ | \\ CHOH \\ | \\ CHOH \\ | \\ COONa \end{matrix} \longrightarrow \begin{matrix} COOK \\ | \\ CHO \\ | \quad\rangle Cu \\ CHO \\ | \\ COONa \end{matrix} + H_2O$$

$$\begin{array}{c}CHO \\ (CHOH)_4 \\ CH_2OH\end{array} + 6 \begin{array}{c}COOK \\ CHO \\ \quad\,\,Cu \\ CHO \\ COONa\end{array} + 5H_2O \longrightarrow \begin{array}{c}COOH \\ (CHOH)_4 \\ CH_2OH\end{array} + 6 \begin{array}{c}COOK \\ CHOH \\ CHOH \\ COONa\end{array} + 3Cu_2O\downarrow$$

实验结果表明,还原糖在碱性溶液中与硫酸铜的反应并不符合等摩尔关系。还原糖在此反应条件下将形成某些差向异构体的平衡体系,如 D - 葡萄糖向 D - 甘露糖、D - 果糖转化,构成三种物质的平衡混合物及一些烯醇式中间体,如1,2 - 烯二醇、2,3 - 烯二醇、3,4 - 烯二醇等。烯醇在双键处开裂,即可形成活性降解物。反应产物中各组分含量与实验条件有关,主要因素是加热程度、加热时间、滴定速度和试剂的碱度等。因此,不能根据上述反应式直接计算出还原糖含量。根据不同的定量方法,主要有直接滴定法、高锰酸钾法、萨氏法等,现介绍如下:

（1）直接滴定法

直接滴定法,又称快速法,是食品中还原糖测定的国家标准分析方法（GB/T 5009.7—2008《食品中还原糖的测定》中第一法）,该法是在蓝—爱农法基础上发展起来的。适合于各类食品中还原糖的测定,但对于酱油、深色果汁等深色样品,因色素干扰,会影响测定的准确性。

①原理:将一定量的碱性酒石酸铜甲、乙液等量混合,立即生成天蓝色的氢氧化铜沉淀,氢氧化铜沉淀迅速与酒石酸钾钠反应,生成深蓝色的可溶性酒石酸钾钠铜络合物。酒石酸钾钠铜具有氧化性,在加热条件下,能将还原糖氧化为醛酸,本身还原为氧化亚铜沉淀。本反应以亚甲基蓝为指示剂,亚甲基蓝是一种氧化还原指示剂,其氧化型为蓝色,还原型为无色,它的氧化能力比 Cu^{2+} 弱,待还原糖将二价铜全部还原后,稍过量的还原糖则可把亚甲基蓝还原,溶液由蓝色变为无色。

亚甲基蓝的呈色反应如下:

$$\begin{array}{c}C{=}O \\ \quad H \\ (CHOH)_4 \\ CH_2OH\end{array} + \underset{\text{蓝 色}}{(H_3C)_2N\text{—}\cdots\text{—}N(CH_3)_2} + H_2O \longrightarrow$$

$$\begin{array}{c}COOH \\ (CHOH)_4 \\ CH_2OH\end{array} + \underset{\text{无色}}{(H_3C)_2N\text{—}\cdots\text{—}N(CH_3)_2} + HCl$$

基于还原糖在碱性溶液中与硫酸铜的反应并非严格按照化学计量比进行,直接滴定法采用已知浓度的某种还原糖标准溶液(根据样品实际情况,选择葡萄糖、果糖、乳糖或蔗糖转化糖)来标定酒石酸铜溶液,计算还原糖因数。计算公式如下:

$$m_1 = \rho \times V \qquad (7-1)$$

式中:m_1——10 mL 碱性酒石酸铜溶液(甲、乙液各 5 mL)相当于某种还原糖的质量,mg;

ρ——还原糖标准溶液的质量浓度,mg/mL;

V——标定时消耗还原糖标准溶液的体积,mL。

再利用下面公式计算样品中还原糖含量:

$$X = \frac{m_1}{m \times \dfrac{V}{250} \times 1000} \times 100 \qquad (7-2)$$

式中:X——试样中还原糖的含量(以某种还原糖计),g/100g;

m_1——10 mL 碱性酒石酸铜溶液(甲、乙液各 5 mL)相当于某种还原糖的质量,mg;

m——试样质量,g;

V——测定时平均消耗试样溶液的体积,mL;

250——样品处理后定容体积。

当样品中还原糖含量过低时,则采取直接加入 10 mL 样品液,免去加水 10 mL,再用还原糖标准溶液滴定至终点,记录消耗的体积与标定时消耗的还原糖溶液体积之差相当于 10 mL 样液中所含还原糖的量,结果按下式计算:

$$X = \frac{m_2}{m \times \dfrac{10}{250} \times 1000} \times 100 \qquad (7-3)$$

式中:m_2——标定体积与加入样品后消耗的还原糖标准溶液体积之差相当于某种还原糖的质量,mg。

②说明

a. 此法所用的氧化剂碱性酒石酸铜的氧化能力较强,醛糖和酮都可被氧化,所以测得的是总还原糖量,根据具体样品选择合适的还原糖进行酒石酸铜溶液的标定。

b. 本法是根据经过标定的一定量的碱性酒石酸铜溶液(Cu^{2+}量一定)消耗的试样溶液量来计算试样溶液中的还原糖的含量,反应体系中 Cu^{2+} 的含量是定量的基础,所以在试样处理时,不能用铜盐作为澄清剂,以免试样溶液中引入 Cu^{2+},得到错误的结果。一般采用乙酸锌和亚铁氰化钾作澄清剂。

c. 为消除氧化亚铜沉淀对滴定终点观察的干扰,在碱性酒石酸铜乙液中加入少量亚铁氰化钾,使之与氧化亚铜生成可溶性的无色配合物,而不再析出红色沉淀。其反应式如下:

$$Cu_2O + K_4Fe(CN)_6 \longrightarrow K_2Cu_2Fe(CN)_6 + 2KOH$$

d. 滴定必须在沸腾条件下进行,其原因一是可以加快还原糖与 Cu^{2+} 的反应速度;二是亚甲基蓝变色反应是可逆的,还原型亚甲基蓝遇空气中氧时又会被氧化为氧化型;三是防止氧化亚铜被空气中氧所氧化。滴定时不能随意摇动锥形瓶,更不能把锥形瓶从热源上取下来滴定,以防止空气进入反应溶液中。

e. 样品溶液预滴定的目的:一是本法对样品溶液中还原糖浓度有一定要求(0.1%左右),测定时样品溶液的消耗体积应与标定葡萄糖标准溶液时消耗的体积相近,通过预测可了解样品溶液浓度是否合适,浓度过大或过小应加以调整,使预测时消耗样液量在10 mL左右;二是通过预测可知道样液大概消耗量,以便在正式测定时,预先加入比实际用量少1 mL左右的样液,只留下1 mL左右样液在续滴定时加入,以保证在1 min内完成续滴定工作,提高测定的准确度。

f. 此实验影响测定结果的主要操作因素是反应液碱度、热源强度,煮沸时间和滴定速度。反应的碱度直接影响Cu^{2+}与还原糖反应的速度、反应进行的程度及测定结果。在一定范围内,溶液碱度越高,Cu^{2+}的还原越快。因此,必须严格控制反应液的体积,标定和测定时消耗的体积应接近,使反应体系碱度一致。

热源一般采用800 W电炉,控制锥形瓶内液体在2 min内加热至沸腾,1 min内滴定结束;加热沸腾后,要始终保持在微沸状态下滴定。继续滴定至终点的体积,应控制在0.5～1 mL以内,平行实验误差不超过0.1mL。

g. 为了提高测定的准确度,要求用哪种还原糖表示结果就用相应的还原糖标定酒石酸铜溶液。

(2)高锰酸钾滴定法

高锰酸钾法,又称贝尔德蓝(Bertrand)法,是国家标准分析方法(GB/T 5009.7—2008《食品中还原糖的测定》中的第二法),方法的准确性和重现性优于直接滴定法,适合于各类食品中还原糖的测定,有色样品也不受影响。此法被认为是准确度最高的方法,但操作较复杂,费时,需要使用特制的高锰酸钾法糖类检索表。

①原理:将还原糖与一定量过量的碱性酒石酸铜溶液反应,还原糖将二价铜还原为氧化亚铜沉淀后,经过滤,得到沉淀,加入过量的酸性硫酸铁溶液将其氧化溶解,三价铁则被还原为亚铁盐,再用高锰酸钾标准溶液滴定所生成的亚铁盐,根据高锰酸钾溶液消耗量可计算出氧化亚铜的量。再从检索表中查出与氧化亚铜量相当的还原糖量,即可计算出试样中还原糖含量。反应方程式如下:

$$Cu_2O + Fe_2(SO_4)_3 + H_2SO_4 = 2CuSO_4 + 2FeSO_4 + H_2O$$

$$10FeSO_4 + 2KMnO_4 + 8H_2SO_4 = 5Fe_2(SO_4)_3 + 2MnSO_4 + K_2SO_4 + 8H_2O$$

根据滴定时高锰酸钾标准溶液消耗量,计算氧化亚铜含量。计算公式如下:

$$X = C \times (V - V_0) \times 71.54 \qquad (7-4)$$

式中:X——样品中还原糖相当于氧化亚铜的质量,mg;

C——$\frac{1}{5}$KMnO$_4$标准溶液的浓度,mol/L;

V——测定用样品溶液消耗高锰酸钾标准溶液的体积,mL;

V_0——测定用空白溶液消耗高锰酸钾标准溶液的体积,mL;

71.54——1mL 1mol/L $\frac{1}{5}$KMnO$_4$ 标准溶液相当于氧化亚铜的质量,mg。

再从相当于氧化亚铜质量时葡萄糖、果糖、乳糖、转化糖的质量表中查出与氧化亚铜相当的还原糖量(见附表4),即可计算出样品中还原糖的量。计算公式如下:

$$X = \frac{A}{m \times \frac{V_1}{V} \times 1000} \times 100 \qquad (7-5)$$

式中:X——样品中还原糖的含量,g/100g;

A——查表得出的氧化亚铜相当的还原糖质量,mg;

m——样品质量(体积),g(mL);

V_1——测定用样品溶液的体积,mL;

V——样品处理后的总体积,mL。

②说明:

a. 样品的前处理:应除去蛋白质、脂肪、乙醇、二氧化碳、纤维素、淀粉等。本法以测定过程中产生的 Fe^{2+} 为计算依据,所以,本法在样品前处理过程中不能使用乙酸锌和亚铁氰化钾作为澄清剂,以免引入 Fe^{2+}。

b. 还原糖与碱性酒石酸铜试剂作用,必须加热至沸腾下进行,因此加热至沸时间及保持沸腾时间是需要严格控制的条件,并保持一致。煮沸后溶液应保持蓝色,使碱性酒石酸铜过量,使还原糖完全反应。如不呈蓝色,说明样液含糖浓度过高,应调整样液浓度。

c. 在古氏坩埚中铺好精制石棉,必须密实,以免使氧化亚铜沉淀损失。在抽滤过程应注意将沉淀始终保持在液面下,防止氧化亚铜沉淀暴露于空气中而氧化。

d. 试样中的还原糖既有单糖又有麦芽糖、乳糖等二糖时,还原糖的测定结果会偏低,因为二糖的分子中只含有一个还原基团。

(3)萨氏法

萨氏法,又称 Somogyi 法,是一种微量法,检出量为 0.015~3 mg。灵敏度高,重现性好,终点清晰,有色样液不受限制,结果准确可靠。常用于生物材料或经层析处理后的微量样品的测定。农业标准 NY/T 1278—2007《蔬菜及其制品中可溶性糖的测定铜还原碘量法》,运用本法测定蔬菜及其制品中的可溶性糖。

①原理:样液与过量的碱性铜盐溶液共热,样液中的还原糖定量地将二价铜还原为氧化亚铜。生成的氧化亚铜在酸性条件下溶解为一价铜离子,一价铜离子能定量地被碘氧化为二价铜。剩余的碘与硫代硫酸钠标准溶液反应,从而计算出样品中还原糖含量。相关反应式如下:

$$Cu^{2+} + 还原糖 \longrightarrow Cu_2O$$

$$Cu_2O + H_2SO_4 = 2Cu^+ + SO_4^{2-} + H_2O$$

$$KIO_3 + 5KI + 3H_2SO_4 \rightleftharpoons 3K_2SO_4 + 3H_2O + 3I_2$$

$$2Cu^+ + I_2 \rightleftharpoons 2Cu^{2+} + 2I^-$$

$$I_2 + 2Na_2S_2O_3 \rightleftharpoons Na_2S_4O_6 + 2NaI$$

根据消耗的硫代硫酸钠标准溶液的体积,可求出与一价铜反应的碘量,从而计算样品中还原糖的量,计算公式如下:

$$X = \frac{(V_0 - V) \times s \times f}{m \times \dfrac{V_2}{V_1} \times 1000} \times 100 \qquad (7-6)$$

式中:X——还原糖含量,g/100g;

V——测定用样液消耗硫代硫酸钠标准溶液体积,mL;

V_0——空白消耗硫代硫酸钠标准溶液体积,mL;

s——还原糖系数,mg/mL,即 1 mL 0.005 mol/L 硫代硫酸钠标准溶液相当于还原糖的量,mg。见表 7-4;

f——硫代硫酸钠标准溶液浓度校正系数,f = 实际浓度/0.005;

V_1——样液总体积,mL;

V_2——测定用样液体积,mL;

m——样品质量,g。

表 7-4 还原糖的加热时间和系数

糖的种类	加热时间/min	系数/(mg/mL)	糖的种类	加热时间/min	系数/(mg/mL)
阿拉伯糖	25~35	0.143	半乳糖	35~45	0.175
木糖	25~35	0.127	转化糖	15~25	0.135
葡萄糖	15~25	0.135	麦芽糖	25~35	0.250
果糖	15~25	0.135	乳糖	30~40	0.216
甘露糖	25~35	0.135			

②说明。

a. 典型萨氏试剂:将71g $Na_2HPO_4 \cdot 12H_2O$、40g 酒石酸钾钠溶于约400 mL水中。加入 1 mol/L NaOH 溶液 100 mL 把8 g $CuSO_4 \cdot 5H_2O$ 溶于水并稀释到80 mL,边搅拌边加入到上述溶液中。再取410 g $Na_2SO_4 \cdot 10H_2O$ 溶于水中,加入到上述溶液中,再加入0.17 mol/L KIO_3 溶液 25 mL,加水稀释到1000 mL放置数天后,用微孔玻璃漏斗过滤,备用。

b. 测定步骤:吸取 5 mL 样液(含还原糖 0.015~3 mg)放入 25×200 mL 试管中,向另一试管加入 5 mL 蒸馏水(作为对照液),向试管中各加入 5 mL 萨氏试剂,摇动混匀,试管口盖以玻璃球(防止生成的 Cu_2O 由于空气的对流再次被氧化),把试管放入沸水浴中准确加热一定时间,取出用流动水迅速冷却,徐徐加入 2 mL KI 溶液,接着迅速加入 1.5 mL 1 mol/L 硫酸溶液,摇匀使沉淀全部溶解,用 0.005 mol/L $Na_2S_2O_3$ 标准溶液滴定。滴定接近终点时,溶液变为淡黄色,加入 1 mL 0.5% 淀粉指示剂,继续滴定至蓝色消失为止。记录 $Na_2S_2O_3$ 标准溶液消耗量。

c. 萨氏试剂也是一种碱性铜盐溶液,与碱性酒石酸铜溶液的不同之处是用 Na_2HPO_4 代替部分 NaOH,使试剂碱性较弱,也可保存较长时间。其中的 Na_2SO_4 的作用是降低反应液中的溶解氧,以免生成的 Cu_2O 重新被氧化。

d. 由于不同的还原糖的还原能力及反应速度不同,反应时所需加热时间也不同,在加热时间范围内,可得到正确的测定结果。加热时间不足,测定值变化很大;超过加热时间,影响不大。

e. 滴定至蓝色消失时即为终点,此时溶液呈微绿色,注意不能滴定至无色。要严格控制操作条件,保证测定样品的条件与测定还原糖系数时的条件完全相同。平行滴定之差不得超过 0.05 mL。

7.4.1.2　铁氰化钾法

铁氰化钾法,是粮油样品中还原性糖测定的国家标准方法(GB/T 5513—2008《粮油检验 粮食中还原糖和非还原糖测定》中第一法),主要适用于小麦粉中还原糖的。本方法滴定终点明显、准确度高、重现性好,与高锰酸钾法一样,需要查阅经验检索表。

(1)原理

还原糖在碱性溶液中将铁氰化钾还原为亚铁氰化钾,本身被氧化为相应的糖酸。过量的铁氰化钾在乙酸的存在下,与碘化钾作用析出碘,析出的碘用硫代硫酸钠标准溶液滴定。通过计算氧化还原糖时所用的铁氰化钾的量,查经验表(见附表5)得试样中还原糖的百分含量。

相关反应式如下:

$$2\ K_3Fe(CN)_6 + R{-}\overset{\overset{\displaystyle O}{\|}}{C}{-}H + 2KOH \Longrightarrow 2K_4Fe(CN)_6 + R{-}\overset{\overset{\displaystyle O}{\|}}{C}{-}H + H_2O$$

$$2\ K_3Fe(CN)_6 + 2KI + 8CH_3COOH \Longrightarrow 2H_4Fe(CN)_6 + I_2 + 8CH_3COOK$$

$$2\ Na_2S_2O_3 + I_2 \Longrightarrow 2NaI + Na_2S_4O_6$$

还原糖的量与硫代硫酸钠用量之间不符合等摩尔关系,不能根据上述反应直接计算还原糖含量。而是首先按下面公式计算出氧化还原糖时所用去的铁氰化钾的量,再查阅经验表从而得出还原糖的含量。

$$V = \frac{(V_0 - V_1) \times C}{0.1} \tag{7-7}$$

式中:V——氧化样品液中还原糖所需 0.1mol/L 铁氰化钾溶液的体积,mL;

$\quad V_0$——滴定空白液消耗硫代硫酸钠标准溶液的体积,mL;

$\quad V_1$——滴定样品液消耗硫代硫酸钠标准溶液的体积,mL;

$\quad C$——硫代硫酸钠标准溶液的浓度,mol/L。

结果保留小数点后两位。

（2）说明

①样品前处理：本法以铁氰化钾氧化还原糖，用硫代硫酸钠测定剩余铁氰化钾的量来计算还原糖的含量，因此，样品前处理过程中不能用乙酸锌、亚铁氰化钾为澄清剂，以免亚铁氰化钾氧化引入 Fe^{3+}。可用中性乙酸铅来澄清样品。

②样品提取液与铁氰化钾溶液混合后应立即放入剧烈沸腾的水浴中，并使试管液面在沸水液面下 3~4 cm，准确加热 20 min 后取出，立即用水迅速冷却，否则误差很大。

③铁氰化钾易分解、易氧化，应置于棕色瓶中保存，每次使用前需标定铁氰化钾的浓度。

7.4.1.3　碘量法

碘量法创始于威尔斯塔托和舒特（Willstarter and Schudel,1918），本法被建议用于醛糖和酮糖共存时单独测定醛糖。本法反应单一，只在碘和醛糖之间进行，无副反应发生，醛糖氧化为糖酸，遵循当量定律。可用于硬糖、异构糖、果汁等样品测定葡萄糖量。

（1）原理

在常温下，碘在氢氧化钠碱性溶液内产生次碘酸钠，含有游离醛基的糖（葡萄糖）和半缩醛羟基的糖（乳糖、麦芽糖）即被氧化为醛糖酸钠。反应式如下：

$$I_2 + 2NaOH \longrightarrow NaIO + NaI + H_2O$$
$$RCHO + NaIO + NaOH \longrightarrow RCOONa + NaI + H_2O$$

上述两反应方程式综合起来，即：

$$RCHO + I_2 + 3NaOH \longrightarrow RCOONa + 2NaI + 2H_2O$$

反应液中碘与氢氧化钠都是过量的，反应液里尚有次碘酸钠和碘化钠残留，加入盐酸或硫酸使反应液呈弱酸性，则可释放出剩余的碘。

$$NaIO + NaI + 2HCl \longrightarrow I_2 + 2NaCl + H_2O$$

用硫代硫酸钠标准溶液滴定析出的碘，即可算出糖氧化时消耗的碘量。

$$I_2 + 2Na_2S_2O_3 \longrightarrow 2NaI + Na_2S_4O_6$$

在一定范围内，上述反应完全按照化学反应式来定量，因此不需要经验检索表。从反应式可计算出 1 mmol 碘相当于葡萄糖 180 mg，麦芽糖 342 mg，乳糖 360 mg。

（2）说明

①本法用于直接测定醛糖的含量。配合直接滴定法可利用差减法计算酮糖的含量。本法常用于样品中有果糖存在时葡萄糖含量的测定。

②样品中含有乙醇、丙酮时，也会消耗碘，影响测定结果，故应除去。蔗糖、丙三醇、甘露醇等组分虽也与碘反应，但影响较小。

③在测定过程中，要防止碘的挥发。测定过程中注意平行实验的时间间隔、各样品测定的时间间隔、不滴定时碘量瓶要加塞。

7.4.1.4　3,5-二硝基水杨酸比色法

3,5-二硝基水杨酸比色法（简称 DNS 法），显色的深浅只与糖类游离出还原基团的数

量有关,而对还原糖的种类没有选择性,适合用在多糖(如纤维素、半纤维素和淀粉等)水解产生的多种还原糖体系中。色素等还原性物质可与 DNS 显色剂显色,采用水解前测定值校正水解后测定值的方法,简便、有效地排除了色素等杂质的干扰,是一个能消除还原性杂质干扰的方法。本法准确度高、重现性好、操作简单,快速,尤其适用于大批样品的测定。

（1）原理

还原糖在碱性条件下加热被氧化成糖酸及其他产物,3,5 - 二硝基水杨酸则被还原为 3 - 氨基 - 5 - 硝基水杨酸,此化合物在过量的氢氧化钠碱性溶液中呈橘红色,波长在 540 nm 下有最大吸收。在一定范围内,还原糖的量与吸光度成正比。反应式如下：

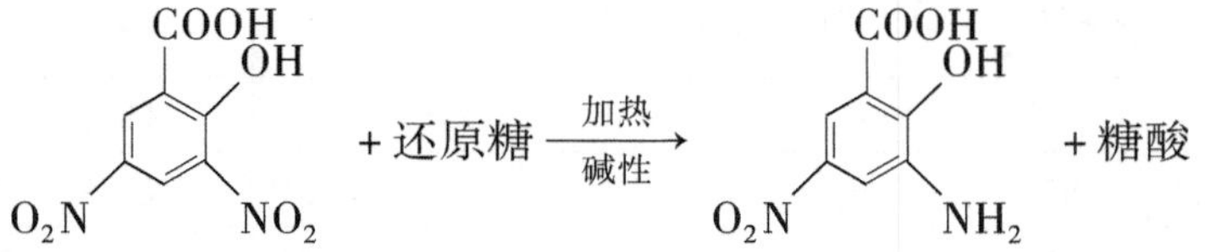

3,5 - 二硝基水杨酸(黄色)　　　　　3 - 氨基 - 5 - 硝基水杨酸(棕红色)

（2）说明

①DNS 试剂的配制:DNS 试剂的组成和配制比例进行了多次改进,以期提高试剂的稳定性、灵敏度和分析的准确性。目前普遍认可的配制方法是:将 6.3 g DNS 和 262 mL 2 mol/L氢氧化钠,加到 500 mL 含有 182 g 酒石酸钾钠的热水溶液中,再加上 5 g 重苯酚和 5 g 亚硫酸钠,搅拌溶解,冷却后加水定容到 1000 mL,储于棕色瓶中备用。

②DNS 试剂配制完成后应立即转移至棕色瓶中,使用过程中尽量减少与空气的接触。

③用此法测定多糖含量,由于多糖水解为单糖时,每断裂一个糖苷键需加入一分子水,在计算多糖含量时应乘以 0.9。

7.4.2　缩合反应法

单糖在浓无机酸的作用下脱水生成糠醛或糠醛的衍生物。戊糖和甲基戊糖变成 2 - 糠醛和 2 - 甲基糠醛,它与酸共存时,相当稳定。己糖相应地生成 5 - 羟甲基糠醛 - 2,该产物不稳定,当反应在浓盐酸中进行时,可继续缩合或与卤素起取代反应。果糖的反应产物除 5 - 羟甲基糠醛 - 2 外,还有 2 - 羟乙酰基呋喃。

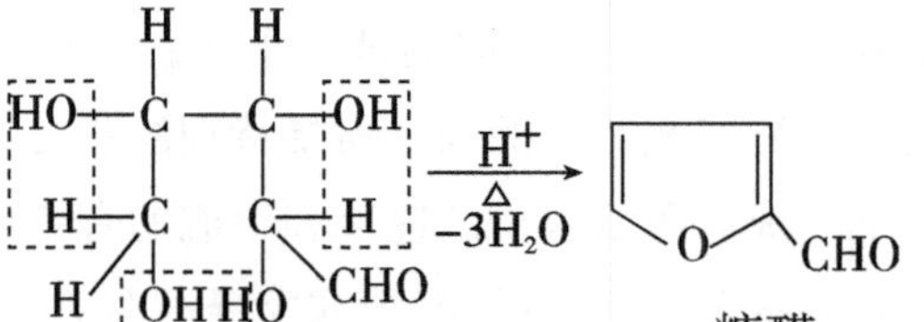

糠醛

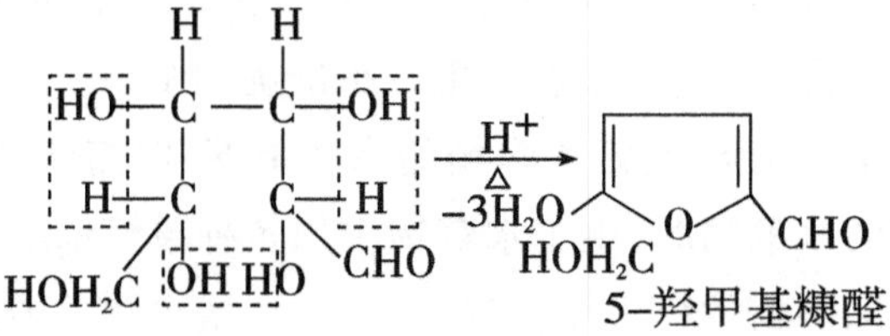

5-羟甲基糠醛

糖类能与某些酚类化合物发生呈色反应,就是因为它们在酸的作用下首先生成糠醛或羟甲基糠醛,这些产物继续同酚或芳胺类化合物发生缩合反应,生成有色物质,从而进行定量分析。目前,利用单糖缩合反应间接测定多糖应用十分广泛。

根据所用强酸和显色剂的不同,利用单糖的缩合反应测定糖的方法主要有以下几种(见表7-5)。由于缩合反应的发色机理迄今尚不明了,因而进行定量测定的显色实验条件具有一定的经验性。

表 7-5　缩合反应法测定糖类的实验条件

编号	显色剂	酸	酸强度/%	显色时间/min	显色温度/℃	参与反应的糖类	络合物色泽	络合物的 λ_{max}/nm
1	2% 蒽酮	硫酸	80	16	100	己糖＞＞戊糖	蓝绿色	己糖 625
2	二苯胺	醋酸/盐酸	67	10	100	酮糖＞＞＞醛糖	蓝色	酮糖 635
3	间苯二酚	盐酸	10	10	80	酮糖＞＞＞其他	紫色	酮糖 515
4	地衣酚	盐酸	18	45	100	戊糖＞＞己糖	绿色	戊糖 670
5	苯酚	硫酸	70	30	20~30	全部	黄—橙	己糖 490 戊糖 480
6	α－萘酚	硫酸	80	3	100	全部	紫色	甲基戊糖 560 己糖 570
7	色氨酸	硫酸	67	20	100	全部	紫—棕	500
8	L－半胱氨酸	硫酸	80	15	25	全部	黄	戊糖 390 甲基戊糖 400 己糖 460
9	咔唑	硫酸	80	10	100	全部	紫—棕	戊糖 525 己糖 535 庚糖 490

在表7-5中的1~4法中,己糖、酮糖或戊糖与显色剂生成有色络合物的能力远大于相对应的戊糖、醛糖或己糖,其有色络合物的生成速度和摩尔吸收系数 ε 都大于相对应的糖,因此这些方法除可用于测定均多糖的水解单糖外,还特别适合于测定杂多糖水解物中的己糖、酮糖或戊糖,而不必事先去除相对应的糖的干扰;甚至还可以利用显色时间差,在测定己糖、酮糖或戊糖之后再测定相对应的糖。需要特别注意的是杂多糖水解物中的各种己糖、酮糖或戊糖与显色剂生成有色络合物的速度和生成的有色络合物的吸收曲线非常接近,因此这些方法无法进一步区分各种己糖、酮糖或戊糖。在测定杂多糖的水解物时,除非仅有一种己糖、酮糖或戊糖,否则,必须备有待测多糖的标准品,或已知待测多糖水解单糖的种类和分子比例可供配制标准参照物,才能测得准确的结果。

表7-5中的5~9法可用于测定均多糖的水解单糖,但需注意选用合适的测定波长。用5~9法测定杂多糖的水解物时,由于水解物中的各种单糖都能与显色剂反应生成有色络合物,故必须备有待测多糖的标准品,或已知待测多糖水解单糖的种类和分子比例可配

制标准参照物,否则不能保证测定结果的准确性。5~9 法中各种水解单糖生成的有色络合物的最大吸收波长不同,因此可利用多波长、导数等分光光度测定技术同时测定杂多糖水解物中的各种单糖成分。

目前我国尚未统一规定多糖的测定方法,不是上述方法都可任意用于定量测定任意一种多糖,这些方法的适用性非常有限,如表 7-5 所列,只有根据待测多糖的水解产物和表 7-5 的提示正确选用测定方法,才有可能获得可靠的结果。影响测定结果重现性的原因首先是多糖水解程度的重现性,其次是显色反应条件的重现性。多糖的水解必须彻底,只有每次都水解完全,才有重现性可言;必须严格控制启动显色反应的温度、进行显色反应的持续时间、终止显色反应的温度和从终止显色反应到测定的时间间隔。只有显色反应条件的重现性好了,测定结果的重现性才会好。由于缺少多糖的纯品,在多糖的测定中经常以某种单糖为标准参照,用"以某种单糖计多糖含量为多少"表示测定结果。这在测定均多糖时结果是准确的,在测定水解单糖中仅有一种己糖、酮糖或戊糖的杂多糖并采用表 7-5 中 1~4 法时测定结果是可靠的。这种"以某种单糖计多糖含量为多少"的结果与以多糖纯品为标准的测定结果没有可比性,除非进行了多糖水解程度和参照单糖在待测多糖水解物中的分子比例修正。

7.4.3　色谱法

前面介绍的斐林法(碱性铜盐法)、3,5-二硝基水杨酸比色法、缩合反应法等化学方法,多是测定的几种糖的总量,而不能确定糖的组成及各自的含量。混合糖的分离鉴定及组成的分析一般采用纸色谱法、薄层色谱法及柱色谱法。具体应用这些方法时,须根据实验目的、样品的组成、性状,选择适当的色谱分离条件及样品处理方法。

7.4.3.1　平面色谱法

平面色谱法,主要包括纸色谱法和薄层色谱法。是一种微量而快速的分析方法,本法具有操作方便、设备简单、试剂便宜、容易掌握、灵敏度较高等特点,适合于糖的组成较复杂的食品或配料中各组分糖的测定,如蜂蜜、淀粉糖浆、多糖水解糖等。本法展开时间较长,准确度不高,属于半定量方法。操作方法可参照 GB/T 18932.2—2002《蜂蜜中高果糖淀粉糖浆测定方法薄层板色谱法》。

(1)原理

在一张层析滤纸或一块特制的薄板上,一端滴上要分离的糖液,放在密闭容器中,使展开剂从有样品的一端流向另一端,由于各种糖在展开剂中的分配系数、吸附力、亲和能力等的不同,从而使样品中的各组分以不同速度移动从而得以分离(图 7-2)。再通过适当溶剂显色使分离后的各组分在滤纸或薄板的各个不同位置显示出来,与已知糖的 R_f 值比较进行定性,用斑点面积定量法、薄层扫描法或将滤纸(薄板)上斑点剪下(刮下)等,用适当溶剂把各组分洗脱下来,再用蒽酮法、酚—硫酸法等微量法测定各组分的糖含量。

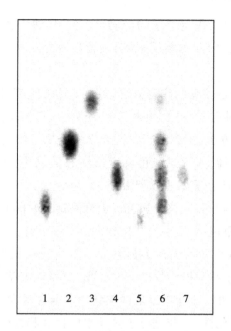

图7-2 几种单糖的薄层色谱图

1—葡萄糖 2—木糖 3—鼠李糖 4—阿拉伯糖 5—半乳糖 6—混合单糖 7—水解 BPP2

（本图由成都大学颜军教授提供）

R_f 值随被测物质的结构、固定相与流动相的性质、温度等因素而变化。当温度、固定相等实验条件固定时，比移值就是一个特有的常数，因而可作定性分析的依据。由于影响 R_f 值的因素很多，实验数据往往与文献记载不完全相同，因此，在鉴定时常常采用标准样品对照。

一般来说，糖类的 R_f 值依次为单糖 > 二糖 > 三糖；戊糖 > 己糖；在己糖中，酮糖 > 醛糖。也有例外的情况，当展开剂中含有酚时，果糖移动速度要比木糖慢些。二糖的 R_f 值中，1,4 键结合的要比 1,6 键结合的大；$\alpha - D -$ 葡萄糖苷的二糖要比 $\beta - D -$ 葡萄糖苷的二糖大。

（2）说明

①糖的薄层分析，常用硅胶 G 制作薄板，硅胶 G 是一种含黏合剂的微酸性极性吸附剂，表面积大，具有较强的吸附能力。

②常用的展开剂及应用范围如表 7-6 所示：

表7-6 分离单糖和低聚糖常用的展开剂

展开剂	被分离的混合物
乙酸乙酯 + 吡啶 + 水 = 2 + 1 + 2	木糖、阿拉伯糖、甘露糖、半乳糖、葡萄糖
乙酸乙酯 + 乙酸 + 水 = 3 + 1 + 3	
正丙醇 + 水 = 85 + 15	低聚半乳糖、乳糖、半乳糖、葡萄糖

展开剂	被分离的混合物
正丁醇 + 吡啶 + 水 = 45 + 25 + 0	乳糖、半乳糖、葡萄糖
正丁醇 + 乙酸 + 水 = 3 + 3 + 1	异麦芽低聚糖、麦芽低聚糖、葡萄糖
正丁醇 + 乙醇 + 水 = 10 + 1 + 2	蜜二糖、果糖、葡萄糖
正丁醇 + 乙酸 + 水 = 4 + 1 + 5	葡萄糖、半乳糖、甘露糖等六碳糖，阿拉伯糖、木糖等五碳糖，乳糖等二糖
正丁醇 + 吡啶 + 水 = 6 + 4 + 3	鼠李糖、岩藻糖、半乳糖、甘露糖、葡萄糖等
乙酸乙酯 + 乙酸 + 水 = 3 + 2 + 1	用于分离中性糖
异戊醇 + 吡啶 + 0.1mol/L HCl = 2 + 2 + 1	用于分离中性糖
正丁醇 + 乙醇 + 水 = 4 + 1 + 1	用于分离戊糖
乙酸乙酯 + 吡啶 + 水 + 乙酸 = 5 + 5 + 3 + 1	用于分离中性单糖

③常用的显色剂：氨—硝酸银、苯胺—二苯胺、苯胺—邻苯二甲酸、过碘酸—联苯胺等。

④糖的薄层色谱法一般比纸色谱法灵敏度高，样品用量少，展开后得到的斑点小而清晰，且可用具有腐蚀性的试剂直接喷雾显色。但薄层色谱法 R_f 值的重现性不如纸色谱法。

7.4.3.2　高效液相色谱法

高效液相色谱法分离速度快、分辨率高、分离效果好、重现性好、不破坏样品，测定热不稳定性的单糖、低聚糖效果好，尤其是在多糖分子量的测定方面是其他方法无可比拟的，是目前食品中糖分析测定的主要方法。逐步应用于国家标准中。

高效液相色谱法测定糖的难点主要在于糖没有紫外吸收，使得只能采用示差折光检测器（RID）或蒸发光散射检测器（ELSD）进行检测。示差折光检测器的低灵敏度、不能进行梯度洗脱及受温度影响大等因素制约了其应用。蒸发光散射检测器正日益成为分析碳水化合物等难检样品的强大工具，目前蒸发光散射检测器价格相对昂贵。此外，人们常采用柱前或柱后衍生化，制备糖的紫外标记衍生物或荧光标记衍生物，再用紫外检测器或用荧光检测器进行检测，但操作繁杂。

（1）高效液相色谱 - 示差折光检测法（HPLC - RID）

由于萃取与提取步骤、色谱条件和检测类型有着宽广的范围，几乎所有含游离糖的样品都可以使用示差折光液相色谱法。本法已被编入国家标准（GB/T 18932.22—2003《蜂蜜中果糖、葡萄糖、蔗糖、麦芽糖含量的测定方法液相色谱示差折光检测法》、GB/T 22221—2008《食品中果糖葡萄糖蔗糖麦芽糖乳糖的测定高效液相色谱法》、GB 54135—2010《食品安全国家标准 婴幼儿食品和乳品中乳糖、蔗糖的测定》等）。测定不同的食品时，应根据待测糖的种类，采取适当的样品处理方法，改变流动相比例等，从而提高方法的选择性、灵敏度和准确度。

①原理：样品经适当的前处理后，用流动相定容，0.45 μm 滤膜过滤，注入高效液相色谱仪，糖类分子按其相对分子质量由小到大的顺序流出（图 7 - 3），示差折光检测器检测，与标准比较定量。

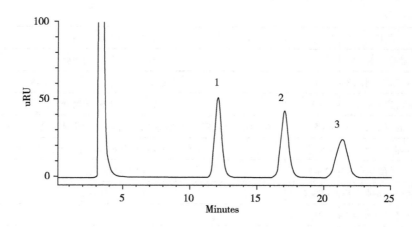

图 7 – 3　食品中葡萄糖、蔗糖、麦芽糖的 HPLC – RID 色谱图

1—葡萄糖　2—蔗糖　3—麦芽糖

（本图由成都大学颜军教授提供）

②说明：

a. 参考色谱条件：

色谱柱：Sugar D（φ4. 6 × 250 mm，5 μm）；

流动相：乙腈 + 水（78 + 22）；流量：1. 0 mL/min；

柱温：30℃；检测器池温度：35℃；进样量：20 μL。

b. 高效液相色谱分析糖类化合物一般采用专用糖柱或者氨基柱，大多数单糖、低聚糖在氨基柱上可得到满意的分离。但是某些还原糖容易与固定相的氨基发生化学反应，产生席夫碱，使氨基柱的使用寿命缩短，而且氨基柱所需平衡时间较长。

（2）高效液相色谱 – 蒸发光散射检测法（HPLC – ELSD）

蒸发光散射检测器（ELSD）是一种通用型的质量检测器，基于不挥发的样品颗粒对光的散射程度与其质量成正比的原理而进行检测，对没有紫外吸收、荧光或电活性的物质以及产生末端紫外吸收的物质均能产生响应，特别适合糖的检测。在 2010 年颁布的 GB 54135—2010《食品安全国家标准　婴幼儿食品和乳品中乳糖、蔗糖的测定》的第一法，即增加了蒸发光散射检测器的测定方法。样品经简单的预处理后，用聚合相氨基柱分离，可以快速测定食品中的果糖、葡萄糖、蔗糖、乳糖、麦芽糖等，方法简便可靠、灵敏度高、重现性好。

①原理：样品经适当的前处理后，用流动相定容，0. 45 μm 滤膜过滤，注入高效液相色谱仪，蒸发光散射检测器检测，得出色谱图，再与标准样品色谱图（图 7 – 4）比较，根据峰的保留时间定性，峰面积定量得出试样中糖含量。

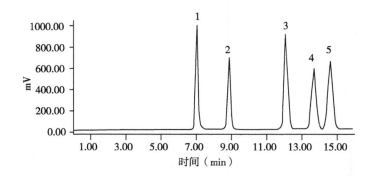

图 7 - 4　几种单糖的 HPLC - ELSD 色谱图

1—果糖　2—葡萄糖　3—蔗糖　4—乳糖　5—麦芽糖

（引自蔡欣欣,高效液相色谱蒸发光散射检测法测定食品中果糖、葡萄糖、蔗糖、乳糖和麦芽糖,2007）

②说明:

a. 参考色谱条件:

色谱柱:氨基柱 4. 6 mm ×250 mm,5 μm,或具有同等性能的色谱柱;

流动相:乙腈 + 水 = 70 + 30;流速:1 mL/min;

柱温:35℃;进样量:10 μL;

蒸发光散射检测器条件:飘移管温度:85 ~ 90℃;气流量:2. 5 L/min;撞击器:关。

b. 样品用水提取后,用流动相定容,因流动相中含乙腈,可去除蛋白质、多糖等杂质成分,经 C₁₈ 固相萃取柱过滤又可去除脂肪、色素等脂溶性成分,得到澄清液体,可有效保护氨基色谱柱。

c. 对于一些含糖量较低,而加大取样量时样品处理液比较脏的样品,比如酱油,其氯化钠含量按规定应≥15%,样品前处理时无法除去,若进入检测器会很快污染漂移管,此时最好采用切换阀技术,将 0 ~ 6. 5 min 的流分切割到废液中,6. 5 min 后的流分进入到检测器进行检测。

（3）柱前衍生高效液相色谱法

糖本身在紫外区无吸收,在 200 nm 以下又受背景吸收以及杂质的干扰。因此,通过衍生使糖类化合物变成具有紫外吸收的物质,是提高糖类 HPLC 检测灵敏度的主要手段。

①原理:样品经适当前处理后,加衍生化试剂使之生成糖的紫外标记衍生物或荧光标记衍生物,再用紫外检测器或用荧光检测器进行检测,得出色谱图,再与标准样品的色谱图进行比较,根据峰的保留时间定性,峰面积定量得出试样中糖含量。

②说明:

a. 常用的糖类紫外衍生化试剂有:1 - 甲基 - 3 - 苯基 - 5 - 吡唑啉酮（PMP）（衍生化单糖的高效液相色谱图见图 7 - 5）、对氨基苯甲酸乙酯、2,4 - 二硝基苯、对甲氧基苯胺、2 - 氨基吡啶、苯甲酰氯、6 - 氨基喹啉、苯甲酸等。

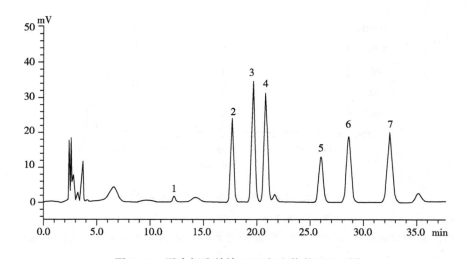

图 7 - 5　混合标准单糖 PMP 衍生物的 HPLC 图

1—PMP　2—鼠李糖　3—葡萄糖醛酸　4—半乳糖醛酸　5—葡萄糖　6—半乳糖　7—阿拉伯糖

（本图由成都大学颜军教授提供）

伯氨基衍生化试剂是目前最常用的,但不足的是须经 6 h 以上的还原反应才可生成稳定的叔胺衍生物,且不能还原酮糖。PMP 是常用的衍生化试剂,而对氨基苯甲酸乙酯是一个适合于所有类型衍生化的试剂。

b. 作为荧光检测的衍生化试剂也有很多种,3 -（4 - 羧基苯甲酰基）- 2 - 喹啉羧基醛（CBQCA）做纤维素化合物的衍生剂,2 - 氨基吡啶（2 - AA）作直链和支链多糖的激光衍生化试剂。另外,8 - 氨基萘 - 1,3,6 - 三磺酸（ANTS）,1 - 氨基芘 - 3,6,8 - 三磺酸（APTS）,7 - 氨基 - 1,3 - 萘磺酸,四甲基若丹明等也是具有强荧光基团的衍生化试剂。

c. 紫外检测参考色谱条件:

色谱柱:Diamonsil C18（2）5 μm ,250 mm × 4.6 mm;

流动相:乙腈 + 50 mmol/L 磷酸缓冲液（KH_2PO_4 - NaOH,pH 6.9）= 20 + 80

柱温:35.0℃;流速:1.0 mL/min;波长:254 nm。

7.4.3.3　气相色谱法

气相色谱法测定糖类,具有选择性好、样品用量少、分辨率高、快速准确、灵敏等优点,近年来在国内外得到广泛应用。采用气相色谱法测定糖类,遇到的主要困难是糖类本身没有足够的挥发性,必须将其通过化学修饰（如甲基化、乙酰化、硅烷化等）转化为挥发性衍生物才能进行气相色谱法测定。对于多糖,需首先将其降解为结构简单的单糖或寡糖,然后将其衍生成易挥发、热稳定的衍生物,通过对降解糖的衍生物的定性、定量测定,可得到多糖的基本结构。本法适合于果汁、果酱、饼干、糕点等加工食品以及蔬菜、水果等。不适用于含乳糖的乳制品。

（1）原理

样品经处理后,进行衍生化生成挥发性衍生物,然后注入气相色谱仪,在一定的色谱条件下进行分离,用 FID 检测器检测,再与标准样品的色谱图比较,根据峰的保留时间定性,峰面积定量得出试样中糖含量。

(2)说明

①三甲基硅烷化方法是糖羟基衍生化的主要方式之一。糖和六甲基二硅氮烷、三甲基氯硅烷在溶剂如吡啶中反应,生成具有挥发性的三甲基硅醚衍生物,同时产生氯化铵沉淀。此法的优点是:衍生物挥发性强、制备快速、简便,适于 GC 分析。衍生化反应可在室温下几分钟内完成。但应保证无水,否则产物易水解。此法适用于醛糖、酮糖、甙、糖醇、糖醛酸和脱氧糖等结构简单的糖的衍生化。多糖组分需经甲醇或其他方式降解后,再把游离甲基糖苷衍生化。

硅烷化常用的有机溶剂为无水吡啶、正己烷、二甲亚砜等。硅烷化试剂有六甲基二硅胺烷(HMDS)、三甲基氯硅烷(TMCS)、双三甲基硅烷基乙酰胺(BSA)、三甲基硅烷(TMS)等,催化剂为三氟乙酸(TFA)、四丁铵化氟(TBAF)等。

②醛糖在衍生化之前先用硼氢化钠还原成糖醇,除去硼酸盐后,用三氟乙酸酐的吡啶溶液或它的四氢呋喃溶液处理糖醇,可得糖的三氟乙酸酯衍生物;用乙酸酐的吡啶溶液加热处理糖醇,可得糖的乙酸酯衍生物。如果将上述的吡啶溶液改为 1 - 甲基咪唑,硼酸盐可以不必除去,从而简化和加快了衍生化过程,此法制备的衍生物性质稳定,适合单糖的GC 分析。

此外,糖肟衍生物和糖腈乙酸酯衍生物(图 7 - 6)也常用于 GC 分析。

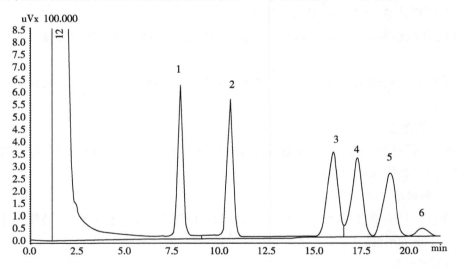

图 7 - 6　糖腈乙酸酯衍生物分析单糖的气相色谱图

1—鼠李糖　2—木糖　3—甘露糖　4—葡萄糖　5—半乳糖　6—山梨醇

(本图由成都大学颜军教授提供)

③参考色谱条件:

色谱柱:FFAP(30 m ×0. 25 mm ×0. 25 μm);

进样口温度为280℃;检测器温度300℃;柱流量为1.30 mL·min;

初始柱温200℃,维持4 min,以5.00℃/min的升温速率升到225℃,维持2 min,以1.00℃/min的升温速率升到228℃,维持4.5 min,以4.00℃/min的升温速率升到240℃维持2 min。

7.4.3.4 离子色谱法

离子色谱法测定糖的最大优点就是它不需要预先衍生化就能分析几乎所有的单糖和大部分的寡糖及低聚糖。PAD检测器具有非常高的灵敏度,低至pmol级的糖类也可得到很好的检测。国家标准GB/T 21533—2008《蜂蜜中淀粉糖浆的测定离子色谱法》用离子色谱法测定蜂蜜中淀粉糖浆。

(1)原理

样品经前处理后,经阴离子交换树脂(HPAC)保留,用pH为12或碱性更大的氢氧化钠溶液淋洗,可实现糖的分离,再以脉冲安培检测器(PAD)检测,以保留时间定性,峰高外标法定量。

(2)说明

① HPAC - PAD分析糖,由于检测过程属于氧化检测,所以像甲醇、丙醇等有机改进剂在实验过程中不能使用。用PAD检测,不仅是糖类,氨基酸、肽类或有机酸均能产生正的响应值,需对糖的峰进行鉴别。

②流动相的脱气十分重要,流动相中的气体不仅会影响高压泵的正常运转,在HPAC - PAD分析样品时,还会影响基线稳定性。

③ PAD电极使用完后其表面有可能变得粗糙,影响基线稳定,此时必须对电极表面进行抛光。

④ HPAC柱每次用后用比流动相浓一些的NaOH溶液冲洗,这样做能使保留值具有较好的重现性。

7.4.4 其他方法

单糖和低聚糖种类繁多,化学性质又比较接近,有时为了进行其中个别成分的定量,必须利用它的一些特殊理化性质。

7.4.4.1 物理法

物理方法是应用物理化学性质(如相对密度、折射率、比旋光度等)来简便快速地测试一些食品中糖的浓度。

(1)折光计法

可溶性固形物是饮料、罐头食品的一个重要指标,常用折射仪法进行测定。详见GB/T 12143—2008《饮料通用分析方法》、GB/T 10786—2006《罐头食品的检验方法》。

①原理:在20℃用折光计测量实验溶液的折光率,并用折光率与可溶性固形物含量的换算表(见附表6)或在折光计上直接读出可溶性固形物的含量。

②阿贝折射仪操作步骤说明:

a. 测定前按说明书校正折光计。

b. 分开折光计两面棱镜,用脱脂棉蘸乙醚或乙醇擦净。

c. 用玻璃棒蘸取试液 1~2 滴,滴于折光计棱镜面中央(注意勿使玻璃棒触及镜面)。

d. 迅速闭合棱镜,静置 1 min,使试液均匀无气泡,并充满视野。

e. 对准光源,通过目镜观察接物镜,调节指示规,使视野分成明暗两部,再旋转微调螺旋,使明暗界限清晰,并使其分界线恰在接物镜的十字交叉点上。读取目镜视野中的百分数或折光率,并记录棱镜温度。

f. 如目镜读数标尺刻度为百分数,即为可溶性固形物含量(%);如目镜读数标尺为折光率,可按附表 6 换算为可溶性固形物含量(%)。将上述百分含量按附表 3 换算为 20℃ 时可溶性固形物含量(%)。

(2)旋光法

葡萄糖、果糖、麦芽糖、乳糖、蔗糖等分子中具有不对称碳原子,故有旋光性。用旋光仪测定旋光度,在一定条件下,旋光度的大小与试样中这些糖的含量呈线性关系。本法简单、快速,在制糖、食品、发酵厂和一些检验部门,常用于商品葡萄糖、果糖、蔗糖、麦芽糖等的检测。被测糖液中如果含有其他的糖和电解质等光学活性物质,将影响被测物质旋光度的大小,因此,本法适合于纯度较高的糖溶液的测定。比如 GB 317—2006《白砂糖》,白砂糖中蔗糖的测定即是用的旋光法。

①原理:在规定条件下采用国际糖度标尺刻读数为 100°Z 的检糖计,测定规定量糖样品的水溶液的旋光度。

②说明:

a. 由于葡萄糖等在溶解之后,常发生变旋作用。因此用旋光法测定这些糖时,宜放置过夜后再测定。若需立即测定,可将糖液调为中性加热至沸,或加几滴氨水后再定容。

b. 本法适用于浅色和低浊度的糖液的测定,若糖液颜色太深或浑浊度太高,不能直接测定旋光度值,需要用中性乙酸铅澄清。

c. 用待测溶液将旋光管至少冲洗 2 次,并将溶液装满观测管,注意不使观测管内夹带空气泡。将帽盖旋紧于旋光管上,但仅需旋至防止溶液漏出的程度,过紧可能使盖玻璃变形并产生光学活性,并尽量少用手接触旋光管。

7.4.4.2　酶—比色法

葡萄糖氧化酶(GOD)具有专一性,只能使葡萄糖水溶液中 $\beta-D-$ 葡萄糖被氧化,不受其他还原糖的干扰,因此测定结果较直接滴定法和高锰酸钾法准确。适合于各类食品中葡萄糖的测定,也适用于食品中其他组分转化为葡萄糖的测定。是国家标准 GB/T 16285—2008 中的第一法,是仲裁法,最低检出限为 $0.01\mu g/mL$。

(1)原理

葡萄糖氧化酶(GOD)在有氧条件下,催化 $\beta-D-$ 葡萄糖(葡萄糖水溶液)的氧化反应,生成 D–葡萄糖酸 $-\delta-$ 内酯和过氧化氢。受过氧化物酶(POD)催化,过氧化氢与 4–

氨基安替比林和苯酚生成红色醌亚胺。在波长 505 nm 处测定醌亚胺的吸光度,计算食品中葡萄糖的含量。反应方程式如下:

$$C_6H_{12}O_6 + O_2 \xrightarrow{GOD} C_6H_{10}O_6 + H_2O_2$$

$$H_2O_2 + C_6H_5OH + C_{11}H_{13}N_3O \xrightarrow{POD} C_6H_5NO + H_2O$$

(2)说明

试液制备时,对不含蛋白质的试样,用重蒸馏水溶解,过滤即得试液;对含蛋白质的样品,先用亚铁氰化钾、硫酸锌和氢氧化钠溶液沉淀蛋白质等杂质,再过滤得试液;对含二氧化碳的样品,可取一定量于三角瓶中,摇至基本无气泡,然后置于沸水浴中回流处理 10min,取出冷却至室温。

7.4.4.3 酶—电极法

本法与酶—比色法一样利用葡萄糖氧化酶(GOD)的专一性,只催化葡萄糖水溶液中 $\beta - D -$ 葡萄糖,不受其他还原糖的干扰,使得结果更准确。本法是国家标准 GB/T 16285—2008 中的第二法,最低检出限为 1.0 mg/100 mL。

(1)原理

葡萄糖氧化酶(GOD)在有氧条件下,催化 $\beta - D -$ 葡萄糖(葡萄糖水溶液)的氧化反应,生成 $D -$ 葡萄糖酸 $- \delta -$ 内酯和过氧化氢。过氧化氢与过氧化氢电极接触产生电流。该电流值与 $\beta -$ 葡萄糖的浓度呈线性比例,在酶电极葡萄糖分析仪上直接显示葡萄糖含量。方程式见酶—比色法。

(2)说明

①测定时首先将电极表面清理干净,吸取由复合试剂配成的缓冲液滴在电极表面。用小镊子取一小片酶膜圈安装在电极表面,使酶膜圈中心和电极的铂金完全贴紧,形成无气泡的薄层液体,然后将电极安装在反应池内。开动仪器,缓冲液即自动进入反应池,并自行冲洗,当仪器出现进样指令后,将标准溶液注入进样口内。20 ~ 40 s 后仪器自动显示标准溶液的指示值,再等 30 ~ 60 s,仪器自行完成冲洗过程,即可重复注入标准溶液数次,直至仪器显示允许开始测定样品。当连续两次标准溶液显示值的相对误差小于 2.0% 时,即完成仪器校正步骤。

②当样品中葡萄糖含量小于 1.0% 时,两次测定值不得超过其平均值的 5.0%;当样品中葡萄糖含量大于或等于 1.0% 时,两次测定值不得超过其平均值的 2.0%。

7.5 蔗糖和总糖的测定

7.5.1 蔗糖的测定

在食品生产中,为判断原料的成熟度,鉴别白糖、蜂蜜等食品原料的品质,以及控制糖果、果脯、加热乳制品等产品的质量指标,常常需要测定蔗糖的含量。

蔗糖的测定方法主要有高效液相色谱法、酸水解法,对于纯度较高的蔗糖溶液,可用相对密度、折射率、旋光率等物理检验法进行测定(见本章 7.4.4)。

高效液相色谱法和酸水解法测定食品中蔗糖含量,是食品中蔗糖含量测定的国家标准方法(GB/T 5009.8—2008),其中高效液相色谱法是第一法,为仲裁法。

7.5.1.1 高效液相色谱法

(1)原理

试样经处理后,用高效液相色谱氨基柱(NH_2柱)分离,示差折光检测器进行检测,根据蔗糖的折光指数与浓度成正比,外标单点定量。

(2)说明

①样品制备:称取2~10 g试样,精确至0.001 g,加30 mL水溶解,转移至100 mL容量瓶中,加70 g/L硫酸铜溶液10 mL,40 g/L氢氧化钠4 mL,振摇,加水至刻度,静置0.5 h,过滤。取3~7 mL滤液至10 mL容量瓶中,用乙腈定容,过0.45 μm滤膜,待用。

②参考色谱条件:

色谱柱:氨基柱(4.6 mm×250 mm,5 μm);

柱温:25℃;

示差检测器检测池温度:40℃;

流动相:乙腈+水(75+25);

流速:1.0 mL/min;

进样量:10 μL。

7.5.1.2 酸水解法

(1)原理

样品除去蛋白质等杂质后,用稀盐酸水解,使蔗糖转化为还原糖,然后按还原糖测定的方法,分别测定水解前后样液中还原糖的含量,两者的差值即为蔗糖水解产生的还原糖的量,再乘以换算系数0.95即为蔗糖的含量。

操作要点:取一定量的样品,按照还原糖测定的方法进行处理。吸取处理后的样品50 mL,置于150 mL锥形瓶中,加入5 mL 6 mol/L盐酸溶液,置于68~70℃水浴中加热水解15 min,取出迅速冷却至室温,加2滴甲基红指示剂,用200 g/L的氢氧化钠中和至中性,转移至100 mL容量瓶,加水至刻度,摇匀。另取一份处理后的样品50 mL于100 mL容量瓶,直接加水至刻度,摇匀。按还原糖的测定方法进行测定。

结果按下式进行计算:

$$w = \frac{(m_2 - m_1) \times 0.95}{m \times \frac{50}{V_1} \times \frac{V_2}{100} \times 1000} \times 100 \qquad (7-8)$$

式中:w——蔗糖的质量分数,%;

m_1——未经水解的样品溶液中的还原糖的量,mg;

m_2——经水解的样品溶液中的还原糖的量,mg;

V_1——样品处理液的总体积,mL;

V_2——测定还原糖取用样品处理液的体积,mL;

　m——样品质量,g;

0.95——还原糖还原成蔗糖的系数。

(2)说明

①蔗糖在本法规定的水解条件下可以完全水解,而其他双糖在此条件下水解很少,可忽略不计。所以必须严格控制水解条件,以确保结果的准确性和重现性。此外,果糖在酸性条件下易分解,所以水解结束后应立即取出并迅速冷却中和。

②根据蔗糖的水解方程式:

$$C_{12}H_{22}O_{11} + H_2O \longrightarrow C_6H_{12}O_6 + C_6H_{12}O_6$$

　　蔗糖　　　　　　　　葡萄糖　果糖

　　342　　　180　　　180

蔗糖的相对分子质量342,水解后生成2分子单糖,其相对分子质量之和为360。

$$\frac{342}{360} = 0.95$$

即1 g转化糖相当于0.95 g的蔗糖量。

③用还原糖法测定蔗糖时,为减小误差,测得的还原糖应以转化糖表示。

7.5.2　总糖的测定

在营养学上,总糖是指能被人体消化、吸收利用的糖类的总和,包括淀粉;在食品中,总糖通常是指具有还原性的糖(葡萄糖、果糖、乳糖、麦芽糖等)和在测定条件下能水解为还原性单糖的蔗糖的总量,在该测定条件下,淀粉的水解作用很微弱。

食品中的糖,有的来自原料,有的是生产过程中添加的,有的是生产过程中产生的。总糖是许多食品(如糕点、巧克力、饮料、糖果等)的重要质量指标,是食品生产中常规检测项目,总糖含量的多少,直接影响产品的质量和成本。在食品分析中,总糖含量的测定具有非常重要的意义。

7.5.2.1　原理

总糖的测定通常以还原糖的测定方法为基础,以还原糖为基础测定结果不包括糊精和淀粉。常用的有直接滴定法和高锰酸钾法。

试样经处理除去蛋白质等杂质后,加入盐酸,在加热条件下使蔗糖水解为还原性单糖,以还原糖的测定方法测定水解后试样中的还原糖总量。

按直接滴定法的样品前处理方法处理样品,以测定蔗糖的方法水解试样,再按直接滴定法或高锰酸钾法测定还原糖含量,计算公式如下:

$$w(以转化糖计) = \frac{F}{m \times \frac{50}{V_1} \times \frac{V_2}{100} \times 1000} \times 100 \qquad (7-9)$$

式中:w——总糖的质量分数,%;

F——直接滴定法中 10mL 碱性酒石酸铜溶液相当于的转化糖的量或高锰酸钾法中查表得出的与氧化亚铜质量相当的转化糖量,mg;

V_1——样品处理液的总体积,mL;

V_2——测定还原糖取用样品处理液的体积,mL;

m——样品质量,g。

7.5.2.2　说明

①总糖测定结果一般以转化糖计,但也可以以葡萄糖计,要根据产品的质量指标要求而定。如用转化糖表示,应该用标准转化糖溶液标定碱性酒石酸铜溶液,如用葡萄糖表示,则应该用标准葡萄糖溶液标定。

②转化糖即是水解后的蔗糖,旋光性为右旋,而水解后的葡萄糖和果糖的混合物是左旋的,这种旋光性的变化称为转化,所以称为转化糖。

③测定时必须严格控制水解条件,否则结果会有很大误差。

7.6　多糖的测定

7.6.1　淀粉的测定

淀粉是多糖中的一种,是供给人体热量的主要来源,广泛存在于植物的根、茎、叶、种子等组织中,在食品工业中常作为食品的原辅料。测定淀粉种类及含量,对于决定其用途具有重要的意义。

淀粉在食品中主要作为增稠剂、胶体生成剂、胶凝剂、保鲜剂、成膜剂、稳泡剂、保湿剂、乳化剂、黏合剂等。糖果的制造不仅使用大量由淀粉制造的糖浆,也使用原淀粉和变性淀粉;制造饼干、糕点的主要原料是面粉,但也要掺加淀粉;在午餐肉等肉类罐头中用淀粉作增稠剂,在雪糕等冷饮中作稳定剂。食品的范围很广,所需用的淀粉的目的也不同。淀粉的种类很多,性质也不一样。比如,淀粉糊有透明和不透明之分,黏度有高低的不同。因此,分析工作者还必须了解淀粉的有关主要性质,才能最合适地加以选择。

7.6.1.1　淀粉的主要性状

淀粉在胚乳细胞中以颗粒状形式存在,故称淀粉粒。不同来源的淀粉,其淀粉粒的大小和形状各不相同,用显微镜观察淀粉粒的外观,可鉴别不同淀粉种类,常见的淀粉粒见图 7 - 7,淀粉粒的大小见表 7 - 7:

表 7 - 7　淀粉粒的性状

品种	大小/μm	平均值/μm	备注
玉米	4 ~ 26	15	球形或不规则形
马铃薯	15 ~ 100	33	卵形(大颗粒)或圆形(小颗粒)
甘薯	15 ~ 55	25 ~ 50	卵形(大颗粒)或圆形(小颗粒)
小麦	2 ~ 38	20 ~ 22	卵形(小颗粒)或圆形(大颗粒)

续表

品种	大小/μm	平均值/μm	备注
大米	3~9	5	不规则多角形
绿豆	8~21	16	圆形和卵形

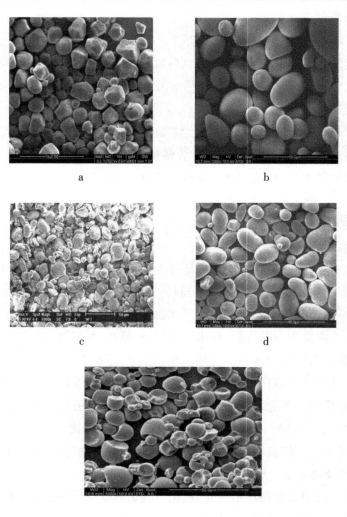

图7-7　部分淀粉粒的SEM扫描电子显微镜图

a—玉米淀粉　b—马铃薯淀粉　c—小麦淀粉　d—绿豆淀粉　e—木薯淀粉

7.6.1.2　淀粉的分子结构及性质

淀粉是由D-葡萄糖通过α-1,4和α-1,6糖苷键结合而成的高聚物,可分为直链淀粉(amylose)和支链淀粉(amylopectin)。直链淀粉,各葡萄糖单位以α-1,4糖苷键连接成直链状(如图7-8-a);支链淀粉的主干也是以α-1,4糖苷键连接成直链状,而支链经过第6碳原子,以α-1,6糖苷键与主干链相连(如图7-8-b)。

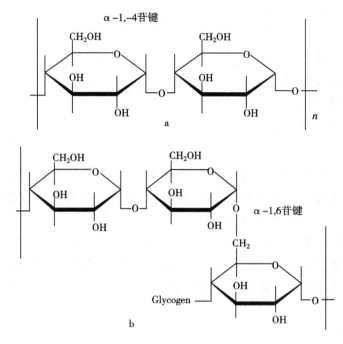

图 7 - 8　淀粉分子结构

a—直链淀粉　b—支链淀粉

除了非糯性谷物以外,一般淀粉中存在着直链淀粉和支链淀粉两种组分。直链淀粉与支链淀粉的含量之间,具有一定的比值,这个比值影响到淀粉的物理性质和用途。直链淀粉不溶于冷水,能溶于热水,在溶液中经缓慢冷却后,容易发生凝沉现象。即直链淀粉之间,形成分子间氢键,在稀溶液中有沉淀析出,在浓溶液中,则结合成凝胶,形成凝胶的程度因原料和种类不同而异。直链淀粉与碘生成稳定的络合物,呈现深蓝色;支链淀粉只能在加热并加压的条件下才能溶解于水。静置冷却后,这类淀粉分子一般不易出现凝沉现象。支链淀粉与碘不能形成稳定的络合物,它与碘的亲和力较弱,所以,遇碘溶液呈现较浅的蓝紫色。应用这个原理,用碘对样品作电位滴定或用碘对样品作电流滴定,可以算出样品中直链淀粉的百分含量。

7.6.1.3　淀粉测定方法

淀粉的测定方法很多,可以根据淀粉具有旋光性,采用旋光法进行测定。通常采用酶或酸将淀粉水解为还原糖,再按还原糖的测定方法测定后折算成淀粉的量。

(1)旋光法

旋光法适合于淀粉含量较高,而可溶性糖类含量较少的谷类样品,如面粉、米粉等。此法重现性好,操作简便。

①原理:淀粉具有旋光性,在一定条件下旋光度的大小与淀粉的浓度成正比。用氯化锡溶液作蛋白质沉淀剂,以氯化钙溶液为淀粉提取剂,然后测定其旋光度,即可计算淀粉含量,计算公式如下:

$$淀粉含量 = \frac{\alpha \times 100}{l \times 203 \times m} \times 100(\%)\qquad(7-10)$$

式中:α——旋光仪读数,(°);

　　l——观测管长度,dm;

　　m——样品质量,g;

　203——淀粉的比旋光度,(°)。

②说明:

a. 此法属于选择性提取法,加入氯化钙溶液后,钙与淀粉分子上的羟基生成络合物。使它对水具有较高的亲和力,这样,淀粉便可溶解在水中。根据萃取剂的组成及萃取方法,淀粉的比旋光度$[\alpha]_D$为 + 190° ~ + 203°。

b. 由于淀粉的比旋光度较高,除糊精外,干扰物质的影响可忽略不计。直链淀粉和支链淀粉的比旋光度很相近,因此,不同来源的淀粉都可以用旋光法进行测定。但对于一些性质未知或性质不够清楚的淀粉,分析结果的误差较大。若淀粉已经受热或变性,分析结果不够可靠。

(2)酶水解法

用酶水解法测定淀粉含量被认为是最正确的方法,是国家标准方法(GB/T 5009.9—2008《食品中淀粉的测定》中的第一法)。淀粉酶有严格的选择性,测定不受其他多糖的干扰,适合于其他多糖含量高的样品。结果准确可靠,但操作复杂费时。

①原理:样品经除去脂肪和可溶性糖类后,淀粉用淀粉酶水解成二糖,用酸将二糖水解成单糖,按照还原糖的测定方法测定水解得到的单糖并折算成淀粉的含量。

淀粉的水解反应如下:

$$(C_6H_{10}O_5)_n + nH_2O \longrightarrow nC_6H_{12}O_6$$
$$\quad162\qquad\qquad\qquad\qquad\quad 180$$

把葡萄糖含量折算成淀粉含量的折算系数为:162/180 = 0.9。

②说明:

a. 脂肪会妨碍酶对淀粉的作用及可溶性糖的去除,在样品前处理的过程中应用乙醚去除。若样品脂肪含量少,可免去加乙醚处理。

b. 当样品含有蔗糖等可溶性糖时,酸水解之后,蔗糖转化,果糖迅速分解,而葡萄糖含量增加,产生正误差。因此,一般样品要求事先用85%的乙醇溶液除去可溶性糖类。

c. 在样品含有果胶物质的情况下,也会使所得的结果偏高。因果胶物质在样品处理时,若方法不当,在下一步用酸水解时,会生成若干还原糖。因此,在测定富含果胶物质的样品时,应当采用合适的分析技术。

(3)酸水解法

酸水解法也是国家标准方法(GB/T 5009.9—2008《食品中淀粉的测定》中的第二法),该法适用于淀粉含量较高,而其他能被水解为还原糖的多糖含量较少的样品。因为酸水解法不仅是淀粉水解,其他多糖如半纤维素和多缩戊糖等也会被水解为具有还原性的木糖、阿拉伯糖等,使得测定结果偏高。因此,对于淀粉含量较低而半纤维素、多缩戊糖和果胶含量较高的样品不适宜用本法。本法操作简单、应用广泛,但选择性和准确性不如酶法。

①原理:样品经除去脂肪和可溶性糖后,其中淀粉用酸水解成具有还原性的单糖,然后进行还原糖测定,并折算成淀粉。

②说明:

a.此法适用于淀粉含量高而其他多糖含量少的样品,因为半纤维素、果胶质等在此条件下也能水解成还原糖,使结果偏高。

b.水解条件要严格控制,要保证淀粉水解完全,并避免因加热时间过长葡萄糖形成聚合体,失去还原性。

c.因水解时间较长,应采用回流装置,以保证水解过程中盐酸浓度不发生大的变化。

7.6.2　纤维的测定

纤维是植物性食品的主要成分之一,广泛存在于各种植物体内,尤其在谷类、豆类、水果、蔬菜中含量较高。纤维是人类膳食中不可缺少的重要物质之一,其在大肠内以发酵的方式代谢,提供的能量低于普通碳水化合物,具有较强的吸水功能和膨胀功能。能促进肠道蠕动,减少食物在肠道中的停留时间,对于维持人体健康、预防便秘,预防结肠癌等疾病具有独特的作用,日益引起人们的重视。人类每天要从食品中摄入 8~12 g 纤维才能维持人体正常的生理代谢功能。为保证纤维的正常摄取,一些国家强调增加纤维含量高的谷物、果蔬制品的摄食,同时还开发了许多强化纤维的配方食品。在食品生产和食品开发中,常需要测定纤维的含量,它也是食品成分全分析项目之一,对于食品品质管理和营养价值的评定具有重要意义。

7.6.2.1　粗纤维与膳食纤维

早在 19 世纪 60 年代,德国科学家首次提出"粗纤维"的概念,即食品中不能被稀酸、稀碱溶解,不能为人体消化利用的物质。包括食品中部分纤维素、半纤维素、木素及少量含氮物质。

随着现代科技和食品工业的高速发展,研究的不断深入,膳食纤维的概念几经修正,在 2000 年 6 月 1 日,美国谷物化学家协会(American Association of Cereal Chemists ,AACC)理事会将膳食纤维定义为:膳食纤维是指能抗人体小肠消化吸收的而在人体大肠能部分或全部发酵的可食用的植物成分,即碳水化合物及其相类似物质的总和,包括多糖、寡糖、木质素以及相关的植物物质。

以上定义明确规定了膳食纤维的主要成分:膳食纤维是一种可以食用的植物性成分,而非动物成分。主要包括纤维素、半纤维素、果胶及亲水性胶体物质如树胶、海藻多糖等组分;另外还包括植物细胞壁中所含有的木质素;不被人体消化酶所分解的物质如抗性淀粉、抗性糊精、抗性低聚糖、改性纤维素、黏质、寡糖以及少量相关成分如蜡质、角质、软木脂等。这些物质的共同点就是都不被人体消化的聚合物。膳食纤维比粗纤维更能客观、准确地反映食物的可利用率,因此有逐渐取代粗纤维指标的趋势。

根据膳食纤维的溶解性的不同,可分为可溶性膳食纤维(SDF)和不可溶性膳食纤维(IDF)两大类。可溶性膳食纤维(SDF)是指不被人体消化道消化,但可溶于温水或热水,且其水溶液又能被其4倍体积的乙醇再沉淀的那部分膳食纤维。主要包括植物细胞的储存物质,还包括微生物多糖和合成多糖,其主要成分是胶类物质,如果胶、黄原胶、阿拉伯胶、角叉胶、瓜尔豆胶、卡拉胶、愈疮胶、琼脂等。还有半乳甘露聚糖、葡聚糖、海藻酸钠、羧甲基纤维和真菌多糖等。在食品中主要起胶凝、增稠和乳化作用。不可溶性膳食纤维(IDF)是指不被人体消化道消化且不溶于热水的那部分膳食纤维,主要成分是纤维素、半纤维素、木质素、原果胶、壳聚糖和植物蜡等,在食品中主要起充填作用,当它们以适当的量存在时,可缩短食物通过肠道的时间。

7.6.2.2 纤维的测定

纤维的测定主要有两种方法:一是称量法(GB/T 5009.10—2003《植物类食品中粗纤维的测定》、GB/T 5515—2008《粮油检验粮食中粗纤维素含量测定介质过滤法》),二是酶重量法(GB/T 5009.88—2008《食品中膳食纤维的测定》、GB/T 22224—2008《食品中膳食纤维的测定酶重量法和酶重量法–液相色谱法》、GB 5413.6—2010《食品安全国家标准 婴幼儿食品和乳品中不溶性膳食纤维的测定》)。随着科学技术的发展,依据酶重量法而设计的膳食纤维测定仪应运而生,可快速合理地分析膳食纤维(图7–9)。

图7–9 膳食纤维测定仪

(1)称量法

称量法操作简便、迅速,适合于各类食品,是应用最广泛的经典分析方法。但是该法测定结果粗糙、重现性差。由于酸碱处理时纤维成分会发生不同程度的降解,使测得值与纤维的实际含量差别很大。

①原理:在热的稀硫酸作用下,样品中的糖、淀粉、果胶等物质经水解除去,再用热的碱液处理,使蛋白质溶解、脂肪皂化而除去。然后用乙醇和乙醚除去单宁、色素及残余的脂肪,所得的残渣即为粗纤维。如其中含有不溶于酸碱的杂质,可经灰化后扣除。

②说明:

a.试样一般要求过40目,过粗,则难以水解充分,往往使结果偏高;而过细则过滤困难,往往使结果偏低。

b.样品中脂肪含量高于1%时,应先用石油醚脱脂,然后再测定,否则结果将偏高。

c. 严格控制酸、碱处理过程,确保测定结果的准确性。酸、碱处理时间必须严格掌握,处理过程中沸腾不能过于激烈,以防样品脱离液体附于液面以上的瓶壁上。如产生大量泡沫,可加 2 滴硅油或辛醇消泡。

d. 回流处理后,必须立即用亚麻布过滤,并用热水洗涤至洗液不呈酸性,否则结果出入大。用亚麻布过滤时,最好采用 200 目尼龙筛绢过滤,既耐较高温度,孔径又稳定,本身不吸留水分。过滤时间不能太长,一般不超过 10 min,否则应适当减少称样量。

e. 恒重要求:烘干质量 <1 mg,灰化质量 <0.5 mg。

（2）酶重量法

酶重量法是美国谷物化学家协会（AACC）审批的方法,也是我国国家标准 GB/T 5009.88—2008、GB/T 22224—2008、GB 5413.6—2010 的方法,适用于谷物及其制品、饲料、果蔬等样品,对于蛋白质、淀粉含量高的试样,易形成大量泡沫,黏度大,过滤困难,所测结果不包括水溶性非消化性多糖。本法设备简单,操作容易、准确度高、重现性好,所测结果包括食品中全部的纤维素、半纤维素、木素,最接近于食品中膳食纤维的真实含量。

①原理:取干燥试样,经 α - 淀粉酶、蛋白酶和葡萄糖苷酶酶解消化,去除蛋白质和淀粉,酶解后样液用乙醇沉淀、过滤,残渣用乙醇和丙酮洗涤,干燥后物质称重即为总膳食纤维（Total Dietary Fiber, TDF）残渣;另取试样经上述三种酶酶解后直接过滤,残渣用热水洗涤,经干燥后称重,即得不溶性膳食纤维（Insoluble Dietary Fiber, IDF）残渣;滤液用 4 倍体积的 95% 乙醇沉淀,过滤、干燥后即得可溶性膳食纤维（Soluble Dietary Fiber, SDF）残渣。以上所得残渣干燥称重后,分别测定蛋白质和灰分。总膳食纤维（TDF）、不溶性膳食纤维（IDF）和可溶性膳食纤维（SDF）的残渣扣除蛋白质、灰分和空白即可计算试样中总的、不溶性和可溶性膳食纤维的含量。

②说明:

a. 不溶性膳食纤维相当于植物细胞壁,包括了样品中全部的纤维素、半纤维素、木素、角质等。由于食品中水溶性膳食纤维含量一般比较少,所以不溶性膳食纤维接近于食品中膳食纤维的真实含量。

b. 样品粒度对分析结果影响较大,本方法要求试样通过 1 mm 筛。

c. 许多样品易形成泡沫,干扰测定,可用十氢萘、正辛醇作为消泡剂,正辛醇的测定结果精密度不及十氢萘。

7.6.3　果胶物质的测定

果胶是一种亲水性的植物胶体,广泛存在于水果、蔬菜及其他植物的细胞膜中,是植物细胞的主要成分之一。果胶在食品工业中用途广泛。利用果胶水溶液在适当条件下可形成凝胶的特性,可将其用于果酱、果冻及高级糖果的生产;利用果胶的增稠、稳定、乳化功能可解决饮料分层、防止沉淀及改善风味等。还可利用低甲氧基果胶所具有的与有害金属配位的性质,用其制成防止某些职业病的保健饮料。

7.6.3.1 果胶物质的结构与性质

果胶物质在化学分类上属于碳水化合物的衍生物,其基本组成单位是 $\alpha - D -$ 吡喃半乳糖醛酸,并以 $\alpha - 1,4 -$ 糖苷键连接形成聚合物。其中半乳糖醛酸残基中部分羧基与甲醇形成酯,剩余的羧基部分与钠、钾或铵离子形成盐(图 7 - 10)。在主链中相隔一定距离含有 $\alpha - L -$ 鼠李吡喃糖基侧链,因此果胶的分子结构由均匀区与毛发区组成(图 7 - 11)。均匀区是由 $\alpha - D -$ 半乳糖醛酸基组成,毛发区是由高度支链 $\alpha - L -$ 鼠李半乳糖醛酸组成。

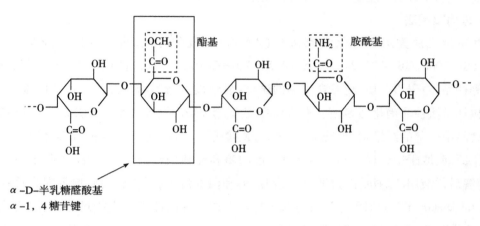

图 7 - 10　果胶的结构

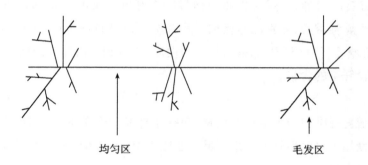

图 7 - 11　果胶分子结构示意图

天然果胶物质的酯化程度变化很大,酯化的半乳糖醛酸基与总半乳糖醛酸基的比值称为酯化度(The Degree of Esterification,DE),也有用甲氧基含量来表示酯化度的。通常将酯化度大于 50% 的果胶称为高甲氧基果胶(High - methoxyl Pectin,HM),酯化度小于 50% 的称为低甲氧基果胶(Low - methoxyl Pectin ,LM)。

果胶物质根据甲氧基含量或酯化程度不同分为原果胶、果胶酯酸、果胶酸。原果胶是与纤维素、半纤维素结合在一起的高度甲酯化的聚半乳糖醛酸,存在于细胞壁中,不溶于水,在原果胶酶或酸的作用下可水解为果胶酯酸。果胶酯酸是羧基不同程度甲酯化和中和的聚半乳糖醛酸,存在于植物细胞汁液中,可溶于水,溶解度与酯化程度有关,在果胶酶、酸或碱的作用下水解为果胶酸。果胶酸是指甲氧基含量 <1% 的果胶物质，可溶于水，在细胞汁中可与 Ca^{2+}、Mg^{2+}、K^+、Na^+ 等离子形成不溶于水或微溶于水的果胶酸盐。

7.6.3.2　果胶物质的测定

测定果胶物质的方法有称量法、咔唑比色法、果胶酸钙滴定法、蒸馏滴定法等。其中果胶酸钙滴定法主要适用于纯果胶的测定，当样液有颜色时，不易确定滴定终点，此外，由不同来源的试样得到的果胶酸钙中钙所占的比例并不相同，从测得的钙量不能准确计算出果胶物质的含量，这使此法的应用受到了一定的限制。对于蒸馏滴定法，因为在蒸馏时有一部分糠醛分解，使回收率较低，故此法也不常用。较常用的是称量法和咔唑比色法。

（1）称量法

本法是利用沉淀剂使果胶物质沉淀析出，而后测定重量的方法。沉淀剂有两类，一类是电解质，如氯化钠、氯化钙等；另一类是有机溶剂，如甲醇、乙醇、丙酮等。电解质适用于酯化度小和中等的果胶物质，如酯化度为 0～30% 时，常用氯化钠溶液；酯化度为 40%～70% 时，常用氯化钙溶液作沉淀剂。有机溶剂适用于酯化度较大的果胶物质，酯化度越大，选用的有机溶剂的浓度也应越大。本法适用于各类食品，方法稳定可靠，但操作繁琐、费时。果胶酸钙沉淀中易夹杂其他胶态物质，使本法选择性较差。

①原理：试样经 70% 乙醇处理，使果胶物质沉淀，再用乙醇、乙醚洗涤沉淀，除去可溶性糖类、脂肪、色素等物质，然后分别用酸或水提取残渣中的总果胶或水溶性果胶。提取出来的果胶经皂化除去甲氧基，生成果胶酸钠，再经酸化生成果胶酸，加入钙盐则生成果胶酸钙沉淀，烘干后称重，换算成果胶的质量。

②说明：

a. 新鲜试样若直接研磨，由于果胶酶的作用，果胶会迅速分解，故需将切片浸入热的 95% 乙醇中，将乙醇溶液最终浓度调整到 70% 以上，回流煮沸 15 min，以钝化酶的活性。

b. 可溶性糖和脂类等物质对测定有影响，测定前必须设法除去。除去方法为：对于新鲜样品，将试样切片，回流煮沸 15 min 后，用布氏漏斗过滤，残渣置于研钵中，加 70% 的热乙醇慢慢磨碎，冷却后再过滤，反复操作至滤液不呈糖的反应为止。然后残渣用 99% 乙醇洗涤脱水，再用乙醚洗涤除去脂类和色素等。对于通过 60 目筛的干燥样品，加入热的 70% 乙醇，反复除去糖类物质，直至滤液不呈糖的反应。然后残渣用 99% 乙醇洗涤脱水，再用乙醚洗涤以除去脂类和色素等。

c. 糖分检验用苯酚—硫酸法：取检液 1 mL，置于试管中，加入 5% 苯酚水溶液 1 mL，再加入 5 mL 硫酸，混匀，如溶液呈褐色，证明检液中含有糖分。

d. 水溶性果胶测定时，用水在沸水浴上提取 1 h，冷却后加水定容，摇匀，过滤，收集滤液；总果胶测定时用加热至沸的 0.5 mol/L 盐酸溶液，于沸水浴上回流 1 h，冷却后调至中性后，用水定容，过滤，收集滤液。

e. 本法采用氯化钙溶液作沉淀剂，加入氯化钙溶液时，应边搅拌边缓缓滴加，以减小过饱和度，并避免溶液局部过浓。

f.果胶物质的黏度一般很大,为降低溶液的黏度,加快过滤和洗涤速度,并增大杂质的溶解度,使其易被洗去,需采用热过滤和热水洗涤沉淀。

(2)咔唑比色法

咔唑比色法是我国农业标准 NY/T 2016—2011《水果及其制品中果胶含量的测定分光光度法》的标准方法。该法适用于各类食品,较称量法简便、快速。标准样品的回收率为 98.4% ~102.7%,准确度高,重现性好,同一试样五次测定结果的标准误差为 ±0.46 ~ ±1.51。

①原理:果胶经水解生成半乳糖醛酸,半乳糖醛酸在强酸中可与咔唑试剂发生缩合反应,生成紫红色化合物,该紫红色化合物的呈色强度与半乳糖醛酸的含量成正比。在 530nm 处有最大吸收,通过测定吸光度对果胶含量进行定量。

②说明:

a.应用咔唑反应比色法测定果胶时,其试样的提取液必须是不含糖分的提取液。糖分的存在会干扰测定,使结果偏高。因此在从样品中提取果胶物质之前,用 70% 乙醇充分洗涤试样以完全除去糖分。

b.提取液中是否含糖可用称量法里介绍的苯酚—硫酸法检测。也可用糖分的穆立虚反应法检验。方法是:取提取液 0.5 mL 注入小试管中,加入 5% α - 萘酚的乙醇溶液 2 ~ 3 滴,充分混合,此时溶液稍有白色浑浊。然后,使试管稍稍倾斜,用吸管沿管壁慢慢加入浓硫酸 1 mL(注意水层与浓硫酸不可混合)。将试管稍予静置后,若在两液层的界面产生紫红色色环,则证明提取液中含有糖分。

e.硫酸的浓度对呈色反应影响较大,半乳糖醛酸在低浓度的硫酸中与咔唑试剂的呈色度极低,甚至不显色,只有在浓硫酸中才可使其显色,且颜色的深浅与浓硫酸浓度和纯度有关。故在测定样液和制作标准曲线时,应使用同规格、同批号的浓硫酸,以保证其浓度、纯度一致。

d.加硫酸所用时间是非常严格的。只有在 7 秒钟内加入 6 mL,溶液的温度才能达到 85℃,此时可以立即直立安放在 85℃ 的水浴里。

e 本法的测定结果以半乳糖醛酸表示,因不同来源的果胶中半乳糖醛酸的含量不同,如甜橙为 77.7%,柠檬为 94.2%,柑橘为 96%,苹果为 72% ~75%。若把结果换算成果胶的含量,可按上述关系计算换算系数。

思考题

1.说明糖类物质的分类、结构、性质与测定方法的关系。

2.请说出还原糖的定义。将下列糖分类为还原糖和非还原糖,并说明理由:D - 葡萄糖、D - 果糖、蔗糖、麦芽糖、棉籽糖、麦芽三糖、纤维素和支链淀粉。

3.测定还原糖的澄清剂有什么要求? 如何选择?

4.说明直接滴定法测定还原糖的原理。测定还原糖时,加热时间对测定有何影响? 如何控制？滴定过程为何要在沸腾的溶液中进行,且不能随意摇动锥形瓶？为何要进行预滴定？

5. 测定食品中蔗糖时,为什么要严格控制水解条件？水解后为何要将水解液中和至中性？

6. 什么是食品中的总糖？如何测定？

7. 葡萄糖、蔗糖、果糖共存时,如何测定各自含量？

8. 食品中淀粉测定时,酸水解法和酶水解法的使用范围及优缺点是什么？现需要测定糙米、木薯片、面包和面粉中淀粉含量,试说明样品处理过程及应采用的水解方法。

9. 为什么称量法测定的纤维素要以粗纤维表示结果？

10. 咔唑比色法测定食品中果胶物质的原理是什么？如何提高测定结果的准确度？

第8章 蛋白质及氨基酸的测定

8.1 概述

蛋白质是生命的物质基础,是构成生物体细胞组织的重要成分,是生物体发育及修补组织的原料,一切有生命的活体都含有不同类型的蛋白质。人体内的酸碱平衡、水平衡的维持,遗传信息的传递,物质的代谢及转运都与蛋白质有关。人及动物只能从食物中得到蛋白质及其分解产物,来构成自身的蛋白质,故蛋白质是人体重要的营养物质,也是食品中重要的营养指标。在各种不同的食品中蛋白质含量各不相同,一般说来,动物性食品的蛋白质含量高于植物性食品,例如牛肉中蛋白质含量为 20.0% 左右,猪肉中为 9.5%,兔肉为21%,鸡肉为 20%,牛乳为 3.5%,黄鱼为 17.0%,带鱼为 18.0%,大豆为 40%,稻米为8.5%,面粉为 9.9%,菠菜为 2.4%,黄瓜为 1.0%,桃为 0.8%,柑橘为 0.9%,苹果为0.4%,油菜为 1.5% 左右。测定食品中蛋白质的含量,对于评价食品的营养价值,合理开发利用食品资源、提高产品质量、优化食品配方、指导经济核算及生产过程控制均具有极其重要的意义。

蛋白质是复杂的含氮有机化合物,相对分子质量很大,大部分高达数万至数百万,分子的长轴则长达 1～100 nm,它们由 20 种氨基酸通过酰胺键以一定的方式结合起来,并具有一定的空间结构,所含的主要化学元素为 C、H、O、N,在某些蛋白质中还含有微量的 P、Cu、Fe、I 等元素,但含氮则是蛋白质区别于其他有机化合物的主要标志。

不同的蛋白质其氨基酸构成比例及方式不同,故各种不同的蛋白质其含氮量也不同。一般蛋白质含氮量为 16%,即 1 份氮素相当于 6.25 份蛋白质,此数值(6.25)称为蛋白质系数,不同种类食品的蛋白质系数有所不同,如玉米、荞麦、青豆、鸡蛋等为 6.25,花生为5.46,大米为 5.95,大豆及其制品为 5.71,小麦粉为 5.70、牛乳及其制品为 6.38。

蛋白质可以被酶、酸或碱水解,其水解的中间产物为䏙、䏖、肽等,最终产物为氨基酸。氨基酸是构成蛋白质的最基本物质,虽然从各种天然源中分离得到的氨基酸已达 175 种以上,但是构成蛋白质的氨基酸主要是其中的 20 种,而在构成蛋白质的氨基酸中,亮氨酸、异亮氨酸、赖氨酸、苯丙氨酸、蛋氨酸、苏氨酸、色氨酸和缬氨酸等 8 种氨基酸在人体中不能合成,必须依靠食品供给,故被称为必需氨基酸。它们对人体有着极其重要的生理功能,常会因其在体内缺乏而导致患病或通过补充而增强了新陈代谢作用。随着食品科学的发展和营养知识的普及,食物蛋白质中必需氨基酸含量的高低及氨基酸的构成越来越得到人们的重视。为提高蛋白质的生理效价而进行食品氨基酸互补和强化的理论,对食品加工工艺的改革,对保健食品的开发及合理配膳等工作都具有积极的指导作用。因此,食品及其原料中氨基酸的分离、鉴定和定量也具有极其重要的意义。

根据上述蛋白质的性质和成分,测定蛋白质的方法可分为两大类:一类是利用蛋白质的共性,即含氮量、肽键和折射率等测定蛋白质含量;另一类是利用蛋白质中特定氨基酸残基、酸性和碱性基因以及芳香基团等测定蛋白质含量。但因食品种类繁多,食品中蛋白质含量各异,特别是其他成分,如碳水化合物、脂肪和维生素等干扰成分很多,因此蛋白质含量测定最常用的方法是凯氏定氮法,它是测定总有机氮的最准确和操作较简便的方法之一,在国内外应用普遍。该法是通过测出样品中的总含氮量再乘以相应的蛋白质系数而求出蛋白质含量的,由于样品中常含有少量非蛋白质含氮化合物,故此法的结果称为粗蛋白质含量。此外,双缩脲法、染料结合法、酚试剂法等也常用于蛋白质含量测定,由于方法简便快速,故多用于生产单位质量控制分析。

近年来,凯氏定氮法经不断的研究改进,使其在应用范围、分析结果的准确度、仪器装置及分析操作的速度等方面均取得了新的进步。另外,国外采用红外分析仪,利用波长在 $0.75 \sim 3\ \mu m$ 范围内的近红外线具有被食品中蛋白质组分吸收及反射的特性,依据红外线的反射强度与食品中蛋白质含量之间存在的函数关系而建立了近红外光谱快速定量方法。

鉴于食品中氨基酸成分的复杂性,在一般的常规检验中多测定样品中的氨基酸总量,通常采用酸碱滴定法来完成。色谱技术的发展则为各种氨基酸的分离、鉴定及定量提供了有力的工具,近年世界上已出现了多种氨基酸分析仪,这使得快速鉴定和定量氨基酸的理想成为现实。另外利用近红外反射分析仪,输入各类氨基的软件,通过电脑控制进行自动检测和计算,也可以快速、准确地测出各类氨基酸含量。下面分别介绍常用的蛋白质和氨基酸测定方法。

8.2　蛋白质的测定

8.2.1　蛋白质的定性测定

8.2.1.1　蛋白质的一般显色反应

(1)氨基黑法

氨基黑 10 B 是酸性染料,其磺基与蛋白质反应构成复合盐,是最常用的蛋白质染料。

①经点样后的层析纸经电泳或层析后,浸入氨基黑10B乙酸甲醇溶液(13g 氨基黑 10B 溶解于 100 mL 冰乙酸和 900 mL 甲醇中,充分摇匀,放置过夜,过滤后可反复使用几次)中,染色 10 min,染色后,用 10% 乙酸甲醇溶液洗涤 5 ~ 7 次,待背景变成浅蓝色后干燥。若欲进行洗脱,用 0.1 mol/L 氢氧化钠浸泡 30 min,于 595 nm 波长下比色测定。

②聚丙烯酰胺凝胶电泳(SDS - PAGE)后染色:用甲醇固定后,在含 1% 氨基黑 10 B 0.1 mol/L 氢氧化钠溶液中染色 5 min(室温),用 5% 乙醇洗脱背景底色,或用 7% 乙酸固定后,于 96℃ 水浴中用 7% 乙酸(含 0.5% ~ 1% 氨基黑 10 B)染色 10 min,7% 乙酸洗脱背景底色。用氨基黑 10 B 染 SDS - 蛋白质时效果不好。如果凝胶中含有兼性离子载体,先用10% 三氯乙酸浸泡,每隔 2 h 换液 1 次,约 10 次,再进行染色。

③凝胶薄层的直接染色:将凝胶薄层放在一定湿度的烘箱内逐步干燥(50℃),没有调

温调湿箱时用一张滤纸放于烘箱内,以保持一定的湿度。将干燥的薄层板于漂洗液(750 mL 甲醇,200 mL 水,50 mL 冰乙酸)中预处理 10 min,然后在染色液(750 mL 甲醇,200 mL 水,50 mL 冰乙酸,在此溶液中加氨基黑 10 B 至饱和)中染色 5 h,再在漂洗液内洗涤。

本法优点是灵敏度较高,缺点是花费时间长,不同蛋白质染色强度不同。

(2)溴酚蓝法

经电泳或层析后滤纸或凝胶于 0.1% 溴酚蓝固定染色液(1 g 溴酚蓝,100 g 氯化汞溶于 50% 乙醇水溶液中,用 50% 乙醇稀释至 1000 mL)中浸泡 15 ~ 20 min,在 30% 乙醇 + 5% 乙酸水溶液中漂洗过夜。如欲洗脱,可用 0.1 mol/L 氢氧化钠溶液。

此法缺点是灵敏度低,某些相对分子质量低的蛋白质可能染不上颜色。

(3)考马斯亮蓝法

考马斯亮蓝 R 250

该染料和蛋白质是通过范德华力结合的。考马斯亮蓝含有较多疏水基团,和蛋白质的疏水区有较大的亲和力,而和凝胶基质的亲和力不如氨基黑,所以用考马斯亮蓝染色时漂洗要容易得多。

①经电泳后滤纸或乙酸纤维膜在 200 g/L 磺基水杨酸溶液中浸 1 min,取出后放入 2.5 g/L 考马斯亮蓝 R 250 染色液(配制用的蒸馏水内不含有重金属离子)中浸 5 min,在蒸馏水或 7% 乙酸中洗四次,每次 5 min,于 90℃ 放置 15 min。

②聚丙烯酰胺凝胶也可同上处理。在酸性醇溶液中,考马斯亮蓝 – 兼性离子载体络合物溶解度显著增大,因此能免去清除兼性离子载体的步骤。可运用下列方法之一:

a. 凝胶用 10% 三氯乙酸固定,在 10% 三氯乙酸 + 1% 考马斯亮蓝 R 250(19 + 1)中室温染色 0.5 h,用 10% 三氯乙酸脱底色。

b. 凝胶浸入预热至 60℃ 的 0.1% 考马斯亮蓝固定染色液(150 g 三氯乙酸,45 g 磺基水杨酸溶于 375 mL 甲醇和 930 mL 蒸馏水的混合液。每 1 g 考马斯亮蓝 R 250 溶于此混合液 1000 mL 中)中约 30 min,用酸性乙醇漂洗液(乙醇 + 水 + 冰乙酸 = 25 + 25 + 8)洗尽背景颜色。染色后凝胶保存于酸性乙醇漂洗液中。本法灵敏度:卵清蛋白 0.03 μg,血清蛋白

0.02 μg，血红蛋白 0.01 μg。

c.凝胶浸入考马斯亮蓝固定染色液(2 g 考马斯亮蓝 R 250，溶于 100 mL 蒸馏水中，加 2 mol/L 硫酸 100 mL，过滤除去沉淀，向清液中滴加 10 mol/L KOH 至颜色从绿变蓝为止。量体积，每 100 mL 加入三氯乙酸 12 g)中 1 h，然后用蒸馏水洗净背景颜色或在 0.2% H_2SO_4 溶液中浸泡片刻脱除背景颜色。染色后的凝胶保存于蒸馏水中。本法机制未明，起染色作用的可能不是考马斯亮蓝本身，灵敏度不如方法 b。

考马斯亮蓝法灵敏度比氨基黑高 5 倍，尤其适用于 SDS 电泳的微量蛋白质的染色。在 549 nm 有最大吸收值，蛋白质在 1～10 μg 呈线性关系。

(4)酸性品红法

经电泳后滤纸置于 0.2% 酸性品红溶液中(2 g 酸性品红溶解于 500 mL 甲醇，400 mL 蒸馏水和 100 mL 冰乙酸中)加热染色 15 min；取出后浸入乙酸甲醇溶液(500 mL 甲醇，加 400 mL 蒸馏水和 100mL 冰乙酸)15 min；然后浸入 10% 乙酸溶液，每次 20 min，至背景无色为止。若欲进行比色，可用 0.1 mol/L NaOH 溶液浸泡 2 h，在波长为 570 nm 处比色。

(5)氨基萘酚磺酸法

聚丙烯酰胺凝胶电泳后，把凝胶暴露于空气中几分钟，或在 2 mol/L 盐酸中浸一下使表层蛋白质变性，再在 0.003% 氨基萘酚磺酸的 0.1 mol/L 磷酸盐缓冲液(pH6.8)中染 3 min，在紫外光下可显黄绿色荧光。这样的染色可保留凝胶内部的酶和抗体的活性。如不需保留活性时，可先在 3 mol/L 盐酸中浸 2 min 以上使蛋白质充分变性，再染色。

8.2.1.2　复合蛋白质的显色反应

(1)糖蛋白的显色

①过碘酸—Schiff 氏试剂显色法

a.试剂：

过碘酸液：1.2 g 过碘酸溶解于 30 mL 蒸馏水中，加 15 mL，0.2 mol/L CH_3COONa 溶液及 100 mL 乙醇。临用前配制，或保存在棕色瓶中，可用数日。

还原液：5 g 碘化钾，5 g 硫代硫酸钠溶于 100 mL 蒸馏水中，加 150 mL 95% 乙醇及 2.5 mL 2 mol/L HCl。现配现用。

亚硫酸品红液：2 g 碱性品红溶解于 400 mL 沸水中，冷却至 50℃ 过滤。在滤液中加入 10mL 2 mol/L 盐酸和 4 g 偏亚硫酸钾($K_2S_2O_5$)，将瓶子塞紧放在冰箱中过夜，加 1 g 活性炭，过滤，再逐渐加入 2 mol/L 盐酸，直至此溶液在玻片上干后不变红色为止，保存在棕色瓶中，冰箱储存，当溶液变红时不可以再用。

亚硫酸盐冲洗液：1 mL 浓硫酸，0.4 g 偏亚硫酸钾加入到 100 mL 水中。

b.显色步骤：将含有样品的滤纸浸在 70% 乙醇中，片刻后吹干，在高碘酸液中浸 5 min，用 70% 乙醇洗 1 次，在还原液中浸 5～8 min，再用 70% 乙醇洗 1 次，在亚硫酸品红液中浸 24～25 min，用亚硫酸盐冲洗液洗 3 次，并用乙醇脱水后，放在玻璃板上吹干。显色结果：在黑灰色的底板上呈现紫红色。

②甲苯胺蓝显色法

a. 试剂：

试剂甲：1.2 g 过碘酸溶解在 30 mL 蒸馏水中，加 15 mL 0.5 mol/L CH_3COONa 和 100 mL 96% 乙醇，现配现用。

试剂乙：100 mL 甲醇加 20 mL 冰乙酸及 80 mL 蒸馏水。

试剂丙：溴水。

试剂丁：10 g/L 甲苯胺蓝水溶液。

试剂戊：40 g/L 钼酸铵溶液。

b. 显色步骤：将点有样品的滤纸依次在试剂甲中浸 15 min，试剂丙中浸 15 min，用自来水漂洗，再在试剂丁中浸 30 min，自来水中漂洗至没有蓝色染料渗出（30~40 min）后，再依次在试剂戊中浸 3 min，试剂乙中浸 15 min，丙酮中浸 2 min 后在空气中干燥。显色结果：糖蛋白部分染成蓝色，背景带有红紫色。

③阿尔新蓝（Alcian blue）显色法：聚丙烯酰胺凝胶在 12.5% 三氯乙酸中固定 30 min 后，再用蒸馏水轻轻漂洗。放入 1% 过碘酸液（在 3% 乙酸中）中氧化 50 min。用蒸馏水反复洗涤去除多余的过碘酸盐，再放入 0.5% 偏重亚硫酸钾中还原剩余的过碘酸盐 30 min，再用蒸馏水洗涤，浸在 0.5% 阿尔新蓝（在 3% 乙酸中）溶液中染 4 h。

（2）脂蛋白的显色

①苏丹黑显色法：将 0.1 g 苏丹黑 B 溶解于煮沸的 100 mL 60% 的乙醇溶液中，制备成饱和溶液，冷却后过滤两次，备用。

显色时将点有样品的滤纸浸于上述溶液中，3 h 后取出，用 50% 乙醇溶液洗涤两次，每次 15 min，空气中干燥。

聚丙烯酰胺凝胶电泳中预染法：加苏丹黑 B 到无水乙醇中成饱和液，并振摇使乙酰化。用前过滤。按样品液的 1/10 量加入样品液中染色 1 h 或 4℃ 过夜，染色后的样品再进行电泳。

②油红－O 显色法：0.04 g 油红－O 溶解于 100 mL 60% 的乙醇中，30℃ 放置（16 h）使充分饱和后，在 30℃ 下滤去多余的染料，澄清液即可用于染色。

将滤纸浸入染料液中，在 30℃ 下染色 18 h 后，用水冲洗，使背景变浅，在空气中干燥。脂蛋白为红色，背景为桃红色，本法在 30℃ 以下显色时，会引起染料沉淀。

8.2.2 蛋白质的定量测定

8.2.2.1 凯氏定氮法

新鲜食品中的含氮化合物大都以蛋白质为主体，所以检验食品中蛋白质时，往往只限于测定总氮量，然后乘以蛋白质换算系数，即可得到蛋白质含量。凯氏法可用于所有动、植物食品的蛋白质含量测定，但因样品中常含有核酸、生物碱、含氮类脂、卟啉以及含氮色素等非蛋白质的含氮化合物，故结果称为粗蛋白质含量。

凯氏定氮法由 Kieldahl 于 1833 年首先提出，经长期改进，迄今已演变成常量法、微量法、自动定氮仪法、半微量法及改良凯氏法等多种。

（1）原理

样品与浓硫酸和催化剂一同加热消化，使蛋白质分解，其中碳和氢被氧化为二氧化碳和水逸出，而样品中的有机氮转化为氨与硫酸结合成硫酸铵。然后加碱蒸馏，使氨蒸出，用硼酸吸收后再以标准盐酸或硫酸溶液滴定。根据标准酸消耗量可计算出蛋白质的含量。

①样品消化：消化反应方程式如下

$$2NH_2(CH_2)_2COOH + 13H_2SO_4 \longrightarrow (NH_4)_2SO_4 + 6CO_2\uparrow + 12SO_2\uparrow + 16H_2O$$

浓硫酸具有脱水性，使有机物脱水后被炭化为碳、氢、氮。

浓硫酸又有氧化性，将有机物炭化后的碳化为二氧化碳，硫酸则被还原成二氧化硫：

$$2H_2SO_4 + C \xrightarrow{\triangle} 2SO_2\uparrow + 2H_2O + CO_2\uparrow$$

二氧化硫使氮还原为氨，本身则被氧化为三氧化硫，氨随之与硫酸作用生成硫酸铵留在酸性溶液中：

$$H_2SO_4 + 2NH_3 \longrightarrow (NH_4)_2SO_4$$

在消化反应中，为了加速蛋白质的分解，缩短消化时间，常加入下列物质：

加入硫酸钾可以提高溶液的沸点而加快有机物分解，它与硫酸作用生成硫酸氢钾可提高反应温度，一般纯硫酸的沸点在 340℃ 左右，而添加硫酸钾后，可使温度提高至 400℃ 以上，原因主要在于随着消化过程中硫酸不断地被分解，水分不断逸出而使硫酸钾浓度增大，故沸点升高，其反应式如下：

$$K_2SO_4 + H_2SO_4 \longrightarrow 2KHSO_4$$

$$2KHSO_4 \xrightarrow{\triangle} K_2SO_4 + H_2O\uparrow + SO_3\uparrow$$

但硫酸钾加入量不能太大，否则消化体系温度过高，又会引起已生成的铵盐发生热分解放出氨而造成损失：

$$(NH_4)_2SO_4 \xrightarrow{\triangle} NH_3\uparrow + (NH_4)HSO_4$$

$$(NH_4)HSO_4 \xrightarrow{\triangle} NH_3\uparrow + SO_3\uparrow + H_2O$$

除硫酸钾外，也可以加入硫酸钠、氯化钾等盐类来提高沸点，但效果不如硫酸钾。

硫酸铜起催化剂的作用。凯氏定氮法中可用的催化剂种类很多，除硫酸铜外，还有氧化汞、汞、硒粉、二氧化钛等。但考虑到效果、价格及环境污染等多种因素，应用最广泛的是硫酸铜，使用时常加入少量过氧化氢、次氯酸钾等作为氧化剂以加速有机物氧化，硫酸铜的作用机理如下所示：

$$2CuSO_4 \xrightarrow{\triangle} CuSO_4 + SO_2\uparrow + O_2\uparrow$$

$$C + 2CuSO_4 \xrightarrow{\triangle} Cu_2SO_4 + SO_2\uparrow + CO_2\uparrow$$

$$Cu_2SO_4 + 2H_2SO_4 \xrightarrow{\triangle} 2CuSO_4 + 2H_2O + SO_2\uparrow$$

此反应不断进行,待有机物全部被消化完后,不再有硫酸亚铜(Cu_2SO_4 褐色)生成,溶液呈现清澈的蓝绿色。故硫酸铜除起催化剂的作用外,还可指示消化终点的到达,以及下一步蒸馏时作为碱性反应的指示剂。

②蒸馏:在消化完全的样品溶液中加入浓氢氧化钠使呈碱性,加热蒸馏,即可释放出氨气,反应方程式如下:

$$2NaOH + (NH_4)_2SO_4 \xrightarrow{\triangle} 2NH_3\uparrow + Na_2SO_4 + 2H_2O$$

③吸收与滴定:加热蒸馏所放出的氨,可用硼酸溶液进行吸收,待吸收完全后,再用盐酸标准溶液滴定,因硼酸呈微弱酸性($K_{a1} = 5.8 \times 10^{-10}$),用酸滴定不影响指示剂的变色反应,但它有吸收氨的作用,吸收及滴定反应方程式如下:

$$2NH_3 + 4H_3BO_3 \longrightarrow (NH_4)_2B_4O_7 + 5H_2O$$

$$(NH_4)_2B_4O_7 + 2HCl + 5H_2O \longrightarrow 2NH_4Cl + 4H_3BO_3$$

蒸馏释放出来的氨,也可以采用硫酸或盐酸标准溶液吸收,然后再用氢氧化钠标准溶液反滴定吸收液中过剩的硫酸或盐酸,从而计算出总氮量。

(2)适用范围

此法可应用于各类食品中蛋白质含量测定。

(3)主要仪器

凯氏烧瓶(500 mL)。

定氮蒸馏装置,如图 8 - 1 所示。

(4)试剂

硫酸铜($CuSO_4 \cdot 5H_2O$)。

硫酸钾(K_2SO_4)。

硫酸(H_2SO_4 密度为 1.84 g/L)。

硼酸溶液(20 g/L):称取 20 g 硼酸,加水溶解后并稀释至 1000 mL。

氢氧化钠溶液(400 g/L):称取 40 g 氢氧化钠加水溶解后,放冷,并稀释至 100 mL。

硫酸标准滴定溶液(0.0500 mol/L)或盐酸标准滴定溶液(0.0500 mol/L)。

甲基红乙醇溶液(1 g/L):称取 0.1 g 甲基红,溶于 95% 乙醇,用 95% 乙醇稀释至 100 mL。

亚甲基蓝乙醇溶液(1 g/L):称取 0.1 g 亚甲基蓝,溶于 95% 乙醇,用 95% 乙醇稀释至 100 mL。

溴甲酚绿乙醇溶液(1 g/L):称取 0.1 g 溴甲酚绿,溶于 95% 乙醇,用 95% 乙醇稀释至 100 mL。

混合指示液:2 份甲基红乙醇溶液与 1 份亚甲基蓝乙醇溶液临用时混合。也可用 1 份甲基红乙醇溶液与 5 份溴甲酚绿乙醇溶液临用时混合。

(5)操作方法

①试样处理：称取充分混匀的固体试样 0.2 ~ 2 g、半固体试样 2 ~ 5 g 或液体试样 10 ~ 25 g（相当于 30 ~ 40 mg 氮），精确至 0.001 g，移入干燥的 100 mL、250 mL 或 500 mL 定氮瓶中，加入 0.2 g 硫酸铜、6 g 硫酸钾及 20 mL 硫酸，轻摇后于瓶口放一小漏斗，将瓶以 45° 角斜支于有小孔的石棉网上［图 8 – 1（a）］。小心加热，待内容物全部炭化，泡沫完全停止后，加强火力，并保持瓶内液体微沸，至液体呈蓝绿色并澄清透明后，再继续加热 0.5 ~ 1 h。取下放冷，小心加入 20 mL 水。放冷后，移入 100 mL 容量瓶中，并用少量水洗定氮瓶，洗液并入容量瓶中，再加水至刻度，混匀备用。同时做试剂空白试验。

②测定：按图 8 – 1（b）装好定氮蒸馏装置，向水蒸气发生器内装水至 2/3 处，加入数粒玻璃珠，加甲基红乙醇溶液数滴及数 mL 硫酸，以保持水呈酸性，加热煮沸水蒸气发生器内的水并保持沸腾。

向接收瓶内加入 10.0 mL 硼酸溶液及 1 滴 ~ 2 滴 A 混合指示液（2 份甲基红乙醇溶液与 1 份亚甲基蓝乙醇溶液）或 B 混合指示液（1 份甲基红乙醇溶液与 5 份溴甲酚绿乙醇溶液），并使冷凝管的下端插入液面下，根据试样中氮含量，准确吸取 2.0 ~ 10.0 mL 试样处理液由小玻杯注入反应室，以 10 mL 水洗涤小玻杯并使之流入反应室内，随后塞紧棒状玻塞。将 10.0 mL 氢氧化钠溶液倒入小玻杯，提起玻塞使其缓缓流入反应室，立即将玻塞盖紧，并水封。夹紧螺旋夹，开始蒸馏。

蒸馏 10 min 后移动蒸馏液接收瓶，液面离开冷凝管下端，再蒸馏 1 min。然后用少量水冲洗冷凝管下端外部，取下蒸馏液接收瓶。尽快以硫酸或盐酸标准滴定溶液滴定至终点，如用 A 混合指示液，终点颜色为灰蓝色；如用 B 混合指示液，终点颜色为浅灰红色。同时作试剂空白。

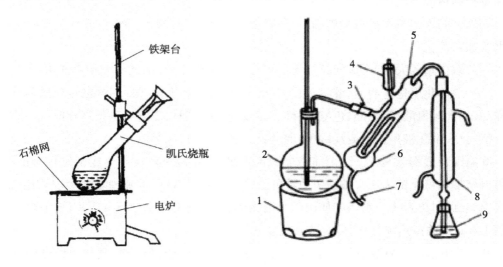

（a）消化装置　　　　　　　　（b）蒸馏吸收装置

图 8 – 1　凯氏定氮消化、蒸馏吸收装置

1—电炉　2—水蒸气发生器（2 L 烧瓶）　3—螺旋夹　4—小玻杯及棒状玻塞
5—反应室　6—反应室外层　7—橡皮管及螺旋夹　8—冷凝管　9—蒸馏液接收瓶

（6）结果计算

$$蛋白质（g/100g） = \frac{(V_1 - V_2) \times c \times 0.0140}{m \times V_3/100} \times F \times 100 \qquad (8-1)$$

式中：C——硫酸或盐酸标准滴定溶液浓度，mol/L；

$\quad V_1$——试液消耗硫酸或盐酸标准滴定液的体积，mL；

$\quad V_2$——试剂空白消耗硫酸或盐酸标准滴定液的体积，mL；

$\quad V_3$——吸取消化液的体积，mL；

0.0140——1.0 mL硫酸$[c(1/2H_2SO_4) = 1.000\ mol/L]$或盐酸$[c(HCl) = 1.000mol/L]$标准滴定溶液相当的氮的质量，g；

$\quad m$——吸取的消化液相当于试样的质量，g；

$\quad F$——氮换算为蛋白质的系数。

（7）说明及注意事项

①所用试剂溶液应用无氨蒸馏水配制。

②消化时不要用强火，应保持和缓沸腾，以免黏附在凯氏瓶内壁上的含氮化合物在无硫酸存在的情况下未消化完全而造成氮损失。

③消化过程中应注意不时转动凯氏烧瓶，以便利用冷凝酸液将附在瓶壁上的固体残渣洗下并促进其消化完全。

④样品中若含脂肪或糖较多时，消化过程中易产生大量泡沫，为防止泡沫溢出瓶外，在开始消化时应用小火加热，并时时摇动；或者加入少量辛醇或液体石蜡或硅油消泡剂，并同时注意控制热源强度。

⑤当样品消化液不易澄清透明时，可将凯氏烧瓶冷却，加入30%过氧化氢2～3 mL后再继续加热消化。

⑥若取样量较大，如干试样超过5 g，可按每克试样5 mL的比例增加硫酸用量。

⑦一般消化至呈透明后，继续消化30 min即可，但对于含有特别难以氨化的氮化合物的样品，如含赖氨酸、组氨酸、色氨酸、酪氨酸或脯氨酸等时，需适当延长消化时间。有机物如分解完全，消化液呈蓝色或浅绿色，但含铁量多时，呈较深绿色。

⑧蒸馏装置不能漏气。蒸馏前若加碱量不足，消化液呈蓝色不生成氢氧化铜沉淀，此时需再增加氢氧化钠用量。硼酸吸收液的温度不应超过40℃，否则对氨的吸收作用减弱而造成损失，此时可置于冷水浴中使用。蒸馏完毕后，应先将冷凝管下端提离液面清洗管口，再蒸1 min后关掉热源，否则可能造成吸收液倒吸。

⑨2份甲基红乙醇溶液与1份亚甲基蓝乙醇溶液混合指示剂，颜色由紫红色变成灰色，pH 5.4；1份甲基红乙醇溶液与5份溴甲酚绿乙醇溶液混合指示剂，颜色由酒红色变成绿色，pH 5.1。

⑩蛋白质中的氮含量一般为15%～17.6%，按16%计算乘以6.25即为蛋白质量。不同食物中蛋白质换算系数不同，一般食物的蛋白质系数为6.25；纯乳与纯乳制品为6.38；

面粉为 5.70；玉米、高粱为 6.24；花生为 5.46；大米为 5.95；大豆及其粗加工制品为 5.71；大豆蛋白制品为 6.25；肉与肉制品为 6.25；大麦、小米、燕麦、裸麦为 5.83；芝麻、向日葵为 5.30；复合配方食品为 6.25。

8.2.2.2 分光光度法

（1）原理

食品中的蛋白质在催化加热条件下被分解，分解产生的氨与硫酸结合生成硫酸铵，在 pH 4.8 的乙酸钠—乙酸缓冲溶液中与乙酰丙酮和甲醛反应生成黄色的 3,5 - 二乙酰 - 2,6 - 二甲基 - 1,4 - 二氢化吡啶化合物。在波长 400 nm 下测定吸光度值，与标准系列比较定量，结果乘以换算系数，即为蛋白质含量。

（2）适用范围

此法可应用于各类食品中蛋白质含量测定。

（3）主要仪器

分光光度计、电热恒温水浴锅

（4）试剂

①硫酸铜（$CuSO_4 \cdot 5H_2O$）。

②硫酸钾（K_2SO_4）。

③硫酸（H_2SO_4 密度为 1.84 g/L）：优级纯。

④氢氧化钠溶液（300 g/L）：称取 30 g 氢氧化钠加水溶解后，放冷，并稀释至 100 mL。

⑤对硝基苯酚指示剂溶液（1 g/L）：称取 0.1 g 对硝基苯酚指示剂溶于 20 mL 95% 乙醇中，加水稀释至 100 mL。

⑥乙酸溶液（1 mol/L）：量取 5.8 mL 乙酸，加水稀释至 100 mL。

⑦乙酸钠溶液（1 mol/L）：称取 41 g 无水乙酸钠或 68 g 乙酸钠（$CH_3COONa \cdot 3H_2O$）加水溶解后并稀释至 500 mL。

⑧乙酸钠—乙酸缓冲溶液：量取 60 mL 乙酸钠溶液与 40 mL 乙酸溶液混合，该溶液 pH 4.8。

⑨显色剂：15mL 37% 甲醛与 7.8 mL 乙酰丙酮混合，加水稀释至 100mL，剧烈振摇混匀（室温下放置稳定 3d）。

⑩氨氮标准使用溶液（0.1 g/L）：称取 105℃ 干燥 2 h 的硫酸铵 0.4720 g 加水溶解后移于 100 mL 容量瓶中，并稀释至刻度，混匀，此溶液每毫升相当于 1.0 mg 氮。用移液管吸取 10.00 mL 氨氮标准储备液于 100 mL 容量瓶内，加水定容至刻度，混匀，此溶液每毫升相当于 0.1mg 氮。

（5）操作方法

①试样消解：称取经粉碎混匀过 40 目筛的固体试样 0.1～0.5 g、半固体试样 0.2～1 g 或液体试样 1～5 g（均精确至 0.001 g），移入干燥的 100 mL 或 250 mL 定氮瓶中，加入 0.1 g 硫酸铜、1 g 硫酸钾及 5 mL 浓硫酸，摇匀后于瓶口放一小漏斗，将定氮瓶以 45° 角斜支于

有小孔的石棉网上。缓慢加热,待内容物全部炭化,泡沫完全停止后,加强火力,并保持瓶内液体微沸,至液体呈蓝绿色澄清透明后,再继续加热半小时。取下放冷,慢慢加入 20 mL水,放冷后移入 50 mL 或 100 mL 容量瓶中,并用少量水洗定氮瓶,洗液并入容量瓶中,再加水至刻度,混匀备用。按同一方法做试剂空白试验。

②试样溶液的制备:吸取 2.00 ~ 5.00 mL 试样或试剂空白消化液于 50 mL 或 100 mL容量瓶内,加 1 ~ 2 滴对硝基苯酚指示剂溶液,摇匀后滴加氢氧化钠溶液中和至黄色,再滴加乙酸溶液至溶液无色,用水稀释至刻度,混匀。

③标准曲线的绘制:吸取 0.00、0.05、0.10、0.20、0.40、0.60、0.80 和 1.00mL 氨氮标准使用溶液(相当于 0.00、5.00、10.0、20.0、40.0、60.0、80.0 μg 和 100.0 μg 氮),分别置于 10 mL 比色管中。加 4.0 mL 乙酸钠—乙酸缓冲溶液及 4.0 mL 显色剂,加水稀释至刻度,混匀。置于 100℃ 水浴中加热 15 min。取出用水冷却至室温后,移入 1 cm 比色杯内,以零管为参比,于波长 400 nm 处测量吸光度值,根据标准各点吸光度值绘制标准曲线或计算线性回归方程。

④试样测定:吸取 0.50 ~ 2.00 mL(约相当于氮 < 100 μg)试样溶液和等量的试剂空白溶液,分别于 10 mL 比色管中。以下自"加 4.0 mL 乙酸钠—乙酸缓酸溶液(pH 4.8)及 4.0 mL显色剂……"起操作。试样吸光度值与标准曲线比较定量或代入线性回归方程求出含量。

(6)结果计算

$$X = \frac{(C - C_0)}{m \times \frac{V_2}{V_1} \times \frac{V_4}{V_3} \times 1000 \times 1000} \times 100 \times F \tag{8-2}$$

式中:X——试样中蛋白质的含量,g/100g;

C——试样测定液中氮的含量,μg;

C_0——试剂空白测定液中氮的含量,μg;

V_1——试样消化液定容体积,mL;

V_2——制备试样溶液的消化液体积,mL;

V_3——试样溶液总体积,mL;

V_4——测定用试样溶液体积,mL;

m——试样质量,g;

F——氮换算为蛋白质的系数。

8.2.2.3 燃烧法

(1)原理

试样在 900 ~ 1200℃ 高温下燃烧,燃烧过程中产生混合气体,其中的碳、硫等干扰气体和盐类被吸收管吸收,氮氧化物被全部还原成氮气,形成的氮气气流通过热导检测仪(TCD)进行检测。

（2）适用范围

适用于蛋白质含量在 10% 以上的粮食、豆类、奶粉、米粉、蛋白质粉等固体试样的筛选测定。

（3）主要仪器

氮/蛋白质分析仪、电子天平。

（4）操作方法

按照仪器说明书要求称取 0.1 ～ 1.0 g 充分混匀的试样（精确至 0.0001 g），用锡箔包裹后置于样品盘上。试样进入燃烧反应炉（900 ～ 1200℃）后，在高纯氧（≥99.99%）中充分燃烧。燃烧炉中的产物（NOx）被载气 CO_2 运送至还原炉（800℃）中，经还原生成氮气后检测其含量。

（5）结果计算

$$X = C \times F \tag{8-3}$$

式中：X——试样中蛋白质的含量，g/100 g；

C——试样中氮的含量，g/100 g；

F——氮换算为蛋白质的系数。

（6）应用

燃烧法适用于所有种类的食品，AOAC 方法 992.15 和 992.23 分别用于肉类和谷物食品。

优点：燃烧法是凯氏定氮法的一个替代方法；不需要任何有害化合物；可在 3 min 内完成；最先进的自动化仪器可在无人看管状态下分析多达 150 个样品。

缺点：需要的仪器价格昂贵；非蛋白氮也包括在内。

8.2.2.4　双缩脲法

（1）原理

当脲被小心地加热至 150 ～ 160℃ 时，可由两个分子间脱去一个氨分子而生成二缩脲（也叫双缩脲），反应式如下：

$$H_2NCO\boxed{NH_2 + H}NHCONH_2 \xrightarrow{150～160℃} H_2NCONHCONH_2 + NH_3\uparrow$$

双缩脲与碱及少量硫酸铜溶液作用生成紫红色的配合物，此反应称为双缩脲反应：

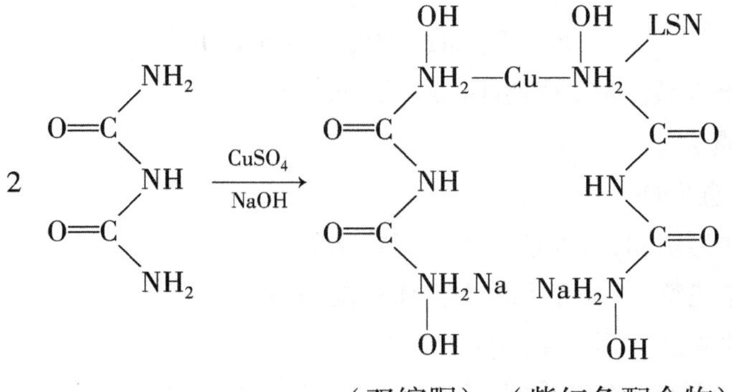

（双缩脲）　（紫红色配合物）

由于蛋白质分子中含有肽键（—CO—NH—），与双缩脲结构相似，故也能呈现此反应而生成紫红色配合物，在一定条件下其颜色深浅与蛋白质含量成正比，据此可用吸收光度法来测定蛋白质含量，该配合物的最大吸收波长为 560 nm。

（2）方法特点及应用范围

本法灵敏度较低，但操作简单快速，故在生物化学领域中测定蛋白质含量时常用此法。本法亦适用于豆类、油料、米谷等作物种子及肉类等样品测定。

（3）主要仪器

分光光度计，离心机。

（4）试剂

①碱性硫酸铜溶液

a. 以甘油为稳定剂将 10 mol/L 氢氧化钾 10 mL 和 3.0 mL 甘油加到 937 mL 蒸馏水中，剧烈搅拌，同时慢慢加入 40 g/L 硫酸铜（$CuSO_4 \cdot 5H_2O$）溶液 50 mL。

b. 以酒石酸钾钠作稳定剂将 10 mol/L 氢氧化钾 10 mL 和 20 mL 250 g/L 酒石酸钾钠溶液加到 930 mL 蒸馏水中，剧烈搅拌，同时慢慢加入 40 g/L 硫酸铜溶液 40 mL。

配制试剂加入硫酸铜溶液时，必须剧烈搅拌，否则将生成氢氧化铜沉淀。

②四氯化碳（CCl_4）

（5）操作方法

①标准曲线的绘制：以采用凯氏定氮法测出蛋白质含量的样品作为标准蛋白质样。按蛋白质含量 40 mg、50 mg、60 mg、70 mg、80 mg、90 mg、100 mg、110 mg 分别称取混合均匀的标准蛋白质样于 8 支 50 mL 纳氏比色管中，然后各加入 1 mL 四氯化碳，再用碱性硫酸铜溶液准确稀释至 50 mL，振摇 10 min，静置 1 h，取上层清液离心 5 min，取离心分离后的透明液于比色皿中，在 560 nm 波长下以蒸馏水作参比液调节仪器零点并测定各溶液的吸光度 A，以蛋白质的含量为横坐标，吸光度 A 为纵坐标绘制标准曲线。

②样品的测定：准确称取样品适量（蛋白质含量在 40～110 mg 之间）于 50 mL 纳氏比色管中，加 1 mL 四氯化碳，按上述步骤显色后，在相同条件下测其吸光度 A。用测得的 A 值在标准曲线上即可查得蛋白质 mg 数，进而由此求得蛋白质含量。

（6）结果计算

$$蛋白质（mg/100g） = m \times 100/m_1 \qquad (8-4)$$

式中：m——由标准曲线上查得的蛋白质质量，mg；

m_1——样品质量，g。

（7）说明及注意事项

①蛋白质的种类不同，对发色程度的影响不同。

②标准曲线作完整之后，无需每次再作标准曲线。

③含脂肪高的样品应预先用醚抽出弃去。

④样品中有不溶性成分存在时，会给比色测定带来困难，可预先将蛋白质抽出后再进

行测定。

⑤当肽链中含有脯氨酸时,若有大量糖类共存,则显色不好,会使测定值偏低。

8.2.2.5　福林—酚比色法

(1)原理

福林(Folin)—酚法(lowry法)是蛋白质与福林酚试剂反应,产生蓝色复合物。作用机理主要是蛋白质中的肽键与碱性铜盐产生双缩脲反应,同时也由于蛋白质中存在的酪氨酸与色氨酸同磷钼酸—磷钨酸试剂反应产生颜色。呈色强度与蛋白质含量成正比,是检测可溶性蛋白质含量最灵敏的经典方法之一。

(2)试剂

①福林–酚试剂甲:将溶液A 50 mL和溶液B 1 mL混合即成。现用现配,过期失效。

溶液A:1 g Na_2CO_3 溶于50 mL 0.1 mol/L NaOH溶液中。

溶液B:将1%硫酸溶液和20 g/L酒石酸钠(钾)溶液等体积混合而成。

②福林—酚试剂乙:在1.5 L体积的磨口回流瓶中,加入100 g钨酸钠($Na_2WO_4 \cdot 2H_2O$)、25 g钼酸钠($Na_2MoO_4 \cdot 2H_2O$)以及700 mL蒸馏水,再加入50 mL 85%磷酸溶液及100 mL浓盐酸,充分混合,接上回流冷凝管,以小火回流10 h。回流完毕,加入150 g硫酸锂、50 mL蒸馏水及数滴液体溴,开口继续沸腾15 min,以便除去过量的溴,冷却后加水定容至1000 mL,过滤,滤液呈微绿色,置于棕色瓶中保存。使用时用氢氧化钠标准溶液滴定,以酚酞作指示剂,最后用蒸馏水稀释(1倍左右),使最终浓度为1.0 mol/L。

③牛血清蛋白标准溶液:精确称取牛血清蛋白或酪蛋白,配制成100 μg/mL溶液。

(3)测定

吸取一定量的样品稀释液,加入试剂甲3.0 mL,置于25℃中水浴保温10 min,再加入试剂乙0.3 mL,立即混匀,保温30 min,以介质溶液调零,测定A_{750nm}值,与蛋白质标准液作对照,求出样品的蛋白质含量。

本法在0~60 mg/L蛋白质范围呈良好线性关系。

(4)说明

福林—酚试剂法最早由lowry确定了蛋白质浓度测定的基本步骤,以后在生物化学领域得到广泛的应用。该法的优点是灵敏度高,比双缩脲法灵敏得多,实测下限较双缩脲法约小2个数量级。缺点是费时较长,要精确控制操作时间,标准曲线也不是严格的直线形式,且专一性较差,干扰物质较多。对双缩脲反应发生干扰的离子,同样容易干扰lowry反应,而且对后者的影响还要大得多。酚类、柠檬酸、硫酸铵、tris缓冲液、甘氨酸、糖类、甘油等均有干扰作用。浓度较低的尿素(0.5%),硫酸钠(1%),硝酸钠(1%),三氯乙酸(0.5%),乙醇(5%),乙醚(5%),丙酮(0.5%)等溶液对显色无影响,但这些物质浓度高时,必须作校正曲线。含硫酸铵的溶液,只须加浓碳酸钠—氢氧化钠溶液,即可显色测定。若样品酸度较高,显色后会色浅,则必须提高碳酸钠—氢氧化钠溶液的浓度1~2倍。进行测定时,加福林—酚试剂时要特别小心,因为该试剂仅在酸性pH条件下稳定,但上述还原反应只在 pH = 10 的情况下发生,故当福林—酚试剂加到碱性的铜—蛋白质溶液中时,必须立即混匀,以便在磷钼酸—磷钨酸试剂被破坏之前,还原反应即能发生。此法也适用于酪氨酸和色氨酸的定量测定。

8.2.2.6 考马斯亮蓝法

(1)原理

考马斯亮兰 G-250 是一种有机染料,在游离状态下呈红色,在稀酸溶液中与蛋白质中的碱性氨基酸(特别是精氨酸)和芳香族氨基酸残基结合后变为蓝色,其最大吸收峰的位置也由 465 nm 变为 595 nm。蛋白质—色素结合物在 595 nm 波长下的吸光度与蛋白质含量成正比,故可用于蛋白质的定量测定。

(2)适用范围

该法是 1976 年 Bradford 建立,试剂配制简单,操作简便快捷,反应非常灵敏,灵敏度比 Lowry 法还高 4 倍,可测定微克级蛋白质含量,测定蛋白质浓度范围为 0 ~ 1000 μg/mL,最小可测 2.5 μg/mL 蛋白质,是一种常用的微量蛋白质快速测定方法。

(3)主要仪器

电子天平、离心机、分光光度计

(4)试剂

①考马斯亮蓝试剂:称取 100 mg 考马斯亮蓝 G-250,溶于 50 mL 95% 乙醇,加入 100 mL 85% H_3PO_4,最后用蒸馏水定容到 1000 mL,滤纸过滤。

②标准蛋白质溶液:称取 10 mg 牛血清血蛋白,用 0.15 mol/L NaCl 配制成 1 mg/mL 的标准溶液。

(5)操作方法

①样品制备:新鲜植物材料(如绿豆芽)直接称取 2 g 放入研钵中,固体样品(如稻米和黄豆)先磨细,取 0.5 ~ 2 g 放入研钵中,再加少量蒸馏水(或稀酸、稀碱、醇,视蛋白质溶解性而定)研磨成匀浆,转移到离心管中,再用少量蒸馏水分次洗涤研钵,洗涤液收集于同一离心管中,放置 0.5 ~ 1 h 以充分提取,然后以 4000 r/min 离心 20 min,弃去沉淀,上清液转入 25 mL 容量瓶,并以蒸馏水定容至刻度,即得待测样品提取液。液体样品直接或稀释后即可测定。

②标准曲线制作:

a. 0 ~ 100 μg/mL 标准曲线的制作:取 6 支 10 mL 干净的具塞试管,按表 8-1 取样。盖塞后,将各试管中溶液纵向倒转混合,放置 2 min 后用 1 cm 比色杯在 595 nm 下比色,记录各管测定的吸光度值 A,并作标准曲线。

表 8 - 1　低浓度标准曲线制作

试管编号	0	1	2	3	4	5
1 mg /mL 标准蛋白液/mL	0.0	0.02	0.04	0.06	0.08	0.10
蒸馏水/mL	1	0.98	0.96	0.94	0.92	0.90
考马斯亮蓝试剂/mL	5	5	5	5	5	5
蛋白质含量/μg	0	20	40	60	80	100
A_{595nm}						

b. 0 ~ 1000 μg/mL 标准曲线的制作:取 6 支 10 mL 干净的具塞试管,按表 8 - 2 取样。其余步骤同①操作,做出蛋白质浓度为 0 ~ 1000 μg/mL 的标准曲线。

表 8 - 2　高浓度标准曲线制作

试管编号	0	1	2	3	4	5
1 mg /mL 标准蛋白液/mL	0.0	0.2	0.4	0.6	0.8	1.0
蒸馏水/mL	1	0.8	0.6	0.4	0.2	0
考马斯亮蓝试剂/mL	5	5	5	5	5	5
蛋白质含量/μg	0	200	400	600	800	1000
A_{595nm}						

③样品提取液中蛋白质浓度的测定:另取 3 支 10 mL 具塞试管,各吸取提取液 0.1 mL(做 3 个重复)和蒸馏水 0.9 mL,加入 5 mL 考马斯亮蓝试剂,充分混合,放置 2 min 后用 1 cm 比色杯在 595 nm 下比色,记录吸光度值 A,并通过标准曲线查得待测样品提取液中蛋白质的含量。

(6)结果计算

$$蛋白质含量(ug/g) = \frac{X}{m \times \dfrac{V_1}{V_2}} \tag{8-5}$$

式中:X——在标准曲线上查得的蛋白质含量,μg;

　　　m——样品质量,g;

　　　V_1——测定时取样体积,mL;

　　　V_2——提取液总体积,mL。

(7)说明及注意事项

考马斯亮蓝(Coomassie Brilliant Blue)法也称考马斯蓝染色法(Coomassie Blue Staining)又称 Bradford 法,是利用蛋白质—染料结合的原理,定量的测定微量蛋白浓度的快速、灵敏的方法。本法突出优点是:

①灵敏度高,据估计比 Lowry 法约高四倍,其最低蛋白质检测量可达 1 μg。这是因为蛋白质与染料结合后产生的颜色变化很大,蛋白 - 染料复合物有更高的摩尔吸光系数,

因而光吸收值随蛋白质浓度的变化比 Lowry 法要大的多。

②测定快速、简便,只需加一种试剂。完成一个样品的测定,只需要 5 min 左右。由于染料与蛋白质结合的过程,大约只要 2 min 即可完成,其颜色可以在 1 h 内保持稳定,且在 5~20 min 之间,颜色的稳定性最好,适合大量样品的测定。

③所用试剂较少,显色剂易于配制。

④干扰物质少。如干扰 Lowry 法的 K^+、Na^+、Mg^{2+} 离子、Tris 缓冲液、蔗糖、甘油、巯基乙醇、EDTA 及酚类、游离氨基酸和小分子等均不干扰此测定法。

该法主要问题是线性关系较差,在蛋白质含量很高时线性偏低。有研究表明 H^+ 浓度是影响线性关系的主要因素,控制好显色液的 H^+ 浓度就能使被测液的吸光度与蛋白质浓度之间保持较好的线性关系。不同来源蛋白质由于各种蛋白质中的精氨酸和芳香族氨基酸的含量不同,因此考马斯亮蓝染色法用于不同蛋白质测定时有较大的偏差,在制作标准曲线时通常选用 β - 球蛋白为标准蛋白质,以减少这方面的偏差。强碱性缓冲液、Triton X - 100、十二烷基硫酸钠(SDS)去污剂等干扰该反应,考马斯亮蓝与蛋白质的反应物易附着在比色杯内壁上干扰该反应。

注意:考马斯亮蓝和皮肤中蛋白质通过范德华力结合,反应快速,并且稳定,无法用普通试剂洗掉。待一两周左右,皮屑细胞自然衰老脱落即可无碍。

8.2.2.7 水杨酸比色法

(1)原理

样品中的蛋白质经硫酸消化而转化成铵盐溶液后,在一定的酸度和温度条件下可与水杨酸钠和次氯酸钠作用生成蓝色的化合物,可以在波长 660 nm 处比色测定,求出样品含氮量,进而可计算出蛋白质含量。此法与凯氏定氮法相比,具有更低的氮检出量,最低可测出 2.5 μg 氮。

(2)主要仪器

分光光度计,恒温水浴锅。

(3)试剂

①氮标准溶液:称取经 110℃ 干燥 2 h 的硫酸铵 $[(NH_4)_2SO_4]$ 0.4719 g,置于小烧杯中,用水溶解移入 100 mL 容量瓶中,用水稀释至刻度,摇匀。此溶液每 mL 相当于 1.0 mg 氮标准溶液。使用时用水配制成每毫升相当于 2.50 μg 含氮量的标准溶液。

②空白酸溶液:称取 0.50 g 蔗糖,加入 15 mL 浓硫酸及 5 g 催化剂(其中含硫酸铜 1 份和无水硫酸钠 9 份,二者研细混匀备用),与样品一样处理消化后移入 250 mL 容量瓶中,加水至标线。临用前吸取此液 10 mL,加水至 100 mL,摇匀作为工作液。

③磷酸盐缓冲溶液:称取 7.1 g 磷酸氢二钠、38 g 磷酸三钠和 20 g 酒石酸钾钠,加入 400 mL 水溶解后过滤,另称取 35 g 氢氧化钠溶于 100 mL 水中,冷至室温,缓慢地边搅拌边加入磷酸盐溶液中,用水稀释至 1000 mL 备用。

④水杨酸钠溶液:称取 25 g 水杨酸钠和 0.15 g 亚硝基铁氰化钠溶于 200 mL 水中,过

滤,加水稀释至 500 mL。

⑤次氯酸钠溶液:吸取次氯酸钠溶液 4 mL,用水稀释至 100 mL,摇匀备用。

(4)操作方法

①标准曲线的绘制:准确吸取每 mL 相当于氮含量2.5 μg 的标准溶液 0、1.0、2.0、3.0、4.0、5.0mL,分别置于 25 mL 容量瓶或比色管中,分别加入 2 mL 空白酸工作液、5 mL 磷酸盐缓冲溶液,并分别加水至 15 mL,再加入 5 mL 水杨酸钠溶液,移入 36～37℃的恒温水浴中加热 15 min 后,逐瓶加入 2.5 mL 次氯酸钠溶液,摇匀后再在恒温水浴中加热 15 min,取出加水至标线,在分光光度计上于 660 nm 波长处进行比色测定,测得各标准液的吸光度后绘制标准曲线。

②样品处理:准确称取 0.20～1.00 g 样品(视含氮量而定,小麦及饲料称取样品 0.50 g 左右),置于凯氏定氮瓶中,加入 15 mL 浓硫酸、0.5 g 硫酸铜及 4.5 g 无水硫酸钠,置于煤气灯或电炉上小火加热至沸腾后,加大火力进行消化。待瓶内溶液澄清呈暗绿色时,不断地摇动瓶子,使瓶壁黏附残渣溶下消化。待溶液完全澄清后取出冷却,加水移至 25 mL 容量瓶中并用水稀释至标线。

③样品测定:准确吸取上述消化好的样液 10 mL(如取 5 mL 则补加 5 mL 空白酸原液),置于 100 mL 容量瓶中,并用水稀释至标线。准确吸取 2 mL 于 25 mL 容量瓶中(或比色管中),加入 5 mL 磷酸盐缓冲溶液,以下操作手续按标准曲线绘制的步骤进行,并以试剂空白为参比液测定样液的吸光度,从标准曲线上查出其含氮量。

(5)结果计算

$$蛋白质 = \frac{C \times K \times F}{m \times 1000 \times 1000} \times 100\% \qquad (8-6)$$

式中:C——从标准曲线查得的样液的含氮量,μg;

　　K——样品溶液的稀释倍数;

　　m——样品的质量,g;

　　F——蛋白质系数,同凯氏定氮法。

(6)说明

①样品消化完全后当天进行测定结果的重现性好,但样液放至第二天比色即有变化。

②温度对显色影响极大,故应严格控制反应温度。

③对谷物及饲料等样品的测定证明,此法结果与凯氏法基本一致。

8.2.2.8　紫外分光光度法

(1)A_{280nm}光吸收法

①原理:蛋白质及其降解产物(示、胨、肽和氨基酸)的芳香环残基〔-NH-CH(R)-CO-〕在紫外区内对一定波长的光具有选择吸收作用。在此波长(280 nm)下,光吸收程度与蛋白质浓度(3～8 mg/mL)成直线关系,因此,通过测定蛋白质溶液的吸光度,并参照事先用凯氏定氮法测定蛋白质含量的标准样所作的标准曲线,即可求出样品蛋白质含量。

②适用范围:本法操作简便迅速,常用于生物化学研究工作;但由于许多非蛋白质成分在紫外光区也有吸收作用,加之光散射作用的干扰,故在食品分析领域中的应用并不广泛,最早用于测定牛乳的蛋白质含量,也可用于测定小麦面粉、糕点、豆类、蛋黄及肉制品中的蛋白质含量。

③主要仪器:紫外分光光度计,离心机(3000~5000 r/min)。

④试剂:

a.0.1 mol/L 柠檬酸溶液

b.8 mol/L 尿素的 2 mol/L 氢氧化钠溶液

c.95% 乙醇

d.无水乙醚

⑤操作方法:

a.标准曲线的绘制:准确称取样品 2.00 g,置于 50 mL 烧杯中,加入 0.1 mol/L 柠檬酸溶液 30 mL,不断搅拌 10 min 使其充分溶解。用四层纱布过滤于玻璃离心管中,以 3000~5000 r/min 的速度离心 5~10 min,倾出上清液。分别吸取 0.5、1.0、1.5、2.0、2.5、3.0 mL 于 10 mL 容量瓶中,各加入 8 mol/L 尿素的氢氧化钠溶液定容至标线,充分振摇 2 min,若混浊,再次离心直至透明为止。将透明液置于比色皿中,于紫外分光光度计 280 nm 波长处以 8 mol/L 尿素的氢氧化钠溶液作参比液,测定各溶液的吸光度 A。

以事先用凯氏定氮法测得的样品中蛋白质的含量为横坐标,上述吸光度 A 为纵坐标,绘制标准曲线。

b.样品的测定:准确称取试样 1.00 g,如前处理,吸取的每毫升样品溶液中含有 3~8 mg 的蛋白质。按标准曲线绘制的操作条件测定其吸光度,从标准曲线中查出蛋白质的含量。

⑥结果计算:

$$蛋白质(\%) = m/m_1 \times 100 \qquad (8-7)$$

式中:m——从标准曲线上查得的蛋白质含量,mg;

m_1——测定样品溶液所相当于样品的质量,mg。

⑦说明及注意事项:

a.测定牛乳样品时的操作手续为:准确吸取混合均匀的样品 0.2 mL,置于 25 mL 纳氏比色管中,用 95%~97% 的冰乙酸稀释至标线,摇匀,以 95%~97% 冰乙酸为参比液,用 1 cm 比色皿于 280 nm 处测定吸光度,并用标准曲线法确定样品蛋白质含量(标准曲线以采用凯氏定氮法已测出蛋白质含量的牛乳标准样绘制)。

b.测定糕点时,应将表皮的颜色去掉。

c.温度对蛋白质水解有影响,操作温度应控制在 20~30℃。

(2)A_{260nm} 和 A_{280nm} 比值法

①原理:凡是有共轭双键的物质,均具有紫外吸收值。因此,若样品中含核酸,则嘌呤、

嘧啶两类碱基对蛋白质的测定会产生干扰,应加以校正。核酸在 260 nm 处的紫外吸收值大于 280 nm 处的紫外吸收值,但蛋白质恰恰相反。利用这些性质,通过计算可以适当较正核酸对测定蛋白质浓度的干扰。但是,由于不同的蛋白质和核酸对紫外吸收不同,校正后的测定结果还存在一定的误差。

②测定:取一定量的样品稀释液,分别测出样品的 A_{280nm} 和 A_{260nm},计算出 A_{280nm}/A_{260nm} 的比值后,从表 8 - 3 中查出校正因子 F 值,同时可查出该样品内混杂的核酸质量分数。将 F 值代入,由下述公式可直接算出该样品的蛋白质含量:

$$蛋白质含量(mg/ml) = \frac{F \times A_{280nm} \times n}{d} \qquad (8-8)$$

式中:A_{280nm}——该样品液在 280 nm 波长下的吸收值;

　　　　d——石英杯的厚度,cm;

　　　　n——样品的稀释倍数。

(3)A_{215nm} 和 A_{225nm} 的吸收差法

对于蛋白质的稀溶液,由于蛋白质含量低而不能使用 280 nm 的光吸收测定,可用 215 nm 和 225 nm 吸收值之差求算蛋白质浓度。

样品测定:取一定量的样品液,以蒸馏水调零,分别测定 A_{215nm} 和 A_{225nm},并求出差值 $A_{215nm} - A_{225nm}$,与蛋白质标准溶液吸收差值作对照,求出样品的蛋白质含量。

本法在 20 ~ 100 mg/L 蛋白质范围内呈良好线性关系。氯化钠、硫酸铵及 0.1 mol/L 磷酸、硼酸和三羟甲基氨基甲烷等缓冲液都无显著干扰作用,但 0.1 mol/L 氢氧化钠、0.1 mol/L 乙酸、琥珀酸、邻苯二甲酸、巴比妥等缓冲液,在 215 nm 下的吸收较大,必须将其浓度降到 0.005 mol/L 才无显著影响。

(4)肽键紫外光测定法

蛋白质溶液在 238 nm 下均有光吸收,其吸收强弱与肽键多少成正比,根据这一性质,可测定样品在 238 nm 下的吸收值。与蛋白质标准液作对照,求出蛋白质含量。

本法比 280 nm 吸收法灵敏,由于醇、酮、醛、有机酸、酰胺类和过氧化物等都具有干扰作用,因此最好用无机酸、无机碱和水作为介质溶液。若含有机溶剂,则可先将样品蒸干,或用其他方法除去干扰物质,然后用水,稀酸或稀碱溶解后再作测定。在 50 ~ 500 mg/L 蛋白质范围内呈良好线性关系。

表 8 - 3　紫外分光光度法测定蛋白质含量校正数据表

280/260	核酸质量 分数/%	校正(F)	280/260	核酸质量 分数/%	校正(F)	280/260	核酸质量 分数/%	校正(F)
1.75	0.00	1.116	1.03	3.00	0.814	0.753	8.00	0.545
1.63	0.25	1.081	0.979	3.50	0.776	0.730	9.00	0.508
1.52	0.50	1.054	0.939	4.00	0.743	0.705	10.00	0.478
1.40	0.75	1.023	0.874	5.00	0.682	0.671	12.00	0.422
1.36	1.00	0.994	0.846	5.50	0.656	0.644	14.00	0.377

续表

280/260	核酸质量分数/%	校正(F)	280/260	核酸质量分数/%	校正(F)	280/260	核酸质量分数/%	校正(F)
1.30	1.25	0.970	0.822	6.00	0.632	0.615	17.00	0.322
1.25	1.50	0.944	0.804	6.50	0.607	0.595	20.00	0.278
1.16	2.00	0.899	0.784	7.00	0.585			
1.00	2.50	0.852	0.767	7.50	0.565			

注 表中的数值是由结晶的酵母烯醇化酶和纯的酵母核酸的吸光度计算得来的。一般,纯蛋白质的吸光度比值(280/260)约为1.8,而核酸的比值大约为0.5。

8.2.2.9 染料结合法

（1）原理

在特定的条件下,蛋白质可与某些染料(如氨基黑10 B或酸性橙12等)定量结合而生成沉淀,用分光光度计测定沉淀反应完成后剩余的染料量可计算出反应消耗的染料量,进而可求得样品中蛋白质含量。

（2）适用范围

本法适用于牛乳、冰淇淋、酪乳、巧克力饮料、脱脂乳粉等食品。

（3）主要仪器

分光光度计,组织捣碎机,离心机。

（4）试剂

①柠檬酸溶液:称取柠檬酸(含1分子结晶水)20.14 g,用水稀释至1000 mL,加入1.0 mL丙酸(防腐),摇匀后pH应为2.2。

②氨基黑10 B染料溶液:准确称取氨基黑10 B染料1.066 g,用pH 2.2的柠檬酸溶液定容至1000 mL,摇匀,取出1 mL,用水稀释至250 mL,以水为参比液,用1 cm比色皿于615 nm波长处测定吸光度应为0.320;否则用染料柠檬酸溶液或水进行调节。

（5）操作方法

①样品处理:用组织捣碎机将样品粉碎,准确称取一定量(蛋白质含量在370~430 mg),作标样用时称四份(两份凯氏法、两份染料结合法)。如样品脂肪含量高,用乙醚提取脂肪弃去,然后再作试验。

②染料结合:将脱脂肪后样品全部放入组织捣碎机中,准确加入吸光度为0.320的染料溶液200 mL,缓慢搅拌4 min。

③过滤离心:将已结合后的样品溶液用铺有玻璃棉的布氏漏斗自然过滤,或用G₂烧结玻璃漏斗抽滤,静置20 min。取上清液4 mL,用水定容至100 mL,摇匀,取出部分溶液离心5 min(2000 r/min)。

④比色:取离心后的澄清透明溶液,置于1 cm比色皿中,以蒸馏水为参比液于615 nm波长处测定吸光度。

⑤标准曲线的绘制:用凯氏定氮法测出上述两份平行样品的总氮量,进而计算出用于染料结合法测定的每份平行样的蛋白质含量,以比色测定得到的吸光度(实质是由沉淀反应后剩余的染料所产生的吸光度)为纵坐标(注意数值最好按从上到下吸光度增大的顺序标出),以相应蛋白质含量为横坐标绘图,即得标准曲线。

该标准曲线供分析同类样品蛋白质含量使用。

⑥测样:完全按照上述①~④步骤进行,根据测出的吸光度在标准曲线上查得蛋白质含量即可。

(6)说明及注意事项

①取样要均匀。

②绘制完整的标准曲线可供同类样品长期使用,而不需要每次测样时都作标准曲线。

③脂肪含量高的样品,应先用乙醚脱脂,然后再测定。

④在样品溶解性能不好时,也可用此法测定。

⑤本法具有较高的经验性,故操作方法必须标准化。

⑥本法所用染料还包括橙黄 G 和溴酚蓝等。

8.2.2.10　红外光谱法

(1)原理

红外光谱法测定由食品或其他物质中分子引起的辐射吸收(近红外、中红外、远红外区)。食品中不同的功能基团吸收不同频率的辐射。对于蛋白质和多肽,多肽键在中红外波段($6.47~\mu m$)和近红外(NIR)波段(如 $3300 \sim 3500$ nm,$2080 \sim 2220$ nm,$1560 \sim 1670$ nm)的特征吸收可用于测定食品中的蛋白质含量。针对所要测的成分,用红外波长光辐射样品,通过测定样品反射或透射光的能量(反比于能量的吸收)可以预测其成分的浓度。

8.2.2.11　4,4 - 二羧基 - 2,2 - 联喹啉(BCA)法

(1)原理

在碱性条件下蛋白质与 Cu^{2+} 络合并将 Cu^{2+} 还原成 Cu^+。BCA 与 Cu^+ 结合形成稳定的紫色复合物,BCA 与 Cu^+ 反应比福林—酚试剂与 Cu^+ 反应更强。在 562 nm 处有高的光吸收值,并与蛋白质浓度成正比,据此可测蛋白质含量。

(2)BCA 工作液

试剂 A:分别称取 10 g BCA 二钠盐、20 g 无水碳酸钠、0.16 g 酒石酸钠、4 g 氢氧化钠、9.5 g 碳酸氢钠,加水至 1 L,混合,调 pH 至 11.25。

试剂 B:4% 硫酸铜。

BCA 工作液:试剂 A 100 mL 与试剂 B 2 mL 混合。

(3)操作步骤

①蛋白质标准液:用结晶牛血清白蛋白根据其纯度用生理盐水配制成 1.5 mg/mL 的蛋白质标准液。

②绘制标准曲线:取 6 支试管,编号后分别加入 0mL、0.02 mL、0.04 mL、0.06 mL、0.08 mL、

0.1 mL 标准蛋白质溶液,然后各管分别用去离子水补充到 0.1 mL,最后各试管中分别加入 2.0 mL BCA 工作液,每加完一管,立即在旋涡混合器上混合,以蛋白质的含量为横坐标、吸光度 A 为纵坐标绘制标准曲线。

③样品测定同②,以测定管吸光度值,查找标准曲线,求出待测样品中蛋白质浓度。

(4)应用

BCA 法已经应用于蛋白质的分离和纯化中。此法对测定复杂食品体系中蛋白质的适用性还未见报道。

优点:

①灵敏度与福林—酚法相似。微量 BCA 法的灵敏度(0.5 ~ 10 μg)稍高于福林 – 酚法;

②一步混合的操作比福林—酚法更简单;

③所用试剂比福林—酚法简单;

④非离子型表面活性剂和缓冲液不对反应产生干扰;

⑤中等浓度的变性剂(4 mol/L 盐酸胍或 3 mol/L 尿素)不对反应产生干扰。

缺点:

①反应产生的颜色不稳定,需要仔细地控制比色时间;

②还原糖对此反应产生的干扰比对福林—酚法更大;

③不同蛋白质反应引起的颜色变化与福林—酚法相似;

④比色的吸光度与蛋白质浓度不成线性关系。

8.2.2.12　比浊法

(1)原理

低浓度(3% ~ 10%)的三氯乙酸、磺基水杨酸和乙酸中的铁氰化钾能使提取的蛋白质沉淀形成蛋白质颗粒的悬浊液。其浊度可由辐射光传送过程中的衰减而确定,辐射光传送过程中的衰减是由于蛋白质颗粒的散射造成的,辐射光衰减的程度与溶液中的蛋白质浓度成正比。

(2)方法

测定小麦蛋白质的常规方法为磺基水杨酸法,具体方法如下所述:

①小麦面粉用 0.05 mol/L NaOH 溶液萃取;

②将溶于碱性溶液的蛋白质从原料中离心分离;

③磺基水杨酸和蛋白质溶液混合;

④在 540 nm 处测定其浊度,并扣去空白;

⑤蛋白质的含量可根据凯氏定氮法校正过的标准曲线来计算。

(3)应用

比浊法已经用于测定小麦面粉和玉米的蛋白质含量。

优点:

①快速,可在 15 min 内完成;

②测定结果不包括除了核酸外的非蛋白质含量。

缺点:

①不同的蛋白质沉淀的速率不同;

②浊度随酸试剂浓度的不同而变化;

③核酸也能被酸试剂沉淀。

8.3　氨基酸的测定

8.3.1　氨基酸的定性测定

8.3.1.1　氨基酸的一般显色反应

本节介绍三种显色反应:茚三酮法、吲哚醌法和邻苯二甲醛法。前两种是经典的常用显色法,后一种是近年来发展起来的荧光显色法,具有灵敏度高的特点。

(1)茚三酮法

①将点有样品的层析或电泳完毕的滤纸充分除尽溶剂,用 5 g/L 茚三酮无水丙酮溶液喷雾,充分吹干,置 65℃烘箱中约 30 min(温度不宜过高,避免空气中氨,以免背景泛红色),氨基酸斑点呈紫红色。

②用 0.4 g 茚三酮,10 g 酚和 90 g 正丁醇的混合液显色。

③用 1 g/L 茚三酮无水丙酮溶液显色完毕后,再用盐酸蒸汽熏 1 min。

④用 1 g 茚三酮,600 mL 无水乙醇,200 mL 冰乙酸及 80 mL 2,4,6—三甲基吡啶混合液 80℃染色 5～10 min。

为了使显色稳定,可用下列方法:

⑤配制含乙酸镉 2 g 加蒸馏水 200 mL 及冰乙酸 40 mL 的储存液。将上述储存液加 200 mL 丙酮及 2 g 茚三酮,即为显色液。点有样品的滤纸上浸有此显色液后,放置于盛有一小杯浓硫酸的密闭玻璃容器中,25℃,18 h,或较高温度下适当缩短时间。背景色浅,氨基酸斑点也比较稳定。

⑥用含 2 g/L $CoCl_2$(或 $CuSO_4$)的 4 g/L 茚三酮异丙酮溶液显色时,氨基酸斑点呈红色,也可在茚三酮显色后喷以含钴、镉或铜等无机离子的异丙醇溶液,斑点自蓝紫色变成红色。

(2)吲哚醌法

①原理:各种氨基酸与吲哚醌试剂能显示不同颜色,因此可借此辨认氨基酸。氨对吲哚醌显色没有妨碍,但其灵敏度较茚三酮法稍差,显色不稳定,颜色只有在绝对干燥的环境中才能保存。

②试剂:

显色剂:1 g 吲哚醌溶于 100 mL 乙醇及 10 mL 冰乙酸中(若冰乙酸用量减少则灵敏度稍差)。

底色褪色剂:在 100 mL 200 g/L 碳酸钠溶液中加入 60 g 硅酸钠($Na_2SiO_3 \cdot 9H_2O$),在

水浴(60~70℃)中加热搅拌直至完全溶解,待溶液比较清澈为止。在溶解过程中,有时硅酸钠会结成凝胶,此时只需继续搅拌即可溶解。配制时若硅酸钠用量多则褪色较快,但背景容易变黄,硅酸钠用得少(40 g),虽褪色较慢,但背景较为洁白。

③显色步骤:层析或电泳后滤纸烘干,仔细喷上或涂上显色剂,用电吹风迅速吹干,待乙酸气味不太刺鼻时移置100℃烘箱烘5~15 min,直至显色为止(温度不要太高,以免引起褪色),注意观察所显出的颜色,然后均匀地涂上底色褪色剂,纸的背景即由黄色变为绛红而后逐渐变浅,待黄色背景几乎褪尽时,迅速用电吹风吹干,并随时观察颜色的变化。例如苏氨酸在褪色前为浅红带褐色,褪色后则呈橙黄色或黄色;脯氨酸在褪色前为蓝色,吹干时很快褪成无色。室温较低时,底色褪色很慢,此时可将褪色剂加温到30~40℃。温度过高也不宜,因为氨基酸斑点的褪色速度也同时加快,应该避免。

其他显色步骤:显色剂1 g 吲哚醌、1.3 g 乙酸锌溶解于70~80 mL 热异丙醇中,冷却后加1 mL 吡啶;或者1 g 吲哚醌、1.5g 乙酸锌溶解于95 mL 热异丙醇中,加3 mL 水,冷却后加1 mL 冰乙酸。点有样品的滤纸仔细喷以显色剂后,80~85℃放置10 min,背景可用水迅速浸洗去而不使氨基酸斑点褪去。

由于吲哚醌试剂配制方法不同,对同一种氨基酸所显颜色往往也有差异。

(3)邻苯二甲醛法

邻苯二甲醛法是目前纸上层析、硅胶薄层层析荧光显色氨基酸最灵敏的方法之一,也可用于氨基酸定量,并推广应用于乙内酰苯硫脲氨基酸、多肽和蛋白质的检出和定量。根据文献报道,氨基酸纸上层析灵敏度达0.5 μmoL,在硅胶薄层层析上为0.05~0.2 μmoL。这里介绍在纸上层析显现氨基酸的方法(荧光胺是另一种常用的荧光试剂,由于荧光胺来源比较困难,这里未作介绍)。

①原理:邻苯二甲醛在2-巯基乙醇存在下,在碱性溶液中与氨基酸作用产生荧光化合物,最合适的激发光和发射光波长分别为340 nm 和455 nm。

各种氨基酸显现的荧光强度不同,其相对荧光强度由大到小的大致顺序如下:天冬氨酸、异亮氨酸、甲硫氨酸、精氨酸、组氨酸、亮氨酸、丝氨酸、缬氨酸、谷氨酸、苏氨酸、甘氨酸、色氨酸、丙氨酸、苯丙氨酸、赖氨酸、酪氨酸、NH_3、脯氨酸和半胱氨酸。

②试剂:

邻苯二甲醛显色液:取0.1 g 邻苯二甲醛,0.1 mg 巯基乙醇,1 mL 三乙胺,加丙酮+石油醚(60~90℃)(1+1)的混合溶剂至100 mL。放置0.5 h 后使用。

③显色步骤:将含有氨基酸样品的滤纸浸入邻苯二甲醛显色液中1 min,冷风吹干,在温度18℃以下,湿度50%~90%之间显色0.5 h,于紫外灯下观察荧光点。

④说明:在滤纸上显现氨基酸时,邻苯二甲醛浓度以0.1%为宜。显色时必须有一定的湿度,以便氨基酸溶解,提高分子碰撞几率,并使极性基团解离,促进反应趋于完全。湿度太低,显不出荧光。温度对显现的荧光延时有显著影响,温度高则荧光延时短,温度低则荧光延时长。

8.3.1.2　个别氨基酸的显色反应

利用个别氨基酸与某些试剂具有特殊的显色反应定性氨基酸。可应用于纸层析和纸电泳显色,也可单独应用。方法很多,仅将常用的方法介绍如下。

(1)精氨酸的显色反应

方法一

试剂 a:5 g 尿素溶解于 100 mL0.1 g/L a - 萘酚乙醇中,使用前,每 100 mL 加约 5 g KOH。

试剂 b:0.7 mL 溴水溶解于 100 mL 5% NaOH 中。

显色步骤:在点有样品的滤纸上喷试剂 a 后,在空气中吹几分钟,再喷试剂 b。精氨酸或含精氨酸的多肽显红色。此试剂对含精氨酸的蛋白质也适用。

方法二

试剂 a:1 g/L 8 - 羟基喹啉的丙酮溶液。

试剂 b:0.02 mL 溴水溶解于 100 mL 0.5 mol/L NaOH 溶液中。

显色步骤:将点有样品的滤纸烘干后,喷上试剂 a,吹干后,再喷试剂 b。精氨酸或其他胍类物质显橘红色。

(2)胱氨酸和半胱氨酸的显色

试剂 a:1.5 g 亚硝基铁氰化钠[(Na$_2$Fe(CN)$_5$NO$_2$·5H$_2$O)]溶于 5 mL2 mol/L H$_2$SO$_4$ 溶液中,加 95 mL 甲醇。此时会有沉淀产生,可保存 1 个月以上,使用时在每 100 mL 上述溶液中加 10 mL 28% 氨水,过滤除去沉淀。清液仅能保持 1 d 左右。

试剂 b:2 g 氰化钠溶于 5 mL 水中,然后加 95 mL 甲醇。此时有沉淀产生,使用时只需摇匀即可。

显色步骤:半胱氨酸的显色:在滤纸上喷以试剂 a 的清液,5 min 后半胱氨酸显红色。

胱氨酸的显色:先将滤纸浸入试剂 b,迅速取出,稍等片刻再喷试剂 a 的清液,5 min 后胱氨酸显红色。也可以把试剂 b 配制的浓度增加 1 倍,在显色前混合,再喷到滤纸上。

(3)甘氨酸的显色

试剂:0.1 g 邻苯二甲醛溶于 100 mL 77% 乙醇中。

显色步骤:点有样品的滤纸喷上试剂,甘氨酸显墨绿色,在汞灯(365 nm)下显巧克力棕色。吲哚醌显色后,再用此试剂仍有效。以甘氨酸为 N 端的小肽也能显色,但其 N 端被保护后,以及其他氨基酸均不显色。

(4)脯氨酸的显色

试剂:1 g 吲哚醌和 1.5 g 乙酸锌、1 mL 乙酸、5 mL 蒸馏水混合,再加入 95 mL 异丙醇。新鲜配制。

显色步骤:层析滤纸除尽溶剂,喷上以上试剂,80 ~ 85℃烘箱内放置 30 min,脯氨酸显蓝色,再以 30℃温水漂洗除去多余的试剂后,背景为白色或浅黄色。

也可剪下脯氨酸斑点,在试管中加入 5 mL 水饱和酚,在黑暗中洗脱 15 min,间歇振摇,于 610 nm 测定其吸光度。从已知标准曲线即可求得样品内脯氨酸含量,测定范围 5 ~ 20 μg。

（5）丝氨酸和羟赖氨酸的显色

试剂 a:0.035 mol/L 过碘酸钠（748 mg NaIO₄ 溶于数毫升甲醇中,加 2 滴 6 mol/L 盐酸,再用甲醇稀释至 100 mL）。

试剂 b:15 g 乙酸铵加 0.3 mL 冰乙酸,加 1 mL 乙酰丙酮,用甲醇稀释到 100 mL。

显色步骤:点有样品的滤纸吹干,先喷试剂 a,近干后再喷试剂 b,室温放置 2 h,紫外灯下照射 0.5 h,丝氨酸和羟赖氨酸呈黄色斑点,在紫外线下都有荧光。

（6）羟脯氨酸的显色

试剂 a:1 g 吲哚醌溶于 100 mL 乙醇及 10 mL 冰乙酸。

试剂 b:1 g 对二甲基氨基苯甲醛溶于 100 mL 的丙酮 + 浓盐酸（9 + 1）混合液中（此试剂不稳定,隔数日后溶液颜色增深发黑,灵敏度降低,故用时新鲜少量配制）。

显色步骤:将待鉴定的溶液点于小方块纸上,干后先点上试剂 a,热风吹干。这时纯羟脯氨酸呈墨绿色,纯脯氨酸呈深蓝色（极灵敏）,对其他氨基酸呈程度不同的紫红色（不太灵敏）;然后再点上试剂 b 吹干,如溶液中含有羟脯氨酸即转变为玫瑰红色,而其他氨基酸与吲哚醌所生成的颜色则褪去。

（7）色氨酸的显色

方法一

试剂:1 g 对二甲氨基苯甲醛加 90 mL 丙酮、10 mL 浓盐酸。新鲜配制。

显色步骤:点有样品的滤纸干燥后,喷上以上试剂,在室温下放置几分钟后,色氨酸显蓝色或紫红色。茚三酮显色后,仍可使用本法。

方法二

试剂:10 mL 35% 甲醛加 10 mL 25% 盐酸、20 mL 无水乙醇。

显色步骤:点有样品的滤纸喷上以上试剂后,100℃烘 5 min,色氨酸在长波长紫外光下呈现荧光（黄—橙—绿色）。

（8）酪氨酸的显色

试剂 a:0.1% α - 亚硝基 - β - 萘酚的 95% 乙醇溶液。

试剂 b:10% 硝酸水溶液。

显色步骤:点有样品的滤纸喷上试剂 a 后,吹干,再喷试剂 b,然后在 100℃烘 3 min,酪氨酸或含酪氨酸的多肽在浅灰绿色的背景上显红色,0.5 h 后转变为橘红色,其后渐褪去。灵敏度 1 ~ 2 μg 酪氨酸。茚三酮显色后,再用此试剂处理,仍能显色,茚三酮所显出的紫红色斑点变成红色。

（9）酪氨酸和组氨酸的显色——pauly 反应

试剂 a:4.5 g 对氨基苯磺酸与 45 mL 12 mol/L HCl 共热溶解,以蒸馏水稀释至 500 mL。用时取出 30 mL,在 0℃与等体积的 50 g/L 亚硝酸钠水溶液相混合（室温放置时间太长会失效)。

试剂 b:10 g/L 碳酸钠水溶液。

显色步骤:点有样品的滤纸上喷试剂 a,片刻后再喷试剂 b。组氨酸及含组氨酸的多肽显橘红色;酪氨酸及含酪氨酸的多肽显浅红色。

8.3.2　氨基酸的定量测定

8.3.2.1　双指示剂甲醛滴定法

(1)原理

氨基酸具有酸、碱两重性质,因为氨基酸含有 -COOH 基显示酸性,又含有 -NH₂ 基显示碱性。由于这两者的相互作用,使氨基酸成为中性的内盐。当加入甲醛溶液时, -NH₂ 与甲醛结合,其碱性消失,破坏内盐的存在,就可用氢氧化钠标准溶液来滴定 -COOH 基,以间接方法测定氨基酸的量。

(2)方法特点及应用

此法简单易行、快速方便,与亚硝酸氮气容量法分析结果相近。在发酵工业中常用此法测定发酵液中氨基氮含量的变化,以了解可被微生物利用的氮源的量及利用情况,并以此作为控制发酵生产的指标之一。脯氨酸与甲醛作用时产生不稳定的化合物,使结果偏低;酪氨酸含有酚羟基,滴定时也会消耗一些碱而致使结果偏高;溶液中若有铵存在也可与甲醛反应,往往使结果偏高。

(3)试剂

①20% 中性甲醛溶液:以百里酚酞为指示剂,用氢氧化钠将溶液中和至淡蓝色。

②0.1% 百里酚酞乙醇溶液。

③0.1% 中性红乙醇溶液。

④0.05 mol/L 氢氧化钠标准溶液。

(4)操作方法

吸取含氨基酸约 20 mg 的样品溶液两份,分别置于三角瓶中,加水 50 mL。其中一份加 0.1% 中性红指示剂 3 滴,用 0.05 mol/L 氢氧化钠标准溶液滴定至琥珀色为终点,记录用量;另一份加入 0.1% 百里酚酞 3 滴和中性甲醛 20 mL,摇匀,静置 1 min,以 0.05 mol/L 氢氧化钠标准溶液滴定至淡蓝色为终点。记录两次滴定所消耗的碱液毫升数,用下述公式计算。

(5)结果计算

$$氨基酸态氮(\%) = \frac{(V_1 - V_2) \times C \times 0.014}{m} \times 100 \qquad (8-9)$$

式中:C——NaOH 标准溶液浓度,mol/L;

V_1——百里酚酞作指示剂时消耗 NaOH 标准溶液的体积,mL;

V_2——中性红作指示剂时消耗 NaOH 标准溶液的体积,mL;

m——测定用样品溶液相当于样品的质量,g;

0.014——氮的毫摩尔质量,g/mmol。

(6)说明

①此法适用于测定食品中的游离氨基酸。

②固体样品应先进行粉碎,准确称样后用水萃取,然后测定萃取液;液体样品可直接吸取试样进行测定。

③若样品颜色较深,可加适量活性炭脱色后再测定,或用电位滴定法进行测定。

④与此法类似的还有单指示剂甲醛滴定法,从理论计算看,双指示剂法的结果更准确。

8.3.2.2 电位滴定法

(1)原理(同双指示剂甲醛滴定法)。

(2)主要仪器

酸度计、磁力搅拌器。

(3)试剂

①20%中性甲醛溶液,以百里酚酞为指示剂,用 NaOH 溶液中和至淡蓝色。

②0.05 mol/L 氢氧化钠标准溶液。

(4)操作方法

吸取 5.0 mL 样品,定容至 100 mL,吸取 20.0 mL 置于烧杯中,加水 60 mL,开动磁力搅拌器,用 0.05 mol/L 氢氧化钠标准溶液滴定至 pH 为 8.2。

加入 10.0 mL 甲醛溶液,混匀,再用 0.05 mol/L 氢氧化钠标准溶液滴定至 pH 为 9.2,记下消耗氢氧化钠标准液的毫升数 V_1。

同时取水 80mL,做试剂空白试验 V_2。

(5)计算

$$氨基酸态氮 = \frac{(V_1 - V_2) \times C \times 0.014}{m} \times 100\% \qquad (8-10)$$

式中:C——NaOH 标准溶液浓度,mol/L;

V_1——测定用样品加入甲醛后消耗 NaOH 标准溶液的体积,mL;

V_2——试剂空白试验加入甲醛后消耗 NaOH 标准溶液的体积,mL;

m——测定用样品溶液相当于样品的质量,g;

0.014——氮的毫摩尔质量,g/mmol。

8.2.2.3 茚三酮比色法

(1)原理

除脯氨酸、羟脯氨酸和茚三酮反应产生黄色物质外,所有氨基酸和蛋白质的末端氨基酸在碱性条件下与茚三酮都发生反应,生成蓝紫色化合物,产生的颜色深浅与氨基酸含量成正比,可用分光光度法测定,其最大的吸收波长为 570 nm。

(2)主要仪器

分光光度计、恒温水浴锅。

（3）试剂

①2 g/L 茚三酮溶液：称取茚三酮 1.0 g，溶于 25 mL 热水，加入氯化亚锡 40 mg，滤液置冷暗处过夜，定容至 50 mL。

②磷酸盐缓冲液（pH 8.04）：准确称取磷酸二氢钾（KH_2PO_4）4.5350 g 于烧杯中，用少量蒸馏水溶解，定容于 500 mL 容量瓶中，稀释至刻度。称取磷酸氢二钠（Na_2HPO_4）11.9380 g 于烧杯中，用少量蒸馏水溶解，定容于 500 mL 容量瓶中，稀释至刻度，摇匀备用。

取上述配好的磷酸二氢钾 10.0 mL 和 190 mL 磷酸氢二钠溶液混合均匀即为 pH 8.04 磷酸盐缓冲液。

③氨基酸标准液：称取标准氨基酸，配制成 200 mg/L 的氨基酸标准液。

（4）操作方法

①样品处理：准确称取粉碎样品 5～10 g 或吸取液体样品 5～10 mL，置于烧杯中，加入 50 mL 蒸馏水和 5 g 左右活性炭，加热煮沸，过滤，用 30～40 mL 热水洗涤活性炭，收集滤液于 100 mL 容量瓶中，加水至标线，摇匀备测。

②标准曲线绘制：准确吸取 200 mg/L 的氨基酸标准溶液 0.0 mL、0.5 mL、1.0 mL、1.5 mL、2.0 mL、2.5 mL、3.0 mL（相当于 0 μg、100 μg、200 μg、300 μg、400 μg、500 μg、600 μg 氨基酸），分别置于 25 mL 容量瓶或比色管中，各加水补充至容积为 4.0 mL，然后加入茚三酮和磷酸缓冲溶液各 1 mL，混合均匀，于水浴上加热 15 min，取出迅速冷至室温，加水至标线，摇匀。静置 15 min 后，在 570 nm 波长下，以试剂空白为参比液测定其余各溶液的吸光度。以氨基酸的微克数为横坐标，吸光度 A 为纵坐标，绘制标准曲线。

③样品的测定：吸取澄清的样品溶液 1～4 mL，按标准曲线制作步骤，在相同条件下测定吸光度 A 值，用测得的 A 值在标准曲线上即可查得对应的氨基酸微克数。

（5）计算

$$氨基酸含量（mg/100g）= m \times 100/(m_1 \times 1000) \tag{8-11}$$

式中：m——从标准曲线上查得的氨基酸的质量，μg；

m_1——测定的样品溶液相当于样品的质量，g。

（6）说明及注意事项

茚三酮受阳光、空气、温度、湿度等影响而被氧化呈淡红色或深红色，使用前须进行纯化。

8.3.2.4 非水溶液滴定法

（1）原理

氨基酸的非水溶液滴定法是氨基酸在冰乙酸中用高氯酸的标准溶液滴定其含量。根据酸碱的质子学说：一切能给出质子的物质为酸，能接受质子的物质为碱；弱碱在酸性溶剂中碱性显得更强，而弱酸在碱性溶剂中酸性显得更强，因此本来在水溶液中不能滴定的弱碱或弱酸，如果选择适当的溶剂使其强度增加，则可以顺利地滴定。氨基酸有氨基和羧基，在水中呈现中性，而在冰乙酸中就能接受质子显示出碱性，因此可以用高氯酸等强酸进行滴定。

$$R—CH—COOH + CH_3COOH \Longrightarrow R—CH—COOH + CH_3COO^-$$
$$\quad\quad\ |\quad\quad\quad\quad\quad\quad\quad\quad\quad\quad\quad\ |$$
$$\quad\ NH_2\quad\quad\quad\quad\quad\quad\quad\quad\quad\quad NH_3^+$$

$$HClO_4 + CH_3COOH \Longrightarrow CH_3COOH_2^+ + ClO_4^-$$

$$CH_3COO^- + CH_3COOH_2^+ \Longrightarrow 2\ CH_3COOH$$

$$R—CH—COOH + HClO_4 \Longrightarrow R—CH—COOH + ClO_4^-$$
$$\quad\ \ |\quad\quad\quad\quad\quad\quad\quad\quad\quad\quad\quad\quad\quad |$$
$$\quad\ NH_2\quad\quad\quad\quad\quad\quad\quad\quad\quad\quad\quad NH_3^+$$

本法适合于氨基酸成品的含量测定、允许测定的范围是几十毫克的氨基酸。

（2）测定

①直接法（适用于能溶解于冰乙酸的氨基酸）：精确称取氨基酸样品 50 mg 左右，溶解于 20 mL 冰乙酸中，加 2 滴甲基紫指示剂，用 0.1 mol/L 高氯酸标准溶液滴定（用 10 mL 体积的微量滴定管），终点为紫色刚消失，呈现蓝色。空白管为不含氨基酸的冰乙酸液，滴定至同样终点颜色。

②回滴法（适用于不易溶解于冰乙酸而能溶解于高氯酸的氨基酸）：精确称取氨基酸样品 30~40 mg，溶解于 5 mL 0.1 mol/L 高氯酸标准溶液中，加 2 滴甲基紫指示剂，剩余的酸以乙酸钠溶液滴定，颜色变化由黄，经过绿、蓝至初次出现不褪的紫色为终点。

（3）说明

①能溶解于冰乙酸的氨基酸，可以用直接法测定的有：丙氨酸、精氨酸、甘氨酸、组氨酸、亮氨酸、甲硫氨酸、苯丙氨酸、色氨酸、缬氨酸、异亮氨酸和苏氨酸。不易溶解于冰乙酸，但能溶解于高氯酸可以用回滴法测定的有：赖氨酸、丝氨酸、胱氨酸和半胱氨酸。

②谷氨酸和天冬氨酸在高氯酸溶液中也不能溶解，可以将样品溶解于 2 mL 甲酸中，再加 20 mL 冰乙酸，直接用标准的高氯酸溶液滴定。

8.3.2.5 邻苯二甲醛法（OPA 法）

邻苯二甲醛在 2-巯基乙醇存在下，于碱性溶液中与氨基酸作用产生荧光化合物，最合适的激发光和发射光波长分别为 340 nm 和 455 nm。可能产物如下：

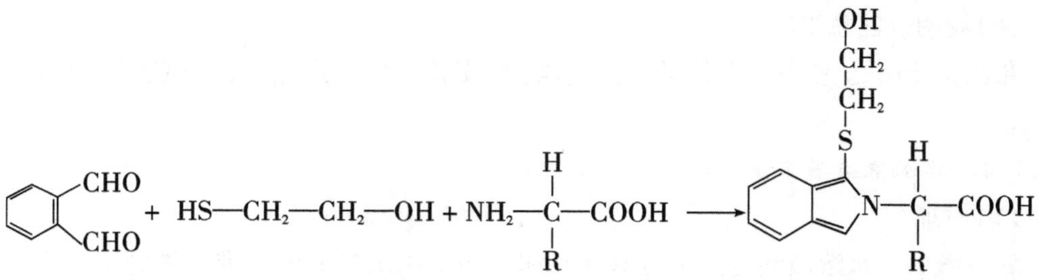

各种氨基酸显现的荧光强度不同，其相对荧光强度由大到小大致顺序如下：天冬氨酸、异亮氨酸、甲硫氨酸、精氨酸、组氨酸、亮氨酸、丝氨酸、缬氨酸、谷氨酸、苏氨酸、甘氨酸、色氨酸、丙氨酸、苯丙氨酸、赖氨酸、酪氨酸、NH_3、脯氨酸和半胱氨酸。

本法可用于测定游离氨基酸的含量，灵敏度较茚三酮法高 100 倍以上，可测到 0.1 ×

$10^{-4} \sim 1 \times 10^{-4}$ mol 氨基酸。如用于血清中 a – 氨基氮的测定,每次血清用量只需 5 ~ 10 μL。与另一种荧光试剂(荧光胺)一样,空白无荧光,只有与氨基酸结合才产生荧光。缺点是与脯氨酸不产生荧光,邻苯二甲醛与半胱氨酸荧光值太低。如前所述,荧光胺已用于氨基酸自动分析定量分析,但由于试剂昂贵及个别氨基酸反应不满意,目前还未普遍应用。

8.3.2.6　三硝基苯磺酸法

三硝基苯磺酸(TNBS)是定量测定氨基酸的重要试剂之一。TNBS 在偏碱性的条件下与氨基酸反应,先形成中间络合物。

中间络合物在光谱上有 2 个吸收值相近的高峰,分别位于 355 nm 和 420 nm 附近。然而溶液一旦酸化,中间络合物转化成三硝基苯—氨基酸(TNP—氨基酸),420 nm 处的吸收值显著下降,而 350 nm 附近的吸收峰则移至 340 nm 处。

利用 TNBS 与氨基酸反应的这一特性,可在 420 nm 处(偏碱性溶液中)或在 340 nm 处(偏酸性溶液中)对氨基酸进行定量测定。表 8 – 4 列出各种氨基酸与 TNBS 反应后在不同条件下测定的吸光度。在 340 nm 处,各氨基酸的吸收度大致相近,而在 420 nm 处的吸光度因氨基酸种类而异。

本法允许的测定范围是 0.05 ~ 0.4 μmol 氨基酸。

表 8 – 4　各种氨基酸与 TNBS 反应后在不同条件下测定的吸光度

氨基酸种类	碱性溶液①	酸性溶液加 SO_3^{2-}②	酸性溶液③
甘氨酸	0.30	0.54	0.31
丙氨酸	0.31	0.59	0.30
甲硫氨酸	0.30	0.53	0.30
缬氨酸	0.31	0.57	0.31
亮氨酸	0.30	0.60	0.30
异亮氨酸	0.30	0.56	0.31
苏氨酸	0.30	0.59	0.30
丝氨酸	0.30	0.60	0.30
天冬氨酸	0.19	0.43	0.30
谷氨酸	0.23	0.53	0.30
天冬酰胺	0.30	0.46	0.30
谷氨酰胺	0.31	0.53	0.30
酪氨酸	0.30	0.48	0.30
苯丙氨酸	0.30	0.60	0.30
色氨酸	0.16	0.31	沉淀
组氨酸	0.30	0.50	0.30

续表

氨基酸种类	碱性溶液[①]	酸性溶液加 SO_3^{2-}[②]	酸性溶液[③]
赖氨酸	0.60	0.90	沉淀
精氨酸	0.40	0.58	0.30
脯氨酸	0	0	
$a-N-$苯氧羰酰—赖氨酸	0.32	0.45	沉淀

①取不同含量氨基酸液 1mL,加 4 g/L NaHCO₃ 1 mL,0.1 g/L TNBS1 mL,于40℃反应2h,用水补充至4mL,在420nm处测定。制作氨基酸浓度－吸光度坐标图,从曲线中求得各氨基酸于 1μmol 时的吸光度。

②条件同上,但在与 TNBS 反应时加 0.01mol/L Na₂SO₃ 1mL,最后总体积也是 4 mL,同样在 420nm 处测定。

③条件同①,但与 TNBS 反应后加 1mol/LHCl 1mL 酸化,在 340 nm 处测定。

8.3.2.7 乙酰丙酮和甲醛荧光法

（1）原理

氨基酸与乙酰丙酮和甲醛反应,生成 $N-$ 取代基 $-2,6-$ 二甲基 $-3,5-$ 二乙酰基 $-1,4-$ 二氢吡啶,产生黄—绿色荧光,可用荧光分析法检测（参见表 8 - 5）。

（2）试剂

混合试剂:取 1 mol/L 乙酸钠溶液 10 mL,加入乙酰丙酮溶液 0.4 mL 和 30% 甲醛溶液 1 mL,用水稀释至 30 mL。

（3）测定

取氨基酸液 1 mL,加入混合试剂 1 mL,用棉花塞满试管口,避光于 100℃ 下加热 10 min,冷却,加水 2 mL,然后测定荧光值。与标准相比较求出样品中的氨基酸含量。

表 8 - 5 各种氨基酸的发射波长和检测范围

化合物（激发波长 405nm）	发射波长/nm	检测范围/mg/L
甘氨酸	485	2 ~ 10
苯丙氨酸	490	8 ~ 40
丝氨酸	485	5 ~ 25
半胱氨酸（盐酸盐）	500	20 ~ 100
谷氨酸	485	20 ~ 100

8.3.2.8 赖氨酸的测定

（1）原理

用铜离子阻碍游离氨基酸的 $\alpha-$ 氨基,使赖氨酸的 $\varepsilon-$ 氨基可以自由地与 $1-$ 氟 $-2,4-$ 二硝基苯（FDNB）反应,生成 $\varepsilon-$ DNP - 赖氨酸。经酸化和用二乙基醚提取,在波长 390nm 处有吸收峰,从而求出样品中游离赖氨酸的含量。

（2）试剂

①氯化铜溶液:称 28.0 g 无水氯化铜,用水稀释至 1000 mL。

②磷酸三钠溶液:称 68.5 g 无水磷酸钠,用水稀释至 1000 mL。

③硼酸盐缓冲液（pH 9.1 ~ 9.2）:称取 54.64 g 带有 10 个结晶水的四硼酸钠,用水稀

释至 1000 mL。

④磷酸铜悬浮液:搅拌情况下,把氯化铜液 200 mL,缓慢倒入 400 mL 的磷酸三钠溶液中,把悬浮液以 2000 r/min 速度离心 5 min,用硼酸盐缓冲液再悬浮沉淀物,洗涤离心 3 次,把最后的沉淀物悬浮在硼酸盐缓冲液中,并用缓冲液稀释至 1 L。

⑤1 - 氟 - 2,4 - 二硝基苯(FDNB)溶液:吸取 FDNB 10 mL 用甲醇稀释至 100 mL。

⑥赖氨酸 - HCl 标准溶液:称取一定量赖氨酸 - HCl,用水配成 200 mg/L 的标准工作液。

⑦100 g/L 丙氨酸溶液。

(3)测定

①称取通过 40 目筛的均匀试样 1.00 g,置于 100 mL 烧瓶中。另吸取赖氨酸 - HCl 标准工作液 5 mL(相当于 1 mg 赖氨酸 - HCl),连同试剂空白同时进行试验。

②向各烧瓶中加入 25 mL 磷酸铜悬浮液,然后再加 10% 丙氨酸 1.0 mL,振摇 15 min 吸取 10% FDNB 溶液 0.5 mL。置于各处理烧瓶中,将烧瓶置沸水中加热 15 min。

③取出烧瓶,立即加入 1 mol/L 的 HCl 溶液 25 mL,并不断摇动使之酸化和分散均匀。

④烧瓶中的溶液冷却至室温,用水稀释至 100 mL,取约 40 mL 悬浮液进行离心。

⑤用 25 mL 二乙基醚提取上清液 3 次,除去醚。并将溶液收集于有刻度试管中,于 65℃水浴中加热 15 min,以除去残留的醚。并记录溶液的体积数。

⑥吸取上述各处理液 10 mL,分别与 95% 乙醇溶液 10 mL 混合,用滤纸过滤。

⑦用试剂空白液凋零,测定样液 A_{390nm},与赖氨酸 - HCl 标准液对照,求出样品中赖氨酸 - HCl 的含量。

本法在 0 ~ 40 mg/L 赖氨酸溶液范围内呈良好线性关系。

(4)说明

①添加一定量的中性氨基酸如丙氨酸,增加总氨基酸的浓度,有助于赖氨酸 - HCl 浓度具有良好的线性关系。

②用醚提取酸性溶液,可将所有中性或酸性的 DNP - 氨基酸衍生物除去,并把 FDNB 的产物破坏,否则这些产物在 390 nm 处存在干扰。

8.3.2.9　色氨酸的测定

(1)原理

样品中的蛋白质经碱水解后,游离的色氨酸与甲醛和含铁离子的三氯乙酸溶液作用,生成哈尔满化合物(harman),具有特征荧光值,可以进行定量测定。

(2)试剂

①0.3 mmol/L 三氯化铁 - 三氯乙酸溶液:称取三氯化铁($FeCl_3 \cdot 6H_2O$)41 mg,加入 10% 三氯乙酸溶液溶解并定容至 500mL。

②2% 甲醛:量取甲醛溶液(36% ~38%)5.5 mL,加水至 100 mL。

③色氨酸标准溶液:称取 10 mg 色氨酸,用 0.1 mol/L NaOH 溶液溶解并定容至

100 mL,置棕色瓶中备用,使用时用水稀释成 1 mg/L 的标准溶液。

（3）测定

称取样品粉末 100～200 mg 于离心管中,加入 4 mL 乙醚,摇匀后过夜,以 3000 r/min 速度离心 10 min。将乙醚提取液移入试管内,并用乙醚洗涤残渣 3 次,收集乙醚液于试管中,于 40℃水浴除去醚。残留物中加入 6.25 mol/L NaOH 4mL,火焰封口,于 110℃水解 16～24 h。水解液用 4 mol/L HCl 溶液调节至 pH6～8 后,用水定容至 50 mL,过滤备用。

吸取滤液 0.2 mL,加入 2% 甲醛 0.2 mL 和 0.3 mmol/L 三氯化铁 - 三氯乙酸混合液 2 mL,摇匀后于 100℃水浴中加热 1 h,取出,冷却后用水定容至 10 mL。在激发波长为 365 nm,发射波长 449 nm 条件下,测定样品的荧光强度,与色氨酸标样作对照,求出样品中色氨酸含量。

本法在 0～10 mg/L 色氨酸溶液范围内呈良好线性关系。

8.3.2.10 苯丙氨酸的测定

（1）原理

苯丙氨酸与茚三酮及铜盐反应生成荧光复合物,其荧光复合物在激发波长 365 nm,发射波长 490 nm 处可以产生最大荧光强度,与标准氨基酸对照,可求出样品中苯丙氨酸的含量,检测时加入 L - 亮氨酸 - L - 丙氨酸二肽能增强这一反应。

（2）试剂

试剂均用分析纯试剂和玻璃器重蒸馏水配制。

①二肽 - 茚三酮试剂

a. 5 mmol/L 亮丙二肽溶液:称取 L - 亮氨酰 - L - 丙氨酸 1 mg,溶于 1 mL 水中,现配。

b. 30 mmol/L 茚三酮溶液:称取茚三酮 534 mg,溶于 100 mL 水中,冰箱储存。

c. 0.6 mol/L 琥珀酸盐缓冲液:称取琥珀酸 7.086 g,加水约 25 mL,用 4.8 mol/L NaOH 溶液调至 pH 5.88,加水至 100 mL,冰箱储存。

临用前 3 种溶液按顺序以 1 + 2 + 5（体积比）混合。

②铜试剂

a. 25 mmol/L Na_2CO_3 - 0.4 mmol/L 酒石酸钾钠溶液:称取无水碳酸钠 2.66 g,酒石酸钾钠(含 4 份结晶水)113 mg,加水至 1000 mL。

b. 0.8 mol/L $CuSO_4$ 溶液。

临用前将 a、b 两溶液按 3 + 2（体积比）混匀。

③0.6 mol/L 三氯乙酸溶液:称取三氯乙酸 98 g 溶于 1L 水中。临用前取 0.6 mol/L 三氯乙酸稀释 10 倍,得 0.06 mol/L 的溶液。

④标准苯丙氨酸溶液:称取苯丙氨酸配制成 6.6 mg/L 的氨基酸标准液。

（3）测定

①血清的去蛋白处理:吸取新鲜血清 50～100 μL 和等体积 0.6 mol/L 三氯乙酸溶液混匀,静置 10 min 后,以 4000 r/min 速度离心 10 min,吸取上清液用水精确稀释 5 倍。

②样品测定:吸取血清稀释液 100 μL,置于样品管中,另吸取苯丙氨酸标准液 25 μL,加 0.06 mol/L 三氯乙酸溶液 100 μL,然后两管均加水至 200 μL,同时做试剂空白分析。再向各管加入二肽－茚三酮 0.3 mL。放在 75℃ 水浴中保温 80 min(或 65～70℃,保温约 140 min)。取出冷却,加入 2.5 mL 铜试剂,振摇均匀,90 min 内在激发波长为 385 nm,发射波长 472 nm 条件下,测定样品的荧光值,与苯丙氨酸标样作对照,求出样品游离苯丙氨酸的含量。

(4)计算

$$苯丙氨酸(mg/L) = \frac{f_1 - f_0}{f_2 - f_0} \times \frac{m'}{m} \tag{8-12}$$

式中:f_1——检样荧光值;

　　f_2——标样荧光值;

　　f_0——试剂空白荧光值;

　　m'——标样氨基酸质量,mg;

　　m——样品质量,mg。

(5)说明

①反应的温度、时间对荧光物质的生成有显著影响。60℃ 保温 120 min 所得相对荧光值较低,苯丙氨酸含量略高时,测定值容易参差不齐,低于 60℃ 相对荧光值更低,实验更加不稳定。将温度提高至 65～70℃ 相对荧光值增高,保温约 140 min 以后荧光值不再显著增高,此时的测定值约为 60℃ 保温 120 min 时的 2 倍。将温度提高至 75℃,相对荧光最高值提前在 80 min 左右出现,维持半小时左右后逐渐减退。80℃ 以上相对荧光值显著降低,最高值更早出现。

②荧光物质的稳定性:从保温完毕加入铜试剂后算起,相对荧光值约稳定 90 min,以后逐渐下降。

③苯丙氨酸和茚三铜、铜盐作用的产物如果没有二肽存在几乎没有荧光产生。能促使产生荧光的二肽甚多,以 L－亮－L－丙二肽的荧光值为 100%,则甘－L－丙为 95%,甘－dL－苯丙为 75%,L－丙－L－丙为 70%,L－丙－甘为 30%,甘－L－色为 28%。这些二肽单独和茚三酮作用都不显荧光,在 pH 5.8 时,除苯丙氨酸外,只有亮氨酸和精氨酸产生荧光,相当于等当量苯丙氨酸的 4%,除此以外其他氨基酸均小于 0.5%,可以认为对苯丙氨酸有较好的专一性。

④反应溶液的 pH 低于 5.8,产生的荧光较低,pH 大于 5.8 则荧光增加,在 pH 6.8 时达到最高值,但专一性下降。由于蛋白质沉淀三氯乙酸对 pH 有较大影响,应该严格限制用量,在实际操作中血清用量应限于 10 μL,用量过大会使三氯乙酸用量也相应增多,除非用适量氢氧化钠中和,否则使荧光值降低甚至消失。

8.3.2.11 酪氨酸的测定

(1)原理

酪氨酸和 1－亚硝酸－2－萘酚反应,生成有色化合物,此化合物在硝酸和亚硝酸钠存在的条件下加热,产生稳定的荧光物质,可用荧光法定量测定。

（2）试剂

试剂均用分析纯和玻璃器重蒸馏水制备。

①亚硝酸萘酚试剂：

a. 1 - 亚硝酸 - 2 - 萘酚乙醇溶液：称取 1 - 亚硝酸 - 2 - 萘酚 20 mg,溶于 100 mL 无水乙醇,于 4℃下保存。

b. 3 mol/L HNO_2 溶液。

c. 0. 1 mol/L $NaNO_2$ 溶液,于 4℃下保存。

临用前将 a、b、c 三种溶液按(2 + 3 + 3)体积混合。

②0. 6 mol/L 三氯乙酸溶液：称取三氯乙酸 98 g 溶于 1 L 水中,稀释 10 倍即得 0. 06mol/L。

③1,2 - 二氯乙烷($ClCH_2CH_2Cl$)。

④标准酪氨酸溶液(7. 2 mg/L)称取 L - 酪氨酸 18. 0mg,先加入数滴浓盐酸,微热完全溶解后,加水至 10 mL,用氢氧化钠溶液中和到近中性,定容至 100 mL,置冰箱保存。临用时吸取储存液 2 mL,定容至 50 mL。

（3）测定

①样品去蛋白处理：吸取新鲜血清 50 ~ 100 μL 和等体积 0. 6 mol/L 三氯乙酸溶液混匀,4000 r/min 离心 10 min,吸取上清液用水精确稀释 5 倍,即得稀释 10 倍的样品溶液。

②样品测定：分别吸取样液 100 μL 于具塞试管 1；标准酪氨酸溶液 25 μL 和 0. 06 mol/L 三氯乙酸溶液 100 μL 于具塞试管 2；0. 06 mol/L 三氯乙酸溶液 100 μL 于具塞试管 3；各管用水补充容积至 200 μL。

将各管置于 55℃水浴数分钟,加入新配制的亚硝酸萘酚试剂 0. 3 mL,摇匀,55℃保温 20 min,保温后加水 2. 5 mL,摇匀后再加三氯乙酸溶液 3 mL。充分振摇以便将多余的试剂抽提入二氯乙烷溶液中,4000 r/min 离心 10 min,将上层水溶液移至另一试管内,在 180 min 内,于激发波长为 468 nm,发射波长为 555 nm 处,测定样品的荧光强度,与氨基酸标样对照(消除试剂空白荧光值),求出样品氨基酸含量。

本法在 0 ~ 0. 2 mol/L 酪氨酸范围内呈良好的线性关系。

（4）说明

①荧光物质的稳定性：从保温完毕算起,相对荧光值在 180 min 内平均减少 2% 左右。

②酪胺的存在对荧光光度测定存在干扰,色氨酸、色胺、苯丙氨酸、5 - 羟色氨酸、5 - 羟吲哚乙酸均有轻微的荧光值。

8. 3. 2. 12 脯氨酸的测定

（1）原理

在丙酮溶剂中,脯氨酸与吲哚醌反应形成蓝色化合物,能用以测定蛋白质水解液中的脯氨酸含量,在一定条件下(包括 pH、缓冲液浓度和吲哚醌浓度),可以在其他氨基酸存在下直接进行测定,不受羟脯氨酸的干扰。

(2)试剂

①pH 3.9 的柠檬酸盐缓冲液:柠檬酸 2.1 g,用 1 mol/L NaOH 溶液调 pH 3.9,并加水至 100 mL,pH 计检测(可用 0.1mol/L HCl 溶液调节)。

②0.75 g/L 吲哚醌丙酮溶液:37.5 mg 吲哚醌溶解于 50 mL 丙酮中,置棕色瓶中储存于冰箱中,若褪色则失效。

③水饱和酚溶液:于分液漏斗内加入酚及水,剧烈摇动后,放置过夜分层,取下层酚溶液。

(3)测定

称取蛋白质样品 5 mg(视样品含量而定),加 6 mol/L HCl 溶液 2 mL,封管后于 140℃水解 4 h。启封,加蒸馏水稀释至盐酸浓度达 0.25 mol/L。

吸取一定量蛋白质酸水解液 0.1 ~ 0.5 mL(含脯氨酸 0.5 ~ 5 μg)于小烧杯内,75℃干燥至恒重。残留物加 pH 3.9 柠檬酸缓冲液 0.2 mL,使残留物完全溶解后,加 0.75 g/L 吲哚醌丙酮溶液 0.25 mL,混匀,于 100℃烘箱内使溶剂蒸发 0.5 h 左右。以下各步骤在避光条件下操作。先加 0.5 mL 水饱和酚溶液,剧烈摇动后,加 1 mL 蒸馏水和 2 mL 丙酮,混匀成均相溶液,立即于波长 598 nm 的条件下,以试剂空白调零,测定样品的 A_{598nm},与氨基酸标准对照,求出样品中脯氨酸的含量。

本法在 0 ~ 10 mg/L 氨基酸溶液范围内呈良好线性关系。

(4)说明

①要获得最佳的灵敏度及专一性,必须严格控制本法所规定的条件,即控制缓冲液浓度 0.1 mol/L,pH 3.9,吲哚醌浓度 0.75 g/L。

②脯氨酸与吲哚醌形成的蓝色化合物见光不稳定,在一般实验室光照下,1 h 后吸光值下降 26%,必须避光操作。

8.3.2.13　羟脯氨酸的测定

(1)原理

羟脯氨酸在有过量丙氨酸(其作用是减少其他氨基酸的干扰)的条件下,用氯胺 T 氧化生成 Δ′-吡咯啉-4-羟基-2-羧酸和吡咯-2-羧酸,它们不溶于甲苯,但将溶液加热处理后可溶于甲苯中。所以在加热前先用甲苯除去其他物质,加热后再用甲苯把这些氧化产物抽提,最后用对二甲基氨基苯甲醛试剂显色,在波长 560 nm 处有最大的吸收值,可进行定量测定。

(2)试剂

①0.2 mol/L 氯胺 T 试剂:称取氯胺 T 1.41 g,溶于不含过氧化物的 25 mL 甲基溶纤剂中。新鲜配制。如有大量泡沫表示溶剂不纯。

②3.6 mol/L 硫代硫酸钠溶液:称取硫代硫酸钠(含 5 个结晶水)89.3 g,用水 100 mL溶解。加甲苯一层保存。

③对二甲基氨基苯甲醛试剂：量取浓硫酸 27.4 mL，慢慢加入 200 mL 无水乙醇中，冷却，即为溶液 A。另称取对二甲基氨基苯甲醛 120 g，溶于无水乙醇中，用 37℃ 水浴加热使溶解，冷却，为溶液 B。在冰浴中，将溶液 A 慢慢加入溶液 B 中，并混匀。

④6 mol/L 盐酸。

⑤100 g/L 丙氨酸溶液：称取丙氨酸 10 g，溶于蒸馏水 90 mL 中，调节至 pH8.7，再稀释至 100mL。

⑥pH 8.7 硼酸钾缓冲液：称取硼酸 61.8 g 及氯化钾 225 g，溶于蒸馏水 800 mL 中，用 10 mol/L 氢氧化钾及 1 mol/L 氢氧化钾调节 pH 至 8.7，用蒸馏水稀释至 1 L。

⑦10 g/L 酚酞乙醇溶液。

⑧羟脯氨酸标准液：精确称取羟脯氨酸 18 mg，加浓盐酸 0.2 mL 使溶解，移入 50 mL 容量瓶中，加蒸馏水至刻度，浓度为 0.36 mg/mL。新鲜配制。用时再用蒸馏水稀释 10 倍，浓度为 0.036 mg/mL。

（3）测定

①酸水解：当样品中的羟脯氨酸大多数以结合形式，甚至大分子的结合形式存在时，要测定其总量则应先进行水解。分别吸取：

a. 测定管：样品液 1.0 mL；

b. 标准管：0.036 mg/mL 羟脯氨酸 1.0 mL；

c. 空白管：蒸馏水 1.0 mL。

置于刻有 15 mL 刻度的具塞试管中。然后各加入浓盐酸 1.0 mL，用硅橡胶塞塞后混匀，置 100℃ 烘箱中过夜（16～18 h）。取出冷却后各加 10 g/L 酚酞乙醇液 1 滴，12 mol/L 氢氧化钾 0.95 mL，1 mol/L 氢氧化钾 0.5 mL，并用 0.1mol/L 氢氧化钾滴至粉红色。各管加蒸馏水至 15mL 刻度（测定管如有沉淀物，离心除去）。

②氧化和抽提：上述三管各吸取 3.0 mL，分别加入 3 支具塞试管中。各加蒸馏水 1.0 mL，10 g/L 酚酞乙醇液 1 滴，用 0.05 mol/L 氢氧化钾或 0.05 mol/L 盐酸调节至粉红色。各管加固体氯化钾 3 g 使溶液饱和，再加 100 g/L 丙氨酸 0.5 mL 及 pH 8.7 硼酸钾缓冲液 1.0 mL，混匀，室温放置 20～30 min，振摇数次。各加 0.2 mol/L 氯胺 T 试剂 1.0 mL，混匀，室温放置 25 min（振摇数次）。各加入 3.6 mol/L 硫代硫酸钠溶液 3.0 mL（中止氧化）及甲苯 5.0 mL，塞紧，用力振摇 5 min，离心，吸出上层甲苯，弃去。再塞紧，置 100℃ 沸水浴中 30 min，冷却。各加甲苯 5.0 mL，塞紧，用力振摇 5 min，离心。

③样品测定：吸取上述三管的上层甲苯抽提液 2.5 mL，各加对二甲基氨基苯甲醛试剂 1.0 mL，充分混合，放置 30 min。以甲苯做空白调零，在 560 nm 读取各管吸光值。

（4）说明

①本法对羟脯氨酸有特异性，其他氨基酸即使同时存在 10000 倍也无干扰。

②如测定游离羟脯氨酸可省去第一步酸水解操作。

8.3.2.14　胱氨酸的测定

（1）原理

用亚硫酸盐使胱氨酸还原为半胱氨酸和 S – 半胱氨酸磺酸,其他含二硫键的物质也被还原。通过巯基被磷钨酸还原成钨蓝的反应测定半胱氨酸,从而定量出胱氨酸。非胱氨酸的巯基可在加磷钨酸前先加氯化汞与巯基结合。因反应 pH 为 5,其他还原性物质如尿酸、抗坏血酸也使磷钨酸还原,通过空白对照加以去除。

（2）试剂

①亚硫酸钠试剂:称取亚硫酸氢钠 12.6 g 及氢氧化钠 0.2 g,溶于蒸馏水至 100 mL,冰箱保存。

②乙酸盐缓冲液:2 mol/L 乙酸钠溶液 100 mL 和 2 mol/L 乙酸液 20mL 混合。

③磷钨酸试剂:称取不含钼的钨酸钠 40 g,溶于蒸馏水约 300 mL 中。加 85% 磷酸溶液 32 mL,回流煮沸 2 h,冷却至室温,加蒸馏水至 1 L,加入硫酸锂(含 1 个结晶水)32 g,冰箱保存。

④胱氨酸标准溶液(400 mg/L):称取胱氨酸 40 mg,溶于 0.1 mol/L HCl 溶液 100 mL 中,冰箱保存。

（3）测定

①取 4 支试管分别吸取:

a. 测定管:样品液 1.0 mL,(胱氨酸含量在 0.2 mg/mL);

b. 样品空白管:样品液 1.0 mL;

c. 标准管:胱氨酸标准液 0.5 mL、蒸馏水 0.5 mL;

d. 试剂空白管:蒸馏水 1.0 mL。

②胱氨酸的还原反应:上述各管分别加入乙酸盐缓冲液 1.0 mL,亚硫酸钠试剂 0.3 mL。测定管和标准管各加入蒸馏水 1.7 mL;样品空白管和试剂空白管各加蒸馏水 1.5 mL、0.1 mol/L $HgCl_2$ 溶液 0.2 mL,混合后放置 2 min。

③巯基的还原反应和比色:上述各管分别加磷钨酸试剂 1.0 mL,混合后于 15 min 内,在 600 nm 波长下,以试剂空白管校正零点,测定标准管吸光度;以样品空白管校正零点,测定样品测定管吸光度,与氨基酸标样作对照,求出样品氨基酸含量。

本法在 0~200 mg/L 氨基酸范围内呈良好的线性关系。

（4）说明

如果测定的样品中有胱氨酸结晶时,可用离心方法把沉淀物分离。然后向沉淀物中加 1 mol/L HCl 溶液 1.0 mL,放在 60℃ 恒温水浴中保温 15 min,使胱氨酸溶解。再离心后,取此上清液与初次离心上清液合并进行分析。

8.3.2.15　谷氨酸的测定

（1）原理

L – 谷氨酸在大肠杆菌的谷氨酸脱羧酶作用下脱羧释放出二氧化碳,用华勃氏呼吸仪

由测压法测得二氧化碳放出量,计算出谷氨酸含量。

（2）试剂

①大肠杆菌丙酮粉的制备:大肠杆菌 37℃ 液体培养 18 h(培养基成分:豆饼水解液3%、蛋白胨1%、酵母膏1%、牛肉膏1%、玉米浆0.5%、$K_2PO_4$0.25%、pH7.0),离心20 min(3500 r/min),收集菌体。菌体用冷蒸馏水或生理盐水洗涤,离心后,将菌体用冷丙酮(0℃以下)搅匀,抽滤,所得粉白色的大肠杆菌丙酮粉,具有专一性强的谷氨酸脱羧酶的活性。置冰箱储存,保持数月酶活性不变。

②0.5 mol/L pH 4.8 乙酸盐缓冲液:称取 68.04 g 乙酸钠,用蒸馏水溶解后,加乙酸调至 pH 4.8,最后定容至 1000mL。

③20 g/L 大肠杆菌丙酮粉悬浮液(含谷氨酸脱羧酶):称取丙酮粉 2 g,溶于 100mL pH 4.8的 0.5 mol/L 乙酸盐缓冲液中。

（3）测定

①取样品稀释液 1 mL(谷氨酸含量 0.5～1.0 mg)于反应瓶主室中,其中再加 0.2 mL pH 4.8 乙酸盐缓冲液,1 mL 蒸馏水;在反应瓶侧室内加入 0.3 mL 大肠杆菌丙酮粉悬浮液。

②装瓶密封,固定在振荡板上放入 37℃ 恒温水浴。旋调检压液达 260 mm 左右,振荡,与外界平衡 5 min,关闭上端三向阀门与外界隔闭,旋调检压液至 150 mm 处,再振摇 5 min,调准检压液闭口端至 150 mm 处,记下开口端检压液高度,此为初读。

③记下初值后,迅速将侧室中酶液倒入反应液中,振摇 10～15 min(使二氧化碳完全放出)。旋调检压液闭口端至 150 mm 处,记下开口端检压液高度,此读数减去初读再加上或减去空白瓶差额即为压差 ΔV。

根据下式计算 L–谷氨酸含量:

$$L–谷氨酸含量(mg) = K \times \Delta V \times \frac{147.130}{22400000} \qquad (8-13)$$

式中:K——反应瓶常数;

ΔV——在检压管上读出的压差,mm;

147.130——谷氨酸的摩尔质量,g/mol;

22400000——1mol 的 L–谷氨酸脱羧标准状态下放出的二氧化碳的体积,mL。

（4）说明

本法专一性强,不受其他氨基酸及 D–谷氨酸的干扰,适用于谷氨酸生产中发酵液的测定,测定量以不超过 1.0 mg/mL 为宜。

思考题

1. 当选择蛋白质测定方法时,哪些因素是必须考虑的?

2. 为什么凯氏定氮法测定出的食品中蛋白质含量为粗蛋白含量?

3. 消化过程中加入的硫酸铜的作用是什么? 硫酸钾的添加量是否越多越好?

4. 凯氏定氮法中,蒸馏前为什么要加入氢氧化钠溶液? 这时溶液的颜色会发生什么变化? 加入量对测定结果有何影响?

5. 蛋白质蒸馏装置的水蒸气发生器中的水为何要用硫酸调成酸性?

6. 简述染料结合法测定食品中蛋白质的原理。

7. 用什么方法可对谷物中的蛋白质含量进行快速的质量分析?

8. 蛋白质的换算系数是怎么得到的?

9. 说明甲醛滴定法测定氨基酸态氮的原理及操作要点。

10. 甲醛滴定法中,中性红做指示剂的样液为何会消耗氢氧化钠溶液?

11. 茚三酮比色法是否适用于所有氨基酸含量的测定?

第 9 章　维生素的测定

1910 年,铃木梅太郎与芬克(Funk)分别发现了米糠中存在维生素,铃木将其命名为硫胺素,芬克将其命名为 Vitamine。以后,人们又陆续发现了各种维生素,目前已确认的有 30 余种,其中被认为对维持人体健康和促进发育至关重要的有 20 余种。这些维生素结构复杂,理化性质及生理功能各异,有的属于醇类(如 V_A),有的属于胺类(如 VB_1),有的属于醛类(VB_2),还有的属于酚或酮类化合物。但是,它们都具有以下共同特点:这些化合物或其前体化合物都在天然食物中存在;它们不能供给机体热能,也不是构成组织的基本原料,主要功能是通过作为辅酶的成分调节代谢过程,需要量极小;它们一般在体内不能合成,或合成但不能满足生理需要,必须经常从食物中摄取;长期缺乏任何一种维生素都会导致相应的疾病。

食品中各种维生素的含量主要取决于食品的品种,通常某种维生素相对集中于某些品种的食品中(表 9 - 1)此外,还与食品的工艺及储存等条件有关,许多维生素对光、热、氧、pH 敏感,因而加工工艺条件不合理或储存不当都会造成维生素的损失。在正常摄食条件下,没有任何一种食物含有可以满足人体所需的全部维生素,人们必须在日常生活中合理调配饮食结构,来获得适量的各种维生素。测定食品中维生素的含量,在评价食品的营养价值,开发利用富含维生素的食品资源;指导人们合理调整膳食结构,防止维生素缺乏症;研究维生素在食品加工、储存等过程中的稳定性,指导人们制定合理的工艺条件及储存条件,最大限度地保留各种维生素,监督维生素强化食品的强化剂量,防止因摄入过多而引起维生素中毒症等方面,具有十分重要的意义和作用,是食品分析的重要内容。

表 9 - 1　各种维生素及其含量丰富的食品

维生素	食品
维生素 A	肝脏、黄油、蛋黄
胡萝卜素	绿叶蔬菜、胡萝卜、辣椒、黄玉米、南瓜、芹菜,其它橘黄色蔬菜
维生素 D	动物性脂肪、乳汁、肝脏、蛋黄等
维生素 D 原	蘑菇、酵母
维生素 E	种子油、胚芽油、绿叶蔬菜等
维生素 B_1	豆类、麦类、蔬菜、水果、动物内脏、猪肉
维生素 B_2	肝脏、干酪、牛乳、蛋白、牡蛎、鱼子、豆类、花生、蘑菇、海藻、绿叶蔬菜
维生素 PP	肝脏、兽肉、鱼类、蛋白等
泛酸	肝脏、蜂蜜、蛋黄、糖蜜、花生、豌豆、牡蛎、海藻等
维生素 H	肝脏、蛋黄

维生素	食品
叶酸	肝脏、绿叶蔬菜(特别是菠菜)、大豆
胆碱	蛋黄、大豆、肝脏
维生素 B_{12}	肝脏、蛋黄、干酪、紫菜
维生素 C	柑橘、蔬菜(特别绿叶蔬菜)
维生素 P	柑橘类的皮含量特别多

测定维生素含量的测定方法有理化测定法、仪器分析测定法、微生物学测定法和生物鉴定法。生物鉴定法的优点是不需详尽分离组分而能准确测定维生素的生物效能,早期用于维生素 D 的分析。这种方法不但费时(21 天)、费力,而且需要有动物饲养设施,现在很少采用。微生物法是基于某些微生物生长需要特定的维生素,方法选择性较高,主要应用于水溶性维生素的测定。例如,用微生物法测定食物中的核黄素已经列入中华人民共和国国家标准。但微生物法操作繁琐、耗时过长,而且要求有特殊设备和专门的训练人员,目前还不能普及。

在仪器分析中,紫外法、荧光法是多种维生素的标准分析方法。它们灵敏、快速,有较好的选择性。另外,各种色谱方法以其独特的高分离效能,在维生素分析方面占有越来越重要的地位。利用经典柱层析、纸层析、薄层层析分离纯化样品,进而定性和定量,利用现代高压液相色谱法或气相色谱法,可以同时完成多种维生素及其异构体的自动分离检测。如何选择更适当的色谱体系,进一步扩大维生素分析范围等诸多方面的研究,将是这一领域中一个非常活跃的课题。

化学法中的比色法、滴定法,具有简便、快速、不需特殊仪器等优点,正为广大基层实验室所普遍采用。

本章将介绍脂溶性维生素 A(包括其前体化合物胡萝卜素)、维生素 D、维生素 E,水溶性维生素 B_1、维生素 B_2、维生素 C 的分析方法。

维生素测定中的注意事项:

定量维生素一次所用的试样量,一般为 1 ~ 20 g。维生素与其他营养成分相比较,分布更不均匀,所以分析试样如过少,则往往缺乏代表性。待分析的个体一般比试样大,因此,采取的试样要能代表整体。测定一般成分时,如果试样量很大,将其磨碎或粉碎均匀后,采取其中一部分。测定维生素时,如磨碎或粉碎,则维生素往往将损失,所以正确的取样方法是尽量从整体试样的多处各取一部分,然后充分混合。例如一箱蜜橘,可取第 1 个、第 11 个、第 21 个,逐个测定维生素,将各个测定值累加,求其平均值。测定 1 个试样时,可先切成两半,再将每半各切成 8 份,上下交替地采取 8 份的对应部分,汇集在一起,尽量消除不同部位所引起的偏差。

除了水果以外,对于萝卜、胡萝卜之类内部组织带有方向性的食品,以及纵向与横向日照不同的植物性食品,也要注意维生素含量的差异。对于叶菜、鱼等长形的食品,可从端部开始,按一定宽度切开,然后等间隔地采取。谷类、豆类可用圆锥四分法、交替铲取法采取。

维生素的共同点之一是容易分解,所以进行试样均匀化处理时,维生素将损失一些。此外,水分从试样切断面流出,或经过干燥,不仅维生素减少,而且试样重量也变化,在计算上将给测定值带来误差。因此,必须充分了解各种维生素的性质后,决定试样应该均匀到何种程度。

试样为粉末时,置于褐色瓶内,用氮气等惰性气体置换瓶中空气,密封,低温下保存。试样为液体时,将试样装满容器,在冰箱中保存。如只测定维生素 A、维生素 E,添加抗氧化剂可以防止分解。测定耐热维生素时,可加热使酶钝化,也可以添加防腐剂。试样一般是冷藏保存,但测定维生素时,仅仅冷藏也不能阻止其分解,冷藏温度接近0℃可使分解速度迟缓。

9.1 脂溶性维生素的测定

脂溶性维生素 A、维生素 D、维生素 E 和维生素 K,一般与类脂物一起存在于食物中,摄食时一道被人体吸收。它们一般能在体内积储而不完全依赖日常饮食提供。脂溶性维生素具有以下理化性质。

溶解性:脂溶性维生素不溶于水,易溶于脂肪、乙醇、丙酮、氯仿、乙醚、苯等有机溶剂。

耐酸碱性:维生素 A、维生素 D 对酸不稳定,维生素 E 对酸稳定。维生素 A、维生素 D 对碱稳定,维生素 E 对碱不稳定,但在抗氧化剂存在或惰性气体保护下,也能经受碱的煮沸。

耐热性、耐氧化性:维生素 A、维生素 D、维生素 E 耐热性好,能经受煮沸。维生素 A 因分子中有双链,易被氧化,光、热促进其氧化;维生素 D 性质稳定,不易被氧化;维生素 E 在空气中能慢慢被氧化,光、热、碱能促进其氧化作用。

根据上述性质,测定脂溶性维生素时,通常先用皂化法处理样品,水洗去除类脂物。然后用有机溶剂提取脂溶性维生素(不皂化物),浓缩后溶于适当的溶剂后测定。在皂化和浓缩时,为防止维生素的氧化分解,常加入抗氧化剂(如焦性没食子酸、维生素 C 等)。

对于某些液体样品或脂肪含量低的样品,可以先用有机溶剂抽出脂类,然后再进行皂化处理;对于维生素 A、维生素 D、维生素 E 共存的样品,或杂质含量高的样品,在皂化提取后,还需进行层析分离,分析操作一般要在避光条件下进行。

9.1.1 维生素 A 的测定

9.1.1.1 维生素 A 简介

维生素 A 是由 β - 紫罗酮环与不饱和一元醇所组成的一类化合物及其衍生物的总称,包括维生素 A_1 和维生素 A_2。维生素 A_1 即视黄醇,它有多种异构体,其化学结构式如下:

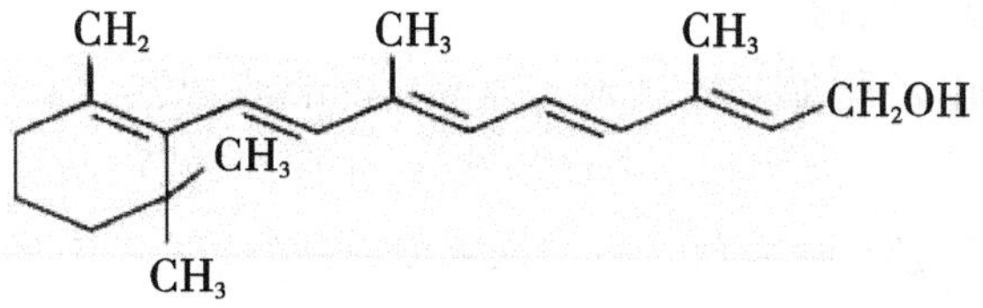

维生素 A₁（视黄醇）

维生素 A₂ 即 3 - 脱氢视黄醇,是视黄醇衍生物之一,它有多种异构体,其化学结构式如下:

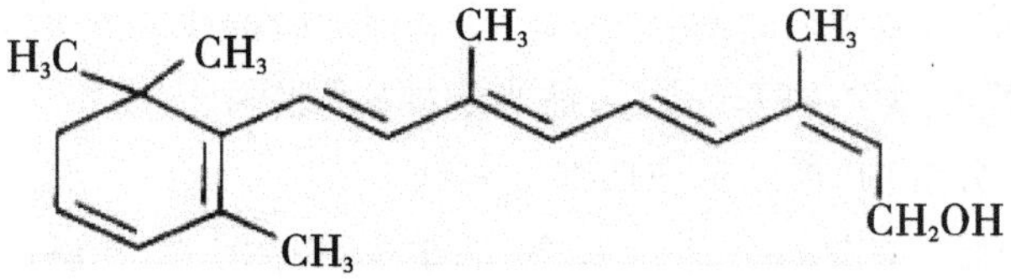

维生素 A₂（3 - 脱氢视黄醇）

维生素 A₁ 还有许多种衍生物,包括视黄醛、视黄酸、3 - 脱氢视黄醛、3 - 脱氢视黄酸及其各类异构体,它们也都具有维生素 A 的作用,总称为类视黄素。

维生素 A 存在于动物性脂肪中,主要来源于肝脏、鱼肝油、蛋类、乳类等动物性食品中。植物性食品中不含维生素 A,但在深色果蔬中含有胡萝卜素,它在人体内可转变为维生素 A,故称为维生素 A 原。

维生素 A 的测定方法有三氯化锑比色法、紫外分光光度法、荧光法、气相色谱法和高效液相色谱法等,其中比色法应用最为广泛。

9.1.1.2　维生素 A 的测定方法

（1）三氯化锑—三氯甲烷比色法

①原理:氯仿溶液中,维生素 A 与三氯化锑可生成蓝色可溶性络合物,在 620 nm 波长处有最大吸收峰,其吸光度与维生素 A 的含量在一定的范围内成正比,故可比色测定。

②适用范围及特点:本法适用于维生素 A 含量较高的各种样品(高于 10 μg/g),对低含量样品,因受其他脂溶性物质的干扰,不易比色测定。该法的主要缺点是生成的蓝色络合物的稳定性差,比色测定需在一定时间内完成,否则蓝色会迅速消失,造成极大误差。

③主要仪器及试剂:

分光光度计,回流冷凝装置。

本实验所用试剂均为分析纯,水均为蒸馏水。

无水硫酸钠:不吸附维生素 A。

乙酸酐。

1 + 1 氢氧化钾溶液

酚酞指示剂:用 95% 乙醇配制 10 g/L 的溶液。

无水乙醚:不含过氧化物。

检查方法:取 5 mL 乙醚加 1 mL 100 g/L 碘化钾溶液,振摇 1 min,如含过氧化物则放出游离碘,水层呈黄色,或加入 4 滴 0.5% 淀粉溶液,水层呈蓝色。

去除方法:重蒸乙醚时,瓶内放入少许铁末或纯铁丝,弃去 10% 初馏液和 10% 残留液。

无水乙醇:不含醛类物质。

检查方法:在盛有 2 mL 银氨溶液的小试管中,加入 3~5 滴无水乙醇,摇匀,放置冷却后,若有银镜反应则表示乙醇中含有醛。

脱醛方法:取 2 g 硝酸银溶于少量水中,取 4 g 氢氧化钠溶于温乙醇中。将两者倾入盛有 1 L 乙醇的试剂瓶内,振摇后,暗处放置两天(不时摇动,促进反应)。取上清液蒸馏,弃去初馏液 50 mL。若乙醇中含醛较多,可适当增加硝酸银用量。

三氯甲烷:不含分解物,否则会破坏维生素 A。

检查方法:取少量三氯甲烷置于试管中,加水少许振摇,加几滴硝酸银溶液,若产生白色沉淀,则说明三氯甲烷中含有分解产物氯化氢。

处理方法:置三氯甲烷于分液漏斗中,加水洗涤数次,用无水硫酸钠或氯化钙脱水,然后蒸馏。

250 g/L 三氯化锑—三氯甲烷溶液:将 25 g 干燥的三氯化锑迅速投入装有 100 mL 三氯甲烷的棕色试剂瓶中,振摇,使之溶解,再加入无水硫酸钠 10 g。用时吸取上层清液。

维生素 A 标准溶液:视黄醇(纯度 85%)或视黄醇乙酸酯(纯度 90%)经皂化处理后使用。取脱醛乙醇溶解维生素 A 标准品,使其浓度大约为 1 mg/mL 视黄醇。临用前以紫外分光光度法标定其准确浓度。

标定:取维生素 A 标准溶液 1.00 mL,用乙醇稀释至 3.00 mL,在 325 nm 波长处测定其吸光度值。用此吸光值系数计算维生素 A 的浓度。

浓度计算:

$$X = \frac{A}{1835} \times \frac{1}{100} \times \frac{3.00}{V \times 10^{-3}} \qquad (9-1)$$

式中:　　X——维生素 A 的浓度,g/mL;

　　　　A——维生素 A 的平均紫外吸光度值;

　　1835——维生素 A(1%)比吸光度值;

　　　　V——加入维生素 A 标准液的量,μL;

$\dfrac{3.00}{V \times 10^{-3}}$——维生素 A 标准液稀释倍数

④测定步骤

a. 样品处理:根据样品的性质可采用皂化法或研磨法。皂化法适用于维生素 A 含量不高的试样,可减少脂溶性物质的干扰,但试验过程费时,易导致维生素 A 损失。研磨法适用于每克试样维生素 A 含量在 5~10 μg 样品的测定,如肝脏中维生素 A 的测定。

（a）皂化法：

皂化：称取 0.5～5 g 经组织捣碎机捣碎或充分混匀的样品于三角瓶中，加入 10 mL 1∶1 氢氧化钾及 20～40 mL 乙醇，在电热板上回流 30 min。加入 10 mL 水，稍稍振摇，若无混浊现象，表示皂化完全。

提取：将皂化液移入分液漏斗。先用 30 mL 水分两次冲洗皂化瓶（如有渣子，用脱脂棉滤入分液漏斗），再用 50 mL 乙醚分两次冲洗皂化瓶，所有洗液并入分液漏斗中。振摇 2 min（注意放气），提取不皂化部分。静止分层后，水层放入第二分液漏斗。皂化瓶再用 30mL 乙醚分两次冲洗，洗液倾入第二分液漏斗，振摇后静止分层，将水层放入第三分液漏斗，醚层并入第一分液漏斗。如此重复操作，直至醚层不再使三氯化锑—三氯甲烷溶液呈蓝色为止。

洗涤：在第一分液漏斗中加入 30 mL 水，轻轻振摇，静止片刻后，放入水层。再加入 15～20 mL 0.5 mol/L 的氢氧化钾溶液，轻轻振摇后弃去下层碱液，（除去醚溶性酸皂）。继续用水洗涤，至水洗液不再使酚酞变红为止。醚液静置 10～20 min 后，小心放掉析出的水。

浓缩：将醚液经过无水硫酸钠滤入三角瓶中，再用约 25 mL 乙醚冲洗分液漏斗和硫酸钠两次，洗液并入三角瓶内。用水浴蒸馏，回收乙醚。待瓶中剩约 5 mL 乙醚时取下。减压抽干，立即准确加入一定量三氯甲烷（约 5 mL），使溶液中维生素 A 含量在适宜浓度范围内（3～5 μg/mL）。

（b）研磨法：

研磨：精确称取 2～5 g 试样，放入盛有 3～5 倍试样质量无水硫酸钠的研钵中，研磨至试样中水分完全被吸收，并均质化。

提取：小心地将全部均质化试样移入带盖的三角瓶中，准确加入 50～100 mL 乙醚。紧压盖子，用力振摇 2 min，使试样中维生素 A 溶于乙醚中。使其自行澄清（1～2 h），或离心澄清。

浓缩：取澄清的乙醚提取液 2～5 mL，放入比色管中，在 70～80℃水浴上抽气蒸干，立即加入 1 mL 三氯甲烷溶解残渣。

b. 标准曲线的绘制：准确吸取维生素 A 标准溶液 0 mL、0.1 mL、0.2 mL、0.3 mL、0.4 mL、0.5 mL 于 6 个 10 mL 容量瓶中，用三氯甲烷定容，得标准系列使用液。再取 6 个 3 cm 比色杯顺次移入标准系列使用液各 1 mL，每个杯中加乙酸酐 1 滴，制成标准比色列。在 620 nm 波长处，以 10 mL 三氯甲烷加 1 滴乙酸酐调节光度法零点。然后将标准比色系列按顺序移到光路前，迅速加入 9 mL 三氯化锑—三氯甲烷溶液，于 6 s 内测定吸光度（每支比色杯都在临测前加入显色剂）。以维生素 A 含量为横坐标，以吸光度为纵坐标绘制曲线。

c. 样品测定：取二个 3 cm 比色杯，分别加入 1 mL 三氯甲烷（样品空白液）和 1mL 样品溶液，各加 1 滴乙酸酐。其余步骤同标准曲线的制备。分别测定样品空白液和样品溶液的吸光度，从标准曲线中查出相应的维生素 A 含量。

⑤结果计算：

$$维生素\ A(mg/100g) = \frac{C - C_0}{m} \times V \times \frac{100}{1000} \qquad (9-2)$$

式中：C——由标准曲线上查得的样品溶液中维生素 A 的含量，$\mu g/mL$；

C_0——由标准曲线上查得的样品空白液中维生素 A 的含量，$\mu g/mL$；

m——样品质量，g；

c——样品提取后加入三氯甲烷定容之体积，mL；

$100/1000$——将样品中维生素 A 由 $\mu g/g$ 折算成 $mg/100\ g$ 的折算系数。

如按国际单位，每 1 国际单位 $= 0.3\ \mu g$ 维生素 A。

⑥说明及讨论

a. 乙醚为溶剂的萃取体系，易发生乳化现象。在提取，洗涤操作中，不要用力过猛，若发生乳化，可加几滴乙醇破乳。

b. 所用氯仿中不应含有水分，因三氯化锑遇水会出现沉淀，干扰比色测定。

$$SbCl_3 + H_2O \longrightarrow SbOCl \downarrow + 2HCl$$

故在 1 mL 氯仿中应加入乙酸酐 1 滴，以保证脱水。

c. 由于三氯化锑与维生素 A 所产生的蓝色物质很不稳定，通常 6 s 以后便开始褪色，因此要求反应在比色杯中进行，产生蓝色后立即读取吸光值。

d. 维生素 A 见光易分解，整个实验应在暗处进行，防止阳光照射，或采用棕色玻璃避光。

e. 如果样品中含 β - 胡萝卜素（如奶粉、禽蛋等食品）干扰测定，可将浓缩蒸干的样品用正己烷溶解，以氧化铝为吸附剂，丙酮—己烷混合液为洗脱剂进行柱层析。

f. 三氯化锑腐蚀性强，不能沾在手上；三氯化锑遇水生成白色沉淀。因此用过的仪器要先用稀盐酸浸泡后再清洗。

g. 维生素含量高的样品（如猪肝），可直接用研磨提取法处理样品。称取适量样品于研钵中，加 3 ~ 5 倍无水硫酸钠，研磨均匀至无水分，转移到 250 mL 三角瓶中，加适量乙醚振摇，浸取，取一定量上层清液蒸干，加 5 mL 三氯甲烷溶解，得测定用样品溶液。

h. 比色法除用三氯化锑作显色剂外. 还可用三氟乙酸、三氯乙酸作显色剂。其中三氟乙酸没有遇水发生沉淀而使溶液混浊的缺点。

（2）高效液相色谱（HPLC）法

高效液相色谱法（HPLC）测定维生素 A 是近几年发展起来的方法，此法能快速、准确分离和测定视黄醇和它的同分异构体、酯及其衍生物。这里介绍的是同时测定维生素 A 和维生素 E 的方法。

①原理：试样中的维生素 A 及维生素 E 经皂化处理后，将其从不可皂化部分提取至有机溶剂中。用高效液相色谱 C_{18} 反相柱将维生素 A 和维生素 E 分离，经紫外检测器检测，并用内标法定量测定。

②仪器:高效液相色谱(配有紫外检测器)、旋转蒸发器、高速离心机、高纯氮气、恒温水浴锅、紫外分光光度计。

③试剂:

无水乙醚:不含过氧化物(检查方法如前所述)。

无水乙醇:不含醛类物质(检查方法及脱醛方法如前所述)。

无水硫酸钠。

甲醇:重蒸后使用。

重蒸水:水中加少量高锰酸钾,临用前蒸馏。

10 g/L 抗坏血酸(M/V):临用前配制。

1+1 氢氧化钾溶液(M/V)。

10 g/L 氢氧化钠溶液(M/V)。

5 g/L 硝酸银溶液(M/V)。

银氨溶液:滴加氨水于 5 g/L 硝酸银溶液中,至生成的沉淀重新溶解。再加 100 g/L 氢氧化钠溶液数滴,如发生沉淀,继续加氨水溶解。

维生素 A 标准溶液:同比色法测定维生素 A 溶液。

维生素 E 标准溶液:α - 生育酚、γ - 生育酚,δ - 生育酚,纯度皆为 95%。用脱醛乙醇分别溶解以上三种维生素 E 标准品,使其浓度大约为 1 mg/mL。临用前以紫外分光光度法分别标定其准确浓度。

维生素 A 和维生素 E 标准浓度的标定:取维生素 A 和维生素 E 标准溶液若干微升,分别用乙醇稀释成 3.0 mL,并按给定波长测定各维生素的吸光值。用此吸光系数计算出该维生素的浓度。测定条件见表 9 - 2。

表 9 - 2 维生素测定条件

标准	加入标准的量 S/μL	比吸光度 E_{cmL}/%	波长 λ/nm
视黄醇	10.00	1835	325
γ - 生育酚	100.00	71	294
δ - 生育酚	100.00	92.8	298
α - 生育酚	100.00	91.2	298

计算:

$$C = \frac{A}{E} \times \frac{1}{100} \times \frac{3.00}{V \times 10^{-3}} \tag{9-3}$$

式中:C——某维生素浓度,g/mL;

A——维生素的平均紫外吸光值;

V——加入标准的量,μL;

E——某维生素 1% 比吸光系数;

$$\frac{3.00}{V \times 10^{-3}}——标准液稀释倍数。$$

内标溶液:称取苯并芘(浓度98%),用脱醛乙醇配制成 10 μg/mL 的内标溶液。

④色谱条件

预柱:ultrasphere ODS 10 μm,4 mm×4.5 cm;

分析柱:ultrasphere ODS 5 μm,4.6 mm×25 cm;

流动相:甲醇 + 水 = 98 + 2,临用前脱气;

紫外检测器波长:300 nm,量程0.02;

进样量:20 μL;

流速:1.7 mL/min。

⑤测定步骤

a. 样品处理:

皂化:称取1~10 g样品(含维生素 A 约3 μg,维生素 E 各异构体约40 μg)于皂化瓶中,加30 mL无水乙醇搅拌至颗粒物分散均匀。加5 mL 100 g/L抗坏血酸,2.0 mL苯并芘内标液,混匀。再加10 mL氢氧化钾(1+1),于沸水浴上回流30 min使皂化完全。皂化后立即放入冰水中冷却。

提取、洗涤:同比色法(每次使用提取液及洗液可适量增加),洗至 pH 试纸呈中性。

浓缩:将乙醚提取液经无水硫酸钠(约5 g)滤入与旋转蒸发器配套的250~300 mL球形蒸发瓶内,用约10 mL乙醚冲洗分液漏斗及无水硫酸钠3次,洗液并入蒸发瓶内。接旋转蒸发器,于55℃水浴中减压蒸馏回收乙醚。待瓶中剩下约2 mL乙醚时,取下蒸发瓶,用氮气吹干。立即加入2.0 mL乙醇溶解提取物。将乙醇液移入一小塑料离心管中,离心5 min,上清液供色谱分析用。若样品中维生素含量过少,可用氮气将乙醇液吹干后,再用少量乙醇重新定容,记下体积比。

b. 标准曲线的制备:取一定量的维生素 A、γ - 生育酚、δ - 生育酚、α - 生育酚标准液及内标苯并芘液混合均匀,在给定色谱条件下,使上述各物质的峰高约为满量程的70%,以此做为高浓度点;高浓度的1/2为低浓度点(内标苯并芘的浓度不变),分别用这两种浓度的混合标准溶液进行色谱分析。以维生素峰面积与内标物峰面积之比为纵坐标,维生素浓度为横坐标绘制标准曲线,或计算直线回归方程。

c. 计算:

$$X = \frac{c}{m} \times V \times \frac{100}{1000} \tag{9-4}$$

式中:X——某种维生素的含量,mg/100g;

　　c——由标准曲线上查得某种维生素含量,μg/mL;

　　m——样品质量,g。

⑥说明：

a. 本方法摘自 GB/T 5009.82—2003，食物中维生素 A 和维生素 E 的测定方法。本标准检出限分别为 V_A:0.8 ng;$\alpha-E$:91.8 ng;$\gamma-E$:36.6 ng;$\delta-E$:20.6 ng。

b. 本方法不能将 $\beta-E$ 和 $\gamma-E$ 分开，故 $\gamma-E$ 峰中包含有 $\beta-E$ 峰。

9.1.2　维生素 D 的测定

维生素是类固醇的衍生物，是钙平衡和骨代谢的主要调节因子。维生素 D 的种类很多，其中维生素 D_2 和维生素 D_3 最为重要。维生素 D 天然不存在，它们都可由维生素 D 原（麦角固醇和 7 - 脱氢胆固醇）经紫外线照射后形成。维生素 D_3 为无色针状结晶或白色结晶粉末，无臭、无味。在氯仿中极易溶解，在乙醇、丙醇或乙醚中易溶，在植物油中略溶，在水中不溶。维生素 D 性质稳定，耐热，储存不易失效，但在空气或日光下能发生变化。

维生素 D 的含量一般用国际单位（IU）表示，1IU 维生素 D 相当于 0.025 μg 维生素 D。几种富含维生素 D 的食品中维生素 D 的含量（IU/100g）：奶油 50、蛋黄 150 ~ 400、鱼 40 ~ 150、肝脏 10 ~ 70、鱼肝油 800 ~ 30000。

维生素 D 的测定方法有比色法、紫外分光光度法、气相色谱法、高效液相色谱法及薄层层析法等。其中比色法灵敏度较高，适用于维生素 D 含量较高的食品的测定，但操作十分复杂、费时。气相色谱法虽然操作简单，精密度也高，但灵敏度低，不能用于微量维生素 D 的样品。高效液相色谱法的灵敏度比比色法高 20 倍以上，且操作简便、精密度高，是目前分析维生素 D 最好的方法，也是 AOAC 选定的正式方法。这里仅介绍高效液相色谱法。

9.1.2.1　原理

样品经过皂化后，用苯提取不皂化物，馏去苯后，采用柱层析分离提取维生素 D 组分，以去除大部分干扰物质，得到的维生素 D 组分进行 HPLC 分析。样品色谱图与维生素 D 标准品色谱图比较，以保留时间定性，外标法定量。

9.1.2.2　主要仪器及试剂

高效液相色谱仪，配紫外检测器（UV），馏分收集器。

100 g/L 焦性没食子酸乙醇溶液，90 g/L KOH 溶液，1mol/L KOH 溶液，正己烷，异丙醇，乙腈，甲醇（色谱纯），无醛乙醇，苯（特级）。

维生素 D 标准溶液：称取 0.2500 g 维生素 D_2，用乙醇稀释至 100 mL，此溶液浓度为 2.5 mg/mL。

9.1.2.3　色谱条件

色谱柱为 YWG5u 硅胶填料的不锈钢柱（150 mm×4 mm），异辛烷 - 乙醇（99.3 + 0.7）作流动相，流速 0.7 mL/min，进样量 40 μL，波长 265 nm。

9.1.2.4　操作步骤

①提取：精确称取 12.0 g 样品于烧杯中，加入 48 mL 水调匀，移入 250 mL 分液漏斗中，加入 6 mL 氨水及 42 mL 乙醇，摇匀，用乙醚抽提 3 次，每次 45 mL，每次轻摇 3 min，合并醚层，用 70 mL 水洗 3 ~ 4 次，至洗涤液呈中性。将乙醚层移入鸡心瓶中，以 40℃减压旋转

蒸干。

②皂化:取 1.90 g 维生素 D,以饱和碳酸氢钠溶液中和至 pH 7,移入鸡心瓶中,于 72℃水浴中摇动 0.5 min,加入 36 g 氢氧化钾、48 mL 乙醇、1.0 g 焦性没食子酸,摇匀,于 72℃ 水浴中加热 30 min,隔 3 min 摇瓶片刻。冷却后移入分液漏斗中,用水洗瓶 2 次,每次 35 mL,洗液并入分液漏斗中,用乙醚抽提 3 次,每次 40 mL,每次均轻摇 3 min,将醚层合并,用 60 mL 水洗 3~4 次至洗涤液呈中性,弃去水层。取 3.0 g 无水硫酸钠于小烧杯中,分次放入适量醚液,搅拌后将醚液倾入鸡心瓶中,最后用乙醚洗涤无水硫酸钠 2 次,每次 10 mL,醚液并入烧瓶中,并在 40℃减压旋转蒸干,用少量正己烷溶解残渣并洗瓶 3~4 次,移入刻度试管中,总量为 5 mL。

③柱层析:称取 4.0 g 毛地黄皂苷 - 硅藻土,用正己烷进行湿法装柱(1 cm×3 cm)。玻璃棒轻压层析剂,将上述 5 mL 正己烷样品溶液移入柱内,流速为 0.3 mL/min。样液流出后迅速用正己烷洗脱,流速不变,收集 40 mL 于 50 mL 三角瓶中,减压通氮气蒸干,或于鸡心瓶中减压蒸干。用少量乙醚 + 正己烷(1+5)溶液溶解残渣,并洗瓶 3~4 次,将样液移至有刻度的试管中,总量为 3 mL。

④皂土柱层析:称取 0.8 g 活化皂土,用乙醚 + 正己烷(1+5)溶液湿法装入微型层析柱中,柱内下端塞 6~8 mm 高脱脂棉,而皂土上部加入 1 cm 高的无水硫酸钠,减压抽出溶剂,当溶剂下降至无水硫酸钠表层时,将上述层析的 3 mL 样液移入柱内,用 1 mL 乙醚 + 正己烷(1+5)洗涤试管 3 次,并入柱内,控制流速为 0.25 mL/min。当液面接近无水硫酸钠表层时,再加入 10 mL 乙醚 + 正己烷(1+5)溶液,最后加入 15 mL 乙醚 + 正己烷(1+1.5)溶液,并将流速增至 0.3 mL/min,全部收集于 50 mL 梨形瓶中,氮吹近干。乙醚分四次溶解残渣及洗瓶,每次 1 mL,洗液全部移入 5 mL 刻度试管中,氮气吹干,加入 0.5 mL 流动相溶解残渣并摇匀,盖好。

⑤维生素 D 的定量:减压蒸馏维生素 D 组分中的溶剂,残留物溶解在 200 μL 的 0.4% 异丙醇正己烷溶液中,取其中 100 μL 注入分析用色谱柱中,得样品色谱图与标品色谱图标,根据峰面积或峰高定量。

9.1.2.5 注意事项

①经柱层析分离提取的维生素 D 应在半日内进行 HPLC 分析,如超过半日应封入惰性气体冷冻保存。本法对维生素 D₂ 和 D₃ 不加区别,两者混合存在时,以总维生素 D 定量。

②水洗苯提取不皂化物时,为防止维生素 D 因形成胶粒而在水中损失,用 1mol/L KOH溶液、0.5 mol/L KOH 溶液及水洗,使碱的浓度逐渐降低。

③维生素 D 的活性以维生素 D₃ 为参考标准,1μg 维生素 D₃ = 40IU 维生素 D₃。

9.1.3 维生素 E 的测定

维生素 E 又名生育酚(Tocohperol),属于酚类化合物,除具有重要的生理功能外,也是一种无毒的油脂类食品的天然抗氧化剂,它由 α、β、γ、δ - 生育酚和三烯生育酚等 8 种异构体构成,这 8 种异构体中 α - 生育酚的生理活性最高,分布最广泛。

生育酚与三烯生育酚之间的不同,在于生育酚含有一个饱和的 16 碳侧链,而三烯生育酚的 16 碳侧链上含有 3 个不饱和双键。α、β、γ、δ 之间的区别在于苯环上甲基数目和位置不同。其结构如下:

α—生育酚

维生素 E 广泛分布于动、植物食品中,含量较多的为麦胚油、棉籽油、玉米油、花生油、大豆油等植物油料,此外肉、龟、禽、蛋、乳、豆类、水果以及绿色蔬菜中也都含有维生素 E。

食品中维生素 E 的测定方法有比色法、荧光法、气相色谱法和液相色谱法。比色法操作简单、灵敏度较高,但对维生素 E 没有特异的反应,需要采取一些方法消除干扰。荧光法特异性强、干扰少、灵敏、快速、简便。高效液相色谱法具有简便、分辨率高等优点,可在短时间完成同系物的分离定量,是目前测定维生素 E 最好的分析方法。

9.1.3.1 荧光法

(1)原理

样品经皂化、提取、浓缩蒸干后,用正己烷溶解不皂化物。在 295 nm 激发波长,324 nm 发射波长下测定其荧光强度,并与标准 α - 维生素 E 作比较,从而计算出样品中维生素 E 的含量。

(2)试剂

无水乙醇:同比色法测维生素 A 试剂。

无水乙醚:同比色法测维生素 A 试剂。

正己烷。

KOH 溶液。

维生素 C。

无水 $NaSO_4$。

α - 维生素 E 标准溶液:准确称取 10 mg 标准 α - 维生素 E 于正己烷中,定容至 10 mL,此液浓度为 1 mg/mL。临用时稀释成 5 μg/mL 的标准使用液。

(3)操作方法

①样品处理:准确称取油样 0.50 g(样品中含维生素 E < 0.2 mg)置于索氏抽瓶中,加维生素 C 0.9 g,无水乙醇 12 mL,接好冷凝器,在水浴上加热。当瓶内液体开始沸腾时,加入 3 mL 氢氧化钾水溶液。旋转抽瓶,并从加入氢氧化钾起计时 15 min,然后将瓶在水流中迅速冷却。随即加入 40 mL 蒸馏水使皂化物溶解,并移入 250 mL 分液漏斗中。加入 40 mL 乙醚,充分振摇 2 min,静止分层。醚层移至 500 mL 分液漏斗中。如此萃取 4 次,合并醚液,用等量水多次洗至中性,将醚液通过无水硫酸钠脱水后,在氮气流、真空下蒸干。加入

正己烷溶解残渣,定容到 10 mL。再吸收 1 mL,定容到 10 mL。

②荧光测定:

仪器工作条件:

激发波长:295 nm;

发射波长:324 nm;

激发狭缝:3;

发射狭缝:2;

灵敏度:0.3×7;

根据以上条件,分别测定 α-维生素 E 标准使用液和样品溶液的荧光强度。

(4)结果计算

$$\chi = \frac{U.c.V}{s.m} \times \frac{100}{1000} \qquad (9-5)$$

式中:χ——样品中 α-维生素 E 的含量,mg/100g;

U——样品溶液的荧光强度;

S——标准使用液的荧光强度;

c——标准使用液的浓度,μg/mL;

V——样品稀释体积,mL;

m——试样质量,g。

(5)说明

①溶剂不同时,激发波长和发射波长不同。

②对于 α-维生素 E 含量高的样品,如动物组织、人的血液、脏器等,用本法测得值与样品中总维生素 E 的含量的真实值相近。方法灵敏度较比色法高得多;对于植物性样品,一般 α-维生素 E 含量不多,而其他异构体含量较多,每一种同系物的激发波长和发射波长的荧光强度不尽相同,因此测定值多数不能代表真实值,测定误差较大。特别是当含有大量 α-维生素 E 时,测定值比真实值高得多,因为 δ 体的荧光强度比 α 体强70%。

③本法测定的样品为花生油,如测其他食品,需先抽提脂肪。经抽提脂肪后的样品其发射波长改为 330 nm。

9.1.3.2 高效液相色谱法

(1)原理

测定食品中的脂溶性维生素时,一般都是先将样品皂化,由酯型转换为游离性后,再进行测定。但需要注意的是因食品基质不同,会影响提取而造成误差。

(2)主要仪器及试剂

高效液相色谱仪,荧光检测器,液相色谱柱 SUPELCOSIL™ C-SI(25 cm×4.6 μm,5 μm),旋转蒸发仪。

正己烷、异辛烷,无水乙醚均为分析纯;维生素 α-、β-、γ-、δ-生育酚(α-、β-、γ

－、δ－T)标准品。

(3)样品处理

准确称取 1 g 粉碎均匀的样品于三角瓶中,添加 0.5 g 抗坏血酸,用 90 mL 正己烷分三次在室温下浸提样品中维生素 E,每次用 30 mL 正己烷浸提 6 h,合并提取液,在 40℃下减压浓缩后,用正己烷定容至 10 mL 棕色瓶中,于冰箱中备用。

(4)α－、β－、γ－、δ－T 标准储备液的配制及工作曲线

分别精确称量 α－、β－、γ－、δ－T 的标准品 10.0 mg,用正己烷溶解后,分别定容于 10 mL 棕色容量瓶中,作为储备液,置于冰箱中备用。分别将 α－、β－、γ－、δ－T 的标准品储备液配制成 10、20、30、40、50、60 μg/mL 的标准系列,上样分析。然后分别以 α－、β－、γ－、δ－T 的浓度(μg/mL)为横坐标、峰面积为纵坐标,绘制标准曲线,并计算其回归方程。

(5)色谱条件

色谱柱,SUPELCOSIL^{TML}C－SI;检测器,荧光检测器,λex = 290 nm,λem = 330 nm,流动相,正己烷 + 乙醚(93 + 7),流速 1.2 mL/min;进样量 10 μL。

(6)测定

将样品上样进行液相色谱测定,记录峰面积,并代入 α－、β－、γ－、δ－T 的回归方程,分别计算含量。

(7)注意事项

①在提取维生素 E 时,也可以在低温(－20℃)下提取,但要延长提取时间,一般为 18～24 h。

②在配制 α－、β－、γ－、δ－T 的标准品溶液时,可再添加 BHA 或 BHT 抗氧化剂,于－20℃下,可保存 3 个月。

③维生素 E 易氧化,一般在避光条件下操作。

9.1.4 β－胡萝卜素的测定

β－胡萝卜素是指胡萝卜素和叶黄素两大类色素的总称,它们由 8 个类异戊二烯单位组成,β－胡萝卜素是类胡萝卜素中的一种色素。具有类似于视黄醇的全反式结构,即在分子中至少有一个无氧合的 β－紫罗酮环的类胡萝卜素,可在人体内转化为维生素 A,故将这一类类胡萝卜素称为维生素 A 原。迄今,经过鉴定的天然类胡萝卜素约有 600 种,其中 50 多种具有维生素 A 原的作用,如 α－、β－、γ－胡萝卜素和 β－隐黄素等。其中 β－胡萝卜素生物效价最高,每毫克 β－胡萝卜素相当于 167 μg 维生素 A。

类胡萝卜素对碱、热相对较稳定,对酸、紫外线和氧不稳定。类胡萝卜素易发生异构化和氧化降解反应,光辐射、高温、酸、碱、游离卤素、脂肪氧合酶、水分等原因都会影响其稳定性,但光和氧是影响类胡萝卜素稳定的主要因素。因此,在分析时要采取避光和抗氧化措施。

β－胡萝卜素的测定方法主要有分光光度法、纸层析法和高效液相色谱法。β－胡萝卜素在 450 nm 波长处有最大吸收峰,故检测其在 450 nm 的吸光度可对 β－胡萝卜素进行定

量。利用有机溶剂提取并纯化后,可直接用于测定。由于植物体内类胡萝卜素常与叶绿素、叶黄素等色素共存,在提取 β – 胡萝卜素时,这些色素也被有机溶剂提取,故采用分光光度法测定 β – 胡萝卜素时,首先要采用纸层析、柱层析或薄层层析法除去上述干扰色素,由于其他类胡萝卜素在 450 nm 波长处有吸收,因此采用分光光度法测定的 β – 胡萝卜素含量只是相对值。高效液相色谱可以把 β – 胡萝卜素与其他类胡萝卜素在色谱柱上分离,因此利用高效液相色谱分析测定 β – 胡萝卜素更加准确。高效液相色谱法具有快速、准确、灵敏度高、样品处理简单等优点,是测定 β – 胡萝卜素最常用的方法,也是国标方法(GB/T – T 5009.83—2003)。这里仅介绍高效液相色谱法。

9.1.4.1 原理

试样中的 β – 胡萝卜素,用石油醚丙酮混合液提取,经三氧化铝纯化,然后以高效液相色谱法测定,以保留时间定性,峰高或峰面积定量。

9.1.4.2 仪器

①高效液相色谱仪。

②离心机。

③旋转蒸发仪。

9.1.4.3 试剂

①石油醚:沸程 30 ~ 60℃

②甲醇:色谱纯。

③丙酮。

④己烷。

⑤四氢呋喃。

⑥三氯甲烷。

⑦乙腈:色谱纯。

⑧三氧化二铝:层析用,100 ~ 200 目,140℃活化 2 h,取出放入干燥器备用。

⑨含碘异辛烷溶液:精确称取碘 1 mg,用异辛烷溶解并稀释至 25 mL,摇匀备用。

⑩α – 胡萝卜素标准溶液:精确称取 1 mg α – 胡萝卜素,加入少量三氯甲烷溶解,然后用石油醚溶解并洗涤烧杯数次,溶液转入 25 mL 容量瓶中,用石油醚定容,浓度为 40 μg/mL,于 –18℃储存备用。

⑪β – 胡萝卜素标准溶液:精确称取 12.5 mg β – 胡萝卜素于烧杯中,先加入少量三氯甲烷溶解,然后用石油醚溶解并洗涤烧杯数次,溶液转入 50 mL 容量瓶中,用石油醚定容,浓度为 250 μg/mL,于 –18℃储存备用。两个月内稳定。根据所需浓度取一定量的 β – 胡萝卜素标准溶液用移动相稀释成 100 μg/mL

⑫β – 胡萝卜素标准使用溶液:分别吸取 β – 胡萝卜素标准溶液 0.5 mL、1.0 mL、2.0 mL、3.0 mL、4.0 mL、5.0 mL 于 10 mL 容量瓶中,各加移动相至刻度,摇匀后,即得 β – 胡萝卜素标准系列,分别含 β – 胡萝卜素 5 μg/mL、10 μg/mL、20 μg/mL、30 μg/mL、

40 μg/mL、50 μg/mL。

⑬β - 胡萝卜素异构体:精确称取 1.5 mg β - 胡萝卜素于 10 mL 容量瓶中,充入氮气,快速加入含碘弃辛烷 10 mL,盖上塞子,在距 20 W 的荧光灯 30 cm 处照射 5 min,然后在避光处用真空泵抽去溶剂,用少量三氯甲烷溶解结晶,再用石油醚溶解并定容于刻度,浓度为 150 μg/mL, -18℃保存。

9.1.4.4　实验步骤

(1)试样提取

①淀粉类食品:称取 10.0 g 试样于 25 mL 带塞量筒中(如果试样中 β - 胡萝卜素量少,取样量可以多些),用石油醚或石油醚 + 丙酮(80 + 20)混合液振摇提取,吸取上层黄色液体并转入蒸发器中,重复提取直至提取液无色。合并提取液于旋转蒸发器上蒸发至干(水浴温度为 30℃)。

②液体食品:吸取 10.0 g 试样于 25 mL 分液漏斗中,加入石油醚 + 丙酮(80 + 20)提取,然后静置分层,将下层水溶液放入另一分液漏斗中再提取,直至提取液无色为止。合并提取液,于旋转蒸发器上蒸发至干(水浴温度为 40℃)。

③油类食品:称取 10.0 g 试样于 25 mL 带塞量筒中,加入石油醚 + 丙酮(80 + 20)提取。反复提取,直至上层提取液无色。合并提取液,于旋转蒸发器上蒸发至干。

(2)纯化

将上述试样的提取液残渣,用少量石油醚溶解,然后进行氧化铝层析。氧化铝柱为 15 cm(内径)×4 cm(高)。先用洗脱液丙酮 + 石油醚(5 + 95)洗氧化铝柱,然后再加入溶解试样提取液的溶液,用丙酮 + 石油醚(5 + 95)洗脱 β - 胡萝卜素,控制流速为 20 滴/min,收集于 10 mL 容量瓶中,用洗脱液定容至刻度。用 0.45 μm 微孔滤膜过滤,滤液作 HPLC 分析用。

(3)测定

①HPLC 参考条件

色谱柱:Spherisorb C_{18} 柱 4.6 mm ×150 mm;

流动相:甲醇 + 乙腈(90 + 10);

流速:1.2 mL/min;

波长:448 nm。

②试样测定:吸取已纯化试样的溶液 20 μL,进行 HPLC 分析,从标准曲线查得或回归求得所含 β - 胡萝卜素的量。

③标准曲线:分别用标准使用液 20 μL,进行 HPLC 分析,以峰面积对 β - 胡萝卜素浓度作标准曲线。

9.1.4.5　计算

$$X = \frac{V \cdot c}{m} \times 1000 \times \frac{1}{1000 \times 1000} \qquad (9-6)$$

式中:X——试样中 β - 胡萝卜素的含量,g/kg 或 g/L;

    V——定容后的体积,mL;

    c——试样中 β - 胡萝卜素的浓度(在标准曲线上查得),μg/mL;

    m——试样的量,g 或 mL

计算结果保留 2 位有效数字。在重复性条件下获得的 2 次独立测定结果的绝对差值不超过算术平均值的 10% 。

9.1.4.6　注意事项

①为了较长时间保存胡萝卜素标准溶液,可在溶液中添加脂溶性抗氧化剂,于棕色瓶中,−18℃保存。

②在采用石油醚—丙酮提取胡萝卜素时,若样品含水量较多,适当增加丙酮的比例,可提高提取效率。

③若胡萝卜素在色谱上分离效果不理想时,可能是脂溶性成分在色谱柱上有沉积,可用不同极性的流动相反复冲洗,以达到改善色谱柱的分离效果的目的。

9.2　水溶性维生素的测定

水溶性维生素 B_1、维生素 B_2 和维生素 C,广泛存在于动植物组织中。水溶性维生素都易溶于水,而不溶干苯、乙醚、氯仿等大多数有机溶剂。在酸性介质中很稳定,即使加热也不破坏;但在碱性介质中不稳定,易于分解,特别在碱性条件下加热,可大部或全部破坏。它们易受空气、光、热、酶、金属离子等的影响,维生素 B_2 对光,特别是紫外线敏感,易被光线破坏;维生素 C 对氧、铜离子敏感,易被氧化。

根据上述性质,测定水溶性维生素时,一般都在酸性溶液中进行前处理。根据不同维生素在食品中存在的形式(游离态或结合态)、在不同酸液中的稳定情况及杂质干扰情况,分别采用不同的处理方法。维生素 B_1、维生素 B_2 通常采用盐酸水解,或再经淀粉酶、木瓜蛋白酶等酶解作用,使结合态维生素游离出来,再将它们从食物中提取出来。为进一步去除杂质,还可用活性人造浮石、硅镁吸附剂等进行纯化处理。维生素 C 通常采用草酸、草酸 - 醋酸、偏磷酸 - 乙酸溶液直接提取。在一定浓度的酸性介质中,可以消除某些还原性杂质对维生素 C 的破坏作用。

9.2.1　维生素 B_1 的测定

维生素 B_1 又名硫胺素、抗神经炎素,由一个嘧啶分子和一个噻唑分子通过一个亚甲基连接而成。它广泛分布于植物和动物体中,在 α - 酮基酸和糖类化合物的中间代谢中起着十分重要的作用。硫胺素的主要功能形式是焦磷酸硫胺素,然而各种结构式的硫胺素都有维生素 B_1 的生理活性。在酵母、米糠、麦胚、花生、黄豆及绿色蔬菜和牛乳、蛋黄中含量较为丰富。

虽然利用微生物培养法可测定食品中硫胺素的含量,但这种方法并不常用。硫胺素在稀酸的条件下从加热的食物匀浆中被提取出来,用磷酸酯酶水解成磷酸化的硫胺素,然后用层析法除去非硫胺素的荧光成分,再用氧化剂将其转化成高荧光的硫色素,此时测定就非常容易了。比色法灵敏度低,准确度也稍差,适用于测定维生素 B_1 含量高的样品。荧光法和高效液相色谱法适用于微量测定,是目前测定的主要方法。下面介绍荧光法。

9.2.1.1　原理

硫胺素在碱性铁氰化钾溶液中,能被氧化成硫色素,在紫外光照射下产生蓝色荧光。如果不存在其他荧光物质干扰,荧光强度与硫色素含量成正比,即与溶液中硫胺素含量成正比。如样品中所含杂质较多,应经过离子交换剂处理,使硫胺素与杂质分离。然后测定纯化液中硫胺素的含量。

9.2.1.2　主要仪器及试剂

荧光分光光度计,Malizel – Gerson 反应管,盐基交换管。

正丁醇,无水硫酸钠,淀粉酶,0.1 mol/L 盐酸,0.3 mol/L 盐酸,2 mol/L 乙酸钠溶液,250 g/L 氯化钾溶液,150 g/L 氢氧化钠溶液,300 g/L 乙酸溶液,10 g/L 铁氰化钾溶液(储于棕色瓶中)

250 g/L 酸性氯化钾溶液:将 8.5 mL 浓盐酸用 250 g/L 氯化钾溶液稀释至 1000 mL。

碱性铁氰化钾溶液:取 4 mL 10 g/L 铁氰化钾溶液,用 150 g/L 氢氧化钠溶液稀释至 60 mL。临用时配,避光使用。

硫胺素标准溶液:准确称取 100 mg 经氯化钙干燥 24 h 的硫胺素,溶于 0.01 mol/L 盐酸中,并稀释至 1000 mL。再用 0.01 mol/L 盐酸稀释 10 倍。此溶液每毫升相当 10 μg 硫胺素。在冰箱中避光可保存数月。临用时以水稀释 100 倍,配成浓度为 0.1 μg/mL 的硫胺素标准使用液。

0.4 g/L 溴甲酚绿溶液:取 0.1g 溴甲酚绿置于小研钵中,加入 1.4mL 0.1mol/L 氢氧化钠研磨片刻,再加入少许水继续研磨至完全溶解,用水稀成 250 mL。

9.2.1.3　操作方法

(1)试样准备

试样采集后用匀浆机打成匀浆于低温冰箱中冷冻保存,使用时将其解冻后混匀使用。干燥试样要将其尽量粉碎后备用。

(2)样品提取

①水解:精确称取已打成匀浆或粉碎好的试样 5~10 g(含硫胺素为 10~30 μg),置于 150 mL 三角瓶中,加入 50~75 mL 0.1 mol/L 或 0.3 mol/L 盐酸。瓶口用倒置小烧杯盖好后放入高压锅中加热水解 103 kpa 30 min。冷却后,滴加 2 mol/L 乙酸钠,边滴边取出少许,用 0.4 g/L 溴甲酚绿检验,呈草绿色时为止,pH 为 4.5。

②酶解:按 1∶20(试样∶淀粉酶)的比例加入淀粉酶,于 45~50℃ 温箱保温 16 h。冷到室温,定容至 100 mL,混匀,过滤,即为提取液。

(3)净化

将少许脱脂棉铺在交换柱底部,加水赶出气泡。加 1 g 左右活性人造浮石使之达到交换柱的三分之一高度,保持盐基交换管中液面始终高于活性人造浮石。用移液管加入提取液 20~80 mL(使通过活性人造浮石的硫胺素总量约为 2~5 μg)。加入 10mL 热水冲洗交换柱,弃去洗液,如此重复三次。加入 250 g/L 酸性氯化钾(温度为 90℃左右)20 mL。收集此液于 25 mL 刻度试管内,冷至室温,用 250 g/L 酸性氯化钾定容,得试样净化液。

将 20 mL 硫胺素标准使用液加入盐基交换管代替样品提取液,重复上述操作.得标准净化液。

(4)氧化

将 5 mL 试样净化液分别加入 A(试样空白)、B(试样)两个 Malizel - Gerson 反应管。在避光环境中,A 瓶加 3 mL 150 g/L 氢氧化钠溶液,振摇 15 s 后加入 10 mL 正丁醇;B 瓶加 3 mL 碱性铁氰化钾溶液,振摇 15 s 后也加入 10 mL 正丁醇。同时用力振摇两个反应瓶,准确计时 15 min。

用标准净化液代替试样净化液重复上述操作,得标准空白和标液。

用黑布遮盖各反应瓶,静止分层后弃去下层碱性溶液,加 2~3 g 无水硫酸钠脱水。

(5)荧光强度的测定

在激发波长 365 nm,发射波长 435 nm,激发狭缝、发射狭缝各 5 nm 条件下,依次测定试样空白、标准空白、试样、标样的荧光强度。

9.2.1.4 结果计算

$$\chi = \frac{U - U_0}{S - S_b} \times \frac{c \cdot V}{m} \times \frac{V_1}{V_2} \times \frac{100}{1000} \qquad (9-7)$$

式中:χ——样品中硫胺素含量,mg/100 g,1 国际单位约为 3 μg 维生素 B_1。

    U——试样荧光强度;

    U_0——试样空白荧光强度;

    S——标准荧光强度;

    S_b——标准空白荧光强度;

    c——硫胺素标准使用液浓度,μg/mL;

    V——用于净化的硫胺素标准使用液体积,mL;

    V_1——试样水解后定容之体积,mL;

    V_2——用于净化的试样提取液体积,mL;

    m——试样质量,g。

9.2.1.5 说明

①一般食品中的维生素 B_1 有游离型的,也有结合型的,即与淀粉、蛋白质等结合在一起的,故需要用酸和酶水解,使结合型 B_1 成为游离型,再采用此法测定。

②可在加入酸性氯化钾后停止实验,因为硫胺素在此溶液中比较稳定。

③样品与铁氰化钾溶液混合后,所呈现的黄色至少应保持 15 s,否则应再滴加铁氰化钾溶液 1~2 滴。因为样品中如含有还原性物质,而铁氰化钾用量不够时,硫胺素氧化不完

全,给结果带来误差。但过多的铁氰化钾会破坏硫色素,故其用量应适当控制。

④硫色素能溶于正丁醇,在正丁醇中比在水中稳定,故用正丁醇等提取硫色素。萃取时振摇不宜过猛,以免乳化,不易分层。

⑤紫外线破坏硫色素,所以硫色素形成后要迅速测定,并力求避光操作。

⑥用甘油 – 淀粉润滑剂代替凡士林涂盐基交换管下活塞,因为凡士林具有荧光。

⑦谷类物质不需酶分解,样品粉碎后用 250 g/L 酸性氯化钾直接提取,氧化测定。

⑧氧化是操作的关键步骤,操作中应保持添加试剂的迅速一致。

9.2.2 维生素 B_2 的测定

维生素 B_2 即核黄素。在食品中以游离形式或磷酸酯等结合形式存在。膳食中的主要来源是各种动物性食品,其中以肝、肾、心、蛋、奶含量最多,其次是植物性食品的豆类和新鲜绿叶蔬菜。

测定维生素 B_2 常用的方法有荧光法和高效液相色谱法。根据核黄素在中性或酸性溶液中经光照射自身可产生黄绿色荧光,而在碱性溶液中经光照射可发生光分解产生强荧光物质光黄素的性质,荧光法又分为测定自身荧光的核黄素荧光法和测定光分解产物荧光的光黄素荧光法,核黄素荧光法分析精度不高,适合于测定比较纯的试样。光黄素荧光法灵敏度、精密度都较高,且只要提取完全,可省去将结合型维生素 B_2 转变为游离型的操作。液相色谱法测定维生素 B_2 具有简便、快速,可同时进行多种水溶性维生素测定等优点,是近几年发展较快的分析方法。这里介绍高效液相色谱法测定维生素 B_2 的方法。

9.2.2.1 原理

样品在稀盐酸环境中高温水解、酶解。经 ODS C_{18} 反相色谱柱分离,以荧光检测器($\lambda_{ex} = 462$ nm,$\lambda_{em} = 522$ nm)检测,用外标法定量维生素 B_2 的含量。

9.2.2.2 主要仪器及试剂

高效液相色谱仪、荧光检测器、C_{18} 反相色谱柱(5 μm,25 cm × 4.6 mm)、组织捣碎机(10000 ~ 12000 r/min)、高压杀菌锅。

所有试剂如未标明规格,均指分析纯;所有实验室用水如未注明其他要求,均指三级水。

浓盐酸、冰乙酸、甲醇(色谱纯)、无水乙酸钠、核黄素(维生素 B_2)标准品。

0.1 mol/L 盐酸:取 4.5 mL 浓盐酸加入去离子水,定容至 500 mL。

0.01 mol/L 盐酸:吸取上述 0.1 mol/L 盐酸 50 mL,配制成 500 mL。

0.05 mol/L 乙酸钠溶液(pH = 4.5):称取 4.10 g 乙酸钠固体,配成 1000 mL,并用冰乙酸调至 pH = 4.5。

30 g/L 混合酶溶液:称取淀粉酶和木瓜蛋白酶各 3.6 g,溶于 100 mL 2 mol/L 乙酸钠溶液中。

流动相配制:用 0.05 mol/L 乙酸钠与甲醇按适当比例混合。

维生素 B_2 标准储备液（500 μg/mL）：精确称取 0.0500 g 维生素 B_2，用 0.01 mol/L 盐酸溶液并定容于 100 mL 容量瓶中，于冰箱中保存。

维生素 B_2 标准工作液（0.5 μg/mL）：在测定时，将标准储备液用重蒸水再稀释 1000 倍，所得溶液经 0.3 μm 滤膜过滤。

9.2.2.3 实验步骤

（1）样品处理

①称样：将样品放入捣碎机中捣碎后，精确称取 5.0～10.0 g（内含维生素 B_2）于三角瓶中。

②水解：加适量盐酸，控制样液中酸浓度在 0.1 mol/L 左右，将三角瓶内的样液摇匀后，放入高压杀菌锅内水解，在 121℃下保持 30 min，待冷却后取出，轻摇数次。

③酶解：冷却至 40℃以下，分别加入 2.5 mL 混合酶液，摇匀后，置于 37℃培养箱中过夜。

④定容：用 0.1 mol/L 氢氧化钠将样液 pH 调节至 6.0 左右，再用二次重蒸水定容至 100 mL。

⑤过滤：样液经定量滤纸过滤，接取少量滤液以备进样。

（2）样品测定

色谱条件：流动相，0.05 mol/L 乙酸钠 + 甲醇（65 + 35，v/v）；流速 1.00 mL/min，激发波长 462 nm，发射波长 522 nm。

（3）结果计算

$$X = \frac{f \times c \times V \times 100}{m \times 100} \tag{9-8}$$

式中：X——样品中维生素 B_2 的含量，mg/100g；

c——进样样液浓度，μg/mL；

f——稀释倍数；

V——定容体积，mL；

m——样品质量，g。

同一样品 2 次测定结果之差不得超过平均值的 5%。同一样品在两个实验室测定结果之差不得超过平均值的 5%。

9.2.3 维生素 C 的测定

维生素 C 又称抗坏血酸（Ascorbic acid），是所有具有抗坏血酸生物活性的化合物的统称。它在人体内不能合成，必需依靠膳食供给。维生素 C 不仅具有广泛的生理功能，而且在食品工业中常用作抗氧化剂、酸味剂及营养强化剂。因此测定食品中维生素 C 的含量，以评价食品品质及食品加工过程中维生素 C 的变化情况具有重要的意义。

维生素 C 具有较强的还原性，对光敏感，氧化后的产物称为脱氢抗坏血酸，仍然具有生理活性，进一步水解则生成 2,3 - 二酮古乐糖酸，失去生理作用。

维生素 C 易溶于水,其水溶液不稳定,尤其在碱性溶液中其内酯环容易水解,因而很容易失效,氧化剂、光、热、维生素 B₂ 和铜、铁等金属离子均能加速其变质,因此从取样开始的整个操作过程中必需特别注意,防止维生素 C 的变化。

对于啤酒、黄酒等能直接溶于水的样品,稀释、过滤后可直接进样分析。水果样品中抗坏血酸提取可以单独用 5% 偏磷酸溶液,也可以偏磷酸、乙酸联合使用。对含有蛋白质的样品,采用强酸、高浓度盐、有机试剂去除蛋白质,但处理过的样品在进入色谱柱之前还需去除强酸或盐。对乳制品的脱蛋白,可采用稀的高氯酸溶液(0.05 mol/L)。为了防止样品中的维生素 C 在脱蛋白的过程中被氧化成脱氢形式,需要在样品中加入稳定剂,如 0.24 mol/L EDTA 和 0.2 mol/L 谷胱甘肽混合溶液。

测定维生素 C 常用的方法有靛酚滴定法、苯肼比色法、荧光法及高效液相色谱法、极谱法等。靛酚滴定法测定的是还原型抗坏血酸,该法简便,也较灵敏,但特异性差,样品中的其他还原性物质(如 Fe^{2+}、Sn^{2+}、Cu^{2+} 等)会干扰测定,使测定值偏高。对深色样液滴定终点不易辨别。苯肼比色法和荧光法测得的都是抗坏血酸和脱氢抗坏血酸的总量。苯肼比色法操作复杂,特异性较差,易受共存物质的影响,结果中包括二酮古乐糖酸,故测定值往往偏高。荧光法受干扰的影响较小,且结果不包括二酮古乐糖酸,故准确度较高,重现性好,灵敏度与苯肼比色法基本相同,但操作较复杂。高效液相色谱法可以同时测得抗坏血酸和脱氢抗坏血酸的含量,具有干扰少,准确度高,重现性好,灵敏、简便、快速等优点,是上述几种方法中最先进、可靠的方法。

9.2.3.1　2,6 - 二氯靛酚滴定法

(1)原理

还原型抗坏血酸能还原染料 2,6 - 二氯靛酚,该染料在酸性溶液中呈红色,被还原后红色消失。还原型抗坏血酸还原 2,6 - 二氯酚靛酚后,本身被氧化成脱氢抗坏血酸。在没有杂质干扰时,一定量的样品提取液还原标准 2,6 - 二氯靛酚的量与样品中所含维生素 C 的量成正比。

(2)试剂

20 g/L 草酸溶液:溶解 20 g 草酸于 200 mL 水中,然后稀释至 1000 mL。

10 g/L 草酸溶液:取上述 20 g/L 草酸溶液 500 mL,用水稀释至 1000 mL。

60 g/L 碘化钾溶液;

10 g/L 淀粉溶液;

0.001 mol/L 碘酸钾标准溶液。

抗坏血酸标准溶液:准确称取 20 mg 抗坏血酸,溶于 10 g/L 草酸溶液中,移入 100 mL 容量瓶中,并用 10 g/L 草酸溶液稀释至 100 mL,混匀,置冰箱中保存。

使用时吸取上述抗坏血酸 5 mL,置于 50 mL 容量瓶中,用 10 g/L 草酸溶液定容。此标准使用液每毫升含 0.02 mg 维生素 C。

标定:吸取标准使用液 5 mL 于三角烧瓶中,加入 60 g/L 碘化钾溶液 0.5 mL,10 g/L 淀

粉溶液 3 滴,再以 0.001 mol/L 碘酸钾标准溶液滴定,终点为淡蓝色。

计算如下:

$$C = \frac{V_1 \times 0.088}{V_2} \qquad (9-9)$$

式中:C——抗坏血酸标准溶液的浓度,mg/mL;

V_1——滴定时所耗 0.001 mol/L 碘酸钾标准溶液的量,mL;

V_2——滴定时所取抗坏血酸的量,mL;

0.088——1 mL 0.001 mol/L 碘酸钾标准溶液相当于抗坏血酸的量,mg/mL;

2,6 - 二氯靛酚溶液:称取碳酸氢钠 52 mg,溶于 200 mL 沸水中,然后称取 2.6 - 二氯靛酚 50 mg,溶解在上述碳酸氢钠的溶液中,待冷,置于冰箱中过夜,次日过滤置于 250 mL 容量瓶中,用水稀释至刻度,摇匀。此液应储于棕色瓶中并冷藏,每星期至少标定 1 次。

标定方法:取 5 mL 已知浓度的抗坏血酸标准溶液,加入 10 g/L 草酸溶液 5 mL,摇匀,用上述配制的染料溶液滴定至溶液呈粉红色于 15 s 不褪色为止另取 5mL10g/L 的草酸溶液做空白试验。

计算:$$T(mg/mL) = \frac{C \times V}{V_1 - V_2} \qquad (9-10)$$

式中:T——每毫升 2,6 - 二氯靛酚溶液相当于抗坏血酸的毫克数, mg/ mL;

C——抗坏血酸的浓度,mg/mL;

V——吸取抗坏血酸的体积,mL;

V_1——滴定抗坏血酸消耗 2,6 - 二氯靛酚溶液的体积,mL;

V_2——滴定空白消耗 2,6 - 二氯靛酚溶液的体积,mL。

(3)操作方法

鲜样制备:称取适量(50.0 ~ 100.0g)样品,加等量的 20 g/L 草酸溶液,倒入组织捣碎机中捣成匀浆。称取 10.00 ~ 30.00 g 浆状样品(使其含有抗坏血酸 1 ~ 5 mg),置于小烧杯中,用 10 g/L 草酸溶液将样品移入 100 mL 容量瓶中,并稀释至刻度,摇匀。

干样制备:称取 1 ~ 4 g 干样(含 1 ~ 2 mg 抗坏血酸)放入研钵内,加 10 g/L 乙二酸溶液磨成匀浆,倒入 100 mL 容量瓶中,用 10 g/L 乙二酸稀释至刻度。过滤上述样液,不易过滤的可用离心机沉淀后,倾出上清液,过滤备用。

滴定:将样液过滤,弃去最初毫升滤液。若样液具有颜色,用白陶土(应选择脱色力强但对抗坏血酸无损失的白陶土)去色,然后迅速吸取 5 ~ 10 mL 滤液,置于 50 mL 三角烧瓶中,用标定的 2.6 - 二氯靛酚染料溶液滴定之,直至溶液呈粉红色于 15 s 内不褪色为止。同时做空白。

(4)计算

$$X = \frac{(V - V_0) \cdot T \cdot A}{m} \times 100 \qquad (9-11)$$

式中:X——样品中抗坏血酸含量,mg/100g;

　　T——1 mL 染料溶液相当于抗坏血酸标准溶液的量,mg/ mL;

　　V——滴定样液时所耗去染料溶液的量,mL;

　　V_0——滴定空白时所耗去染料溶液的量,mL;

　　m——滴定时所取滤液中含有的样品质量,g;

　　A——稀释倍数。

（5）注意事项

①所有试剂配制最好用重蒸馏水。

②样品取样后,应浸泡在已知量 20 g/L 草酸溶液中以防止维生素 C 氧化损失。

③对动物性的样品可用 100 g/L 三氯乙酸代替 20 g/L 草酸溶液提取;对含有大量 Fe 的样品,如储藏过久的罐头食品可用 8% 醋酸溶液代替草酸溶液提取。

④整个操作过程要迅速,防止还原型抗坏血酸被氧化。

⑤若样品滤液无色,可不加白陶土。须加白陶土的,要对每批新的白陶土测定回收率。加白陶土脱色过滤后,样品要迅速滴定。

⑥滴定开始时,染料溶液要迅速加入,直至红色不立即消失而后尽可能一滴一滴地加入,并要不断振动三角瓶,直至呈粉红色于 15 s 内不消失为止。样品中可能有其他杂质也能还原2.6 - 二氯靛酚,但一般杂质还原该染料的速度均较抗坏血酸慢,所以滴定时以 15 s 钟红色不褪为终点。

9.2.3.2　荧光法

（1）原理

样品中还原型抗坏血酸经活性炭氧化为脱氢抗坏血酸,再与邻苯二胺反应生成有荧光的喹喔啉。在一定条件下,喹喔啉之荧光强度与脱氢抗坏血酸浓度成正比。

当食物中含有丙酮酸时,也与邻苯二胺反应生成一种荧光物质而干扰测定,这时可加入硼酸。硼酸与脱氢抗坏血酸结合生成硼酸脱氢抗坏血酸螯合物,此螯合物不能与邻苯二胺反应生成荧光化合物;而硼酸不与丙酮酸反应,丙酮酸仍可发生上述反应。因此,加入硼酸后测出的荧光值即为空白的荧光值。

（2）试剂

①偏磷酸 - 乙酸溶液 A:取 15g 偏磷酸,加入 40 mL 冰乙酸及 250 mL 水,加温搅拌至溶解,冷后加水稀释成 250 mL。于 4℃ 冰箱可保存 7 ~ 10 d。

②偏磷酸 - 乙酸溶液 B:取 15 g 偏磷酸,加入 40 mL 冰乙酸及 100 mL 水,加温搅拌至溶解,冷后加水稀释成 250 mL。于 4℃ 冰箱可保存 7 ~ 10 d。

③淀粉酶:酶活力 1.5 U/mg,根据活力单位大小调整用量。

④500 g/L 乙酸钠溶液:取 500 g 乙酸钠,加水至 1000 mL。

⑤硼酸 - 乙酸钠溶液:称取 3 g 硼酸,溶于 100 mL 500 g/L 乙酸钠溶液中,新鲜配制。

⑥邻苯二胺溶液:称取 20 mg 邻苯二胺,用水稀释至 100 mL,临用前配制。

⑦抗坏血酸标准溶液:准确称取 50 mg 抗坏血酸,用偏磷酸 – 乙酸溶液溶解并定容到 50 mL,此液为 1 mg/mL 抗坏血酸。取出 10 mL,用偏磷酸 – 乙酸溶液稀释至 100 mL,定容前测 pH 值。如果 pH > 2.2,则用偏磷酸 – 乙酸 – 硫酸液稀释。配成 100 μg/mL 的标准使用液。

⑧酸性活性炭:取粉状活性炭(化学纯,80 ~ 200 目)约 200 g,加入 1 L 体积分数为 10% 的盐酸,加热至沸腾,真空过滤,取下结块于一个大烧杯中,用水清洗至滤液中无铁离子为止,在 110 ~ 120℃烘箱中干燥 10 h 后使用。

(3)测定步骤

①试样处理:

a. 含淀粉试样:称取约 5 g 混合均匀的固体试样或约 20 g 液体试样于三角瓶中,加入 0.1 g 淀粉酶,固体试样加入 50 mL 45 ~ 50℃的蒸馏水,液体试样加入 30 mL 45 ~ 50℃的蒸馏水,混合均匀后,用氮气排除瓶中空气,盖上瓶塞,置于(45 ± 1)℃培养箱内 30 min,取出冷却至室温,用偏磷酸 – 乙酸溶液 B 转至 100 mL 容量瓶中定容。

b. 不含淀粉的试样:称取混合均匀的固体试样约 5 g,用偏磷酸—乙酸溶液 A 溶解,定容至 100 mL。或称取混合均匀的液体试样约 50 g,用偏磷酸—乙酸溶液 A 溶解,定容至 100 mL。

②待测液的制备:

a. 上述试样及抗坏血酸标准溶液转至放有约 2 g 酸性活性炭的 250 mL 三角瓶中,剧烈振动,过滤后即为试样及标准溶液的滤液。然后准确吸取 5.0 mL 试样及标准溶液的滤液分别置于 25 mL 及 50 mL 放有 5.0 mL 硼酸—乙酸钠溶液的容量瓶中,静置 30 min 后,用蒸馏水定容。以此作为试样及标准溶液的空白溶液。

b. 在此 30 min 内,再准确吸取 5.0 mL 试样及标准溶液的滤液于另外的 25 mL 及 50 mL 放有 5.0 mL 乙酸钠溶液和约 15 mL 水的容量瓶中,用水稀释至刻度。以此作为试样溶液及标准溶液。

c. 试样待测液:分别准确吸取 2.0 mL 上述试样溶液及试样的空白溶液于 10.0 mL 试管中,向每支试管中准确加入 5.0 mL 邻苯二胺溶液,摇匀,在避光条件下放置 60 min 后待测。

d. 标准系列待测液:准确吸取上述标准溶液 0.5 mL、1.0 mL、1.5 mL 和 2.0 mL,分别置于 10 mL 试管中,再用水补充至 2.0 mL。同时准确吸取标准溶液的空白溶液 2.0 mL 于 10 mL 试管中。向每支试管中准确加入 5.0 mL 邻苯二胺溶液,摇匀,在避光条件下放置 60 min 后待测。

③测定:将标准待测系列溶液、试样待测液移入石英比色皿中,于激发波长 350 nm,发射波长 430 nm 处测定荧光强度。以标准系列荧光强度减去标准空白荧光强度为纵坐标,对应的抗坏血酸含量(μg/mL)为横坐标,绘制标准曲线或进行相关计算。

(4)结果计算

$$X = \frac{c \cdot V \cdot f}{m} \times \frac{100}{1000} \tag{9 – 12}$$

式中：X——样品中抗坏血酸及脱氢抗坏血酸总含量，mg/100g；

　　　c——由标准曲线查得或回归方程计算得荧光反应用样液中维生素 C 的浓度，$\mu g/mL$；

　　　V——称取匀浆定容的体积，mL；

　　　f——试样稀释倍数。

（5）说明

影响荧光强度的因素很多，各次测定条件很难完全再现，因此，标准曲线最好与样品同时做，若采用外标定点直接比较法定量，其结果与工作曲线法接近。

9.3　维生素分析方法研究进展

维生素的分析测定方法包括分光光度法、气相色谱法、高效液相色谱法、毛细管电泳法、薄层色谱法、流动注射分析法等。近年来随着新仪器新技术的开发应用，科研工作者从节省时间、人力、物力的角度出发，方法的多样性和多种同时测定是维生素分析领域的发展趋势。关于维生素分析方法的研究主要集中在提高分离效能和提高检测的灵敏度，并且应用于实际样本的测定。建立一套准确可靠的维生素同时分析的方法，拓宽方法的实际应用的范围是维生素分析领域研究的重点。同时各种仪器的联用技术和一些新方法也将不断涌现。此外，随着微型计算机技术的发展，维生素的色谱分析的系统化和自动化研究也逐渐引起分析工作者的重视，在最短时间找到最满意的分离条件仍然是这一领域的研究重点。

思考题

1. 维生素按溶解性如何分类？请举例说明。

2. 维生素样品在处理和保存时应注意哪些事项？如何避免样品制备时维生素的分解。

3. 说明三氯化锑比色法测定维生素 A 的原理。在测定维生素 A 时，皂化的目的是什么？

4. 如何选择维生素 C 浸提剂？新鲜果蔬样品在研磨时如何防止维生素 C 的氧化？

5. 说明 2,6 – 二氯靛酚测定维生素 C 的原理。

6. 请设计火腿肠中维生素 A，维生素 C 的测定方法。

第10章 食品中限量元素的测定

10.1 概述

存在于食物中的各种元素,从营养学的角度,可分为必需元素、非必需元素和有害元素三类。从人体对其需要量而言,每日膳食需要量在 100 mg 以上的,称为常量元素,如钙、磷、镁、钾、钠、氯、硫等。另一类在代谢上同样重要,但含量相对较少,常称为微量元素。1990 年前世界公认的人体需要的微量元素为 14 种。1996 年 FAO/IAEA/WHO 的营养专家基于 1973 年以来对微量元素的研究和发展,重新将微量元素分为三类:第一类为人类必需的有 8 种:碘、锌、硒、铜、钼、铬、钴、铁;第二类为人体可能需要的微量元素有 5 种:锰、硅、镍、硼、钒;第三类为本身有潜在毒性,当在低剂量时可能具有必需功能的微量元素有 8 种:氟、铅、镉、汞、砷、铝、锂、锡。

微量元素是有益还是有害的,是相对的。过去认为是有毒的,现在却发现是生命所必需的。当然这里还有量的关系,即使是必需的微量元素也有维持机体正常生理功能的需要量范围,而且有的元素的这个范围相当窄。微量元素在这特定的范围内可以使组织的结构与功能的完整性得到维持,当其含量低于机体需要的量时,组织功能会减弱或不健全,甚至会受到损害并处于不健康的状态之中。但如果含量高于这一特定范围,则可能导致不同程度的毒性反应,严重的可以引起死亡。从含量过低到过高的限量有的元素比较宽,有的却很窄,例如硒,其正常需要量到中毒量之间相差不到十倍。人体对硒的每日安全摄入量为 50～200 μg,如低于 50 μg 会导致心肌炎、克山病等疾病,并诱发免疫功能低下和老年性白内障的发生;但如果摄入量在 200～1000 μg 之间则会导致中毒,急性中毒症状表现为厌食、运动障碍、气短、呼吸衰竭,慢性中毒症状表现为视力减退、肝坏死和肾充血等症状;如果每日摄入量超过 1mg 则可导致死亡。微量元素的功能形式、化学价态与化学形式也非常重要。例如铬,其正六价状态对人体的毒害很大,只有适量的正三价铬对人体才是有益的。

无论是人体必需的微量元素还是有害元素,在食品卫生要求中都有一定的限量规定,从食品分析的角度,我们统称为限量元素。我国《食品安全国家标准 食品中污染物限量》(GB 2762—2012)对食品中这类元素的含量有严格的规定(见表 10－1)。有些元素,目前虽暂未指定标准,一般都持谨慎态度,可参考我国颁布的《生活饮用水卫生标准》(GB 5749—2006),其中对无机元素的限量要求列于表 10－2 中。

表 10 - 1　食品中污染物限量标准(无机元素部分)

元素	限量/(mg/kg)
铅(以 Pb 计)	谷物及其制品[麦片、面筋、八宝粥罐头、带馅(料)面米制品除外]0.2;新鲜蔬菜(芸薹类蔬菜、叶菜蔬菜、豆类蔬菜、薯类除外)0.1;蔬菜制品 1.0;新鲜水果(浆果和其他小粒水果除外)0.1;水果制品、食用菌及其制品 1.0;豆类 0.2;豆类制品(豆浆除外)0.5;坚果及籽类(咖啡豆除外)0.2;肉类(畜禽内脏除外)0.2;畜禽内脏、肉制品 0.5;鲜、冻水产动物(鱼类、甲壳类、双壳类除外)1.0;鱼类、甲壳类 0.5;双壳类 1.5;水产制品(海蜇制品除外)1.0;海蜇制品 2.0;生乳、巴氏杀菌乳、灭菌乳、发酵乳、调制乳 0.05;乳粉、非脱盐乳清粉 0.5;其他乳制品 0.3;蛋及蛋制品(皮蛋、皮蛋肠除外)0.2;皮蛋、皮蛋肠 0.5;油脂及其制品 0.1;调味品(食用盐、香辛料类除外)1.0;食用盐 2.0;香辛料类 3.0;食糖及淀粉糖 0.5;食用淀粉 0.2;淀粉制品 0.5;焙烤食品 0.5;包装饮用水 0.01;酒类(蒸馏酒、黄酒除外)0.2;蒸馏酒、黄酒 0.5;可可制品、巧克力和巧克力制品以及糖果 0.5;冷冻饮品 0.3;婴幼儿配方食品(液态产品除外)0.15;婴幼儿配方食品液态产品 0.02;婴幼儿谷类辅助食品(添加鱼类、肝类、蔬菜类的产品除外)0.2;婴幼儿谷类辅助食品添加鱼类、肝类、蔬菜类的产品 0.3;婴幼儿罐装辅助食品(以水产及动物肝脏为原料的产品除外)0.25;婴幼儿罐装辅助食品以水产及动物肝脏为原料的产品 0.3
镉(以 Cd 计)	谷物(稻谷除外)、谷物碾磨加工品(糙米、大米除外)0.1;稻谷、糙米、大米 0.2;新鲜蔬菜(叶菜菜、豆类蔬菜、块根和块茎蔬菜、茎类蔬菜除外)0.05;叶菜蔬菜、芹菜 0.2;豆类蔬菜、块根和块茎蔬菜、茎类蔬菜(芹菜除外)0.1;新鲜水果 0.05;新鲜食用菌(香菇和姬松茸除外)0.2;香菇、食用菌制品(姬松茸制品除外)0.5;豆类 0.2;花生 0.5;肉类(畜禽内脏除外)0.1;畜禽肝脏 0.5;畜禽肾脏 1.0;肉制品(肝脏制品、肾脏制品除外)0.1;肝脏制品 0.5;肾脏制品 1.0;鱼类 0.1;甲壳类 0.5;双壳类、腹足类、头足类、棘皮类 2.0;蛋及蛋制品 0.05;食用盐 0.5;鱼类调味品 0.1;包装饮用水(矿泉水除外)0.005;矿泉水 0.003
汞(以 Hg 计)	稻谷、糙米、大米、玉米、玉米面(渣、片)、小麦、小麦粉 0.02;新鲜蔬菜 0.01;食用菌及其制品 0.1;肉类 0.05;生乳、巴氏杀菌乳、灭菌乳、调制乳、发酵乳 0.01;鲜蛋 0.05;食用盐 0.1;矿泉水 0.001;婴幼儿罐装辅助食品 0.02
汞(以甲基汞计)	水产动物及其制品(肉食性鱼类及其制品除外)0.5;肉食性鱼类及其制品 1.0
砷(以总砷计)	谷物(稻谷除外)0.5;谷物碾磨加工品(糙米、大米除外)0.5;新鲜蔬菜 0.5;食用菌及其制品 0.5;肉及肉制品 0.5;生乳、巴氏杀菌乳、灭菌乳、调制乳、发酵乳 0.1;乳粉 0.5;油脂及其制品 0.1;调味品(水产调味品、藻类调味品和香辛料类除外)0.5;食糖及淀粉糖 0.5;包装饮用水 0.01;可可制品、巧克力和巧克力制品 0.5
砷(以无机砷计)	稻谷、糙米、大米 0.2;水产动物及其制品(鱼类及其制品除外)0.5;鱼类及其制品 0.1;水产调味品(鱼类调味品除外)0.5;鱼类调味品 0.1;婴幼儿谷类辅助食品(添加藻类的产品除外)0.2;添加藻类的婴幼儿谷类辅助食品 0.3;婴幼儿罐装辅助食品(以水产及动物肝脏为原料的产品除外)0.1;以水产及动物肝脏为原料的婴幼儿罐装辅助食品 0.3
锡(以 Sn 计)	食品(饮料类、婴幼儿配方食品、婴幼儿辅助食品除外)250;饮料类 150;婴幼儿配方食品、婴幼儿辅助食品 50
镍(以 Ni 计)	氢化植物油及氢化植物油为主的产品 1.0
铬(以 Cr 计)	谷物及其制品 1.0;蔬菜及其制品 0.5;豆类及其制品 1.0;肉及肉制品 1.0;水产动物及其制品 2.0;生乳、巴氏杀菌乳、灭菌乳、调制乳、发酵乳 0.3;乳粉 2.0

表 10 - 2　《生活饮用水卫生标准》中无机元素限量标准

元素	限值/mg/L	元素	限值/mg/L
砷	0.01	铝	0.2
镉	0.005	铁	0.3
铬(六价)	0.05	锰	0.1
铅	0.01	铜	1.0

续表

元素	限值/mg/L	元素	限值/mg/L
汞	0.001	锌	1.0
硒	0.01	硼	0.5

为了保障人体健康、确保饮食安全,对食品中微量元素进行检测是十分必要的。测定食品中的矿物质元素含量,对于评价食品的营养价值,开发和生产强化食品具有指导意义;测定食品中各成分元素含量有利于食品加工工艺的改进和食品质量的提高;测定食品中重金属元素含量,可以了解食品受污染程度,以便采取相应措施,查清和控制污染源,以保证食品的安全和食用者的健康。

10.2 元素的提取与分离

食品中限量元素的分析,和其他分析一样,关键在于如何将限量元素从其他会干扰其测定的物质中分离出来。食品中的无机元素,多数以结合态的形式存在于有机物中,要检测这些元素,首先需要将元素从有机物中游离出来,或将有机物破坏之后,才能准确测定这些元素。根据被测元素的性质,选择适宜的有机物破坏方法,以使食品中绝大部分有机物被破坏,而被检测元素又无损失,是食品试样中矿物元素实验处理的最佳途径。常用的处理方法有干法灰化法、湿法消解法和微波消解法。

在本章中如无特殊说明,各方法中应注意以下几个方面:

①在样品处理中所用硝酸、高氯酸、硫酸应为优级纯。

②样品制备过程中应特别注意防止各种污染,所用设备如绞肉机、匀浆机、粉碎机等必须是不锈钢制品,所用容器必须使用玻璃或聚乙烯制品。

③所用试剂规格应为优级纯,水为去离子水或等纯度的水。

④玻璃仪器使用前必须用20%的硝酸浸泡24 h以上,分别用水和去离子水冲洗干净后晾干。

⑤标准储备液和使用液配制后应储存于聚乙烯瓶内,4℃保存。

10.2.1 干法灰化法

干法灰化法是利用高温除去样品中的有机质,剩余的灰分用酸溶解使其微量元素转化成可测定状态。根据灰化条件的不同,干法灰化有两种:一种是在充满 O_2 的密闭瓶内,用电火花引燃有机试样,瓶内可用适当的吸收剂以吸收其燃烧产物,然后用适当方法测定,这种方法叫氧瓶燃烧法,它广泛用于有机物中卤素、硫、磷、硼等元素的测定;另一种是将试样置于坩埚内,先在电热板上低温炭化至无烟,再在一定温度范围(500~550℃)内加热分解、灰化,所得残渣用适当溶剂溶解后进行测定,这种方式叫定温灰化法。该法适用于食品中大多数金属元素含量的测定,对于有机物含量多的样品同样适用,但在高温条件下,汞、砷、铅、镉、锡、硒等易挥发损失,此法不适用。

该法主要优点是:设备简单,取样量较大,溶剂用量不多,而且可批量操作。缺点是:加热时间长,耗电量大。对于易挥发元素,高温灰化法易造成损失,影响测定结果的准确度。

由于在高温状态,极易产生元素损失,且会形成酸不溶性混合物,产生滞留损失。如何减少损失,从而提高方法的准确度是干法灰化所要解决的重要问题。样品在用高温电阻炉灰化以前,必须进行预灰化,即先在电热板上低温炭化至无烟,然后移入冷的高温电阻炉中,缓缓升温至预定温度(500~550℃),否则样品因燃烧而过热导致金属元素挥发。如同时灰化许多试样,应常变换坩埚在高温电阻炉中的位置,使样品均匀受热,防止样品局部过热。应保证瓷坩埚的釉层完好,如使用有蚀痕或部分脱釉的瓷坩埚灰化试样时,器壁更易吸附金属元素,形成难溶的硅酸盐而导致损失。灰化前,可加入灰化助剂,常用的有 HNO_3、H_2SO_4、$(NH_4)_2SO_4$、$(NH_4)_2HPO_4$ 等。HNO_3 可促进有机物氧化分解,降低灰化温度,后几种使易挥发元素转变为挥发性较小的硫酸盐和磷酸盐,从而减少挥发损失。如个别试样灰化不彻底,有炭粒,取出放冷,再加硝酸,小火蒸干,再移入高温电炉中继续完成灰化。

10.2.2　湿法消解法

湿法消解法是在适量的食品样品中,加入氧化性强酸,加热破坏有机物,使待测的无机成分释放出来,形成不挥发的无机化合物,以便进行分析测定。

含有大量有机物的样品通常采用混酸进行湿法消解,用于湿法消解的混酸包括 HNO_3—$HClO_4$、HNO_3—$HClO_3$—$HClO_4$、HNO_3—$HClO_4$—H_2SO_4、HNO_3—H_2SO_4、H_2SO_4—H_2O_2、HNO_3—H_2O_2 和 HNO_3—HCl。其中沸点在 120℃ 以上的硝酸是广泛使用的预氧化剂,它可破坏样品中有机质;硫酸具有强脱水能力,可使有机物炭化,使难溶物质部分降解并提高混合酸的沸点;热的高氯酸是最强的氧化剂和脱水剂,由于其沸点较高,可在除去硝酸以后继续氧化样品。在含有硫酸的混合酸中过氧化氢的氧化作用是基于过氧硫酸的形成,由于硫酸的脱水作用,该混合溶液可迅速分解有机物质。当样品基体含有较多的无机物时,多采用含盐酸的混合酸进行消解;而氢氟酸主要用于分解含硅酸盐的样品。选择合适的酸体系对加快破坏有机物是非常重要的,同时要进行准确的温度控制,才能够达到理想的消解效果。盐酸适合在 80℃ 以下的消解体系,硝酸适合在 80~120℃ 的消解体系,硫酸适合在 340℃ 左右的消解体系,HNO_3—HCl 的混酸适合在 95~110℃ 的消解体系,HNO_3—$HClO_4$ 的混酸适合在 140~200℃ 的消解体系,HNO_3—H_2SO_4 的混酸适合 120~200℃ 的消解体系,HNO_3—H_2O_2 适合 95~130℃ 的消解体系。

湿法消化是目前应用比较广泛的一种食品样品前处理方法,该方法实用性强,几乎所有的食品都可以用该方法消化。该法的优点是:所用的试剂都可以找到高纯度的,基体成分比较简单,只要控制好消化温度,大部分元素一般很少或几乎没有损失。缺点是:试剂量大,且常用的试剂都是具有腐蚀性比较危险的。样品消解量小,空白易被污染,一些特定样品,湿法无法消解。

在使用高氯酸时,最好先用硝酸氧化部分的有机物,或者是先加入硝酸与高氯酸的混合液浸泡一夜,同时实验要在通风橱内进行。消化液不能蒸干,以防部分元素如硒、铅的损失。此外,由于氧化反应过程中加入了浓酸,这些酸可能会对仪器产生损害进而影响试验结果,因此消解结束后需要排酸,例如,用原子荧光测定总砷,测定时硝酸的存在会妨碍砷化氢的产生,对测定有干扰,消解完全后应尽可能的加热驱除硝酸。国标实验中采用硝酸 – 硫酸消解样品,由于硫酸的沸点比硝酸要高,所以最后消化液里基本上没有硝酸。但是需要注意的是,采用硝酸 – 硫酸消解样品时因避免发生碳化,消解过程发生碳化时会使砷严重损失,所以在消解过程中注意若消化液色泽变深应适当补加硝酸,同时要保证标准曲线用液和样品消解液的浓度相同,即要基本匹配。

对于含油脂成分较高的食品,如植物油、桃酥等,在加入混合酸后,由于样品浮在混酸表面上,容易形成完整的膜,加热时液面上有剧烈的反应,容易造成爆沸或飞溅,样品称样量不高于1 g(植物油最好为0.1~0.2 g),同时要在消解过程中随时补加硝酸,一般来讲硝酸高氯酸混合液加入 15 mL,放置过夜让其缓慢氧化,次日消化中途还需要补加混合酸10 mL左右。对于酒类样品如葡萄酒、果酒,因其含有大量的乙醇,在加混合酸消化之前一定要加热蒸发掉乙醇,待乙醇挥发完毕后,再加入酸消化。否则反应非常剧烈,产生大量气泡,同时样品外溢。

10.2.3　微波消解法

微波消解法是在 245 MHz 的微波电磁场作用下,样品与酸的混合物通过吸收微波能量,使介质中的分子间相互摩擦,产生高热。同时,交变的磁场使介质分子产生极化,由极化分子的快速排列引起张力。由于这两个作用,样品的表面层不断搅动破裂,不断产生新的表面与酸反应。由于溶液在瞬间吸收辐射能,消除了传统的分解方法所使用的热传导过程,因而分解快速。特别是将微波消化法和密闭增压酸溶法相结合,使两者的优点得到了充分发挥。在新方法中,溶样品采用全聚四氟乙烯材料,它具有不吸收微波、耐腐蚀、耐热,表面不浸润等优点。食品样品在 1~2 min 内就可以完全分解。试样分解后的溶液经稀释后,可直接用等离子体发射光谱法或原子吸收光谱法测定。

该法的优点是:

①微波加热是"内加热",具有加热速度快、加热均匀、无温度梯度、无滞后效应等特点;

②消解样品的能力强,特别是一些难溶样品,传统的消解方式需要数小时甚至数天,而微波消解只需要几分钟至十几分钟;

③溶剂用量少,用密封容器微波溶样时,溶剂没有蒸发损失,一般只需溶剂 5~10 mL,试剂空白低;

④减少劳动强度,改善操作环境,避免了有害气体排放对环境造成的污染;

⑤由于样品采用密闭消解,有效地减少易挥发元素的损失。

微波消解技术的发展为分析过程中样品的预处理带来了一次根本性的变革,它是现代分析技术不断发展以及分析结果精确度不断提高的结果。微波消解技术的应用解决了传统样品预处理时处理时间长、挥发性元素易损失等问题。要提高分析结果的准确度,必须从分析过程的每个环节着手,而样品预处理是分析过程中至关重要的环节,将微波消解技术用于样品的预处理过程,从而可以有效地提高分析结果的精确度。因此,随着现代化分析仪器的不断应用,微波消解技术将得到更为广泛的应用。

10.3　食品中金属限量元素的测定方法

食品中限量元素的测定方法主要有滴定法、比色法、可见分光光度法、原子吸收光谱法、极谱法、离子选择电极法和荧光分光光度法等。滴定法、比色法作为传统的测定方法虽然还在被使用,但存在着操作复杂、相对偏差较大的缺陷,正在逐步被国家标准方法所淘汰;可见分光光度法设备简单、投入较少、灵敏度较高,基本能达到食品检测标准的要求,仍在一定时期内被广泛采用;原子吸收光谱法具有选择性好、灵敏度高、适用范围广、测定简单快速,能同时测定多种元素,得到了迅速发展和推广应用,已作为多种限量元素检测的第一法;凡在滴汞电极上可起氧化还原反应的物质,包括金属离子、金属配合物、阴离子和有机化合物,都可用极谱法测定。该法最适宜的测定浓度是 $10^{-2} \sim 10^{-4}$ mol/L,可同时测定 4 ~ 5 种物质(如 Cu、Cd、Ni、Zn、Mn 等),分析所需试样量很少;离子选择电极法简单快速,电极响应快、测定所需试样量少、仪器设备较简单。原子荧光光谱法具有原子吸收和原子发射光谱两种技术的优势,并克服了它们某些方面的缺点,具有分析灵敏度高、干扰少、线性范围宽、可多元素同时分析等特点,是一种优良的痕量分析技术。

食品中限量污染物的测定方法列于表 10 – 3。

表 10 – 3　食品中限量污染物的测定方法

元素	测定方法	线性范围	检出限	参考文献
铅	石墨炉原子吸收光谱法	10.0 ~ 80.0 ng/mL	0.005 mg/kg	GB 5009.12—2010
	氢化物原子荧光光谱法	0.0 ~ 50.0 ng/mL	固体试样为 0.005 mg/kg;液体试样为 0.001 mg/kg	
	火焰原子吸收光谱法	0.0 ~ 20.0 μg	0.1 mg/kg	
	二硫腙比色法	0.0 ~ 5.0 μg	0.25 mg/kg	
	单扫描极谱法	0.0 ~ 4.0 μg	0.085 mg/kg	
镉	石墨炉原子吸收光谱法	0.0 ~ 3.0 ng/mL	0.001 mg/kg	GB 5009.15—2014
汞	氢化物原子荧光光谱法	0.0 ~ 60.0 μg/L	0.15 μg/kg	GB/T 5009.17—2003
	冷原子吸收法	2.0 ~ 10.0 ng/mL	压力消解法:0.4 μg/kg;其他消解法:10.0 μg/kg	
	比色法	0.0 ~ 6.0 μg	25.0 μg/kg	
甲基汞	气相色谱法			
	冷原子吸收法	0.0 ~ 0.10 μg		

续表

元素	测定方法	线性范围	检出限	参考文献
砷	氢化物原子荧光光谱法	$0 \sim 200$ ng/mL	0.01 mg/kg	GB/T 5009.11—2003
	银盐法	$0.0 \sim 10.0/\mu g$	0.2 mg/kg	
	砷斑法	$0.0 \sim 2.0/\mu g$	0.25 mg/kg	
	硼氢化物还原比色法	$0.0 \sim 3.0/\mu g$	0.05 mg/kg	
锡	氢化物原子荧光光谱法	$0 \sim 200$ ng/mL		GB 5009.16—2014
	苯芴酮比色法	$0.0 \sim 10.0\mu g$		
镍	石墨炉原子吸收光谱法	$0 \sim 100$ ng/mL	1.4 ng/mL	GB/T 5009.138—2003
	比色法	$0.0 \sim 5.0 \mu g$		
铬	石墨炉原子吸收光谱法	$0.0 \sim 16.0$ ng/mL		GB 5009.123—2014

10.3.1 溶剂萃取比色法

选择合适的螯合剂,控制一定的萃取条件(如适当的 pH 值和掩蔽剂),所生成的金属螯合物是有颜色的,则可以吸取有机相直接进行比色测定,这个方法称为溶剂萃取比色法。该法具有较高的灵敏度和选择性,设备简单,至今仍被选作国标法中金属离子含量测定的第二法或第三法(如铅、铜、锌、镉、汞等)。缺点是工作量大,耗用试剂、溶剂较多。

10.3.1.1 二硫腙比色法

(1)二硫腙的性质

二硫腙(Dithizone),又名打萨腙,二苯硫腙等,学名二苯基硫卡巴腙(Diphenylthiocarbazone)在有机相中有两种互变异构型式:

$$H_5C_6—NH—NH \atop H_5C_6—N=N } C=S \qquad H_5C_6—NH—N \atop H_5C_6—N=N } C=SH$$

(a)酮式　　　　　(b)烯醇式

二硫腙为紫黑色结晶粉末,可溶于 $CHCl_3$ 及 CCl_4 中。溶液呈绿色,但浓度大时为两色性(光通过时为红色,反射光呈绿色);不溶于水,又不溶于酸,微溶于乙醇,可溶于碱性水溶液。

二硫腙在有氧化剂(例如 Fe^{3+}、Cu^{2+} 等)存在,日光照射下都易氧化为二苯硫卡巴二腙:

$$H_5C_6—NH—NH \atop H_5C_6—N=N } C=S \xrightarrow[日光,温度]{氧化物} H_5C_6—N=N \atop H_5C_6—N=N } C=S$$

此氧化物不溶于酸性或碱性水溶液,但溶于 $CHCl_3$ 或 CCl_4 中,呈黄色至棕色。不与金属起螯合反应。市售的二硫腙中常含有此化合物,故使用时必需精制纯化。

（2）二硫腙与金属离子的反应

二硫腙能与许多金属离子发生反应,其反应特性见表 10 - 4。只有在适当利用下面的条件时,测定某种金属才是特效的。

①调节溶液的 pH 值;

②改变干扰金属的原子价;

③加入掩蔽剂,使干扰性元素不与二硫腙发生反应。

表 10 - 4　二硫腙与金属离子反应的性质

金属	络合物形式	颜色（CCl_4）	在 CCl_4 或 $CHCl_3$ 中的溶解度	提取时的 pH	备注
Cd^{2+}	酮式	红	溶解	碱性溶液	用 1 mol/L NaOH 振荡时无改变
Cu^{2+}	酮式烯醇式	紫红黄棕	溶解溶解	稀酸溶液碱性溶液	在弱酸性溶液中二硫腙不足量时也可生成
Fe^{2+}		紫红	溶解	6～7（CCl_4）	Fe^{3+} 不生成络合物,但在碱性溶液中氧化二硫腙,特别是有氰化物存在时
Hg^{2+}	酮式	橙—黄	溶解	稀酸溶液	在弱碱性溶液中有过量二硫腙时也可生成
Pb^{2+}	酮式	棕—红	溶解	8.5～11（适于 $CHCl_3$）	
Sn^{2+}	酮式	红	溶解	>4（6～9 适于 CCl_4）	不稳定
Zn^{2+}	酮式	紫红	溶解	中性或弱碱性	用过量的二硫腙可从弱酸性溶液中提取

通过调节溶液的 pH 值,使用二硫腙分离金属,只有在两种金属的二硫腙络合物的平衡常数相差很多时（约 1000 倍以上）,分离才有效。最主要的分离条件是加入掩蔽剂,以便使干扰离子生成稳定的络合物。常用的掩蔽剂有:EDTA,硫氰化物,氰化物,柠檬酸盐和酒石酸盐等。

金属离子的含量与二硫腙的用量有关。为使金属离子萃取完全,二硫腙的用量常常过量,需要过量的程度又与溶液的 pH 值有关,在较低 pH 值的情况下,二硫腙的用量一般过量较多。

铅与二硫腙的反应是在碱性溶液（pH 8～10）中进行,如用氯仿作溶剂,则有较多的二硫腙留在氯仿中,可用氰化钾的氨性溶液洗去过多的二硫腙;若用四氯化碳溶液,因二硫腙的溶解性比在氯仿中约小 30 倍,相对来说易留在碱性水相,故有机相中残留的二硫腙很少。汞是在比较强的酸性溶液中萃取,必须用较强的碱溶液洗去过多的二硫腙。锌与银的测定,必须控制二硫腙在较低的浓度下进行萃取。镉是在较强碱性溶液中萃取,过多的二硫腙留在水相。

二硫腙与不同的金属离子所生成的金属螯合物颜色从紫红色到橙黄色不等,当有机相中过量的二硫腙很少时进行比色测定,近似于单色法;一般的情况下有机相中都有过量的二硫腙,此时的比色测定称为混色法,故要求二硫腙使用液的浓度都很低,一般在 0.001%

~0.0005%（W/V）。

10.3.1.2 其他比色法

对于有些金属离子,还可选用专用性更强的螯合剂进行反应,可以获得更好的效果。

（1）锡含量的测定

①原理:样品经消化后,在弱酸性介质中四价锡离子与苯芴酮形成微溶性橙红色络合物,在保护性胶体存在下与标准系列比较定量。

反应方程如下:

$$Sn^{4+} + 2\ \text{(结构式)} \longrightarrow \text{(结构式)}$$

苯芴酮桔红色络合物

②说明:本法作为《食品安全国家标准 食品中锡的测定》（GB 5009.16－2014）的第二法,当取样量为 1.0 g,取消化液为 5.0 mL 测定时,本方法定量限为 20 mg/kg。反应液的 pH 值对呈色影响较大,故标准液和样品液都先用氨水调至中性后再加其他试剂,以使 pH 值一致。在 pH＝1 左右的酸性介质中,锡与苯芴铜反应成一种微溶的配合物,锡的浓度低时,配合物以溶胶的形式存在于溶液中,在有动物胶存在下,此红色胶体能长时间稳定,可用于比色测定。由于显色反应比较缓慢,故应放置一段时间后比色。天冷时可置37℃恒温箱中 30 min 后再比色。

（2）铜的测定

①原理:样品经消化后,在碱性溶液中（pH 9～11）铜离子与二乙基二硫代氨基甲酸钠（NaDDTC）生成棕黄色络合物,溶于四氯化碳,与标准系列比较定量。

反应方程如下:

$$2\ \text{(结构式)} + Cu^{2+} \longrightarrow \text{(结构式)} + 2Na^+$$

二乙基二硫代氨基甲酸钠（Sodiμm Diethyl Dithiocaxbamate 简称 NaDDTC）,白色晶体,是最常用的氨荒酸盐中的一种。在酸性溶液中易缓慢分解,生成乙二胺及二硫化碳,而在碱性溶液中则相当稳定。可与多种金属离子起络合反应,其金属螯合物一般都不溶于水,易溶于有机溶剂。

②说明:本法作为《食品中铜的测定》（GB/T 5009.13—2003）的第二法,最低检出浓度为 2.5 mg/kg。一般含量不高的铅、锌、铁、锡、汞等金属离子对铜的测定无干扰。但若铁的含量超过铜含量的 50 倍时,铁络合物的棕色可掩盖铜络合物的颜色,镍、钴、锰等有干扰,这些干扰离子均可用柠檬酸铵、乙二胺四乙酸二钠络合物掩蔽。

（3）铁的测定

①原理：在 pH ＝ 2 ～ 9 的溶液中，Fe^{2+} 与邻二氮菲（phen）生成稳定的橘红色配合物 $Fe(phen)_3^{2+}$，在 510 nm 有最大吸收，其吸光度与铁的含量成正比，与标准系列比较定量。

反应方程如下：

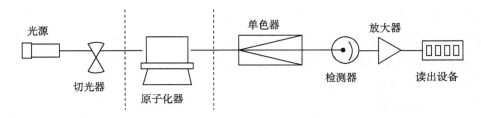

②说明：本法不是国家标准方法，供各校实验教学选用。Cu^{2+}、Ni^{2+}、Co^{2+}、Zn^{2+}、Hg^{2+}、Cd^{2+}、Mn^{2+} 等离子也能与邻二氮菲（又称邻菲罗啉）生成稳定络合物，少量时不影响测定，量大时可用 EDTA 掩蔽或预先分离。本实验中，加入盐酸羟胺、邻二氮菲、醋酸钠试剂的顺序不能任意改变，否则会因 Fe^{3+} 水解等原因造成较大误差。

10.3.2　原子吸收光谱法

原子吸收光谱作为一种实用的分析方法是在 20 世纪 50 年代中期开始的，在 1953 年，由澳大利亚的瓦尔西（A. Walsh）博士发明锐性光源（空心阴极灯），1954 年全球第一台原子吸收分光光度计诞生。因其检出限低、准确度高、选择性好、分析速度快等优点，广泛应用于食品分析等行业中，在最近颁布的国家标准中，常被作为第一法。

10.3.2.1　*概述*

（1）基本原理

原子吸收光谱法是基于基态自由原子对特定波长光吸收的一种测量方法，它的基本原理是将光源辐射出的待测元素的特征光谱通过样品的蒸汽时，被蒸汽中待测元素的基态原子所吸收，在一定范围与条件下，入射光被吸收而减弱的程度与样品中待测元素的含量呈正相关，由此可得出样品中待测元素的含量。

（2）结构与性能

原子吸收分光光度计主要由四个基本单元系统构成，即光源系统、原子化系统、分光系统和检测系统。图 10 － 1 为典型的单光束原子吸收分光光度计：

图 10 － 1　单光束原子吸收分光光度计结构示意图

①光源：光源的作用是发射待测元素的特征谱线（一般是共振线）：半宽小、高强度、低背

景的光源是取得良好分析效果的基础。目前最常用的光源是空心阴极灯(Hollow Cathode Lamps,HCL)(图 10 - 2)和无极放电灯(Electrodeless Discharge Lamps,EDL)(图 10 - 3)。

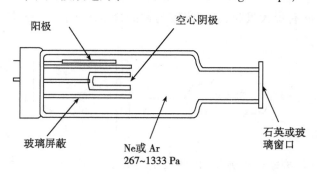

图 10 - 2　空心阴极灯

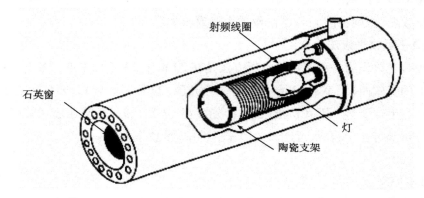

图 10 - 3　无极放电灯

空心阴极灯(HCL)的阴极由高纯的待测元素金属或合金制成,在一定电压下,阴极灯开始辉光放电,电子从空心阴极射向阳极,并与周围惰性气体碰撞使之电离。带正电荷的惰性气体离子在电场作用下连续轰击阴极表面,阴极表面的金属原子发生溅射,溅射出来的金属原子在阴极区受到高速电子及离子流的撞击而激发,从而辐射出具有特征谱线的锐线光谱。目前市面上大约能买到 40 余种空心阴极灯。对于易挥发元素,如 As 和 Se 的分析,一般采用无极放电灯(EDL),它是由一个密封的石应管组成,内含待测元素或其盐,以氩气作填充气,当受到放电线圈产生的射频场作用时,产生的能量使元素蒸发和激发而产生该元素的特征谱线。EDL 产生的射线往往比 HCL 强。该灯除用于 As、Se 分析外,有时也用于 Cd、Hg、Pb 和 Sb 的分析。

目前,高聚焦短弧氙灯作为连续光源正被一些仪器制造商所采用,它是一个气体放电光源,灯内充有高压氙气,在高频高电压激发下形成高聚焦弧光放电,辐射出从紫外线到近红外的强连续光谱。采用一个连续光源取代传统的所有空心阴极灯,一只氙灯即可满足全波长(189 ~ 900 nm)所有元素的原子吸收测定需求,并可以选择任何一条谱线进行分析。

②原子化器:原子化器的作用是将样品中的元素转化为自由态原子蒸汽,并处于基态。自由原子必须位于光源与色散系统的光路上。理想的原子化器将使样品完全原子化,通常应用的有火焰原子化器、石墨炉原子化器和氢化物原子化器三种类型。

③分光系统:分光系统包括单色器和外光路两部分,其核心部件为单色器,包括入射狭缝、准直光镜色散元件、成像物镜和出口狭缝等。国内外仪器普遍采用光栅作为色散元件。

仪器的光路系统有单光束和双光束两种类型,后者可以消除由于光源不稳定引起的漂移,并可降低信噪比。

④ 检测系统:检测系统包括检测器、放大器和读数显示器等。光电倍增管使用最普遍,光二极管(约有 60 多个光二极管)是一种新型的固体检测器,正被一些新型仪器所采用。

10.3.2.2　原子吸收光谱法测定食品中金属元素含量

(1)火焰原子吸收光谱法(Flame Atomic Absorption Spectroscopy,FAAS)

火焰原子吸收光谱法适用于测定易原子化的元素,是原子吸收光谱法应用最为普遍的一种,对大多数元素有较高的灵敏度和检测极限,且重现性好,易于操作。我国国家标准中规定了食品中铜(GB/T 5009. 13—2003 第一法),锌(GB/T 5009. 14—2003 第一法),铅(GB 5009. 12—2012 第三法),铁、镁、锰(GB/T 5009. 90—2003),钙(GB/T 5009. 92—2003 第一法)等含量测定均用此法。样品经消化制成试样溶液,按照仪器说明书,调节仪器狭缝、空气及乙炔的流量、灯头高度、元素空心阴极灯电流等参数至最佳状态。测定操作参数见表 10 - 5,供参考。

表 10 - 5　铜、锌、铅、铁、镁、锰、钙的火焰原子吸收光谱法测定参数

元素	波长/nm	狭缝/nm	火焰类型	线性范围/μg/mL	检出限
铜	324. 8	0. 5	空气 - 乙炔	0. 1 ~ 0. 4	1. 0 mg/kg
锌	213. 9	1. 0	空气 - 乙炔	0. 2 ~ 1. 0	0. 4 mg/kg
铅	283. 3	0. 4	空气 - 乙炔	0. 0 ~ 20. 0	0. 1 mg/kg
铁	248. 3	0. 2	空气 - 乙炔	0. 5 ~ 4. 0	0. 2 μg/mL
镁	285. 2	0. 5	空气 - 乙炔	0. 1 ~ 0. 5	0. 05 μg/mL
锰	279. 5	0. 2	空气 - 乙炔	0. 5 ~ 3. 0	0. 1 μg/mL
钙	422. 7	1. 5	空气 - 乙炔	0. 5 ~ 2. 5	0. 1 μg/mL

火焰原子吸收光谱法经常需要优化参数,要注意以下几个方面:

①分析线的选择:一般选择最灵敏的共振吸收线作为分析波长,但在对高含量元素分析时,为了避免试样溶样的过度稀释和减少污染的机会,则选择次灵敏线。在选择分析波长时,还必须考虑到其他谱线的干扰以及背景吸收等的影响。

②光谱通带宽度:尽可能选用较宽的光谱通带,以获得较好信噪比和稳定读数。对一些碱或碱土金属宜用宽通带(0. 5 ~ 0. 7 nm),对铁族和稀有元素有较多其他谱线时应选用

较窄的光谱通带(0.2 nm)。

③灯电流：从灵敏度角度考虑,灯电流宜小些,从稳定性考虑灯电流宜大些,灯电流过大会影响灯的寿命,一般选用额定电流的 20% ~60% 。

④火焰的选择：一般多数元素选用中性化学计量火焰,其燃助比约为 1:4,具有较高灵敏和精密度。对于贵金属 Au,Ag,Pt,Pd 宜用贫燃火焰,燃助比为 1:6。对于 Ca,Sr,Fe,Ni 用微富燃火焰,燃助比约为 1:3.5(略小于 1:4)。对于 Cr,Mo,Sn 等元素须用富燃火焰,燃助比约为 1:3。

(2)石墨炉原子吸收光谱法(Graphite Furnace Atomic Absorption Spectrometry,GFAAS)

石墨炉原子吸收也称无火焰原子吸收,火焰原子化虽好,但缺点在于仅有 10% 的试液被原子化,而 90% 由废液管排出,这样低的原子化效率成为提高灵敏度的主要障碍,而石墨炉原子化装置可提高原子化效率,使灵敏度提高 10 ~200 倍。该法一种是利用热解作用,使金属氧化物解离,它适用于有色金属、碱土金属;另一种是利用较强的碳还原气氛使一些金属氧化物被还原成自由原子,它适用于易氧化难解离的碱金属及一些过渡元素。

另外,石墨炉原子化又有平台原子化和探针原子化两种进样技术,用样量都在几个微升到几十微升之间,尤其是对某些元素测定的灵敏度和检测限有极为显著的改善。

因其高原子化效率、高灵敏度的优势,常用于痕量金属元素的测定。我国国家标准中规定了食品中的铜(GB/T 5009.13—2003 第一法),铅(GB 5009.12—2012 第一法),镉(GB 5009.15 – 2014),镍(GB/T 5009.138—2003 第一法),铬(GB 5009.123 – 2014)等含量的测定方法。样品经干法、湿法或微波消解等方法消解制成试样溶液,按照仪器说明书,调节仪器狭缝,元素空心阴极灯电流、干燥温度、灰化温度、原子化温度等参数,背景校正方式一般为氘灯或塞曼效应。测定操作参数见表 10 – 6,供参考。

表 10 – 6　铜、铅、镉、镍、铬石墨炉原子吸收光谱法测定参数

元素	波长/nm	狭缝/nm	灯电流/mA	线性范围/(ng/mL)	检出限/(ng/mL)	干燥温度/℃与时间/s	灰化温度/℃与时间/s	原子化温度/℃与时间/s
铜	324.8	0.5	3 ~6	0 ~100	0.1mg/kg	90,20	800,20	2300,4
铅	283.3	0.2 ~1.0	5 ~7	0 ~80	5μg/kg	120,20	450,15 ~20	1700 ~2300,4 ~5
镉	228.8	0.5 ~1.0	8 ~10	0 ~10		120,20	350,15 ~20	1700 ~2300,4 ~5
镍	232.0	0.15	4	0 ~100		150,20	1050,20	2650,4
铬	357.9	0.5 ~1.0	8 ~10	1.0 ~15.0		110,40	1000,30	2800,5

对于石墨炉原子吸收光谱法测定中干燥、灰化和原子化过程的温度及时间的选择主要遵循以下原则：

①干燥温度和时间：干燥温度应根据溶剂或样品中液态组分的沸点来选择,一般应稍高于溶剂的沸点。对稀的水溶液可在 100 ~130℃ 之间。所选择的温度应使溶液不产生沸

腾但可较快蒸发掉,以免样品飞溅,导致分析精确度降低。干燥时间取决于样品体积的大小,一般情况下,10 μL 用 15 s,20 μL 用 20 s,50 μL 用 40 s,100 μL 用 60 s。超过 100 μL,宜分次进样干燥,但灰化时间也应适当增加。

②灰化温度和时间:灰化的目的是为了在原子化前将比待测元素容易挥发的样品基体挥发除去。确定最佳灰化温度和时间应考虑到:尽量除去样品基体,保证待测元素不受损失。如若遇到样品基体比待测元素易于挥发或在同一温度下挥发,可通过背景校正或选择合适的溶剂来处理样品。

③原子化温度和时间:原子化温度取决于待测元素和样品基体的挥发程度,最佳的原子化温度是能给出最大吸收信号的最低温度;最佳原子化时间是尽可能选取较短的时间,但仍能使原子化完全。原子化温度最高一般为 2800℃ 为限,可通过实验办法确定。为了获得一个峰态自由原子,升温应尽量快,进入净化期时为了清除残留物质,可以加大电流使石墨炉达 3000℃。

(3)氢化物原子吸收光谱法(Hydride Generation Atomic Absorption Spectrometry,HG – AAS)

氢化物原子吸收光谱法适用于 Ge、Sn、Pb、As、Sb、Bi、Se 和 Te 等元素的测定。在一定的酸度下,将被测元素还原成极易挥发与分解的氢化物,如 AsH_3、SnH_4、BiH_3 等。这些氢化物经载气送入石英管后,进行原子化与测定。

10.3.3　原子荧光光谱法

原子荧光光谱分析(AFS)是 20 世纪 60 年代中期提出并发展起来的一种新型光谱分析技术,它具有原子吸收和原子发射光谱两种技术的优势,并克服了它们某些方面的缺点,具有分析灵敏度高、干扰少、线性范围宽、可多元素同时分析等特点,是一种优良的痕量分析技术,被广泛应用于食品中汞、砷、铅、硒、锑、锡、等微量重金属的测定。

10.3.3.1　概述

(1)基本原理

原子荧光是气态原子受到一定特征波长的光源照射后,原子中某些自由电子被激发跃迁到较高能级,而后又去激发跃迁到基态或较低能级,与此同时发射出特征性光谱(与原激发波长相同或不同的辐射波长),称之为原子荧光。在一定实验条件下,荧光强度与被测物的浓度成正比。每种金属元素都有其特定的原子荧光光谱,可对其进行定性分析;而根据荧光强度,可对其进行定量分析。

(2)结构与性能

原子荧光分析仪分非色散型原子荧光分析仪与色散型原子荧光分析仪。这两类仪器的结构基本相似,由 3 个主要部分所组成,即激发光源、原子化器以及检测部分,检测部分主要包括分光系统(非必需)、光电转换装置以及放大系统和输出装置。其差别在于单色器部分,两类仪器的光路图如图 10 – 4 所示。

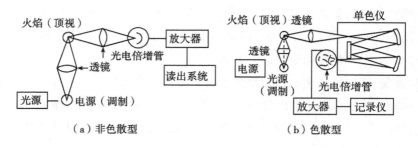

（a）非色散型　　　　　　　　　　　　（b）色散型

图 10-4　原子荧光光度计示意图

①激发光源:可用连续光源或锐线光源。常用的连续光源是氙弧灯,常用的锐线光源是高强度空心阴极灯、无极放电灯、激光等。连续光源稳定,操作简便,寿命长,能用于多元素同时分析,但检出限较差。锐线光源辐射强度高,稳定,可得到更好的检出限。

②原子化器:原子荧光分析仪对原子化器的要求与原子吸收光谱仪基本相同。

③光学系统:光学系统的作用是充分利用激发光源的能量和接收有用的荧光信号,减少和除去杂散光。色散系统对分辨能力要求不高,但要求有较大的集光本领,常用的色散元件是光栅。非色散型仪器的滤光器用来分离分析线和邻近谱线,降低背景。非色散型仪器的优点是照明立体角大,光谱通带宽,集光本领大,荧光信号强度大,仪器结构简单,操作方便。缺点是散射光的影响大。

④检测器:常用的是光电倍增管。检测器与激发光束成直角配置,以避免激发光源对检测原子荧光信号的影响。

10.3.3.2　原子荧光光谱法测定食品中金属元素含量

经过国内科学工作者的不断努力,目前氢化物发生-原子荧光光谱法已成为砷、镉、汞、铅、锡等能形成氢化物的微量金属元素的重要分析手段,从而在食品领域得到了广泛的应用。我国国家标准中规定了食品中的砷（GB/T 5009.11—2003 第一法）、铅（GB 5009.12—2010 第二法）,锡（CB 5009.16—2014 第一法）、汞（GB/T 5009.17—2003 第一法）等含量均用此法。样品经干法、湿法或微波消解等方法消解制成试样溶液,按照仪器说明书进行测定,测定参考参数见表 10-7。

表 10-7　砷、铅、锡、汞原子荧光光谱法测定参数

元素	负高压/V	灯电流/mA	原子化温度/℃	载气流量/(mL/min)	屏蔽气流量/(mL/min)	加液时间/s	读数时间/s	延迟时间/s
砷	400	35	820~850	600		5	15	1
铅	323	75	750~800	800	1000	7	15	0
锡	380	70	850	800	1000	7	15	0
汞	240	30	300	500	1000	8	10	1

10.4　食品中非金属限量元素的测定

10.4.1.1　砷的测定

1. 氢化物原子荧光光谱法

（1）原理

食品试样经湿法消解或干法灰化后,加入硫脲使五价砷预还原为三价砷,再加入硼氢化钠或硼氢化钾使还原生成砷化氢,由氩气载入石英原子化器中分解为原子态砷,在特制砷空芯阴极灯的发射光激发下产生原子荧光,其荧光强度在固定条件下与被测液中的砷浓度成正比,与标准系列比较定量。

（2）说明

①本法为《食品中总砷及无机砷的测定》（GB/T 5009.11—2003）第一法,本法线性范围在 $0 \sim 200$ ng/mL,检出限为 0.01 mg/kg。

②仪器管道、进样针、气液分离器及所用到的所有玻璃器皿,都需在 30% 的硝酸溶液中浸泡 24 h 以上。这是由于原子荧光分光光度法仪器很灵敏,很容易污染样品,出现检测结果异常。

③5% 的载流酸液,首选纯盐酸,优级纯硫酸次之。千万不能用硝酸和高氯酸。这是由测定砷实验原理决定的:

$$KBH_4 + 3H_2O + H \Longrightarrow H_3BO_3 + K^{3+} + 8H$$

$$8H + 2As^{3+} \Longrightarrow 2AsH_3 \uparrow + H_2 \uparrow$$

即只有 As^{3+} 才能和新生态的 H 结合,生成 $AsH_3 \uparrow$,如采用有强氧化性的硝酸和高氯酸,势必会将三价砷转化成五价砷,形成对目标物的掩蔽,造成检测结果的偏差。

④样品消解过程注意事项:

a. 干法灰化法注意要点:样品加入硝酸镁—氧化镁浆状液后,要充分混匀,100℃干燥,再于高温炉中 550 ~ 600℃灰化;使用新配制的硝酸镁—氧化镁混合液,灰化后的灰分十分松散,极易在打开炉门时,被气流吹飞,因此要在断电待马弗炉炉温降低后再打开;注意考察氧化镁的含砷量,如本底过高,难以保证空白的代表性和样品的重复性与重现性。

b. 湿法消解注意要点:在开始十分钟内,温度上升一定要有梯度,切勿直接上升到 150℃以上,勿加高氯酸,否则极易碰溅出,造成损失;消解澄清后,一定要赶酸,把残留的硝酸高氯酸赶出分解。以免在测定时间反氧化目标物,或其生成的氮氧化合物,干扰掩蔽目标物测定。

c. 微波消解注意要点:称样量要按照仪器型号规定,注意安全;根据样品质地的不同,加入的酸量可能不同,不能严格按照不赶酸专利来做,在不能确保最后消解液酸液分解完全,我们可以对消解液进行赶酸处理;在采用不赶酸测定的情况下,要适当增加还原剂硫脲的量。

10.4.1.2 银盐法

（1）原理

样品经消化后，以碘化钾、氯化亚锡将高价砷还原为三价砷，然后与锌粒和酸产生的新生态氢生成砷化氢，通过用乙酸铅溶液浸泡的棉花去除硫化氢的干扰，然后与溶于三乙醇胺—三氯甲烷的二乙基二硫代氨基甲酸银（AgDDTC）作用，生成棕红色胶态银，比色定量。反应式如下：

$$H_3AsO_4 + 2KI + 2HCl \Longrightarrow H_3AsO_3 + I_2 + 2KCl + H_2O$$

$$H_3AsO_4 + SnCl_2 + 2HCl \Longrightarrow H_3AsO_3 + SnCl_4 + H_2O$$

$$H_3AsO_3 + 3Zn + 6HCl \Longrightarrow AsH_3 + 3ZnCl_2 + 3H_2O$$

砷化氢被 Ag – DDTC 溶液吸收，并且在有机碱（三乙醇胺）存在下，生成棕红色胶态银：

$$AsH_3 + 6Ag(DDTC) \Longrightarrow AsAg_3 \cdot 3AgDDTC + 3HDDTC$$

$$AsAg_3 \cdot 3AgDDTC + 3NR_3 + 3HDDTC \Longrightarrow 6Ag + As(DDTC)_3 + 3(NR_3H)(DDTC)$$

（2）说明

①砷化氢的吸收液由 AgDDTC、有机碱和溶剂组成，原先的方法是将 AgDDTC 溶于吡啶中，吡啶既是溶剂又是有机碱，它具有沸点高、灵敏度和重现性好、配置方便等优点，不少标准方法仍推荐使用。但由于毒性及恶臭的原因，也有许多改良的报导，例如用生物碱（如马钱子碱、士的年、奎宁、麻黄素等）或其他有机碱（三乙胺、三乙醇胺等）的氯仿溶液作为吸收液。

②酸的用量对结果有影响，还受锌粒的规格、大小的影响，锌粒也不宜太细，以免反应太激烈。

③反应温度最好在 25℃ 左右为宜，防止反应过激或过缓。

④氯化亚锡除起还原作用，可将 As^{5+} 还原为 As^{3+}，并还原反应中生成的碘外，还可在锌粒表面沉积锡层，抑制氢气的生成速度，以及抑制某些元素的干扰，如锑的干扰等。

⑤具体操作步骤可参见 GB/T 5009.11—2003，本法可用于各类食品中砷含量的测定，本法检出限为 0.2 mg/kg。

10.4.1.3 砷斑法（古蔡氏法）

（1）原理

样品经消化后，以碘化钾、氯化亚锡将高价砷还原为三价砷，然后与锌粒和酸产生的新生态氢生成砷化氢，再与溴化汞试纸生成黄色至橙色的色斑，与标准砷斑比较定量。

$$AsH_3 + 3HgBr_2 \longrightarrow As(HgBr)_3 + 3HBr$$

$$2As(HgBr)_3 + AsH_3 \longrightarrow 3AsH(HgBr)_2（黄褐色）$$

$$As(HgBr)_3 + AsH_3 \longrightarrow 3HBr + As_2Hg_3（黄色）$$

（2）说明

①H₂S 对本法有干扰，遇溴化汞试纸亦会产生色斑。乙酸铅棉花应松紧合适，能顺利透过气体又能除尽 H₂S。

②锑、磷等都能使溴化汞试纸显色，鉴别方法是采用氨蒸熏黄色斑，如果先变黑再褪去为砷，不变时为磷，变黑时为锑。

③同一批测定用的溴化汞试纸的纸质必须一致，否则因疏密不同而影响色斑深度。制作时应避免手接触到纸，晾干后储于棕色试剂瓶内。

④具体操作步骤可参见 GB/T 5009.11—2003 中的第三法，最低检出浓度为 0.25 mg/kg。

10.4.1.4　其他方法

砷钼蓝法曾获得广泛的应用，砷经萃取分离（三氯化砷在 8～12 mol HCl 介质中被萃取进入四氯化碳、氯仿或苯中）后，用硝酸将其氧化为正五价，在适宜的酸性条件下与钼酸铵溶液（内含 0.1% 钼酸铵和 0.01% 的硫酸联氨，后者起还原剂作用），反应生成砷钼杂多酸，随即被还原为砷钼蓝，可在水相中或萃取进入丁醇溶剂中于 730 nm 处测吸光度。

2,3－二硫基丙基黄酸砷（5⁺）和碱性染料（如结晶紫，耐尔蓝 A 等）也可生成离子缔合物，可用来测定砷。

无火焰原子吸收分光光度法是一个较新的测砷方法，它具有操作简便，灵敏度高（最低检测量为 0.005 μg）的优点。其原理是：食品中的砷经硫酸、硝酸消化为五价砷，用碘化钾－抗坏血酸使 As⁵⁺ 还原为 As³⁺，再经硼氢化钾溶液还原为砷化氢，随即被氮气导入石英原子化器中被原子化，然后在光路中测定砷原子对砷空心阴极灯发射的 193.7nm 谱线的吸收，用标准曲线法测定含量。

用示波极谱法测定砷的含量也可获得满意的结果：在碘化氨硫酸溶液中，样液中的三价砷在含有一定量碲的条件下，于电位约 0.6 处（对饱和电极）产生尖锐的对称波，其峰值电流与砷浓度成正比，用标准曲线法定量。

10.4.2　氟的测定

10.4.2.1　扩散－氟试剂比色法

（1）原理

食品中氟化物在扩散盒内与酸作用，产生氟化氢气体，经扩散被氢氧化钠吸收。氟离子与镧（Ⅲ）、氟试剂（茜素氨羧络合剂）在适宜 pH 下生成蓝色三元络合物，颜色随氟离子浓度的增大而加深，用或不用含胺类有机溶剂提取，与标准系列比较定量。

（2）说明

①本法选自 GB/T 5009.18—2003 第一法，本法适用于各类食品中氟含量的测定，检出限为 0.10 mg/kg。

②茜素氨羧络合剂又名茜素络合酮（Alizarin Complexone, M = 385.3），是微溶于水的姜黄色粉末，在水溶液中随 pH 值的改变而产生不同的颜色。在 pH 4.3～4.7 时，它与镧盐生

成红色螯合物,又与氟离子生成蓝色三元络合物。此反应是本法的基础,反应方程如下:

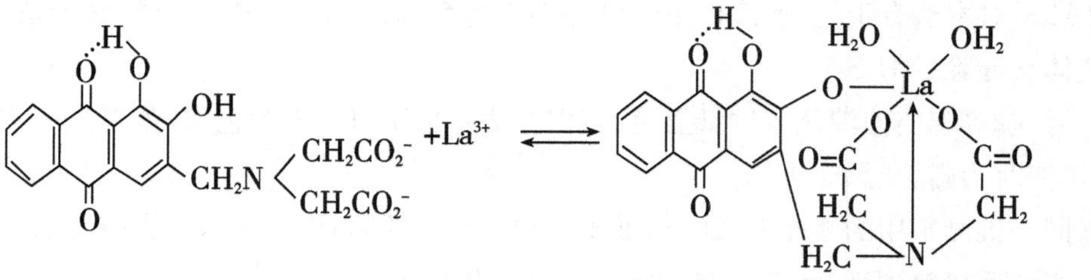

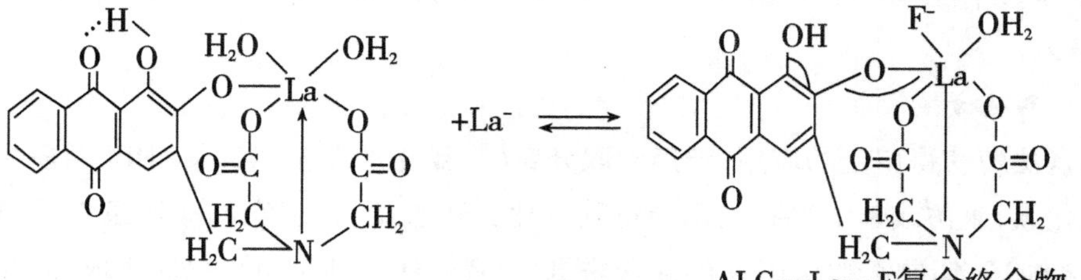

ALC   ALC—La整合物(红色)

ALC—La—F复合络合物
(蓝色)

③Al^{3+}、Fe^{3+}、Pb^{2+}、Cu^{2+}、Zn^{2+}、Ni^{2+}、Co^{2+}及草酸、柠檬酸、酒石酸盐都有干扰,氯化物、硫酸盐、高氯酸盐大量存在时也能引起干扰,故氟化氢须经分离后才能测定。本法采用扩散法分离,也能采用蒸馏法分离(见 GB/T 5009.18—2003 第二法):样品灰化后在硫酸酸性下蒸馏分离,蒸出的氟化氢被氢氧化钠溶液吸收,再与氟试剂、硝酸镧作用。

④ pH 值对三元络合物的颜色有影响(随 pH 值升高而变深),一般推荐 pH 值 4.0 ~ 4.7。缓冲液中的乙酸盐可催化此三元络合物的生成。

⑤在水介质中,镧—茜素氨羧—氟的络合物不稳定,如若加入能与水混合的有机溶剂,如乙腈、丙酮、异丙醇、甲醇则可以克服,实验证明加入丙酮或乙腈十几分钟后显色即达到稳定,且 24 h 内恒定不变。

⑥所生成的氟三元络合物在有机碱存在下可以从弱酸溶液中萃取,被推荐的萃取剂有:二乙基胺 - 异戊醇,三乙胺 - 戊醇,二辛胺 - 异丁醇等。

10.4.2.2 氟离子选择电极法

(1)原理

氟离子选择电极的氟化镧单晶膜对氟离子产生选择性的对数影响,氟电极和饱和甘汞电极在被测试液中,电位差可随溶液中氟离子活度的变化而改变,电位变化规律符合能斯特(Nernst)方程式。

$$E = E^0 - \frac{2.303RT}{F} \lg C_{F^-}$$

E 与 $\lg C_{F^-}$ 成线性关系。$2.303RT/F$ 为该直线的斜率(25℃时为 59.16)。利用电动势与离子活度的线性关系可直接求出样品溶液中氟离子的浓度。

（2）说明

①本法选自 GB/T 5009.18—2003 第三法,本法不适合于脂肪含量高而又未经灰化的样品(如肥肉、花生等)。

②Nernst 方程式中的 C_{F^-} 为氟离子活度,在稀溶液中,离子间距离较大,相互间作用力影响很小,故浓度与活度可看作相等。但溶液中其他离子的存在有影响,活度与浓度之差,决定于溶液的"总离子强度",并且与它成正比。为使得活度与浓度之差有一固定值,故加入"总离子强度调节缓冲液"加以调节。

③加入"总离子强度调节缓冲"还对 pH 值有缓冲作用,使 pH 值保持在 5.0 ~ 5.5;其中所含的柠檬酸根可络合被测液中的铝和铁,使 F^- 从铁、铝的氟络合物中释放出来。还使离子反应速度加快,加快平衡速度。

④被测溶液的 pH 值对氟离子活度和浓度有影响。通常在氟离子含量较低时,理想的范围为 5 ~ 6。pH 低于 4 时,氟开始形成 HF^{2-} 而降低了 F^- 的活度。pH 大于 7 时,OH^- 对 F^- 有干扰,且氟化镧单晶在碱性溶液中会释放出 F^-:

$$LaF_3(s) + 3OH^- === La(OH)_3(s) + 3F^-$$

10.4.3　硒的测定

10.4.3.1　氢化物原子荧光光谱法

（1）原理

试样经酸加热消化后,在 6 mol/L 盐酸介质中,将试样中的六价硒还原成四价硒,用硼氢化钠或硼氢化钾作还原剂,将四价硒在盐酸介质中还原成硒化氢(H_2Se),由载气(氩气)带入原子化器中进行原子化,在硒空心阴极灯照射下,基态硒原子被激发至高能态,在去活化回到基态时,发射出特征波长的荧光,其荧光强度与硒含量成正比。与标准系列比较定量。

（2）说明

①本法选自 GB 5009.93—2010 第一法,本法适合各类食品中硒的测定。

②样品消化可采用电热板加热消解和微波消解。

③氢化反应速度与介质酸度有关,一般来说,酸度越大,氢化反应速度越快,反应稳定性越好。所以,不仅要求样品介质处于最佳酸度,更要求标准系列的介质与样品完全一致。

10.4.3.2　荧光法

（1）原理

将试样用混合酸消化,使硒化合物氧化为无机硒 Se^{4+},在酸性条件下 Se^{4+} 与 2,3 – 二氨基萘(2,3 – Diaminonaphthalene,缩写为 DAN)反应生成 4,5 – 苯并苤硒脑(4,5 – Benzopiaselenol)绿色荧光物质(反应方程式见下),然后用环己烷萃取。在激发光波长为 376 nm,发射光波长为 520 nm 条件下测定荧光强度,从而计算出试样中硒的含量。

（2）说明

①本法选自 GB 5009.93—2010 第一法，适合各类食品中硒的测定。

②测定中所用的环己烷不得有荧光物质，不纯时可重蒸后使用。

③市售硫酸一般都含有硒，可用氢溴酸除硒。具体方法为：取浓硫酸 200 mL 缓慢倒入 200 mL 水中，再加入 48 % 氢溴酸 30 mL，混匀，置沙浴上加热至出现白浓烟，此时体积应为 200 mL。

④其他方法还有：在酸性介质中，一些芳香族邻二胺也可与四价硒起显色反应而用于测定硒，如邻苯二胺、4－二甲氨基－1,2－苯二胺、4－甲基－邻苯二胺等。

思考题

1. 常见食品中限量元素的含量范围及其测定意义。

2. 测定食品中限量元素时为什么需要分离和浓缩？

3. 测定食品中限量元素的样品前处理方法有哪些？原理是什么？

4. 原子吸收分光光度计的工作原理是什么？其组成主要有哪些基本单元？

5. 原子吸收法中原子化器的作用是什么？有些什么类型？如何选用？

6. 介绍二硫腙的性质及其与金属离子的反应。

7. 非金属元素的测定有哪些方法？

第11章　食品添加剂的测定

随着生活水平的提高,人类对食品品质的要求随之提高,其中食品添加剂担当着决定性的角色,可以说,不用食品添加剂的食品几乎没有,食品添加剂已经成为现代食品工业不可缺少的一部分,没有食品添加剂,就没有现代食品工业。《中华人民共和国食品安全法》规定,食品添加剂是指为改善食品品质和色、香、味,以及为防腐、保鲜和加工工艺的需要而加入食品中的人工合成或者天然物质。根据该定义,营养强化剂、食品用香料、胶基糖果中基础剂物质、食品工业用加工助剂也包括在内。

食品添加剂的种类和数量发展相当迅速,据统计,国际上使用的与食品有关的添加剂已有14000种以上(包括非直接使用的添加剂)。国际上批准可直接使用的食品添加剂(包括香精香料)有4000~5000种。美国允许使用3200种,日本1100种,欧洲共同体1100~1200种。我国按主要功能的不同将食品添加剂具体归纳为23类:酸度调节剂(01)、抗结剂(02)、消泡剂(03)、抗氧化剂(04)、漂白剂(05)、膨松剂(06)、胶基糖果基础剂(07)着色剂(08)、护色剂(09)、乳化剂(10)、酶制剂(11)、增味剂(12)、面粉处理剂(13)、被膜剂(14)、水分保持剂(15)、营养强化剂(16)、防腐剂(17)、稳定和凝固剂(18)、甜味剂(19)、增稠剂(20)、香料(21)、食品加工助剂(22)、其他(00)。

随着食品添加剂在食品中的使用越来越广泛,食品添加剂的安全性问题越来越受到关注,人们希望食品添加剂对人体有益无害,但是,任何可食食物都有食用限量,而大多数添加剂通常不是传统的可食物,对于采用化学合成或溶剂萃取得到的食品添加剂更是成为安全的重点。添加剂毕竟不是食品的基本成分,因此国家对食品添加剂的质量标准以及使用都有严格的标准,对添加剂在食品中的含量也制定了相应的检测方法,以确保添加剂的安全使用。

11.1　甜味剂的测定

甜味剂(Sweeteners)是指能够赋予食品甜味的食品添加剂,其在食品中使用广泛。按其来源可分为天然甜味剂和人工合成甜味剂,按其营养价值可分为营养性和非营养性甜味剂,按其化学结构和性质分类又可分为糖类和非糖类甜味剂。通常所说的甜味剂是指人工合成的非营养性甜味剂、糖醇类甜味剂和非糖天然甜味剂等。食品中常用的合成甜味剂有糖精钠、甜蜜素、安赛蜜以及阿斯巴甜等。

11.1.1　糖精钠的测定

糖精是第一代人工合成甜味剂,学名为邻苯甲酰磺酰亚胺。由于糖精难溶于水,故实际应用时多用其钠盐,即糖精钠,又称为可溶性糖精或水溶性糖精。

糖精钠分子式 $C_7H_4NNaO_3S \cdot 2H_2O$,相对分子质量241.20,结构式:

糖精钠为无色或稍带白色的结晶性粉末,无臭或有微弱香气,易溶于水。甜味约相当于蔗糖的 200 ~ 700 倍(一般为 300 ~ 500 倍),甜味阈值约为 0.00048% 。浓度低时呈甜味,浓度高时有苦味,在酸性条件下若加热失去甜味,并可形成邻氨基磺酰苯甲酸而呈苦味,GB 2760—2014 规定,糖精钠的使用范围及最大使用量如表 11 - 1 所示。

表 11 - 1　糖精钠在食品中的使用标准

食品名称	最大使用量/(g/kg)	备注
冷冻饮品(食用冰除外)、腌渍的蔬菜、面包、糕点、饼干、复合调味料、配制酒、饮料类(包装饮用水类除外)	0.15	以糖精计,固体饮料按冲调倍数增加用量
果酱	0.2	以糖精计
蜜饯凉果、新型豆制品(大豆蛋白膨化食品、大豆素肉等)、熟制豆类(五香豆、炒豆)、脱壳熟制坚果与籽类	1.0	以糖精计
带壳熟制坚果与籽类	1.2	以糖精计
水果干类(仅限芒果干、无花果干)、凉果类、话化类(甘草制品)、果丹(饼)类	5.0	以糖精计

食品中糖精钠的检测方法常用的有高效液相色谱法、薄层色谱法、离子选择性电极法等。

11.1.1.1　高效液相色谱法(GB/T 5009.28—2003 第一法)

(1)原理

试样加温除去二氧化碳和乙醇,调 pH 至近中性,过滤后进高效液相色谱仪,经反相色谱分离后,根据保留时间和峰面积进行定性和定量。

(2)试剂和仪器

甲醇:经 0.5 μm 滤膜过滤;氨水(1 + 1):氨水加等体积水混合;乙酸铵溶液(0.02 mol/L):称取 1.54 g 乙酸铵,加水至 1000 mL 溶解,经 0.45 μm 滤膜过滤;糖精钠标准储备溶液:准确称取 0.0851 g 经 120℃烘干 4 h 后的糖精钠($C_6H_4CONNaSO_2 \cdot 2H_2O$),加水溶解定容至 100 mL,糖精钠含量 1.0 mg/mL,作为储备溶液;糖精钠标准使用溶液:吸取糖精钠标准储备液 10 mL 放入 100 mL 的容量瓶中,加水至刻度,经 0.45 μm 滤膜过滤,该溶液每毫升相当于 0.10 mg 的糖精钠。

高效液相色谱仪:带紫外检测器。

(3)分析步骤

①样品处理:

a. 汽水:称取 5.00 ~ 10.00 g 样品放入小烧杯中,微温搅拌除去二氧化碳,用氨水(1 +

1)调 pH 约为 7。转移于适量(25 mL)容量瓶中,加水定容至刻度,经 0.45 μm 滤膜过滤。

b. 果汁类:称取 5.00 ~ 10.00 g 样品,用氨水(1 + 1)调 pH 约为 7。转移于适量 (25 mL)容量瓶中,加水定容至刻度,离心沉淀,上清液经 0.45 μm 滤膜过滤。

c. 配制酒类:称取 10.00 g 样品放入小烧杯中,水浴加热除去乙醇,用氨水(1 + 1)调 pH 约为 7,加水定容至 20 mL,经 0.45 μm 滤膜过滤。

②高效液相色谱参考条件

a. 色谱柱:YWG – C18 4.6 mm×250 mm,10 μm 不锈钢柱。

b. 流动相:甲醇 + 乙酸铵溶液(0.02mol/L)(5 + 95)。

c. 流速:1 mL/min。

d. 检测器:紫外检测器,230 nm 波长,0.2AUFS。

③测定:取样品处理液和标准使用液各 10 μL(或相同体积)注入高效液相色谱仪进行分离,以其标准溶液峰的保留时间为依据进行定性,以其峰面积求出样液中被测物质的含量,试样中糖精钠含量按式 11 – 1 进行计算,计算结果保留 3 位有效数字。

$$X = \frac{A \times 1000}{m \times \dfrac{V_2}{V_1} \times 1000} \qquad (11-1)$$

式中:X——试样中糖精钠含量,g/kg;

　　　A——进样体积中糖精钠的质量,mg;

　　　V_2——进样体积,mL;

　　　V_1——试样稀释液总体积,mL;

　　　m——试样质量,g。

(4)说明和注意事项

①在重复条件下获得的 2 次独立测定结果的绝对差值不得超过算术平均值的 10%。

②此法可同时测定苯甲酸、山梨酸和糖精钠。

11.1.1.2　薄层色谱法(GB/T 5009.28—2003 第二法)

(1)原理

在酸性条件下,食品中的糖精钠用乙醚提取、浓缩、薄层色谱分离、显色后,与标准比较,进行定性和半定量测定。

(2)试剂和仪器

乙醚:不含过氧化物;

无水硫酸钠;

无水乙醇及乙醇(95%);

聚酰胺粉:200 目;

盐酸(1 + 1):取 100 mL 盐酸,加水稀释至 200 mL;

展开剂:正丁醇 + 氨水 + 无水乙醇(7 + 1 + 2)或异丙醇 + 氨水 + 无水乙醇(7 + 1 + 2);

显色剂:溴甲酚紫溶液(0.4 g/L):称取 0.04 g 溴甲酚紫,用乙醇(50%)溶解,加氢氧化钠溶液(4 g/L)1.1 mL 调整 pH 为 8,定容至 100 mL;

硫酸铜溶液(100 g/L):称取 10 g 硫酸铜($CuSO_4 \cdot 5H_2O$),用水溶解并稀释至 100 mL;

氢氧化钠溶液(40 g/L);

糖精钠标准溶液:准确称取 0.0851 g 经 120℃ 干燥 4 h 后的糖精钠,加乙醇溶解,移入 100 mL 容量瓶中,加乙醇(95%)稀释至刻度,此溶液每毫升相当于 1 mg 糖精钠($C_6H_4CONNaSO_2 \cdot 2H_2O$)。

玻璃纸:生物制品透析袋纸或不含增白剂的市售玻璃纸;

玻璃喷雾器;

微量注射器;

紫外光灯:波长 253.7 nm;

薄层板:10 cm×20 cm 或 20 cm×20 cm;

展开槽。

薄层色谱装置如图 11-1 所示。

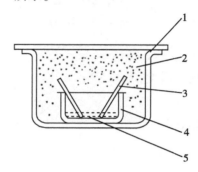

图 11-1　薄层色谱装置

1—层析缸　2—展开剂蒸汽　3—薄层板　4—盛液皿(盛展开剂)　5—隔板

(3)分析步骤

①样品提取:

a. 饮料、冰棍、汽水:取 10.0 mL 均匀试样(如试样中含有二氧化碳,先加热除去,如试样中含有酒精,加 4% 氢氧化钠溶液使其呈碱性,在沸水浴中加热除去),置于 100 mL 分液漏斗中,加 2 mL 盐酸(1+1)溶液,分别用 30 mL、20 mL、20 mL 乙醚提取 3 次,合并乙醚提取液,用 5 mL 经盐酸酸化的水洗涤 1 次,弃去水层。乙醚层通过无水硫酸钠脱水后,挥发乙醚,加 2.0 mL 乙醇溶解残留物,密塞保存、备用。

b. 酱油、果汁、果酱等:称取 20.0 g 或吸取 20.0 mL 均匀试样,置于 100 mL 容量瓶中,加水至约 60 mL,加 20 mL 硫酸铜溶液(100 g/L),混匀后再加 4.4 mL 氢氧化钠溶液(40 g/L),最后加水至刻度,混匀,静置 30 min 后过滤,取 50 mL 滤液置于 150 mL 分液漏斗中,以下按 a 自"加 2mL 盐酸(1+1)溶液……"起依法操作。

c.固体果汁粉等:称取 10.0 g 磨碎的均匀样品,置于 200 mL 容量瓶中,加 100 mL 水,加温使其溶解,冷却,以下按 b 自"加 20 mL 硫酸铜溶液(100 g/L)……"起依法操作。

d.糕点、饼干等蛋白、脂肪、淀粉多的食品:称取 25.0 g 均匀样品置于透析用玻璃纸中,放入大小合适的烧杯内,加 50 mL 氢氧化钠溶液(0.8 g/L),调成糊状,将玻璃纸口扎紧,放入盛有 200 mL 氢氧化钠溶液(0.8 g/L)的烧杯中,盖上表面皿,透析过夜。量取 125 mL 透析液(相当于 12.5 g 试样),加约 0.4 mL 盐酸(1+1)溶液使之成为中性,加 20 mL 硫酸铜溶液(100 g/L),混匀,再加 4.4 mL 氢氧化钠溶液(40 g/L),混匀、静置 30 min,过滤。取 120 mL(相当于 10 g 试样)置于 250 mL 分液漏斗中,以下按 a 自"加 2 mL 盐酸(1+1)溶液……"起依法操作。

②薄层板的制备:称取 1.6 g 聚酰胺粉,加 0.4 g 可溶性淀粉,加约 7.0 mL 水,研磨 3～5 min,立即涂成 0.25～0.30 mm 厚的 10 cm×20 cm 的薄层板,室温干燥后,在 80℃下干燥 1 h。置于干燥器中保存。

③点样:在薄层板下端 2 cm 处,用微量注射器点 10 μL 和 20 μL 的样液两个点,同时点 3.0 μL、5.0 μL、7.0 μL、10.0 μL 糖精钠标准溶液,各点间距 1.5 cm。

④展开与显色:将点好的薄层板放入盛有展开剂正丁醇+氨水+无水乙醇(7+1+2)或异丙醇+氨水+无水乙醇(7+1+2))的展开槽中,展开剂液层约 0.5 cm,并预先已达到饱和状态。展开至 10 cm,取出薄层板,挥干,喷显色剂,斑点显黄色,根据样品点和标准点的比移值进行定性,根据斑点颜色深浅进行半定量测定。样品中糖精钠的含量按式(11-2)进行计算,计算结果保留 3 位有效数字。

$$X = \frac{A \times 1000}{m \times \dfrac{V_2}{V_1} \times 1000} \tag{11-2}$$

式中:X——试样中糖精钠的含量,g/kg 或 g/L;

　　A——测定用样液中糖精钠的质量,mg;

　　m——试样质量或体积,g 或 mL;

　　V_1——试样提取液残留物加入乙醇的体积,mL;

　　V_2——点样液体积,mL。

(4)说明和注意事项

①乙醇溶于乙醚和水,易使乙醚提取糖精时发生乳化,影响分层,因此含酒精饮料应先除去酒精。

②样品加盐酸酸化处理的目的是将糖精钠转化为糖精,以便用乙醚提取。

③样品提取时加入硫酸铜和氢氧化钠用于沉淀蛋白质,防止乙醚萃取时发生乳化。

④富含蛋白、脂肪、淀粉食品中糖精钠的提取,先在碱性条件下,用水溶解、浸取,用透析法除去大部分的蛋白质、脂肪、淀粉等物质,使分子量较小的糖精钠渗透入溶液中,再在酸性条件下用乙醚萃取糖精,然后挥干乙醚。

⑤薄层色谱用的溶剂系统不可存放太久，否则浓度和极性都会变化，影响分离效果，应在使用前配制。

⑥聚酰胺薄层板烘干温度不能高于80℃，否则聚酰胺易变色。

11.1.1.3 离子选择电极法（GB/T 5009.28—2003 第三法）

（1）原理

糖精选择电极是以季铵盐所制 PVC 薄膜为感应膜的电极，它和作为参比电极的饱和甘汞电极配合使用以测定食品中糖精钠的含量。当测定温度、溶液总离子强度和溶液接界电位条件一致时，测得的电位遵守能斯特方程式，电位差随溶液中糖精离子的活度（或浓度）改变而变化。

被测溶液中糖精钠含量在 0.02～1 mg/mL 范围内。电极值与糖精离子浓度的负对数成直线关系。

（2）试剂和仪器

乙醚：使用前用盐酸（6 mol/L）饱和；

无水硫酸钠；

盐酸（6 mol/L）：取 100 mL 盐酸，加水稀释至 200 mL，使用前以乙醚饱和；

氢氧化钠溶液（0.06 mol/L）：取 2.4 g 氢氧化钠加水溶解并稀释至 1000 mL；

硫酸铜溶液（100 g/L）：称取硫酸铜（$CuSO_4 \cdot 5H_2O$）10 g 溶于 100 mL 水中；

氢氧化钠溶液（40 g/L）；氢氧化钠溶液（0.02 mol/L）：将氢氧化钠溶液（0.06 mol/L）稀释而成；

磷酸二氢钠[$c(NaH_2PO_4 \cdot 2H_2O) = 1$ mol/L]溶液：取 78 g 磷酸二氢钠（$NaH_2PO_4 \cdot 2H_2O$）溶解后转入 500 mL 容量瓶中，加水稀释至刻度，摇匀；

磷酸氢二钠[$c(Na_2HPO_4 \cdot 12H_2O) = 1$ mol/L]：取 89.5 g 磷酸氢二钠（$Na_2HPO_4 \cdot 12H_2O$）于 250 mL 容量瓶中溶解后，加水稀释至刻度，摇匀；

总离子强度调节缓冲液：87.7 mL 磷酸二氢钠溶液（1 mol/L）与 12.3 mL 磷酸氢二钠溶液（1 mol/L）混合即得；

糖精钠标准溶液：准确称取 0.0851 g 经120℃干燥 4 h 后的糖精钠结晶移入 100 mL 容量瓶中，加水稀释至刻度，摇匀备用。此溶液每毫升相当于 1.0 mg 糖精钠（$C_6H_4CONNaSO_2 \cdot 2H_2O$）。

精密级酸度计或离子活度计或其他精密级电位计：准确到 ±1 mV；

糖精选择电极；

217 型甘汞电极：具双盐桥式甘汞电极，下面的盐桥内装入含 1% 琼脂的氯化钾溶液（3 mol/L）；

磁力搅拌器；

透析用玻璃纸；

半对数纸。

（3）分析步骤

①试样提取:

a. 液体样品:浓缩果汁、饮料、汽水、汽酒、配制酒等:准确吸取 25 mL 均匀试样(汽水、汽酒等需先除去二氧化碳后取样),置于 250 mL 分液漏斗中,加 2 mL 盐酸(6 mol/L),用 20、20、10 mL 乙醚提取三次,合并乙醚提取液,用 5 mL 经盐酸酸化的水洗涤一次,弃去水层,乙醚层转移至 50 mL 容量瓶,用少量乙醚洗涤原分液漏斗合并入容量瓶,并用乙醚定容至刻度,必要时加入少许无水硫酸钠,摇匀,脱水备用。

b. 含蛋白、脂肪、淀粉量高的食品(如糕点、饼干、酱菜、豆制品、油炸食品等):称取 20.00 g 切碎样品,置透析用玻璃纸中,加 50 mL 氢氧化钠溶液(0.02 mol/L),调匀后将玻璃纸口扎紧,放入盛有 200 mL 氢氧化钠溶液(0.02 mol/L)的烧杯中,盖上表面皿,透析 24 h,并不时搅动浸泡液。量取 125 mL 透析液,加约 0.4 mL 盐酸(6 mol/L)使成中性,加 20 mL 硫酸铜溶液混匀,再加 4.4 mL 氢氧化钠溶液(40 g/L),混匀。静置 30 min,过滤。取 100 mL 滤液于 250 mL 分液漏斗中,以下按 a 自"加 2 mL 盐酸(6 mol/L)⋯⋯"起依法操作。

c. 蜜饯类:称取 10.00 g 切碎的均匀样品,置透析用玻璃纸中,加 50 mL 氢氧化钠溶液(0.06 mol/L),调匀后将玻璃纸扎紧,放入盛有 200 mL 氢氧化钠溶液(0.06 mol/L)的烧杯中,透析、沉淀、提取同 b 操作。

d. 糯米制食品:称取 25.00 g 切成米粒状的小块均匀样品,其他同 b 操作。

②测定:

a. 标准曲线的绘制:准确吸取 0 mL、0.5 mL、1.0 mL、2.5 mL、5.0 mL、10.0mL 糖精钠标准溶液(相当于 0 mg、0.5 mg、1.0 mg、2.5 mg、5.0 mg、10.0 mg 糖精钠),分别置于 50 mL 容量瓶中,各加 5 mL 总离子强度调节缓冲液,加水至刻度,摇匀。将糖精选择电极和甘汞电极分别与测量仪器的负端和正端相连接,将电极插入盛有水的烧杯中,按其仪器的使用说明书调节至使用状态,在搅拌下用水洗至电极起始电位(例如某些电极起始电位达 320 mV)。取出电极用滤纸吸干。将上述标准系列溶液按低浓度到高浓度逐个测定,得到其在搅拌时的平衡电位值(mV)。在半对数纸上以毫升(毫克)为纵坐标,电位值(mV)为横坐标绘制标准曲线。

b. 试样的测定:准确吸取 20 mL 的试样乙醚提取液置于 50 mL 烧杯中,挥发至干,残渣加 5 mL 总离子强度调节缓冲液。小心转动,振摇烧杯使残渣溶解,将烧杯内容物全部定量转移入 50 mL 容量瓶中,原烧杯用少量水多次漂洗后,并入容量瓶中,最后加水至刻度摇匀。依法测定其电位值(mV),查标准曲线求得测定液中糖精钠毫克数。试样中糖精钠的含量按式(11 −3)进行计算,计算结果保留 3 位有效数字。

$$X = \frac{A \times 1000}{m \times \frac{V_2}{V_1} \times 1000} \tag{11-3}$$

式中:X——试样中糖精钠的含量,g/kg 或 g/L;

  A——测定液中糖精钠的质量,mg;

  V_1——乙醚提取液的总体积,mL;

  V_2——测定用乙醚提取液的体积,mL;

  m——试样的质量或体积,g 或 mL。

（4）说明和注意事项

本法对苯甲酸钠的浓度在 200 ~ 1000 mg/kg 时无干扰;山梨酸的浓度在 50 ~ 500 mg/kg,糖精钠的含量在 100 ~ 150 mg/kg 范围内,有 3% ~ 10% 的正误差,水杨酸及对羟基苯甲酸酯等对本法的测定有严重干扰。

11.1.2 环己基氨基磺酸钠（甜蜜素）的测定

环己基氨基磺酸钠,又名甜蜜素,是食品生产中常用的甜味剂,我国标准中允许使用的还包括环己基氨基磺酸钙。化学式 $C_6H_{12}NNaO_3S \cdot nH_2O$（结晶品 $n = 2$,无水品 $n = 0$）,相对分子质量结晶品 237.25,无水品 201.22,结构式:

$$\text{⬡—NH—SO}_3\text{Na}$$

甜蜜素为白色结晶粉末、针状结晶或白色针状、片状结晶,无臭,有甜味。易溶于水,通常认为甜蜜素的甜度是蔗糖的 30 倍。甜蜜素的主要用途在于它是非热量甜味剂,通常与其他甜味剂混合使用,用于各种食品、饮料、液体药和药片中,GB 2760—2011 规定,甜蜜素的使用范围及最大使用量如表 11 - 2 所示。

表 11 - 2 甜蜜素在食品中的使用标准

食品名称	最大使用量/(g/kg)	备注
冷冻饮品(食用冰除外)、水果罐头、腌渍的蔬菜、腐乳类、面包、糕点、饼干、复合调味料、配制酒、饮料类(包装饮用水类除外)、果冻	0.65	以环己基氨基磺酸计,固体饮料按冲调倍数增加使用量,果冻粉按冲调倍数增加使用量
果酱、蜜饯凉果、新型豆制品(大豆蛋白膨化食品、大豆素肉等)、熟制豆类、脱壳熟制坚果与籽类、盐渍的蔬菜	1.0	以环己基氨基磺酸计
脱壳熟制坚果与籽类	1.2	以环己基氨基磺酸计
带壳熟制坚果与籽类	6.0	以环己基氨基磺酸计
凉果类、话化类(甘草制品)、果丹(饼)类	8.0	以环己基氨基磺酸计

甜蜜素的检测方法有气相色谱法、盐酸萘乙二胺比色法、薄层色谱法等。气相色谱法及比色法适用于饮料、凉果等食品中环己基氨基磺酸钠的测定,薄层色谱法适用于饮料、果汁、果酱、糕点中环己基氨基磺酸钠的含量测定。方法的检出量为 4 μg。

11.1.2.1 气相色谱法（GB/T 5009.97—2003 第一法）

（1）原理

在硫酸介质中环己基氨基磺酸钠与亚硝酸反应,生成环己醇亚硝酸酯,利用气相色谱法进行定性和定量。

（2）试剂和仪器

正己烷；氯化钠；层析硅胶（或海砂）；50 g/L 亚硝酸钠溶液；100 g/L 硫酸溶液；环己基氨基磺酸钠标准溶液（含环己基氨基磺酸钠 98%）：精确称取 1.0000 g 环己基氨基磺酸钠，加入水溶解并定容至 100 mL，此溶液每毫升含环己基氨基磺酸钠 10 mg。

气相色谱仪：附氢火焰离子化检测器；旋涡混合器；离心机；10 μL 微量注射器。

（3）分析步骤

①样品处理：

a. 液体试样：摇匀后直接称取。含二氧化碳的试样先加热除去，含酒精的试样加 40 g/L 氢氧化钠溶液调至碱性，于沸水浴中加热除去，制成试样。准确称取 20.0 g 均匀样品于 100 mL 带塞比色管中，置冰浴中。

b. 固体试样：将样品剪碎，称取 2.0 g 已剪碎的试样于研钵中，加少许层析硅胶（或海砂）研磨至呈干粉状，经漏斗倒入 100 mL 容量瓶中，加水冲洗研钵，并将洗液一并转移至容量瓶中。加水至刻度，不时摇动，1 h 后过滤，即得试样，准确吸取 20 mL 于 100 mL 带塞比色管中，置冰浴中。

②色谱条件：色谱柱长 2 m，内径 3 mm，U 型不锈钢柱；固定相：Chromosorb W AW DMCS 80～100 目，涂以 10% SE-30；柱温 80℃；汽化温度 150℃；检测温度 150℃；流速：氮气 40 mL/min、氢气 30 mL/min、空气 300 mL/min。

③测定：

a. 标准曲线的制备：准确吸取 1.00 mL 环己基氨基磺酸钠标准溶液于 100 mL 带塞比色管中，加水 20 mL。置冰浴中，加入 5 mL 50 g/L 亚硝酸钠溶液，5 mL 100 g/L 硫酸溶液，摇匀，在冰浴中放置 30 min，并经常摇动，然后准确加入 10 mL 正己烷，5 g 氯化钠，摇匀后置旋涡混合器上振动 1 min（或振摇 80 次），待静止分层后吸出正己烷层于 10 mL 带塞离心管中进行离心分离，每毫升正己烷提取液相当于 1 mg 环己基氨基磺酸钠，取环己基氨基磺酸钠的正己烷标准提取液进样 1～5 μL 于气相色谱仪中，根据响应值绘制标准曲线。

b. 样品测定：样品管按 a 自"加入 5 mL 50 g/L 亚硝酸钠溶液……"起依法操作，将试样提取液同样进样 1～5 μL 于气相色谱仪中，测得响应值，从标准曲线中查出相应的环己基氨基磺酸钠含量。按下式（11-4）进行计算，结果保留 2 位有效数字。

$$X = \frac{m_1 \times 10 \times 1000}{m \times V \times 1000} = \frac{10m_1}{m \times V} \qquad (11-4)$$

式中：X——试样中环己基氨基磺酸钠的含量，g/kg；

　　m——试样质量，g；

　　V——进样体积，μL；

　　10——正己烷加入量，mL；

　　m_1——测定用试样中环己基氨基磺酸钠的质量，μg。

（4）说明和注意事项

在重复条件下获得的2次独立测定结果的绝对差值不得超过算术平均值的10%。

11.1.2.2 比色法（GB/T 5009.97—2003 第二法）

（1）原理

在硫酸介质中环己基氨基磺酸钠与亚硝酸钠反应,生成环己醇亚硝酸酯,与磺胺重氮化后再与盐酸萘乙二胺偶合生成红色染料,在550 nm波长测其吸光度,与标准比较定量。

（2）试剂和仪器

三氯甲烷;甲醇;透析剂:称取0.5 g二氯化汞和12.5 g氯化钠于烧杯中,以0.01 mol/L盐酸溶液定容至100 mL;10 g/L亚硝酸钠溶液;100 g/L硫酸溶液;100 g/L尿素溶液(临用时新配或冰箱保存);100 g/L盐酸溶液;10 g/L磺胺溶液:称取1 g磺胺溶于10%盐酸溶液中,最后定容至100 mL;1 g/L盐酸萘乙二胺溶液;环己基氨基磺酸钠标准溶液:精确称取0.1000 g环己基氨基磺酸钠,加水溶解并定容至100 mL,此溶液每毫升含环己基氨基磺酸钠1 mg,临用时将环己基氨基磺酸钠标准储备溶液(1 mg/mL)稀释10倍,此液每毫升含环己基氨基磺酸钠0.1 mg。

分光光度计;旋涡混合器;离心机;透析纸。

（3）分析步骤

①样品处理:

a.液体试样:含二氧化碳的试样先加热除去,含酒精的试样加40 g/L氢氧化钠溶液调至碱性,于沸水浴中加热除去,制成试样。

b.固体试样:将样品剪碎制成试样。

②样品中环己基氨基磺酸钠的提取:

a.液体试样:称取10.0 g试样于透析纸中,加10 mL透析剂,将透析纸口扎紧,放入盛有100 mL水的200 mL广口瓶内,加盖,透析20～24 h得透析液。

b.固体试样:称取2.0 g已剪碎的试样于研钵中,加少许层析硅胶(或海砂)研磨至呈干粉状,经漏斗倒入100 mL容量瓶中,加水冲洗研钵,并将洗液一并转移至容量瓶中。加水至刻度,不时摇动,1 h后过滤,即得试样,准确吸取20 mL于100 mL带塞比色管中,置冰浴中。准确吸取10.0 mL上面得到的试样提取液于透析纸中,加10 mL透析剂,将透析纸口扎紧,放入盛有100 mL水的200 mL广口瓶内,加盖,透析20～24 h得透析液。

③测定:

a.取2支50 mL带塞比色管,分别加入10 mL透析液和10 mL标准液,于0～3℃冰浴中,加入1 mL 10 g/L亚硝酸钠溶液,1 mL 100 g/L硫酸溶液,摇匀后放入冰水中不时摇动,放置1 h。从冰水浴取出后,加15 mL三氯甲烷,置旋涡混合器上振动1 min,静置分层后,吸去上层液,保留下层的三氯甲烷液;再加15 mL水,振动1 min,静置后吸去上层液,加10 mL 100 g/L尿素溶液,2 mL 100 g/L盐酸溶液,再振动5 min,静置后吸去上层液,加15 mL水,振动1 min,静置后吸去上层液,分别准确吸出5 mL该样品的三氯甲烷溶液于2支

25 mL 比色管中。另取一支 25 mL 比色管加入 5 mL 纯三氯甲烷作为参比管。于各管中加入 15 mL 甲醇,1 mL 10 g/L 磺胺,置 3~4℃冰水中 15 min,取出恢复常温后加入 1 mL 1 g/L 的盐酸萘乙二胺溶液,加甲醇至刻度,在 15~30℃下放置 20~30 min,用 1 cm 比色杯于波长 550 nm 处测定吸光度,测得吸光度 A 及 As。

b. 另取 2 支 50 mL 带塞比色管,分别加入 10 mL 水和 10 mL 透析液,除不加 10 g/L 亚硝酸钠外,其他按上面 a 项进行,测得吸光度 A_{s0} 及 A_0。试样中环己基氨基磺胺钠(甜蜜素)的含量按下式进行计算,计算结果保留 2 位有效数字。

$$X = \frac{c}{m} \times \frac{A - A_0}{A_s - A_{s0}} \times \frac{100 + 10}{V} \times \frac{1}{1000} \times \frac{1000}{1000} \qquad (11-5)$$

式中:X——试样中环己基氨基磺酸钠的含量,g/kg;

　　　m——试样质量,g;

　　　V——透析液用量,mL;

　　　c——标准管浓度,μg/mL;

　　　A_s——标准液吸光度;

　　　A_{s0}——水的吸光度;

　　　A——试样透析液吸光度;

　　　A_0——不加亚硝酸钠的试样透析液吸光度。

(4)说明和注意事项

在重复条件下获得的 2 次独立测定结果的绝对差值不得超过算术平均值的 10%。

11.1.2.3　薄层层析法(GB/T 5009.97—2003 第三法)

(1)原理

试样经酸化后,用乙醚提取,将试样提取液浓缩,点于聚酰胺薄层板上,展开,经显色后,根据薄层板上环己基氨基磺酸钠的比移值及显色斑深浅,与标准比较进行定性、概略定量。

(2)试剂和仪器

异丙醇;正丁醇;石油醚:沸程 30~60℃;乙醚(不含过氧化物);氢氧化铵;无水乙醇;氯化钠;硫酸钠;6 mol/L 盐酸:取 50 mL 盐酸加到少量水中,再用水稀释至 100 mL;聚酰胺粉(尼龙 6):200 目;环己基氨基磺酸标准溶液:精密称取 0.0200 g 环己基氨基磺酸,用少量无水乙醇溶解后移入 10 mL 容量瓶中,并稀释到刻度,此溶液每毫升相当于 2 mg 环己基氨基磺酸,二周后重新配制(环己基氨基磺酸的熔点:169~170℃);展开剂:正丁醇 + 浓氨水 + 无水乙醇(20 + 1 + 1)或异丙醇 + 浓氨水 + 无水乙醇(20 + 1 + 1);显色剂:称取 0.040 g 溴甲酚紫溶于 100 mL 50% 乙醇溶液,用 1.2 mL 0.4% 氢氧化钠溶液调至 pH 8。

吹风机;层析缸;玻璃板:5 cm × 20 cm;微量注射器:10 μL;玻璃喷雾器。

(3)分析步骤

①样品处理:

a. 饮料、果酱:称取 2.5 g(mL)已经混合均匀的试样(汽水需加热去除二氧化碳),置于

25 mL 带塞量筒中,加氯化钠至饱和(约1 g),加0.5 mL 6 mol/L 盐酸酸化,用 15 mL、10 mL 乙醚分两次提取,每次振摇 1 min,静置分层,用滴管将上层乙醚提取液通过无水硫酸钠滤入 25 mL 容量瓶中,用少量乙醚洗无水硫酸钠,加乙醚至刻度,混匀。吸取 10.0 mL 乙醚提取液分两次置于 10 mL 带塞离心管中,在约 40℃ 水浴上挥发至干,加入 0.1 mL 无水乙醇溶解残渣,备用。

b. 糕点:称取 2.5 g 糕点样品,研碎,置于 25 mL 带塞量筒中,用石油醚提取 3 次,每次 20 mL,每次振摇 3 min,弃去石油醚,让样品挥干后(在通风橱中不断搅拌样品,以除去石油醚),加入 0.5 mL 6 mol/L 盐酸酸化,再加约 1 g 氯化钠,以下按 a 自"用 15 mL、10 mL 乙醚分两次……"依法操作。

②测定:

a. 聚酰胺粉板的制备:称取 4 g 聚酰胺粉,加 1.0 g 可溶性淀粉,加约 14 mL 水研磨均匀合适为止,立即倒入涂布器内制成面积为 5 cm×20 cm,厚度为 0.3 mm 的薄层板 6 块,室温干燥后,于 80℃ 干燥 1 h,取出,置于干燥器中保存、备用。

b. 点样:薄层板下端 2 cm 的基线上,用微量注射器于板中间点 4 μL 试样液,两侧各点 2 μL、3 μL 环己基氨基磺酸标准液。

c. 展开与显色:将点样后的薄层板放入预先盛有展开剂正丁醇+浓氨水+无水乙醇 (20+1+1)或异丙醇+浓氨水+无水乙醇(20+1+1)的展开槽内,展开槽周围贴有滤纸,待溶剂前沿上展至 10 cm 以上时,取出在空气中挥干,喷显色剂其斑点呈黄色,背景为蓝色。试样中环己基氨基磺酸的量与标准斑点深浅比较定量(用异丙醇+浓氨水+无水乙醇展开剂时,环己基氨基磺酸的比移值约为 0.47,山梨酸 0.73,苯甲酸 0.61,糖精 0.31)。样品中环己基氨基磺酸钠的含量按式(11-6)进行计算,计算结果保留 2 位有效数字。

$$X = \frac{m_1 \times 1000 \times 1.12}{m \times \frac{10}{25} \times \frac{V_2}{V_1} \times 1000} = \frac{2.8 m_1 \times V_1}{m \times V_2} \qquad (11-6)$$

式中:X——试样中环己基氨基磺酸钠的含量,g/Kg 或 g/L;

m_1——试样点相当于环己基氨基磺酸的质量,mg;

m——试样质量,g;

V_1——加入无水乙醇的体积,mL;

V_2——测定时点样的体积,mL;

10——测定时吸取乙醚提取液的体积,mL;

25——样品乙醚提取液总体积,mL;

1.12——1.00 g 环己基氨基磺酸相当于环己基氨基磺酸钠的质量,g。

(4)说明和注意事项

①在重复条件下获得的 2 次独立测定结果的绝对差值不得超过算术平均值的 28%。

②本法可同时测定山梨酸、苯甲酸、糖精等成分。

11.1.3　乙酰磺胺酸钾（安赛蜜）的测定

乙酰磺胺酸钾，又名安赛蜜、A – K 糖，分子式 $C_4H_4KNO_4S$，相对分子质量 201.24，结构式：

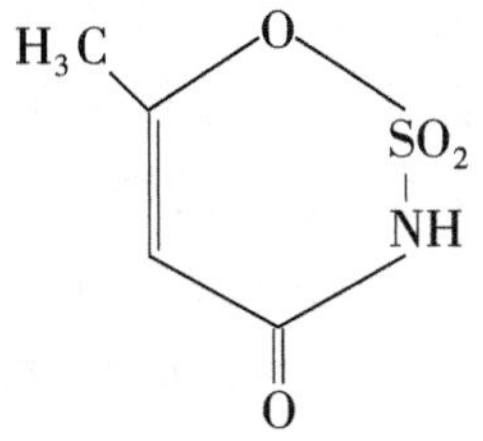

安赛蜜为无色结晶或白色结晶性粉末，无臭，易溶于水，甜度约为蔗糖的 200 倍，味质较好，不仅可单独作甜味剂使用，而且与其他甜味剂有显著协同作用，可使总甜度提高，改善产品风味。安赛蜜作为甜味剂应用于食品的范围较广，包括供糖尿病人的食品和低能量食品。此外，还可作糖的替代品。GB 2760—2014 规定，安赛蜜的使用范围及最大使用量如下表 11 – 3 所示。

表 11 –3　安赛蜜在食品中的使用标准

食品名称	最大使用量/（g/kg）	备注
以乳为主要配料的即食风味甜点或其预制产品（仅限乳基甜品罐头）、冷冻饮品（食用冰除外）、水果罐头、果酱、蜜饯类、腌渍的蔬菜、加工食用菌和藻类、八宝粥罐头、其他杂粮制品（仅限黑芝麻糊和杂粮甜品罐头）、谷类和淀粉类甜品（仅限谷类甜品罐头）、焙烤食品、饮料类（包装饮用水类除外）、果冻	0.3	固体饮料按冲调倍数增加使用量，如用于果冻粉，按冲调倍数增加使用量
风味发酵乳	0.35	
调味品	0.5	
酱油	1.0	
糖果	2.0	
熟制坚果与籽类	3.0	
胶基糖果	4.0	
餐桌甜味料	0.04 g/份	

11.1.3.1　原理

试样中乙酰磺胺酸钾经高效液相反相 C_{18} 柱分离后，以保留时间定性，峰高或峰面积定量。

11.3.2.2　试剂和仪器

甲醇；

乙腈；

0.02 mol/L 硫酸铵溶液：称取硫酸铵 2.642 g，加水溶解至 1000 mL；

10% 硫酸溶液；

中性氧化铝:层析用,100~200目;

流动相:0.02 mol/L 硫酸铵(740~800 mL) + 甲醇(170~150 mL) + 乙腈(90~50 mL) + 10% H_2SO_4(1 mL);

乙酰磺胺酸钾标准储备液:精密称取乙酰磺胺酸钾 0.1000 g,用流动相溶解后移入 100 mL 容量瓶中,并用流动相稀释至刻度,此液每毫升含乙酰磺胺酸钾 1 mg;

乙酰磺胺酸钾标准使用液:吸取乙酰磺胺酸钾标准储备液 2 mL 于 50 mL 容量瓶,加流动相至刻度,然后分别吸取此液 1、2、3、4、5 mL 于 10 mL 容量瓶中,各加流动相至刻度,即得含乙酰磺胺酸钾 4、8、12、16、20 μg/mL 的标准液系列。

高效液相色谱仪;

超声清洗仪(溶剂脱气用);

离心机;

抽滤瓶;

G3 耐酸漏斗;

微孔滤膜 0.45 μm;

层析柱:可用 10 mL 注射器筒代替,内装 3 cm 高的中性氧化铝。

11.1.3.3 分析步骤

①样品处理:

a. 汽水:将试样温热,搅拌除去二氧化碳或超声脱气。吸取试样 2.5 mL 于 25 mL 容量瓶中。加流动相至刻度,摇匀后,溶液通过微孔滤膜过滤,滤液作 HPLC 分析用。

b. 可乐型饮料:将试样温热,搅拌除去二氧化碳或超声脱气,吸取已除去二氧化碳的试样 2.5 mL,通过中性氧化铝柱,待试样液流至柱表面时,用流动相洗脱,收集洗脱液并定容至 25 mL,摇匀后超声脱气,此液作 HPLC 分析用。

c. 果茶、果汁类食品:吸取 2.5 mL 试样,加水约 20 mL 混匀后,离心 15 min(4000r/min),上清液全部转入中性氧化铝柱,待水溶液流至柱表面时,用流动相洗脱。收集洗脱液并定容至 25 mL,混匀后,超声脱气,此液作 HPLC 分析用。

②HPLC 参考条件:

a. 分析柱:Spherisorb C18、4.6 mm×150 mm。粒度 5 μm。

b. 流动相:0.02 mol/L 硫酸铵(740~800 mL) + 甲醇(170~150 mL) + 乙腈(90~50 mL) + 10% H_2SO_4(1 mL)。

c. 波长:214 nm。

d. 流速:0.7 mL/min。

③测定:

a. 绘制标准曲线:分别进样含乙酰磺胺酸钾 4、8、12、16、20 μg/mL 的混合标准液各 10 μL,进行 HPLC 分析,然后以峰面积为纵坐标,以乙酰磺胺酸钾的含量为横坐标,绘制标准曲线。

b.试样测定:吸取上述处理后的试样溶液 10 μL 进行 HPLC 分析,测定其峰面积,从标准曲线查得测定液中乙酰磺胺酸钾的含量。试样中乙酰磺胺酸钾的含量按式(11-7)进行计算,计算结果保留 2 位有效数字。

$$X = \frac{c \times V \times 1000}{m \times 1000}$$

（11-7）

式中:X——试样中乙酰磺胺酸钾的含量,mg/kg 或 mg/L;

　　c——由标准曲线上查得进样液中乙酰磺胺酸钾的量,μg/mL;

　　V——试样稀释液总体积,mL;

　　m——试样质量,g 或 mL。

11.1.3.4　说明和注意事项

①在重复条件下的 2 次独立测定结果的绝对差值不得超过算术平均值的 10%。

②本法适用于汽水、可乐型饮料、果汁、果茶等食品中乙酰磺氨酸钾的测定。

③本法也适用于糖精钠的测定,其检出限为乙酰磺氨酸钾、糖精钠各为 4 μg/mL(g),线性范围乙酰磺氨酸钾、糖精钠各为 4~20 μg/mL。

11.2　防腐剂的测定

食品防腐剂(Food Preservatives)是指一类加入食品中能防止食品腐败性变质,延长食品储存期的食品添加剂,其本质为具有抑制微生物增殖或杀死微生物的一类化合物。它兼有防止微生物繁殖引起食物中毒的作用,故又称为抗微生物剂或抗菌剂(Antimicrobal Agents)。使用防腐剂保藏食品即食品的化学保藏,是在食品中加入某些化学物质,来抑制或杀灭有害微生物,以此来保证食品质量。这种方法具有投资少、见效快、不需要特殊仪器设备、使用中一般不改变食品形态等优点而被广泛使用。

目前世界各国用于食品防腐的防腐剂种类很多,全世界 60 多种,美国允许使用的约 50 余种,日本 40 余种,我国约 30 余种。虽然食盐、糖、醋、酒、香辛料等,这些物质有史以来早就应用于食品防腐,也能起到抑制微生物的作用,但这些物质在正常情况下对人体无害,或毒性较小,通常被作为调味品对待。

防腐剂按来源可分为化学合成防腐剂和天然防腐剂。由于化学合成防腐剂使用方便、成本较低,传统的食品保藏主要使用化学合成防腐剂。常用的化学防腐剂主要有:苯甲酸类、山梨酸类、丙酸类、尼泊金酯类、脱氢醋酸和双乙酸钠等。

11.2.1　苯甲酸和山梨酸的测定

苯甲酸,又名安息香酸,分子式 $C_7H_6O_2$,相对分子质量为 122.12。苯甲酸为白色针状或鳞片状结晶或粉末,无臭或微带安息香的气味,味微甜而有收敛性。结构式为:

苯甲酸及其钠盐是各国允许使用而且历史比较悠久的食品防腐剂,安全性较高。但近年来有报道,苯甲酸及其钠盐有叠加中毒现象,过量食用可引起过敏性反应、痉挛、尿失禁等。由于对其安全性上有争议,因此其应用有减少趋势,且应用范围越来越窄。如欧共体儿童保护集团认为它不宜用于儿童食品中,在日本、新加坡等进口食品中的应用受到限制,甚至部分禁用。GB 2760—2014 规定,苯甲酸及苯甲酸钠的使用范围与最大使用量如下表11 -4 所示。苯甲酸和苯甲酸钠同时使用时,以苯甲酸计不得超过最大使用量。1 g 苯甲酸相当于 1.18 g 苯甲酸钠,1 g 苯甲酸钠相当于 0.847 g 苯甲酸。

表11 -4　苯甲酸及其钠盐的使用标准

使用范围	最大使用量(以苯甲酸计,g/kg)
风味冰、冰棍类、果酱(罐头除外)、腌渍的蔬菜、调味糖浆、醋、酱油、酱及酱制品、半固体复合调味料、液体复合调味料、果蔬汁(肉)饮料(包括发酵型产品等)、蛋白饮料类、风味饮料(包括果味饮料、乳味、茶味、咖啡味及其他味饮料等)、茶、咖啡、植物饮料类	1.0
蜜饯凉果	0.5
胶基糖果	1.5
除胶基糖果以外的其他糖果、果酒	0.8
复合调味料	0.6
浓缩果蔬汁(浆)(仅限食品工业用)	2.0
碳酸饮料、特殊用途饮料(包括运动饮料、营养素饮料等)	0.2
配制酒(仅限预调酒)	0.4

山梨酸的化学名称为 2,4 - 己二烯酸,又名花楸酸,分子式 $C_6H_8O_2$,相对分子质量为 112.13,结构式为:$CH_3—CH =CH—CH =CH—COOH$。山梨酸为无色针状结晶或白色结晶状粉末,无臭或稍带刺激性臭味。山梨酸是近年来各国普遍许可使用的安全性较高的防腐剂,可以说是迄今为止国际公认的最好的酸型防腐剂。GB 2760—2014,规定,山梨酸及其钾盐在熟肉制品、预制水产品(半成品)中的最大使用量为 0.075 g/kg;葡萄酒为 0.2 g/kg;配制酒为 0.4 g/kg;风味冰、冰棍类、经表面处理的鲜水果、蜜饯凉果、经表面处理的新鲜蔬菜、腌渍的蔬菜、加工食用菌和藻类、果冻、酱及酱制品、胶原蛋白肠衣、饮料类(包装饮用水类除外)等为 0.5 g/kg;果酒为 0.6 g/kg;干酪、氢化植物油、人造黄油及其类似制品(如黄油和人造黄油混合品)、果酱、腌渍的蔬菜(仅限即食笋干)、豆干再制品、新型豆制品(大豆蛋白膨化食品、大豆素肉等)、除胶基糖果以外的其他糖果、面包、糕点、焙烤食品馅料及表面用挂浆、调味糖浆、醋、酱油、熟制水产品(可直接食用)、其他水产品及其制品、复合调味料、乳酸菌饮料以及风干、烘干、压干等水产品为 1.0 g/kg;胶基糖果、其他杂粮制品(仅限杂粮灌肠制品)、方便米面制品(仅限米面灌肠制品)、肉灌肠类、蛋制品(改变其物理性状)为 1.5 g/kg;浓缩果蔬汁(浆)(仅限食品工业用)为 2.0 g/kg。山梨酸和山梨酸钾同时使用时,以山梨酸计,不得超过最大使用量。

由于苯甲酸和山梨酸难溶于水,使用不便,实际生产过程中多使用其盐类防腐剂。

苯甲酸和山梨酸的检测方法有气相色谱法、高效液相色谱法(同 11.1.1.1 中糖精钠的测定中高效液相色谱法)、薄层层析法等。

11.2.1.1　气相色谱法(GB/T 5009.29—2003 第一法)

(1)原理

样品酸化后,用乙醚提取山梨酸、苯甲酸,经浓缩后,经带氢火焰离子化检测器的气相色谱仪进行分离测定,用外标法与标准系列比较定量。

(2)试剂和仪器

乙醚:不含过氧化物;

石油醚:沸程 30 ~ 60℃;

盐酸溶液(1 + 1):取 100 mL 盐酸,加水稀释至 200 mL;

无水硫酸钠;

石油醚 + 乙醚(3 + 1)混合液;

氯化钠酸性溶液(40 g/L):于氯化钠溶液(40 g/L)中加少量盐酸溶液(1 + 1)酸化;

苯甲酸、山梨酸标准溶液:精密称取苯甲酸、山梨酸各 0.2000 g,置于 100 mL 容量瓶中,用石油醚 + 乙醚(3 + 1)混合溶剂溶解后定容,此溶液每毫升含 2 mg 苯甲酸或山梨酸;

苯甲酸、山梨酸标准使用液:吸取适量的山梨酸、苯甲酸标准溶液,以石油醚 + 乙醚(3 + 1)混合溶剂稀释至每毫升相当于 50、100、150、200、250 μg 苯甲酸或山梨酸。

气相色谱仪:带有氢火焰离子化检测器。

(3)分析步骤

①样品提取:称取 2.50 g 混合均匀的试样(如样品中含有二氧化碳,先加热除去),置于 25 mL 带塞量筒中,加 0.5 mL 盐酸(1 + 1)酸化,用 15、10 mL 乙醚提取两次,每次振摇 1 min,将上层乙醚提取液吸入另一个 25 mL 具塞量筒中,合并乙醚提取液。用 3 mL 氯化钠酸性溶液(40 g/L)洗涤两次,静置 15 min,用滴管将乙醚层通过无水硫酸钠滤入 25 mL 容量瓶中,加乙醚定容至刻度,混匀。准确吸取 5.0 mL 乙醚提取液于 5 mL 带塞刻度试管中,置 40℃的水浴上挥干,加入 2 mL 石油醚 + 乙醚(3 + 1)混合溶剂溶解残渣,备用。

②色谱条件:

a. 色谱柱:玻璃柱,内径 3 mm,长 2 m,内装涂以质量分数为 5% DEGS + 1% H₃PO₄ 固定液的 60 ~ 80 目 ChromosorbWAW。

b. 气体流速:载气为氮气,50 mL/min(氮气和空气、氢气之比按各仪器型号不同选择各自的最佳比例条件)。

c. 温度:进样口(气化温度)230℃;柱温 170℃;检测器 230℃。

③测定:进样 2 μL 标准系列中各浓度标准使用液于气相色谱仪中,可测得不同浓度山梨酸、苯甲酸的峰高,以浓度为横坐标,相应的峰高值为纵坐标,绘制标准曲线。同时进样 2 μL 试样溶液,测得峰高与标准曲线比较定量。样品中苯甲酸或山梨酸的含量按式

（11-8）进行计算,计算结果保留2位有效数字。

$$X = \frac{A \times 1000}{m \times \frac{5}{25} \times \frac{V_2}{V_1} \times 1000}$$
（11-8）

式中：X——样品中苯甲酸或山梨酸的含量,g/kg;

A——测定用样品液中苯甲酸或山梨酸的含量,μg;

V_1——样品提取液残留物定容的体积,mL;

V_2——进样体积,μL;

m——样品质量或体积,g 或 mL;

5/25——测定时吸收乙醚提取液的体积(mL)与样品乙醚提取液的总体积(mL)之比。

（4）说明和注意事项

①由测得的苯甲酸的量乘以1.18,即为样品中苯甲酸钠的含量;由测得的山梨酸的量乘以1.34,即为样品中山梨酸钾的含量。

②样品处理时酸化可使山梨酸钾、苯甲酸钠转化为山梨酸、苯甲酸。

③乙醚提取液应用无水硫酸钠充分脱水,进样溶液中含水会影响测定结果。

④山梨酸保留时间为2 min 53 s;苯甲酸保留时间为6 min 8 s。

⑤在重复性条件下获得的两次独立测定结果的绝对差值不得超过算术平均值的10%。

11.2.1.2　薄层色谱法（GB/T 5009.29—2003 第三法）

（1）原理

试样酸化后,用乙醚提取苯甲酸、山梨酸。将试样提取液浓缩,点样于聚酰胺薄层板上并展开。显色后,根据薄层板上苯甲酸、山梨酸的比移值与标准比较定性,并可进行概略定量。

（2）试剂和仪器

异丙醇;

正丁醇;

石油醚(沸程30~60℃);

乙醚:不含过氧化物;

氨水;

无水乙醇;

聚酰胺粉:200 目;

盐酸溶液(1+1):取 100 mL 盐酸,缓缓倾入水中并稀释至 200 mL;

氯化钠酸性溶液(40 g/L):于氯化钠溶液(40 g/L)中加入少量上述盐酸溶液酸化;

展开剂:正丁醇+氨水+无水乙醇(7+1+2)或异丙醇+氨水+无水乙醇(7+1+2);

山梨酸标准溶液:准确称取0.2000 g 山梨酸,用少量乙醇溶解后移入 100 mL 容量瓶中定容,此溶液山梨酸浓度为 2.0 mg/mL;

苯甲酸标准溶液:准确称取0.2000 g 苯甲酸,用少量乙醇溶解后移入 100 mL 容量瓶中

定容,此溶液苯甲酸浓度为 2.0 mg/mL;

显色剂:溴甲酚紫—乙醇(50%)溶液(0.4 g/L):称取溴甲酚紫 0.04 g 以乙醇溶液(1 + 1)溶解,用氢氧化钠溶液(4 g/L)调至 pH 值为 8,并用乙醇溶液(1 + 1)定容至刻度。

吹风机;层析缸;玻璃板:10 cm × 18 cm;微量注射器:10、100 μL;喷雾器。

(3)分析步骤

①样品提取:称取 2.50 g 混合均匀的试样,置于 25 mL 带塞量筒中,加 0.5 mL 盐酸(1 + 1)酸化,用 15、10 mL 乙醚提取两次,每次振摇 1 min,将上层乙醚提取液吸入另一个 25 mL 具塞量筒中,合并乙醚提取液。用 3 mL 氯化钠酸性溶液(40 g/L)洗涤两次,静置 15 min,用滴管将乙醚层通过无水硫酸钠滤入 25 mL 容量瓶中,加乙醚定容至刻度,混匀。吸取 10.0 mL 乙醚提取液分两次置于 10 mL 带塞离心管中,在约 40℃的水浴上挥干,加入 0.10 mL 乙醇溶解残渣,备用。

②样品测定:

a. 聚酰胺粉板的制备:称取 1.6 g 聚酰胺粉,加 0.4 g 可溶性淀粉,加约 15 mL 水,研磨 3 ~ 5 min,立刻倒入涂布器内制成 10 cm × 18 cm、厚度 0.3 mm 的薄层板两块,室温干燥后,于 80℃干燥 1 h,取出后置于干燥器中保存。

b. 点样:在薄层板下端 2 cm 的基线上,用微量注射器点 1 μL、2 μL 试样液,同时各点 1 μL、2 μL 山梨酸、苯甲酸标准溶液。

c. 展开与显色:将点样后的薄层板放入预先盛有展开剂(正丁醇 + 氨水 + 无水乙醇或异丙醇 + 氨水 + 无水乙醇)的展开槽内,周围贴有滤纸,带溶剂前沿上展至 10 cm,取出挥干,喷显色剂。斑点为黄色,背景为蓝色。试样中所含山梨酸、苯甲酸的量与标准斑点比较定量(山梨酸、苯甲酸的比移值 R_f 分别是 0.82、0.73)。样品中苯甲酸或山梨酸的含量用下式(11 – 9)进行计算。

$$X = \frac{A \times 1000}{m \times \frac{5}{25} \times \frac{V_2}{V_1} \times 1000} \tag{11 – 9}$$

式中:X——样品中苯甲酸或山梨酸的含量,g/kg;

A——测定用样品液中苯甲酸或山梨酸的含量,mg;

V_1——样品提取液残留物定容的体积,mL;

V_2——测定时点样的体积,mL;

m——样品质量,g;

5——测定时吸取乙醚提取液的体积,mL;

25——试样乙醚提取液的总体积,mL。

11.2.2　对羟基苯甲酸酯类的测定

对羟基苯甲酸酯又称为尼泊金酯,GB 2760—2014 允许使用的对羟基苯甲酸酯类及其钠盐为:对羟基苯甲酸甲酯钠、对羟基苯甲酸乙酯及其钠盐。对羟基苯甲酸甲酯钠分子式

$C_8H_7NaO_3$,相对分子质量为 174.12;对羟基苯甲酸乙酯分子式 $C_9H_{10}O_3$,相对分子质量为 166.18;对羟基苯甲酸乙酯钠分子式 $C_9H_9NaO_3$,相对分子质量为 188.16。其结构式如下:

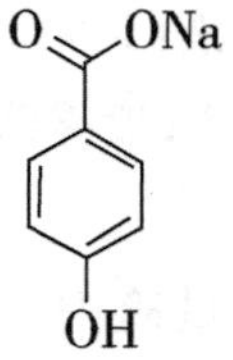

对羟基苯甲酸甲酯钠 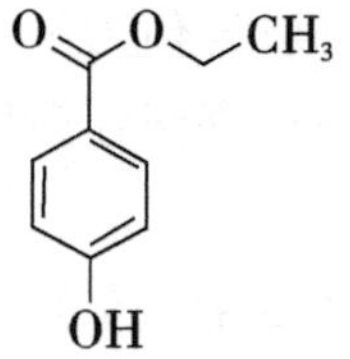　　　　　对羟基苯甲酸乙酯 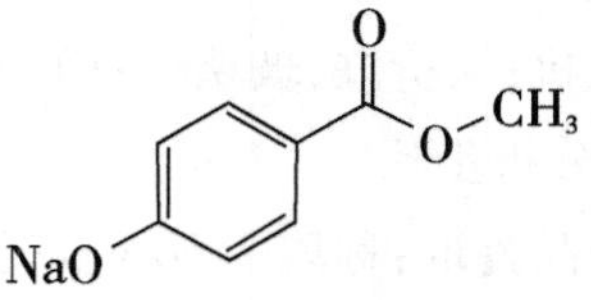　　　　　　对羟基苯甲酸乙酯钠

GB 2760 – 2014 规定对羟基苯甲酸酯类在食品中的使用范围与用量如下表 11 – 5 所示。

表 11 – 5　对羟基苯甲酸酯类的使用标准

使用范围	最大使用量（以对羟基苯甲酸计,g/kg）
经表面处理的鲜水果、经表面处理的新鲜蔬菜	0.012
热凝固蛋制品(如蛋黄酪、松花蛋肠)、碳酸饮料	0.2
果酱(罐头除外)、醋、酱油、酱及酱制品、蚝油、虾油、鱼露等、果蔬汁(肉)饮料(含发酵型产品)、风味饮料(包括果味饮料、乳味、茶味、咖啡味及其他味饮料等)(仅限果味饮料)	0.25
焙烤食品馅料及表面用挂浆(仅限糕点馅)	0.5

11.2.2.1　原理

试样酸化后,对羟基苯甲酸酯类用乙醚提取浓缩后,用具氢火焰离子化检测器的气相色谱仪进行分离测定,外标法定量。

11.2.2.2　试剂和仪器

乙醚:重蒸;

无水乙醇;

无水硫酸钠;

饱和氯化钠溶液;

1 g/100mL 碳酸氢钠溶液;

盐酸溶液(1 + 1):量取 50 mL 盐酸,加水稀释至 100 mL;

对羟基苯甲酸乙酯标准溶液:准确称取对羟基苯甲酸乙酯 0.050 g 溶于 50 mL 容量瓶中,用无水乙醇稀释至刻度,该溶液每毫升含相当于 1 mg 对羟基苯甲酸乙酯;

对羟基苯甲酸乙酯使用溶液:取适量的对羟基苯甲酸乙酯标准溶液,用无水乙醇分别稀释至每毫升相当于 50、100、200、400、600、800 μg 的对羟基苯甲酸乙酯。

气相色谱仪:带有氢火焰离子化检测器;KD 浓缩器。

11.2.2.3 分析步骤

（1）提取净化

酱油、醋、果汁：吸取 5 g 预先均匀化的试样于 125 mL 分液漏斗中，加入 1 mL 盐酸（1 +1）酸化，10 mL 饱和氯化钠溶液，摇匀，分别以 75、50、50 mL 乙醚提取三次，每次 2 min，放置片刻，弃去水层，合并乙醚层于 250 mL 分液漏斗中，加 10 mL 饱和氯化钠溶液洗涤一次，再分别以 1 g/100mL 碳酸氢钠溶液 30、30、30 mL 洗涤三次，弃去水层。用滤纸吸去漏斗颈部水分，塞上脱脂棉，加 10 g 无水硫酸钠于室温放置 30 min，在 KD 浓缩器上浓缩近干，用吹氮除去残留溶剂。用无水乙醇定容至每毫升含 1 mg 对羟基苯甲酸乙酯，供气相色谱用。

果酱：称取 5 g 事先均匀化的样品于 100 mL 具塞试管中，加入 1 mL 盐酸（1 +1）酸化，10 mL 饱和氯化钠溶液，摇匀，用 50、30、30 mL 乙醚提取三次，每次 2 min，用吸管转移乙醚至 250 mL 分液漏斗中，以下按上法操作。

（2）色谱条件

①色谱柱：玻璃柱，内径 3 mm，长 2.6 m，内涂以 3% SE – 30 固定液的 60 ~ 80 目 Chromosorb WAW DMC5，柱温 170℃，进样口 220℃，检测器 220℃。

②气流条件：氢气 50 mL/min，氮气 40 mL/min，空气 500 mL/min。

（3）测定

进样 1 μL 标准系列中各浓度标准使用液于气相色谱中，测定不同浓度对羟基苯甲酸乙酯的峰高。以浓度为横坐标，峰高为纵坐标绘制标准曲线。同时进样 1μL 样品溶液，测定峰高与标准曲线定量比较。样品中对羟基苯甲酸酯类含量用式（11 –10）进行计算，

$$X = \frac{A \times 1000}{m \times \dfrac{V_2}{V_1} \times 1000}$$ （11 – 10）

式中：X——样品中对羟基苯甲酸酯类的含量，g/kg；

　A——测定用样品液中对羟基苯甲酸酯类的含量，μg；

　V_1——样品制备液体积，mL；

　V_2——样品进样体积，μL；

　m——样品质量，g。

11.2.2.4 说明和注意事项

本方法适用于酱油、醋、水果汁及果酱中对羟基苯甲酸酯类的测定。

11.3 护色剂——亚硝酸盐与硝酸盐的测定

护色剂，也称发色剂、助色剂或固色剂、呈色剂，是指能与肉及肉制品中呈色物质作用，使之在食品加工、保藏等过程中不致分解、破坏，呈现良好色泽的物质。护色剂一般泛指硝酸盐和亚硝酸盐类物质，硝酸盐和亚硝酸盐本身并无着色能力，但当其应用于动物类食品

后,腌制过程中其产生的一氧化氮能使肌红蛋白或血红蛋白形成亚硝基肌红蛋白或亚硝基血红蛋白,从而使肉制品保持稳定的鲜红色。

亚硝酸盐在众多食品添加剂中是急性且毒性较强的物质之一,且近年来人们发现亚硝酸盐能与多种氨基化合物反应,产生致癌的 N – 亚硝基化合物,如亚硝胺等。但由于亚硝酸盐对肉类制品具有增强风味以及对肉毒梭菌具有抑制作用,目前国内外仍在继续使用,但都对其使用范围与使用量严格限制。GB 2760—2014 规定:亚硝酸盐可用于肉类制品和肉类罐头,最大使用量为 0.15 g/kg,用于肉罐头类残留量以亚硝酸钠计 ≤0 mg/kg,用于西式火腿类残留量以亚硝酸钠计 ≤70 mg/kg,其他肉制品残留量以亚硝酸钠计 ≤30 mg/kg;硝酸盐可用于肉类制品,但不得在肉类罐头中使用,最大使用量为 0.5 g/kg,残留量以亚硝酸钠计 ≤30 mg/kg。

11.3.1 离子色谱法(GB 5009.33—2010 第一法)

11.3.1.1 原理

试样经沉淀蛋白质、除去脂肪后,采取相应的方法提取和净化,以氢氧化钾溶液为淋洗液,阴离子交换柱分离,电导检测器检测。以保留时间定性,外标法定量。

11.3.1.2 试剂和仪器

超纯水:电阻率 >18.2 MΩ·cm;

乙酸;

氢氧化钾;

乙酸溶液(3%):量取乙酸 3 mL 于 100 mL 容量瓶中,以水稀释至刻度,混匀;

亚硝酸根离子(NO_2^-)标准溶液(100 mg/L,水基体);

硝酸根离子(NO_3^-)标准溶液(1000 mg/L,水基体);

亚硝酸盐(以 NO_2^- 计,下同)和硝酸盐(以 NO_3^- 计,下同)混合标准使用液:准确移取亚硝酸根离子(NO_2^-)和硝酸根离子(NO_3^-)的标准溶液各 1.0 mL 于 100 mL 容量瓶中,用水稀释至刻度,此溶液每 1 L 含亚硝酸根离子 1.0 mg 和硝酸根离子 10.0 mg。

离子色谱仪:包括电导检测仪,配有抑制器,高容量阴离子交换柱,50 μL 定量环;

食物粉碎机;

超声波清洗器;

天平:感量为 0.1 mg 和 1 mg;

离心机:转速 ≥10000 r/min,配 5 mL 或 10 mL 离心管;

0.22 μm 水性滤膜针头滤器;

净化柱:包括 C_{18} 柱、Ag 柱和 Na 柱或等效柱;

注射器:1.0 mL 和 2.5 mL。

所有的玻璃器皿使用前均需依次用 2 mol/L 氢氧化钾和水分别浸泡 4 h,然后用水冲洗 3～5 次,晾干备用。

11.3.1.3　分析步骤

（1）样品预处理

①新鲜蔬菜、水果：将样品用去离子水洗净，晾干后，取可食部切碎混匀。将切碎的样品用四分法取适量，用食品粉碎机制成匀浆备用。如需加水应记录加水量。

②肉类、蛋、水产及其制品：用四分法取适量或取全部，用食品粉碎机制成匀浆备用。

③乳粉、豆奶粉、婴儿配方奶粉等固体乳制品（不包括干酪）：将试样装入能够容纳 2 倍试样体积的带盖容器中，通过反复摇晃和颠覆容器使样品充分混匀直到使样品均一化。

④发酵乳、乳、炼乳及其他液体乳制品：通过搅拌或反复摇晃和颠覆容器使试样充分混匀。

⑤干酪：取适量的样品研磨成均匀的泥浆状。为避免水分损失，研磨过程中应避免产生过多的热量。

（2）提取

①水果、蔬菜、鱼类、肉类、蛋类及其制品等：称取试样匀浆 5 g（精确至 0.01 g，可适当调整试样的取样量，以下相同），以 80 mL 水洗入 100 mL 容量瓶中，超声提取 30 min，每隔 5 min 振摇一次，保持固相完全分散。于 75℃ 水浴中放置 5 min，取出放置至室温，加水稀释至刻度。溶液经滤纸过滤后，取部分溶液于 10000 r/min 离心 15 min，上清液备用。

②腌鱼类、腌肉类及其他腌制品：称取试样匀浆 2 g（精确至 0.01 g），以 80 mL 水洗入 100 mL 容量瓶中，超声提取 30 min，每隔 5 min 振摇一次，保持固相完全分散。于 75℃ 水浴中放置 5 min，取出放置至室温，加水稀释至刻度。溶液经滤纸过滤后，取部分溶液于 10000 r/min 离心 15 min，上清液备用。

③乳：称取试样 10 g（精确至 0.01 g），置于 100 mL 容量瓶中，加水 80mL，摇匀，超声 30 min，加入 3% 乙酸溶液 2 mL，于 4℃ 放置 20 min，取出放置至室温，加水稀释至刻度。溶液经滤纸过滤，取上清液备用。

④乳粉：称取试样 2.5 g（精确至 0.01 g），置于 100 mL 容量瓶中，加水 80 mL，摇匀，超声 30 min，加入 3% 乙酸溶液 2 mL，于 4℃ 放置 20 min，取出放置至室温，加水稀释至刻度。溶液经滤纸过滤，取上清液备用。

⑤取上述备用的上清液约 15 mL，通过 0.22 μm 的水性滤膜针头滤器、C_{18} 柱，弃去前面 3 mL（如果氯离子大于 100 mg/L，则需要依次通过针头滤器、C_{18} 柱、Ag 柱和 Na 柱，弃去前面 7 mL），收集后面洗脱液待测。

固相萃取柱使用前需进行活化，如使用 OnGuard Ⅱ RP 柱（1.0 mL）、OnGuard Ⅱ Ag 柱（1.0 mL）和 OnGuard Ⅱ Na 柱（1.0 mL），其活化过程为：OnGuard Ⅱ RP 柱（1.0 mL）使用前依次用 10 mL 甲醇、15 mL 水通过，静置活化 30 min。OnGuard Ⅱ Ag 柱（1.0 mL）和 OnGuard Ⅱ Na 柱（1.0 mL）用 10 mL 水通过，静置活化 30 min。

（3）参考色谱条件

①色谱柱：氢氧化物选择性，可兼容梯度洗脱的高容量阴离子交换 Dionex IonPac AS11

– HC 4 mm × 250 mm(带 IonPac AG11 – HC 型保护柱 4 mm × 50 mm),或性能相当的离子色谱柱。

②淋洗液:一般试样:氢氧化钾溶液,浓度为 6 ~ 70 mmol/L;洗脱梯度为 6 mmol/L 30 min,70 mmol/L 5 min,6 mmol/L 5 min,流速 1.0 mL/min;粉状婴幼儿配方食品:氢氧化钾溶液,浓度为 5 ~ 50 mmol/L;洗脱梯度为 5 mmol/L 33 min,50 mmol/L 5 min,5 mmol/L 5 min,流速 1.3 mL/min。

③抑制器:连续自动再生膜阴离子抑制器或等效抑制装置。

④检测器:电导检测器,检测池温度为 35℃。

⑤进样体积:50 μL(可根据试样中被测离子含量进行调整)。

(4)测定

①标准曲线绘制:移取亚硝酸盐和硝酸盐混合标准溶使用液,加水稀释,制成系列标准溶液,含亚硝酸根离子浓度为 0、0.02、0.04、0.06、0.08、0.10、0.15、0.20 mg/L;硝酸根离子浓度为 0、0.2、0.4、0.6、0.8、1.0、1.5、2.0 mg/L 的混合标准溶液,从低到高浓度依次进样。得到上述各浓度标准溶液的色谱图(如图 11 – 2)。以亚硝酸根离子或硝酸根离子的浓度(mg/L)为横坐标,以峰高(μS)或峰面积为纵坐标,绘制标准曲线或计算线性回归方程。

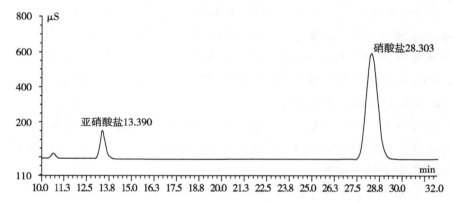

图 11 – 2　亚硝酸盐和硝酸盐混合标准溶液的色谱图

②样品测定:分别吸取空白和试样溶液 50 μL,在相同工作条件下,依次注入离子色谱仪中,记录色谱图。根据保留时间定性,分别测量空白和样品的峰高(μS)或峰面积。试样中亚硝酸盐(以 NO_2^- 计)或硝酸盐(以 NO_3^- 计)含量按式(11 – 11)计算。

$$X = \frac{(c - c_0) \times V \times f \times 1000}{m \times 1000} \qquad (11 – 11)$$

式中:X——试样中亚硝酸根离子或硝酸根离子的含量,mg/kg;

　　c——测定用试样溶液中的亚硝酸根离子或硝酸根离子浓度,mg/L;

　　c_0——试剂空白液中亚硝酸根离子或硝酸根离子的浓度,mg/L;

　　V——试样溶液体积,mL;

　　f——试样溶液稀释倍数;

　　m——试样取样量,g。

11.3.1.4　说明和注意事项

　　①试样中测得的亚硝酸根离子含量乘以换算系数 1.5,即得亚硝酸盐(按亚硝酸钠计)含量;试样中测得的硝酸根离子含量乘以换算系数 1.37,即得硝酸盐(按硝酸钠计)含量。

　　②以重复性条件下获得的两次独立测定结果的算术平均值表示,计算结果保留 2 位有效数字。

　　③在重复性条件下获得的 2 次独立测定结果的绝对值差不得超过算术平均值的 10%。

　　④本法亚硝酸盐和硝酸盐检出限分别为 0.2 mg/kg 和 0.4 mg/kg。

11.3.2　分光光度法(GB 5009.33—2010 第二法)

11.3.2.1　原理

　　亚硝酸盐采用盐酸萘乙二胺法测定,硝酸盐采用镉柱还原法测定。

　　试样经沉淀蛋白质、除去脂肪后,在弱酸条件下亚硝酸盐与对氨基苯磺酸重氮化后,再与盐酸萘乙二胺偶合形成红色染料,颜色的深浅与亚硝酸盐含量成正比。其最大吸收波长为 538 nm,可测定吸光度并与标准样品比较定量。采用镉柱将硝酸盐还原成亚硝酸盐,测得亚硝酸盐总量,由此总量减去亚硝酸盐含量,即得试样中硝酸盐含量。

11.3.2.2　试剂和仪器

　　锌皮或锌棒;

　　硫酸镉;

　　亚铁氰化钾溶液(106 g/L):称取 106.0 g 亚铁氰化钾($K_4Fe(CN)_6 \cdot 3H_2O$),用水溶解,并稀释至 1000 mL;

　　乙酸锌溶液(220 g/L):称取 220.0 g 乙酸锌($Zn(CH_3COO)_2 \cdot 2H_2O$),先加 30 mL 冰乙酸($CH_3COOH$)溶解,用水稀释至 1000 mL;

　　饱和硼砂溶液(50 g/L):称取 5.0 g 硼酸钠($Na_2B_4O_7 \cdot 10H_2O$),溶于 100 mL 热水中,冷却后备用;

　　氨缓冲溶液(pH 9.6～9.7):量取 30 mL 盐酸($\rho = 1.19$ g/mL),加 100 mL 水,混匀后加 65 mL 氨水(25%),再加水稀释至 1000 mL,混匀,调节 pH 至 9.6～9.7;

　　氨缓冲液的稀释液:量取氨缓冲溶液 50 mL,加水稀释至 500 mL,混匀;

　　盐酸(0.1 mol/L):量取 5 mL 盐酸,用水稀释至 600 mL;

　　对氨基苯磺酸溶液(4 g/L):称取 0.4 g 对氨基苯磺酸($C_6H_7NO_3S$),溶于 100 mL 20%(V/V)盐酸中,置棕色瓶中混匀,避光保存;

　　盐酸萘乙二胺溶液(2 g/L):称取 0.2 g 盐酸萘乙二胺($C_{12}H_{14}N_2 \cdot 2HCl$),溶于 100 mL 水中,混匀后,置棕色瓶中,避光保存;

　　亚硝酸钠标准溶液(200 μg/mL):准确称取 0.1000 g 于 110～120℃ 干燥恒重的亚硝酸钠($NaNO_2$),加水溶解移入 500 mL 容量瓶中,加水稀释至刻度,混匀;

　　亚硝酸钠标准使用液(5.0 μg/mL):临用前,吸取亚硝酸钠标准溶液 2.50 mL,置于

100 mL 容量瓶中,加水稀释至刻度;

硝酸钠标准溶液(200 μg/mL,以亚硝酸钠计):准确称取 0.1232 g 于 110~120℃ 干燥恒重的硝酸钠($NaNO_3$),加水溶解,移入 500 mL 容量瓶中,加水稀释至刻度;

硝酸钠标准使用液(5 μg/mL):临用前吸取硝酸钠标准溶液 2.50 mL,置于 100 mL 容量瓶中,加水稀释至刻度。

除非另有规定,本方法所用试剂均为分析纯。水为 GB/T 6682—2008 规定的二级水或去离子水。

镉柱的制备:

①海绵状镉的制备:投入足够的锌皮或锌棒于 500 mL 硫酸镉溶液(200 g/L)中,经过 3~4 h,当其中的镉全部被锌置换后,用玻璃棒轻轻刮下,取出残余锌棒,使镉沉底,倾去上层清夜,以水用倾泻法多次洗涤,然后移入组织捣碎机中,加 500 mL 水,捣碎约 2 s,用水将金属细粒洗至标准筛上,取 20~40 目之间的部分。

②镉柱的装填:如图 11-3 所示。用水装满镉柱玻璃管,并装入 2 cm 高的玻璃棉做垫,将玻璃棉压向柱底时,应将其中所包含的空气全部排出,在轻轻敲击下加入海绵状镉至 8~10 cm 高,上面用 1 cm 高的玻璃棉覆盖,上置一储液漏斗,末端要穿过橡皮塞与镉柱玻璃管紧密连接。如无上述镉柱玻璃管时,可用 25 mL 酸式滴定管代替。但过柱时要注意始终保持液面在镉层之上。

③镉柱的预处理:当镉柱装填好后,先用 25 mL 盐酸(0.1 mol/L)洗涤,再以水洗两次,每次 25 mL,镉柱不用时用水封盖,随时都要保持水平面在镉层之上,不得使镉层夹有气泡。且镉柱每次使用完毕后,都应用此方法进行处理。

④镉柱还原效率的测定:吸取 20 mL 硝酸钠标准使用液,加入 5 mL 氨缓冲液的稀释液,混匀后注入储液漏斗,使流经镉柱还原,以原烧杯收集流出液,当储液漏斗中的样液流完后,再加 5 mL 水置换柱内留存的样液。取 10.0 mL 还原后的溶液(相当于 10 μg 亚硝酸钠)于 50 mL 比色管中,以下按 11.3.2.3 分析步骤(4)亚硝酸盐的测定中自"吸取 0、0.20 mL、0.4 mL、0.60 mL、0.80 mL、1.00 mL……"起依法操作,根据标准曲线计算测得结果,与加入量一致,还原效率应大于 98% 为符合要求。还原效率按式(11-12)计算。

$$X = \frac{A}{10} \times 100\% \qquad (11-12)$$

式中:X——还原效率,%;

A——测得亚硝酸钠的含量,μg;

10——测定用溶液相当于亚硝酸钠的含量,μg。

其他仪器:天平(感量为 0.1mg 和 1mg)、组织捣碎机、超声波清洗器、恒温干燥、分光光度计等。

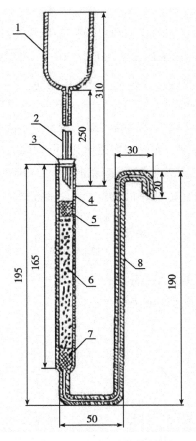

图 11 – 3　镉柱示意图

1—储液漏斗,内径 35mm,外径 37mm　2—进液毛细管,内径 0.4mm,外径 6mm　3—橡皮塞

4—镉柱玻璃管,内径 12mm,外径 16mm　5、7—玻璃棉　6—海绵状镉　8—出液毛细管,内径 2mm,外径 8mm。

注　图中所示尺寸单位为 mm。

11.3.2.3　分析步骤

(1)样品的预处理

方法同 11.3.1 离子色谱法中样品预处理方法。

(2)提取

称取 5 g(精确至 0.01 g)制成匀浆的样品(如制备过程中加水,应按加水量折算),置于 50 mL 烧杯中,加 12.5 mL 饱和硼砂溶液,搅拌均匀,以 70℃ 左右的水约 300 mL 将试样洗入 500 mL 容量瓶中,于沸水浴中加热 15 min,取出置冷水浴中冷却,并放置至室温。

(3)提取液净化

在振荡上述提取液时加入 5 mL 亚铁氰化钾溶液,摇匀,再加入 5 mL 乙酸锌溶液,以沉淀蛋白质。加水至刻度,摇匀,放置 30 min,用玻璃棒缠上脱脂棉伸进容量瓶里除去上层脂肪,上清液用滤纸过滤,弃去初滤液 30 mL,滤液备用。

（4）亚硝酸盐的测定

吸取 40.0 mL 上述滤液于 50 mL 带塞比色管中，另吸取 0 mL、0.20 mL、0.40 mL、0.60 mL、0.80 mL、1.00 mL、1.50 mL、2.00 mL、2.50mL 亚硝酸钠标准使用液（相当于0 μg、1.0 μg、2.0 μg、3.0 μg、4.0 μg、5.0 μg、7.5 μg、10.0 μg、12.5 μg 亚硝酸钠），分别置于 50 mL 带塞比色管中。于标准管与试样管中分别加入 2 mL 对氨基苯磺酸溶液，混匀，静置 3～5 min 后各加入 1 mL 盐酸萘乙二胺溶液，加水至刻度，混匀，静置 15 min，用 2 cm 比色管，以零管调节零点，于波长 538 nm 处测定吸光度，同时做试剂空白。以亚硝酸钠量（μg）为横坐标，与其对应的吸光度为纵坐标绘制标准曲线，与标准曲线比较定量样品中的亚硝酸盐含量。样品中的亚硝酸盐（以亚硝酸钠计）的含量按式（11－13）进行计算。

$$X_1 = \frac{A_1 \times 1000}{m \times \dfrac{V_1}{V_0} \times 1000} \qquad (11-13)$$

式中：X_1——试样中亚硝酸钠的含量，mg/kg；

A_1——测定用样液中亚硝酸钠的质量，μg；

m——试样质量，g；

V_1——测定用样液体积，mL；

V_0——试样处理液总体积，mL。

（5）硝酸盐的测定

①镉柱还原：先以 25 mL 稀氨缓冲液冲洗镉柱，流速控制在 3～5 mL/min（以滴定管代替的可控制在 2～3 mL/min）。吸取 20 mL 滤液于 50 mL 烧杯中，加 5 mL 氨缓冲溶液，混合后注入储液漏斗，使流经镉柱还原，以原烧杯收集流出液，当储液漏斗中的样液流完后，再加 5 mL 水置换柱内留存的样液。然后将全部收集液如前再经镉柱还原一次，第二次流出液收集于 100 mL 容量瓶中，继以水流经镉柱洗涤三次，每次 20 mL，洗液一并收集于同一容量瓶中，加水至刻度，混匀。

②亚硝酸钠总量的测定：吸取 10～20 mL 还原后的样液于 50mL 比色管中。以下按本法（4）亚硝酸盐的测定自"吸取 0 mL、0.20 mL、0.40 mL、0.60 mL、0.80 mL、1.00 mL……"依法操作。样品中硝酸盐（以硝酸钠计）的含量按式 11－14 进行计算。

$$X_2 = \left[\frac{A_2 \times 1000}{m \times \dfrac{V_2}{V_0} \times \dfrac{V_4}{V_3} \times 1000} - X_1 \right] \times 1.232 \qquad (11-14)$$

式中：X_2——试样中硝酸钠的含量，mg/kg；

A_2——经镉柱还原后测得总亚硝酸钠的质量，μg；

m——试样的质量，g；

1.232——亚硝酸钠换算成硝酸钠的系数；

V_2——测总亚硝酸钠的测定用样液体积，mL；

V_0——试样处理液总体积,mL;

V_3——经镉柱还原后样液总体积,mL;

V_4——经镉柱还原后样液的测定用体积,mL;

X_1——试样中亚硝酸钠的含量,mg/kg。

11.3.2.4 说明和注意事项

①在制取海绵镉和装填镉柱时最好在水中进行,勿使镉粒暴露于空气中以避免氧化。

②为保证硝酸盐测定结果准确,镉柱还原效率应当经常检查。如镉柱维护得当,使用一年效能尚无显著变化。

③两种显色剂的加入顺序不能颠倒,样品也不能在显色剂后加入,但当亚硝酸盐含量高时,过量的亚硝酸盐可以将偶氮化合物氧化变成黄色,而使红色消失,这时可以采用先加入试剂,然后滴加样液,从而避免亚硝酸盐过量。

④镉是有害元素,在制作海绵状镉或处理镉柱时,其废弃液中含有大量的镉,不能将其直接排入下水道,要经过处理之后再排放。另外,不要用手直接接触镉,一旦接触,应立即用水冲洗。

⑤以重复性条件下获得的两次独立测定结果的算术平均值表示,结果保留两位有效数字,在重复性条件下获得的两次独立测定结果的绝对差值不得超过算术平均值的10%。

⑥本法亚硝酸盐和硝酸盐检出限分别为 1 mg/kg 和 1.4 mg/kg。

11.4 漂白剂——亚硫酸盐及二氧化硫的测定

漂白剂是指能够破坏、抑制食品的发色因素,使其褪色或使食品免于褐变的物质。在食品生产加工中,为了使食品保持特有的色泽,常加入漂白剂。漂白剂按其作用机理可分为还原型和氧化型两类。目前,我国允许使用的漂白剂主要为还原型漂白剂,包括二氧化硫、亚硫酸盐类以及硫磺,其主要通过产生的二氧化硫的还原作用而使食品漂白。

二氧化硫、亚硫酸盐和硫磺,其本身并没有什么营养价值,也非食品中不可缺少成分,而且还有一定的腐蚀性,对人体健康也有一定影响,因此在食品中添加应加以限制。1994年 FAO/WHO 规定了亚硫酸盐的 ADI 值为 0~0.7 mg/kg(bw),并要求在控制使用量的同时还应严格控制 SO_2 的残留量。我国食品添加剂使用标准 GB 2760—2014 规定,二氧化硫及其盐类的使用范围及其最大使用量(g/kg,以二氧化硫残留量计)为:啤酒和麦芽饮料 0.01;食用淀粉 0.03;淀粉糖(果糖、葡萄糖、饴糖、部分转化糖等)0.04;经表面处理的鲜水果、蔬菜罐头(仅限竹笋、酸菜)、干制的食用菌和藻类、食用菌和藻类罐头(仅限蘑菇罐头)、坚果与籽类罐头、米粉制品(仅限水磨年糕)、冷冻米面制品(仅限风味派)、调味糖浆、半固体复合调味料以及果蔬汁(浆)、果蔬汁(肉)饮料(包括发酵型产品等)为 0.05(浓缩果蔬汁(浆)的最大使用量按浓缩倍数折算);水果干类、腌渍的蔬菜、可可制品、巧克力和巧克力制品(包括代可可脂巧克力及制品)以及糖果、粉丝、粉条、饼干、食糖 0.1;干制蔬菜、腐竹类(包括腐竹、油皮等)0.2;蜜饯凉果 0.35;干制蔬菜(仅限脱水马铃薯)0.4;葡萄酒、果酒 0.25 g/L,其中甜型葡萄酒及果酒系列产品为 0.4 g/L。硫磺在食品中的使用范围及最大使用量(g/kg,以二氧化硫残留量计,只限用于熏蒸)为:水果干类、粉丝、粉条、食糖 0.1;干制蔬菜 0.2;蜜饯凉果 0.35;经表面处理的鲜食用菌和藻类 0.4。

食品中二氧化硫残留量的测定,通常采用盐酸副玫瑰苯胺法(GB/T 5009.34—2003 第一法)和蒸馏法((GB/T 5009.34—2003 第二法)。

11.4.1 盐酸副玫瑰苯胺法

11.4.1.1 原理

亚硫酸盐与四氯汞钠反应生成稳定的络合物,再与甲醛及盐酸副玫瑰苯胺作用生成紫红色络合物,与标准系列比较定量。

11.4.1.2 试剂和仪器

试剂:

①四氯汞钠吸收液:称取 13.6 g 氯化高汞及 6.0 g 氯化钠,溶于水中并稀释至 1000 mL,放置过夜,过滤后备用。

②氨基磺酸铵溶液(12 g/L)。

③甲醛溶液(2 g/L):吸取 0.55 mL 无聚合沉淀的甲醛(36%),加水稀释至 100 mL,混匀。

④淀粉指示液:称取 1 g 可溶性淀粉,用少许水调成糊状,缓缓倾入 100 mL 沸水中,边加边搅拌,煮沸,放冷备用,此溶液临用时现配。

⑤亚铁氰化钾溶液:称取 10.6 g 亚铁氰化钾[$K_4Fe(CN)_6 \cdot H_2O$],加水溶解并稀释至 100 mL。

⑥乙酸锌溶液:称取 22 g 乙酸锌[$Zn(CH_3COO)_2 \cdot 2H_2O$]溶于少量水中,加入 3 mL 冰乙酸,加水稀释至 100 mL。

⑦盐酸副玫瑰苯胺溶液:称取 0.1 g 盐酸副玫瑰苯胺($C_{19}H_{18}N_2Cl \cdot 4H_2O$)于研钵中,加少量水研磨使溶解并稀释至 100 mL。取出 20 mL 置于 100 mL 容量瓶中,加盐酸(1+1),充分摇匀后使溶液由红变黄,如不变黄再滴加少量盐酸至出现黄色,再加水稀释至刻度,混匀备用(如无盐酸副玫瑰苯胺可用盐酸品红代替)。盐酸副玫瑰苯胺的精制方法:称取 20 g 盐酸副玫瑰苯胺于 400 mL 水中,用 50 mL 盐酸(1+5)酸化,徐徐搅拌,加 4~5 g 活性炭,加热煮沸 2 min,将混合物倒入大漏斗中,过滤(用保温漏斗趁热过滤)。滤液放置过夜,出现结晶,然后再用布氏漏斗抽滤,将结晶再悬浮于 1000 mL 乙醚 + 乙醇(10+1)的混合液中,振摇 3~5 min,以布氏漏斗抽滤,再用乙醚反复洗涤至醚层不带色为止,于硫酸干燥器中干燥,研细后储于棕色瓶中保存。

⑧碘溶液[$c(1/2I_2) = 0.100$ mol/L]。

⑨硫代硫酸钠标准溶液[$c(Na_2S_2O_3 \cdot 5H_2O) = 0.100$ mol/L]。

⑩二氧化硫标准溶液:称取 0.5 g 亚硫酸氢钠,溶于 200 mL 四氯汞钠吸收液中,放置过夜,上清液用定量滤纸过滤备用。吸取 10.0 mL 亚硫酸氢钠 – 四氯汞钠溶液于 250 mL 碘

量瓶中,加 100 mL 水,准确加入 20.00 mL 碘溶液(0.1 mol/L),5 mL 冰乙酸,摇匀,放置于暗处,2 min 后迅速以硫代硫酸钠(0.100 mol/L)标准溶液滴定至淡黄色,加 0.5 mL 淀粉指示液,继续滴至无色。另取 100 mL 水,准确加入碘溶液 20.0 mL(0.1 mol/L)、5 mL 冰乙酸,按同一方法做试剂空白试验。二氧化硫标准溶液的浓度按式(11 – 15)计算:

$$X = \frac{(V_2 - V_1) \times c \times 32.03}{10} \qquad (11-15)$$

式中:X——二氧化硫标准溶液浓度,mg/mL;

$\quad\quad V_1$——测定用亚硫酸氢钠 – 四氯汞钠溶液消耗硫代硫酸钠标准溶液体积,mL;

$\quad\quad V_2$——试剂空白消耗硫代硫酸钠标准溶液体积,mL;

$\quad\quad c$——硫代硫酸钠标准溶液的摩尔浓度,mol/mL;

32.03——每毫升硫代硫酸钠$[c(Na_2S_2O_3 \cdot 5H_2O) = 1.000\ mol/L]$标准溶液相当于二氧化硫的质量,mg。

⑪二氧化硫使用液:临用前将二氧化硫标准溶液以四氯汞钠吸收液稀释成每毫升相当于 2 μg 二氧化硫。

⑫氢氧化钠溶液(20 g/L)。

⑬硫酸(1 + 71)。

仪器:分光光度计以及实验室常用的玻璃仪器。

11.4.1.3　分析步骤

(1)样品预处理

①水溶性固体试样(如白砂糖等):称取约 10.00 g 均匀试样(取样量可视二氧化硫含量高低而定),以少量水溶解,置于 100 mL 容量瓶中,加入 4 mL 氢氧化钠溶液(20 g/L),5 min后加入 4 mL 硫酸(1 + 71),然后加入 20 mL 四氯汞钠吸收液,以水稀释至刻度。

②其他固体试样(如饼干、粉丝等):称取 5.0 ~ 10.0 g 研磨均匀的试样,以少量水湿润并移入 100 mL 容量瓶中,然后加入 20 mL 四氯汞钠吸收液,浸泡 4 h 以上,若上层溶液不澄清可加入亚铁氰化钾及乙酸锌溶液各 2.5 mL,然后用水稀释至刻度,过滤后备用。

③液体试样(如葡萄酒等):直接吸取 5.0 ~ 10.0 mL 试样,置于 100 mL 容量瓶中,以少量水稀释,加 20 mL 四氯汞钠吸收液,摇匀,最后加水至刻度,混匀,必要时过滤备用。

(2)测定

吸取 0.50 ~ 5.0 mL 上述试样处理液于 25 mL 带塞比色管中。另吸取 0 mL、0.20 mL、0.40 mL、0.60 mL、0.80 mL、1.00 mL、1.50 mL、2.00 mL 二氧化硫标准使用液(相当于 0 μg、0.4 μg、0.8 μg、1.2 μg、1.6 μg、2.0 μg、3.0 μg、4.0 μg 二氧化硫),分别置于 25 mL 带塞比色管中。于试样及标准管中各加入四氯汞钠吸收液至 10 mL,然后再加入 1 mL 氨基磺酸铵溶液(12 g/L)、1 mL 甲醛溶液(2 g/L)及 1 mL 盐酸副玫瑰苯胺溶液,摇匀,放置 20 min。用 1 cm 比色杯,以零管调节零点,于波长 550 nm 处测定吸光度,绘制标准曲线比较。试样中二氧化硫的含量按式(11 – 16)进行计算,计算结果表示到 3 位有效数字。

$$X = \frac{A \times 1000}{m \times \dfrac{V}{100} \times 1000 \times 1000}$$

$$(11-16)$$

式中:X——试样中二氧化硫的含量,g/kg;

A——测定用样液中二氧化硫的质量,μg;

m——试样质量,g;

V——定用样液的体积,mL。

11.4.1.4 说明和注意事项

①在重复性条件下获得的两次独立测定结果的绝对差值不得超过 10% 。

②本方法最低检出浓度为 1 mg/kg。

③亚硫酸和食品中的醛(乙醛等)、酮(酮戊二酸、丙酮酸)和糖(葡萄糖、果糖、甘露糖)相结合,以结合型的亚硫酸存在于食品中。加碱是将糖中的二氧化硫释放出来,加硫酸是为了中和碱,这是因为总的显色反应是在微酸性条件下进行的。

④显色时间对显色有影响,所以在显色时要严格控制显色时间。

⑤如无盐酸副玫瑰苯胺可用盐酸品红代替。

⑥亚硝酸对本法有干扰,加入氨基磺酸铵使亚硝酸分解,消除干扰。

⑦氯化高汞有毒,使用时应注意。

11.4.2 蒸馏法

11.4.2.1 原理

在密闭容器中对试样进行酸化并加热蒸馏,以释放出其中的二氧化硫,释放物用乙酸铅溶液吸收。吸收后用浓酸酸化,再以碘标准溶液滴定,根据所消耗的碘标准溶液量计算出试样中的二氧化硫含量。本法适用于色酒及葡萄糖糖浆、果脯等二氧化硫含量的测定。

11.4.2.2 试剂和仪器

盐酸(1+1):浓盐酸用水稀释 1 倍;乙酸铅溶液(20 g/L):称取 2 g 乙酸铅,溶于少量水并稀释至 100 mL;碘标准溶液$[c(1/2I_2) = 0.010 \text{ mol/L}]$:将碘标准溶液(0.100 mol/L)用水稀释 10 倍;淀粉指示剂(10 g/L):称取 1 g 可溶性淀粉,用少许水调成糊状,缓缓倾入100 mL 沸水中,边加边搅拌,煮沸 2 min 放冷,备用,此溶液应现用现配。

全玻璃蒸馏器;碘量瓶;酸式滴定管。

11.4.2.3 分析步骤

(1)试样处理

固体试样用刀切或剪刀剪成碎末后混匀,准确称取约 5.00 g 均匀试样(取样量可视二氧化硫含量高低而定)。液体试样可直接吸取 5.0 ~ 10.0 mL 试样,置于 500 mL 圆底蒸馏烧瓶中。

(2)测定

①蒸馏:将称好的试样置于圆底蒸馏烧瓶中,加入 250 mL 水,装上冷凝装置,冷凝管下

端应插入碘量瓶中的 25 mL 乙酸铅(20 g/L)吸收液中,然后在蒸馏瓶中加入 10 mL 盐酸(1 +1),立即盖塞,加热蒸馏。当蒸馏液约 200 mL 时,使冷凝管下端离开液面,再蒸馏 1 min。用少量蒸馏水冲洗插入乙酸铅溶液的装置部分。在检测试样的同时要做空白试验。

②滴定:向取下的碘量瓶中依次加入 10 mL 浓盐酸、1 mL 淀粉指示液(10 g/L)。摇匀之后用碘标准滴定溶液(0.010 mol/L)滴定至变蓝且在 30 s 内不褪色为止。试样中二氧化硫总含量按式 11 – 17 进行计算。

$$X = \frac{(A - B) \times 0.01 \times 0.032 \times 1000}{m} \tag{11 – 17}$$

式中:X——试样中二氧化硫总含量,g/kg;

　　　A——滴定试样所用碘标准滴定溶液(0.01 mol/L)的体积,mL;

　　　B——测定试剂空白所用碘标准滴定溶液(0.01 mol/L)的体积,mL;

　　　m——试样质量,g;

　0.032——1 mL 碘标准溶液[$c(1/2I_2) = 1.000$ mol/L]相当的二氧化硫的质量,g。

11.5　合成着色剂的测定

着色剂又称为食用色素,是指赋予食品色泽和改善食品色泽的物质。色素按来源可分为食用天然色素和人工合成色素。食用天然色素是指天然食物中的色素物质,包括动物色素、植物色素、微生物色素及无机色素,具有来源丰富、安全性高等优点,但其稳定性差、着色力较弱,成分复杂且成本高。食用合成色素主要指用人工化学合成方法所制得的有机化合物。合成色素由于有着色力强、色泽鲜艳、稳定性好、用量较少、易于溶解和拼色、坚牢度大、使用方便以及成本低廉等一系列优点,曾一度被广泛应用。但随着毒理学和分析技术的不断发展,合成色素的安全性受到挑战,各国对合成着色剂的使用品种、质量和使用范围上均有明确、严格的限制性规定,各国实际使用的合成着色剂品种数正在逐渐减少,10 种左右。目前我国允许使用的合成色素主要有:苋菜红、胭脂红、赤藓红、新红、柠檬黄、日落黄、亮蓝、靛蓝、诱惑红以及它们各自的色淀,此外还有酸性红、喹啉黄等。

11.5.1　高效液相色谱法

11.5.1.1　原理

食品中人工合成着色剂用聚酰胺吸附法或液 – 液分配法提取,制成水溶液,注入高效液相色谱仪,经反相色谱分离,根据保留时间定性和峰面积比较进行定量。

11.5.1.2　试剂和仪器

正己烷;

盐酸;

乙酸;

甲醇:经 0.5 μm 滤膜过滤;

聚酰胺粉(尼龙 6);

过 200 目筛;

0.02 mol/L 乙酸铵溶液:称取 1.54 g 乙酸铵,加水溶解至 1000 mL,经 0.45 μm 滤膜过滤;

氨水:量取氨水 2 mL,加水至 100 mL 混匀;

0.02 mol/L 氨水 + 乙酸铵溶液:取氨水 0.5 mL,加 0.02 mol/L 乙酸铵溶液至 1000 mL;

甲醇 + 甲酸溶液:量取甲醇 60 mL、甲酸 40 mL,混匀;

柠檬酸溶液:称取 20 g 柠檬酸($C_6H_8O_7 \cdot H_2O$),加水至 100 mL,溶解混匀;

无水乙醇 + 氨水 + 水(7 + 2 + 1)溶液:量取无水乙醇 70 mL、氨水 20 mL、水 10 mL,混匀备用;

5% 三正辛胺正丁醇溶液:量取三正辛胺 5 mL,加正丁醇至 100 mL,混匀备用;

饱和硫酸钠溶液;

0.2% 硫酸钠溶液;

pH 值为 6 的水:无离子水加柠檬酸溶液调 pH 值为 6;

合成着色剂标准溶液:准确称取按其纯度折算为 100% 质量的柠檬黄、日落黄、苋菜红、胭脂红、新红、赤藓红、亮蓝、靛蓝各 0.100 g 置于 100 mL 容量瓶中,加 pH 值为 6 的水到刻度,配成浓度为 1.00 mg/mL 的着色剂水溶液;

合成着色剂标准使用液:使用前将上述溶液加水稀释 20 倍,经 0.45 μm 滤膜过滤,配成合成着色剂浓度为 50.0 μg/mL 的标准使用液;

高效液相色谱仪:带紫外检测器以及实验室常用的玻璃仪器。

11.5.1.3 分析步骤

(1)样品处理

①橘子汁、果味水、果子露汽水等:称取 20.0 ~ 40.0 g,放入 100 mL 烧杯中,含二氧化碳试样应加热除去二氧化碳。

②配制酒类:称取 20.0 ~ 40.0 g,放入 100 mL 烧杯中,加小碎瓷片数片,加热除去。

③硬糖、蜜饯类、淀粉软糖等:准确称取 5.00 ~ 10.00 g 粉碎样品,放入 100 mL 烧杯中,加水 30 mL,温热溶解,若试样溶液 pH 值较高,用柠檬酸溶液调 pH 值到 6 左右。

④巧克力豆及着色糖衣制品:准确称取 5.00 ~ 10.00 g 放入 100 mL 小烧杯中,用水反复洗涤色素,到试样无色素为止,合并色素漂洗液为试样溶液。

(2)色素提取

①聚酰胺吸附法:试样溶液加柠檬酸溶液调节 pH 值到 6,加热至 60℃,将 1 g 聚酰胺粉加少许水调成糊状,倒入试样溶液中,搅拌片刻,以 G3 垂融漏斗抽滤,用 60℃ pH 值为 4 的水洗涤 3 ~ 5 次,然后用甲醇 + 甲酸混合液洗涤 3 ~ 5 次(含赤藓红的试样用液 + 液分配法处理),再用水洗至中性,用乙醇 + 氨水 + 水混合溶液解吸 3 ~ 5 次,每次 5 mL,收集解吸液,加乙酸中和,蒸发至近干,加水溶解,定容至 5 mL。经 0.45 μm 滤膜过滤,取 10 μL 用高效液相色谱仪分析。

②液－液分配法(适合于含赤藓红的试样):将制备好的试样溶液放入分液漏斗中,加2 mL 盐酸、5% 三正辛胺正丁醇溶液 10～20 mL,振摇提取,分取有机相,重复提取至有机相无色,合并有机相,用饱和硫酸钠溶液洗涤 2 次,每次 10 mL。分取有机相,放蒸发皿中,水浴加热浓缩至 10 mL,转移至分液漏斗中,加 60 mL 正己烷,混匀后加氨水提取 2～3 次,每次 5 mL,合并氨水溶液层(含水溶性酸性色素),用正己烷洗 2 次,氨水层加乙酸调成中性,水浴加热蒸发至近干,加水定容至 5 mL。经滤膜 0. 45 μm 过滤,取 10 μL 用高效液相色谱仪分析。

(3)高效液相色谱检测样品参考条件

①柱:YWG － C$_{18}$,10 μm 不锈钢柱,4. 6 mm ×250 mm。

②流动相:甲醇 + 乙酸铵溶液(pH 值为 4. 0,0. 02 mol/L)。

③梯度洗脱:甲醇:20%～35%,3%/min;35%～98%,9%/min;98% 继续 6 min。

④流速:1 mL/min。

⑤紫外检测器检测波长:254 nm。

(4)样品测定

取相同体积样液和合成着色剂标准使用液分别注入高效液相色谱仪,根据保留时间定性,外标峰面积法定量。试样中着色剂含量按式 11 –18 进行计算,计算结果保留 2 位有效数字。

$$X = \frac{A \times 1000}{m \times \dfrac{V_2}{V_1} \times 1000 \times 1000} \tag{11 –18}$$

式中:X——试样中着色剂的含量,g/kg;

  A——样液中着色剂的质量,μg;

  V$_2$——进样体积,mL;

  V$_1$——试样稀释总体积,mL;

  m——试样质量,g。

11. 5. 1. 4　说明和注意事项

①本法的检出限为:新红 5 ng、柠檬黄 4 ng、苋菜红 6 ng、胭脂红 8 ng、日落黄 7 ng、赤藓红 18 ng、亮蓝 26 ng,当进样量相当 0. 025 g 时,以上各着色剂最低检出浓度分别为0. 2 mg/kg;16 mg/kg;0. 24 mg/kg;0. 32 mg/kg;0. 28 mg/kg;0. 72 mg/kg;1. 04 mg/kg。

②精密度要求:在重复条件下获得的两次独立测定结果的绝对差值不得超过算术平均值的 10% 。

③8 种着色剂色谱分离图如下图 11 –4 所示。

④用聚酰胺吸附法提取色素,洗涤时要用 pH ＝4 的热水是因为聚酰胺在酸性(pH 4～6)条件下对合成色素吸附力强,吸附完全。

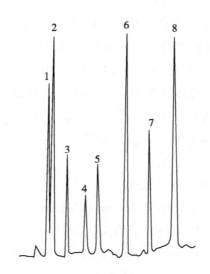

图 11 - 4　8 种食用着色剂色谱分离图

1—新红　2—柠檬红　3—苋菜红　4—靛蓝　5—胭脂红　6—日落红　7—亮蓝　8—赤藓红

11.5.2　薄层色谱法

11.5.2.1　原理

样品经处理后,水溶性酸性合成着色剂在酸性条件下被聚酰胺吸附,而在碱性条件下解吸附,再用纸色谱法或薄层色谱法进行分离,与标准样品比较定性、定量。

11.5.2.2　试剂和仪器

石油醚:沸程 60 ~ 90℃;

甲醇;

聚酰胺粉(尼龙 6):200 目;

硅胶 G;

硫酸:(1 + 10);

甲醇 + 甲酸溶液:(6 + 4);

氢氧化钠溶液(50 g/L);

50% 乙醇;

盐酸溶液(1 + 10);

柠檬酸溶液(200 g/L);

钨酸钠溶液(100 g/L);

海砂:先用盐酸溶液(1 + 10)煮沸 15 min,用水洗至中性,再用氢氧化钠溶液(50 g/L)煮沸 15 min,用水洗至中性,于 105℃ 干燥,储于具玻璃塞的瓶中备用;

乙醇 - 氨溶液:取 1 mL 氨水,加 70% 乙醇至 100 mL;

pH 6 的水:用 20% 柠檬酸溶液调节水的 pH 值为 6;

碎瓷片:处理方法与处理海砂方法相同;

合成着色剂溶液:准确称取纯度为 100% 的各种着色剂 0.1000 g,分别置于 100 mL 容量瓶中,加 pH 值为 6 的水定容,配成浓度为 1.0 mg/mL 的标准溶液;

着色剂标准使用液:临用时准确吸取色素标准溶液各 5.0 mL,分别置于 50 mL 容量瓶中,加 pH 值为 6 的水稀释至刻度。此溶液着色剂浓度为 0.10 mg/mL。

展开剂如下 6 种:

①正丁醇 + 无水乙醇 + 1% 的氨水(6 + 2 + 3):供纸色谱用;

②正丁醇 + 吡啶 + 1% 的氨水(6 + 3 + 4):供纸色谱用;

③甲乙酮 + 丙酮 + 水(7 + 3 + 3):供纸色谱用;

④甲醇 + 乙二胺 + 氨水(10 + 3 + 2):供薄层色谱用;

⑤甲醇 + 氨水 + 乙醇(5 + 1 + 10):供薄层色谱用;

⑥柠檬酸钠溶液(25 g/L) + 氨水 + 乙醇(8 + 1 + 2):供薄层色谱用。

可见光分光光度计;展开槽:25 cm × 6 cm × 4 cm;层析缸;水泵;玻璃板(5 cm × 20 cm);滤纸:中速滤纸,纸色谱用;血色素吸管或微量注射器;电吹风机以及常用的玻璃仪器。

11.5.2.3　分析步骤

(1)试样处理

①果味水、果子露、汽水:称取 50.0 g 试样于 100 mL 烧杯中。汽水需加热驱除二氧化碳。

②配制酒:称取 100.0 g 样品于 200 mL 烧杯中,加碎瓷片数块,加热驱除乙醇。

③硬糖、蜜饯类、淀粉软糖:称取 5.00 g 或 10.0 g 粉碎的样品,加 30 mL 水,温热溶解。若样液 pH 值较高,用柠檬酸溶液(200 g/L),调至 pH 4 左右。

④奶糖:称取 10.0 g 粉碎均匀的试样,加 30 mL 乙醇 - 氨溶液溶解,置水浴上浓缩至约 20 mL,立即用硫酸(1 + 10)溶液调至微酸性,再加 1.0 mL 硫酸(1 + 10)溶液,加 1 mL 钨酸钠溶液(100 g/L),使蛋白质沉淀,过滤,用少量水洗涤,收集滤液。

⑤蛋糕类:称取 10.0 g 粉碎均匀的试样,加海砂少许,用电吹风吹干样品(用手摸已干燥即可),加入 30 mL 石油醚搅拌。放置片刻,倾出石油醚,如此重复处理三次,以除去脂肪,吹干后研细,全部倒入 G3 垂融漏斗或普通漏斗中,用乙醇 + 氨溶液提取色素,直至着色剂全部提完,置水浴上浓缩至约 20 mL,立即用硫酸(1 + 10)溶液调至微酸性,再加 1.0 mL 硫酸(1 + 10)溶液,加 1 mL 钨酸钠溶液(100 g/L),使蛋白质沉淀,过滤,用少量水洗涤,收集滤液。

(2)样品吸附分离

将处理后所得的溶液加热至 70℃,加入 0.5 ~ 1.0 g 聚酰胺粉充分搅拌,用柠檬酸溶液(200 g/L)调 pH 值为 4,使着色剂完全被吸附,如溶液还有颜色,可以再加一些聚酰胺粉。将吸附着色剂的聚酰胺全部转入 G3 垂融漏斗中过滤(如用 G3 垂融漏斗过滤可以用水泵慢慢地抽滤)。用 pH 4 的 70℃ 水反复洗涤,每次 20 mL,边洗边搅拌,若含有天然着色剂,再用甲醇＋甲酸溶液洗涤 1～3 次,每次 20 mL,至洗液无色为止。再用 70℃ 水多次洗涤至流出的溶液为中性。洗涤过程中应充分搅拌。然后用乙醇－氨溶液分次解吸全部着色剂,收集全部解吸液,于水浴上驱氨。如果为单色,则用水准确稀释至 50 mL,用分光光度计进行测定。如果为多种着色剂混合液,则进行纸色谱或薄层色谱法分离后测定,即将上述溶液置水浴上浓缩至 2 mL 后移入 5 mL 容量瓶中,用 50% 乙醇洗涤容器,洗液并入容量瓶中并定容。

（3）着色剂的定性

①纸色谱定性着色剂:按层析缸大小裁剪一定规格的滤纸条,在距底边 2 cm 的起始线上分别点 3～10 μL 试样溶液,1～2 μL 着色剂标准溶液,挂于分别盛有:正丁醇＋无水乙醇＋氨水、正丁醇＋吡啶＋氨水展开剂的层析缸中,用上行法展开,等溶剂前沿展至 15 cm 处,将滤纸取出于空气中晾干,与标准斑比较定性。

也可取 0.5 mL 样液,在起始线上从左到右点成条状,纸的左边点着色剂标准溶液,依次展开,晾干后先定性再供定量用。靛蓝在碱性条件下易褪色,可用甲乙酮＋丙酮＋水展开剂。

②薄层色谱定性着色剂:

薄层板的制备:称取 1.6 g 聚酰胺粉,0.4 g 可溶性淀粉及 2 g 硅胶 G;置于合适的研钵中,加 15 mL 水研匀后,立即置于玻璃板中均匀涂布铺成 0.3 mm 的薄板。在室温晾干后,于 80℃ 干燥 1 h,置于干燥器中备用。

点样:点样前对玻璃板进行整修。然后离板底边 2 cm 处将 0.5 mL 样液从左到右点成与底边平行的条状,板的左边点 2 μL 色素标准溶液。

展开:苋菜红与胭脂红用甲醇＋乙二胺＋氨水展开剂;靛蓝与亮蓝用甲醇＋氨水＋乙醇展开剂;柠檬黄与其他着色剂用柠檬酸钠＋氨水＋乙醇展开剂。取适量展开剂倒入展开槽中,将薄层板放入展开,等着色剂明显分开后取出晾干,与标准斑比较,R_f 值相同的即为同一色素。

（4）着色剂的定量测定

①样品测定:将纸色谱中的条状色斑剪下,用少量热水洗涤数次,合并洗液移入 10 mL 比色管中,并加水稀释至刻度,作比色测定用。将薄层色谱的条状色斑包括有扩散的部分,分别用刮刀刮下,移入漏斗中,用乙醇＋氨溶液解吸着色剂,少量反复多次解吸,解吸液并入蒸发皿中,于水浴上挥去氨,移入 10 mL 比色管中,加水至刻度,作比色用。

②标准曲线绘制:分别准确吸取 0 mL、0.5 mL、1.0 mL、2.0 mL、3.0 mL、4.0 mL 胭脂红、苋菜红、柠檬黄、日落黄色素标准使用溶液,或 0 mL、0.2 mL 、0.6 mL、0.8 mL、1.0 mL 亮蓝、靛蓝色素标准使用溶液,分别置于 10 mL 比色管中,各加水稀释至刻度。

上述试样与标准管分别用 1 cm 比色杯,以零管调节零点,于一定波长下（胭脂红 510 nm,苋菜红 520 nm,柠檬黄 430 nm,日落黄 482 nm,亮蓝 627 nm,靛蓝 620 nm）,测定吸光度,分别绘制标准曲线,与标准曲线比较,计算样品着色剂含量。样品中着色剂含量按式

(11 – 19)进行计算,结果保留 2 位有效数字。

$$X = \frac{A \times 1000}{m \times \dfrac{V_2}{V_1} \times 1000} \qquad (11 - 19)$$

式中:X——样品中着色剂的含量,g/kg;

$\quad A$——测定用样液色素含量,mg;

$\quad m$——试样质量或体积,g 或 mL;

$\quad V_1$——试样解吸后总体积,mL;

$\quad V_2$——样液点板(纸)的体积,mL。

11.6　抗氧化剂的测定

抗氧化剂是指能防止或延缓油脂或食品成分氧化分解、变质,提高食品稳定性的物质。在食品的变质中,除微生物作用导致食品腐败变质外,氧化也是导致食品品质变劣的重要因素之一。特别是对于油脂或含油食品来说更是如此。因此,食品中往往需要添加抗氧化剂来防止氧化。

抗氧化剂按来源可分为人工合成抗氧化剂、天然抗氧化剂两类。常用的人工合成抗氧化剂主要有丁基羟基茴香醚(BHA)、二丁基羟基甲苯(BHT)、没食子酸丙酯(PG)与特丁基对苯二酚(TBHQ),其主要用于脂肪,油和乳化脂肪制品、基本不含水的脂肪和油、熟制坚果与籽类(仅限油炸坚果与籽类)、坚果与籽类罐头、油炸面制品、即食谷物、方便米面制品、饼干、腌腊肉制品类、水产品(风干、烘干、压干)、膨化食品等,BHA、BHT 与 TBHQ 的最大使用量为 0.2 g/kg(以油脂中的含量计,下同),PG 的最大使用量 0.1g/kg;BHA、PG 用于胶基糖果的最大使用量为 0.4 g/kg。

11.6.1　气相色谱法测定 BHA、BHT 与 TBHQ

11.6.1.1　原理

样品中的抗氧化剂用有机溶剂提取、凝胶渗透色谱净化系统(GPC)净化后,用气相色谱氢火焰离子化检测器检测,采用保留时间定性,外标法定量。

11.6.1.2　试剂和仪器

环己烷;

乙酸乙酯;

石油醚:沸程 30 ~ 60℃(重蒸);

乙腈;

丙酮;

BHA 标准品:纯度≥99.0%, – 18℃冷冻储藏;

BHT 标准品:纯度≥99.3%, – 18℃冷冻储藏;

TBHQ 标准品:纯度≥99.0%, – 18℃冷冻储藏;

BHA、BHT、TBHQ 标准储备液：准确称取 BHA、BHT、TBHQ 标准品各 50 mg（精确至 0.1 mg），用乙酸乙酯 + 环乙烷（1 + 1）定容至 50 mL，配制成 1 mg/mL 的储备液，于 4℃冰箱中避光保存；

BHA、BHT、TBHQ 标准使用液：吸取标准储备液 0.1、0.5、1.0、2.0、3.0、4.0、5.0 mL，于一组 10 mL 容量瓶中，用乙酸乙酯 + 环乙烷（1 + 1）定容，此标准系列的浓度为 0.01、0.05、0.1、0.2、0.3、0.4、0.5mg/mL，现用现配。

气相色谱仪（GC）：带氢火焰离子化检测器（FID）；

凝胶渗透色谱净化系统（GPC），或可进行脱脂的等效分离装置；

旋转蒸发仪；

漩涡混合器；

粉碎机；

微孔过滤器：孔径 0.45 μm，有机溶剂型滤膜；

玻璃器皿。

11.6.1.3　分析步骤

（1）试样制备

取同一批次 3 个完整独立包装样品（固体样品不少于 200 g，液体样品不少于 200 mL），固体或半固体样品粉碎混匀，液体样品混合均匀，然后用对角线法取四分之二或六分之二，或根据试样情况取有代表性试样，放置广口瓶内保存待用。

（2）试样处理

①油脂样品：混合均匀的油脂样品，过 0.45 μmL 滤膜备用。

②油脂含量较高或中等的样品（油脂含量 15% 以上的样品）：根据样品中油脂的实际含量，称取 50～100 g 混合均匀的样品，置于 250 mL 具塞锥形瓶中，加入适量石油醚，使样品完全浸没，放置过夜，用快速滤纸过滤后，减压回收溶剂，得到的油脂试样过 0.45 μm 滤膜备用。

③油脂含量少的样品（油脂含量 15% 以下的样品）和不含油脂的样品（如口香糖等）：称取 1～2 g 粉碎并混合均匀的样品，加入 10 mL 乙腈，涡旋混合 2 min，过滤，如此重复三次，将收集滤液旋转蒸发至近干，用乙腈定容至 2 mL，过 0.45 μmL 滤膜，直接进气相色谱仪分析。

（3）净化

准确称取备用的油脂试样 0.5 g（精确至 0.1 mg），用乙酸乙酯 + 环乙烷（1 + 1）定容至 10.0 mL，涡旋混合 2 min，经凝胶渗透色谱装置净化，收集流出液，旋转蒸发浓缩至近干，用乙酸乙酯 + 环乙烷（1 + 1）定容至 2 mL，进气相色谱仪分析。

凝胶渗透色谱分离参考条件如下：凝胶渗透色谱柱：300 mm × 25 mm 玻璃柱，Bio Beads（S − X3），200～400 目，25 g；柱分离度：玉米油与抗氧化剂（BHA、BHT 和 TBHQ）的分离度 >85%；流动相：乙酸乙酯 + 环乙烷（1 + 1）；流速：4.7 mL/min；进样量：3 mL；流出液收集时间:7 ~ 13 min;紫外检测器波长:254 nm。

（4）测定

色谱参考条件如下:色谱柱:(14% 氰丙基 – 苯基)二甲基聚硅氧烷毛细管柱(30 m × 0.25 mm),膜厚 0.255 μm(或相当型号色谱柱);进样口温度:230℃;升温程序:初始柱温 80℃,保持 1 min,以 10℃/min 升温至 250℃,保持 5 min;检测器温度:250℃;进样量:1 μL;进样方式:不分流进样;载气:氮气纯度≥99.999%,流速 1 mL/min。

在上述测定条件下,将试样待测液和 BHA、BHT、TBHQ 三种标准品在相同保留时间处(±0.5%)出峰,可定性 BHA、BHT、TBHQ 三种抗氧化剂。以标准样品浓度为横坐标,峰面积为纵坐标,作线性回归方程,从标准曲线图中查出试样溶液中抗氧化剂的相应含量。试样中抗氧化剂(BHA、BHT、TBHQ)的含量按式(11 – 20)进行计算,计算结果保留至小数点后 3 位。

$$X = c \times \frac{V \times 1000}{m \times 1000} \qquad (11-20)$$

式中:X——试样中抗氧化剂含量,mg/kg 或 mg/L;

　　c——从标准工作曲线上查出的试样溶液中抗氧化剂的浓度,μg/mL;

　　V——试样最终定容体积,mL;

　　m——试样质量,g 或 mL。

11.6.1.4　说明和注意事项

①本法适用于食品中 BHA、BHT 与 TBHQ 的检测,检出限为:BHA 2 mg/kg、BHT 2 mg/kg、TBHQ 5 mg/kg。

②除另有说明外,所使用试剂均为分析纯,用水为 GB/T 6682—2008 规定的二级水。

③在重复性条件下获得的 2 次独立测定结果的绝对差值不得超过算术平均值的10%。

④抗氧化剂 BHA、BHT 与 TBHQ 标准样品的气相色谱图如下图 11 – 5 所示。

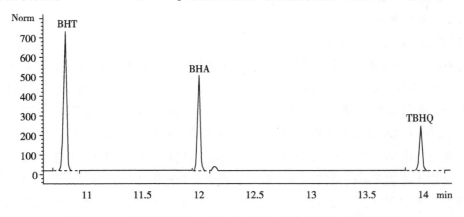

图 11 – 5　抗氧化剂 BHA、BHT 与 TBHQ 标准样品的气相色谱图

11.6.2 薄层色谱法测定食品中 BHA 和 BHT

11.6.2.1 原理

用甲醇提取油脂或食品中的抗氧化剂,用薄层色谱定性,根据其在薄层板上显色后的检出量与标准品检出量比较而概略定量,对高脂肪食品中的 BHA、BHT 能定性检出。

11.6.2.2 试剂和仪器

甲醇;

石油醚(沸程为 30 ~ 60℃);

异辛烷;

丙酮;

冰乙酸;

正己烷;

二氧六环;

硅胶 G:薄层用;

BHA、BHT 混合标准溶液:分别准确称取 BHA、BHT(纯度为 99.9% 以上)各 10 mg,分别用丙酮溶解,转入两个 10 mL 容量瓶中,用丙酮定容,每毫升含 1.0 mg BHA 和 BHT。

吸取上述 BHT 溶液 1.0 mL、BHA 溶液 0.3 mL 置同一 5 mL 容量瓶中,用丙酮定容。此溶液 BHT 浓度为 0.20 mg/mL、BHA 浓度为 0.060 mg/mL;

显色剂:2,6 - 二氯醌 - 氯亚胺的乙醇溶液(2 g/L),放棕色瓶中保存;

展开剂:正己烷 + 二氧六环 + 乙酸(42 + 6 + 3)或异辛烷 + 丙酮 + 乙酸(70 + 5 + 12)。

减压蒸馏装置;

具刻度尾管的浓缩瓶;

玻璃板:5 cm × 20 cm;层析槽:24 cm × 6 cm × 4 cm;

微量注射器:10.0 μL。

11.6.2.3 分析步骤

(1)样品中抗氧化剂的提取

①植物油(花生油、豆油、菜籽油、芝麻油):称取 5.00 g 油置于 10 mL 具塞离心管中,加入 5.0 mL 甲醇,密塞振摇 5 min,放置 2 min 后离心(3000 ~ 3500 r/min)。吸取上层清液置于 25 mL 容量瓶中,如此重复提取共五次,合并每次甲醇提取液,用甲醇定容至刻度。吸取 5.0 mL 甲醇提取液置于浓缩瓶中,于 40℃ 水浴减压浓缩至 0.5 mL,留作薄层色谱用。

②猪油:称取 5.00 g 猪油于 50 mL 具磨口的锥形瓶中,加入 25.0 mL 甲醇,装上冷凝管于 75℃ 水浴上放置 5 min,待猪油完全溶化后将锥形瓶连同冷凝管一起自水浴中取出,振摇 30 s,再放入水浴 30 s;如此振摇三次后放入 75℃ 水浴,使甲醇层与油层分清后,将锥形瓶同冷凝管一起置冰水浴中冷却,猪油凝固。甲醇提取液通过滤纸滤入 50 mL 容量瓶中,再自冷凝管顶端加入 25 mL 甲醇,重复振摇提取一次,合并两次甲醇提取液,将该容量瓶置暗处放置,待升至室温后,用甲醇定容至刻度。吸取 10 mL 甲醇提取液置于浓缩瓶中,于 40℃

水浴上减压浓缩至 0.5 mL,留作薄层色谱用。

③食品(油炸花生米、酥糖、巧克力、饼干):用石油醚提取脂肪,减压回收溶剂,测定脂肪含量,并称取约 2.00 g 的脂肪,视提取的油脂是植物油还是动物性脂肪而决定样品提取方法,同样按以上①或②方法进行提取。

(2)测定

①硅胶 G 薄层板的制备:称取 1.40 g 硅胶 G 置玻璃乳钵中,加 3.5 mL 水研磨均匀后,铺成 5 cm×20 cm 薄层板,置空气中干燥后于 80℃烘 1 h,存放于干燥器中。

②点样:用 10 μL 微量注射器在硅胶 G 薄层板上距下端 2.5 cm 处等间距三点分别点样:标准溶液 5.0 μL、试样提取液 1.50~3.60 μL、试样提取液加标准溶液 5.0 μL,点样量与前两者相同。

③展开:把点样好的硅胶 G 薄层板,放入预先经溶剂饱和的展开槽内展开 16 cm。

④显色:将硅胶板自层析槽中取出,薄层板置通风橱中用吹风机吹干溶剂,喷显色剂,置 110℃烘箱中加热 10 min。比较色斑颜色及深浅。趁热将板置氨蒸汽槽中放置 30 s,观察各色斑颜色的变化。

⑤定性:根据试样中显示的 BHT、BHA 与标准 BHT、BHA 点比较 R_f 值和显色后斑点的颜色反应定性。如果样液点显示检出某种抗氧化剂,则试样中抗氧化剂的斑点应与加入内标的抗氧化剂斑点重叠。BHT、BHA 薄层色谱最低检出量、R_f 值及斑点颜色如下表 11-6 所示。

表 11-6　BHT、BHA 在薄层板上的最低检出量、R_f 值及斑点颜色

抗氧化剂	R_f 值	最低检出量/μg	色斑颜色
BHT	0.73	1.00	橘红→紫红
BHA	0.37	0.30	紫红→蓝紫

⑥概略定量:根据薄层板上样液点抗氧化剂所显示的色斑深浅与标准抗氧化剂色斑比较而估算含量。如果试样点的色斑颜色较标准点深,可稀释后重新点样,估算含量。样品中抗氧化剂(以脂肪计)的含量由式(11-21)计算。

$$X = \frac{m_1 \times D \times 1000}{m_2 \times \dfrac{V_2}{V_1} \times 1000 \times 1000} \tag{11-21}$$

式中:X——样品中抗氧化剂 BHA、BHT(以脂肪计)的含量,g/kg;

　　m_1——薄层板上测得试样点抗氧化剂的质量,μg;

　　V_1——供薄层色谱用点样液定容后的体积,mL;

　　V_2——点加样液的体积,mL;

　　D——样液的稀释倍数;

　　m_2——定容后的薄层色谱用样液相当于试样脂肪质量,g。

11.6.3 比色法测定食品中 BHT

11.6.3.1 原理

试样通过水蒸气蒸馏,使 BHT 分离,用甲醇吸收,遇邻联二茴香胺与亚硝酸钠溶液生成橙红色,用三氯甲烷提取,与标准比较定量。

11.6.3.2 试剂和仪器

无水氯化钙;甲醇;三氯甲烷;甲醇(50%);亚硝酸钠溶液(3 g/L):避光保存;邻联二茴香胺溶液:称取 125 mg 邻联二茴香胺于 50 mL 棕色容量瓶中,加 25 mL 甲醇,振摇使全部溶解,加 50 mg 活性炭,振摇 5 min 过滤,准确吸取 20.0 mL 滤液,置于另一 50 mL 棕色容量瓶中,加盐酸(1+11)至刻度。临用时现配并避光保存;BHT 标准溶液:准确称取 0.050 g BHT,用少量甲醇溶解,移入 100 mL 棕色容量瓶中,并稀释至刻度,避光保存。此溶液每毫升相当于 0.50 mg BHT;BHT 标准使用液:临用时吸取 1.0 mg BHT 标准溶液,置于 50 mL 棕色容量瓶中,加甲醇至刻度,混匀,避光保存,此溶液每毫升相当于 10.0 μg BHT。

水蒸气蒸馏装置;甘油浴;分光光度计。

11.6.3.3 分析步骤

(1)试样处理

称取 2~5 g 试样(约含 0.40 mg BHT)于 100 mL 蒸馏瓶中,加 16.0 g 无水氯化钙粉末及 10.0 mL 水,当甘油浴温度达到 165℃恒温时,将蒸馏瓶浸入甘油浴中,连接好水蒸气发生装置及冷凝管,冷凝管下端浸入盛有 50 mL 甲醇的 200 mL 容量瓶中,进行蒸馏,蒸馏速度每分钟 1.5~2 mL,在 50~60 min 内收集约 100 mL 馏出液(连同原盛的甲醇共约 150 mL,蒸汽压不可过高,以免油滴带出),以温热的甲醇分次洗涤冷凝管,洗液并入容量瓶中并稀释至刻度。

(2)测定

准确吸取 25.00 mL 上述处理后的试样溶液,移入用黑(纸)布包扎的 100 mL 分液漏斗中,另准确吸取 0 mL、1.0 mL、2.0 mL、3.0 mL、4.0 mL、5.0 mL BHT 标准使用液(相当于 0.0 μg、10.0 μg、20.0 μg、30.0 μg、40.0 μg、50.0 μg BHT),分别置于用黑(纸)布包扎的 60 mL 分液漏斗中,加入甲醇(50%)至 25 mL。分别加入 5 mL 邻联二茴香胺溶液,混匀,再各加 2 mL 亚硝酸钠溶液(3 g/L),振摇 1 min,放置 10 min,再各加 10 mL 三氯甲烷,剧烈振摇 1 min,静置 3 min,将三氯甲烷层分入黑(纸)布包扎的 10 mL 比色管中,管中预先放入 2 mL甲醇,混匀。用 1 cm 比色杯,以三氯甲烷调节零点,于波长 520 nm 处测定吸光度,绘制标准曲线比较。试样中 BHT 的含量按式(11-22)进行计算,计算结果保留三位有效数字。精密度要求在重复性条件下获得的两次独立测定结果的绝对差值不得超过算术平均值的 10%。

$$X = \frac{m_2 \times 1000}{m_1 \times \dfrac{V_2}{V_1} \times 1000 \times 1000} \qquad (11-22)$$

式中:X——试样中 BHT 的含量,g/kg;

　　m_2——测定用样液中 BHT 的质量,μg;

　　m_1——试样质量,g;

　　V_1——蒸馏后样液总体积,mL;

　　V_2——测定用吸取样液的体积,mL。

思考题

1. 食品添加剂的种类有哪些? 食品添加剂的测定有何意义?

2. 高效液相色谱法测定食品中糖精钠的的原理和方法。

3. 气相色谱法测定食品中甜蜜素的原理和方法。

4. 气相色谱法测定食品中苯甲酸、山梨酸时,制备样品溶液时为什么要进行酸化处理? 简要说明其测定原理和方法。

5. 镉柱法测定硝酸盐时,如何防止镉柱被氧化?

6. 说明盐酸萘乙二胺法测定食品中亚硝酸盐的原理和方法。

7. 食品中亚硫酸盐含量的测定方法有哪些?

8. 如何解吸被聚酰胺粉吸附的色素? 解吸时应注意什么?

第 12 章 非法添加物的测定

近年来,一些食品生产经营者利令智昏,违法使用各种非食用物质加工食品,也导致了很多有毒有害物质进入到食品中。为严厉打击食品生产经营中违法添加非食用物质、滥用食品添加剂,以及饲料、水产养殖中使用违禁药物,卫生部和农业部等部门根据风险监测和监督检查中发现的问题,不断更新非法使用物质名单,至今已公布 152 种食品和饲料中非法添加物名单,其中包括 48 种可能在食品中"违法添加的非食用物质"、22 种"易滥用食品添加剂"和 82 种"禁止在饲料、动物饮用水和畜禽水产养殖过程中使用的药物和物质"的名单。根据有关法律法规,任何单位和个人禁止在食品中使用食品添加剂以外的任何化学物质和其他可能危害人体健康的物质,禁止在农产品种植、养殖、加工、收购、运输中使用违禁药物或其他可能危害人体健康的物质。这类非法添加行为要依照法律受到刑事追究,造成严重后果的,直至判处死刑。

鉴于已经公布的多达 48 种"违法添加的非食用物质",本章主要介绍非法添加物中的苏丹红、吊白块、三聚氰胺、瘦肉精、罂粟壳等物质的检测方法。

12.1 苏丹红

苏丹红(Sudan red)是一种人工合成的偶氮类、脂溶性的化工染色剂。各种类型的苏丹红都不溶于水,溶于油脂、蜡、汽油等溶剂。由于苏丹红能够产生鲜亮的色彩,而且不容易褪色,所以它被广泛用于溶剂、油、蜡的增色以及皮革、地板等增光方面。在 1918 年以前,苏丹红 I 号曾经被美国批准用作食品添加剂。虽然随后就取消了这个许可,不过在一些品牌的伍斯特沙司、咖喱粉、辣椒粉和辣椒酱中依然使用它来增色。1995 年,欧盟等国家禁止苏丹红作为色素在食品中添加。2003 年 5 月,法国报告发现进口的辣椒粉中含有苏丹红 I 号,随后欧盟向成员国发出警告,要求各成员国禁止进口含有苏丹红 I 号的辣椒产品。2005 年 2 月,英国宣布 400 多种食品受苏丹红 I 号污染。2005 年 4 月,我国卫生部首次对苏丹红的食用安全问题作出官方解释——《苏丹红危险性评估报告》。苏丹红被归为三类致癌物,即动物致癌物(基于体外和动物试验的研究结果,尚不能确定对人类有致癌作用)。苏丹红主要包括 I、II、III 和 IV 四种类型,其中苏丹红 I 为毒性最强的物质。苏丹红染色剂的产品外观及苏丹红 I 号的结构式见图 12-1、图 12-2。

苏丹红系列染色剂含有"偶氮苯",当"偶氮苯"被降解后,就会产生"苯胺",这是一种中等毒性的致癌物。过量的"苯胺"进入人体,可能会造成组织缺氧、呼吸不畅,引起中枢神经系统、心血管系统和其他脏器受损,甚至导致不孕症。更为严重的是,这些有害物质还会诱发肝脏细胞的基因发生变异,而增加人类患癌症的危险性。同时,如果大量接触苯胺,还有可能使人罹患高铁血红蛋白症。

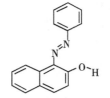

图 12 - 1　苏丹红的产品外观　　图 12 - 2　苏丹红 I 号的结构式

目前检测苏丹红的方法有 GB/T 19681—2005《食品中苏丹红染料的检测方法高效液相色谱法》。该方法适用于食品中苏丹红 I、苏丹红 II、苏丹红 III、苏丹红 IV 的检测,方法最低检测限为 10 μg/kg。

12.1.1　苏丹红的测定(GB/T 19681—2005)

12.1.1.1　方法原理

样品经溶剂提取、固相萃取净化后,用反相高效液相色谱—紫外可见光检测器进行色谱分析,采用外标法定量。

12.1.1.2　试剂与标准品

①乙腈色谱纯。

②丙酮色谱纯、分析纯。

③甲酸分析纯。

④乙醚分析纯。

⑤正己烷分析纯。

⑥无水硫酸钠分析纯。

⑦层析柱管:1 cm(内径)× 5 cm(高)的注射器管。

⑧层析用氧化铝(中性 100 ~ 200 目):105℃ 干燥 2 h,于干燥器中冷至室温,每 100 g中加入 2 mL 水降活,混匀后密封,放置 12 h 后使用。

注:不同厂家和不同批号氧化铝的活度有差异,须根据具体购置的氧化铝产品略作调整,活度的调整采用标准溶液过柱,将 1 μg/mL 的苏丹红的混合标准溶液 1 mL 加到柱中,用 5% 丙酮正己烷溶液 60 mL 完全洗脱为准,4 种苏丹红在层析柱上的流出顺序为苏丹红 II、苏丹红 IV、苏丹红 I、苏丹红 III,可根据每种苏丹红的回收率作出判断。苏丹红 II、苏丹红 IV 的回收率较低表明氧化铝活性偏低,苏丹红 III 的回收率偏低时表明活性偏高。

⑨氧化铝层析柱:在层析柱管底部塞入一薄层脱脂棉,干法装入处理过的氧化铝至 3 cm 高,轻敲实后加一薄层脱脂棉,用 10 mL 正己烷预淋洗,洗净柱中杂质后,备用。

⑩5% 丙酮的正己烷液:吸取 50 mL 丙酮用正己烷定容至 1 L。

⑪标准物质:苏丹红 I、苏丹红 II、苏丹红 III、苏丹红 IV;纯度≥95%

⑫标准储备液:分别称取苏丹红 I、苏丹红 II、苏丹红 III 及苏丹红 IV 各 10.0 mg(按实际含量折算),用乙醚溶解后用正己烷定容至 250 mL。

12.1.1.3 仪器与设备

①高效液相色谱仪(配有紫外可见光检测器)。

②分析天平:感量 0.1mg。

③旋转蒸发仪。

④均质机。

⑤离心机。

⑥0.45 μm 有机滤膜。

12.1.1.4 操作方法

(1)样品处理

①红辣椒粉等粉状样品:称取 1 ~ 5 g(准确至 0.001 g)样品于三角瓶中,加入 10 ~ 30 mL正己烷,超声 5 min,过滤,用 10 mL 正己烷洗涤残渣数次,至洗出液无色,合并正己烷液,用旋转蒸发仪浓缩至 5 mL 以下,慢慢加入氧化铝层析柱中,为保证层析效果,在柱中保持正己烷液面为 2 mm 左右时上样,在全程的层析过程中不应使柱干涸,用正己烷少量多次淋洗浓缩瓶,一并注入层析柱。控制氧化铝表层吸附的色素带宽宜小于 0.5 cm,待样液完全流出后,视样品中含油类杂质的多少用 10 ~ 30 mL 正己烷洗柱,直至流出液无色,弃去全部正己烷淋洗液,用 5% 丙酮的正己烷液 60 mL 洗脱、收集、浓缩后,用丙酮转移并定容至 5 mL,经 0.45 μm 有机滤膜过滤后待测。

②红辣椒油、火锅料、奶油等油状样品:称取 0.5 ~ 2 g(准确至 0.001 g)样品于小烧杯中,加入适量正己烷溶解(1 ~ 10 mL),难溶解的样品可于正己烷中加温溶解。按①中"慢慢加入到氧化铝层析柱过滤后待测"操作。

③辣椒酱、番茄沙司等含水量较大的样品:称取 10 ~ 20 g(准确至 0.01 g)样品于离心管中,加 10 ~ 20 mL 水将其分散成糊状,含增稠剂的样品多加水,加入 30 mL 正己烷 + 丙酮 (3 + 1),匀浆 5 min,3000 r/min 离心 10 min,吸出正己烷层,于下层再加入 20 mL×2 次正己烷匀浆,离心,合并 3 次正己烷,加入无水硫酸钠 5 g 脱水,过滤后于旋转蒸发仪上蒸干并保持 5 min,用 5 mL 正己烷溶解残渣后,按①中"慢慢加入到氧化铝层析柱过滤后待测"操作。

④香肠等肉制品:称取粉碎样品 10 ~ 20 g(准确至 0.01 g)于三角瓶中,加入 60 mL 正己烷充分匀浆 5 min,滤出清液,再以 20 mL×2 次正己烷匀浆,过滤。合并 3 次滤液,加入 5 g无水硫酸钠脱水,过滤后于旋转蒸发仪上蒸至 5 mL 以下,按①中"慢慢加入到氧化铝层析柱中过滤后待测……"操作。

(2)推荐色谱条件

①仪器条件:色谱柱:Zorbax SB – C18 3.5 μm 4.6 mm×150 mm (或相当型号色谱柱)。

流动相:溶剂 A　0.1% 甲酸的水溶液 + 乙腈(85 + 15);溶剂 B　0.1% 甲酸的乙腈溶液 + 丙酮(80 + 20)。

梯度洗脱:流速:1 mL/min 柱温:30℃检测波长:苏丹红Ⅰ 478 nm;苏丹红Ⅱ、苏丹红Ⅲ、苏丹红Ⅳ 520 nm;于苏丹红Ⅰ出峰后切换。进样量 10 μl。梯度条件见下表。

梯度条件表

时间/min	流动相		曲线
	A%	B%	
0	25	75	线性
10.0	25	75	线性
25.0	0	100	线性
32.0	0	100	线性
35.0	25	75	线性
40.0	25	75	线性

②标准曲线:吸取标准储备液 0 mL、0.1 mL、0.2 mL、0.4 mL、0.8 mL、1.6 mL,用正己烷定容至 25 mL,此标准系列浓度为 0 μg/mL、0.16 μg/mL、0.32 μg/mL、0.64 μg/mL、1.28 μg/mL、2.56 μg/mL,绘制标准曲线。

12.1.1.5　结果计算

$$R = C \times V/M \qquad\qquad (12-1)$$

式中:R——样品中苏丹红含量,mg/kg;

　　　C——由标准曲线得出的样液中苏丹红的浓度,μg/mL;

　　　V——样液定容体积,mL;

　　　M——样品质量,g。

12.2　吊白块

吊白块又称雕白粉,化学名称为甲醛次硫酸氢钠或甲醛合次硫酸氢钠,为半透明白色结晶或小块,常用作工业漂白剂、还原剂等。吊白块遇酸即分解,生成钠盐和吊白块酸。吊白块水溶液在 60℃ 以上就开始分解出有害物质,120℃ 下分解产生甲醛、二氧化硫和硫化氢等有毒气体,对人体有严重的毒副作用,国家严禁将其作为食品添加剂在食品中使用。吊白块的毒性与其分解时产生的甲醛有关。甲醛已经被世界卫生组织确定为致癌和致畸物质,是公认的变态反应源,也是潜在的强致突变物之一。甲醛进入人体后可引起肺水肿,肝、肾充血及血管周围水肿,并有弱的麻醉作用。甲醛急性中毒时可表现为喷嚏、咳嗽、视物模糊、头晕、头痛、乏力、口腔黏膜糜烂和上腹部痛以及呕吐等。吊白块的产品外观及结构式见图 12-3 和图 12-4。

图 12-3　吊白块的产品外观　　　　图 12-4　吊白块结构式

我国早在 1988 年 3 月曾明文禁止在粮油食品中使用吊白块,吊白块列入非食用物质已达 20 多年。部分违法者将吊白块掺入米粉、面粉、粉丝、银耳、腐竹、竹笋等面食品及豆制品中,主要起到增白、保鲜、增加口感、防腐的效果。吊白块分解产物之一的甲醛具有凝固蛋白、使蛋白质变性的特点,吊白块的另一分解产物亚硫酸氢钠具有漂白食品的作用。

12.2.1　吊白块的测定方法一:GB/T 21126—2007 高效液相色谱法

12.2.1.1　原理

在酸性溶液中,样品中残留的甲醛次硫酸氢钠分解释放出的甲醛被水提取,提取后的甲醛与 2,4 - 二硝基苯肼发生加成反应,生成黄色的 2,4 - 二硝基苯腙,用正己烷萃取后,经高效液相色谱仪分离,与标准甲醛衍生物的保留时间对照定性,用标准曲线法定量。本标准的检出限为 0.08 $\mu g/g$。

12.2.1.2　试剂与标准品

①盐酸 - 氯化钠溶液:称取 20 g 氯化钠于 1000 mL 容量瓶中,用少量水溶解,加入 60 mL 37% 盐酸,加水至刻度。

②甲醛标准储备液:取 1 mL 36% ~38% 甲醛溶液,用水定容至 500 mL,使用前按 GB/T 2912.1—2009 中的亚硫酸钠法标定甲醛浓度。或者用甲醛标准溶液配制成 40 $\mu g/mL$ 的标准储备液,此溶液放置 4℃ 冰箱中可保存 1 个月。

③甲醛标准使用液:准确量取一定量经标定的甲醛标准储备液,配置成 2 $\mu g/mL$ 的甲醛标准使用液,此标准使用液必须使用当天配制。

④磷酸氢二钠溶液:称取 18 g $Na_2HPO_4 \cdot 12H_2O$,加水溶解并定容至 100 mL。

⑤2,4—二硝基苯肼(DNPH)纯化:称取约 20 g 2,4—二硝基苯肼(DNPH)于烧杯中,加 167 mL 乙腈和 500 mL 水,搅拌至完全溶解,放置过夜。用定性滤纸过滤结晶,分别用水和乙醇反复洗涤 5~6 次后置于干燥器中备用。

⑥衍生剂:称取经过纯化处理的 2,4 - 二硝基苯肼(DNPH)200 mg,用乙腈溶解并定容至 100 mL。

⑦流动相:乙腈 + 水混合溶液[V(乙腈) + V(水) = 70 + 30],用 0.45 μm 孔径的滤膜过滤,备用。

⑧正己烷。

12.2.1.3　仪器与设备

①具塞三角瓶:150 mL、250 mL。

②容量瓶:1000 mL、500 mL、250 mL、100 mL。

③比色管:25 mL。

④移液管:50 mL、5 mL、2 mL、1 mL。

⑤振荡机。

⑥高速组织捣碎机。

⑦高速离心机:最大转速 10 000 r/min。

⑧恒温水浴锅:50℃。

⑨高效液相色谱仪:带紫外—可见波长检测器。

12.2.1.4 操作方法

(1)色谱分析条件

化学键合 C18 柱,4.6 mm×250 mm;乙腈 + 水流动相,流速 0.8 mL /min;紫外检测器,检测器波长 355 nm。

(2)样品前处理

精确称取小麦粉、大米粉样品约 5 g 于 150 mL 具塞三角瓶中,加入 50 mL 盐酸—氯化钠溶液,置于振荡机上振荡提取 40 min。对于小麦粉或大米粉制品,称取 20 g 于组织捣碎机中,加入 200 mL 盐酸—氯化钠溶液,2000 r/min 捣碎 5 min,转入 250 mL 具塞三角瓶中,置于振荡机上振荡提取 40 min。将提取液倒入 20 mL 离心管中,于 10 000r/min 离心 15 min(或 4000 r/min 离心 30 min),上清液备用。

(3)标准工作曲线绘制

分别量取 0.00 mL、0.25 mL、0.50 mL、1.00 mL、2.00 mL、4.00 mL 甲醛标准使用液于 25 mL 比色管中(相当于 0.0μg、0.5μg、1.0μg、2.0μg、4.0μg、8.0μg 甲醛),分别加入 2 mL 盐酸—氯化钠溶液、1 mL 磷酸氢二钠溶液、0.5 mL 衍生剂,然后补加水至 10 mL,盖上塞子,摇匀。置于 50℃ 水浴中加热 40 min 后,取出用流水冷却至室温。准确加入 5.0 mL 正己烷,将比色管横置,水平方向轻轻振摇 3～5 次后,将比色管倾斜放置,增加正己烷与水溶液的接触面积。在 1 h 内,每隔 5 min 轻轻振摇 3～5 次,然后再静置 30 min,取 10 μL 正己烷萃取液进样。以所取甲醛标准使用液中甲醛的质量(以微克为单位)为横坐标,甲醛衍生物苯腙的峰面积为纵坐标,绘制标准工作曲线。

(4)样品测定

取 2.0 mL 样品处理所得上清液(2)于 25 mL 比色管中,加入 1 mL 磷酸氢二钠溶液、0.5 mL 衍生剂,补加水至 10 mL,盖上塞子,摇匀。以下按(3)自"置于 50℃ 水浴中加热 40 min 后……"起依次操作,并与标准曲线比较定量。注意振荡时不宜剧烈,以免发生乳化。如果出现乳化现象,滴加 1～2 滴无水乙醇。

12.2.1.5 结果计算

样品中甲醛次硫酸氢钠含量(以甲醛计)按下式计算:

$$C = \frac{M_1 \times 50}{m \times 2} \tag{12-2}$$

式中:C——样品中甲醛含量,μg/g;

M_1——按甲醛衍生物苯腙峰面积,从标准曲线查得甲醛的质量,μg;

50——样品加提取液体积,mL;

2——测定用样品提取液体积,mL;

m——样品质量,g。

结果报告:甲醛含量计算结果不超过 10 μg/g 时,报告结果为未检出。

精密度要求:以双试验测定结果的算术平均值作为样品的甲醛含量,保留小数点后 1 位。在重复条件下获得的两次独立测定结果的绝对差值不得超过算术平均值的 15%。

12.2.2 吊白块的测定方法二:DB34/T 1108—2009 离子色谱法

12.2.2.1 原理

以稀碱提取米线中的吊白块,过 C_{18} 小柱除杂后,以 KOH 水溶液为流动相,进行离子色谱法测定,依据保留时间定性,外标法定量。本方法检测限为:0.05 mg/L。

12.2.2.2 试剂和标准品

①实验用水为高纯水,电导率小于 5 μs/cm,并经 0.45 μm 的微孔滤膜过滤。所用试剂为优级纯或分析纯。

②氢氧化钠:分析纯。

③甲醇:分析纯。

④0.01 mol/L 氢氧化钠溶液:称取 0.40 g 氢氧化钠固体,加水溶解,并定容至 1000 mL。

⑤标准品:甲醛次硫酸氢钠,分析纯。

⑥C18 型前处理柱:每根柱填料量为 250 mg。

⑦甲醛次硫酸氢钠标准储备液:精确称取 0.1000 g 甲醛次硫酸氢钠固体于 100 mL 容量瓶中,用 0.01 mol/L 氢氧化钠溶液溶解,并定容至刻度,摇匀,此溶液浓度为 1 g/L。

⑧甲醛次硫酸氢钠标准工作液:用 0.01 mol/L 氢氧化钠溶液将甲醛次硫酸氢钠标准储备液稀释至 0.01 mg/mL 的标准工作液。

12.2.2.3 仪器与设备

①离子色谱仪(具有分离柱,抑制器,电导检测器)。

②氢氧化钾淋洗液。

③离心机:最大转速 4000 r/min 或以上。

④组织粉碎机。

⑤超声波提取仪。

⑥具塞三角瓶:150mL。

⑦离心管:10mL。

⑧分析天平:感量 0.0001 g,0.01 g。

⑨移液器:量程 20μL～200μL,100μL～1000μL。

12.2.2.4 分析步骤

(1)试样制备及提取

取有代表性的样品,准确称取 5.00 g 左右样品于 150 mL 具塞三角瓶中,加 0.01 mol/L NaOH 50 mL,用超声波提取 10 min,静置,转移 10 mL 上层液于离心管中,4000 r/min 离心

20 min,上清液备用。

（2）试样净化

将 C18 小柱依次用 5 mL 甲醇和 10 mL 超纯水清洗后,将样品提取溶液过柱,弃去前 3 mL 流出液,收集 5 mL 流出液,经 0.45 μm 的微孔滤膜过滤后装入 AS40 自动进样器样品管中,供离子色谱分析。

（3）仪器测定

①色谱参考条件色谱柱:AS – 19 阴离子柱分析柱,AG – 19 型保护柱。

柱温:30℃。

淋洗液:10 mmol/L KOH。

流速:1.0 mL/min。

其他条件:ASRS – UL – TRAII 4 mm 抑制器;抑制电流 99 mA;电导检测器。

进样体积:25 μL。

注:方法中所列仪器及配置仅供参考,同等性能仪器及配置均可使用。

②测定:分别准确移取甲醛次硫酸氢钠的标准溶液(0.01 mg/mL)0.0 mL、0.50 mL、1.00 mL、2.00 mL、5.00 mL、10.00 mL 于 10 mL 比色管中,用提取液定容至刻度,摇匀。配成相当于浓度为 0.0 mg/L、0.50 mg/L、1.00 mg/L、2.00 mg/L、5.00 mg/L、10.00 mg/L 的甲醛次硫酸氢钠标准系列溶液,经 0.45 μm 的微孔滤膜过滤后装入 AS40 自动进样器样品管中,按色谱条件①进行检测,以峰面积(A)对浓度(C,mg/L)进行线性回归,得到标准曲线。取净化后的样品提取液进行上机检测,依据保留时间定性,外标法定量。

12.2.2.5 结果计算

定量分析的结果按下式计算:

$$X = \frac{cv}{m} \tag{12 – 3}$$

式中:X——甲醛次硫酸氢钠含量,mg/kg;

    c——样液中甲醛次硫酸氢钠浓度,mg/L;

    v——样液体积,mL;

    m——样品质量,g。

结果报告:取平行双样测定结果的算术平均值,计算结果保留 3 位有效数字。

精密度要求:在重复性条件下获得的两次独立测定结果的绝对差值与算术平均值之比应不大于 10%。

12.3 三聚氰胺

三聚氰胺(Melamine)是一种重要的三嗪类含氮杂环有机化工原料。三聚氰胺简称三胺,俗称蜜胺、蛋白精,是一种白色结晶粉末。分子式 $C_3N_6H_6$,相对分子质量 126.12。食品中蛋白质的平均含氮量为 16% 左右,而三聚氰胺的含氮量为 66% 左右。常用的蛋白质测试方法"凯氏定氮法"是通过测出食品中总含氮量乘以 6.25 来估算蛋白质含量,添加三聚氰胺会使得食品的蛋白质测试含量虚高,因此,不法分子就利用这个原理,往食品中掺入三聚氰胺来冒充其蛋白质含量。三聚氰胺进入体内后几乎不能被代谢,而是从尿液中原样排出,但是,科学家研究发现动物长期摄入三聚氰胺会造成生殖、泌尿系统的损害,如膀胱、肾部结石,并可进一步诱发膀胱癌。近年来,宠物饲料中发现三聚氰胺并导致宠物死亡的案例时有发生。2007 年 3 月,美国发生宠物食品导致宠物死亡的事件,美国食品药品管理局(FDA)在随后的调查中发现,宠物食品所用的小麦鼓蛋白添加物中含有较高浓度的三聚氰胺。2008 年 9 月,中国爆发三鹿婴幼儿奶粉事件,其原因就是部分不法商贩往收购的鲜奶或加工的奶粉中恶意掺入了三聚氰胺。并最终导致一场席卷全国的食品安全重大事件,6000 多名食用了受污染奶粉的婴幼儿产生肾结石病症,并有多起死亡病例。三聚氰胺的产品外观及结构式见图 12 - 5 和图 12 - 6。

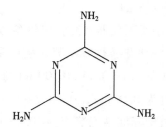

图 12 - 5　三聚氰胺的产品外观　　　图 12 - 6　三聚氰胺的结构式

三聚氰胺的测定方法有 GB/T 22388—2008《原料乳与乳制品中三聚氰胺检测方法》、GB/T 22400—2008《原料乳中三聚氰胺快速检测液相色谱法》和 GB/T 22288—2008《植物源产品中三聚氰胺、三聚氰酸一酰胺、三聚氰酸二酰胺和三聚氰酸的测定气相色谱 - 质谱法》。本文主要介绍 GB/T 22388—2008 法。该标准规定了原料乳、乳制品以及含乳制品中三聚氰胺的三种测定方法,即高效液相色谱法(HPLC)、液相色谱 - 质谱/质谱法(LC - MS/MS)和气相色谱 - 质谱联用法〔包括气相色谱 - 质谱法(GC - MS),气相色谱 - 质谱/质谱法(GC - MS/MS)〕。

12.3.1　三聚氰胺的测定(GB/T 22388—2008)

12.3.1.1　原理(第一法:高效液相色谱法)

试样用三氯乙酸溶液 - 乙腈提取,经阳离子交换固相萃取柱净化后,用高效液相色谱测定,外标法定量。本方法定量限为 2 mg/kg。

12.3.1.2 试剂与标准液

①甲醇:色谱纯。

②乙腈:色谱纯。

③氨水:含量为 25% ~28% 。

④三氯乙酸。

⑤柠檬酸。

⑥辛烷磺酸钠:色谱纯。

⑦甲醇水溶液:准确量取 50 mL 甲醇和 50 mL 水,混合后备用。

⑧三氯乙酸溶液(1%):准确称取 10 g 三氯乙酸于 1 L 容量瓶中,用水溶解并定容至刻度,混匀后备用。

⑨氨化甲醇溶液(5%):准确量取 5 mL 氨水和 95 mL 甲醇,混匀后备用。

⑩离子对试剂缓冲液:准确称取 2.10 g 柠檬酸和 2.16 g 辛烷磺酸钠,加入约 980 mL 水溶解,调节 pH 至 3.0 后,定容至 1 L 备用。

⑪三聚氰胺标准品:CAS 108 - 78 - 01,纯度大于 99.0%。

⑫三聚氰胺标准储备液:准确称取 100 mg(精确到 0.1 mg)三聚氰胺标准品于 100 mL 容量瓶中,用甲醇水溶液溶解并定容至刻度,配置成浓度为 1 mg/mL 的标准储备液,于 4℃ 避光保存。

⑬阳离子交换固相萃取柱:混合型阳离子交换固相萃取柱,基质为苯磺酸化的聚苯乙烯 - 二乙烯基苯高聚物,填料质量为 60 mg,体积为 3 mL,或相当者。使用前依次用 3 mL 甲醛、5 mL 水活化。

⑭定性滤纸

⑮海砂:化学纯,粒度 0.65 ~ 0.85mm,二氧化硅(SiO$_2$)含量为 99%。

⑯微孔滤膜:0.2 μm,有机相。

⑰氮气:纯度大于等于 99.999%。

12.3.1.3　仪器与设备

①高效液相色谱(HPLC)仪:配有紫外检测器或二极管阵列检测器。

②分析天平:感量为 0.001 g 和 0.01 g.

③离心机:转速不低于 4000 r/min。

④超声波水浴。

⑤固相萃取装置。

⑥氮气吹干仪。

⑦涡旋混合器。

⑧具塞塑料离心管:50 mL。

⑨研钵

12.3.1.4　操作方法

(1)样品处理

①液态奶、奶粉、酸奶、冰淇淋和奶糖等。称取 2 g(精确至 0.01 g)试样于 50 mL 具塞塑料离心管中,加入 15 mL 三氯乙酸溶液和 5 mL 乙腈,超声提取 10 min。上清液经三氯乙酸溶液润湿的滤纸过滤后,用三氯乙酸溶液定容至 25 mL,移取 5 mL 滤液,加入 5 mL 水混匀后做待净化液。

②奶酪、奶油和巧克力等。称取 2 g(精确至 0.01 g)试样于研钵中,加入适量海砂(试样质量的 4~6 倍)研磨成干粉状,转移至 50 mL 具塞塑料离心管中,用 15 mL 三氯乙酸溶液分数次清洗研钵,清洗液转入离心管中,再往离心管中加入 5 mL 乙腈,余下操作同①中"超声提取 10 min,加入 5 mL 水混匀后做待净化液"……。

注:若样品中脂肪含量较高,可以用三氯乙酸溶液饱和的正己烷液 – 液分配除脂后再用 SPE 柱净化。

(2)净化

将 12.3.4.1(1)中的待净化液转移至固相萃取柱中。依次用 3 mL 水和 3 mL 甲醇洗涤,抽至近干后,用 6 mL 氨化甲醇溶液洗脱。整个固相萃取过程流速不超过 1 mL/min。洗脱液于 50℃下用氮气吹干,残留物(相当于 0.4 g 样品)用 1 mL 流动相定容,涡旋混合 1 min,过微孔滤膜后,供 HPLC 测定。

(3)测定

①高效液相色谱 HPLC 参考条件:

a. 色谱柱:C_8 柱,250 mm ×4.6 mm[内径(i. d)],5μm,或相当者。

C_{18}柱,250 mm ×4.6 mm[内径(i. d)],5μm,或相当者。

b. 流动相:C_8 柱,离子对试剂缓冲液 + 乙腈(85 +15,体积比),混匀。

C_{18}柱,离子对试剂缓冲液 + 乙腈(90 +10,体积比),混匀。

c. 流速:1. 0 mL/min。

d. 柱温:40℃。

e. 波长:240 nm。

f. 进样量:20 μL。

②标准曲线的绘制:用流动相将三聚氰胺标准储备液逐级稀释得到的浓度为 0.8、2、20、40、80 μg/mL 的标准工作液,浓度由低到高进行检测,以峰面积 – 浓度作图,得到标准曲线回归方程。

③定量测定:待测样液中三聚氰胺的响应值应在标准曲线线性范围内,超过线性范围则应稀释后再进样分析。

12. 3. 1. 5 结果计算

试样中三聚氰胺的含量由色谱数据处理软件或按下式计算获得。

$$X = \frac{A \times C \times V \times 1000}{As \times m \times 1000} \times f \tag{12-4}$$

式中:X——试样中三聚氰胺的含量,mg/kg;

A——样液中三聚氰胺的峰面积;

C——标准溶液中三聚氰胺的浓度,μg/mL;

V——样液最终定容体积,mL;

As——标准溶液中三聚氰胺的峰面积;

　　m——试样的质量,g。

　　f——稀释倍数。

12.3.1.6　说明及注意事项

　　①空白实验,除不称取试样外,均按上述测定条件和步骤进行。

　　②在添加浓度 2 ~ 10 mg/kg 浓度范围内,回收率在 80% ~ 110% 之间,相对标准偏差小于 10% 。

　　③在重复条件下获得的两次独立测定结果的绝对差值不得超过算术平均值的 10% 。

　　④GB/T 22388—2008 原料乳与乳制品中三聚氰胺检测方法第二法液相色谱 - 质谱/质谱法(LC - MS/MS 法)的测定原理:试样用三氯乙酸溶液提取,经阳离子交换固相萃取柱净化后,用液相色谱 - 质谱/质谱法测定和确证,外标法定量。液相色谱 - 质谱/质谱法的定量限为 0. 01 mg/kg。

　　⑤GB/T 22388—2008 原料乳与乳制品中三聚氰胺检测方法第三法气相色谱 - 质谱/质谱联用法(GC - MS 和 GC - MS/MS 法)的测定原理:试样经超声提取、固相萃取净化后,进行硅烷化衍生,衍生产物采用选择离子监测质谱扫描模式(SIM)或多反应监测质谱扫描模式(MRM),用化合物的保留时间和质谱碎片的丰度比定性,外标法定量。气相色谱 - 质谱法的定量限为 0. 05 mg/kg(其中气相色谱 - 质谱/质谱法的定量限为 0. 005 mg/kg)。

12.4　瘦肉精

　　在我国瘦肉精通常是指盐酸克伦特罗。盐酸克伦特罗(Clenbuterol Hydrochloride),化学名为“4 - 氨基 - 3,5 - 二氯苯甲醇盐酸盐”,分子式 $C_{12} - H_{18} - C_{12} - N_2 - O$,结构式见图12 -7。它是一种白色或类白色的结晶粉末,无臭、味苦,熔点 161℃,溶于水、乙醇,微溶于丙酮,不溶于乙醚,属人工合成的苯乙胺类药物(Phenethylamines,PEAs),1964 年首次在美国合成。具有加强心脏收缩、扩张骨骼肌血管和支气管平滑肌的作用,最早作为药物用于防治哮喘、治疗休克和支气管痉挛,后由于其副作用太大而遭禁用。在饲料中添加适量的盐酸克伦特罗,可以提高饲料转化率、猪生长速率、使瘦肉相对增加 10% 以上。20 世纪 90年代,我国错误地将其作为科研成果开始以饲料添加剂引入并推广,被俗称为“瘦肉精”。但因为克伦特罗可在动物可食性组织中蓄积,从而使食用这些动物组织的人产生中毒反应,危害人的身体健康。一连串因食用含克伦特罗的食物引起的中毒事件发生后,使克伦特罗成为世界上普遍禁用的饲料添加剂。1997 年以来,我国有关行政部门多次明令禁止畜牧行业生产、销售和使用盐酸克伦特罗。但我国各地克伦特罗中毒事件仍然频繁发生,非法使用克伦特罗现象依然存在。

　　瘦肉精化学性质稳定,烹调时难以破坏毒性,在进入体内后具有分布快、消除慢的特点,人摄入后在体内存留时间较长。它可引起心慌、肌肉震颤、头痛、恶心、呕吐以及脸部潮红等不良反应。尤其对心率失常、高血压、青光眼、糖尿病、甲状腺机能亢进等疾病的患者,其危险性更为严重。长期食用,甚至有可能导致染色体畸变,会诱发恶性肿瘤。

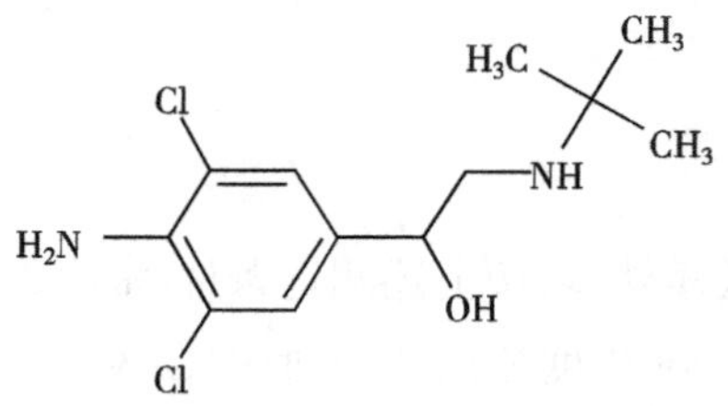

图 12 - 7　盐酸克伦特罗的结构式

我国对瘦肉精的检测方法有国家标准 GB/T 5009.192—2003《动物性食品中克伦特罗残留量的测定》,其中第一法是气相色谱 - 质谱法检测新鲜或冷冻的畜禽肉与内脏及其制品中克伦特罗残留量,同时也适用于生物材料(人或动物血液、尿液)中克伦特罗的测定;农业行业标准 NY/T 468—2006 动物组织中盐酸克伦特罗的测定气相色谱—质谱法,其测定原理是:样品在碱化的条件下用乙酸乙酯提取,合并提取液后,利用盐酸克伦特罗易溶于酸性溶液的特点,用稀盐酸反萃取,萃取的样液 pH 调至 5.2 后用 SCX 固相萃取小柱净化,分离的药物残留经过双三甲基硅烷三氟乙酰胺(BSTFA)衍生后用带有质量选择检测器的气相色谱仪测定。现简要介绍 GB/T 5009.192—2003 的测定方法。

12.4.1　盐酸克伦特罗的测定

12.4.1.1　原理

固体试样剪碎,用高氯酸溶液匀浆。液体试样加入高氯酸溶液,进行超声加热提取,用异丙醇 + 乙酸乙酯(40 + 60)萃取,有机相浓缩,经弱阳离子交换柱进行分离,用乙醇 + 浓氨水(98 + 2)溶液洗脱,洗脱液浓缩,经 N,O - 双三甲基硅烷三氟乙酰胺(BSTFA)衍生后于气质联用仪上进行测定。以美托洛尔为内标,定量。

12.4.1.2　操作方法

(1)样品处理

称取肌肉、肝脏或肾脏试样 10 g(精确到 0.01 g),用 20 mL 0.1mol/L 高氯酸溶液匀浆,置于磨口玻璃离心管中;然后置于超声波清洗器中超声 20 min,取出置于 80℃ 水浴中加热 30 min。取出冷却后离心(4500 r/min)15 min。倾出上清液,沉淀用 5 mL 0.1 mol/L 高氯酸溶液洗涤,再离心,将两次的上清液合并。用 1 mol/L 氢氧化钠溶液调 pH 值至 9.5 ± 0.1,若有沉淀产生,再离心(4500 r/min)10 min,将上清液转移至磨口玻璃离心管中,加入 8 g氯化钠,混匀,加入 25 mL 异丙醇 + 乙酸乙酯(40 + 60),置于振荡器上振荡提取 20 min。提取完毕,放置 5 min(若有乳化层稍离心一下)。用吸管小心将上层有机相移至旋转蒸发瓶中,用 20 mL 异丙醇 + 乙酸乙酯(40 + 60)再重复萃取一次,合并有机相,于 60℃ 在旋转蒸发器上浓缩至近干。用 1mL 0.1 mol/L 磷酸二氢钠缓冲液(pH 6.0)充分溶解残留物,经针筒式微孔过滤膜过滤,洗涤三次后完全转移至 5 mL 玻璃离心管中,并用 0.1 mol/L 磷酸二氢钠缓冲液(pH 6.0)定容至刻度。

（2）净化

依次用 10 mL 乙醇、3 mL 水、3 mL 0.1 mol/L 磷酸二氢钠缓冲液（pH 6.0），3 mL 水冲洗弱阳离子交换柱，取适量提取液至弱阳离子交换柱上，弃去流出液，分别用 4mL 水和 4mL 乙醇冲洗柱子，弃去流出液，用 6mL 乙醇 + 浓氨水（98 + 2）冲洗柱子，收集流出液。将流出液在 N_2 - 蒸发器上浓缩至干。

（3）衍生化

于净化、吹干的试样残渣中加入 100 ~ 500 μL 甲醇，50μL 2.4 mg/L 的内标工作液，在 N_2 - 蒸发器上浓缩至干，迅速加入 40 μL 衍生剂（BSTFA），盖紧塞子，在涡漩式混合器上混匀 1 min，置于 75℃ 的恒温加热器中衍生 90 min。衍生反应完成后取出冷却至室温，在涡漩式混合器上混匀 30 s，置于 N_2 - 蒸发器上浓缩至干。加入 200 μL 甲苯，在涡漩式混合器上充分混匀，待气质联用仪进样。同时用克伦特罗标准使用液做系列同步衍生。

（4）气相色谱—质谱法测定参数设定

气相色谱柱：DB - 5MS 柱，30 m × 0.25 mm × 0.25 μm。

载气：He，柱前压：8psi。

进样口温度：240℃。

进样量：1μL，不分流。

柱温程序：70℃ 保持 1 min，以 18℃/min 速度升至 200℃，以 5℃/min 的速度再升至 245℃，再以 25℃/min 升至 280℃ 并保持 2 min。

电子轰击能：70 eV。

离子源温度：200℃。

接口温度：285℃。

溶剂延迟：12 min。

EI 源检测特征质谱峰：克伦特罗：m/z 86、187、243、262；美托洛尔：m/z 72,223。

（5）测定

吸取 1μL 衍生的试样液或标准液注入气质联用仪中，以试样峰（m/z 86,187,243,262, 264,277,333）与内标峰（m/z 72,223）的相对保留时间定性，要求试样峰中至少有 3 对选择离子相对强度（与基峰的比例）不超过标准相应选择离子相对强度平均值的 ±20% 或 3 倍标准差。以试样峰（m/z 86）与内标峰（m/z 72）的峰面积比单点或多点校准定量。

（6）检出限与线性范围

气相色谱—质谱法检出限为 0.5 μg/kg，线性范围为 0.025 ~ 2.5ng。

12.5　罂粟壳

罂粟壳（Pericarpium Papaveris）为罂粟科植物罂粟采完鸦片后的干燥成熟果壳，含有 20 多种生物碱，其中以吗啡（Morphine）、可待因（Codeine）、那可丁（Narcotine）、罂粟碱（Papavarine）等为主要成分。罂粟壳中的生物碱会使人嗜睡和性格改变，引起某种程度的惬意和欣快感,可造成人注意力、思维和记忆性能的衰退,长期食用会引起精神失常,出现幻觉,严重时甚至会导致呼吸停止而死亡。添加了罂粟壳的食物易使消费者成瘾,长期食用者无论从身体上还是心理上都会对其产生严重的依赖性,造成严重的毒物癖。罂粟壳的供应使用,国家早有明文规定,然而一些不法商家和饭店为了牟取暴利,在火锅、麻辣烫、牛肉粉、烤禽类等的汤料和辅料中添加罂粟壳及其水浸物等违禁原料,使食物味道鲜美,吸引更多的食客。罂粟壳的外观图见12 - 8。

图 12 - 8　罂粟壳的外观图

食品中罂粟壳及其水浸物的残留对人体的危害逐渐引起了大家的关注,近几年来对食品调料中掺入罂粟壳及其水浸物残留的检验建立了分光光度法、薄层色谱法、气相色谱法、高效液相色谱法、气相色谱质谱联用法和液相色谱质谱联用法等许多方法。

分光光度法的原理为:罂粟壳样品处理残渣用盐酸溶解,可与碘化铋钾生成橙红色沉淀,与碘化汞钾生成灰白色沉淀。罂粟壳乙醇提取液对波长 283 nm 或波长 286 ~ 288 nm 有最大吸收,样品处理后可直接在紫外分光光度计上定性测定。由于吗啡是罂粟壳的主要成分,利用吗啡酚羟基在酸性水溶液中与 $NaNO_2$ 生成亚硝基吗啡,在氨碱性条件下显黄棕色,与标准系列比较或于波长 420 nm 处用分光光度计比色测定。该法检出限吗啡 0.1 mg/100mL,罂粟壳 1 g/100mL。线性范围:吗啡 0.1 ~ 10 mg/100mL,罂粟壳 1 ~ 5 g/100mL。该法简单快速,但因吗啡含量受多因素影响,只能定性和半定量测定。

薄层色谱法根据操作过程可大致分为样品提取、点样展开,显色及结果观察三步。样品提取过程主要有加热酸化水解→脱脂和过滤碱化→萃取→脱水挥干→定容等步骤。一般用酒石酸作酸化剂。煮沸或低温回流水解生物碱,水碱化无水脱水,水浴或氮气减压浓缩挥至近干。硅胶展开剂常用甲醇、乙醇,可用石油醚除去脂肪,无水预展后再正式展开。结果观察方法有直接在 254 nm 或 365 nm 紫外灯下观察绿色荧斑,喷洒显色剂碘化铋钾。$NaNO_2$ 乙醇液观察橙红色斑,先看荧斑再显色后观察色斑或淬灭点。本法主要适用于火锅汤料,底料及羊肉汤等样品测定。该法灵敏准确,不需特殊设备,操作简单,是目前研究最活跃最普遍采用的方法。

高效液相色谱法测定罂粟壳的主要原理为:将样品加水煮沸,冷却,加无水乙醇,用酒石酸调节 pH 值为 4,回流、过滤,合并滤液于分液漏斗中,用石油醚脱脂,弃醚层。水层于另一分液漏斗中用氨水调 pH 为 9,用氯仿 + 异丙醇(3 + 1)提取,弃水层。有机层于分液漏

斗中用无水 Na_2SO_4 脱水于 K – D 浓缩器中,浓缩近干,用 N_2 吹干,加流动相溶解,定容,0.45 μm 膜过滤,取待检液 10 μL,注入带有紫外检测器的 HPLC 仪。本法可以同时检出罂粟碱,吗啡,可待因,那可丁四种成分。

但是目前我国对于检测罂粟壳残留还没有正式的标准方法出台,下面主要介绍 GC 检测方法。

12.5.1　气相色谱法

12.5.1.1　方法原理

样品经酸化、浓缩、碱化、有机溶剂提取。经气相色谱分离,可同时定性、定量检测掺入食品中罂粟壳残留量,罂粟壳的检测量为 2 mg/kg,灵敏度可达 10^{-11}。气相色谱法是目前测定食品中罂粟壳残留量最灵敏的方法。

12.5.1.2　仪器试剂

(1)仪器

GC 仪(具氢火焰检测器)。

(2)试剂

①10% HCl;

②10% 三氯乙酸;

③5% $SiO_2 \cdot 12WO_3$;

④氨水;

⑤无水乙醚;

⑥石油醚;

⑦无水乙醇;

⑧吗啡、罂粟碱、可待因、蒂巴因标准品(中国药品生物制品检定所)。

12.5.1.3　操作方法

(1)样品处理

取 50 mL 样液于锥形瓶中,加石油醚 50 mL,振荡 20 min,转移无脂样液于另一锥形瓶中,用10% HCl 调 pH 为2,加 50 mL 10% 三氯乙酸,摇匀,过滤,加 3 mL 5% $SiO_2 \cdot 12WO_3$,摇匀,静置沉淀,倾去上清液。加 10 mL 浓 NH_4OH 溶解沉淀,并转移至分液漏斗中,用无水乙醚 50 mL ×3,分 3 次提取,合并醚层,经无水 Na_2SO_4 脱水于锥形瓶中,于水浴上挥干,用无水乙醇 2 mL 溶解,待检。取 5 μL 待检液注入 GC 仪(同时做空白试验)。

(2)色谱条件

①HP – 5 毛细管色谱柱:(15 m × 0.35 mm,0.53 μm),内填 5% SE – 30 的 Shimalite WAWDMCS(担体)。

②进样口温度 310℃,检测器温度 280℃(程序升温,初温 250℃,保持 5 min,然后以 48℃/min 升至 280℃,保持 3 min)。

③N_2 流速 30 mL/min,H_2 流速 40 mL/min,空气流速 400 mL/min,分流比为 50:1。

④进样量 5 μL。

（3）标准品定位

取稀释后的吗啡、可待因、罂粟碱、蒂巴因标准液各 5 μL 注入 GC 仪，保留时间为：可待因 1.230 min、吗啡 2.695 min、蒂巴因 4.345 min、罂粟碱 6.362 min。

（4）定性判断

若样品中出现与 4 种标准保留时间相同，则可确认样品中含罂粟成分。样液峰面积与标准液峰面积比较定量。

12.5.1.4 结果计算

$$X = \frac{A_1 \times C_s \times 1000}{A_2 \times m \times \frac{V_1}{V_2} \times 1000} \qquad (12-5)$$

式中：X——食品中罂粟成分的含量，mg/kg；

A_1、A_2——样品于标准峰面积，mm^2；

C_s——标准液量，μg；

V_1——进样体积，mL；

V_2——样液定容体积，mL；

m——样品质量，g。

12.5.1.5 说明

①罂粟中含有很多生物碱，生物碱与 $SiO_2 \cdot 12WO_3$ 形成结合体，再与 NH_4OH 作用使之分解，生物碱被游离，供检测。

②用无水 Na_2SO_4 脱水应彻底，所用乙醚与乙醇也应为无水，否则会影响检测结果。

③固体样品一般取 20 g 加水 180 mL，液体样品取 200 mL 然后经煮沸，浓缩至 10 mL，再用有机相萃取，可避免乳化产生，还可节省有机溶剂，并减少对环境的污染。

思考题

1. 食品中的非法添加物的判定依据有哪些？

2. 简述三聚氰胺的性质、危害及主要测定方法。

3. 简述瘦肉精的性质、危害及主要测定方法。

第 13 章　食品中常见有毒、有害物质的分析

13.1　概述

13.1.1　有毒有害物质的概念

从有害物质对机体健康影响的角度而言,食品中的有害物质可被分为普通有害物质、有毒物质、致癌物和危险物。在自然界所有的物质中,当某物质或含有该物质的物质被按其原来的用途正常使用时,导致人体生理机能、自然环境或生态平衡遭受破坏时,则称该物质为有害物质。对于有毒物质,一般定义为凡是以小剂量进入机体,通过化学或物理化学作用能够导致健康受损的物质。根据这一定义可知,有害物质包括有毒物质,其范畴比有毒物质更广;有毒物质是相对的,剂量决定着一种成分是否有毒。因而,一般有毒物质的毒性分级也是以中毒剂量作为基准的。参考表 13－1。

表 13－1　毒物毒性分级

毒性分级	大白鼠一次口服半数致死量/(LD 50 mg/kg)	人一次性致死量/(g/kg)
剧毒	<1	<0.05
高毒	1～50	0.05～0.5
中等毒	50～500	0.5～5.0
低毒	500～5000	5.0～15
微毒	>5000	>15

13.1.2　食品中有害物质的分类与来源

食品中有害物质可分为三类:一是物理性有害物质,如金属屑、玻璃、石子、动物排泄物等;二是化学性有害物质,如有机氯农残、河豚毒素、重金属、放射性元素等;三是生物性有害物质,如细菌、霉菌,以及李斯特菌等致病菌,还包括寄生虫等。这些有害物质的主要来源有:不当地使用农药、兽药,包括施药过量、施药期不当或使用被禁药物;来自加工、储藏或运输中的污染,如操作不卫生、杀菌不合要求或储藏方法不当等;来自特定食品加工工艺,如肉类薰烤、蔬菜腌制等;来自包装材料中的有害物质,某些有害物质可能移溶到被包装的食品中;来自环境污染物,如二噁英、多氯联苯等;以及来自食品原料中固有的天然有毒物质。此外,近年来一些食品生产经营者违法使用非食用物质加工食品,也导致了很多有毒有害物质进入到食品中。

13.1.3　测定意义

我国加入世贸组织后,每年有大量的食品进出口贸易,加入世贸组织要求履行世贸组织的"贸易技术壁垒协议(TBT)"和"实施卫生与动植物检疫措施协议(SPS)",这使食品安

全方面的绿色壁垒日益突出,给我国食品的出口造成严重影响。另一方面,随着社会的发展人们越来越关心自身健康,对食品安全性的要求越来越高,使得世界各国不断降低食品中有害物质的最高残留限量(MRL)的数值,这对检测水平提出了新的要求。开展食品中有毒有害物质检测和相关技术研究工作,对内有助于全面提升食品安全水平,维护公共卫生安全,保障人民群众身体健康;对外有助于破解国外技术壁垒,促进我国食品品质的提高,保证食品进出口贸易,具有非常重要的意义。

13.2 食品中毒素(天然毒素)的测定

毒素是食品安全中极为重要的问题。动、植物食品中天然毒素种类很多,容易误食饮用,引起中毒,严重者甚至致死。常见的有:河豚毒素、贝类毒素、组胺、棉籽油中棉酚、鲜黄花菜中秋水仙碱、菜籽油中芥酸、四季豆中皂素等均含有一定毒性。其中,河豚毒素是一种神经性毒素,其毒性比剧毒的氰化物还要高 1000 多倍。食品中毒素的中毒症状,轻者为恶心、呕吐、腹痛、腹泻、大便带血,严重者全身麻木、肌肉软瘫、肝肿大、呼吸困难、血压下降、昏迷,最后因呼吸中枢麻痹、心房室传道阻滞而死亡。本节主要介绍动物性毒素中的河豚毒素、贝类毒素、组胺、植物性毒素中的棉酚的测定。

13.2.1 河豚毒素

河豚毒素是一种神经毒素,剧毒,河豚毒素的毒性比氰化钠高 1000 多倍,只需要 0.48 mg就能致人死命。河豚最毒的部分是卵巢、肝脏,其次是肾脏、血液、眼、鳃和皮肤。毒素含量的大小随着生长水域、品种及季节的不同而不同。河豚鱼中毒是世界上最严重的动物性食物中毒。因误食或食用加工不当的河豚鱼而发生人畜中毒的事件每年都有发生。

我国《水产品卫生管理办法》中明确规定:"河豚鱼有剧毒,不得流入市场。捕获的有毒鱼类,如河豚鱼应拣出装箱,专门固定存放"。目前,对河豚毒素的检测方法主要有 GB/T 5009.206—2007《鲜河豚鱼中河豚毒素的测定》和 GB/T 23217—2008《水产品中河豚毒素的测定:液相色谱 - 荧光检测法》。GB/T 5009.206—2007 主要的测定原理是:样品中的河豚毒素经提取、脱脂后与定量的特异性酶标抗体反应,多余的游离酶标抗体则与酶标板内的包被抗原结合,加入底物后显色,与标准曲线比较来测定河豚毒素的含量。本方法的检出限为 0.1 μg/L,相当于样品中 1 μg/kg 的河豚毒素,标准曲线的线性范围为 5 ~ 500 μg/L。GB/T 23217—2008 主要的测定原理是:试样中含有的河豚毒素采用酸性甲醇提取,提取液浓缩后,过 C_{18} 固相萃取小柱净化,液相色谱柱后衍生荧光法测定,液相色谱 - 串联质谱法确证,外标法定量。本标准适用于河豚鱼、织纹螺、虾、牡蛎、花蛤、鱿鱼中河豚毒素的测定与确证。本方法的检出限为 0.05 mg/kg。

13.2.2 贝类毒素

贝类毒素不是由贝类自身产生,而是由一些浮游藻类合成的多种毒素而引起的,这些藻类是贝类的食物。海洋软体动物摄食了这类海藻后,这些海藻所含毒素在贝类中以无毒的结合态蓄积。当人体摄食此类蛤肉后,毒素被释放出来,引起中毒。常见有麻痹性贝类中毒(Paralytic shellfish poinson,PSP)、腹泻性贝类中毒(Diarrhetic shellfish poinson,DSP)、神经毒性贝类中毒(Neuropathic shellfish poinson,NSP)、失忆性贝类中毒(Amnesiacshellfish poinson,ASP)。已在龙虾、蟹类和鲐鱼的内脏中发现 PSP 毒素,该毒素中毒会引起神经系统紊乱,导致呼吸麻痹而死亡。DSP 毒素在北美加拿大、亚洲、南美智利、大洋洲的新西兰、欧洲均已发现,虽不致命,但可引起轻微胃肠疾患。目前贝类毒素的检测方法有国家标准 GB/T 5009.212—2008《贝类中腹泻性贝类毒素的测定》,GB/T 5009.213—2008《贝类中麻痹性贝类毒素的测定》等。GB/T 5009.212—2008 的主要测定原理是:用丙酮提取贝类中 DSP 毒素,经乙醚分配后,经减压蒸干,再以含 1% 吐温 -60 的生理盐水为分散介质,制备 DSP -1% 吐温 -60 生理盐水混悬液,将该混悬液注射入小鼠腹腔,观察小鼠存活情况,计算其毒力。GB/T 5009.213—2008 的主要测定原理是:以石房蛤毒素作为标准,将鼠单位换算成毒素的微克数。根据小鼠注射贝类提取液后的死亡时间,查出鼠单位,并按小鼠体重,校正鼠单位,计算确定每 100 g 贝肉内的 PSP 微克数。鼠单位:对体重为 20 g 的 ICR 雄性小鼠腹腔注射 1 mL 麻痹性贝类毒素提取液,使其在 15 min 内死亡所需的最小毒素量。

13.2.3　组胺

组胺,又名组织胺,分子式为 $C_5H_9N_3$,相对分子质量 111.15,化学名是 2 - 咪唑基乙胺。组胺是一种生物碱,溶于水及乙醇。组胺不仅是判定鱼类鲜度的一项重要指标,又是食物中毒的原因物质。组胺是由鱼体内存在的游离组氨酸在具有组氨酸脱羧酶的细菌作用下,发生脱羧反应而形成的腐败性胺类物质。组胺中毒,大多是由于食用不新鲜或腐败变质的鱼类引起的。一般认为,成人摄入 100 mg 的组胺就有可能引起中毒。容易形成组胺并含有较多组胺的鱼类一般有青皮红肉的特点,比如金枪鱼及沙丁鱼,在 37℃ 储藏 96 h 可产生组胺大约 1.6 ~ 3.2 mg/g。一般情况下,温度 15 ~ 37℃、有氧、弱酸性(pH 6.0 ~ 6.2)和渗透压不高(盐分含量 3% ~5%)的条件下,利于组氨酸转化成组胺。

本节简单介绍组胺的检测。GB/T 5009.45—2003《水产品卫生标准的分析方法》中规定了比色法测定组胺,该法适用于海产品和水产品中组胺的分析,检测限为 50 mg/kg。

GB/T 5009.45—2003 测定原理是:基于鱼体中的组胺被水或极性有机溶剂提取后,在弱碱条件下,能与偶氮试剂反应生成橙色物质,从而可以对组胺进行定性或定量检测。测定的基本步骤为先将样品搅碎并混合均匀,然后加三氯乙酸浸泡过滤,吸取滤液加氢氧化钠至碱性,加正戊醇提取,吸取提取液再加盐酸提取。盐酸提取液中加碳酸钠,偶氮试剂显色,在 480 nm 波长处测吸光度,与标准曲线比较定量。

13.2.4　植物毒素的检测 - 棉酚

棉酚又名棉毒素,是棉属植物体内形成的一种黄色多酚物质。棉酚的分子式为 $C_{30}H_{30}O_8$,结构式见图 13 - 1。棉酚易溶于乙醚、甲醇、乙醇、丙酮和氯仿等有机溶剂中,不溶于水、正己烷及低沸点的石油醚。棉酚按其存在形式可分为游离棉酚和结合棉酚。游离棉酚是指棉酚分子结构中的活性基团(醛基和羟基)未被其他物质"封闭"的棉酚,它是一种有毒化学物质。结合棉酚是游离棉酚与蛋白质、氨基酸、磷脂等物质互相作用形成的结合物。它不具有活性,不溶于油脂中,也难以被动物消化吸收,故没有毒性。

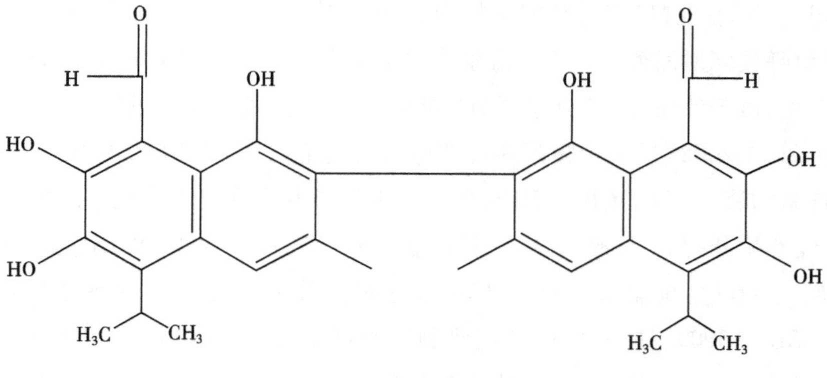

图 13 - 1　棉酚的结构式

棉酚主要存在于棉籽油,特别是在未经精炼或精炼不彻底的粗制棉籽油中。棉酚在棉籽中的含量为 0.15% ~ 0.28%,冷榨棉籽油中可高达 1% ~ 1.3%,主要的棉籽酚中毒途径,是食用了未经脱酚处理的食用棉籽油。禽畜中毒,则是由于吃了未经脱毒处理的棉籽蛋白。实验表明,当棉籽油中游离棉酚的含量为 0.02% 以下时,对动物健康是无害的;当含量达到 0.05% 时,对动物有明显危害;而高于 0.15% 时,则可引起动物严重中毒。棉酚急性中毒症状如皮肤和胃灼烧难忍、恶心、呕吐、腹泻,危急时下肢麻痹、昏迷,甚至会因呼吸系统衰竭而死亡。慢性中毒主要表现为皮肤灼烧难忍,无汗或少汗,伴有心慌、无力、肢体麻木,有的产棉区又称这种病为"烧热症"。鉴于棉酚的危害,我国对食用棉籽油的质量作出了严格的规定,凡未经精炼加工的棉籽油或粗制棉籽油,严禁作为食用油投入市场,并规定了食用油中游离棉酚含量不应大于 0.02% 。

测定棉酚的方法有 GB/T 5009.37—2003《食用植物油卫生标准的分析方法》以及 GB/T 5009.148—2003《植物性食品中游离棉酚的测定》。GB/T 5009.37—2003 规定了紫外分光光度法和苯胺法测定棉籽油中的游离棉酚。紫外分光光度法测定游离棉酚的原理是:试样中游离棉酚经用丙酮提取后,在 378 nm 有最大吸收,其吸收值与棉酚量在一定范围内成正比,与标准系列比较定量。测定的基本步骤为称取试样加丙酮振荡 30 min,放置冰箱过夜,过滤。在具塞比色管中加入试液和棉酚标准使用液,加丙酮后混匀,显色,在波长 378 nm 处测定吸光度,绘制标准曲线比较,根据标准曲线查出棉酚含量。紫外分光光度法简便易行,但往往因样品处理、杂质干扰等原因,使结果不够理想。苯胺法测定游离棉酚的原理是:棉酚分子中的醛基可以与苯胺分子作用,生成不溶于石油醚等非极性溶剂的棉酚二苯胺衍生物。把样品中的游离棉酚经提取后,在乙醇溶液中与苯胺形成黄色化合物,可与标准系列比较定量。测定的基本步骤为先称取试样加丙酮剧烈振摇,冰箱过夜,过滤。在具塞比色管中加入试液和棉酚标准使用液,加丙酮和苯胺,显色,在波长 445 nm 处测定吸光度,以样品组与对照组吸光度之差,根据标准曲线查出棉酚含量。

GB/T 5009.148—2003 规定了用液相色谱法测定植物性食品中游离棉酚的含量,标准适用于植物油或以棉籽饼为原料的其他食品中游离棉酚的测定。其测定原理为:植物油中的游离棉酚经无水乙醇提取,经 C18 柱将棉酚与试样中杂质分开,在 235 nm 处测定。根据色谱峰的保留时间定性,外标法峰高定量。本方法的检出限为 5 ng,最低检出浓度为 2.5 mg/kg。样品的主要处理步骤为称量植物油加无水乙醇,剧烈振摇,静置分层(或冰箱过夜),取上清液过滤。离心,上清液即为试料,10 μL 进液相色谱。若为水溶性试样,则吸取试样于离心管中,加无水乙醚剧烈振摇,静置,取上层乙醚层用氮气吹干。用无水乙醇定容,过滤膜,即为试料,10 μL 进液相色谱。

13.3　激素的测定

激素是由生物体产生的,对机体代谢和生理机能发挥高效调节作用的物质,包括动物激素和植物激素。动物激素,又称荷尔蒙,也称为内分泌素。是由人和动物体的内分泌器官直接分泌到血液的特殊化学物质。它在血液中的浓度极低,但是却具有非常重要的生理作用,具有调节人和动物体的糖、蛋白质、脂肪、水分和盐分代谢,控制生长发育和生殖过程等功能。动物激素的种类很多,功能各异,根据其化学组成主要可分成两大类,即蛋白质激素与非蛋白质激素。根据功能分类,动物激素包括性激素、蛋白同化激素和肾上腺素受体激动剂等。植物激素是存在于植物体内对植物的新陈代谢和生长发育起着重要调节作用的物质。包括生长素、赤霉素、细胞分裂素、乙烯和脱落酸等。动物激素在动物疾病预防与治疗以及增加动物产量等方面发挥着非常重要的作用,但是动物激素的残留也日趋严重。同时为了预防动物疾病,提高动物产品的产量,一些动物饲养单位向饲料中人为添加激素。这些都可能造成动物激素在动物食品(牛肉、猪肉、禽肉等)、动物产品(蛋、奶等)及其制品(肉罐头制品、奶制品等)中的残留。

激素危害主要表现在以下几个方面。首先,动物组织中激素残留的水平通常都很低,所以这种残留主要产生慢性、蓄积毒性以及"三致"作用(致畸、致癌、致突变作用)。例如乙烯雌酚残留可引起女性早熟、子宫癌以及男性女性化。其次,食用含有激素残留的动物性食品可能干扰人体正常的激素作用。如食用含性激素较多的动物产品,可能导致儿童早熟。另外还可能导致其他很多疾病。如食用含有高浓度盐酸克伦特罗(测定方法见第 12 章非法添加物的测定)的动物性食品可以导致头痛、手脚颤抖、狂躁不安等,严重时可危及生命。因此,世界各国都禁止在畜禽饲料和动物饮用水中掺入激素类药物。根据 2003 年我国发布的《禁止在饲料和动物饮用水中掺入使用的药物品种目录》,肾上腺素受体激动剂盐酸克伦特罗,性激素己烯雌酚、雌二醇等都属于禁用之列。

由于动物性食品中激素的残留量少,且动物性食品的成分复杂,目前检测食品中激素残留的方法主要是 HPLC 和 GC – MS 等仪器分析方法,以及基于血清学反应的快速检测方法。关于植物激素在食品中的残留所造成的危害远远没有动物激素残留的大,所以本节将重点介绍动物激素雌二醇的检测方法。

测定雌二醇的方法有 GB/T 22967—2008《牛奶和奶粉中 β – 雌二醇残留量的测定气相色谱 – 负化学电离质谱法》、农业部 958 号公告 – 10 – 2007《水产品中雌二醇残留量的测定气相色谱 – 质谱法》以及中华人民共和国进出口商品检验行业标准 SN 0664—1997《出口肉及肉制品中雌二醇残留量检验方法放射免疫法》。GB/T 22967—2008 规定了牛奶和奶粉中 β – 雌二醇残留量气相色谱 – 负化学电离质谱测定方法,适用于牛奶和奶粉中 β – 雌二醇残留量的测定。其原理是:牛奶和奶粉中雌二醇经过酶水解,用乙腈作为蛋白质沉淀剂和提取剂进行提取,固相萃取柱净化后,经酰化衍生化后,用气相色谱 – 负化学电离质谱选择离子监测模式测定,内标法定量。本方法的检出限:牛奶 0.25 μg/kg,奶粉 2 μg/kg。农业部 958 号公告 – 10 – 2007 商品检验行业标准 SN 0664—1997 规定了水产品中 β – 雌二醇残留量的气相色谱 – 质谱测定方法,适用于水产品可食部分中 β – 雌二醇残留量的测定。其测定原理为:酸性条件下,以乙腈提取样品中的 β – 雌二醇,经过正己烷脱脂,C18 固相萃取柱净化,硅烷化试剂衍生化后,用气相色谱 – 质谱仪测定,内标法定量。我国商品检验行业标准 SN 0664—1997 规定了出口肉及肉制品中雌二醇残留量检验的抽样、制样和放射免疫测定方法。适用于出口冻牛肉中雌二醇残留量的检验。其测定原理是:试样中残留的雌二醇用二氯甲烷提取。提取液经蒸干,残渣用甲醇水溶液浸出。浸出液经 C18 柱净化后加入雌二醇抗体及标记的雌二醇溶液,置 4℃ 静置后加分离剂,离心,取上清液,用液体闪烁分析仪进行测定。

13.4　食品中农药、兽药残留及霉菌毒素的测定

农药是指用于预防、消灭或者控制危害农业、林业的病、虫、草及其他有害生物,以及有目的地调节植物、昆虫生长的药物的通称。目前,全世界实际生产和使用的农药品种有上千种,其中绝大部分为化学合成农药。按用途可分为杀虫剂、杀菌剂、除草剂、杀螨剂、植物生长调节剂和杀鼠药等;按化学成分可分为有机磷类、氨基甲酸酯类、有机氯类、拟除虫菊酯类、苯氧乙酸类等;按药剂的作用方式,可分为触杀剂、胃毒剂、熏蒸剂、引诱剂、驱避剂、拒食剂、不育剂等;按其毒性可分为高毒、中毒、低毒三类;按杀虫效率可分为高效、中效、低效三类;按农药在植物体内残留时间的长短可分为高残留、中残留和低残留三类。

由于使用农药而在食品、农产品和动物饲料中出现的任何特定物质,包括被认为具有毒理学意义的农药衍生物,如农药转化物、代谢物、反应产物及杂质等称为残留物(Residue Definition)。在食品或农产品内部或表面法定允许的农药最大浓度,以每千克食品或农产品中农药残留的毫克数表示(mg/kg),此为最大残留限量 Maximum Residue Limit(MRL)。一些持久性农药虽已禁用,但还长期存在环境中,从而再次在食品中形成残留,为控制这类农药残留物对食品的污染而制定其在食品中的残留限量,以每千克食品或农产品中农药残留的毫克数表示(mg/kg),称为再残留限量 Extraneous Maximum Residue Limit(EMRL)。人类终生每日摄入某物质,而不产生可检测到的危害健康的估计量,以每千克体重可摄入的量表示(mg/kg bw),称为每日允许摄入量 Acceptable Daily Intake(ADI)。当农药过量或长

期施用,导致食物中农药残存数量超过最大残留限量(MRL)时,将对人和动物产生不良影响,或通过食物链对生态系统中其他生物造成毒害。

农药对食物的污染途径主要有:农田施用农药时,直接污染农作物;因水质的污染进一步污染水产品;土壤中沉积的农药通过农作物的根系吸收到作物组织内部而造成污染;大气中漂浮的农药随风向、雨水对地面作物、水生生物产生影响;饲料中残留的农药转入禽畜体内,造成此类加工食品的污染。导致和影响农药残留的原因有很多,其中农药本身的性质、环境因素以及农药的使用方法是影响农药残留的主要因素。

本节主要介绍目前市面上使用比较普遍的几类农药的残留分析,包括:有机氯类农药、有机磷类农药、拟除虫菊酯类农药等的残留分析。

13.4.1　有机氯农药残留及其检测

13.4.1.1　有机氯农药的性质及常见品种

有机氯农药(Organochlorine Pesticides,OCPs)是农药中一类有机含氯化合物。常见的有机氯农药有滴滴涕(简称 DDT)、六六六(简称 HCH)、七氯(Heptachlor)、艾氏剂(Aldrin)、狄氏剂(Dieldrin)、异狄氏剂(Endrin)等。有机氯农药均为神经毒性物质,脂溶性很强,不溶或微溶于水,在生物体内的蓄积具有高度选择性,多储存于机体脂肪组织或脂肪多的部位,在碱性环境中易分解失效。

(1)滴滴涕

滴滴涕分子式为 $C_{14}H_9Cl_{15}$,化学名为 2,2 - 双(对氯苯基) - 1,1,1 - 三氯乙烷、二氯二苯三氯乙烷,简称二二三,简称 DDT。滴滴涕也有几种不同异构体,如:P,P′ - DDT、P,P′ - DDD、P,P′ - DDE、O,P′ - DDT 等。

DDT 产品为白色或淡黄色固体,纯品 DDT 为白色结晶,熔点 108.5 ~ 109℃,在土壤中半衰期为 3 ~ 10 年。不溶于水,易溶于脂肪及丙酮、CCl₄、苯、氯苯、乙醚等有机溶剂。DDT 对光、酸均很稳定,对热亦较稳定,但温度高于本身的熔点时,DDT 会脱去 HCl 而生成毒性小的 DDE,对碱不稳定,遇碱亦会脱去 HCl。

DDT 于 1874 年首次人工合成,1939 年瑞士化学家穆勒发现了 DDT 的杀昆虫作用,并因此获得了 1948 年的诺贝尔奖。由于这类农药具有较高的杀虫活性,杀虫谱广,对温血动物的毒性较低,持续性较长,加之生产方法简单,价格低廉,因此,这类杀虫剂在世界上相继投入大规模的生产和使用,其中,"六六六"、DDT 等曾经成为红极一时的杀虫剂品种。但从 20 世纪 70 年代开始,许多工业化国家相继限用或禁用某些 OCPs,其中主要是 DDT、六六六及狄氏剂。我国政府已于 1983 年决定停止使用六六六和 DDT。但由于其性质稳定,在自然界不易分解,属高残留品种,因此在世界许多地方的空气、水域和土壤中仍能够检测出微量 OCPs 的存在,并会在相当长时间内继续影响食品的安全性,危害人类健康。DDT 的污染是全球性的,有资料表明,在人迹罕至的南极的企鹅、海豹、北极的北极熊、甚至未出世的胎儿体内均可检出 DDT 的存在。因此,此类化合物仍然是我国食品中农药残留的主要检测品种。

（2）六六六

六六六分子式为 $C_6H_6Cl_6$，化学名为六氯环己烷、六氯化苯，简称 HCH。HCH 有四种常见的异构体：$\alpha - HCH$、$\beta - HCH$、$\gamma - HCH$、$\delta - HCH$。HCH 为白色或淡黄色固体，纯品为无色无臭晶体，工业品有毒臭气味，在土壤中半衰期为 2 年，不溶于水，易溶于脂肪及丙酮、乙醚、石油醚及环己烷等有机溶剂。HCH 对光、热、空气、强酸均很稳定，但对碱不稳定（$\beta -$ HCH 除外），遇碱能分解（脱去 HCl）。

$$C_6H_6Cl_6 + 3KOH \xrightarrow{\triangle} C_6H_3Cl_3 + 3KCl + 3H_2O$$

我国国家标准 GB 2763 规定了食品中农药最大残留限量标准，其中滴滴涕和六六六的再残留限量见表 13 - 2。

表 13 - 2　食品中的 DDT 和 HCH 再残留限量

食品类别/名称	再残留限量/（mg/kg）	
	DDT	HCH
谷物及制品		
稻谷	0.1	0.05
麦类	0.1	0.05
旱粮类	0.1	0.05
杂粮类	0.05	0.05
成品粮	0.05	0.05
油料		
大豆	0.05	0.05
蔬菜		
鳞茎类蔬菜	0.05	0.05
芸苔属类蔬菜	0.05	0.05
叶菜类蔬菜	0.05	0.05
茄果类蔬菜	0.05	0.05
瓜类蔬菜	0.05	0.05
豆类蔬菜	0.05	0.05
茎类蔬菜	0.05	0.05
根茎类和薯芋类蔬菜	0.05（胡萝卜除外）	0.05
水生类蔬菜	0.05	0.05
芽菜类蔬菜	0.05	0.05
其他多年生蔬菜	0.05	0.05
胡萝卜	0.2	

续表

食品类别/名称	再残留限量/(mg/kg)	
	DDT	HCH
水果		
仁果类水果	0.05	0.05
柑橘类水果	0.05	0.05
核果类水果	0.05	0.05
浆果和其他小型水果	0.05	0.05
热带和亚热带水果	0.05	0.05
瓜果类水果	0.05	0.05
饮料类		
茶叶	0.2	0.2
哺乳动物肉类及其制品		
脂肪含量 10% 以下	0.2(以原样计)	0.1(以原样计)
脂肪含量 10% 以上	2(以脂肪计)	1(以脂肪计)
水产品	0.5	0.1
蛋类	0.1	0.1
生乳	0.02	0.02

①本表节选自 GB　2763 – 2012 食品中农药最大残留限量;
②DDT 残留物以 p,p' – 滴滴涕、o,p' – 滴滴涕、p,p' – 滴滴伊和 p,p' – 滴滴滴之和计;
③HCH 残留物以 α – 六六六、β – 六六六、γ – 六六六和 δ – 六六六之和计。

有机氯农药残留量检测常用的有气相色谱法和薄层色谱法。其中薄层色谱法的原理是:试样中的滴滴涕、六六六经有机溶剂提取,并经硫酸处理,除去干扰物质,浓缩,点样于薄层板上,在吸附剂与展开剂之间产生连续吸附与解吸作用,从而达到分离,然后用硝酸银显色,经紫外线照射生成棕黑色斑点,与标准比较,可以概略定量。薄层色谱法检出限为0.02 μg,适宜范围为 0.02 ~ 0.20 μg。薄层色谱法操作复杂,且只能概略定量,因此滴滴涕、六六六的残留检测应用此法较少。目前检测机构最为广泛使用的检测技术是气相色谱法(GC),它具有分离效能高、灵敏度高、选择性好、分析速度快、用样量少等特点。典型的气相色谱仪见图 13 – 1。气相色谱法是一种以气体为流动相,采用洗脱法的柱色谱法。当多组分的混合样品进入色谱柱后,由于吸附剂对每个组分的吸附力不同,经过一定时间后,各组分在色谱柱中的运行速度也就不同。吸附力弱的组分容易被解吸下来,最先离开色谱柱进入检测器,而吸附力最强的组分最不容易被解吸下来,因此最后离开色谱柱。如此,各组分得以在色谱柱中彼此分离,顺序进入检测器中被检测、记录下来。在仪器允许的气化条件下,凡是能够气化且稳定、不具腐蚀性的液体或气体,都可用气相色谱法分析。有的化合物沸点过高难以气化或热不稳定而分解,则可通过化学衍生化的方法,使其转变成易气化或热稳定的物质后再进行分析。

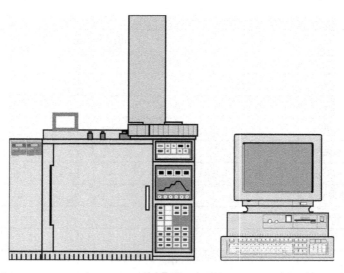

图 13 - 1　典型的气相色谱仪

目前国内有机氯农药残留检测的主要方法标准有：NY/T 761—2008，《蔬菜和水果中有机磷、有机氯、拟除虫菊酯和氨基甲酸酯类农药多残留的测定》，主要适用于蔬菜和水果中有机磷、有机氯、拟除虫菊酯和氨基甲酸酯类农药多残留的检测；GB/T 5009.146—2008，《植物性食品中有机氯和拟除虫菊酯类农药多种残留的测定》，主要适用于粮食、蔬菜等作物以及水果和浓缩果汁中多种有机氯农药和拟除虫菊酯残留量的检测；GB/T 5009.162—2008，《动物性食品中有机氯农药和拟除虫菊酯农药多组分残留量的测定》，主要适用肉类、蛋类、乳类食品及油脂中多种有机氯农药和拟除虫菊酯农药残留量的检测；GB/T5009.19—2008，《食品中有机氯农药多组分残留量的测定》，主要适用于各类食品中有机氯农药多组分残留量的测定。本节简单介绍 GB/T 5009.19—2008 中的第二法。

13.4.1.2　有机氯农残的测定方法——填充柱气相色谱－电子捕获检测器法

（1）测定原理

试样中六六六、滴滴涕经提取、净化后用气相色谱法测定，与标准比较定量。电子捕获检测器对于负电极强的化合物具有极高的灵敏度，利用这一特点，可以分别测出痕量的六六六和滴滴涕。不同异构体和代谢物可同时分别测定。出峰顺序：$\alpha - HCH$、$\beta - HCH$、$\gamma - HCH$、$\delta - HCH$、$p,p' - DDE$、$o,p' - DDT$、$p,p' - DDD$ 和 $p,p' - DDT$。

（2）试样制备

谷类制成粉末，其制品制成匀浆；蔬菜、水果及其制品制成匀浆；蛋品去壳制成匀浆；肉品去皮、筋后，切成小块，制成肉糜；鲜乳混匀待用；食用油混匀待用。

（3）提取

称取具有代表性的各类食品样品匀浆 20 g，加水 5 mL（视样品水分含量加水，使总水量约 20 mL），加丙酮 40 mL，振荡 30 min，加氯化钠 6 g，摇匀。加石油醚 30 mL，再振荡 30 min，静置分层。取上清液 35 mL 经无水硫酸钠脱水，于旋转蒸发器中浓缩至近干，以石油醚定容至 5 mL,加浓硫酸0.5 mL 净化,振摇 0.5 min,于 3000 r/min 离心 15 min。取上清液进行 GC 分析。

称取具有代表性的 2 g 粉末样品,加石油醚 20 mL,振荡 30 min,过滤,浓缩,定容至 5 mL,加 0.5 mL 浓硫酸净化,振摇 0.5 min,于 3000 r/min 离心 15 min。取上清液进行 GC 分析。

称取具有代表性的食用油试样 0.5 g,以石油醚溶解于 10 mL 刻度试管中,定容至刻度。加 1.0 mL 浓硫酸净化,振摇 0.5 min,于 3000 r/min 离心 15 min。取上清液进行 GC 分析。

(4)气相色谱测定

填充柱气相色谱条件:色谱柱:内径 3 mm,长 2 m 的玻璃柱,内装涂以 1.5% OV－17 和 2% QF－1 混合固定液的 80～100 目硅藻土;载气:高纯氮,流速 110 mL/min;柱温:185℃;检测器温度:225℃;进样口温度:195℃。进样量 1～10 μL。外标法定量。

13.4.2　有机磷农药残留及其检测

13.4.2.1　有机磷农药性质及品种

(1)有机磷农药的理化性质

有机磷农药(Organophosphorus Pesticides,OPPs)是含有 C－P 键或 C－O－P、C－S－P、C－N－P 键的有机化合物。于 20 世纪 30 年代开始生产和使用,它不但可以作为杀虫剂、杀菌剂,而且也可以作为除草剂和植物生长调节剂。有机磷农药中,除敌百虫、乐果为白色晶体外,其余有机磷农药的工业品均为棕色油状。有机磷农药有特殊的蒜臭味,挥发性大,对光、热不稳定,并具有如下性质:

①溶解性:由于各种有机磷农药的极性强弱不同,故对水及各种有机溶剂的溶解性能也不一样,但多数有机磷农药难溶于水,可溶于脂肪及各种有机溶剂,如疏水性有机溶剂:丙酮、石油醚、正己烷、氯仿、二氯甲烷及苯等,亲水性有机溶剂:乙腈、二甲基亚砜等。但敌百虫能溶于水。

②水解性:因有机磷农药属酯类(磷酸酯或硫代磷酸酯),故在一定条件下能水解,特别是在碱性介质、高温、水分含量高等环境中,更易水解。如敌百虫在碱性溶液中易水解为毒性较大的敌敌畏。

③氧化性:有机磷农药中,硫代磷酸酯农药在溴作用下或在紫外线照射下,分子中 S 易被 O 取代,生成毒性较大的磷酸酯。

(2)有机磷农残的主要品种

目前正式商品化的有机磷农药有敌敌畏(Dichlorvos),甲拌磷(Phorate),对硫磷(Parathion),甲基对硫磷(Parathion-Methyl),马拉硫磷(Malathion),乐果(Dimethoate),甲胺磷(Methamidophos),乙酰甲胺磷(Acephate),杀螟硫磷(Fenitrothion),辛硫磷(Phoxim),敌百虫(Trichlorfon)等。其中甲拌磷、对硫磷、甲基对硫磷等为高毒类(LD 50 <50mg/kg);敌敌畏、乐果等为中毒类(LD 50 在 50～500mg/kg);敌百虫、马拉硫磷、辛硫磷等为低毒类

（LD 50＞500mg/kg）。

由于有机磷农药具有用药量小,杀虫效率高,选择作用强,对农作物药害小,使用经济,并因其性质不稳定,而在自然界容易分解,在食用作物中残留时间极短,以及在生物体内易受酶作用而水解,从而在体内不蓄积等优点,故近年来,已得到广泛的应用。但是,某些有机磷农药属高毒农药,对哺乳动物急性毒性较强,常因过量使用、施用时期不当、保管运输不慎等原因污染食品,造成人畜急性中毒,所以食品中(特别是粮食果蔬等)有机磷农药残留量的测定,亦是一重要检测项目。部分有机磷农药的最大残留限量见表13-3。

表13-3　部分食品中的部分有机磷农药最大残留限量(mg/kg)

有机磷农药	食品		
甲拌磷	小麦、高粱 0.02	花生仁 0.1、花生油 0.05	棉籽 0.05
杀螟硫磷	稻谷 5、大米 1	叶菜类蔬菜 0.5	水果 0.5
倍硫磷	稻谷、小麦 0.05	蔬菜 0.05	水果 0.05
乐果	稻谷、小麦、大豆 0.05	大白菜 1、萝卜 0.5	柑橘 2、苹果 1
敌敌畏	稻谷 0.1、糙米 0.2	大白菜 0.5、瓜类蔬菜 0.2	仁果类、瓜果类水果 0.2
对硫磷	稻谷、杂粮类 0.1	蔬菜 0.01	水果 0.01
马拉硫磷	稻谷 8、大米 0.1	大白菜 8、黄瓜 0.2	葡萄 8、荔枝 0.5
甲胺磷	糙米 0.5	萝卜 0.1、蔬菜 0.05(萝卜除外)	水果 0.05

注本表节选自 GB 2763—2012 食品中农药最大残留限量。

13.4.2.2　有机磷农药的测定方法

关于有机磷农药的快速检测方法,其基本原理是基于有机磷和氨基甲酸酯类农药能够抑制乙酰胆碱酯酶的活性,在底物(试剂)的作用下,使显色剂显色或不显色,从而可以判断出是否含有农药的存在或高低。国家标准 GB/T 5009.199—2003《蔬菜中有机磷和氨基甲酸酯类农药残留量的快速检测》,就是运用酶抑制原理,制订了速测卡法即纸片法,和酶抑制率法即分光光度比色法,能快速检测有机磷和氨基甲酸酯农药蔬菜中的残留,广泛应用于蔬菜、水果、粮食、茶叶等的快速检测,以便及时发现问题采取措施,控制高残留农药的蔬菜上市,保障人们身体健康。

纸片法测定有机磷农残的原理是胆碱酯酶可催化靛酚乙酸酯(红色)水解为乙酸和靛酚(蓝色),有机磷和氨基甲酸酯农药对胆碱酯酶有抑制作用,使催化、水解、变色过程发生变化,由此可以判断出样品中是否有高剂量有机磷和氨基甲酸酯农药的存在。分光光度法的原理是利用有机磷和氨基甲酸酯农药对胆碱酯酶的抑制率与农药的浓度呈正相关。乙酰胆碱酯酶水解产物与显色剂反应,用分光光度计在412 nm处测定吸光度变化并计算出抑制率,从而判断是否有高剂量有机磷和氨基甲酸酯农药的存在。纸片法和分光光度比色法是适合我国国情的快速检测方法,并以其简便、灵敏、经济等特点,在我国得到了较快的推广应用,并在农产品上市销售前的快速筛查,起到非常大的作用。但快速法也存在着很多不足,如速测卡法对水胺硫磷的检测限是 3.1 mg/kg。而 GB 2763—2012《食品中农药最大残留限量》标准中规定的水胺硫磷在稻谷中最大残留限量是 0.1 mg/kg,柑橘中则是 0.02 mg/kg。显然,对于如此水平的限量要求,快速检测法是无能为力的。

我国食品检验方法国家标准 GB/T 5009.145—2003《植物性食品中有机磷和氨基甲酸酯类农药多种残留的测定》采用的是气相色谱法检测有机磷农残,适用于粮食、蔬菜中有机磷和氨基甲酸酯类农药残留的检测。国家标准 GB/T 19648—2006《水果和蔬菜中 500 种农药及相关化学品残留量的测定》规定了气相色谱 – 质谱法测定有机磷农残,适用于苹果、柑橘、葡萄、甘蓝、芹菜、西红柿中 500 种农药及相关化学品残留量的检测。行业标准 SN/T 2324—2009《进出口食品中抑草磷、毒死蜱、甲基毒死蜱等 33 种有机磷农药残留量的检测方法》规定了气相色谱检测方法和气相色谱 – 质谱法确证方法测定有机磷农残,适用于进出口大米、糙米、玉米、大麦、小麦中 33 种有机磷农药残留量的测定和确证。此外还有 GB/T 5009.20—2003,《食品中有机磷农药残留量的测定》等标准。本节简单介绍 GB/T 5009.20—2003 中的第一法气相色谱法测定水果、蔬菜、谷类中有机磷农药的多残留,本标准规定了水果、蔬菜、谷类中敌敌畏、速灭磷、久效磷、甲拌磷、巴胺磷、二嗪磷、乙嘧硫磷、甲基嘧啶磷、甲基对硫磷、稻瘟净、水胺硫磷、氧化喹硫磷、稻丰散、甲喹硫磷、克线磷、乙硫磷、乐果、喹硫磷、对硫磷、杀螟硫磷的残留量分析方法。适用于使用过敌敌畏等二十种农药制剂的水果、蔬菜、谷类等作物的残留量分析。

(1)原理

含有机磷的试样在富氢焰上燃烧,以 HPO 碎片的形式,放射出波长 526 nm 的特性光;这种光通过滤光片选择后,由光电倍增管接收,转换成电信号,经微电流放大器放大后被记录下来。试样的峰面积或峰高与标准品的峰面积或峰高进行比较定量。

(2)操作方法

①水果、蔬菜样品提取:称取 50.00 g 试样,置于 300 mL 烧杯中,加入 50 mL 水和 100 mL 丙酮(提取液总体积为 150 mL),用组织捣碎机提取 1 ~ 2 min。匀浆液经铺有两层滤纸和约 10 g Celite 545 的布氏漏斗减压抽滤。取滤液 100 mL 移至 500 mL 分液漏斗中。

②净化:向滤液中加入 10 ~ 15 g 氯化钠使溶液处于饱和状态。猛烈振摇 2 ~ 3 min,静置 10 min,使丙酮与水相分层,水相用 50 mL 二氯甲烷振摇 2 min,再静置分层。

将丙酮与二氯甲烷提取液合并经装有 20 ~ 30 g 无水硫酸钠的玻璃漏斗脱水滤入 250 mL 圆底烧瓶中,再以约 40 mL 二氯甲烷分数次洗涤容器和无水硫酸钠。洗涤液也并入烧瓶中,用旋转蒸发器浓缩至约 2 mL,浓缩液定量转移至 5 ~ 25 mL 容量瓶中,加二氯甲烷定容至刻度。供 GC 分析。

(3)测定参考色谱条件

①色谱柱:玻璃柱 2.6 m × 3 mm(i.d),填装涂有 4.5 % DC – 200 + 2.5% OV – 17 的 Chromosorb W AW DMCS(80 ~ 100 目)的担体;或玻璃柱 2.6 m × 3 mm(i.d),填装涂有质量分数为 1.5% QF – 1 的 ChromosorbW AW DMCS(60 ~ 80 目)。

②检测器：火焰光度检测器（FPD）。

③气体速度：氮气 50 mL/min、氢气 100 mL/min、空气 50 mL/min。

④温度：柱箱 240℃、汽化室 260℃、检测器 270℃。

⑤进样量：吸取 2～5 μL 混合标准液及试样净化液注入色谱仪中，以保留时间定性。以试样的峰高或峰面积与标准比较定量。

（4）说明

在重复性条件下获得的两次独立测定结果的绝对差值不得超过算术平均值的 15%。

（5）典型色谱图

16 种有机磷农药混匀标准溶液的色谱图如图 13 - 2 所示。

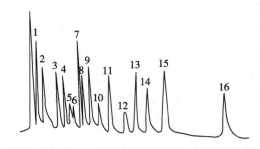

图 13 - 2　16 种有机磷农药（标准溶液）的色谱图

1—敌敌畏　2—速灭磷　3—久效磷　4—甲拌磷　5—巴胺磷　6—二嗪磷　7—乙嘧硫磷　8—甲基嘧啶磷

9—甲基对硫磷　10—稻瘟净　11—水胺硫磷　12—氧化喹硫磷　13—稻丰散　14—甲喹硫磷

15—克线磷　16—乙硫磷。

13.4.3　食品中多农残的检测方法 GC - MS 法

GC 法是农药残留分析的经典技术。电子捕获检测器（ECD）、火焰光度检测器（FPD）、氮磷检测器（NPD）是农药残留分析最常用的气相色谱检测器。而质谱检测器（MSD）则是最通用和灵敏的检测器。质谱法是一种近代物理方法，其工作原理是将气态化的物质分子裂解成离子，然后使离子按质量的大小分离，经检测和记录系统得到离子的质荷比和相对强度的谱图（质谱图）。质谱图提供了有关物质的分子量、元素组成及分子结构的重要信息，从而鉴定物质的分子结构。气相色谱 - 质谱联用法不仅具有色谱保留时间的定性指标，更可以提供农药的结构信息，是农药残留检测中阳性样品确证的主要手段。

由于农药的大量和不合理的使用，农药残留问题越来越引起人们的重视，建立常规农药项目多残留系统检测方法已成为非常重要的贸易保护手段。为此，我国已经先后起草了一系列多农残检测方法。包括 GB/T 19648—2006《水果和蔬菜中 500 种农药及相关化学品残留量的测定气相色谱 - 质谱法》，GB/T 19649—2006《粮谷中 475 种农药及相关化学品残留量的测定气相色谱 - 质谱法》。此外还有 GB/T 20769—2008《水果和蔬菜中 450 种农药及相关化学品残留量的测定液相色谱 - 串联质谱法》，以及 GB/T 20770—2008《粮谷中 486 种农药及相关化学品残留量的测定液相色谱 - 串联质谱法》等。这些标准构筑了我国新的农产品食品安全屏障,对破解国外技术壁垒,提升我国农产品检测技术的国际地位,提高我国农产品质量,扩大出口,具有深远的影响,并产生了显著社会经济效益。

气相色谱 – 质谱联用法检测农药残留的原理是,样品用乙腈提取,经固相萃取柱净化,用乙腈 + 甲苯(3 + 1)洗脱农药及相关物质,用配有电子轰击源(EI)的气相色谱 – 质谱联用仪检测。每种化合物选择一种定量离子,2 ~ 3 个定性离子,根据每种化合物保留时间,定量离子、定性离子及其丰度比,对照标准样品进行定性分析;使用环氧七氯内标法进行定量分析。

液相色谱 – 质谱联用法检测农药残留的原理是,样品用乙腈匀浆提取,盐析离心,Seppak Vac 柱净化,用乙腈 + 甲苯(3 + 1)洗脱农药及相关化学品,用液相色谱 – 串联质谱仪测定,外标法进行定量分析。

13.4.4　食品中兽药残留的检测

13.4.4.1　兽药残留相关概念、来源及危害

兽药(Veterinary Drμgs)亦称动物药剂,是指施于各种动物的具有预防、治疗、保健、诊断疾病或能提高动物生产性能的药物及其制品。饲料兽药添加剂也属于兽药的范畴。

兽药残留(Residues of Veterinary Drug),是指给动物使用药物后蓄积或储存在细胞、组织或器官内的药物原形、代谢产物和药物杂质。兽药残留既包括原药也包括药物在动物体内的代谢产物。

食品动物(Food Animal)是指为人类生产和提供动物性食品的那些动物。兽药残留在食品动物的存在,就是食品动物兽药残留。

最高残留限量(MRL:Maximum Residue Limit):对食品动物用药后产生的允许存在于食物表面或内部的该兽药残留的最高量/浓度(以鲜重计,表示为μg/kg)。

兽药残留超标的主要原因是不遵守休药期的规定、非法使用违禁药物、不合理用药等。在动物源食品中较容易引起兽药残留量超标的兽药主要有抗生素类、磺胺类、呋喃类、抗寄生虫类和激素类药物。目前,在畜产品中容易造成残留量超标的抗生素主要有氯霉素、四环素、土霉素、链霉素、金霉素等。青霉素类最容易引发超敏反应,四环素类、链霉素有时也能引起超敏反应。而且抗生素药物残留可使人体中细菌产生耐药性,扰乱人体微生态而产生各种毒副作用。磺胺类药物主用于抗菌消炎,如磺胺嘧啶、磺胺二甲嘧啶、磺胺脒、菌得清、新诺明等。近年来,磺胺类药物在动物性食品中的残留超标现象,在所有兽药当中是最严重的。可能对动物的泌尿系统造成损伤,引起结晶尿、血尿、管型尿、尿痛、尿少甚至尿闭。

硝基呋喃类药物主用于抗菌消炎,如呋喃唑酮、呋喃西林、呋喃妥因等。通过食品摄入超量硝基呋喃类残留后,对人体造成的危害主要是胃肠反应和超敏反应。长期摄入可引起不可逆性末端神经损害,如感觉异常、疼痛及肌肉萎缩等。抗寄生虫类药物主要用于驱虫或杀虫,如苯并咪唑、左旋咪唑、克球酚、吡喹酮等。对人主要的潜在危害是其致畸作用和致突变作用。激素类药物主要用于提高动物的繁殖和加快生长发育速度,使用于动物的激

素有性激素和皮质激素。如孕酮、睾酮、雌二醇、已烯孕酮等。但摄入性激素残留超标的动物性食品,可能会影响消费者的正常生理机能,并具有一定的致癌性,可能导致儿童早熟、儿童发育异常、儿童异性趋向等。

因此,食品动物中的兽药残留检测是很有必要的。本章主要介绍抗生素类和磺胺类兽药残留的测定方法。

13.4.4.2 四环素族兽药残留检测

我国对四环素族兽药残留检测的方法主要是国家标准 GB/T 5009.116—2003《畜、禽肉中土霉素、四环素、金霉素残留量的测定(高效液相色谱法)》,下面简单予以介绍。

(1)原理

试样经提取,微孔滤膜过滤后直接进样,用反相色谱分离,紫外检测器检测,与标准比较定量,出峰顺序为土霉素、四环素、金霉素。标准加法定量。

(2)操作方法

称取 5.00 g(±0.01 g)切碎的肉样(<5 mm),置于 50 mL 三角烧瓶中,加入 5% 高氯酸 25.0 mL,振荡提取 10 min,2000 r/min 离心 3 min,取上清液经 0.45 μm 滤膜过滤,取 10 μL 溶液进样,记录峰高,并从工作曲线上查得含量。

(3)测定参考 HPLC 条件。

色谱柱:ODS – C_{18},(5 μm),6.2 mm × 15 cm。

检测器:紫外检测器,波长为 355 nm。

流动相:乙腈/0.01 mol/L 磷酸二氢钠溶液(用 30% 硝酸调 pH 2.5)= 35/65(V/V),使用前超声脱气 10 min。

流速:1.0 mL/min。

柱温:室温。

(4)说明

①本方法中土霉素、四环素、金霉素的检测限分别为 0.3 ng、0.4 ng、1.3 ng,取样量为 5 g 时,检出浓度分别为 0.15 mg/kg、0.20 mg/kg、0.65 mg/kg。

②在重复性条件下获得的两次独立测定结果的绝对差值不得超过算术平均值的 10%。

13.4.3 磺胺类兽药残留检测

关于畜禽肉中磺胺类药物残留的测定,GB/T 20759—2006 采用液相色谱 – 串联质谱法测定畜禽肉中十六种磺胺类药物残留量,标准规定了牛肉、羊肉、猪肉、鸡肉和兔肉中十六种磺胺类药物残留量液相色谱 – 串联质谱测定方法。

质谱分析是一种测量离子荷质比(电荷 – 质量比)的分析方法,其基本原理是使试样中各组分在离子源中发生电离,生成不同荷质比的带正电荷的离子,经加速电场的作用,形成离子束,进入质量分析器。在质量分析器中,再利用电场和磁场使发生相反的速度色散,将它们分别聚焦而得到质谱图,从而确定其质量。液相色谱 – 质谱联用技术以液相色谱作为分离系统,质谱为检测系统。样品在质谱部分和流动相分离,被离子化后,经质谱的质量分析器将离子碎片按质量数分开,经检测器得到质谱图。典型的液相色谱 – 质谱联用仪如图 13 – 3。

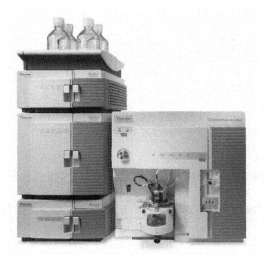

图 13 – 3　典型的液相色谱 – 质谱联用仪

13. 4. 3. 1　方法原理

畜禽肉中的磺胺类药物残留用乙腈提取,用旋转蒸发器浓缩至近干,残渣用流动相溶解,并用正己烷脱脂后,用配有电喷雾离子源的液相色谱 – 串联质谱仪进行检测,外标法定量。

13. 4. 3. 2　操作方法

称取 5 g 试样,精确至 0.01 g,置于 50 mL 离心管中,加入 20 g 无水硫酸钠和 20 mL 乙腈,均质 2 min,以 3000 r/min 离心 3 min。上清液倒入 100 mL 鸡心瓶中,残渣再加 20 mL 乙腈,重复上述操作一次。合并提取液,向鸡心瓶中加入 10 mL 异丙醇,用旋转蒸发器于 50℃ 水浴蒸干,准确加入 1 mL 流动相和 1 mL 正己烷溶解残渣。转移至 5 mL 离心管中,涡旋 1 min,以 3000 r/min 离心 3 min,吸取上层正己烷弃去,再加入 1 mL 正己烷,重复上述步骤,直至下层水相变成透明液体。按上述操作步骤制备样品空白提取液。取下层清夜,过 0.2 μm 滤膜后,用液相色谱 – 串联质谱仪测定。

13. 4. 3. 3　测定参考色谱条件

(1)液相色谱条件

色谱柱:Lichrospher 100 RP – 18,5 μm,250 mm × 4.6 mm(内径)或相当者;

流动相:乙腈 + 0.01 mol/L 乙酸胺溶液(12 + 88);

流速:0.8 mL/min;

柱温:35℃;

进样量:40μL;

分流比:1:3。

（2）质谱条件

离子源：电喷雾离子源；

扫描方式：正离子扫描；

检测方式：多反应监测；

电喷雾电压：5500 V；

雾化器压力：0.076 MPa；

气帘气压力：0.069 MPa；

辅助气流速：6 L／min；

离子源温度：350℃；

定性离子对、定量离子对、碰撞气能量和去簇电压见表13－4。

表13－4　16种磺胺的定性离子对、定量离子对、碰撞气能量和去簇电压

中文名称	英文名称	定性离子对／（m／z）	定量离子对／（m／z）	碰撞气能量／V	去簇电压／V
磺胺醋酰	sulfacetamide	215/156 215/108	215/156	18 28	40 45
磺胺甲噻二唑	sulfamethizole	271/156 271/107	271/156	20 32	50 50
磺胺二甲异噁唑	sulfisoxazole	268/156 268/113	268/156	20 23	45 45
磺胺氯哒嗪	sulfachloropyridazine	285/156 285/108	285/156	23 35	50 50
磺胺嘧啶	sulfadiazine	251/156 251/185	251/156	23 27	55 50
磺胺甲基异噁唑	sulfamethoxazole	254/156 254/147	254/156	23 22	50 45
磺胺噻唑	sulfathiazole	256/156 256/107	256/156	22 32	55 47
磺胺－6－甲氧嘧啶	sulfamonomethoxine	281/156 281/215	281/156	25 25	65 50
磺胺甲基嘧啶	sulfamerazine	265/156 265/172	265/156	25 24	50 60
磺胺邻二甲氧嘧啶	sulfadoxin	311/156 311/108	311/156	31 35	70 55
磺胺吡啶	sulfapyridine	250/156 250/184	250/156	25 25	50 60
磺胺对甲氧嘧啶	sulfameter	281/156 281/215	281/156	25 25	65 50

续表

中文名称	英文名称	定性离子对/(m/z)	定量离子对/(m/z)	碰撞气能量/V	去簇电压/V
磺胺甲氧哒嗪	sulfamethoxypyridazine	281/156 281/215	281/156	25 25	65 50
磺胺二甲嘧啶	sulfamethazine	279/156 279/204	279/156	22 20	55 60
磺胺苯吡唑	sulfaphenazole	315/156 315/160	315/156	32 35	55 55
磺胺间二甲氧嘧啶	sulfadimethoxine	311/156 311/218	311/156	31 27	70 70

13.4.3　黄曲霉毒素的检测

黄曲霉毒素(Aflatoxins,简写 AFT)是黄曲霉、寄生曲霉及温特曲霉等产毒菌株的代谢产物(后者产量较少)。目前已发现 20 多种黄曲霉毒素,根据其在波长为 365 nm 紫外光下呈现不同颜色的荧光而分为 B(蓝紫色)、G(黄绿色,高纯的 G 类中也有个别例外而呈蓝色荧光)两大类。根据其 R_f 值不同,分为 B_1、B_2、G_1、G_2、M_1、M_2 等。AFT 属剧毒物质,其毒性比氰化钾还高,也是目前最强的化学致癌物质。在各种黄曲霉毒素中,以 B_1 毒性最强,可诱发人类肝癌。1993 年,黄曲霉毒素被世界卫生组织(WHO)的癌症研究机构划定为 I 类致癌物,食品中以花生、玉米、牛乳及乳制品以及腌制肉类等最易污染黄曲霉毒素。

黄曲霉素是一组比较稳定的化合物,难溶于水、己烷、石油醚,可溶于甲醇、乙醇、氯仿、丙酮等。AFT B_1 在中性、酸性溶液中很稳定,在 pH 1~3 的强酸性中稍有分解,在 pH 9~10 的环境中迅速分解,荧光消失,但这种反应可逆,酸性情况下又能产生带有蓝紫色荧光的 B_1。结晶 AFT B_1 对热稳定,分解温度为 268℃。

在食品卫生监测中,主要以黄曲霉毒素 B_1 为污染指标。目前涉及 AFT B_1 的检测方法有薄层色谱法(TLC)、酶联免疫吸附测定法(ELISA)、高效液相色谱法(HPLC)、高效液相色谱–质谱法(HPLC-MS)、毛细管电泳等技术。我国现行的黄曲霉毒素检测国家标准主要有:

13.4.3.1　GB/T 5009.22—2003《食品中黄曲霉毒素 B_1 的测定》

适用于粮食、花生及其制品、薯类、豆类、发酵食品及酒类等各种食品中黄曲霉毒素 B_1 的测定。第一法薄层色谱法,第二法为 ELISA 法。第一法中,薄层板上黄曲霉毒素 B_1 的最低检出量为 0.0004 μg,检出限为 5 μg/kg。第二法对黄曲霉毒素 B_1 的检出限为 0.01 μg/kg。

13.4.3.2　GB/T 5009.23—2006《食品中黄曲霉毒素 B_1、B_2、G_1、G_2 的测定》

本标准第一法为薄层色谱法,第二法为微柱筛选法,适用于各种食品中黄曲霉毒素 B_1、B_2、G_1、G_2 的测定。第一法、第二法最低检出量:黄曲霉毒素 B_1、G_1 为 0.004 μg,B_2、G_2 为 0.002 μg。最低检出浓度:黄曲霉毒素 B_1、G_1 为 5 μg/kg,B_2、G_2 为 2.5 μg/kg。

本标准第三法为高效液相色谱法,适用于大米、玉米、花生、杏仁、核桃、松子等食品中黄曲霉毒素 B_1、B_2、G_1、G_2 的测定。检出限 B_1、G_1 为 0.50 $\mu g/L$,B_2、G_2 为 0.125 $\mu g/L$。相当于样品中浓度:黄曲霉毒素 B_1、G_1 为 0.20 $\mu g/kg$,B_2、G_2 为 0.05 $\mu g/kg$。

13.4.3.3 GB/T 5009.24—2010《食品中黄曲霉毒素 M_1 与 B_1 的测定》

薄层色谱法,适用于牛乳及其制品、奶油及新鲜猪组织(肝、肾、血及瘦肉)等食品中黄曲霉毒素 M1 与 B1 的测定方法。

13.4.3.4 GB/T 18979—2003《食品中黄曲霉毒素的测定 免疫亲和层析净化高效液相色谱法和荧光光度法》

适用于玉米、花生及其制品(花生酱、花生仁、花生米)、大米、小麦、植物油脂、酱油、食醋等食品中黄曲霉毒素的测定。免疫亲和层析净化-高效液相色谱法测定黄曲霉毒素 B_1 以及黄曲霉毒素 B_1、B_2、G_1、G_2 总量检出限为 1 $\mu g/kg$。免疫亲和层析净化-荧光光度法测定黄曲霉毒素 B_1、B_2、G_1、G_2 总量检出限为 1 $\mu g/kg$。酱油样品中检出限为 2.5 $\mu g/kg$。

13.4.3.5 GB/T 23212—2008《牛奶和奶粉中黄曲霉毒素 B_1、B_2、G_1、G_2、M_1、M_2 的测定 液相色谱-荧光检测法》。

适用于牛奶、奶粉中黄曲霉毒素 B_1、B_2、G_1、G_2、M_1、M_2 含量的测定。检出限:牛奶中 $AFTB_1$ 为 0.002 $\mu g/kg$,B_2 为 0.001 $\mu g/kg$,G_1、G_2 为 0.003 $\mu g/kg$,M_1、M_2 为 0.005 $\mu g/kg$;奶粉中 $AFTB_1$ 为 0.02 $\mu g/kg$,B_2 为 0.01 $\mu g/kg$,G_1、G_2 为 0.03 $\mu g/kg$,黄曲霉毒素 M_1、M_2 为 0.05 $\mu g/kg$。

下面以 GB/T 5009.23—2006《食品中黄曲霉毒素 B_1、B_2、G_1、G_2 的测定》中的薄层色谱法为例简要介绍食品中黄曲霉素的测定。

(1)原理

薄层色谱的原理是将吸附剂涂布于诸如玻璃板、铝薄板等固相支持物,经干燥后形成薄层板,当点有样品的薄层板被放入盛有流动相的层析缸中时,在流动相沿固定相(即吸附剂)移动的过程中,样品中不同的组分受到来自固定相和流动相的作用力不同,致使各组分在固定相上迁移的速率不同,从而使得各组分被分开。

试样经有机溶剂提取,浓缩、薄层分离处理后,在波长 365 nm 紫外光下,AFT B_1、B_2 产生蓝紫色荧光,AFTG G_1、G_2 产生黄绿色荧光,根据其在薄层板上显示荧光最低检出量来定量。

(2)试剂

三氯甲烷、正己烷(沸程 30~60℃)或石油醚(沸程 60~90℃)、甲醇、苯、乙腈、丙酮、无水乙醚或乙醚经无水硫酸钠脱水、次氯酸钠溶液(消毒用)、硅胶 G(薄层色谱用)三氟乙酸、无水硫酸钠、氯化钠、硫酸(1+3)、苯+乙醇+水(46+35+19)展开液。

黄曲霉毒素 B_1、B_2、G_1、G_2 单一标准溶液、混合标准使用液。

单一标准溶液(10 $\mu g/mL$):准确称取黄曲霉毒素 B_1、G_1 标准品各 1~1.2 mg,黄曲霉毒素 B_2、G_2 标准品各 0.5~0.6 mg,用苯—乙腈混合液作溶剂,配制方法、浓度及纯度的测

定同黄曲霉毒素 B_1。

黄曲霉毒素混合标准使用液 I：每毫升相当于 0.2 μg 黄曲霉毒素 B_1、G_1 及 0.1 μg 黄曲霉毒素 B_2、G_2，作定位用。

黄曲霉毒素混合标准使用液 II：每毫升相当于 0.04 μg 黄曲霉毒素 B_1、G_1 及 0.02 μg 黄曲霉毒素 B_2、G_2，作最低检出量用。

黄曲霉毒素 B_1、B_2、G_1、G_2、的相对分子质量及用苯－乙腈作溶液时的最大吸收峰的波长及摩尔光系数见表 13 - 5。

表 13 - 5　黄曲霉毒素的最大吸收峰的波长及摩尔光系数

黄曲霉素名称	最大吸收波长	摩尔吸光系数	相对分子质量
B_1	346	19800	312
B_2	348	20900	314
G_1	353	17100	328
G_2	354	18200	330

黄曲霉毒素 B_1 标准溶液配置计测定：

①仪器校正：测定重铬酸钾溶液的摩尔光系数，以求出使用仪器的校正因素，准确称取 25 mg 经干燥的重铬酸钾（基准级），用硫酸（0.5 + 1000）溶解后并准确稀释至 200 mL，相当于 $c(K_2Cr_2O_7) = 0.0004$ mol/L。再吸取 25 mL 此稀释液于 50 mL 容量瓶中，加硫酸（0.5 + 1000）稀释至刻度，相当于 0.0002 mol/L 溶液。再吸取 25 mL 此稀释液于 50 mL 容量瓶中，加硫酸（0.5 + 1000）稀释至刻度，相当于 0.0001 mol/L 溶液。用 1 cm 石英杯，在最大吸收峰的波长（接近 350 nm 处）用硫酸（0.5 + 1000）作空白，测得以上三种不同浓度的摩尔溶液的吸光度，并按下式计算出以上三种浓度的摩尔光系数的平均值。

$$Ei = A/c \qquad (13 - 1)$$

式中：Ei——重铬酸钾溶液的摩尔光系数；

　　　A——测得重铬酸钾溶液的吸光度；

　　　c——重铬酸钾溶液的浓度。

再以此平均值与重铬酸钾的摩尔光系数值 3160 比较，即求出使用仪器的校正因素。

$$f = 3160/E \qquad (13 - 2)$$

式中：f 大于 0.95 或小于 1.05，则使用仪器的校正因素可略而不计。

②黄曲霉素 B_1 标准溶液的制备：准确称取 1 ~ 1.2 mg 黄曲霉毒素 B_1 标准品，先加入 2 mL 乙腈溶解，再用苯稀释至 100 mL，避光，至于 4℃ 冰箱保存。该标准溶液约为 10 μg/mL。用紫外分光光度计测此标准溶液的最大吸收峰的波长及该波长的吸光度值。黄曲霉毒素 B_1 标准溶液的浓度按下式计算：

$$X = A \times M_1 \times 1000 \times f/E_2 \qquad (13 - 3)$$

式中：X——黄曲霉毒素 B_1 标准溶液的浓度，μg/mL；

A——测得的吸光度；

f——使用仪器的校正因素；

M_1——黄曲霉毒素 B_1 的相对分子质量312；

E_2——黄曲霉毒素 B_1 在苯－乙腈混合液中得摩尔光系数，19800。

根据计算，用苯－乙腈混合液调到标准溶液浓度恰为 10.0 μg/mL，并用分光光度计核对其浓度。

③纯度的测定：取5、10 μg/mL 黄曲霉毒素 B_1 标准溶液，滴加于涂层厚度为 0.25 mm 的硅胶 G 薄层板上，用甲醇＋三氯甲烷(4＋96)与丙酮＋三氯甲烷(8＋92)展开剂展开，在紫外光灯下观察荧光的产生，必须符合以下条件：在展开后，只有单一的荧光点，无其他杂质荧光点；原点上没有任何残留的荧光物质。

④黄曲霉毒素 B_1 标准使用液：准确吸取 1 mL 标准溶液(10 μg/mL)于 10 mL 容量瓶中，加苯—乙腈混合液至刻度，混匀，此溶液每毫升相当于 1.0 μg 黄曲霉毒素 B_1。吸取 1.0 mL 此稀释液，至于 5 mL 容量瓶中，加苯—乙腈混合液稀释至刻度。此溶液每毫升相当于 0.2 mg 黄曲霉毒素 B_1，再吸取黄曲霉毒素 B_1 标准溶液(0.2 μg/mL)1.0 mL 至于 5 mL 容量瓶中，加苯—乙腈混合液稀释至刻度。此溶液每毫升相当于 0.04 μg 黄曲霉毒素 B_1。

(3)仪器

粉碎机、振荡器、全玻璃浓缩器、玻璃板 5 cm × 20 cm、薄层板涂布器、展开槽(内长 25 cm、宽 6 cm、高 4 cm)、100～125W 紫外灯、带有波长 365 nm 滤光片、微量注射器。

(4)分析步骤

①取样：样品中污染黄曲霉毒素高的霉粒一粒就可以影响测定结果，而且有毒霉粒的比例小，同时分布不均匀。为避免取样来带的误差，必须大量取样，并将该大量样品粉碎，混合均匀。才有可能得到确能代表一批样品的相对可靠的结果，因此采样必须做到以下几点：

a. 根据规定采取有代表性样品。

b. 对局部发霉变质的样品检验时，应单独取样。

c. 每份分析测定用的样品应从大样经粗碎与连续多次用四分法缩减至 0.5～1 kg，然后全部粉碎。粮食样品全部通过 20 目筛，混匀。花生样品全部通过 10 目筛，混匀。或将好、坏分别测定，再计算其含量。花生油和花生酱等样品不需制备，但取样时应搅拌均匀。必要时，每批样品可采取 3 份大样做样品制备及分析测定用，以观察所采样品是否具有一定的代表性。

②提取

a. 玉米、大米、麦类、面粉、薯干、豆类、花生、花生酱等。

甲法：称取 20.00 g 粉碎过筛样品(面粉、花生酱不需粉碎)，置于 250 mL 具塞锥形瓶中，加 30 mL 正己烷或石油醚和 100 mL 甲醇水溶液，在瓶塞上涂上一层水，盖严防漏。振荡 30 min，静置片刻，以叠成折叠式的快速定性滤纸过滤于分液漏斗中，待下层甲醇水溶液分清后,放出甲醇水溶液于另一具塞锥形瓶内。取 20.00 mL 甲醇水溶液(相当于 4 g 样品)置于另一 125 mL 分液漏斗中,加 20 mL 三氯甲烷,振摇 2 min,静置分层,如出现乳化现象可滴加甲醇促使分层。放出三氯甲烷层,经盛有约 10 g 预先用三氯甲烷湿润的无水硫酸钠的定量慢速滤纸过滤于 50 mL 蒸发皿中,再加 5 mL 三氯甲烷于分液漏斗中,重复振摇提取,将三氯甲烷层一并滤于蒸发皿中,最后用少量三氯甲烷洗过滤器,洗液并于蒸发皿中。将蒸发皿放在通风柜,于 65℃ 水浴上通风挥干,然后放在冰盒上冷却 2~3 min 后,准确加入 1 mL 苯—乙腈混合液(或将三氯甲烷用浓缩蒸馏器减压吹气蒸干后,准确加入 1 mL 苯—乙腈混合液)。用带橡皮头的滴管的管尖将残渣充分混合,若有苯的结晶析出,将蒸发皿从冰盒上取出,继续溶解、混合,晶体即消失,再用此滴管吸取上清液转移于 2 mL 具塞试管中。

乙法(限于玉米、大米、小麦及其制品):称取 20.00 g 粉碎过筛样品于 250 mL 具塞锥形瓶中,用滴管吸取约 6 mL 水,使样品湿润,准确加入 60 mL 三氯甲烷,撖荡 30 min,加 12 g 无水硫酸钠,振摇后,静置 30 min。用叠成折叠式的快速定性滤纸过滤于 100 mL 具塞锥形瓶中。取 12 mL 滤液(相当 4 g 样品)于蒸发皿中,在 65℃ 水浴上通风挥干,准确加入 1 mL 苯—乙腈混合液,用带橡皮头的滴管的管尖将残渣充分混合,若有苯的结晶析出,将蒸发皿从冰盒上取出,继续溶解、混合,晶体即消失,再用此滴管吸取上清液转移于 2 mL 具塞试管中。

b. 花生油、香油、菜油等。称取 4.00 g 样品置于小烧杯中,用 20 mL 正己烷或石油醚将样品移于 125 mL 分液漏斗中。用 20 mL 甲醇水溶液分次洗烧杯,洗液一并移入分液漏斗中,振摇 2 min,静置分层后,将下层甲醇水溶液移入第二个分液漏斗中,再用 5 mL 甲醇水溶液重复振摇提取一次,提取液一并移入第二个分液漏斗中,在第二个分液漏斗中加入 20 mL 三氯甲烷,以下按甲法中自"振摇 2 min,静置分层"起,依法操作。

c. 酱油、醋。称取 10.00 g 样品于小烧杯中,为防止提取时乳化,加 0.4 g 氯化钠,移入分液漏斗中,用 15 mL 三氯甲烷分次洗涤烧杯,洗液并入分液漏斗中。以下按甲法中自"振摇 2 min,静置分层"起,依法操作。最后加入 2.5 mL 苯—乙腈混合液,此溶液每毫升相当于 4 g 样品。

d. 干酱类(包括豆豉,腐乳制品)。称取 20.00 g 研磨均匀的试样,置于 250 mL 具塞锥形瓶中,加入 20 mL 正己烷或石油醚与 50 mL 甲醇水溶液。振摇 30 min,静置片刻,以叠成折叠式快速定性滤纸过滤,滤液静置分层后,取 24 mL 甲醇水层(相当于样品 8 g,其中包括 8 g 干酱类样品本身约含有 4 mL 水的体积在内)置于分液漏斗中,加入 20 mLCHCl$_3$,以下自"振摇 2 min,静置分层……"起同 a.)中甲法操作。最后加入 2 mL 苯—乙腈混合液。此溶液每毫升相当于 4 g 试样。

e. 发酵酒类:提取方法同 c.(酱油、醋),但不加氯化钠。

③测定:

a. 单向展开法。

（a）薄层板的制备:称取约 3 g 硅胶 G,加相当于硅胶量 2~3 倍左右的水,用力研磨 1~2min 至成糊状后,立即倒入涂布器内,推铺成 5 cm × 20 cm、厚度约 0.25 mm 的薄层板三块。于空气中干燥约 15 min 后,在 100℃下活化 2 h,取出,放干燥器中保存。一般可保存 2~3 天,若放置时间较长,可再干燥活化后使用。

（b）点样:将薄层板边缘附着的吸附剂刮净,在距薄层板底端 3 cm 的基线上用微量注射器或血色素吸管滴加样液。一块薄板可点 4 个样点,点距边缘和点间距约为 1 cm,样点直径约 3 mm,要求同一块板上样点大小相同,点样时可用电吹风冷风边吹边点。四个样点如下:

第一点:10 μL 0.04 μg/mL AFT B_1 标液。

第二点:20 μL 样液。

第三点:20 μL 样液 + 10 μL 0.04 μg/mL AFT B_1 标液。

第四点:20 μL 样液 + 10 μL 0.2 μg/mL AFT B_1 标液。

（c）展开与观察:黄曲霉毒素 B_1、B_2、G_1、G_2 的比值依次排列为 $B_1 > B_2 > G_1 > G_2$。在展开槽内加 10 mL 无水乙醚,预展 12 cm,取出挥干,再于另一展开槽内加 10 mL 丙酮 + 三氯甲烷(8 + 92),展开 10~12 cm,取出。在紫外灯光下观察结果,方法如下:

ⓐ于样液点上滴加黄曲霉毒素混合标准使用液 I 或 III,或使黄曲霉毒素 B_1、B_2、G_1、G_2,分别于样液中的黄曲霉毒素 B_1、B_2、G_1、G_2 荧光点重叠。如样液阴性,薄层板上的第三点中黄曲霉毒素 B_1、B_2、G_1、G_2 依次为 0.0004 μg,0.0002 μg,0.0004 μg,0.0002μg,可用作检查在样液内黄曲霉毒素 B_1、B_2、G_1、G_2 的最低检出量是否正常出现。如为阳性,则起定位作用。薄层板上的第四点中黄曲霉毒素 B_1、B_2、G_1、G_2 依次为 0.002 μg,0.001 μg,0.002 μg,0.001 μg,主要起定位作用。

ⓑ若第二点在与黄曲霉毒素 B_1、B_2 的相应位置上无蓝紫色荧光点,或在黄曲霉毒素 G_1、G_2 的相应位置上无黄绿色荧光点,表示样品中黄曲霉毒素 B_1、G_1 含量在 5 μg/kg 以下;B_2、G_2 含量在 2.5 μg/kg 以下,如在相应位置上有以上荧光点,则需进行确认试验。

（d）确认试验:

ⓐ黄曲霉毒素与三氟乙酸反应产生衍生物,只限于 B_1 和 G_1;B_2 和 G_2 与三氟乙酸不起反应。B_1 和 G_1 的衍生物比值为 $B_1 > G_1$。于薄层板左边依次滴加两个点。

第一点:10 μL 黄曲霉毒素混合标准使用液 II。

第二点:20 μL 样液。

于以上两点各加三氟乙酸 1 小滴于其上,反应 5 min 后,用吹风机吹热风 2 min,使热风吹到薄层板上的温度不高于 40℃。再于薄层板上滴加以下两个点。

第三点:10 μL 黄曲霉毒素混合标准使用液 II。

第四点:20 μL 样液。

再展开,在紫外光下观察样液是否产与黄曲霉毒素 B_1 或 G_1,标准点相同的衍生物,未加三氟乙酸的三、四两点,可依次作为样液与标准的衍生物空白对照。

ⓑ黄曲霉毒素 B_2 和 G_2 的确认试验,可用苯 + 乙醇 + 水(46 + 35 + 19)展开,若标准点与样液点出现重叠,即可确定。

ⓒ在展开的薄层板上喷以硫酸(1 + 3),黄曲霉毒素 B_1、B_2、G_1、G_2 都变为黄色荧光。

(e)稀释定量:样液中黄曲霉毒素 B_1、B_2、G_1、G_2 荧光点的旋光强度如与黄曲霉毒素 B_1、B_2、G_1、G_2 标准点的最低检出量(B_1、G_1 为 0.0004 μg,B_2、G_2 为 0.0002 μg)的荧光强度一致,则样品中黄曲霉毒素 B_1、G_1 含量为 5 μg/kg,B_2、G_2 含量为 2.5 μg/kg。如样液中任何一种黄曲霉毒素的荧光强度比其最低检出量强,则需逐一进行定量,直至样液点的荧光强度与最低检出量点的荧光强度一致为止。

b. 双向展开法——滴加二点法

(a)点样:取薄层板三块,在距下端 3 cm 基线上滴加黄曲霉毒素标准使用液与样液,即在三块板的距左边缘 0.8 ～ 1 cm 处各滴加 10 μL 黄曲霉毒素混合标准使用液 Ⅱ,在距左边缘 2.8 ～ 3.0 cm 处各滴加 10 μL 样液,然后在第二板的样液点上滴加 10 μL 黄曲霉毒素混合标准使用液 Ⅱ;在第三板上的样液点上滴加 10 μL 黄曲霉毒素混合标准使用液 Ⅰ。

(b)展开:

横向展开:在展开槽内的长边置一玻璃支架,加 10 mL 无水乙醇,将上述点好的薄层板靠标准点的长边置于展开槽内展开,展至板端后,取出挥干,或根据情况需要时可再重复展开 1 ～ 2 次。

纵向展开:挥干的薄层板以丙酮 + 三氯甲烷(8 + 92)展开至 10 ～ 12 cm 为止,丙酮 + 三氯甲烷的比例根据不同条件自行调节。

(c)观察及评定结果:在紫外光灯下观察第一、二板,若第二板的第二点在黄曲霉毒素 B_1、B_2、G_1、G_2 标准点的相应处出现最低检出量,而第一板在与第二板的相同位置上未出现荧光点,则样品中黄曲霉毒素 B_1、G_1 含量在 5 μg/kg 以下,B_2、G_2 的含量在 2.5 μg/kg 以下。

若第一板在与第二板的相同位置上各出现荧光点,则将第一板与第三板比较。看第三板上第二点与第一板上第二点的相同位置的荧光点是否与各黄曲霉毒素 B_1、B_2、G_1、G_2 标准点重叠,如果重叠,再进行所需的确认试验。

黄曲霉毒素 B_1、G_1 的确认试验:取薄层板两块,于第四第五两板距左边缘 0.8 ～ 1 cm 处各滴加 10 μL 黄曲霉毒素混合标准使用液 Ⅱ 及 1 滴三氟乙酸,距左边缘 2.8 ～ 3.0 cm 处,第四板滴加 20 μL 样液及 1 滴三氟乙酸;第五板滴加 20 μL 样液、10 μL 黄曲霉毒素混合标准使用液 Ⅱ 及 1 滴三氟乙酸。产生衍生物的步骤及展开方法同 GB/T 5009.22 中 5.3.2.1,观察样液点是否各产生与其黄曲霉毒素 B_1 或 G_1 标准点重叠的衍生物。观察时,可将第一板作为样液的衍生物空白板。

GB/T 5009.22 中 5.3.2.1 滴加二点法(以黄曲霉毒素 B_1 为例):

(a)点样:取薄层板三块,在距下端 3 cm 基线上滴加黄曲霉毒素 B_1 标准使用液与样液。即在三块板的距左边缘 0.8 ～ 1 cm 处各滴加 10 μL 黄曲霉毒素 B_1 标准使用液

（0.04 μg/mL），在距左边缘 2.8~3 cm 处各滴加 20 μL 样液，然后在第二块板的样液点上加滴 10 μL 黄曲霉毒素 B₁ 标准使用液（0.04 μg/mL），在第三板上的样液点上加滴 10 μL 黄曲霉毒素 B₁ 标准使用液 0.2 μg/mL。

（b）展开：

横向展开：在展开槽内的长边置一玻璃支架，加 10 mL 无水乙醇，将上述点好的薄层板靠标准点的长边置于展开槽内展开，展至板端后，取出挥干，或根据情况需要时可再重复展开 1~2 次。

纵向展开：挥干的薄层板以丙酮 + 三氯甲烷（8 + 92）展开至 10~12 cm 为止，丙酮 + 三氯甲烷的比例根据不同条件自行调节。

（c）观察及评定结果：在紫外光灯下观察第一、二板，若第二板的第二点在黄曲霉毒素 B₁ 标准点的相应处出现最低检出量，而第一板在与第二板的相同位置上未出现荧光点，则试样中黄曲霉毒素 B₁ 含量在 5 μg/kg 以下。

若第一板在与第二板的相同位置上各出现荧光点，则将第一板与第三板比较。看第三板上第二点与第一板上第二点的相同位置上的荧光点是否与黄曲霉毒素 B₁ 标准点重叠，如果重叠，再进行所需的确认试验。在具体测定中，第一、二、三板可以同时做，也可按照顺序做。如按顺序做，当在第一板出现阴性时，第三板可以省略，如第一板出现阳性时，则第二板可以省略，直接做第三板。

（d）确证试验：另取薄层板两块，于第四、第五两板距左边缘 0.8~1 cm 处各滴加 10 μL 黄曲霉毒素 B₁ 标准使用液（0.04 μg/mL）及 1 小滴三氟乙酸；在距左边缘 2.8~3 cm 处，于第四板滴加 20 μL 样液及 1 小滴三氟乙酸；于第五板滴加 20 μL 样液、10 μL 黄曲霉毒素 B₁ 标准使用液（0.04 μg/mL）及 1 小滴三氟乙酸，反应 5 min 后，用吹风机吹热风 2 min，使热风吹到薄层板上的温度不高于 40℃。再用双向展开法展开后，观察样液是否产生与黄曲霉毒素 B₁ 标准点重叠的衍生物。观察时，可将第一板作为样液的衍生物空白板。如样液黄曲霉毒素 B₁ 含量高时，则将样液稀释后，再按本条款做确证试验。

（e）稀释定量：如样液黄曲霉毒素 B₁ 含量高时，按照如下的稀释定量方法操作。当样液中的黄曲霉毒素 B₁ 荧光点的荧光强度如与黄曲霉毒素 B₁ 标准点的最低检出量（0.0004 μg）的荧光强度一致，则试样中黄曲霉毒素 B₁ 含量即为 5 μg/kg。如样液中荧光强度比最低检出量强，则根据其强度估计减少滴加微升数或将样液稀释后再滴加不同微升数，直至样液点的荧光强度与最低检出量的荧光强度一致为止。滴加式样如下：

第一点：10 μL 素黄曲霉毒素 B₁ 标准使用液（0.04 μg/mL）。

第二点：根据情况滴加 10 μL 样液。

第三点：根据情况滴加 15 μL 样液。

第四点：根据情况滴加 20 μL 样液。

如样液中黄曲霉毒素 B₁ 含量低时，稀释倍数小，在定量的纵向展开板上仍有杂质干扰，影响结果的判断，可将样液再做双向展开法测定，以确定含量。

(f)结果计算:试样中黄曲霉毒素 B_1 的含量按下式进行计算。

$$X = 0.0004 \times \frac{V_1 \times D}{V_2} \times \frac{1000}{m} \tag{13-4}$$

式中:X——试样中黄曲霉毒素 B_1 的含量,$\mu g/kg$;

V_1——加入苯—乙腈混合溶液的体积,mL;

V_2——出现最低荧光时滴加样液的体积,mL;

D——样液的总稀释倍数;

m——加入苯—乙腈混合液溶解时相当试样的质量,g;

0.0004——黄曲霉毒素 B1 的最低检出量,μg。

结果表示到测定值的整数位。

如样液黄曲霉毒素 B_1、B_2、G_1、G_2 含量高时,则将样液稀释后按单向展开法(d)项条款再做确证试验。稀释定量方法结果计算同上。

c. 双向展开法——滴加一点法

(a)点样:取薄层板三块,在距下端 3 cm 基线上滴加黄曲霉毒素标准使用液与样液,即在三块板的距左边缘 0.8 ~ 1 cm 处各滴加 20 μL 样液,在第二板的点上滴加 10 μL 黄曲霉毒素混合标准使用液 II(0.04 $\mu g/mL$),在第三板上的点上滴加 10 μL 黄曲霉毒素混合标准使用液 II(0.2 $\mu g/mL$)。

(b)展开:同滴加二点法。

(c)观察及评定结果:在紫外光灯下观察第一、二板,如第二板出现最低检出量的黄曲霉毒素混合标准使用液 II 标准点,而第一板与其相同位置上未出现荧光点,样品中黄曲霉毒素 B_1 含量在 5 $\mu g/kg$ 以下。如第一板在与第二板黄曲霉毒素 B_1 相同位置上出现荧光点,则将第一板与第三板比较,看第三板上与第一板相同位置的荧光点是否与黄曲霉毒素 B_1 标准点重叠,如果重叠再进行一下确认试验。

确证试验:再取两板,于距左边缘 0.8 ~ 1 cm 处,第四板滴加 20 μL 样液、l 滴三氟乙酸;第五板滴加 20 μL 样液、10 μL 0.04 $\mu g/mL$ 黄曲霉毒素混合标准使用液 II 及一滴三氟乙酸产生衍生物,展开。再将以上二板在紫外灯光下观察,以确定样液点是否产生与黄曲霉毒素 B_1 标准点重叠的衍生物,观察时可将第一板作为样液的衍生物空白板。经过以上确证试验定为阳性后,再进行稀释定量,如含黄曲霉毒素 B_1 低,不需稀释或稀释倍数小,若杂质荧光仍有严重干扰,可根样液中黄曲霉毒素 B_1 荧光的强弱,直接用双向展开法定量。

④注意事项:

a. AFT B_1 为强致癌物,操作人员在配置其标准溶液时,必须进行必要的个人防护,如穿防护衣、戴防护镜、防护手套等,实验完毕后仔细洗手。

b. 实验中所有接触过 AFT B_1 的玻璃器皿、实验材料和废弃物均应用 5% 次氯酸钠溶液浸泡 30 min 以上,以破坏 AFT B_1,去除毒性。

13.5 污染物及其他有害物质的测定

13.5.1 食品加工过程中形成的有害物质的测定

食品加工中某些特定的工艺,如烟熏、油炸、焙烤、腌制等,在改善食品的外观和质地,增加风味,延长保存期,以及提高食品的可利用度等方面发挥了很大作用,但与此同时,这些加工过程也会产生一些有害物质,对人体健康可产生很大的危害。这类加工过程中形成的有害物质主要有:N-亚硝基化合物、多环芳烃和杂环胺等。

13.5.1.1 *N*-亚硝基化合物及其检测

（1）N-亚硝基化合物概述

N-亚硝基化合物是一类具有 $=N-N=O$ 结构的有机化合物,根据其化学结构,可分为两类:一类为亚硝胺,另一类为 N-亚硝酰胺。通过对 300 多种 N-亚硝基化合物的研究,已经证明约 90% 具有强致癌性,其中亚硝胺等是比较确定的人类致癌物。N-亚硝基化合物的基本膳食来源是腌肉、腌鱼以及啤酒。但在食品中的存在很少是人为添加,而是由其前体物质和各种胺类反应生成的。

低分子量的亚硝胺在常温下为黄色液体,高分子质量的多为固体。二甲基亚硝胺可溶于水及有机溶剂,其他亚硝胺只能溶于有机溶剂。由于分子质量不同,其蒸气压也不相同,那些能够被水蒸气蒸馏出来并不经过衍生直接由气相色谱检测的 N-亚硝胺类化合物即为挥发性亚硝胺,这一特点正是其测定方法的依据。

（2）食品中 N-亚硝基化合物的测定

我国制定了国家标准 GB/T 5009.26—2003《食品中 N-亚硝胺类的测定》。该标准中的第一法是气相色谱-热能分析仪法（GC-TEA）,适用于啤酒中 N-亚硝基二甲胺的检测。该法的原理是先将样品中 N-亚硝胺经硅藻土吸附或真空低温蒸馏,然后用二氯甲烷提取、分离后,采用气相色谱-热能分析仪法测定。第二法是气相色谱质谱法（GC-MS）法,适用于酒类、肉及肉制品、蔬菜、豆制品、茶叶等食品中 N-亚硝基二甲胺、N-亚硝基二乙胺、N-亚硝基二丙胺及 N-亚硝基吡咯烷含量的检测。该方法的原理是,试样中的 N-亚硝胺类化合物经水蒸气蒸馏和有机溶剂萃取后,浓缩至一定量,采用气相色谱-质谱联用仪的高分辨匹配法进行确定和定量。具体测定方法详见 GB/T 5009.26—2003《食品中 N-亚硝胺类的测定》。

GC-TEA 法是将气相色谱分离的亚硝胺经特异性催化裂解产生 NO 基团,并经冷阱或 CTR 过滤器去除杂质,用光电倍增管测定其发射的近红外区光线。GC-TEA 法在亚硝胺分析上具有很高的灵敏度和相当的选择性,但是在定性上仍有不足。而质谱方法在物质的定性定量上具有不可比拟的优势,从而成为食品中亚硝胺测定最可靠的确证方法。

13.5.1.2 多环芳烃及其检测

（1）多环芳烃概述

多环芳烃（Polycyclic Aromatic Hydrocarbons PAHs）是煤,石油,木材,烟草,有机高分子

化合物等有机物不完全燃烧时产生的挥发性碳氢化合物,是重要的环境和食品污染物。迄今已发现有 200 多种 PAHs,其中有相当部分具有致癌性。PAHs 广泛分布于环境中,可以在我们生活的每一个角落发现,任何有有机物加工,废弃,燃烧或使用的地方都有可能产生多环芳烃。大多数加工食品中的多环芳烃主要源于加工过程本身,而环境污染只起到很小的作用。

(2)苯并[a]芘概述

苯并[a]芘,别名 3,4 – 苯并芘,分子式:$C_{20}H_{12}$,相对分子质量 252.32,是一种由 5 个苯环构成的多环芳烃。苯并[a]芘是一种强烈的致癌物质,对机体各器官,如对皮肤、肺、肝、食道、胃肠等均有致癌作用。

食品加工过程中苯并[a]芘污染主要存在于熏制食品(熏鱼、熏香肠、腊肉、火腿等),烘烤食品(饼干、面包等)和煎炸食品(罐装鱼、方便面等)中,是由于熏制、烘烤和煎炸等食品加工工艺而导致的。一方面是由于加工所用煤、煤气、木材等不完全燃烧,另一方面来源于食品中的脂类、胆固醇、蛋白质、碳水化合物等成分在高温下热解,并经过环化和聚合而产生。据研究报道,在烤制过程中动物食品所滴下的油滴中苯并[a]芘含量是动物食品本身的 10 ~ 70 倍。当食品经烟熏或烘烤过程焦烤或炭化时,苯并[a]芘生成量随着温度的上升而急剧增加。烟熏时产生的苯并[a]芘直接附着在食品表面,随着保藏时间的延长而逐步深入到食品内部。另外,由于输送原料或产品的橡胶管道、包装用的蜡纸、食品加工机械用的润滑油等都可能含有苯并[a]芘,可能使得某些食品在加工环节中被污染。

常温下苯并[a]芘为浅黄色针状结晶,性质稳定,不溶于水,微溶于乙醇、甲醇,溶于苯、甲苯、二甲苯等有机溶剂。在有机溶剂中,用波长 365 nm 紫外线照射时,可产生典型的紫色荧光。依据此特性可以对其测定。

(3)食品中苯并[a]芘的测定

我国制定了国家标准 GB/T 5009.27—2003《食品中苯并[a]芘的测定》。第一法为荧光分光法,该法先将样品用有机溶剂提取或皂化后提取,再将提取液经液 – 液分配或层析柱净化,然后在乙酰化滤纸上分离苯并[a]芘后,在 365 nm 或 254 nm 的紫外光下圈出相应蓝紫色斑点,剪下用溶剂浸出后,用荧光分光光度计测荧光强度与标准比较定量。荧光分光光度法检测限为 0.1 μg/kg。第二法为目测比色法,原理与第一法相同,是将分离出的苯并[a]芘用紫外灯照射后与标准斑点目测比色概略定量。

13.5.2　来源于环境中的有害物质的测定

食品的加工、生产、储存、运输、销售等各个环节,包括食品原料在其种养殖环节,都有可能受到来自环境中有害物质的污染。

13.5.2.1　二噁英及其检测

(1)二噁英概述

二噁英(Dioxin)实际上是二噁英类(Dioxins)一个简称,它指的并不是一种单一物质,而是结构和性质都很相似的包含众多同类物或异构体的两大类 210 种有机化合物。包括多氯代二噁英 Polychlorodibenzodioxins（简称 PCDDs），和多氯代苯并呋喃 Polychlorinated Dibenzofuran（简称 PCDFs）；二噁英这类物质非常稳定，熔点较高，极难溶于水，可以溶于大部分有机溶剂，是一种无色无味、毒性严重的脂溶性物质，所以非常容易在生物体内积累。二噁英的毒性因氯原子的取代位置不同而有差异，其中又以 2,3,7,8 - TeCDD 的毒性最强，是目前已知的最毒的化合物。二噁英主要来源于城市和工业垃圾焚烧。此外还有含氯化合物的生产和使用；以及煤、石油、汽油、沥青等的燃烧。

（2）二噁英的检测

食品中二噁英和其类似物的分析属于超痕量分析（pg ~ fg），多组分（PCDDs 有 75 种，PCDFs 有 135 种）和复杂的前处理技术对特异性、选择性和灵敏度的要求极高，成为当今食品和环境分析领域的难点。GB/T 5009. 205—2007《食品中二噁英及其类似物毒性当量的测定》标准修改采用了美国环境保护局（EPA）的方法，建立了适合我国的检测食品中二噁英及其类似物痕量需要的标准化方法。其测定原理为：应用高分辨率气相色谱 - 质谱法，在质谱分辨率大于 10 000 的条件下，通过精确质量测量监测目标化合物的两个离子，获得目标化合物的特异性响应。以目标化合物的同位素标记化合物为定量内标，采用稳定性同位素稀释法准确测定食品中的 2,3,7,8 位氯取代 PCDD/Fs 和 DL - PCBs 的含量；并以各目标化合物的毒性当量因子（TEF）与所测得的含量相乘后累加，得到样品中二噁英及其类似物的毒性当量（TEQ）。

2. 多氯联苯及其检测

（1）多氯联苯概述

多氯联苯（Polychorinated Biphenyls，PCBs）是一组由一个或多个氯原子取代苯分子中的氢原子而形成的氯代芳烃类化合物，分子式为 $C_{12}H_{10-n}Cl_n$，结构式见图 13 - 4。PCBs 被广泛用作液压油、绝缘油、传热油和润滑油，并广泛应用于成形剂、涂料、油墨、绝缘材料、阻燃材料、墨水和杀虫剂的制造中。此外，多氯联苯还有

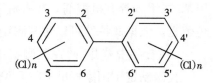

图 13 - 4　多氯联苯的结构式

生物蓄积性和远距离迁移性。可以通过食物链的富集和大气环流迁移而在全球范围内扩散，因此成为典型的持久性有机污染物。通过调查发现 PCBs 对环境和食物的污染实际上比 DDT 还要严重，PCBs 在使用过程中通过泄漏、流失、废弃、蒸发、燃烧、堆放、掩埋及废水处理等环节而进入环境中，从而污染水源、大气和土壤。通常食物中 PCBs 含量一般不超过 15 μg/kg。但是当水体被 PCBs 污染后，通过食物链的富集作用，PCBs 非常容易集中到鱼和贝类食品中。以美国和加拿大交界的大湖地区为例，受污染湖水中的 PCBs 含量为 0. 001 mg/L，该湖中鱼的 PCBs 含量达到 10 ~ 24 mg/kg，而扑食湖鱼的海鸥脂肪中 PCBs 的含量高达 100 mg/kg。另外，有些食用油中 PCBs 含量可达 150 μg/kg，这是因为在食用油精炼过程中，作为传热介质的传热油和食品加工机械的润滑油由于密封不严而渗入食用油中导致的。1968 年日本发生的"米糠油"事件，就是由于加热管道内的 PCBs 的渗漏，而使米

糠油中的 PCBs 含量超过了 2400 mg/kg，导致一千多人中毒，十多人死亡的事件。PCBs 具有持久性、长期残留性、生物蓄积性、半挥发性和高毒性等特征，对人类健康和环境危害严重。PCBs 可引起急性中毒（全身肿胀、虚弱、恶心、腹泻、皮肤和指甲色素沉着、流眼泪等）和慢性毒性（表现为致畸性、致癌性和生殖毒性），对免疫系统、生殖系统、神经系统和内分泌系统均会产生不良影响。

（2）多氯联苯的检测

理论上多氯联苯共有 10 组 209 个同系物异构体单体，在 PCBs 商品中已鉴定出来的有 130 种，其中具有二噁英样平面结构的 PCBs 单体的生化和毒理学特性与 2,3,7,8 - TeCDD 极为相似，被称为二噁英样多氯联苯（DL - PCBs）。由于 DL - PCBs 的测定需要高分辨质谱仪，为了在普通实验室推广，全球环境监测系统/食品规划部分（GEMS/Food）规定了将 PCB28、PCB52、PCB101、PCB118、PCB138、PCB153、PCB180 作为污染状况指示性单体进行替代性监测。GB/T 5009.190—2006《食品中指示性多氯联苯含量的测定》中第一法稳定性同位素稀释的气相色谱 - 质谱法，可用于包括上述几种单体在内的 20 种指示性 PCBs 含量的测定，适用于鱼类、贝类、蛋类、肉类、奶类等动物源性食品及其制品和油脂类样品中指示性 PCBs 的测定。指示性 PCBs 定量限为 0.5 μg/kg。

其原理是：应用稳定性同位素稀释技术，在试样中加入 $^{13}C_{12}$ 标记的 PCBs 作为定量标准，索氏提取后的试样溶液经柱色谱层析净化、分离，浓缩后加入回收率内标，使用气相色谱 - 低分辨质谱联用仪，以四级杆质谱选择离子监测（SIM）或离子阱串联质谱多反应监测（MRM）模式进行分析，内标法定量。

样品前处理及分析方法详见 GB/T 5009.190—2006。

思考题

1. 简述食品中有毒有害物质的分类及来源。

2. 简述气相色谱法测定有机氯农药残留量的原理。

3. 速测卡法（纸片法）快速测定有机磷农残的原理是什么？

第 14 章　食品分析实验

14.1　实验 1　面粉中水分含量的测定

水是维持动植物和人类生存必不可少的物质之一,食品中水分含量的测定是食品分析的重要项目之一。水分对保持食品的感官性状,维持食品中其他组分的平衡关系,保证食品具有一定的保存期,起重要作用。水分含量也是一项重要的技术指标,每种合格食品,在它营养成分表中水分含量都规定了一定的范围;原料中水分含量的高低,对原料的品质和保存是密切相关的。

14.1.1　方法 1:干燥法

14.1.1.1　实验目的

①了解水分测定的意义。

②掌握常压干燥法、减压高燥法测定水分含量的原理及方法。

③熟练掌握恒温干燥箱的使用,天平称量,恒重等基本操作。

14.1.1.2　实验原理

在一定温度和压力下,将样品放在烘箱中加热,样品中的水分受热以后,产生的蒸汽压高于空气在恒温干燥箱中的分压,使水分蒸发出来,同时,由于不断的加热和排走水蒸气,将样品完全干燥,干燥前后样品质量之差即为样品的水分量,以此计算样品水分的含量。

常压干燥法适用于在 101~105℃下,不含或含其他挥发性物质甚微的食品。减压干燥法适用于在 101~105℃下易分解、变质或不易除去结合水的食品。

14.1.1.3　仪器与试剂

①仪器:恒温或真空干燥箱、电子天平。

②试剂:海砂、干燥剂。

③主要器皿:干燥器、称量皿。

14.1.1.4　实验步骤

(1)常压干燥法

取洁净称量瓶,置于 101~105℃干燥箱中,瓶盖斜支于瓶边,加热 0.5~1.0 h 取出盖好,置干燥器内冷却 0.5 h,称量,并重复干燥至恒重。称取 2.00~5.00 g 均匀的样品,放入此称量瓶中,样品厚度约为 5 mm,加盖称量后,置 101~105℃烘箱中,瓶盖斜支于瓶边,干燥 2~4 h 后,盖好取出,放入干燥器内冷却 0.5 h 后称量。然后再放入 101~105℃烘箱中干燥 1 h 左右,取出,放干燥器内冷却 0.5 h 后再称量。重复此操作,至前后两次质量差不超过 2 mg,即为恒重。

（2）减压干燥法

按常压干燥法要求称取样品,放入真空干燥箱内,将干燥箱连接水泵,抽出干燥箱内空气至所需压力(40~53 kPa)后加热至(60℃±5℃)关闭真空泵上的活塞,停止抽气,使干燥箱内保持一定的温度和压力,经4h后,打开活塞,使空气经干燥装置缓缓通入至干燥箱内,待压力恢复正常后再打开。取出称量瓶,放入干燥器中0.5 h后称量,并重复以上操作至恒重。

14.1.1.5　计算:

$$水分含量 = \frac{m_1 - m_2}{m_1 - m_3} \times 100\% \qquad (14-1)$$

式中:m_1——干燥前样品与称量皿(或蒸发皿加海砂、玻璃棒)的质量,g;

　　　m_2——干燥后样品与称量皿(或蒸发皿加海砂、玻璃棒)的质量,g;

　　　m_3——称量皿(或蒸发皿加海砂、玻璃棒)的质量,g。

14.1.1.6　说明

①由于常压干燥法不能完全排出食品中的结合水,因此常压干燥法不可能测出食品中真正的水分。

②常压干燥法所用设备和操作简单,但时间较长,不适用于胶体、高脂肪、高糖食品以及含有较多在高温中易氧化和易挥发物质的食品。

14.1.2　方法2:卡尔·费休法

14.1.2.1　实验目的

①掌握卡尔·费休法测定水分含量的原理及方法。

②熟悉卡尔·费休水分测定仪的使用。

14.1.2.2　实验原理

卡尔·费休(Karl·Fischer)法,简称费休法或 K-F 法,属于碘量法,是测定水分最为专一,也是测定水分最为准确的化学方法。

费休法的基本原理是利用 I_2 氧化 SO_2 时需要有定量的水参加反应:

$$2H_2O + SO_2 + I_2 \longrightarrow 2HI + H_2SO_4$$

但此反应具可逆性,当硫酸浓度达0.05%以上时,即能发生逆反应,要使反应顺利地向右进行,需要加入适当的碱性物质以中和反应过程中生成的酸。经实验证明,采用吡啶(C_5H_5N)作溶剂可满足此要求,此时反应进行如下:

$$C_5H_5N \cdot I_2 + C_5H_5N \cdot SO_2 + C_5H_5N + H_2O \longrightarrow 2C_5H_5N \cdot HI + C_5H_5N \cdot SO_3$$

生成的硫酸吡啶很不稳定,能与水发生副反应,消耗一部分水而干扰测定,若有甲醇存在,则硫酸吡啶可生成稳定的甲基硫酸氢吡啶,于是促使测定水的滴定反应得以定量完成。

$$C_5H_5N \cdot SO_3 + CH_3OH \longrightarrow C_5H_5N(H)SO_4 \cdot CH_3$$

从上式可以看到 1 mol 水需要与 1 mol 碘、1 mol 二氧化硫和 3 mol 吡啶及 1 mol 甲醇反应而产生 2 mol 氢碘酸吡啶和 1 mol 甲基硫酸氢吡啶(实际操作中各试剂用量摩尔比为

$I_2 : SO_2 : C_5H_5N = 1 : 3 : 10$)。滴定操作中,当用费休试剂滴定样品达到化学计量点时,再过量 1 滴费休试剂中的游离碘即会使体系呈现浅黄甚至棕黄色,据此即作为终点而停止滴定。

14.1.2.3　仪器与试剂

(1)仪器

KF-1 型水分测定仪或 SDY-84 型水分滴定仪。

(2)主要试剂

①无水甲醇:要求其含水量在 0.05% 以下。方法:量取甲醇约 200 mL 置干燥圆底烧瓶中,加光洁镁条 15 g 与碘 0.5 g,接上冷凝装置,冷凝管的顶端和接受器支管上要装上无水氯化钙干燥管,当加热回流至金属镁开始转变为白色絮状的甲醇镁时,再加入甲醇 800 mL,继续回流至镁条溶解。分馏,用干燥的抽滤瓶作接受器,收集 64~65℃馏分备用。

②无水吡啶:要求其含水量在 0.1% 以下。吸取吡啶 200 mL 置干燥的蒸馏瓶中,加 40 mL 苯,加热蒸馏,收集 110~116℃馏分备用。

③碘:将固体碘置硫酸干燥器内干燥 48 h 以上。

④无水硫酸钠。

⑤硫酸。

⑥二氧化硫:采用钢瓶装的二氧化硫或用硫酸分解亚硫酸钠而制得。

⑦5A 分子筛。

⑧水—甲醇标准溶液:每 mL 含 1 mg 水,准确吸取 1mL 水注入预先干燥的 1000 mL 容量瓶中,用无水甲醇稀释至刻度,摇匀备用。

⑨卡尔·费休试剂:称取 85 g 碘于干燥的 1 L 具塞的棕色玻璃试剂瓶中,加入 670 mL 无水甲醇,盖上瓶塞,摇动至碘全部溶解后,加入 270 mL 吡啶混匀,然后置于冰水浴中冷却,通入干燥的二氧化硫气体 60~70 g,通气完毕后塞上瓶塞,放置暗处至少 24 h 后使用。

标定:预先加入 50 mL 无水甲醇于水分测定仪的反应器中,接通仪器电源,启动电磁搅拌器,先用卡尔·费休试剂滴入甲醇中使其尚残留的痕量水分与试剂作用达到计量点,并保持 1 min 内不变,不记录卡尔·费休试剂的消耗量。然后用 10 μL 的微量注射器从反应器的加料口缓缓注入 10 μL 水—甲醇标准溶液(相当于 0.01 g 水),用卡尔·费休试剂滴定至原定终点,记录卡尔·费休试剂的消耗量。

卡尔·费休试剂对水的滴定度 T(mg/mL)按下式计算:

$$T = \frac{m}{V} \qquad\qquad (14-2)$$

式中:m——所用水—甲醇标准溶液中水的质量,mg

V——滴定消耗卡尔·费休试剂的体积,mL

14.1.2.4　实验步骤

准确称取 0.30~0.50 g 样品置于称样瓶中。

在水分测定仪的反应器中加入 50 mL 无水甲醇,使其完全掩没电极并用卡尔·费休试剂滴定 50 mL 甲醇中的痕量水分,滴定至终点并保持 1 min 不变时(不记录试剂用量),打开加料口迅速将称好的试样加入反应器中,立即塞上橡皮塞,开动电磁搅拌器使试样中的水分完全被甲醇所萃取,用卡尔·费休试剂滴定至终点并保持 1 min 不变,记录所使用试剂的用量(mL)。

14.1.2.5　计算

$$水分 = \frac{T \times V}{10 \times W} \tag{14-3}$$

式中:T——卡尔·费休试剂对水的滴定度,mg/mL;

V——滴定所消耗的卡尔·费休试剂体积,mL;

W——样品质量,g。

14.1.2.6　说明及注意事项

①卡尔·费休法只要有现成仪器及配好费休试剂,它是快速而准确的测定水分的方法,除用于食品分析外,还广泛用于测定化肥、医药以及其他工业产品中的水分含量。

②固体样品细度以 40 目为宜。最好用破碎机处理而不用研磨机,以防水分损失,另外粉碎样品时保证其含水量均匀也是获得准确分析结果的关键。

③5A 分子筛供装入干燥塔或干燥管中干燥氮气或空气使用。

④无水甲醇及无水吡啶宜加入无水硫酸钠保存之。

⑤试验证明,对于含有诸如维生素 C 等强还原性组分的样品不宜用此法测定。

⑥试验表明,卡尔·费休法测定样品的水分等于烘箱干燥法测定的水分加上干燥法烘过的样品再用卡尔·费体法测定的残留水分,由此说明卡尔·费休法不仅可测得样品中的自由水,而且可测出其结合水,即此法所得结果能更客观地反映出样品总水分含量。

14.1.2.7　思考题

①常压干燥法测定水分中,有时加入海砂的目的是什么?

②直接干燥法中,要想得到准确的结果,应该注意些什么?

14.2　实验 2　牛奶相对密度的测定

乳是哺乳动物分娩后由乳腺分泌的一种白色或微黄色的不透明液体。它含有幼儿生长发育所需要的全部营养成分,是哺乳动物出生后最适于消化吸收的全价食物。

正常牛乳的相对密度在 1.028~1.032,牛乳的相对密度与其脂肪含量、总乳固体含量有关,脱脂乳相对密度升高,掺水乳相对密度降低。

14.2.1　实验目的

掌握使用乳稠计测定牛乳的相对密度的程序和方法。

14.2.2　实验原理

利用乳稠计在乳中取得浮力与重力相平衡的原理测定乳的密度。

14.2.3 仪器与试剂

①温度计:0℃ ~ 100℃;

②牛奶密度计(乳稠计):20℃/4℃;

③主要器皿:玻璃圆筒或 200 ~ 250 mL 量筒,圆筒高度应大于乳稠计的长度,其直径大小应使在沉入乳稠计时使乳稠计周边和圆筒内壁的距离不小于 5 mm。

14.2.4 实验步骤

①密度计和量筒的洗涤和干燥 洗净密度计和量筒,晾干备用。

②采样与处理 将盛装容器中的牛乳混匀,将牛乳样品升温至 40℃,混合均匀后,降温至 10 ~ 25℃。

③加注乳样与测温 将乳样小心地沿量筒壁注入 250 mL 量筒中,高度大于密度计长度,加到量筒容积的 3/4 时为止。注入牛乳时应防止牛乳发生泡沫并测量试样温度。

④测量与计数 手持乳稠计上部,将乳稠计小心地沉入乳样中,让其慢慢沉入待测的样品中,轻轻按下少许(乳稠计沉入试样中到相当刻度 30°处),使乳稠计上端被检测液湿润,自然上升,直至静止(注意防止乳稠计与量筒壁接触)。等乳稠计静止 2 ~ 3 min 后,双眼对准筒内乳液表面的高度。取凹液面的上缘,读出乳稠计示值。

14.2.5 计算

根据试样的温度和乳稠计读数查表换算成 20℃时的度数。相对密度(对 d_4^{20})与乳稠计刻度关系式:

$$x = (d_4^{20} - 1) \times 1000 \qquad\qquad (14 - 4)$$

式中:x——乳稠计读数;

d_4^{20}——试样的相对密度。

当用 20℃/4℃乳稠计、温度在 20℃时,读数代入上述公式相对密度即算出;测量时不在 20℃要查附表 2 换算成 20℃时度数,再代入上述公式。

14.2.6 结果的表示

所用的乳稠计要以 20℃时的数值表示。因此,如果乳样具有另一温度,则须对温度的差异加以校正。

原始数据记录表

试样名称	
α—实测试样的读数 t—测量时试样的温度,℃	
校正:	

14.2.7 思考题

①若乳样中有气泡,测定时应该怎么办?

②乳稠计表面有油污,会对测定结果产生什么影响?

14.3　实验3　果汁中可溶性固形物的测定

可溶性固形物是指液体或流体食品中所有溶解于水的化合物的总称。包括糖、酸、维生素、矿物质等等。可溶性固形物主要指可溶性糖类物质或其他可溶物质,可溶性固形物是反映罐头食品,果、蔬、乳饮料等产品主要营养物质多少的一个指标。

14.3.1　实验目的

①了解物理检测的方法和原理,掌握折光仪的使用方法;

②掌握果汁折射率的测定原理、方法和注意事项。

14.3.2　实验原理

测定各种物质折射率的仪器叫折光仪,其原理是利用测定临界角以求得样品溶液的折射率,从折射率可以近似的换算出溶液可溶性固形物的含量。

14.3.3　仪器

阿贝折光计。

14.3.4　实验步骤

①测定前按说明书校正折光计。

②分开折光计两面棱镜,用脱脂棉蘸乙醚或乙醇擦净。

③用末端熔圆之玻璃棒蘸取试液2~3滴,滴于折光计棱镜面中央(注意勿使玻璃棒触及镜面)。调整反射镜,使光线射入棱镜中。

④迅速闭合棱镜,静置1 min,使试液均匀无气泡,并充满视野。

⑤对准光源,通过目镜观察接物镜。调节旋钮,使视野分成明暗两部,再旋转微调螺旋,使明暗界限清晰,并使其分界线恰在接物镜的十字交叉点上。

⑥读取目镜视野中的百分数或折光率,并记录棱镜温度。

⑦如目镜读数标尺刻度为百分数,即为可溶性固形物的百分含量;如目镜读数标尺为折光率,可按书后附表6换算为可溶性固形物百分含量。将上述百分含量按书后附表3换算为20℃时可溶性固形物百分含量。

⑧每次测定后,必须拭净镜身各机件,棱镜表面使之干洁,在测定水溶性样品后,用脱脂棉吸水洗净。若为油类样品,须用乙醇或乙醚、苯等拭净。

14.3.5　计算

折射率通常规定在20℃时测定,得到的读数即为可溶性固形物的折射率。如测定温度不是在20℃,需记下实验时的温度并读取其折射率和固形物含量,进行查表校正。例如:测定温度30℃,测得固形物含量为15%,由书后附表3查得30℃时的修正值为0.78,则准确读数为15% +0.78% =15.78%

14.3.6　注意事项

①实验前,应首先用蒸馏水或已知标准折射率的液体来校正阿贝折射仪的读数。

②在利用滴管加液时,不能让滴管碰到棱镜面上,以免划伤;并合棱镜时,应防止待测

液层中存在有气泡。

③测固体折射率时,接触液 α - 溴代萘的用量要适当,不能涂得太多,过多待测玻璃或固体容易滑下,损坏。

④实验完毕,必须将仪器擦洗干净,整理放妥。

14.3.7　思考题

①糖度计可否直接快速测定果汁中的可溶性固形物含量?

②阿贝折光仪的工作原理是什么?

14.4　实验4　食品中还原糖的测定

还原糖是指具有还原性的糖类。在糖类中,分子中含有游离醛基或酮基的单糖和含有游离潜醛基的双糖都具有还原性。葡萄糖分子中含有游离醛基,果糖分子中含有游离酮基,乳糖和麦芽糖分子中含有游离的潜醛基,故它们都是还原糖。其他双糖(如蔗糖)、三糖乃至多糖(如糊精、淀粉等),其本身不具还原性,属于非还原性糖,但都可以通过水解而生成相应的还原性单糖,测定水解液的还原糖含量就可以求得样品中相应糖类的含量。因此,还原糖的测定是一般糖类定量的基础。

14.4.1　实验目的

通过实验了解直接滴定法测定食品中还原糖的原理和操作要点,能够准确测定果蔬中还原糖的含量。

14.4.2　实验原理

在加热条件下,以次甲基蓝为指示剂,用经除去蛋白质后的被测样品溶液,直接滴定已标定过的费林试剂,样品中的还原糖与费林试剂中的酒石酸钾钠铜络合物反应,生成红色的氧化亚铜沉淀,氧化亚铜再与试剂中的亚铁氰化钾反应,生成无色可溶性化合物,便于观察滴定终点。滴定时以亚甲基蓝为氧化 - 还原指示剂。亚甲基蓝氧化能力比二价铜弱,待二价铜离子全部被还原后,稍过的还原糖可使蓝色的氧化型亚甲基蓝还原为无色的还原型亚甲基蓝,溶液由蓝色变为无色,即达滴定终点。根据消耗样液量可计算出还原糖含量。

① $CuSO_4 + 2NaOH \Longrightarrow 2Cu(OH)_2 \downarrow + Na_2SO_4$

14.4.3　仪器与试剂

（1）仪器

电子天平、电炉。

（2）试剂

①碱性酒石酸铜甲液：称取 15 g 硫酸铜（$CuSO_4 \cdot 5H_2O$）及 0.05 g 次甲基蓝，溶于水中并稀释至 1000 mL。

②碱性酒石酸铜乙液：称取 50 g 酒石酸钾钠及 75 g 氢氧化钠，溶于水中，再加入 4 g 亚铁氰化钾，完全溶解后，用水稀释至 1000 mL，储于橡胶塞玻璃瓶内。

③乙酸锌溶液：称取 21.9 g 乙酸锌，加 3 mL 冰乙酸，加水溶解后，稀释至 100 mL。

④亚铁氰化钾溶液：称取 10.6 g 亚铁氰化钾，用水溶解并稀释至 100 mL。

⑤葡萄糖标准溶液：精密称取 1.000 g 经过 80℃ 干燥至恒重的纯葡萄糖，加水溶解后，加 5 mL 盐酸，并以水稀释至 1000 mL，此溶液相当于 1 mg/mL 葡萄糖。

⑥40 g/L NaOH 标准溶液。

⑦150 g/L Na_2CO_3 溶液：称 15 g 碳酸钠溶于水并稀释至 100 mL。

⑧100 g/L $Pb(Ac)_2$ 溶液：称 10 g 醋酸铅溶于水并稀释至 100 mL。

⑨100 g/L Na_2SO_4 溶液：称 10 g 硫酸钠溶于水并稀释至 100 mL。

14.4.4　实验步骤

（1）样品处理

①乳类、乳制品及含蛋白质食品：称取 2.50～5.00 g 固体样品（或吸取 25.00～50.00 mL 液体样品），置于 250 mL 容量瓶中，加 50 mL 水，摇匀，边摇边慢慢加入 5 mL 乙酸锌溶液和 5 mL 亚铁氰化钾溶液，加水至刻度，摇匀，静置 30 min，用干燥滤纸过滤，弃去初滤液，收集滤液备用。

②酒精饮料：吸取 100.0 mL 样品置于蒸发皿中，用 40 g/L 的氢氧化钠溶液中和至中性，在水浴上蒸发至原体积的 1/4 后，移入 250 mL 容量瓶中，边摇边慢慢加入 5 mL 乙酸锌溶液和 5 mL 亚铁氰化钾溶液，加水至刻度，摇匀，静置 30 min，用干燥滤纸过滤，弃去初滤液，收集滤液备用。

③含多量淀粉食品：称取 10～20 g 样品，精确至 0.001 g，置 250 mL 容量瓶中，加 200 mL 水，在 45℃ 水浴中加热 1 h，并经常摇动（注意：此步为提取还原糖，切忌温度过高，避免淀粉糊化、水解，影响结果）。冷后加水至刻度，混匀，静置、沉淀。吸取 200 mL 上清液置另一 250 mL 容量瓶中，边摇边慢慢加入 5 mL 乙酸锌溶液和 5 mL 亚铁氰化钾溶液，加水至刻度，摇匀，静置 30 min，用干燥滤纸过滤，弃去初滤液，收集滤液备用。

④汽水等含 CO_2 的饮料：称取 100 g 混匀的试样，精确至 0.01 g，试样置蒸发皿中，在水浴上除去 CO_2 后，移入 250 mL 容量瓶中，稀释至刻度，混匀后备用。

⑤新鲜果蔬样品：将样品洗净、擦干，并除去不可食部分。准确称取平均样品 10～25 g，研磨成浆状（对于多汁类果蔬样品可直接榨取果汁吸取 10～25 mL 汁液），用约 100 mL

水分数次将样品移入 250 mL 容量瓶中,然后用 Na₂CO₃ 溶液调整样液至微碱性,于 80℃ 水浴中加热 30 min。冷却后滴加中性 Pb(Ac)₂ 溶液沉淀蛋白质等干扰物质,加至不再产生雾状沉淀为止。蛋白质沉淀后,再加入等量同浓度的 Na₂SO₄ 除去多余的铅盐,摇匀,用水定容至刻度,静置 15~20 min 后,用干燥滤纸过滤,滤液备用。

(2)碱性酒石酸铜溶液的标定

准确吸取碱性酒石酸铜甲液和乙液各 5 mL,置于 250 mL 锥形瓶中,加水 10 mL,加玻璃珠 3 粒。从滴定管滴加约 9 mL 葡萄糖标准溶液,加热使其在 2 min 内沸腾,准确沸腾 30 s,趁热以每 2 秒 1 滴的速度继续滴加葡萄糖标准溶液,直至溶液蓝色刚好褪去为终点. 记录消耗葡萄糖标准溶液的总体积。平行操作 3 次,取其平均值,按下式计算。

$$F = C \cdot V \tag{14-5}$$

式中:F——10mL 碱性酒石酸铜溶液相当于葡萄糖的质量,mg;

C——葡萄糖标准溶液的浓度,mg/mL;

V——标定时消耗葡萄糖标准溶液的总体积,mL。

(3)样品溶液预测定

准确吸取碱性酒石酸铜甲液及乙液各 5 mL,置于 250 mL 锥形瓶中,加水 10 mL,加玻璃珠 3 粒,加热使其在 2 min 内至沸,准确沸腾 30 s,趁热以先快后慢的速度从滴定管中滴加样品溶液,滴定时要始终保持溶液呈沸腾状态。待溶液蓝色变浅时,以每 2 秒 1 滴的速度滴定,直至溶液蓝色刚好褪去为终点。记录样品溶液消耗的体积。

(4)样品溶液测定

准确吸取碱性酒石酸铜甲液及乙液各 5 mL,置于 250 mL 锥形瓶中,加水 10 mL,加玻璃珠 3 粒,从滴定管中加入比预测时样品溶液消耗总体积少 1 mL 的样品溶液,加热使其在 2 min 内沸腾,准确沸腾 30 s,趁热以每 2 秒 1 滴的速度继续滴加样液,直至蓝色刚好褪去为终点。记录消耗样品溶液的总体积。同法平行操作 3 份,取平均值。

14.4.5 计算

$$还原糖 = \frac{F \times V}{W \times V_1 \times 1000} \times 100\% \tag{14-6}$$

式中:F——10 mL 碱性酒石酸铜溶液相当于葡萄糖的质量,mg;

V——样品定容总体积,mL;

W——样品质量,g;

V_1——测定时平均消耗样品溶液的毫升数。

14.4.6 注意事项

①碱性酒石酸铜甲液和乙液应分别储存,用时才混合,否则酒石酸钾钠铜络合物长期在碱性条件下会慢慢分解析出氧化亚铜沉淀,使试剂有效浓度降低。

②滴定必须是在沸腾条件下进行,保持反应液沸腾可防止空气进入,也可加快还原糖与 Cu²⁺ 的反应速度。

③滴定时不能随意摇动锥形瓶,更不能把锥形瓶从热源上取下来滴定,以防止空气进入反应溶液中。

14.4.7　思考题

①样品溶液为何要进行预测定?

②滴定结束后,溶液的颜色会发生什么变化? 为什么?

14.5　实验 5　食品中总酸度的测定

食品中的酸度通常用总酸度(滴定酸度)、有效酸度、挥发酸度来表示。总酸度是指食品中所有酸性物质的总量,包括已离解的酸浓度和未离解的酸浓度,采用标准碱液来滴定,并以样品中主要代表酸的百分含量表示。

测定酸度可判断果蔬的成熟程度,也可以判断食品的新鲜程度。食品中有机酸含量的多少,直接影响食品的风味、色泽、稳定性和品质的高低。酸的测定对微生物发酵过程具有一定的指导意义。如:酒和酒精生产中,对麦芽汁、发酵液、酒曲等的酸度都有一定的要求。发酵制品中的酒、啤酒及酱油、食醋等中的酸也是一个重要的质量指标。

14.5.1　实验目的

①了解总酸度测定的原理及意义。

②掌握测定总酸度的方法。

14.5.2　实验原理

总酸度是指食品中所有酸性成分的总量。总酸度包括未解离酸的浓度和已解离酸的浓度。

样品中的有机酸用已知浓度的标准碱溶液滴定时中和生成盐类。用酚酞作指示剂时,当滴定至终点($pH = 8.2$,指示剂显红色)时根据标准碱的消耗量,计算出样品的含酸量。所测定的酸称总酸度或可滴定酸度,以该样品所含主要的酸来表示。

14.5.3　仪器与试剂

(1)仪器

组织捣碎机或研钵、电子天平。

(2)试剂

①10 g/L 酚酞乙醇溶液:称取酚酞 1 g 溶解于 100 mL 95% 乙醇中。

②0.1 mol/L 氢氧化钠标准溶液:称取氢氧化钠(AR)0.4 g 于小烧杯中,加入蒸馏水 50 mL,振摇使其溶解,移入 100 mL 容量瓶中,定容至线。用邻苯二甲酸氢钾标定,若浓度太高可酌情稀释。

氢氧化钠标准溶液的标定:

精密称取 0.4 ～ 0.6 g(准确至 0.0001 g)在 105 ～ 110 ℃ 干燥至恒重的基准邻苯二甲酸氢钾,加 50 mL 新煮沸过的冷蒸馏水,振摇使其溶解,加两滴酚酞指示剂,用配制的氢氧化钠溶液滴定至溶液呈微红色 30 s 不褪色。同时做空白试验。

计算：

$$C = \frac{m \times 1000}{(V_1 - V_2) \times 204.2}$$ （14 – 7）

式中：C——NaOH 标准溶液的物质的量浓度，mol/L；

m——基准邻苯二甲酸氢钾的质量，g；

V_1——标定时所消耗的 NaOH 标准溶液体积，mL；

V_2——空白实验中所消耗的 NaOH 标准溶液体积，mL；

204.2——邻苯二甲酸氢钾的摩尔质量数，g/mol。

（3）主要器皿

碱式滴定管、容量瓶、移液管、烧杯、漏斗、滤纸等。

14.5.4　实验步骤

称取 10.00 ~ 20.00 g 捣碎均匀的样品置于小烧杯内，约用 150 mL 已煮沸、冷却，去除二氧化碳的蒸馏水移入 250 mL 容量瓶中，充分振摇后加水至刻度，再摇匀，用滤纸过滤。吸取滤液 50 mL，以 0.1 mol/L 氢氧化钠标准溶液滴定至微红色 30 s 不退色。记录消耗 0.1 mol/L 氢氧化钠标准滴定溶液的体积的数值（V_1），同一被测样品应测定两次。

空白试验：用水代替样品，操作相同，记录消耗 0.1 mol/L 氢氧化钠标准滴定溶液的体积的数值（V_2）

14.5.5　计算

食品中的总酸的含量以质量分数 X 计，数值以克每千克（g/kg），按式 14 – 8 计算

$$X = \frac{c \times (V_1 - V_2) \times K \times F}{m} \times 1000$$ （14 – 8）

式中：c——氢氧化钠标准滴定溶液的浓度的准确数值，mol/L；

V_1——滴定试液时消耗 0.1 mol/L 氢氧化钠标准滴定溶液的体积的数值，mL；

V_2——空白试验时消耗 0.1 mol/L 氢氧化钠标准滴定溶液的体积的数值，mL；

F——试液的稀释倍数

m——试样的质量的数值，g；

K——酸的换算系数。各种酸的换算系数如下：

因食品中含有多种有机酸，总酸度测定结果通常以样品中含量最多的那种酸表示。食品中常见的有机酸以及其毫摩尔质量折算系数如下：

苹果酸—0.067（苹果、梨、桃、杏、李子、番茄、莴苣）；

酒石酸—0.075（葡萄）；

柠檬酸—0.064（柑橘类）；

醋酸—0.060（蔬菜罐头）；

乳酸—0.090（鱼、肉罐头、牛奶）；

草酸—0.045（菠菜）。

14.5.6　注意事项

①食品中的酸是多种有机弱酸的混合物,用强碱进行滴定时,滴定突跃不够明显。特别是某些食品本身具有较深的颜色,使终点颜色变化不明显,影响滴定终点的判断。此时可通过加水稀释,用活性炭脱色等处理,或用原试样溶液对照进行终点判断,以减少干扰,亦可用电位滴定法进行测定。

②样品浸渍、稀释用蒸馏水中不能含有 CO_2。

③含 CO_2 的饮料、酒类等样品先置于 40℃ 水浴上加热 30 min,除去 CO_2,冷却后再取样。不含 CO_2 的样品直接取样。

14.5.7　思考题

①在滴定操作中,一般要求滴定管中的标准溶液的消耗量应该是多少?若不在此范围,应该如何解决?

14.6　实验 6　火腿肠中亚硝酸盐含量的测定

在肉类制品中为了保持其鲜红的色泽,通常使用发色剂或称护色剂,如硝酸盐或亚硝酸盐等,或使用发色助剂,如抗坏血酸及尼克酰胺等。硝酸盐与亚硝酸盐是食品加工工业中常用的发色剂,硝酸盐可在亚硝酸菌的作用下,还原为亚硝酸盐。亚硝酸盐在酸性条件下(如肌肉中的乳酸)产生游离的亚硝酸,与肉中肌红蛋白结合,生成亚硝基肌红蛋白,呈现稳定的红色化合物,致使肉品呈鲜艳的亮红色,致使食品具有独特风味,又具有较强的抑菌作用,尤其是抑制肉毒梭菌的生长,因此又是防腐剂。

亚硝酸盐非人体所必需,摄入过多对人体健康产生危害。体内过量的亚硝酸盐,可使血液中二价铁离子氧化为三价铁离子,使正常血红蛋白转变为高铁血红蛋白,失去携氧能力,出现亚硝酸盐中毒症状。亚硝酸盐又是致癌性亚硝基化合物的前体物,研究证明人体内和食物中的亚硝酸盐只要与酰胺类同时存在,就可能形成致癌性的亚硝基化合物。因此,制订食品中的卫生标准,控制其使用量和摄入量已引起国内外的重视,是预防亚硝酸盐对人体潜在危害的重要措施。

14.6.1　实验目的

①了解亚硝酸盐测定的原理和意义。

②掌握盐酸萘乙二胺法测定亚硝酸盐的方法。

14.6.2　实验原理

样品经沉淀蛋白质,除去脂肪后,在弱酸条件下,亚硝酸盐与对氨基苯磺酸重氮化后,生成的重氮化合物,再与盐酸萘乙二胺偶合形成紫红色的重氮染料,产生的颜色深浅与亚硝酸根含量成正比,可以比色测定。

14.6.3　仪器与试剂

(1)仪器

分光光度计。

（2）试剂

①亚铁氰化钾溶液（106 g/L）：称取 106 g 亚铁氰化钾[$K_4Fe(CN)_6 \cdot 3H_2O$]，溶于水后，稀释至 1000 mL。

②乙酸锌溶液（220 g/L）：称取 220 g 乙酸锌[$Zn(CH_2COO)_2 \cdot 2H_2O$]，加 30 mL 冰乙酸溶于水，并稀释至 1000 mL。

③饱和硼砂溶液（50 g/L）：称取 5 g 硼酸钠（ $Na_2B_4O_7 \cdot 10H_2O$ ），溶于 100 mL 热水中，冷却后备用。

④对氨基苯磺酸溶液（4 g/L）：称取 0.4 g 对氨基苯磺酸，溶于 100 mL 20% 的盐酸中，避光保存。

⑤盐酸萘乙二胺溶液（2 g/L）：称取 0.2 g 盐酸萘乙二胺，溶于 100 mL 水中，避光保存。

⑥亚硝酸钠标准溶液（200 μg/mL）：精密称取 0.1000 g 于硅胶干燥器中干燥 24 h 的亚硝酸钠，加水溶解移入 500 mL 容量瓶中，并稀释至刻度。此溶液每 mL 相当于 200 μg 亚硝酸钠。

⑦亚硝酸钠标准使用液（5 μg/mL）：临用前，吸取亚硝酸钠标准溶液 5.00 mL，置于 200 mL 容量瓶中，加水稀释至刻度，此溶液每 mL 相当于 5 μg 亚硝酸钠。

14.6.4　实验步骤

（1）样品处理

称取 5.00 g 经绞碎混匀的样品，置于 50 mL 烧杯中，加 12.5 mL 饱和硼砂溶液，搅拌均匀，以 70℃ 左右的水约 300 mL 将样品全部洗入 500 mL 容量瓶中，置沸水浴中加热 15 min，取出后冷至室温，然后一面转动一面加入 5 mL 亚铁氰化钾溶液，摇匀，再加入 5 mL 乙酸锌溶液以沉淀蛋白质，加水至刻度，混匀，放置 0.5 h，除去上层脂肪，清液用滤纸过滤弃去初滤液 30 mL，滤液备用。

（2）亚硝酸钠标准曲线的绘制

精确吸取亚硝酸钠标准液（5 μg/mL）0.00 mL、0.20 mL、0.40 mL、0.60 mL、0.80 mL、1.00 mL、1.50 mL、2.00 mL、2.50 mL（各含 0.0 μg、1.0 μg、2.0 μg、3.0 μg、4.0 μg、5.0 μg、7.5 μg、10.0 μg、12.5 μg 亚硝酸钠）于一组 50 mL 容量瓶中，各加水至 25 mL，分别加 2 mL 对氨基苯磺酸溶液（4 g/L）摇匀。静置 3~5 min 后，加入 1 mL 盐酸萘乙胺溶液（2 g/L），并用重蒸水定容到 50 mL，摇匀，静置 15 min 后，在 538 nm 波长下测定吸光度。以测得的各比色液的吸光度对应的亚硝酸浓度作曲线。

（3）亚硝酸盐的测定

取 40 mL 待测样液于 50 mL 容量瓶中，加 2 mL 对氨基苯磺酸溶液（4 g/L），摇匀。静置 3~5 min 后，加入 1 mL 盐酸萘乙胺溶液（2 g/L），并用重蒸水定容到 50 mL，摇匀，静置 15 min 后，比色测定，记录吸光度。从标准曲线上查得相应的亚硝酸钠浓度，计算试样中亚硝酸盐（以亚硝酸钠计）的含量。

14.6.5　计算

$$X = \frac{m_1 \times 1000}{m \times \dfrac{v_2}{v_1} \times 1000}$$

$$(14-9)$$

式中：X——样品中亚硝酸盐的含量，mg/kg；

　　m_1——测定用样液中亚硝酸盐含量，μg；

　　m——样品质量，g；

　　V_1——样品处理液总体积，mL；

　　V_2——测定用样品处理液体积，mL。

14.6.6　说明

①盐酸萘乙二胺有致癌作用，使用时应注意安全。

②硼砂溶入水中，即被水解为等量的硼酸与硼酸二氢钠，起缓冲溶液作用。溶液 pH 约为 9.18，即碱性。在碱性下处理样品有几方面作用，一是锌盐沉淀蛋白质时，要求在碱性。二是碱性下处理肉制品，脂肪被皂化，减少样品被脂肪包裹，使亚硝基根更易提取到水溶液中，三是溶液在碱性下亚硝基根以离子存在，易溶且稳定，如溶液偏酸性，则形成亚硝酸，在加热下容易挥发，也易分解，造成损失。

14.6.7　思考题

此法可否测定出火腿肠中的硝酸盐含量？

14.7　实验 7　食品中蛋白质的测定

蛋白质是生命的物质基础，是构成生物体细胞组织的重要成分，是生物体发育及修补组织的原料，一切有生命的活体都含有不同类型的蛋白质。测定食品中蛋白质的含量，对于评价食品的营养价值，合理开发利用食品资源、提高产品质量、优化食品配方、指导经济核算及生产过程控制均具有极其重要的意义。

14.7.1　实验目的

①掌握凯式定氮法测定蛋白质的方法。

②了解定氮装置的原理及应用。

14.7.2　实验原理

样品与浓硫酸和催化剂一同加热消化，使蛋白质分解，其中碳和氢被氧化为二氧化碳和水逸出，而样品中的有机氮转化为氨与硫酸结合成硫酸铵。硫酸铵用氢氧化钠中和生成氢氧化铵，加热又分解为氨，用硼酸吸收。吸收氨后的硼酸再以标准盐酸或硫酸溶液滴定，根据标准酸消耗量可计算出蛋白质的含量。

14.7.3　仪器与试剂

（1）仪器

电炉、凯式烧瓶、微量凯式定氮装置，如图 14-1 所示。

（2）试剂

①20 g/L 硼酸吸收液:20 g 硼酸(化学纯)溶解于1000 mL 热水中,摇匀备用。

②甲基红—溴甲酚绿混合指示剂:5 份2 g/L 溴甲酚绿95% 乙醇溶液与1 份2 g/L 甲基红乙醇溶液混合。

③400 g/L 氢氧化钠溶液。

④浓硫酸。

⑤硫酸钾。

⑥硫酸铜。

⑦硫酸标准滴定液(0.0500mol/L)或盐酸标准滴定液(0.0500mol/L)。

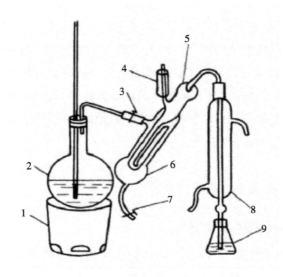

图 14 – 1　微量凯氏定氮蒸馏装置

1—电炉　2—水蒸气发生器(2 L烧瓶)　3—螺旋夹　4—小玻杯及棒状玻塞
5—反应室　6—反应室外层　7—橡皮管及螺旋夹　8—冷凝管　9—蒸馏液接收瓶

14.7.4　实验步骤

称取充分混匀的固体试样0.2 g~2 g、半固体试样2 g~5 g或液体试样10 g~25 g(约相当于30 mg~40 mg 氮),精确至0.001 g,移入干燥的100 mL、250 mL或500 mL定氮瓶中,加入0.2 g硫酸铜、6 g硫酸钾及20 mL硫酸,轻摇后于瓶口放一小漏斗,将瓶以45°角斜支于有小孔的石棉网上(图8 – 1a.)。小心加热,待内容物全部炭化,泡沫完全停止后,加强火力,并保持瓶内液体微沸,至液体呈蓝绿色并澄清透明后,再继续加热0.5 h~1 h。取下放冷,小心加入20 mL水。放冷后,移入100 mL容量瓶中,并用少量水洗定氮瓶,洗液并入容量瓶中,再加水至刻度,混匀备用。同时做试剂空白试验。

按图14 – 1装好定氮蒸馏装置,向水蒸气发生器内装水至2/3 处,加入数粒玻璃珠,加甲基红乙醇溶液数滴及数毫升硫酸,以保持水呈酸性,加热煮沸水蒸气发生器内的水并保持沸腾。

向接收瓶内加入 10.0 mL 硼酸溶液及 1 滴~2 滴 A 混合指示液[2 份甲基红乙醇溶液与 1 份亚甲基蓝乙醇溶液] 或 B 混合指示液[1 份甲基红乙醇溶液与 5 份溴甲酚绿乙醇溶液]，并使冷凝管的下端插入液面下，根据试样中氮含量，准确吸取 2.0 mL~10.0 mL 试样处理液由小玻杯注入反应室，以 10 mL 水洗涤小玻杯并使之流入反应室内，随后塞紧棒状玻塞。将 10.0 mL 氢氧化钠溶液倒入小玻杯，提起玻塞使其缓缓流入反应室，立即将玻塞盖紧，并水封。夹紧螺旋夹，开始蒸馏。

蒸馏 10 min 后移动蒸馏液接收瓶，液面离开冷凝管下端，再蒸馏 1 min。然后用少量水冲洗冷凝管下端外部，取下蒸馏液接收瓶。尽快以硫酸或盐酸标准滴定溶液滴定至终点，如用 A 混合指示液，终点颜色为灰蓝色；如用 B 混合指示液，终点颜色为浅灰红色。同时作试剂空白。

14.7.5　计算

$$蛋白质(g/100g) = \frac{(V_1 - V_2) \times c \times 0.0140}{m \times V_3/100} \times F \times 100 \qquad (14-10)$$

式中：C——硫酸或盐酸标准溶液的浓度，mol/L；

　　　V_1——滴定样液时消耗盐酸标准溶液体积，mL；

　　　V_2——滴定空白时消耗盐酸标准溶液体积，mL；

　　　V_3——吸取消化液的体积，mL；

　　　m——样品质量，g；

0.0140——1.0 mL 硫酸[c（1/2H2SO4）= 1.000 mol/L]或盐酸[c（HCl）= 1.000 mol/L]标准滴定溶液相当的氮的质量，g；

　　　F——氮换算为蛋白质的系数。

14.7.6　注意事项

①所用试剂溶液应用无氨蒸馏水配制。

②消化时不要用强火，应保持和缓沸腾，以免黏附在凯氏瓶内壁上的含氮化合物在无硫酸存在的情况下未消化完全而造成氮损失。

③消化过程中应注意不时转动凯氏烧瓶，以便利用冷凝酸液将附在瓶壁上的固体残渣洗下并促进其消化完全。

④样品中若含脂肪或糖较多时，消化过程中易产生大量泡沫，为防止泡沫溢出瓶外，在开始消化时应用小火加热，并时时摇动；或者加入少量辛醇或液体石蜡或硅油消泡剂，并同时注意控制热源强度。

⑤当样品消化液不易澄清透明时，可将凯氏烧瓶冷却，加入 30% 过氧化氢 2~3mL 后再继续加热消化。

⑥若取样量较大，如干试样超过 5 g，可按每克试样 5 mL 的比例增加硫酸用量。

⑦一般消化至呈透明后，继续消化 30 min 即可，但对于含有特别难以氨化的氮化合物

的样品,如含赖氨酸、组氨酸、色氨酸、酪氨酸或脯氨酸等时,需适当延长消化时间。有机物如分解完全,消化液呈蓝色或浅绿色,但含铁量多时,呈较深绿色。

⑧蒸馏前给水蒸气发生器内装水至 2/3 容积处,加数毫升稀硫酸及数滴甲基橙指示剂以使其始终保持酸性,水应呈橙红色,如变黄色时,要补加酸,这样可以避免在碱性时水中的游离氨被蒸出而影响测定结果。

⑨蒸馏前若加碱量不足,消化液呈蓝色不生成氢氧化铜沉淀,此时需再增加氢氧化钠用量。

⑩蒸馏装置不能漏气。在蒸馏时,蒸汽发生要均匀充足,蒸馏过程中不得停火断汽,否则将发生倒吸。

⑪硼酸吸收液的温度不应超过 40℃,否则对氨的吸收作用减弱而造成损失,此时可置于冷水浴中使用。

⑫蒸馏完毕后,应先将冷凝管下端提离液面清洗管口,再蒸 1 min 后关掉热源,否则可能造成吸收液倒吸。

⑬2 份甲基红乙醇溶液与 1 份亚甲基蓝乙醇溶液混合指示剂,颜色由紫红色变成灰色,pH 5.4;1 份甲基红乙醇溶液与 5 份溴甲酚绿乙醇溶液混合指示剂,颜色由酒红色变成绿色,pH 5.1。

⑭一般食物的蛋白质系数为 6.25;纯乳与纯乳制品为 6.38;面粉为 5.70;玉米、高粱为 6.24;花生为 5.46;大米为 5.95;大豆及其粗加工制品为 5.71;大豆蛋白制品为 6.25;肉与肉制品为 6.25;大麦、小米、燕麦、裸麦为 5.83;芝麻、向日葵为 5.30;复合配方食品为 6.25。

14.7.7　思考题

①实验操作中,如何能取得准确的结果?

②消化过程中,内容物的颜色发生了什么变化? 为什么?

14.8　实验 8　酱油中氨基酸态氮的测定

氨基酸是构成蛋白质的最基本物质,虽然从各种天然源中分离得到的氨基酸已达 175 种以上,但是构成蛋白质的氨基酸主要是其中的 20 种,而在构成蛋白质的氨基酸中,亮氨酸、异亮氨酸、赖氨酸、苯丙氨酸、蛋氨酸、苏氨酸、色氨酸和缬氨酸等 8 种氨基酸在人体中不能合成,必须依靠食品供给,故被称为必需氨基酸,它们对人体有着极其重要的生理功能,常会因其在体内缺乏而导致患病或通过补充而增强了新陈代谢作用。随着食品科学的发展和营养知识的普及,食物蛋白质中必需氨基酸含量的高低及氨基酸的构成,愈来愈得到人们的重视。为提高蛋白质的生理效价而进行食品氨基酸互补和强化的理论,对食品加工工艺的改革,对保健食品的开发及合理配膳等工作都具有积极的指导作用。因此,食品及其原料中氨基酸的定量和分离、鉴定具有极其重要的意义。

14.8.1 实验目的

①了解电位滴定法测定氨基酸总量的原理。

②熟练使用酸度计。

14.8.2 实验原理

氨基酸含有酸性的—COOH,也含有碱性的—NH$_2$。它们互相作用使氨基酸成为中性的内盐。加入甲醛溶液时,—NH$_2$ 与甲醛结合,其碱性消失。这样就可以用碱来滴定—COOH,并用间接的方法测定氨基酸的含量。用碱完全中和—COOH 时的 pH 值约为 9.2,可以利用酸度计来指示终点。

14.8.3 仪器与试剂

(1)仪器

酸度计、磁力搅拌器。

(2)试剂

①甲醛(36%):应不含有聚合物。

②氢氧化钠标准滴定溶液[c(NaOH) = 0.050mol/L]。

14.8.4 实验步骤

吸取 5.0 mL 试样,置于 100 mL 容量瓶中,加水至刻度,混匀后吸取20.0 mL 置于 200 mL 烧杯中,加水 60 mL,开动磁力搅拌器,用 0.05 mol/L 氢氧化钠标准溶液滴定至酸度计指示 pH 8.2。记下消耗氢氧化钠标准滴定溶液(0.05 mol/L)的毫升数,可计算总酸含量。

加入 10.0 mL 甲醛溶液,混匀。再用氢氧化钠标准滴定溶液[c(NaOH) = 0.050 mol/L]。继续滴定至pH 9.2,记录消耗氢氧化钠标准溶液的体积(V_1)。

同时取 80 mL 蒸馏水置于另一200 mL 烧杯中,先用氢氧化钠标准滴定溶液[c(NaOH) =0.050 mol/L]调至 pH 8.2(此时不记碱耗量),再加入 10.0 mL 甲醛溶液,混匀。用氢氧化钠标准滴定溶液[c(NaOH) =0.050 mol/L]。继续滴定至 pH 9.2,作为空白实验。记录消耗氢氧化钠标准溶液的体积(V_2)。

14.8.5 计算

$$氨基酸态氮(g/100\ mL) = \frac{(V_1 - V_2) \times C \times 0.014}{5 \times V/100} \times 100\% \quad (14-11)$$

式中:V_1——样品稀释液加入甲醛后滴定至终点(pH 9.2)所消耗 NaOH 标准溶液的体积,mL;

V_2——空白实验加入甲醛后滴定至终点(pH 9.2)所消耗 NaOH 标准溶液的体积,mL;

C——氢氧化钠标准溶液的浓度,mol/L;

V——样品的体积,mL;

0.014——与1.00 mL 氢氧化钠标准滴定溶液[c(NaOH) =1.000 mol/L]相当的氮的质量,g。

14.8.6 说明

①此法适用于测定食品中的游离氨基酸。

②对于色浅的样品,可采用双指示剂法或单指示剂甲醛滴定法,从理论计算看,双指示剂法的结果更准确。

14.8.7 思考题

①使用甲醛试剂时应该注意什么?

②酱油中氨基酸态氮的含量能否用茚三酮法测定?

14.9 实验9 食品中粗脂肪含量的测定

14.9.1 实验目的

①学习索氏抽提法测定脂肪的方法。

②掌握索氏抽提法的操作要点及影响因素。

14.9.2 实验原理

利用脂肪不挥发且能溶于有机溶剂的特性,在索氏提取器中将样品用无水乙醚或石油醚等溶剂连续萃取。将试样中的脂肪完全萃取后,蒸去溶剂,所得物质即为脂类总量,或称粗脂肪。

14.9.3 仪器与试剂

（1）仪器

索氏提取器,如图 14 - 2 所示;电热恒温鼓风干燥箱;干燥器;恒温水浴箱

（2）试剂

无水乙醚(不含过氧化物)或石油醚(沸程 30 ~ 60℃)。

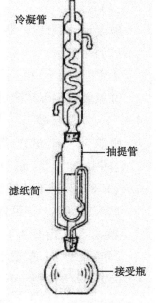

冷凝管

抽提管

滤纸筒

接受瓶

图 14 - 2 索氏抽提器

14.9.4 实验步骤

（1）样品处理

①固体样品:准确称取均匀样品 2 ~ 5 g(精确至 0.0001 g),装入滤纸筒内。

②液体或半固体:准确称取均匀样品 5 ~ 10 g(精确至 0.0001g),置于蒸发皿中,加入海砂约 20 g,搅匀后于沸水浴上蒸干,然后在 95 ~ 105℃下干燥。研细后全部转入滤纸筒内,用沾有乙醚的脱脂棉擦净所用器皿,并将棉花也放入滤纸筒内。

（2）索氏提取器的清洗

将索氏提取器各部位充分洗涤并用蒸馏水清洗后烘干。脂肪烧瓶在(103 ± 2)℃的烘箱内干燥至恒质量(前后两次称量差不超过 2 mg)。

（3）样品测定

①将滤纸筒放入索氏提取器的抽提筒内,连接已干燥至恒质量的脂肪烧瓶,由抽提器冷凝管上端加入乙醚或石油醚至瓶内容积的 2/3 处,通入冷凝水,将底瓶浸没在水浴中加

热,用一小团脱脂棉轻轻塞入冷凝管上口。

②抽提时的水浴温度应控制在使提取液每 6~8 min 回流一次为宜。

③抽提时间视试样中粗脂肪含量而定,一般样品提取 6~12 h,坚果样品提取约 16 h。提取结束时,用毛玻璃板接取一滴提取液,如无油斑则表明提取完毕。

④提取完毕,用镊子取出样品,回收乙醚或石油醚。待烧瓶内乙醚仅剩下 1~2 mL 时,在水浴上赶尽残留的溶剂,于 95~105℃ 下干燥 2 h 后,置于干燥器中冷却至室温,称量。继续干燥 30 min 后冷却称量,反复干燥至恒质量(前后两次称量差不超过 2 mg)。

14.9.5 结果计算

(1)数据记录表

样品的质量/(m/g)	脂肪烧瓶的质量/(m₀/g)	脂肪和脂肪烧瓶的质量/(m₁/g)			
		第一次	第二次	第三次	恒重值

(2)计算公式

按下式计算样品中的粗脂肪含量,结果保留到小数点后一位。

$$X = \frac{m_1 - m_0}{m} \times 100 \tag{14-12}$$

式中:X——样品中粗脂肪的质量分数,g/100g;

M——样品的质量,g;

m_0——脂肪烧瓶的质量,g;

m_1——粗脂肪和脂肪烧瓶的质量,g。

14.9.6 注意事项

①萃取剂乙醚或石油醚是易燃、易爆物质,应注意通风并且不能有火源。

②索氏抽提器和试样均应干燥后进行测定。

③样品滤纸筒的高度不能超过虹吸管的顶端,否则由于上部脂肪不能提尽而造成误差。

④样品和醚浸出物在烘箱中的干燥时间不能过长,以防止不饱和脂肪酸受热氧化而增加质量。

⑤脂肪烧瓶在烘箱中干燥时,瓶口侧放,以利空气流通,且先不要关紧烘箱门,于 90℃以下鼓风干燥 10~20 min,驱尽残余溶剂后再将烘箱门关紧,升至所需温度。

⑥乙醚存放过久,会产生过氧化物。过氧化物不稳定,当蒸馏或干燥时会发生爆炸,应事先检查并去除。

检查方法:取 5 mL 乙醚于试管中,加 100 g/L 碘化钾溶液 1 mL,充分振摇 1 min。静置分层。若有过氧化物则释放出游离碘,水层呈黄色(或加 4 滴 5 g/L 淀粉指示剂显蓝色),则该乙醚需处理后使用。

去除过氧化物的方法:将乙醚倒入蒸馏瓶中加一段无锈铁丝或铝丝,收集重蒸馏乙醚。

14.9.7　思考题

①简述索氏抽提器的提取原理及应用范围。

②潮湿的样品能采用乙醚直接提取吗?为什么?

③使用乙醚作脂肪提取溶剂时,应注意哪些事项?为什么?

14.10　实验10　食品中二氧化硫含量测定

14.10.1　实验目的

①学习盐酸副玫瑰苯胺显色比色法测定食品中亚硫酸盐的实验原理。

②掌握实验的操作要点及测定方法。

14.10.2　实验原理

亚硫酸盐与四氯汞钠反应,生成稳定的络合物,再与甲醛及盐酸副玫瑰苯胺作用生成紫红色络合物,此络合物于波长550 nm处有最大吸收峰,且在一定范围内其颜色的深浅与亚硫酸盐的浓度成正比,可以比色定量,结果以试样中二氧化硫的含量表示。

14.10.3　仪器与试剂

(1)仪器

分光光度计;分析天平。

(2)试剂

①四氯汞钠吸收液:称取13.6 g氯化高汞及6.0 g氯化钠,溶于水中并稀释至1000 mL,放置过夜,过滤后备用。

②12 g/L氨基磺酸铵溶液。

③2 g/L甲醛溶液:吸取0.55 mL无聚合沉淀的36%甲醛,加水稀释至100 mL。

④1 g/L淀粉指示液:称取1g可溶性淀粉,用少许水调成糊状,缓缓倾入100 mL沸水中,搅拌煮沸,放冷备用,此溶液应使用时配制。

⑤亚铁氰化钾溶液:称取10.6 g亚铁氰化钾,加水溶解并稀释至100 mL。

⑥乙酸锌溶液:称取22 g乙酸锌溶于少量水中,加入3 mL冰乙酸,加水稀释至100 mL。

⑦盐酸副玫瑰苯胺溶液:称取0.1 g盐酸副玫瑰苯胺($C_{19}H_{18}N_2Cl \cdot 4H_2O$)于研钵中,加少量水研磨溶解并稀释至100 mL。取出20 mL置于100 mL容量瓶中,加盐酸溶液(1+1)充分摇匀后使溶液由红变黄,如不变黄再滴加少量盐酸至出现黄色,再加水定容,备用。

⑧碘溶液[$c(1/2I_2)$ = 0.100 mol/L]:称取12.7 g碘(I_2)于烧杯中,加入40 g碘化钾和25 mL水,搅拌至完全溶解,用水稀释至1000 mL,储存于棕色细口瓶中。

⑨硫代硫酸钠标准溶液[$c(Na_2S_2O_3 \cdot 5H_2O)$ = 0.100 mol/L]:称取25.0 g硫代硫酸钠($Na_2S_2O_3 \cdot 5H_2O$),溶于1000 mL新煮沸但已冷却的水中,加入0.2 g无水碳酸钠,储于棕

色细口瓶中,放置一周后备用。如溶液呈现混浊,必须过滤。

⑩二氧化硫标准溶液:

a.配制:称取0.5 g亚硫酸氢钠,溶于200 mL四氯汞钠吸收液中,放置过夜,上清液用定量滤纸过滤备用。

b.标定:吸取10.0 mL亚硫酸氢钠—四氯汞钠溶液于250 mL碘量瓶中,加100 mL水,准确加入碘溶液$[c(1/2I_2)=0.100\ mol/L]20.00\ mL$,冰乙酸5 mL,放置于暗处,2 min后迅速以$[c(Na_2S_2O_3.5H_2O)=0.100\ mol/L]$滴定至淡黄色,加0.5 mL淀粉指示剂,继续滴定至无色。另取100 mL水,准确加入碘溶液$[c(1/2I_2)=0.100\ mol/L]20.0\ mL$,5 mL冰乙酸,按同一方法做试剂空白对照。

c.计算:二氧化硫标准溶液的浓度按下式进行计算:

$$X=\frac{(V_2-V_1)\times c\times 32.03}{10} \tag{14-13}$$

式中:X——二氧化硫标准溶液的质量浓度,mg/mL;

V_1——测定用亚硫酸氢钠-四氯汞钠溶液消耗硫代硫酸钠标准溶液体积,mL;

V_2——试剂空白消耗硫代硫酸钠标准溶液体积,mol/L;

c——硫代硫酸钠标准溶液的物质的量浓度,mol/L;

32.03——1mL硫代硫酸钠标准溶液$[c(Na_2S_2O_3.5H_2O)=0.100\ mol/L]$相当于二氧化硫的质量,mg。

⑪二氧化硫使用液:临用前将二氧化硫标准溶液以四氯汞钠溶液稀释为每毫升相当于2 μg二氧化硫。

⑫20 g/L氢氧化钠溶液。

⑬硫酸溶液:1份浓硫酸缓慢加入到71份水中。

14.10.4 实验步骤

(1)样品处理

①水溶性固体试样如白砂糖等:称取约10.00 g均匀试样,以少量水溶解,置于100 mL容量瓶中,加入20 g/L氢氧化钠溶液4 mL,5 min后加入硫酸溶液4 mL,再加入四氯汞钠溶液20 mL,以水定容。

②固体试样如饼干、粉丝等:称取5.00～10.00 g研磨均匀的试样,以少量水湿润并移入100 mL容量瓶中,然后加入20 mL四氯汞钠溶液,浸泡4 h以上,若上层溶液不澄清可加入亚铁氰化钾溶液及乙酸锌溶液各2.50 mL,最后用水定容,过滤备用。

③液体试样(如葡萄酒等):直接吸取5.0～10.0 mL试样,置于100 mL容量瓶中,以少量水稀释,加20 mL四氯汞钠溶液,再加水定容,必要时过滤,备用。

(2)测定

吸取0.50～5.00 mL上述试样处理液于25 mL带塞比色管中。另吸取0.00 mL、0.20 mL、0.40 mL、0.60 mL、0.80 mL、1.50 mL、2.00 mL二氧化硫标准使用液(相当于

0.00 μg、0.40 μg、0.80 μg、1.20 μg、1.60 μg、2.00 μg、3.00 μg、4.00 μg 二氧化硫），分别置于 25 mL 带塞比色管中。于试样及标准管中各加入四氯汞钠溶液至 10 mL，然后再加入 12 g/L 氨基磺酸铵溶液 1 mL、2 g/L 甲醛溶液 1 mL 及盐酸副玫瑰苯胺溶液 1 mL，摇匀，放置 20 min。用 1 cm 比色杯，以零管为参比，于波长 550 nm 处测吸光度，绘制标准曲线比较。

14.10.5　结果计算

测试样中二氧化硫含量由下式计算，结果保留三位有效数字。

$$X = \frac{m_1 \times 1000}{\dfrac{m}{100} \times V \times 1000 \times 1000} \qquad (14-14)$$

式中：X——测试样中二氧化硫的质量分数，g/kg；

　　m——试样质量，g；

　　m_1——测定用样液中二氧化硫的质量，μg；

　　V——测定用样液的体积，mL。

14.10.6　注意事项

①本方法最低检出浓度为 1 mg/kg。

②亚硫酸与食品中的醛、酮、糖相结合，以结合型的亚硫酸存在于食品中。加碱是为了将食品中的二氧化硫释放出来，加硫酸是为了中和碱，这是因为总的显色反应在微酸性条件下进行。

③盐酸副玫瑰苯胺的精制方法：称取 20 g 盐酸副玫瑰苯胺于 400 mL 水中，用 50 mL 盐酸(6+1)溶液酸化，缓缓搅拌，加入 4~5 g 活性炭，加热煮沸 2 min。混合物用保温漏斗趁热过滤。滤液放置过夜并出现结晶，用布氏漏斗抽滤，将结晶再悬浮于 1000 mL 乙醚 + 乙醇(体积比为 10∶1)的混合液中，振摇 3~5 min，以布氏漏斗抽滤，再用乙醚反复洗涤至醚层不带色为止，于硫酸干燥器中干燥，研细后储于棕色瓶中保存。

④如无盐酸副玫瑰苯胺可用盐酸品红代替。

⑤氨基磺酸铵溶液不稳定，临用时现配，隔绝空气保存，可稳定一周。

⑥要求在重复性条件下获得两次独立测定结果的绝对差值不得超过 10%。

14.10.7　思考题

①二氧化硫标准溶液使用时为何要对其浓度进行标定？

②本实验的操作要点有哪些？

14.11　实验 11　食品中维生素 C 含量的测定

14.11.1　方法 1:2,4 - 二硝基苯肼比色法测定抗坏血酸总量

14.11.1.1　实验目的

①学习 2,4 - 二硝基苯肼比色法测定抗坏血酸总量的基本原理。

②掌握2,4-二硝基苯肼比色法的操作方法及影响测定准确性的因素。

14.11.1.2 实验原理

样品中的维生素C经草酸溶液提取后,用酸处理过的活性炭将还原型维生素C氧化为脱氢型维生素C,进一步氧化为二酮古洛糖酸,与2,4-二硝基苯肼作用生成红色脎,其呈色强度与维生素C含量呈正比,在波长540 nm下比色定量。

2,4-二硝基苯肼比色法测定试样中的V_C总量,包括还原型、脱氢型和二酮古洛糖酸。

14.11.1.3 仪器与试剂

(1)仪器

恒温箱或电热恒温水浴锅;可见光分光度计;捣碎机。

(2)试剂

①4.5 mol/L硫酸溶液:量取250 mL浓硫酸小心加入700 mL水中,冷却后用水稀释至1000 mL;

②85%硫酸溶液:小心加900 mL浓硫酸于100 mL水中;

③20 g/L 2,4-二硝基苯肼:溶解2,4-二硝基苯肼2 g于100 mL 4.5mol/L硫酸中,过滤。不用时存于冰箱内,每次使用前必须过滤;

④20 g/L草酸溶液;

⑤10 g/L草酸溶液;

⑥10 g/L硫脲溶液:溶解1 g硫脲于100 mL 10 g/L草酸溶液中;

⑦20 g/L硫脲溶液:溶解2g硫脲于100mL 10 g/L草酸溶液中;

⑧1 mol/L盐酸:取100 mL盐酸,加入水中,并稀释至1200 mL;

⑨抗坏血酸标准溶液:称取100 mg纯抗坏血酸溶解于100 mL 20 g/L草酸溶液中,此溶液每毫升相当于1 mg抗坏血酸;

⑩活性炭:将100 g活性炭加到750 mL 1mol/L盐酸中,回流1~2 h,过滤,用水洗数次,至滤液中无铁离子为止,然后置于110℃烘箱中烘干。

14.11.1.4 实验步骤

(1)样品处理

①鲜样的制备:称取100 g鲜样,立即加入100 mL 20 g/L草酸溶液,倒入捣碎机中打成匀浆,称取10.0~40.0 g匀浆(含1~2 mg抗坏血酸),移入100 mL容量瓶,用10 g/L草酸溶液稀释至刻度,混匀,过滤,滤液备用。

②干样制备:称取1~4 g干样(含1~2 mgV_C)放入乳钵内,加入等量的10 g/L草酸溶液磨成匀浆,连固形物一起移入100 mL容量瓶内,用10 g/L草酸溶液稀释至刻度,混匀,过滤。

(2)样品还原型V_C的氧化处理

取25.0 mL上述滤液,加入2 g活性炭,振摇1 min,过滤,弃去初滤液。吸取10.0 mL此氧化提取液,加入10.0 mL 20 g/L硫脲溶液,混匀,即为样品稀释液。

（3）呈色反应

①取 3 支试管,各加入 4 mL 经氧化处理的样品稀释液。其中一支试管作为空白,其余两试管加入 1.0 mL 20 g/L 2,4 - 二硝基苯肼溶液,将所有试管放入 37℃ ±0.5℃ 恒温箱或恒温水浴中,保温 3 h。

②保温 3 h 后取出,除空白管外,将所有试管放入冰水中。空白管取出后使其冷到室温,然后加入 20 g/L 2,4 - 二硝基苯肼溶液 1.0 mL,在室温中放置 10 ~ 15 min 后放入冰水内,其余步骤同试样。

（4）85% 硫酸处理

当试管放入冰水冷却后,向每支试管（连同空白管）中加入 85% 硫酸溶液 5 mL,滴加时间至少需要 1 min,边加边摇动试管。将试管自冰水中取出,在室温放置 30 min 后比色。

（5）样品比色测定

用 1 cm 比色皿,以空白液调零点,于 500 nm 波长下测定吸光值。

（6）标准曲线绘制

①加 2 g 活性炭于 50 mL 标准溶液中,振动 1 min 后过滤。吸取 10.00 mL 滤液放入 500 mL 容量瓶中,加 5.0 g 硫脲,用 10 g/L 草酸溶液稀释至刻度,即为 20 μg/mL 抗坏血酸稀释液。

②吸取 5 mL、10 mL、20 mL、25 mL、40 mL、50 mL、60 mL 抗坏血酸稀释液,分别放入 100 mL 容量瓶中,用 10 g/L 硫脲溶液稀释至刻度,使最后稀释液中抗坏血酸的浓度分别为 1 μg/mL、2 μg/mL、4 μg/mL、5 μg/mL、8 μg/mL、10 μg/mL、12 μg/mL,即为抗坏血酸标准使用液。

③分别吸取 4 mL 各浓度的抗坏血酸标准使用液于 7 个试管中,另吸取 4mL 水于试剂空白管,各加入 1.0 mL 20 g/L 2,4 - 二硝基苯肼溶液,混匀,将全部试管放入 37℃ ±5℃ 恒温箱或恒温水浴中,保温 3 h。

④保温后将 8 个试管取出,全部放入冰水冷却后,向每一试管中各加入 5 mL 85% 硫酸溶液,滴加时间至少 1 min,边加边摇。将试管自冰水取出,在室温放置 30 min 后,以试剂空白管调零,比色测定。

以吸光值为纵坐标,抗坏血酸含量（mg）为横坐标绘制标准曲线或计算回归方程。

14.11.1.5 结果计算

样品中总抗坏血酸含量按下式计算,计算结果保留 2 位有效数字。

$$X = \frac{m_1}{m} \times 100 \qquad (14-15)$$

式中：X——样品中总抗坏血酸的质量分数,mg/100g;

m_1——由标准曲线查得或由回归方程计算得到试样测定液总抗坏血酸质量,mg;

m——测定时所取滤液相当的样品质量,g。

14.11.1.6　注意事项

①试样制备过程应避光。

②本方法测定的是还原性抗坏血酸的含量,适用于水果、蔬菜及其制品中总抗坏血酸的测定。2,4 - 二硝基苯肼比色法容易受共存物质的影响,特别是谷类食品,必要时可进行纯化。

③利用普鲁士蓝反应可对铁离子存在与否进行检验:将 20 g/L 亚铁氰化钾与 1% 盐酸等量混合,将需检测的样液滴入,如有铁离子则产生蓝色沉淀。

④硫脲的作用在于防止抗坏血酸的继续被氧化和有助于脎的形成。

⑤加硫酸显色后,溶液颜色可随时间的延长而加深,因此,在加入硫酸溶液 30 min 后,应立即比色测定。

⑥本法在 1 ~ 12 μg/mL 抗坏血酸范围内呈良好线性关系,最低检出限为 0.1 μg/mL。

⑦食品分析中的总抗坏血酸是指抗坏血酸和脱氢抗坏血酸二者的总量,若食品中本身含有二酮古乐糖酸抗坏血酸的氧化产物,则导致检测总抗坏血酸含量偏高。

14.11.1.7　思考题

①试样制备过程为何要避光处理?

②为何加入 85% 硫酸溶液时,速度要慢而且需在冰浴条件下完成? 解释若加酸速度过快使样品管中液体变黑的原因。

14.11.2　方法 2:2,6 - 二氯靛酚滴定法测定还原性抗坏血酸

14.11.2.1　实验目的

①了解测定还原性抗坏血酸的意义。

②掌握 2,6 - 二氯靛酚滴定法测定抗坏血酸的方法和原理。

14.11.2.2　实验原理

2,6 - 二氯靛酚染料在酸性介质中呈浅红色,被还原后红色消失。还原型抗坏血酸还原 2,6 - 二氯靛酚染料后,本身被氧化成脱氢抗坏血酸。在无杂质干扰时,一定量的样品提取液还原染料的量与样品中所含还原型抗坏血酸的量成正比,根据染料用量就可计算样品中还原型 V_C 含量。

14.11.2.3　仪器与试剂

(1)仪器与试剂

高速组织捣碎机、分析天平。

(2)试剂

①10 g/L 草酸溶液:称取 10 g 草酸($C_2H_2O_4 \cdot 2H_2O$)溶解于水并稀释至 1L;

②20 g/L 草酸溶液:称取 20 g 草酸溶解于水并稀释至 1 L;

③10 g/L 淀粉溶液:称 1 g 淀粉溶解于 100 mL 水中加热煮沸,边加热边搅拌;

④60 g/L 碘化钾溶液:称 6 g 碘化钾溶解于 100 mL 水中;

⑤0.001 mol/L 碘酸钾标准溶液:精确称取干燥的碘酸钾 0.3567 g,用水稀释至

100 mL,取出 1 mL,用水稀释至 100 mL,此溶液 1 mL 相当于抗坏血酸 0.088 mg;

⑥抗坏血酸标准溶液:

a. 配制:准确称取 20 mg 抗坏血酸,溶于 10 g/L 草酸中并定容至 100 mL,置冰箱中保存。用时取出 5 mL,于 50 mL 容量瓶中,用 10 g/L 草酸溶液定容,配成 0.02 mg/mL 的标准使用液。

b. 标定:吸取标准使用液 5 mL 于三角瓶中,加入 60 g/L 碘化钾溶液 0.5 mL,10 g/L 淀粉溶液 3 滴,再以 0.001 mol/L 碘酸钾标准溶液滴定,终点为淡蓝色。

c. 计算:按下式计算抗坏血酸标准溶液的浓度。

$$X = \frac{V_1 \times 0.088}{V_2} \qquad (14-16)$$

式中:X——抗坏血酸标准溶液的质量浓度,mg/mL;

V_1——滴定时消耗 0.001 mol/L 碘酸钾标准溶液的体积,mL;

V_2——滴定时所取抗坏血酸标准溶液的体积,mL;

0.088——1 mL 0.001 mol/L 碘酸钾标准溶液相当于抗坏血酸的量,mg/mL。

⑦2,6 - 二氯靛酚钠溶液:

a. 配制:称取 52 mg 碳酸氢钠,溶解在 200 mL 沸水中,然后再称取 50 mg 2,6 - 二氯靛酚钠溶于上述碳酸氢钠溶液中。冷却,定容至 250 mL,过滤,存于棕色容量瓶中,在冰箱中保存。

b. 标定:吸取 5 mL 抗坏血酸标准溶液,加 10 g/L 草酸溶液 5 mL,摇匀,用 2,6 - 二氯靛酚钠溶液滴定至溶液呈粉红色 15 s 不褪色为止,另取 5 mL 10 g/L 的草酸溶液做空白试验。

c. 计算:按下式计算每毫升 2,6 - 二氯靛酚钠溶液相当于 V_C 的毫克数,即滴定度。

$$滴定度\ T(\mathrm{mg/mL}) = \frac{C \times V}{V_1 - V_2} \qquad (14-17)$$

式中:T——每毫升 2,6 - 二氯靛酚溶液相当于抗坏血酸的毫克数,mg/mL;

C——抗坏血酸的浓度,mg/mL;

V——吸取抗坏血酸的体积,mL;

V_1——滴定抗坏血酸消耗 2,6 - 二氯靛酚溶液的体积,mL;

V_2——滴定空白消耗 2,6 - 二氯靛酚溶液的体积,mL。

14.11.2.4 实验步骤

(1)样液制备

①鲜样制备:称取 100 g 鲜样,放入组织捣碎机中,加 20 g/L 草酸溶液 100 mL 迅速捣成匀浆。取 10~40 g 匀浆,用 20 g/L 草酸溶液定容至 100 mL 容量瓶中,若有泡沫可加 2 滴辛醇除去,摇匀,放置 10 min 后过滤。若滤液有色,可按每克样品加 0.4 g 白陶土脱色后再过滤。

②多汁果蔬样品制备：

榨汁后,用脱脂棉快速过滤,直接量取 10 ~ 20 mL 滤液(含抗坏血酸 1 ~ 5 mg),立即用 20 g/L 草酸溶液定容至 100 mL。

（2）测定

吸取 5 mL 或 10 mL 滤液于 100 mL 三角瓶中,用已标定过的 2,6 - 二氯靛酚钠溶液滴定,直到溶液呈粉红色 15 s 不褪色为止。同时做空白试验。

14.11.2.5　结果计算

样品中抗坏血酸含量按下式计算,计算结果保留 3 位有效数字。

$$X = \frac{(V - V_0) \times T \times A}{m} \times 100 \qquad (14 - 18)$$

式中:X——样品中 V_c 的质量分数,mg/100g;

　　V——滴定样液时消耗 2,6 - 二氯靛酚溶液的体积,mL;

　　V_0——滴定空白时消耗 2,6 - 二氯靛酚溶液的体积,mL;

　　T——2,6 - 二氯靛酚的滴定度,mg/mL;

　　m——滴定时所取滤液中含有样品的质量,g。

　　A——稀释倍数;

14.11.2.6　注意事项

①本方法适用于果品、蔬菜及其加工制品中还原型抗坏血酸的测定(不含二价铁、二价锡、二价铜、亚硫酸盐或硫代硫酸盐)。

②整个操作过程要迅速,防止还原型抗坏血酸氧化。滴定初始要快,直至红色不立即消失后逐滴加入,整个滴定过程不宜超过 2 min。

③样品中可能存在其他杂质也能还原染料,但速度较抗坏血酸慢,所以滴定终点以 15s 不褪色为准。

④动物性样品,须用 10% 三氯乙酸代替草酸溶液提取。

⑤2,6 - 二氯靛酚钠溶液应储于棕色瓶中冷藏,每星期应标定一次。

14.11.2.7　思考题

①此法能否测定食品中维生素 C 的总量?

②影响测定结果准确性的因素有哪些?

14.12　实验 12　食品中总灰分含量的测定

14.12.1　实验目的

①学习食品中总灰分测定的意义和原理。

②掌握称量法测定灰分的操作方法。

14.12.2　实验原理

样品经炭化后放入高温炉内灼烧,使有机物质被氧化分解,以二氧化碳、氮氧化物及水等形式逸出,无机物以硫酸盐、磷酸盐、碳酸盐、氯化物等无机盐和金属氧化物的形式残留下来即为灰分,称量残留物的质量即可计算出样品中总灰分的含量。

14.12.3 仪器

电炉;坩埚钳;带盖坩埚;电子分析天平;马弗炉;干燥器。

14.12.4 实验步骤

(1)瓷坩埚的准备

将瓷坩埚用盐酸(1+4)煮1~2 h,洗净晾干,用三氯化铁与蓝墨水的混合液在坩埚外壁及盖上写上编号,置于马弗炉中,在高温(500~550℃)下灼烧1 h,冷却到200℃左右后取出,移入干燥器中,冷至室温后,准确称重。再放入高温炉内灼烧30 min,取出冷却称重,直至恒质量,即两次称量之差不超过0.5 mg。

(2)样品预处理

①含水分较少的固体样品,如谷物、豆类等,先粉碎再称取适量样品进行炭化。

②水分较多的试样,如果蔬、动物组织等,先制成均匀试样,准确称取适量样品于坩埚中,置于烘箱干燥后再进行炭化。

③液体样品,如果汁、牛乳等,先准确称取适量样品于坩埚中,在沸水浴上蒸干后,再进行炭化。

(3)炭化

试样经过处理后,以小火加热使样品充分炭化至无烟。

(4)灰化

炭化后,把坩埚慢慢移入马弗炉内,坩埚盖斜倚在坩埚口,关闭炉门,在500~550℃下灼烧一定时间,至灰中无碳粒存在。冷却至200℃左右,打开炉门,将坩埚移入干燥器中冷却至室温,准确称重,再灼烧、冷却、称重,直至达到恒质量。在称量前如灼烧残渣有颗粒时,应向试样中滴入少许去离子水润湿,使结块松散,促进灰化。

在试样中加入优级纯的硝酸、过氧化氢等氧化剂,可加速试样的灰化;加入优级纯的碳酸铵、乙醇等试剂,可溶出盐溶性、醇溶性组分,加快灰化速度。试样中添加的这些灰化辅助剂经高温灼烧后完全挥发,不产生残留,测定中无需做空白试验。

14.12.5 结果计算

灰分含量按下式计算,结果保留3位有效数字。

$$X = \frac{m_3 - m_1}{m_2 - m_1} \times 100 \qquad (14-19)$$

式中:X——样品中总灰分的质量分数,g/100g;

m_1——空坩埚的质量,g;

m_2——样品和坩埚的质量,g;

m_3——残灰和坩埚的质量,g。

14.12.6　注意事项

①样品的取样量一般以灼烧后得到的灰分为 10～100 mg 为宜。通常奶粉、麦乳精、大豆粉、鱼类等取 1～2 g;谷物及其制品、肉及其制品、牛乳等取 3～5 g;蔬菜及其制品、砂糖、淀粉、蜂蜜、奶油等取 5～10 g;水果及其制品取 20 g;油脂取 20 g。

②样品炭化时要注意热源强度,防止糖、蛋白质、淀粉等易发泡膨胀的物质在高温下发泡膨胀而溢出坩埚。对于富含糖分、淀粉、蛋白质较高的样品,为防止其发泡溢出,炭化前可加数滴植物油。

③把坩埚放入马弗炉或从炉中取出时,要在炉口停留片刻,使坩埚预热或预冷,防止因温度剧变而使坩埚破裂。

④灼烧后的坩埚应冷却到200℃以下再移入干燥器中,否则因热的对流作用,易造成残灰飞散,且冷却速度慢,冷却后干燥器内形成较大真空,盖子不易打开。从干燥器内取出坩埚时,因内部形成真空,开盖恢复常压时,应注意使空气缓缓流出,以防残灰飞散。

⑤新坩埚使用前须在体积分数为20%的盐酸溶液中煮沸 1～2 h,用自来水和蒸馏水分别冲洗干净并烘干。用过的坩埚经初步洗刷后,可用粗盐酸浸泡 10～20 min,再用水洗净。

⑥反复灼烧至恒质量是判断灰化是否完全最可靠的方法。因为有些样品即使灰化完全,残留物也不一定是灰白色。例如,含铁高的样品残灰呈褐色;锰、铜含量高的样品残灰呈蓝绿色;而有时即使灰的表面呈白色或灰白色,但内部仍有炭粒存在。

⑦灼烧温度不能超过 600℃ ,否则会造成钾、钠、氯等易挥发成分的损失。

14.12.7　思考题

①灰化温度过高或过低对测定有什么影响?

②为什么样品在高温灼烧前,要先炭化至无烟?

③如何判断样品是否灰化完全?

14.13　综合实验 1　乳品品质的检验

14.13.1　目的与要求

①学习实际样品的分析方法,通过对乳品的品质分析,包括试样的制备、分析条件及方法的选择、数据处理等内容,综合训练食品分析的基本技能。

②掌握鉴别乳品品质好坏的基本检测方法。

14.13.2　乳品的感官评定

感官评定结果是否真实可靠与感官评定的规则方法是否科学严密、感官评定人员是否有权威性这两方面有着很大的联系。因此,要使感官评定结果公正客观,就必须遵守这些规则,并且由有丰富经验并经过专门挑选的人员来进行这项工作。

14.13.2.1　评定人员须具备良好的生理和精神条件

评定人员应具有良好的健康状况、健全的感觉器官和饱满的精神状态。评定前不能吃得过饱,也不能处于饥饿状态,不能吃味过浓或刺激的食物,以避免影响食欲和减弱味觉作用。评定前同样不能抽烟喝酒,否则会引起滋味、气味鉴别功能紊乱。实际上有抽烟喝酒嗜好的人是难以被选为感官评定员的。同样,化妆品的使用也是需要注意的问题。头发、脸部和手上若有浓烈的化妆品气味将会给正常品评带来不利影响。评定前口嚼胶姆糖(无味口香糖)能刺激唾液分泌,为品评作好准备。感官评定室内应保持干净、整洁、安静、通风良好、光线适中、温度适宜,从总体上要给人以舒服愉快的精神感觉。正式开始评定(即在样品入口)前要用清水漱口,并洗手。

14.13.2.2 样品温度

感官评定时不同种类样品应有不同的评定温度。总的要求要样品不能过冷过热。过冷会使味蕾麻木,失去敏感性;过热会刺激甚至损伤味蕾,使之失去品味功能。原乳一般在 18 ~ 20℃时评定,其他液态乳制品一般在 14 ~ 16℃时评定,若产品含糖,温度可略高,若产品经过发酵温度可略低。奶油一般在 13 ~ 15℃时评定。干酪的含水量较少,评定时温度范围可略大。

14.13.2.3 存储时间

不同样品应根据其保藏期时间不同,储存相应的时间后再进行感官评定。这样获得的结果较为客观,更有实际意义。

14.13.2.4 采样方法

同其他的检验测试一样,样品是否有代表性是决定结果是否真实可信的关键。感官评定样品的方法都应当按照标准进行。

14.13.2.5 顺序

得到样品以后应立刻闻味,否则样品接触空气后会变淡。一般来说评定员总是先闻味后尝味,因为嗅觉要比味觉敏感得多。

14.13.2.6 采样量

舌面上同一部位对不同滋味的敏感性不同,因此样品必须在口内充分流动,使整个舌头都接触到样品,否则会造成评味不全面。这就要求进入口中的样品量应足够,同时样品应在口内停留一定的时间。对同类样品进行系列品尝时,停留时间应该相同。需要注意的是评定后口中的样品应全部吐出,不能吞吃下去。

14.13.2.7 清洗口舌

每品评完一个样品,吐出来,然后要用清水或含有少量盐分的温水彻底漱口,以免口中残余物对下个样品的品评产生干扰作用。

14.13.2.8 评定环境

感官评定往往是由数名成员组成的小组来完成的。因此最后结果是以小组形式汇报的,也就是说将每个成员的评定结果综合以后取平均值作为结论。这就要求每个成员都必须认真地独立完成自己的品评工作。品评中间避免互相讨论交流,更不能在听了或看了别人的结论后再作自己的判断。

14.13.2.9 味觉间的相互影响和对异味的判别

（1）味觉间的相互影响

虽然我们在前面讨论味觉时把食品中的味归纳为甜、酸、苦和咸4种基本味,而经验告诉我们,当食品入口后我们感觉到的往往是几种基本味相互影响,共同作用下的综合结果。对味之间的相互影响有了一定的了解,有助于提高评定时的辨别能力。

①味的互补作用 食品具有两种以上味时,其中一种味的存在对另一种或几种味有增强或辅助作用,它的减少或消失则会引起另一种或几种味的减弱。这种现象就被称作味的互补作用。甜味和酸味间的这种作用是最常见的例子。

②味的抵消作用 食品具有某两种味时,其中一种对另一种有明显的减弱作用,结果使两者都减弱。这种现象就被称作味的抵消作用。甜味和苦味间的这种作用是最常见的例子。

（2）异味

感官评定员不仅应能够认识正常风味,而且还应善于辨别异味。乳和乳制品的感官评定中经常会遇到异味,主要有下列这些。

①牛体味:牛患酮病时在体内会产生体味,然后流入乳中。其主要成分是丙酮和甲基硫。

②蒸煮味:由巴氏消毒、预热、超热、超高温处理所产生的气味。

③饲料味:饲料所特有的滋味和气味。

④淡味:由于掺水所致。

⑤酸味:乳中乳糖经发酵变成乳酸而产生的气味。

⑥麦糖味:乳链球菌在牛奶中生长而产生的气味。

⑦氧化味:包括油脂味、陈腐味、纸箱味等,大多由牛奶中脂肪发生氧化所引起。

⑧腐败味:储奶容器输送管道和加工时所混入的异味。

⑨碱味:由于牛乳中脂肪酸分解所致。

⑩咸味:泌乳后期牛和乳房炎病牛所产的乳可能这种异味。

14.13.2.10 评分标准和结果报告

正确掌握评分标准也是检验人员在进行感官评定时必须注意的,这将影响最后结果的公正性和客观性,检验人员应当具备这种能力。感官评定的评分标准有不同体系,这里介绍两种常用的方法,即百分制和十五分制。

（1）百分制评分标准和结果表示

我们国家的乳与乳制品及其检验方法中感官评定所采用的评分标准是百分制。下面以全脂乳粉为例说明。

表14-3是感觉评分项目及每一项目最高得分。

表14-4是总评分与分级标准。

表14-5是每一项目出现缺陷的特征及其扣分范围。

表 14 – 3　感觉评分项目及每一项目最高得分 *

项目	分数
滋味气味	65
组织状态	25
色泽	5
冲调性	5

*在感官评定时,允许用温水调成复原乳进行鉴定。

表 14 – 4　总评分与分级标准

等级	总评分	滋味和气味最低得分
特级	≥90	60
一级	≥85	55
二级	≥80	50

表 14 – 5　每一项目出现缺陷的特征及其扣分范围

项目	特征	扣分	得分
滋味和气味 (65分)	具有消毒牛乳的纯香味,无其他异味者	0	65
	滋味、气味稍淡,无异味者	2 – 5	63 – 60
	有过度消毒的滋味和气味者	3 – 7	62 – 58
	有焦粉味者	5 – 8	60 – 57
	有饲料味者	6 – 10	59 – 55
	滋味、气味平淡,无乳香味者	7 – 12	58 – 33
	有不清洁或不新鲜滋味和气味者	8 – 13	57 – 52
	有脂肪氧化味者	14 – 17	51 – 48
	有其他异味者	12 – 20	53 – 45
组织状态 (25分)	干燥粉末无结块者	0	25
	结块易松散或有少量硬粒者	2 – 4	23 – 21
	有焦粉粒或小黑点者	2 – 5	23 – 20
	储藏时间较长,凝块较结实者	8 – 12	17 – 13
	有肉眼可见杂质或异物者	5 – 15	20 – 10

项目	特征	扣分	得分
色泽(5分)	全部一色,呈浅黄色者	0	5
	黄色特殊或带浅白色者	1－2	4－3
	色泽不正常者	2－5	3－0
调性(5分)	润湿下沉快,冲调后完全无团块,杯底无沉淀物者	0	5
	冲调后有少量团块者	1－2	4－3
	冲调后团块较多者	1－2	4－3

（2）十五分制评分标准和结果表示

总的原理与百分制相同,仅将记分表改为从 0 至 15,分成 6 个等级:

15　14　13	12　11　10	9　8　7	6　5　4	3　2　1	0
极好	很好	中等	稍差	差	很差

如果给某项指标打 9 或 9 以下的分数,就必须指出缺陷。不能不说明原因而给产品低分。最终评定采用加权平均的方法。现以 38% 含脂肪率的稀奶油为例说明:

项目	评分	权重	得分
香味与滋味	12	4	48
外观与结构	9	5	45
包装	15	1	48
小计		10	108

加权平均分为 108÷10＝10.8 分。该产品的最终评分为 10.8 分,属于"很好"一级的产品。

14.13.3　乳品的理化检验

14.13.3.1　牛奶相对密度的测定

见 14.2 实验 2

14.13.3.2　酒精试验

（1）实验原理

乳中的酪蛋白等电点为 pH 4.6 鲜乳的 pH 为 6.8,鲜乳中的酪蛋白处于等电点的碱性方面,故酪蛋白胶粒带负电荷;另外,酪蛋白胶粒具有强亲水性,由于水化作用周围形成一水化层,故酪蛋白以稳定的胶体状态存在于乳中。

酒精有脱水作用,当加入酒精后,酪蛋白胶料周围水化层被脱掉,胶粒变成只带负电荷的不稳定状态。当乳的酸度增高或因某种原因盐类平衡发生变化时,H^+ 或 Ca^{2+} 与负电荷作用,胶粒变为电中性而发生沉淀。

经试验证明,乳的酸度与引起酪蛋白沉淀的酒精浓度存在着一定的关系,故可利用不同浓度的酒精测定被检乳样,以是否结絮来判定乳的酸度。

（2）仪器与试剂

①仪器:试管、吸管。

②试剂:中性酒精 68°、70° 和 72°（酒精计上的读数）

（3）实验步骤

取 2～3 mL 乳样注入试管内,加入等量的中性酒精,迅速充分混匀后观察结果。

（4）判定标准

在 68° 酒精中不出现絮片者,酸度低于 20°T;在 70° 酒精中不出现絮片者,酸度低于 19°T;在 72° 酒精中不出现絮片者,酸度低于 18°T。

14.13.3.3 杂质度测定

（1）实验原理

为了测定牛乳中肉眼可见的不溶性异物,从而判定牛乳挤出后的处理是否卫生或乳粉等乳制品的加工质量情况,必须作杂质测定,此为原料乳检查的主要项目之一。标准杂质比色板根据国家标准要求制备成 1 到 4 号,分别代表杂质的相对含量。用样品杂质板和标准杂质板对照即可得出乳样每公斤含杂质的毫克数。

（2）仪器与试剂

抽滤瓶装置、棉质过滤板、标准杂质比色板。

（3）实验步骤

①容器中的乳样充分搅拌后,取 500 mL,或取乳粉 62.5 g 用经过滤的水充分调和,加热至 60℃。

②用棉质过滤板对乳样进行过滤或抽滤。

③用水冲洗黏附在过滤板上的牛乳。

④过滤板置烘箱中烘干后,与标准杂质比色板比较,即可得出过滤板上的杂质量。

14.13.4 掺假掺杂乳的检验

14.13.4.1 掺水乳的检测方法

（1）联苯胺法

①实验原理:正常乳完全不含硝酸盐,而一般水（包括河水及井水）中所含的硝酸盐与硫酸作用后生成的硝酸,可使联苯胺氧化而呈蓝色物。

②仪器:锥形瓶、量筒、酒精灯。

③试剂:

a. 20% 氯化钙溶液;

b. 联苯胺硫酸溶液:取 20 mg 联苯胺溶解于 20 mL 稀硫酸（1＋3）中,再用硫酸加至 100 mL。

④实验步骤:

a. 取 20 mL 乳样于 100 mL 锥形瓶中,加入 0.5 mL 20% 氯化钙溶液,在酒精灯上加热

至凝固,冷却,过滤;

b. 在白瓷皿内加入 2 mL 联苯硫酸溶液,再取过滤液沿瓷皿边缘滴入不敷出 2～3 滴,观察反应。

⑤结果判定:

若在液体接触处呈蓝色,说明也中有硝酸盐存在,可判为掺水乳。

(2)硝酸银法

①实验原理:正常乳中氯化物含量很低,一般不超过 0.14%,但各种天然水中都含有很多的氯化物,故掺水乳中氯化物含量随掺水量增多而增高,利用硝酸银与氯化物反应可检测之,其反应式如下:

$$AgNO_3 + Cl^- \longrightarrow AgCl\downarrow + NO_3^-$$

检验时,先在被检乳中加 2 滴 10% 重铬酸钾溶液,硝酸银与乳中氯化物反应完后,剩余的硝酸银便与重铬酸钾反应生成黄色的重铬酸银:

$$2AgNO_3 + K_2Cr_2O_7 \longrightarrow Ag_2Cr_2O_7 + 2KNO_3$$

由于氯化物的含量不同,则反应后的颜色也有差异,据此鉴别乳中是否掺水。

②仪器:吸管、试管。

③试剂:100 g/L 重铬酸钾溶液、5 g/L 硝酸银溶液。

④实验步骤:取 2 mL 乳样放入试管中,加入 2 滴 100 g/L 重铬酸钾溶液,摇匀,再加入 4 mL 5 g/L 硝酸银溶液,摇匀,观察颜色,同时用正常乳作对照。

⑤结果判定:正常乳呈柠檬黄色;掺水乳呈不同程度的砖红色,此法反应比较灵敏,在乳中掺水 5 g/L 即可检出。

(3)计算法

①实验原理:利用测得乳样的相对密度和含脂率,计算出总固体和非脂固体,再采牛舍乳样测得其相对密度和含脂率,计算出总固体和非脂固体,两者相比较,即可确定市售乳掺水情况。

②计算:牛乳掺水量按下式计算。

$$X = \frac{E - E_1}{E} \times 100\% \tag{14-20}$$

式中:X——牛乳掺水量;

E——牛舍乳样或标准规定的非脂固体含量,%;

E_1——被测乳样中的非脂固体含量,%。

(4)乳清比重的测定

①实验原理:牛乳中的乳糖和矿物质的含量比较稳定,变化较小,一般牛乳的乳清相对密度为 1.027～0.030,若降至 1.027 以下,便可估计为掺水。

②仪器:与 14.2 实验 2 牛乳相对密度的测定相同。

③试剂:20% 乙酸。

④实验步骤：

a. 样品处理：取 200 mL 乳样于烧杯中，加入 4 mL 20% 的醋酸，在 40℃下放置使乳中酪蛋白凝固，用 2 层纱布和一层滤纸抽滤，其乳清待测。

b. 测定：与 14.2 实验 2 牛乳相对密度的测定相同。

⑤结果判定：乳清相对密度低于 1.027 者为掺水乳。

14.13.4.2 掺淀粉(米汁)、豆浆乳的检验

掺水后牛奶变稀薄，为了增加乳的稠度，作伪者常向乳中加入淀粉、米汁或豆浆等胶体物质，从而达到掩盖掺水的目的。

(1)掺淀粉和米汁乳的检测方法

①实验原理：一般淀粉中都存在着直链淀粉与支链淀粉 2 种结构，其中直链淀粉可与碘生成稳定的络合物，呈现深蓝色，藉此对乳中加入的淀粉或米汁进行检测。

②仪器：试管、吸管(1mL、5mL)。

③试剂：

a. 碘溶液：将 2 g 碘和 4 g 碘化钾溶解并定容至 100 mL 即可。

b. 20% 乙酸。

④实验步骤：

a. 甲法：适用于加入淀粉或米汁较多的情况。

取 5 mL 乳样入试管中，稍煮沸，待冷却后，加入 3~5 滴碘溶液，观察试管内颜色变化。

b. 乙法：适用于加入淀粉、米汁较少的情况。

取 5 mL 乳样注入试管中，再加入 0.5 mL 20% 乙酸，充分混合后过滤于另一试管中，适当加热煮沸，以后操作同甲法。

⑤结果判定：如果牛奶中掺有淀粉、米汁，则出现蓝色或蓝青色；如掺入糊精类，则为紫红色。

(2)掺豆浆乳的检测方法

①实验原理：豆浆中含有皂角素，可溶于热水或酒精中，然后可与氢氧化钠(或氢氧化钾)生成黄色化合物，据此进行检测。

②仪器：20×200mm 试管；2mL、5mL 试管。

③试剂：醇醚混合液：乙醇和乙醚等量混合；250 g/L 氢氧化钠(钾)溶液。

④实验步骤：

取 2 mL 乳样于试管中，加入 3 mL 醇醚混合液，充分混匀，加入 5 mL 250 g/L 氢氧化钾(钠)液，混匀，在 5~10 min 内观察颜色变化。同时用纯牛乳做对照实验。

⑤结果判定：

如掺入 10% 以上豆浆，则试管中液体呈微黄色；纯牛乳呈乳白色。

14.13.4.3 牛乳中掺碱的检测

为了掩盖牛乳的酸败、降低牛乳的酸度，作伪者向生鲜牛乳中加入少量的碱，但加碱后

的牛奶滋味不昧,也宜于腐败菌生长,同时还将乳中某些维生素破坏,因此,对生鲜牛乳中掺碱的检测具有一定的卫生学意义。

(1)玫瑰红酸定性法

①实验原理:鲜牛乳中加碱后,氢离子浓度发生变化,可使酸碱指示剂变色,由颜色的不同,判断加碱量的多少。

②试剂:0.5 g/L 玫瑰红酸乙醇溶液。

③实验步骤:取 5 mL 乳样于试管中,加入 5 滴玫瑰红乙醇溶液,用手指堵住管口,摇匀,观察结果,同时用已知未掺碱乳做空白对照试验。

④结果判定:掺入碱时呈玫瑰红色,且掺入越多,玫瑰色越深;未掺碱者呈黄色。

(2)牛乳灰分碱度测定法

①实验原理:牛乳中加入的碳酸钠和有机酸钠盐经高温灼烧后,均能转化为氧化钠,溶于水后形成氢氧化钠,其含量可用标准酸滴定求出。

②仪器:高温电炉(1000℃)、电热恒温水浴锅、瓷坩锅、锥形瓶、玻璃漏斗。

③试剂盐酸标准滴定溶液[c(HCl) = 0.1 mol/L]、10 g/L 酚酞指示液

④实验步骤:

a. 取 20 mL 乳样于瓷坩埚中,置水浴上蒸干,然后在电炉上灼烧成灰。

b. 灰分用 50 mL 热水分数次浸渍,并用玻璃棒捣碎灰块,过滤,滤纸及灰分残块用热水冲洗。

c. 滤液中加入 3 ~ 5 滴酚酞指示剂,用盐酸标准滴定溶液[c(HCl) = 0.1 mol/L]滴定至粉红色,在 30 s 内不褪色为止。

⑤计算:

$$X = \frac{V \times 0.0106}{25 \times 1030} \times (100 - 0.025) \qquad (14-21)$$

式中:X——被检测牛乳中碳酸钠含量,%;

V——滴定所消耗盐酸标准滴定溶液[c(HCl) = 0.1 mol/L]的体积,mL;

0.0106——1 mL 盐酸标准滴定溶液[c(HCl) = 0.1 mol/L]相当于碳酸氢钠的,g;g;

1.030——正常牛乳的平均相对密度;

0.025——正常牛乳中碳酸氢钠含量,%。

14.14 综合实验 2 食用植物油脂的品质检验

14.14.1 目的与要求

①学习实际样品的分析方法,通过对食用植物油脂主要特性的分析,包括试样的制备、分离提纯、分析条件及方法的选择、标准溶液的配制及标定、标准曲线的制作以及数据处理等内容,综合训练食品分析的基本技能。

②掌握鉴别食用植物油治品质好坏的基本检测方法。

14.14.2　实验原理与相关知识

食用植物油脂品质的好坏可通过测定其酸价、碘价、过氧化值、羰基价等理化特性来判断。

(1)油脂酸价

酸价(酸值)是指中和1 g油脂所含游离脂肪酸所需氢氧化钾的毫克数。酸价是反映油脂质量的主要技术指标之一,同一种植物油脂酸价越高,说明其质量越差越不新鲜。测定酸价可以评定油脂品质的好坏和储藏方法是否恰当。中国《食用植物油卫生标准》规定:食用植物油酸价≤3 mg/g。

(2)碘价

测定碘价可以了解油脂脂肪酸的组成是否正常有无掺杂等。最常用的是氯化碘 - 乙酸溶液法(韦氏法)。在溶剂中溶解试样并加入韦氏碘液,氯化碘则与油脂中的不饱和脂肪酸起加成反应,游离的碘可用硫代硫酸钠溶液滴定,从而计算出被测样品所吸收的氯化碘(以碘计)的克数,求出碘价。碘价是指每100 g油脂样品中的不饱和脂肪酸发生加成反应所吸收的吸收氯化碘(以碘计)的克数。常用油脂的碘价为:大豆油120～141;棉籽油99～113;花生油84～100;菜籽油97～103;芝麻油103～116;葵花籽油125～135;茶籽油80～90;核桃油140～152;棕榈油44～54;可可脂35～40;牛脂40～48;猪油52～77。碘价大的油脂,说明其组成中不饱和脂肪酸含量高或不饱和程度高。

(3)过氧化值

检测油脂中是否存在过氧化物以及含量的大小,即可判断油脂是否新鲜和酸败的程度。常用滴定法的原理是:油脂氧化过程中产生过氧化物,与碘化钾作用,生成游离碘,以硫代硫酸钠溶液滴定,计算含量。中国食用植物油卫生标准(GB 2716—2005)中规定:食用植物油过氧化值(出厂)≤0.25%。

(4)羰基价

羰基价是指每千克油脂样品中含醛类物质的毫摩尔数。用羰基价来评价油脂中氧化产物的含量和酸败劣变的程度,具有较好的灵敏度和准确性。我国已把羰基价列为评价油脂的一项食品卫生监测项目。大多数国家都采用羰基价作为评价油脂氧化酸败的一项指标。常用比色法测定总羰基价的原理是:羰基化合物和2,4二硝基苯胺的反应产物在碱性溶液中形成褐红色或酒红色,在440 nm下测定吸光度,可计算出油样中总羰基。

14.14.3　仪器与试剂

(1)仪器、设备

碘量瓶(250 mL)、多种分析天平、分光光度计、10 mL具塞玻璃比色管及其它常用玻璃仪器。

(2)试剂

①酚酞指示剂(10 g/L):溶解1 g酚酞于90 mL(95%)乙醇与10 mL水中。

②氢氧化钾标准溶液($c_{KOH} = 0.05$ mol/L)。

③碘化钾溶液(150 g/L):称取 15.0 g 碘化钾,加水溶解至 100 mL,存于棕色瓶中。

④硫代硫酸钠标准溶液(0.1 mol/L):按 GB/T 5009.1—2003 配制与标定。

⑤韦氏碘液试剂:分别在两个烧杯内称入三氯化碘 7.9 g 和碘 8.9 g,加入冰乙酸,微热使其溶解,冷却后将两溶液充分混合,然后加冰乙酸并定容至 1000 mL。

⑥三氯甲烷(A. R.)。

⑦环己烷(A. R.)。

⑧冰醋酸(A. R.)。

⑨可溶性淀粉(A. R.)。

⑩饱和碘化钾溶液:称取 14 g 碘化钾,加 10 mL 水溶解,必要时微热使其溶解,冷却后存于棕色瓶中。

⑪精制乙醇溶液:取 1000 mL 无水乙醇,置于 2000 mL 圆底烧瓶中,加入 5 g 铝粉、10 g 氢氧化钾,接好标准磨口的回流冷凝管,水浴中加热回流 1 h,然后用全玻璃蒸馏装置蒸馏收集馏液。

⑫精制苯溶液:取 500 mL 苯,置于 1000 mL 分液漏斗中,加入 50 mL 硫酸,小心振摇 5 min,开始振摇时注意放气。静置分层,弃除硫酸层,再加 50 mL 硫酸重新处理一次,将苯层移入另一分液漏斗中,用水洗涤 3 次,然后经无水硫酸钠脱水,用全玻璃蒸馏装置蒸馏收集馏液。

⑬2,4 - 二硝基苯肼溶液:称取 50 mg 2,4 - 二硝基苯肼,溶于 100 mL 精制苯中。

⑭三氯乙酸溶液:称取 4.3 g 固体三氯乙酸,加 100 mL 精制苯使其溶解。

⑮氢氧化钾—乙醇溶液:称取 4 g 氢氧化钾,加 100 mL 精制乙醇使其溶解,置冷暗处过夜,取上部澄清液使用。溶液变黄褐色则应重新配制。

(3)学生自配及标定试剂

①氢氧化钾标准溶液(0.05 mol/L)的配制与标定:按 GB/T 5009.1—2003 配制与标定。

②中性乙醚—乙醇混合液:乙醚 - 乙醇以体积比 2∶1 混合,以酚酞为指示剂,用所配的 KOH 溶液中和至刚呈淡红色,且 30 s 内不退色为止。

③三氯甲烷—冰醋酸混合液的配制:量取 40 mL 三氯甲烷,加 60 mL 冰乙酸,混匀。

④淀粉指示剂(10 g/L)配制:称取可溶性淀粉 0.50 g,加少量水,调成糊状,倒入 50 mL 沸水中调匀,煮沸至透明,冷却。

⑤硫代硫酸钠标准溶液(0.0020 mol/L)配制:用 0.1 mol/L 硫代硫酸钠标准溶液稀释。

14.14.4 实验步骤

(1)酸价测定(参照 GB/T 5009.37—2003)

①分析步骤:采用点滴瓶称样法称取 3.00 ~ 5.00 g 混匀的试样置于锥形瓶中,加入 50 mL 中性乙醚—乙醇混合液,振摇使油溶解,必要时可置于热水中,温热使其溶解。冷至室温,加入酚酞指示剂 2 ~ 3 滴,以氢氧化钾标准溶液滴定,至微红色,且 0.5 min 内不褪色

为终点。

②结果计算：

试样酸价由下式计算,结果保留 2 位有效数字。

$$X = \frac{V \times c \times 56.11}{m}$$ (14 - 22)

式中:X——试样的酸价(以氢氧化钾计),mg/g;

　　V——试样消耗氢氧化钾标准溶液体积,mL;

　　c——氢氧化钾标准溶液实际浓度,mol/L;

　　m——试样质量,g;

56.11——与 1.0 mL 氢氧化钾标准溶液($c_{KOH}=1.000mol/L$)相当的氢氧化钾毫克数。

(2)韦氏法碘价测定(参照 GB/T 5532—2008)

①分析步骤:称取试样的量根据估计的碘价而异(碘价高,所取油样量减少;)

碘价低,取油样量增多),一般在 0.25 g 左右。将称好的试样放入 500 mL 锥形瓶中,加入 20 mL 环己烷 - 冰乙酸等体积混合液,溶解试样。准确加入 25.00 mL 韦氏试剂,盖好塞子,摇匀后放于暗处 30 min 以上(碘价低于 150 的样品,应放 1 h;碘价高于 150 的样品,应放 2 h)。反应时间结束后,加入 20 mL 碘化钾溶液(150 g/L)和 150 mL 水。用 0.1 mol/L 硫代硫酸钠滴定至浅黄色,加几滴淀粉指示剂,继续滴定至剧烈摇动后蓝色刚好消失。在相同条件下,同时做空白对照实验。

②结果计算:试样的碘价由下式计算。

$$X = \frac{(V_2 - V_1) \times c \times 0.1269}{m} \times 100$$ (14 - 23)

式中:X——试样的碘价,用100g 样品吸收碘的克数表示,g/100g;

　　V_1——试样消耗的硫代硫酸钠标准溶液的体积,mL;

　　V_2——空白试剂消耗硫代硫酸钠的体积,mL;

　　c——硫代硫酸钠标准溶液的浓度,mol/L;

　　m——试样的质量,g;

0.1269——1/2 I_2 的毫摩尔质量,g/mmol。

(3)过氧化值的测定(参考 GB/T 5009.37—2003 第一法)

①分析步骤:采用点滴瓶称样法称取 2.00 ~ 3.00 g 混匀的试样(必要时过滤),置于 250 mL 碘量瓶中,加 30 mL 三氯甲烷—冰乙酸混合液,使试样完全溶解。加入 1.00 mL 饱和碘化钾溶液,紧密塞好瓶盖,并轻轻摇匀 0.5 min,然后在暗处放置 3 min。取出加 100 mL 水,摇匀后,立即用硫代硫酸钠标准滴定溶液(0.0020 mol/L)滴定,至淡黄色时,加 1 mL 淀粉指示液,继续滴定至蓝色消失为终点,用相同量三氯甲烷—冰乙酸溶液、碘化钾溶液、水,按同一方法,做试剂空白试验。

②计算结果:试样的过氧化值按下式计算。

$$X_1 = \frac{(V_1 - V_2) \times c \times 0.1269}{m} \times 100 \qquad (14-24)$$

$$X_2 = X_1 \times 78.8$$

式中：X_1——每百克试样的过氧化值，g/100g；

　　　X_2——试样的过氧化值，mmol/kg；

　　　V_1——试样消耗硫代硫酸钠标准溶液的体积，mL；

　　　V_2——空白试剂消耗硫代硫酸钠标准溶液的体积，mL；

　　　c——硫代硫酸钠标准滴定溶液的浓度，mol/L；

　　　m——试样的质量，g；

　0.1269——1.00 mL 硫代硫酸钠标准溶液（$c_{Na_2S_2O_3} = 1.000$mol/L）相当的碘的质量，g；

　78.8——换算因子。

精密度要求：在重复条件下获得的2次独立测定结果的绝对差值不得超过算术平均值的10%。

（4）羰基价测定（参考 GB/T 5009.37—2003）

①分析步骤：精密称取约 0.025～0.5 g 试样置于 25 mL 容量瓶中，加苯溶解试样并稀释至刻度。吸取 5.0 mL 置于 25 mL 具塞试管中，加 3 mL 三氯乙酸溶液及 5 mL 2,4-二硝基苯肼溶液，仔细振摇均匀，在 60℃ 水浴中加热 30 min。冷却后沿试管壁慢慢加入 10 mL 氢氧化钾—乙醇溶液，使成为二液层，塞好并剧烈振摇混匀，放置 10 min。以 1 cm 比色皿，用试剂空白作参比，于波长 440 nm 处测吸光度。

②结果计算：试样的羰基价按下式计算，结果保留 3 位有效数字。

$$X = \frac{A}{854 \times m \times \dfrac{V_2}{V_1}} \times 1000 \qquad (14-25)$$

式中：X——试样的羰基价，单位为毫克当量每千克（meq/kg）；

　　　A——测试时样液的吸光度；

　　　m——试样质量，g；

　　　V_1——试样稀释后的总体积，mL；

　　　V_2——测定用试样稀释液的体积，mL；

　854——各种醛的毫克当量吸光系数的平均值。

精密度要求：在重复条件下获得的2次独立测定结果的绝对差值不得超过算术平均值的5%。

14.14.5　实验结果综合分析

实验结果综合分析记录于表 14-7。

表 14 - 7　实验结果综合分析表

分析项目	分析方法	分析结果	结论
酸价			
碘价			
过氧化值			
羰基价			

14.14.6　注意事项

①测定酸价时,当样液颜色较深时,可减少试样用量,或适当增加混合溶剂的用量。由于用乙醚—乙醇溶解油样,一定注意加热不能用明火,微热要放在热水中或水浴中加热,一定不能在电炉上或煤气炉或酒精炉上直接加热。

②测定碘价时,光线和水分对碘化钾起作用,影响很大,要求所用仪器必须清洁、干燥,碘液试剂必须用棕色瓶盛装且放于暗处。

③测定过氧化值时,饱和碘化钾溶液中不可存在游离碘和碘酸盐。

④光线会促成空气对试剂的氧化,应注意避光存放试剂。

⑤在过氧化值的测定中,三氯甲烷,乙酸的比例以及加入碘化钾后静置时间的长短、加水量的多少等对测定结果均有影响,应严格控制试样与空白对照测定条件的一致性。

⑥测定羰基价时,所用仪器必须洁净、干燥,所用试剂若含有干扰试验的物质时,必须控制后才能用于实验,空白对照的吸收值(440 nm 处,以水对照)超过 0.20 时,实验所用试剂的纯度就不够理想。

14.14.7　思考题

①油脂中游离脂肪酸与酸价有什么关系?测定酸价时加入乙醇有何目的?

②哪些指标可以表明油脂的特点?它们表明了油脂哪方面的特点?

③你对本实验有什么体会?(包括成功的经验及失败的教训)

主要参考文献

[1]曲祖乙,刘靖.食品分析与检验[M].北京:中国环境科学出版社,2006.

[2]尹凯丹,张奇志.食品理化分析[M].北京:化学工业出版社,2008.

[3]张水华.食品分析[M].北京:中国轻工业出版社,2008.

[4] S. Suzanne Nielsen. Food Analysis (third edition) [M]. KLUWER ACADEMIC / PLENUM PUBLISHERS,2003.

[5]胡国栋.固相微萃取技术的进展及其在食品分析中应用的现状[J].色谱,2009,27(1):1-8.

[6]多加,周向阳,金同铭,等.近红外光谱检测技术在农业和食品分析上的应用[J].光谱学与光谱分析,2004,24(4):447-450.

[7]许元红,唐亚军,吴明嘉.毛细管电泳在食品分析中的应用[J].分析化学,2005,33(12):1794-1798.

[8]李秀勇.色谱法在食品分析中的应用研究[D].兰州:兰州大学,2008.

[9]刘源,周光宏,徐幸莲.固相微萃取及其在食品分析中的应用[J].食品与发酵工业,2003,29(7):83-87.

[10]吴广枫,汤坚.食品分析中样品制备新技术概况[J].食品工业科技,2002,23(9):96-98.

[11]陈小萍,林升清.食品中农药残留分析前处理技术应用进展[J].中国食品卫生杂志,2007,19(1):62-65.

[12]鞠兴荣,袁建.食品中限量元素分析样品的预处理技术进展[J].食品科学,2004,25(2):199-203.

[13]安红梅,尹建军,张晓磊,等.同时蒸馏萃取技术在食品分析中的应用[J].食品研究与开发,2011,32(12):216-220.

[14]陈健,肖凯军,林福兰.拉曼光谱在食品分析中的应用[J].食品科学,2007,28(12):554-557.

[15]胡江,罗凯,阚建全,等.分子印迹固相萃取技术及其在食品分析中的应用[J].中国调味品,2012(6):95-102.

[16]韩丹,于梦,吴梅,等.酶联免疫吸附分析法测定食品中的苏丹红Ⅰ号[J].分析化学,2007,35(8):1168-1170.

[17]吴惠勤,黄晓兰,林晓珊,等.脂肪酸的色谱保留时间规律与质谱特征研究及其在食品分析中的应用[J].分析化学,2007,35(7):998-1003.

[18]高瑞萍,刘辉.电子鼻和电子舌在食品分析中的应用[J].肉类研究,2010(12):61

－67.

[19]王霞,周红,樊华军,等.离子色谱－电化学安培检测技术在食品分析中的应用[J].化学传感器,2010,30(4):1－8.

[20]王一楠,丛彦.食品分析中的生物技术应用分析[J].大观周刊,2011,(40):8－8.

[21]张焕新,徐春仲.生物传感器在食品分析中的应用[J].食品科技,2008,33(6):200－203.

[22]李文最.微波技术在食品分析中的应用与进展[J].中国卫生检验杂志,2006,16(1):120－122.

[23]王耀.亚临界水萃取样品预处理技术及其在食品分析中的应用[D].华中科技大学,2006.

[24]李卓,董文宾,李娜,等.浊点萃取技术及其在食品检测预处理中的应用[J].食品科技.2010,35(3):277－280.

[25]ValfredoAzevedoLemos,et al. Development of a cloudpointextraction method for copper and nickel determinationin food samples[J]. Journal of Hazardous Materials,2008,159:245－251.

[26]AhadBaviliTabrizi,et al. Cloud point extraction andspectrofluorimetric determination of aluminium and zincin foodstuffs and water samples[J]. Food Chemistry,2007,100:1698－1703.

[27]Pourreza N,Zareian M. Determination of Orange II infood samples after cloud point extraction using mixedmielles[J]. Journal of Hazardous Materials,2009,165:1124－1127.

[28]【美】S. Suzanne Nielsen 著.杨严俊 等译.食品分析(第二版)[M].北京:中国轻工业出版社,2002.7.

[29]朱克永.食品检验技术 理化检验 感官检验技术[M].北京:科学出版社,2011.1.

[30]无锡轻工业大学,天津轻工业学院合编[M].食品分析.北京:中国轻工业出版社,2008.6.

[31]大连轻工业学院,华南理工大学等.食品分析[M].北京:中国轻工业出版社,1994.10.

[32]王永华,张水华.食品分析(第二版)[M].北京:中国轻工业出版社,2011.1.

[33]巢强国.食品检验－乳及乳制品、饮料、茶叶[M].北京:中国计量出版社,2011.

[34]高向阳,宋莲军.现代食品分析实验[M].北京:科学出版社,2013.

[35]张延明,薛富.乳品分析与检验[M].北京:科学出版社,2010.

[36]王利明,陈红梅.化学[M].北京:化学工业出版社,2011.

[37]李启隆,胡劲波.食品分析科学[M].北京:化学工业出版社,2010.

[38]中国国家标准化管理委员会.GB/T 5413.28—1997.乳粉 滴定酸度的测定.[S]北京:中国标准出版社,1997.

[39]中国国家标准化管理委员会.GB/T 5009.157—2003.食品中有机酸的测定.[S]

北京:中国标准出版社,1997.

[40]中国国家标准化管理委员会.GB/T 5009.6—2003.食品中脂肪的测定.[S]北京:中国标准出版社,1997.

[41]黄泽元.食品分析实验[M].郑州:郑州大学出版社,2013.

[42]李京东,等.食品分析与检验技术[M].北京:化学工业出版社,2011.

[43]张朝武,周宜开.现代卫生检验[M].北京:人民卫生出版社,2005.

[44]王喜萍.食品分析[M].北京:中国农业出版社,2006.

[45]张意静.食品分析(修订版)[M].北京:中国轻工业出版社,1999.

[46]蔡欣欣,张秀尧.高效液相色谱蒸发光散射检测法测定食品中果糖、葡萄糖、蔗糖、乳糖和麦芽糖[J].中国卫生检验杂志,2007,17(6):968-971.

[47]计时华.利用单糖缩合反应测定多糖[J].中国公共卫生,2000,16(5):425-426.

[48]黄佩芳.应用现代色谱分析法测定食品中的碳水化合物[J].中国食品添加剂,2002(3):81-83.

[49]颜军,侯贤灯,徐开来.柱前衍生HPLC分析银耳多糖的单糖组成[J].中国测试,2011,37(1):44-46.

[50]中华人民共和国卫生部.GB 5413.5—2010 食品安全国家标准婴幼儿食品和乳品中乳糖、蔗糖的测定[S].北京中国标准出版社,2010.

[51]中华人民共和国国家质量监督检验检疫总局,中国国家标准化管理委员会.GB/T 21533-2008 蜂蜜中淀粉糖浆的测定离子色谱法[S],北京中国标准出版社.2008.

[52]王静,王晴,向文胜.色谱法在糖类化合物分析中的应用[J].分析化学,2001,29(2):222-227.

[53]中华人民共和国国家质量监督检验检疫总局.GB/T 18932.22-2002 蜂蜜中果糖、葡萄糖、蔗糖、麦芽糖含量的测定方法液相色谱示差折光检测法[S].北京中国标准出版社,2003.

[54]谢笔钧,何慧.食品分析[M].北京:科学出版社,2009.

[55]吴谋成.食品分析与感官评定[M].北京:中国农业出版社,2002.

[56]大连轻工业学院,华南理工大学,郑州轻工业学院,等.食品分析.北京:中国轻工业出版,1983.

[57]中华人民共和国国家标准《食品卫生检验理化部分》.[S]北京:中国标准出版社,2008.

[58]上海商品检验局.国外食品分析法[M].上海:上海科学技术文献出版社,1979.

[59]日本食品工业学会食品分析法编辑委员会.食品分析方法(上册)[M].郑州粮食学院食品分析方法翻译组,译.成都:四川科学技术出版社,1986.

[60]江小梅,林涵,郎冠芬.食品分析与检验原理(上册)[M].北京:中国人民大学出版社,1990.

[61]张丽.氢化物原子吸收法与氢化物原子荧光法测定饮用水中砷的方法比较[J].广东微量元素科学,2013,20(8):10-13.

[62]彭秧锡.食品试样中矿物元素分析的实验预处理[J].食品研究与开发,2002,23(4):68-69.

[63]许永彬.食品中微量元素测定的意义[J].中国医药指南,2008,6(15):237-238.

[64]彭谦,赵飞蓉,陈忆文,等.水中痕量镉的氢化物发生原子荧光光谱测定法[J].环境与健康杂志,2007,24(5):353-355.

[65]代春吉,董文宾.微波消解在测定食品中微量元素的应用[J].食品科技,2005(12):64-67.

[66]黄种迁.原子荧光光谱法在测定食品中有毒金属元素的应用[J].台湾农业探索,2013(4):61-65.

[67]中华人民共和国卫生部.GB 2762—2012 食品安全国家标准食品中污染物限量[S].北京:中国标准出版社,2013.

[68]孙宝国.食品添加剂[M].北京:化学工业出版社,2008.

[69]孙平.食品添加剂[M].北京:中国轻工业出版社,2012.

[70]黄泽元.食品分析实验[M].郑州:郑州大学出版社,2013.

[71]高向阳.现代食品分析[M].北京:科学出版社,2012.

[72]张水华.食品分析实验[M].北京:化学工业出版社,2006.

[73]刘长虹.食品分析及实验[M].北京:化学工业出版社,2006.

[74]张意静.食品分析技术[M].北京:中国轻工业出版社,2001.

[75]侯玉泽.食品分析[M].郑州:郑州大学出版社,2011.

[76]钱志锋."瘦肉精"猪肉的危害、鉴别及提高猪瘦肉率的正确措施[J].山东畜牧兽医,2011,32(9):63-64.

[77]林祥梅,王建峰,贾广乐,等.三聚氰胺的毒性研究[J].毒理学杂志,2008,22(3):216-218.

[78]汪芳芳,吕亮,曾爱明,等.食品中罂粟壳残留检测的研究现状[J].现代商贸工业,2009,22(3):279-281.

[78]刘绍.食品分析与检验[M].武汉:华中科技大学出版社,2011.

[80]大连轻工业学院.食品分析[M].北京:中国轻工业出版社,2013.

[81]夏延斌.食品化学[M].北京:中国农业出版社,2004.

[82]高向阳,等.现代食品分析实验[M].北京:科学出版社,2013.

附　　表

附表 1　观测糖锤度温度改正表（0～40℃）

标准温度 20℃

温度/℃	0	1	2	3	4	5	6	7	8	9	10	11	12	13	14	15	16	17	18	19	20	21	22	23	24	25	30
	测得的糖锤度																										
	温度低于20℃时应减去的校正数																										
0	0.30	0.34	0.36	0.41	0.45	0.49	0.52	0.55	0.59	0.62	0.65	0.67	0.70	0.72	0.75	0.77	0.79	0.82	0.84	0.87	0.89	0.91	0.93	0.95	0.97	0.99	1.08
5	0.36	0.38	0.40	0.43	0.45	0.47	0.49	0.51	0.52	0.54	0.56	0.58	0.60	0.61	0.63	0.65	0.67	0.68	0.70	0.71	0.73	0.74	0.75	0.76	0.77	0.80	0.86
10	0.32	0.33	0.34	0.36	0.37	0.38	0.39	0.40	0.41	0.42	0.43	0.44	0.45	0.46	0.47	0.48	0.49	0.50	0.50	0.51	0.52	0.53	0.54	0.55	0.56	0.57	0.60
10.5	0.31	0.32	0.33	0.34	0.35	0.36	0.37	0.38	0.39	0.40	0.41	0.42	0.43	0.44	0.45	0.46	0.47	0.48	0.48	0.49	0.50	0.51	0.52	0.52	0.53	0.54	0.57
11	0.31	0.32	0.33	0.33	0.34	0.35	0.36	0.37	0.38	0.39	0.40	0.41	0.42	0.43	0.44	0.45	0.46	0.46	0.47	0.48	0.49	0.49	0.50	0.50	0.51	0.51	0.55
11.5	0.30	0.31	0.31	0.32	0.32	0.33	0.34	0.35	0.36	0.37	0.38	0.39	0.40	0.40	0.41	0.42	.43	0.43	0.44	0.44	0.45	0.46	0.46	0.47	0.47	0.48	0.52
12	0.29	0.30	0.30	0.31	0.31	0.32	0.33	0.34	0.34	0.35	0.36	0.37	0.38	0.38	0.39	0.40	0.41	0.41	0.42	0.42	0.43	0.44	0.44	0.45	0.45	0.46	0.50
12.5	0.27	0.28	0.28	0.29	0.29	0.30	0.21	0.32	0.32	0.33	0.34	0.35	0.35	0.36	0.36	0.37	0.38	0.38	0.39	0.39	0.40	0.41	0.41	0.42	0.42	0.43	0.47
13	0.26	0.27	0.27	0.28	0.28	0.29	0.30	0.30	0.31	0.31	0.32	0.33	0033	0.34	0.34	0.35	0.36	0.36	0.37	0.37	0.38	0.39	0.39	0.40	0.40	0.41	0.44
13.5	0.25	0.25	0.25	0.25	0.26	0.27	0.28	0.28	0.29	0.29	0.30	0.31	0.31	0.32	0.33	0.33	0.34	0.34	0.35	0.36	0.36	0.37	0.37	0.38	0.38	0.39	0.41
14	0.24	0.24	0.24	0.24	0.25	0.26	0.27	0.27	0.28	0.29	0.29	0.30	0.30	0.31	0.31	0.32	0.32	0.33	0.33	0.34	0.34	0.35	0.35	0.36	0.36	0.37	0.38
14.5	0.22	0.22	0.22	0.22	0.23	0.24	0.24	0.25	0.25	0.26	0.26	0.26	0.27	0.27	0.28	0.28	0.29	0.29	0.30	0.30	0.31	0.31	0.32	0.32	0.33	0.33	0.35
15	0.20	0.20	0.20	0.20	0.21	0.22	0.22	0.23	0.23	0.24	0.24	0.24	0.25	0.25	0.26	0.26	0.26	0.27	0.27	0.28	0.28	0.28	0.29	0.29	0.30	0.30	0.32
15.5	0.18	0.18	0.18	0.18	0.19	0.20	0.20	0.21	0.21	0.22	0.22	0.22	0.23	0.23	0.24	0.24	0.24	0.24	0.25	0.25	0.25	0.26	0.26	0.27	0.27	0.28	0.29
16	0.17	0.17	0.17	0.18	0.18	0.18	0.18	0.19	0.19	0.20	0.20	0.20	0.21	0.21	0.22	0.22	0.22	0.22	0.23	0.23	0.23	0.23	0.24	0.24	0.25	0.25	0.26
16.5	0.15	0.15	0.15	0.16	0.16	0.16	0.16	0.16	0.17	0.17	0.17	0.17	0.18	0.18	0.19	0.19	0.19	0.19	0.20	0.20	0.20	0.20	0.21	0.21	0.22	0.22	0.23
17	0.13	0.13	0.13	0.14	0.14	0.14	0.14	0.14	0.15	0.15	0.15	0.15	0.16	0.16	0.16	0.16	0.17	0.17	0.17	0.18	0.18	0.18	0.19	0.19	0.19	0.19	0.20
17.5	0.11	0.11	0.11	0.12	0.12	0.12	0.12	0.12	0.12	0.12	0.12	0.12	0.13	0.13	0.13	0.13	0.13	0.14	0.14	0.15	0.15	0.15	0.16	0.16	0.16	0.16	0.16
18	0.09	0.09	0.09	0.10	0.10	0.10	0.10	0.10	0.10	0.10	0.10	0.10	0.11	0.11	0.11	0.11	0.11	0.12	0.12	0.12	0.12	0.12	0.13	0.13	0.13	0.13	0.13
18.5	0.07	0.07	0.07	0.07	0.07	0.07	0.07	0.07	0.07	0.07	0.07	0.07	0.07	0.08	0.08	0.08	0.08	0.08	0.09	0.09	0.09	0.09	0.09	0.09	0.09	0.09	0.10
19	0.05	0.05	0.05	0.05	0.05	0.05	0.05	0.05	0.05	0.05	0.05	0.05	0.06	0.06	0.06	0.06	0.06	0.06	0.06	0.06	0.06	0.06	0.06	0.06	0.06	0.06	0.07
19.5	0.03	0.03	0.03	0.03	0.03	0.03	0.03	0.03	0.03	0.03	0.03	0.03	0.03	0.03	0.03	0.03	0.03	0.03	0.03	0.03	0.03	0.03	0.03	0.03	0.03	0.03	0.04
20	0	0	0	0	0	0	0	0	0	0	0	0	0	0	0	0	0	0	0	0	0	0	0	0	0	0	0

温度/℃	测得的糖锤度																										
	0	1	2	3	4	5	6	7	8	9	10	11	12	13	14	15	16	17	18	19	20	21	22	23	24	25	30
	温度高于20℃时应加上的校正数																										
20.5	0.02	0.02	0.02	0.03	0.03	0.03	0.03	0.03	0.03	0.03	0.03	0.03	0.03	0.03	0.03	0.03	0.03	0.03	0.03	0.03	0.03	0.03	0.03	0.03	0.04	0.04	0.04
21	0.04	0.04	0.04	0.05	0.05	0.05	0.05	0.05	0.06	0.06	0.06	0.06	0.06	0.06	0.06	0.06	0.06	0.06	0.06	0.06	0.06	0.06	0.06	0.07	0.07	0.07	0.07
21.5	0.07	0.07	0.07	0.08	0.08	0.08	0.08	0.08	0.09	0.09	0.09	0.09	0.09	0.09	0.09	0.09	0.09	0.09	0.09	0.09	0.09	0.09	0.09	0.10	0.10	0.10	0.11
22	0.10	0.10	0.10	0.10	0.10	0.10	0.10	0.10	0.11	0.11	0.11	0.11	0.11	0.12	0.12	0.12	0.12	0.12	0.12	0.12	0.12	0.12	0.12	0.13	0.13	0.13	0.14
22.5	0.13	0.13	0.13	0.13	0.13	0.13	0.13	0.13	0.14	0.14	0.14	0.14	0.15	0.15	0.15	0.15	0.16	0.16	0.16	0.16	0.16	0.17	0.17	0.17	0.18
23	0.16	0.16	0.16	0.16	0.16	0.16	0.16	0.16	0.17	0.17	0.17	0.17	0.17	0.17	0.17	0.17	0.18	0.18	0.19	0.19	0.19	0.19	0.20	0.20	0.20	0.21
23.5	0.19	0.19	0.19	0.19	0.19	0.19	0.19	0.20	0.20	0.20	0.20	0.21	0.21	0.21	0.22	0.22	0.23	0.23	0.23	0.24	0.24	0.25
24	0.21	0.21	0.21	0.22	0.22	0.22	0.22	0.22	0.23	0.23	0.23	0.23	0.23	0.24	0.24	0.24	0.24	0.25	0.25	0.26	0.26	0.26	0.26	0.27	0.27	0.27	0.28
24.5	0.24	0.24	0.24	0.25	0.25	0.26	0.26	0.26	0.27	0.27	0.27	0.28	0.28	0.28	0.28	0.28	0.29	0.29	0.29	0.30	0.31	0.31	0.32
25	0.27	0.27	0.27	0.28	0.28	0.28	0.28	0.29	0.29	0.30	0.30	0.30	0.30	0.31	0.31	0.31	0.31	0.31	0.32	0.32	0.32	0.32	0.33	0.33	0.34	0.34	0.35
25.5	0.30	0.30	0.30	0.31	0.31	0.31	0.31	0.32	0.32	0.33	0.33	0.33	0.34	0.34	0.34	0.35	0.35	0.36	0.36	0.36	0.36	0.37	0.37	0.37	0.39
26	0.33	0.33	0.33	0.34	0.34	0.34	0.34	0.35	0.35	0.36	0.36	0.36	0.36	0.37	0.37	0.37	0.38	0.38	0.39	0.39	0.40	0.40	0.40	0.40	0.40	0.42
26.5	0.37	0.37	0.37	0.38	0.38	0.38	0.38	0.38	0.39	0.39	0.39	0.39	0.40	0.40	0.41	0.41	0.41	0.42	0.42	0.43	0.43	0.43	0.43	0.44	0.44	0.44	0.46
27	0.40	0.40	0.40	0.41	0.41	0.41	0.41	0.41	0.42	0.42	0.42	0.43	0.43	0.44	0.44	0.45	0.45	0.46	0.46	0.46	0.47	0.47	0.48	0.48	0.50
27.5	0.43	0.43	0.43	0.44	0.44	0.44	0.44	0.45	0.45	0.46	0.46	0.46	0.47	0.47	0.48	0.48	0.48	0.49	0.49	0.50	0.50	0.50	0.51	0.51	0.52	0.52	0.54
28	0.46	0.46	0.46	0.47	0.47	0.47	0.47	0.48	0.49	0.49	0.50	0.50	0.51	0.51	0.52	0.52	0.53	0.54	0.54	0.55	0.56	0.56	0.58
28.5	0.50	0.50	0.50	0.51	0.51	0.51	0.51	0.52	0.52	0.53	0.53	0.53	0.54	0.54	0.55	0.55	0.56	0.56	0.57	0.57	0.58	0.58	0.59	0.59	0.60	0.60	0.62
29	0.54	0.54	0.54	0.55	0.55	0.55	0.55	0.55	0.56	0.56	0.57	0.58	0.58	0.59	0.59	0.60	0.61	0.61	0.61	0.62	0.62	0.63	0.63	0.66
29.5	0.58	0.58	0.58	0.59	0.59	0.59	0.59	0.59	0.60	0.60	0.60	0.61	0.61	0.62	0.62	0.63	0.63	0.64	0.64	0.65	0.65	0.65	0.66	0.66	0.67	0.67	0.70
30	0.61	0.61	0.61	0.62	0.62	0.62	0.62	0.62	0.63	0.63	0.63	0.64	0.64	0.65	0.65	0.66	0.66	0.67	0.67	0.68	0.68	0.68	0.69	0.69	0.70	0.70	0.73
30.5	0.65	0.65	0.65	0.66	0.66	0.66	0.66	0.67	0.67	0.67	0.68	0.69	0.69	0.70	0.70	0.71	0.71	0.72	0.72	0.73	0.73	0.74	0.74	0.75	0.78
31	0.69	0.69	0.69	0.70	0.70	0.70	0.70	0.70	0.71	0.71	0.71	0.72	0.72	0.73	0.73	0.74	0.74	0.75	0.76	0.76	0.77	0.77	0.78	0.78	0.79	0.82
31.5	0.73	0.73	0.73	0.74	0.74	0.74	0.74	0.75	0.75	0.76	0.77	0.77	0.78	0.79	0.79	0.80	0.80	0.81	0.81	0.82	0.82	0.83	0.83	0.86
32	0.76	0.76	0.77	0.77	0.78	0.78	0.78	0.78	0.79	0.79	0.79	0.80	0.80	0.81	0.81	0.82	0.83	0.83	0.84	0.84	0.85	0.85	0.86	0.86	0.87	0.87	0.90
32.5	0.80	0.80	0.81	0.81	0.82	0.82	0.82	0.83	0.83	0.83	0.84	0.84	0.85	0.85	0.86	0.87	0.88	0.88	0.89	0.90	0.90	0.91	0.91	0.95
33	0.84	0.84	0.85	0.85	0.85	0.85	0.85	0.86	0.86	0.86	0.86	0.87	0.88	0.88	0.89	0.90	0.91	0.91	0.92	0.92	0.93	0.94	0.94	0.95	0.95	0.96	0.99
33.5	0.88	0.88	0.88	0.89	0.89	0.89	0.89	0.89	0.90	0.90	0.90	0.91	0.92	0.92	0.93	0.94	0.95	0.95	0.96	0.97	0.98	0.98	0.99	0.99	1.00	1.00	1.03
34	0.91	0.91	0.92	0.92	0.93	0.93	0.93	0.93	0.94	0.94	0.94	0.95	0.96	0.96	0.97	0.98	0.99	1.00	1.00	1.01	1.02	1.02	1.03	1.03	1.04	1.04	1.07
34.5	0.95	0.95	0.96	0.96	0.97	0.97	0.97	0.97	0.98	0.98	0.98	0.99	0.99	1.00	1.01	1.02	1.03	1.04	1.04	1.05	1.06	1.07	1.07	1.08	1.08	1.09	1.12
35	0.99	0.99	1.00	1.00	1.01	1.01	1.01	1.01	1.02	1.02	1.02	1.03	1.04	1.05	1.05	1.06	1.07	1.08	1.08	1.09	1.10	1.11	1.11	1.12	1.12	1.13	1.16
40	1.42	1.43	1.43	1.44	1.44	1.45	1.45	1.46	1.47	1.47	1.47	1.48	1.49	1.50	1.50	1.51	1.52	1.53	1.53	1.54	1.54	1.55	1.55	1.56	1.56	1.57	1.62

附表 2　乳稠计读数换算为 20℃ 的度数

乳稠计读数	牛乳温度/℃															
	10	11	12	13	14	15	16	17	18	19	20	21	22	23	24	25
	换算成 20℃ 时牛乳乳稠计度数															
25	23.3	23.5	23.6	23.7	23.9	24.0	24.2	24.4	24.6	24.8	25.0	25.2	25.4	25.6	25.8	26.0
25.5	23.7	23.9	24.0	24.2	24.4	24.5	24.7	24.9	25.1	25.3	25.5	25.7	25.9	26.1		
26	24.2	24.4	24.5	24.7	24.9	25.0	25.2	25.4	25.6	25.8	26.0	26.2	26.4	26.6	26.8	27.0
26.5	24.6	24.8	24.9	25.1	25.3	25.4	25.6	25.8	26.0	26.3	26.5	26.7	26.9	27.1		
27	25.1	25.3	25.5	25.6	25.7	25.9	26.1	26.3	26.5	26.8	27.0	27.2	27.5	27.7	27.9	28.1
27.5	25.5	25.7	25.8	26.1	26.1	26.3	26.6	26.8	27.0	27.3	27.5	27.7	28.0	28.2		
28	26.0	26.1	26.3	26.5	26.6	26.8	27.0	27.3	27.5	27.8	28.0	28.2	28.5	28.7	29.0	29.2
28.5	26.4	26.6	26.8	27.0	27.1	27.3	27.5	27.8	28.0	28.3	28.5	28.7	29.0	29.2		
29	26.9	27.1	27.3	27.5	27.6	27.8	28.0	28.3	28.5	28.8	29.0	29.2	29.5	29.7	30.0	30.2
29.5	27.4	27.6	27.8	28.0	28.1	28.3	28.5	28.8	29.0	29.3	29.5	29.7	30.0	30.2		
30	27.9	28.1	28.3	28.5	28.6	28.8	29.0	29.3	29.5	29.8	30.0	30.2	30.5	30.7	31.0	31.2
30.5	28.3	28.5	28.7	28.9	29.1	29.3	29.5	29.8	30.0	30.3	30.5	30.7	31.0	31.2		
31	28.8	29.0	29.2	29.4	29.6	29.8	30.1	30.2	30.5	30.8	31.0	31.2	31.5	31.7	32.0	32.2
31.5	29.3	29.5	29.7	29.9	30.1	30.2	30.5	30.7	31.0	31.3	31.5	31.7	32.0	32.2		
32	29.8	30.0	30.2	30.4	30.6	30.7	31.0	31.2	31.5	31.8	32.0	32.3	32.5	32.3	33.0	33.3

附表 3　糖液折光锤度温度改正表（20℃）

温度/℃	测得的糖锤度														
	0	5	10	15	20	25	30	35	40	45	50	55	60	65	70
	温度低于 20℃ 时应减去的校正数														
10	0.50	0.54	0.58	0.61	0.64	0.66	0.68	0.70	0.72	0.73	0.74	0.75	0.76	0.78	0.79
11	0.46	0.49	0.53	0.55	0.58	0.60	0.62	0.64	0.65	0.66	0.67	0.68	0.69	0.70	0.71
12	0.42	0.45	0.48	0.50	0.52	0.54	0.56	0.57	0.58	0.59	0.60	0.61	0.61	0.63	0.63
13	0.37	0.40	0.42	0.44	0.46	0.48	0.49	0.50	0.51	0.52	0.53	0.54	0.54	0.55	0.55
14	0.33	0.35	0.37	0.39	0.40	0.41	0.42	0.43	0.44	0.45	0.45	0.46	0.46	0.47	0.48
15	0.27	0.29	0.31	0.33	0.34	0.34	0.35	0.36	0.37	0.37	0.38	0.39	0.39	0.40	0.40
16	0.22	0.24	0.25	0.26	0.27	0.28	0.29	0.30	0.30	0.30	0.31	0.31	0.32	0.32	
17	0.17	0.18	0.19	0.20	0.21	0.21	0.21	0.22	0.22	0.23	0.23	0.23	0.23	0.24	0.24
18	0.12	0.13	0.13	0.14	0.14	0.14	0.14	0.15	0.15	0.15	0.15	0.16	0.16	0.16	0.16
19	0.06	0.06	0.06	0.06	0.07	0.07	0.07	0.08	0.08	0.08	0.08	0.08	0.08	0.08	0.08
	温度高于 20℃ 时应加上的校正数														
21	0.06	0.07	0.07	0.07	0.07	0.08	0.08	0.08	0.08	0.08	0.08	0.08	0.08	0.08	0.08
22	0.13	0.13	0.14	0.14	0.15	0.15	0.15	0.15	0.15	0.16	0.16	0.16	0.16	0.16	0.16

温度/℃	测得的糖锤度														
	0	5	10	15	20	25	30	35	40	45	50	55	60	65	70
	温度高于20℃时应加上的校正数														
23	0.19	0.20	0.21	0.22	0.22	0.23	0.23	0.23	0.23	0.24	0.24	0.24	0.24	0.24	0.24
24	0.26	0.27	0.28	0.29	0.30	0.30	0.31	0.31	0.31	0.31	0.31	0.32	0.32	0.32	0.32
25	0.33	0.35	0.36	0.37	0.38	0.38	0.39	0.40	0.40	0.40	0.40	0.40	0.40	0.40	0.40
26	0.40	0.42	0.43	0.44	0.45	0.46	0.47	0.48	0.48	0.48	0.48	0.48	0.48	0.48	0.48
27	0.48	0.50	0.52	0.53	0.54	0.55	0.55	0.56	0.56	0.56	0.56	0.56	0.56	0.56	0.56
28	0.56	0.57	0.60	0.61	0.62	0.63	0.63	0.64	0.64	0.64	0.64	0.64	0.64	0.64	0.64
29	0.64	0.66	0.68	0.69	0.71	0.72	0.72	0.73	0.73	0.73	0.73	0.73	0.73	0.73	0.73
30	0.72	0.74	0.77	0.78	0.79	0.80	0.80	0.81	0－81	0.81	0.81	0.81	0.81	0.81	0.81

附表4　相当于氧化亚铜质量的葡萄糖、果糖、乳糖、转化糖质量表　　　　单位:mg

氧化亚铜	葡萄糖	果糖	乳糖(含水)	转化糖	氧化亚铜	葡萄糖	果糖	乳糖(含水)	转化糖
11.3	4.6	5.1	7.7	5.2	46.2	19.7	21.7	31.4	20.9
12.4	5.1	5.6	8.5	5.7	47.3	20.1	22.2	32.2	21.4
13.5	5.6	6.1	9.3	6.2	48.4	20.6	22.8	32.9	21.9
14.6	6.0	6.7	10.0	6.7	49.5	21.1	23.3	33.7	22.4
15.8	6.5	7.2	10.8	7.2	50.7	21.6	23.8	34.5	22.9
16.9	7.0	7.7	11.5	7.7	51.8	22.1	24.4	35.2	23.5
18.0	7.5	8.3	12.3	8.2	52.9	22.6	24.9	36.0	24.0
19.1	8.0	8.8	13.1	8.7	54.0	23.1	25.4	36.8	24.5
20.3	8.5	9.3	13.8	9.2	55.2	23.6	26.0	37.5	25.0
21.4	8.9	9.9	14.6	9.7	56.3	24.1	26.5	38.3	25.5
22.5	9.4	10.4	15.4	10.2	57.4	24.6	27.1	39.1	26.0
23.6	9.9	10.9	16.1	10.7	58.5	25.1	27.6	39.8	26.5
24.8	10.4	11.5	16.9	11.2	59.7	25.6	28.2	40.6	27.0
25.9	10.9	12.0	17.7	11.7	60.8	26.1	28.7	41.4	27.6
27.0	11.4	12.5	18.4	12.3	61.9	26.5	29.2	42.1	28.1
28.1	11.9	13.1	19.2	12.8	63.0	27.0	29.7	42.9	28.6
29.3	12.3	13.6	19.9	13.3	64.2	27.5	30.3	43.7	29.1
30.4	12.8	14.2	20.7	13.8	65.3	28.0	30.9	44.4	29.6
31.5	13.3	14.7	21.5	14.3	66.4	28.5	31.4	45.2	30.1
32.6	13.8	15.2	22.2	14.8	67.6	29.0	31.9	46.0	30.6
33.8	14.3	15.8	23.0	15.3	68.7	29.5	32.5	46.7	31.2
34.9	14.8	16.3	23.8	15.8	69.8	30.0	33.0	47.5	31.7
36.0	15.3	16.8	24.5	16.3	70.9	30.5	33.6	48.3	32.2

氧化亚铜	葡萄糖	果糖	乳糖(含水)	转化糖	氧化亚铜	葡萄糖	果糖	乳糖(含水)	转化糖
37.2	15.7	17.4	25.3	16.8	72.1	31.0	34.1	49.0	32.7
38.3	16.2	17.9	26.1	17.3	73.2	31.5	34.7	49.8	33.2
39.4	16.7	18.4	26.8	17.8	74.3	32.0	35.2	50.6	33.7
40.5	17.2	19.0	27.6	18.3	75.4	32.5	35.8	51.3	34.3
41.7	17.7	19.5	28.4	18.9	76.6	33.0	36.3	52.1	34.8
42.8	18.2	20.1	29.1	19.4	77.7	33.5	36.8	52.9	35.3
43.9	18.7	20.6	29.9	19.9	78.8	34.0	37.4	53.6	35.8
45.0	19.2	21.1	30.6	20.4	79.9	34.5	37.9	54.4	36.3
81.1	35.0	38.5	55.2	36.8	117.1	51.1	56.0	79.7	53..6
82.2	35.5	39.0	55.9	37.4	118.2	51.6	56.6	80.5	54.1
83.3	36.0	39.6	56.7	37.9	119.3	52.1	57.1	81.3	54.6
84.4	36.5	40.1	57.5	38.4	120.5	52.6	57.7	82.1	55.2
85.6	37.0	40.7	58.2	38.9	121.6	53.1	58.2	82.8	55.7
86.7	37.5	41.2	59.0	39.4	122.7	53.6	58.8	83.6	56.2
87.8	38.0	41.7	59.8	40.0	123.8	54.1	59.3	84.4	56.7
88.9	38.5	42.3	60.5	40.5	125.0	54.6	59.9	85.1	57.3
90.1	39.0	42.8	61.3	41.0	126.1	55.1	60.4	85.9	57.8
91.2	39.5	43.4	62.1	41.5	127.2	55.6	61.0	86.7	58.3
92.3	40.0	43.9	62.8	42.0	128.3	56.1	61.6	87.4	58.9
93.4	40.5	44.5	63.6	42.6	129.5	56.7	62.1	88.2	59.4
94.6	41.0	45.0	64.4	43.1	130.6	57.2	62.7	89.0	59.9
95.7	41.5	45.6	65.1	43.6	131.7	57.7	63..2	89.8	60.4
96.8	42.0	46.1	65.9	44.1	132.8	58.2	63.8	90.5	61.0
97.9	42.5	46.7	66.7	44.7	134.0	58.7	64.3	91.3	61.5
99.1	43.0	47.2	67.4	45.2	135.1	59.2	64.9	92.1	62.0
100.2	43.5	47.8	68.2	45.7	136.2	59.7	65.4	92.8	62.6
101.3	44.0	48.3	69.0	46.2	137.4	60.2	66.0	93.6	63.1
102.5	44.5	48.9	69.7	46.7	138.5	60.7	66.5	94.4	63.6
103.6	45.0	49.4	70.5	47.3	139.6	61.3	67.1	95.2	64.2
104.7	45.5	50.0	71.3	47.8	140.7	61.8	67.7	95.9	64.7
105.8	46.0	50.5	72.1	48.3	141.9	62.3	68.2	96.7	65.2
107.0	46.5	51.1	72.8	48.8	143.0	62.8	68.8	97.5	65.8
108.1	47.0	51.6	73.6	49.4	144.1	63.3	69.3	98.2	66.3

续表

氧化亚铜	葡萄糖	果糖	乳糖（含水）	转化糖	氧化亚铜	葡萄糖	果糖	乳糖（含水）	转化糖
109.2	47.5	52.2	74.4	49.9	145.2	63.8	69.9	99.0	66.8
110.3	48.0	52.7	75.1	50.4	146.4	64.3	70.4	99.8	67.4
111.5	48.5	53.3	75.9	50.9	147.5	64.9	71.0	100.6	67.9
112.6	49.0	53.8	76.7	51.5	148.6	65.4	71.6	101.3	68.4
113.7	49.5	54.4	77.4	52.0	149.7	65.9	72.1	102.1	69.0
114.8	50.0	54.9	78.2	52.5	150.9	66.4	72.7	102.9	69.5
116.0	50.6	55.5	79.0	53.0	152.0	66.9	73.2	103.6	70.0
153.1	67.4	73.8	104.4	70.6	189.1	84.1	91.8	129.1	87.8
154.2	68.0	74.3	105.2	71.1	190.3	84.6	92.3	129.9	88.4
155.4	68.5	74.9	106.0	71.6	191.4	85.2	92.9	130.7	88.9
156.5	69.0	75.5	106.7	72.2	192.5	85.7	93.5	131.5	89.5
157.6	69.5	76.0	107.5	72.7	193.6	86.2	94.0	132.2	90.0
158.7	70.0	76.6	108.3	73.2	194.8	86.7	94.6	133.0	90.6
159.9	70.5	77.1	109.0	73.8	195.9	87.3	95.2	133.8	91.1
161.0	71.1	77.7	109.8	74.3	197.0	87.8	95.7	134.6	91.7
162.1	71.6	78.3	110.6	74.9	198.1	88.3	96.3	135.3	92.2
163.2	72.1	78.8	111.4	75.4	199.3	88.9	96.9	136.1	92.8
164.4	72.6	79.4	112.1	75.9	200.4	89.4	97.4	136.9	93.3
165.5	73.1	80.0	112.9	76.5	201.5	89.9	98.0	137.7	93.8
166.6	73.7	80.5	113.7	77.0	202.7	90.4	98.6	138.4	94.4
167.8	74.2	81.1	114.4	77.6	203.8	91.0	99.2	139.2	94.9
168.9	74.7	81.6	115.2	78.1	204.9	91.5	99.7	140.0	95.5
170.0	75.2	82.2	116.0	78.6	206.0	92.0	100.3	140.8	96.0
171.1	75.7	82.8	116.8	79.2	207.2	92.6	100.9	141.5	96.6
172.3	76.3	83.3	117.5	79.7	208.3	93.1	101.4	142.3	97.1
173.4	76.8	83.9	118.3	80.3	209.4	93.6	102.0	143.1	97.7
174.5	77.3	84.4	119.1	80.8	210.5	94.2	102.6	143.9	98.2
175.6	77.8	85.0	119.9	81.3	211.7	94.7	103.1	144.6	98.8
176.8	78.3	85.6	120.6	81.9	212.8	95.2	103.7	145.4	99.3
177.9	78.9	86.1	121.4	82.4	213.9	95.7	104.3	146.2	99.9
179.0	79.4	86.7	122.2	83.0	215.0	96.3	104.8	147.0	100.4
180.1	79.9	87.3	122.9	83.5	216.2	96.8	105.4	147.7	101.0
181.3	80.4	87.8	123.7	84.0	217.3	97.3	106.0	148.5	101.5

氧化亚铜	葡萄糖	果糖	乳糖（含水）	转化糖	氧化亚铜	葡萄糖	果糖	乳糖（含水）	转化糖
182.4	81.0	88.4	124.5	84.6	218.4	97.9	106.6	149.3	102.1
183.5	81.5	89.0	125.3	85.1	219.5	98.4	107.1	150.1	102.6
184.5	82.0	89.5	126.0	85.7	220.7	98.9	107.7	150.8	103.2
185.8	82.5	90.1	126.8	86.2	221.8	99.5	108.3	151.6	103.7
186.9	83.1	90.6	127.6	86.8	222.9	100.0	108.8	152.4	104.3
188.0	83.6	91.2	128.4	87.3	224.0	100.5	109.4	153.2	104.8
225.2	101.1	110.0	153.9	105.4	262.3	118.9	129.0	179.6	123.8
226.3	101.6	110.6	154.7	106.0	263.4	119.5	129.6	180.4	124.4
227.4	102.2	111.1	155.5	106.5	264.6	120.0	130.2	181.2	124.9
228.5	102.7	111.7	156.3	107.1	265.7	120.6	130.8	181.9	125.5
229.7	103.2	112.3	157.0	107.6	266.8	121.1	131.3	182.7	126.1
230.8	103.8	112.9	157.8	108.2	268.0	121.7	131.9	183.5	126.6
231.9	104.3	113.4	158.0	108.7	269.1	122.2	132.5	184.3	127.2
233.1	104.8	114.0	159.4	109.3	270.2	122.7	133.1	185.1	127.8
234.2	105.4	114.6	160.2	109.8	271.3	123.3	133.7	185.8	128.3
235.3	105.9	115.2	160.9	110.4	272.5	123.8	134.2	186.6	128.9
236.4	106.5	115.7	161.7	110.9	273.6	124.4	134.8	187.4	129.5
237.6	107.0	116.3	162.5	111.5	274.7	124.9	135.4	188.2	130.0
238.7	107.5	116.9	163.3	112.1	275.8	125.5	136.0	189.0	130.6
239.8	108.1	117.5	164.0	112.6	277.0	126.0	136.6	189.7	131.2
240.9	108.6	118.0	164.8	113.2	278.1	126.6	137.2	190.5	131.7
242.1	109.2	118.6	165.6	113.7	279.2	127.1	137.7	191.3	132.3
243.1	109.7	119.2	166.4	114.3	280.3	127.7	138.3	192.1	132.9
244.3	110.2	119.8	167.1	114.9	281.5	128.2	138.9	192.9	133.4
245.4	110.8	120.3	167.9	115.4	282.6	128.8	139.5	193.6	134.0
246.6	111.3	120.9	168.7	116.0	283.7	129.3	140.1	194.4	134.6
247.7	111.9	121.5	169.5	116.5	284.8	129.9	140.7	195.2	135.1
248.8	112.4	122.1	170.3	117.1	286.0	130.4	141.3	196.0	135.7
249.9	112.9	122.6	171.0	117.6	287.1	131.0	141.8	196.8	136.3
251.1	113.5	123.2	171.8	118.2	288.2	131.6	142.4	197.5	136.8
252.2	114.0	123.8	172.6	118.8	289.3	132.1	143.0	198.3	137.4
253.3	114.6	124.4	173.4	119.3	290.5	132.7	143.6	199.1	138.0
254.4	115.1	125.0	174.2	119.9	291.6	133.2	144.2	199.9	138.6

氧化亚铜	葡萄糖	果糖	乳糖（含水）	转化糖	氧化亚铜	葡萄糖	果糖	乳糖（含水）	转化糖
255.6	115.7	125.5	174.9	120.4	292.7	133.8	144.8	200.7	139.1
256.7	116.2	126.1	175.7	121.0	293.8	134.3	145.4	201.4	139.7
257.8	116.7	126.7	176.5	121.6	295.0	134.9	145.9	202.2	140.3
258.9	117.3	127.3	177.3	122.1	296.1	135.4	146.5	203.0	140.8
260.1	117.8	127.9	178.1	122.7	297.2	136.0	147.1	203.8	141.4
261.2	118.4	128.4	178.8	123.3	298.3	136.5	147.7	204.6	142.0
299.5	137.1	148.3	205.3	142.6	336.6	155.6	167.8	231.2	161.6
300.6	137.7	148.9	206.1	143.1	337.8	156.2	168.4	232.0	162.2
301.7	138.2	149.5	206.9	143.7	338.9	156.8	169.0	232.7	162.8
302.9	138.8	150.1	207.7	144.3	340.0	157.3	169.6	233.5	163.4
304.0	139.3	150.6	208.5	144.8	341.1	157.9	170.2	234.3	164.0
305.1	139.9	151.2	209.2	145.4	342.3	158.5	170.8	235.1	164.5
306.2	140.4	151.8	210.0	146.0	343.4	159.0	171.4	235.9	165.1
307.4	141.0	152.4	210.8	146.6	344.5	159.6	172.0	236.7	165.7
308.5	141.6	153.0	211.6	147.1	345.6	160.2	172.6	237.4	166.3
309.6	142.1	153.6	212.4	147.7	346.8	160.7	173.2	238.2	166.9
310.7	142.7	154.2	213.2	148.3	347.9	161.3	173.8	239.0	167.5
311.9	143.2	154.8	214.0	148.9	349.0	161.9	174.4	239.8	168.0
313.0	143.8	155.4	214.7	149.4	350.1	162.5	175.0	240.6	168.6
314.1	144.4	156.0	215.5	150.0	351.3	163.0	175.6	241.4	169.2
315.2	144.9	156.5	216.3	150.6	352.4	163.6	176.2	242.2	169.8
316.4	145.5	157.1	217.1	151.2	353.5	164.2	176.8	243.0	170.4
317.5	146.0	157.7	217.9	151.8	354.6	164.7	177.4	243.7	171.0
318.6	146.6	158.3	218.7	152.3	355.8	165.3	178.0	244.5	171.6
319.7	147.2	158.9	219.4	152.9	356.9	165.9	178.6	245.3	172.2
320.9	147.7	159.5	220.2	153.5	358.0	166.5	179.2	246.1	172.8
322.0	148.3	160.1	221.0	154.1	359.1	167.0	179.8	246.9	173.3
323.1	148.8	160.7	221.8	154.6	360.3	167.6	180.4	247.7	173.9
324.2	149.4	161.3	222.6	155.2	361.4	168.2	181.0	248.5	174.5
325.4	150.0	161.9	223.3	155.8	362.5	168.8	181.6	249.2	175.1
326.5	150.5	162.5	224.1	156.4	363.6	169.3	182.2	250.0	175.7
327.6	151.1	163.1	224.9	157.0	364.8	169.9	182.8	250.8	176.3
328.7	151.7	163.7	225.7	157.5	365.9	170.5	183.4	251.6	176.9

氧化亚铜	葡萄糖	果糖	乳糖（含水）	转化糖	氧化亚铜	葡萄糖	果糖	乳糖（含水）	转化糖
329.9	152.2	164.3	226.5	158.1	367.0	171.1	184.0	252.4	177.5
331.0	152.8	164.9	227.3	158.7	368.2	171.6	184.6	253.2	178.1
332.1	153.4	165.4	228.0	159.3	369.3	172.2	185.2	253.9	178.7
333.3	153.9	166.0	228.8	159.9	370.4	172.8	185.8	254.7	179.2
334.4	154.5	166.6	229.6	160.5	371.5	173.4	186.4	255.5	179.8
335.5	155.1	167.2	230.4	161.0	372.7	173.9	187.0	256.3	180.4
373.8	174.5	187.6	257.1	181.0	410.9	193.8	207.7	283.2	200.8
374.9	175.1	188.2	257.9	181.6	412.1	194.4	208.3	284.0	201.4
376.0	175.7	188.8	258.7	182.2	413.2	195.0	209.0	284.8	202.0
377.2	176.3	189.4	259.4	182.8	414.3	195.6	209.6	285.6	202.6
378.3	176.8	190.1	260.2	183.4	415.4	196.2	210.2	286.3	203.2
379.4	177.4	190.7	261.0	184.0	416.6	196.8	210.8	287.1	203.8
380.5	178.0	191.3	261.8	184.6	417.7	197.4	211.4	287.9	204.4
381.7	178.6	191.9	262.6	185.2	418.8	198.0	212.0	288.7	205.0
382.8	179.2	192.5	263.4	185.8	419.9	198.5	212.6	289.5	205.7
383.9	179.7	193.1	264.2	186.4	421.1	199.1	213.3	290.3	206.3
385.0	180.3	193.7	265.0	187.0	422.2	199.7	213.9	291.1	206.9
386.2	180.9	194.3	265.8	187.6	423.3	200.3	214.5	291.9	207.5
387.3	181.5	194.9	266.6	188.2	424.4	200.9	215.1	292.7	208.1
388.4	182.1	195.5	267.4	188.8	425.6	201.5	215.7	293.5	208.7
389.5	182.7	196.1	268.1	189.4	426.7	202.1	216.3	294.3	209.3
390.7	183.2	196.7	268.9	190.0	427.8	202.7	217.0	295.0	209.9
391.8	183.8	197.3	269.7	190.6	428.9	203.3	217.6	295.8	210.5
392.9	184.4	197.9	270.5	191.2	430.1	203.9	218.2	296.6	211.1
394.0	185.0	198.5	271.3	191.8	431.2	204.5	218.8	297.4	211.8
395.2	185.6	199.2	272.1	192.4	432.3	205.1	219.5	298.2	212.4
396.3	186.2	199.8	272.9	193.0	433.5	205.1	220.1	299.0	213.0
397.4	186.8	200.4	273.7	193.6	434.6	206.3	220.7	299.8	213.6
398.5	187.3	201.0	274.4	194.2	435.7	206.9	221.3	300.6	214.2
399.7	187.9	201.6	275.2	194.8	436.8	207.5	221.9	301.4	214.8
400.8	188.5	202.2	276.0	195.4	438.0	208.1	222.6	302.2	215.4
401.9	189.1	202.8	276.8	196.0	439.1	208.7	232.2	303.0	216.0
403.1	189.7	203.4	277.6	196.6	440.2	209.3	223.8	303.8	216.7

氧化亚铜	葡萄糖	果糖	乳糖（含水）	转化糖	氧化亚铜	葡萄糖	果糖	乳糖（含水）	转化糖
404.2	190.3	204.0	278.4	197.2	441.3	209.9	224.4	304.6	217.3
405.3	190.9	204.7	279.2	197.8	442.5	210.5	225.1	305.4	217.9
406.4	191.5	205.3	280.0	198.4	443.6	211.1	225.7	306.2	218.5
407.6	192.0	205.9	280.8	199.0	444.7	211.7	226.3	307.0	219.1
408.7	192.6	206.5	281.6	199.6	445.8	212.3	226.9	307.8	219.9
409.8	193.2	207.1	282.4	200.2	447.0	212.9	227.6	308.6	220.4
448.1	213.5	228.2	309.4	221.0	469.5	225.1	240.3	324.9	232.9
449.2	214.1	228.8	310.2	221.6	470.6	225.7	241.0	325.7	233.6
450.3	214.7	229.4	311.0	222.2	471.7	226.3	241.6	326.5	234.2
451.5	215.3	230.1	311.8	222.9	472.9	227.0	242.2	327.4	234.8
452.6	215.9	230.7	312.6	223.5	474.0	227.6	242.9	328.2	235.5
453.7	216.5	231.3	313.4	224.1	475.1	228.2	243.6	329.1	236.1
454.8	217.1	232.0	314.2	224.7	476.2	228.8	244.3	329.9	236.8
456.0	217.8	232.6	315.0	225.4	477.4	229.5	244.9	330.1	237.5
457.1	218.4	233.2	315.9	226.0	478.5	230.1	245.6	331.7	238.1
458.2	219.0	233.9	316.7	226.6	479.6	230.7	246.3	332.6	238.8
459.3	219.6	234.5	317.5	227.2	480.7	231.4	247.0	333.5	239.5
460.5	220.1	235.1	318.3	227.9	481.9	232.0	247.8	334.4	240.2
461.6	220.8	235.8	319.1	228.5	483.0	232.7	248.5	335.3	240.8
462.7	221.4	236.4	319.9	229.1	484.1	233.3	249.2	336.3	241.5
463.8	222.0	237.1	320.7	229.7	485.2	234.0	250.0	337.3	242.3
465.0	222.6	237.7	321.6	230.4	486.4	234.7	250.8	338.3	243.0
466.1	223.3	238.4	322.4	231.0	487.5	235.3	251.6	339.4	243.8
467.2	223.9	239.0	323.2	231.7	488.6	236.1	252.7	340.7	244.7
468.4	224.5	239.7	324.0	232.3	489.7	236.9	253.7	342.0	245.8

附表5　0.1mol/L 铁氰化钾与还原糖含量换算表

（还原糖含量以麦芽糖计）

$K_3Fe(CN)_6$ 体积/mL	还原糖含量 /%	$K_3Fe(CN)_6$ 体积/mL	还原糖含量 /%	$K_3Fe(CN)_6$ 体积/mL	还原糖含量 /%
0.10	0.05	3.10	1.56	6.10	3.41
0.20	0.10	3.20	1.61	6.20	3.47
0.30	0.15	3.30	1.66	6.30	3.53
0.40	0.20	3.40	1.71	6.40	3.60

$K_3Fe(CN)_6$ 体积/mL	还原糖含量 /%	$K_3Fe(CN)_6$ 体积/mL	还原糖含量 /%	$K_3Fe(CN)_6$ 体积/mL	还原糖含量 /%
0.50	0.25	3.50	1.76	6.50	3.67
0.60	0.31	3.60	1.82	6.60	3.73
0.70	0.36	3.70	1.88	6.70	3.79
0.80	0.41	3.80	1.95	6.80	3.85
0.90	0.46	3.90	2.01	6.90	3.92
1.00	0.51	4.00	2.07	7.00	3.98
1.10	0.56	4.10	2.13	7.10	4.06
1.20	0.60	4.20	2.18	7.20	4.12
1.30	0.65	4.30	2.25	7.30	4.18
1.40	0.71	4.40	2.31	7.40	4.25
1.50	0.76	4.50	2.37	7.50	4.31
1.60	0.80	4.60	2.44	7.60	4.38
1.70	0.85	4.70	2.51	7.70	4.45
1.80	0.90	4.80	2.57	7.80	4.51
1.90	0.96	4.90	2.64	7.90	4.58
2.00	1.01	5.00	2.70	8.00	4.65
2.10	1.06	5.10	2.76	8.10	4.72
2.20	1.11	5.20	2.82	8.20	4.78
2.30	1.16	5.30	2.88	8.30	4.85
2.40	1.21	5.40	2.95	8.40	4.92
2.50	1.26	5.50	3.02	8.50	4.99
2.60	1.30	5.60	3.08	8.60	5.05
2.70	1.35	5.70	3.15	8.70	5.12
2.80	1.40	5.80	3.22	8.80	5.19
2.90	1.45	5.90	3.28		
3.00	1.51	6.00	3.34		

附表 6　20℃时折射率与可溶性固形物含量换算表

折射率	可溶性固形物 /%	折射率	可溶性固形物 /%	折射率	可溶性固形物 /%	折射率	可溶性固形物 /%
1.333 0	0.0	1.352 6	13.0	1.374 0	26.0	1.397 8	39.0
1.333 7	0.5	1.353 3	13.5	1.374 9	26.5	1.398 7	39.5
1.334 4	1.0	1.354 1	14.0	1.375 8	27.0	1.399 7	40.0
1.335 1	1.5	1.354 9	14.5	1.376 7	27.5	1.400 7	40.5

续表

折射率	可溶性固形物/%	折射率	可溶性固形物/%	折射率	可溶性固形物/%	折射率	可溶性固形物/%
1.335 9	2.0	1.355 7	15.0	1.377 5	28.0	1.401 6	41.0
1.336 7	2.5	1.356 5	15.5	1.378 4	28.5	1.402 6	41.5
1.337 3	3.0	1.357 3	16.0	1.379 3	29.0	1.403 6	42.0
1.338 1	3.5	1.358 2	16.5	1.380 2	29.5	1.404 6	42.5
1.338 8	4.0	1.359 0	17.0	1.381 1	30.0	1.405 6	43.0
1.339 5	4.5	1.359 8	17.5	1.382 0	30.5	1.406 6	43.5
1.340 3	5.0	1.360 6	18.0	1.382 9	31.0	1.407 6	44.0
1.341 1	5.5	1.361 4	18.5	1.383 8	31.5	1.408 6	44.5
1.341 8	6.0	1.362 2	19.0	1.384 7	32.0	1.409 6	45.0
1.342 5	6.5	1.363 1	19.5	1.385 6	32.5	1.410 7	45.5
1.343 3	7.0	1.363 9	20.0	1.386 5	33.0	1.411 7	46.0
1.344 1	7.5	1.364 7	20.5	1.387 4	33.5	1.412 7	46.5
1.344 8	8.0	1.365 5	21.0	1.388 3	34.0	1.413 7	47.0
1.345 6	8.5	1.366 3	21.5	1.389 3	34.5	1.414 7	47.5
1.346 4	9.0	1.367 2	22.0	1.390 2	35.0	1.415 8	48.0
1.347 1	9.5	1.368 1	22.5	1.391 1	35.5	1.416 9	48.5
1.347 9	10.0	1.368 9	23.0	1.392 0	36.0	1.417 9	49.0
1.348 7	10.5	1.369 8	23.5	1.392 9	36.5	1.418 9	49.5
1.349 4	11.0	1.370 6	24.0	1.393 9	37.0	1.420 0	50.0
1.350 2	11.5	1.371 5	24.5	1.394 9	37.5	1.421 1	50.5
1.351 0	12.0	1.372 3	25.0	1.395 8	38.0	1.422 1	51.0
1.351 8	12.5	1.373 1	25.5	1.396 8	38.5	1.423 1	51.5
1.424 2	52.0	1.442 9	60.5	1.462 8	69.0	1.482 5	77.0
1.425 3	52.5	1.444 1	61.0	1.463 9	69.5	1.483 8	77.5
1.426 4	53.0	1.445 3	61.5	1.465 1	70.0	1.485 0	78.0
1.427 5	53.5	1.446 4	62.0	1.466 3	70.5	1.486 3	78.5
1.428 5	54.0	1.447 5	62.5	1.467 6	71.0	1.487 6	79.0
1.429 6	54.5	1.448 6	63.0	1.468 8	71.5	1.488 8	79.5
1.430 7	55.0	1.449 7	63.5	1.470 0	72.0	1.490 1	80.0
1.431 8	55.5	1.450 9	64.0	1.471 3	72.5	1.491 4	80.5
1.432 9	56.0	1.452 1	64.5	1.472 5	73.0	1.492 7	81.0
1.434 0	56.5	1.453 2	65.0	1.473 7	73.5	1.494 1	81.5
1.435 1	57.0	1.454 4	65.5	1.474 9	74.0	1.495 4	82.0

折射率	可溶性固形物/%	折射率	可溶性固形物/%	折射率	可溶性固形物/%	折射率	可溶性固形物/%
1.436 2	57.5	1.455 5	66.0	1.476 2	74.5	1.496 7	82.5
1.437 2	52.0	1.457 0	66.5	1.477 4	75.0	1.498 0	83.0
1.438 5	58.5	1.458 1	67.0	1.478 7	75.5	1.499 3	83.5
1.439 6	59.0	1.459 3	67.5	1.479 9	76.0	1.500 7	84.0
1.440 7	59.5	1.460 5	68.0	1.481 2	76.5	1.502 0	84.5
1.441 8	60.0	1.461 6	68.5